KEPCO

BIG DATA APPLICATION IN POWER SYSTEMS

스마트그리드 빅데이터 분석의 활용

그 이론과 응용, 그리고 최신 사례

Reza Arghandeh 외 지음 장동식 옮김

생능출판

스마트그리드 빅데이터 분석의 활용
그 이론과 응용, 그리고 최신 사례

초판인쇄 2020년 1월 7일
초판발행 2020년 1월 15일

지은이 Reza Arghandeh, Yuxun Zhou
옮긴이 장동식
펴낸이 김승기
펴낸곳 생능출판사 / **주소** 경기도 파주시 광인사길 143
출판사 등록일 2005년 1월 25일 / **신고번호** 제406-2005-000002호
대표전화 (031)955-0761 / **팩스** (031)955-0768
홈페이지 www.booksr.co.kr

책임편집 김민보 / **편집** 신성민, 유제훈, 권소정 / **디자인** 유준범
마케팅 최복락, 김민수, 심수경, 차종필, 백수정, 최태웅, 김범용, 김민정
인쇄 · 제본 영신사

ISBN 978-89-7050-988-4 93560
정가 39,000원

- 이 도서의 국립중앙도서관 출판예정도서목록(CIP)은 서지정보유통지원시스템 홈페이지(http://seoji.nl.go.kr)와 국가자료공동목록시스템(http://www.nl.go.kr/kolisnet)에서 이용하실 수 있습니다.
(CIP제어번호: CIP2019038836)

This edition of **Big Data Application in Power Systems, first edition, by Reza Arghandeh & Yuxun Zhou** is published by arrangement with Elsevier Inc.

Original version ISBN: 978-0128119686
Translated version ISBN: 978-89-7050-988-4
Publication Date in Korea: 2020.1.15

Translated by Life and Power Press
Printed in Korea

저자 서문: 이 책의 목적과 주요 내용 소개

“빅데이터”라는 용어는 스마트그리드에서 상당히 새로운 개념이다. 하지만 전력계통에서는 예전부터 전력 수요 예측을 위해 대규모 데이터를 처리하고 이용하는 방법을 개발하여 적용해왔다. 최근 들어 모니터링, 센서 네트워크 및 AMI(advanced metering infrastructure) 기술들의 급속한 발전으로 송전 및 배전 망에서 측정되는 데이터의 다양성, 규모 및 속도가 크게 증가하고 있다. 여기에 고급 통계 기법, 머신러닝(machine learning; ML), 데이터베이스 구조 및 데이터 마이닝 방법론의 발전과 더불어, 오픈 소스 플랫폼을 통해서 이들 기술들을 적용하기 쉬워지면서 기존 전력 유틸리티의 변혁을 유도하여 데이터 기반 유틸리티로 변화시키고 있다.

빅데이터 분석을 스마트그리드에 어떻게 활용할 수 있을지를 논의하기 위해, 학계 및 산업계를 포함한 전 세계 관련 기관 및 연구소 전문가들이 참여하여 이 책의 주요 부분을 논의하였다. 여기에서 우리는 고차원이고 이질적이면서 시공간이 복합된 데이터를 처리하는 모니터링 및 분석방법이 급격하게 발전하고 있다는 점에 주목하고자 한다. 사실 과학 연산, 마이크로 프로세서 및 데이터 통신 분야에서 일어나고 있는 드라마틱한 변화는 전력 유틸리티로 하여금 이를 이해하고 따르고 활용하기 위하여 고급 통계, 컴퓨터 과학, 수학적인 개념을 이해해야 한다는 부담을 주고 있다. 오늘날의 유틸리티 엔지니어라면 대규모 현장 데이터 분석에 필요한 기본 개념과 응용 프로그램에 대해 잘 알 필요가 있다. 이 책의 목표는 스마트그리드 분야 빅데이터와 관련된 다양한 이슈, 방법론 및 활용방법에 대한 포괄적인 시각을 제공함으로써 기존 유틸리티가 데이터 기반 유틸리티로의 전환하는데 도움을 주는데 있다.

이 책의 여러 부분에 참여하였던 저자들의 다양한 이력과 마찬가지로, 이 책의 대상이 되는 독자층은 전력 네트워크나 스마트그리드 분야를 학문적으로 연구하는 연구자, 대학원생 및 교수진 외에 산업분야에서 관련 기술을 개발하는 과학자, 엔지니어, 데이터 분석 전문가 및 현업에 종사하는 소프트웨어 개발자로 확장될 수 있다. 이 책은 또한 과학 연산 과정에 대한 기술적 전문성이 낮은 사람들에게도 유용할 수 있다. 우리는 독자가 전력 시스템의 기초에 대해 어느 정도 능숙할 것이며, 통계학에 적어도 한번은 입문 과정을 이수하였다는 가정하에 이 책을 서술하였다. 이 책은 전력 계통에 관한 과목을 이수한 학부, 대학생들에게도 유용할 수 있다.

이 책은 I. 스마트그리드에서 빅데이터 발굴하기 II. 빅데이터의 힘을 이용하기 III. 빅데이터의 힘을 스마트그리드에 활용하기 등과 같이 크게 세 개의 섹션으로 구성되어 있다. 첫 번째 섹션인 제1부에서는 IoT (Internet of Things), 유연 수요(flexible demand), 분산 전원, 에너지 저장과 같은 분산 기술과 분산 자원의 시대가 도래함에 따라, 기존 유틸리티가 데이터 기반 유틸리티로 변화하는 과정에서의 기회와 도전을 조망하고 있다. 제2부에서는 전력산업 전반에 걸친 기계 학습과 인공 지능에 대한 이론과 연구 동향을 리뷰하였으며, 마지막 제3부에서는 전력 망 운영과 관련된 최신 데이터 분석 응용 사례를 다루었다. 종합하여 보면, 이 책의 세 개 섹션은 전력 시스템에 데이터 분석 기술을 적용하는 과정의 전 주기를 포괄적으로 다루고 있다고 할 수 있겠다. 이 책은 유틸리티의 기업 구조, 비즈니스 모델 및 개인 정보 보호 문제로 시작하여, 이와 관련된 최신의 데이터 분석의 연구 동향을 조사하고 유틸리티가 매일 직면하는 실제 문제에 대한 응용 사례를 다루는 형태로 마무리하는 구조로 되어 있다고 할 수 있다.

제1부: 스마트그리드에서 빅데이터 발굴하기

독자들에게 빅데이터 이용에 관한 큰 그림을 제공하기 위해 이 섹션에서는 전력 유틸리티의 데이터 마이닝 및 데이터 처리에 대한 현재 및 미래의 트렌드를 설명한다. 데이터 기반 유틸리티로의 전환은 데이터 관련 기술 및 업무절차를 시행하는 것 뿐 아니라, 조직 문화 및 비즈니스 프로세스의 근본적인 변화를 통해서 가능하다. 또한 데이터를 통해서 전력 유틸리티가 수익을 제고하기 위해서는 기업의 모든 운영 및 사업 조직 간에 상호 운용체계(interoperability)를 갖추어야 하며, 그러면서도 데이터 프라이버시, 보안을 유지하고 데이터가 매끄럽게 흘러가도록 해야하는데, 이는 매우 어려운 일이라는 점을 인식할 필요가 있다. 유틸리티 전반을 데이터 기반으로 전환하게 되면, 상호 운영체계를 고객으로 확장하여 고객들의 참여(engagement)를 통해 높은 신뢰성과 서비스 품질, 효율성을 갖춘 고객 수요 관리를 유도할 수 있다. 고객들의 니즈와 기대를 유틸리티가 가고자 하는 방향과 일치시킴으로써 유틸리티는 데이터를 어떻게 생성하고 처리할지에 대한 로드맵을 만들 수 있게 된다.

ICT 플랫폼은 데이터 기반 유틸리티로 전환하는데 핵심적인 역할을 하는데, 이를 통해 고객(end uses)에서부터 송전 및 발전사업자에 이르기까지의 전 과정에서 데이터가 원활하게 흐르도록 지원할 수 있다. 유틸리티들은 AMI 플랫폼에 이어서 배전 자동화(distribution automation; DA) 솔루션을 도입함으로써 스마트한 계통 운영을 위해 적극적으로 나서고 있다. DA와 AMI는 계통 운영에 혁명적인 변화를 일으키고 있다. 하지만, DA와 AMI에서 생성되는 엄청난 양의 데이터 홍수는 유틸리티 ICT 인프라 관점에서는 악몽과 같은 일이라 할 수 있다. 유틸리티 전체를 데이터 기반으로 변화시키기 위해서는 전력 망에서 요구되는 모든 기능을 제공하기 위해 ICT가 근본적으로 갖춰야 되는 것이 무엇인지에 대해 허심탄회한 토론을 통해서 명확히 할 필요가 있다.

인터넷, 클라우드 컴퓨팅, 스마트폰 및 분산 자원이 보편화되는 시대에서 데이터 기반 유틸리티로의 전환은 필연적이다. 고급 데이터 분석기법을 이용해서 이전에는 볼 수 없었던 통찰력을 확보함으로써 지속적인 혁신을 가능하게 할 수 있다. ML, 딥러닝 및 통계적 추론 등의 데이터 분석방법들은 여러 분야에서 데이터가 빗발치는 시류를 유틸리티가 따라 잡을 수 있도록 도와주는 도구이다. 최신의 빅데이터 분석기술은 과거 및 실시간 데이터로부터 추정(estimation), 예측(predication), 진단(diagnostics), 고장 예지(prognostics) 등을 가능하게 해준다. 앞으로 더 많은 데이터가 유틸리티에서 사용 가능 해지면, ML 알고리즘은 계통 운영계획에 필요한 보다 세밀한 통찰력을 제공할 것이다. 그러나 ICT 네트워크, 전력 망의 구성요소, 운영자 및 고객간의 데이터가 서로 얽히면서 전력시스템을 복잡한 거인으로 변할 것이며, 그때그때의 상황에 따라(ad hoc) 데이터를 이용해서 방향이나 정책을 결정해야 하는 상황에 직면할 것이다. 이 섹션에서는 개방형 아키텍처와 표준에 기반의 총체적(holistic) 접근 방식을 통해서만 장치, 시스템, 데이터베이스 및 사람 간의 상호 운용성을 확보하고 개방형 데이터 흐름을 보장하여 데이터 기반 유틸리티로 전환할 수 있다는 메시지를 전달하려고 노력하였다. 데이터를 생성, 전송, 처리하기 위한 이와 같은 포괄적인 접근은, 고객에게 안전하고 신뢰할 수 있고 값싼 전력을 공급하기 위해 유틸리티 조직이 갖고 있었던 조직내 사일로 장벽을 깨뜨릴 수 있는 엄청난 기회를 제공한다.

제1장을 저술한 John McDonald는 이러한 개념을 세 가지 사례 연구를 통해 소개하였다. 그는 자산 및 안전 관리, 표준 및 상호 운용성의 토대 구축, 송배전망 운영의 시각화 향상이라는 측면에서 데이터 기반 유틸리티가 가지는 가치를 탐색하였다. 이 장에서는 총체적 관점의 데이터 기반 유틸리티가 무엇인지를 설명하고, 이러한 변화의 동인이 되는 ICT 기반 기술, 인적 자원, 고객 관계 및 전력 망에서의 데이터 위주 조직 문화에 대해서 논의하였다.

전력 망이 사이버 네트워크와 통합된다는 점 때문에 데이터 기반 유틸리티는 이제 침입이나 이로 인한 전력 중단(interruption)의 위험을 자주 겪게 되고 그 영향도 커질 것이다. 이 때문에 전력 망의 모든 구성요소들이 서로 연계되고 협업할 수 있는 IoT 인프라를 구현할 수 있는 사회 기술적 시스템(sociotechnical systems)과 사이버 물리 시스템(cyber-physical system)이 필요하게 된다. 사이버 네트워크의 구성 요소를 물리적인 전력 망과 통합한다는 것은 보안에 대한 취약성이 엄청나게 증가하고, 상호 의존성으로 인해 공격에 따른 파급효과가 연쇄적으로 확산될 수 있음을 의미한다. 또한, 스마트 미터를 통해 전력 사용의 상세한 부분까지 모니터링이 가능해진다는 점은 소비자들에게 보안에 대한 우려와 프라이버시에 대한 불편을 야기할 수 있다. Carol L. Stimmel은 2장에서 개인정보 데이터 보호 및 보안에 관한 최신 기술과 동향을 논의하였다. 전력 망에서 실제로 발생하였던 다수의 사이버 공격 사례를 정리하고 데이터 기반 접근법을 통해 효과적인 정보 보안과 프라이버시 강화를 이끌어 낼 수 있음을 설명하고 있다. 데이터 기반 유틸리티에서는 기존의 물리적인 전력 망 운영자보다 훨씬 많은 기능을 수행할 수 있다. 유틸리티들은 기업으로서 방대한 재무 정보, 고객 데이터를 관리하고, 디지털화를 통해 확산되고 있는 자동화된 계통 운영 도구들을 효과적으로 통제할 책임이 있다. 따라서 이를 위한 보안 전략은 보다 세밀하고 치밀하게 설계되어야 하며, 프라이버시와 기타 내부 정보기술에 대한 통제가 포함되어야 한다.

빅데이터 시대는 유틸리티의 인력 운영 패러다임을 변화시키고 있다. 몇몇 주요 유틸리티들은 R&D와 사업 운영 조직에 전력계통 전문가뿐 아니라, 소프트웨어 개발자와 데이터 사이언티스트의 투입을 증가시키고 있다. 유틸리티 혁신에 있어서 데이터가 가진 힘은 많은 스마트그리드 프로젝트와 AMI 적용 사례를 통해 확인할 수 있다. 이 프로젝트 중 일부는 빅데이터 분석을 적용하여 새로운 센서를 전혀 추가하지 않고도 기존의 SCADA 시스템을 통해 얻어지는 정보만으로도 계통 운영에 관한 새로운 지식을 취득할 수 있다는 점을 실증하였다. 이러한 혁신 사례는 버려지는 정보들도 충분히 유용할 수 있다는 통찰에서 비롯한 것이다. 여기에는 예측 정비(predictive maintenance) 프로그램과 같이 분석 전략을 수립할 당시에는 불필요할 것으로 예상되어 폐기되었지만, 이후의 데이터 분석시스템 설계 단계에서 가치 있는 것으로 확인된 것들이 포함된다. 데이터 분석기술은 경보 한계(alarm limits)를 복제하는 것과 같이 이미 적용되고 있는 기술에서 출발하여, 수치적인 방법을 통해 전력 시장의 동적인 변화 예측 뿐만 아니라, 딥러닝을 통해 소비자의 행동을 연구하거나, 인지 컴퓨팅을 통해 신재생에너지 수용성을 최적화하는 문제를 해결하는 등으로 진화하고 있다. IBM의 Jeffrey Katz는 제3장 "유틸리티 혁신에서 빅데이터 분석의 역할"에서 여러 유틸리티에서 진행된 수많은 성공 사례를 통해, 데이터 분석이 유틸리티의 혁신 기반을 조성하는데 어떻게 활용될 수 있는지를 설명한다.

빅데이터의 장점을 활용하기 위해 유틸리티는 다양한 형태의 대규모 데이터를 빠르게 처리할 수 있는 플랫폼을 갖추어야 한다. 대규모 데이터 커뮤니티를 지원하는 플랫폼이 이미 상용화되어서 바로 사용할 수 있다. 이제는 전력 유틸리티가 전력 시스템에 특화된 데이터 플랫폼을 만드는데 주도적인 역할을 해야할 시점이다. Hadoop/MapReduce, Spark 등과 같은 인메모리(in-memory) 연산 엔진과 병렬 컴퓨팅 프레임워크는 엄청나게 많은 데이터 세트를 처리할 수 있다. 한편으로 모션 데이터를 분석하고, 분석 결과에 따라 실시간으로 작동할 수 있는 스트림(stream) 처리 엔진인 Storm, Streams, Spark Streaming 등이 이미 개발되어 있다. 빅데이터 플랫폼의 아키텍처는 데이터 통합, 웨어하우징, 분석기법 지원 등의 기능을 기본으로 제공함과 동시에 스마트그리드에 특화된 요구사항을 함께 결합하여 처리할 수 있는 프레임워크를 제공해야 하는데, 일례로 Apache Hadoop 에코 시스템은 고성능 연산 능력을 갖추고 있어서 다양한 비즈니스 요구를 수용할 수 있다. 제4장 “빅데이터 통합, 웨어하우스, 분석을 위한 프레임워크”을 저술한 Feng Gao는 스마트그리드 확산과 더불어 계속 증가하고 있는 계통의 빅데이터를 고성능 컴퓨팅을 통해 지원할 수 있는 여러 방법과 기술에 대해서 논하고 있는데, 특히 데이터 수명주기(lifetime cycle) 내에서 다양한 형태의 에너지 산업 분야 데이터를 다룰 수 있는 플랫폼, 데이터 통합, 웨어하우징, 데이터 분석 기술에 중점을 두고 설명하고 있다.

제2장: 빅데이터의 힘을 이용하기

이론을 주로 다루고 있는 이 섹션은 데이터 분석 이론과 기법에 중점을 두고 있다. 특히 여기에서는 ML 및 데이터 마이닝 알고리즘과 방법을 다루면서 이를 적용하여 전력 시스템 활용될 수 있는 데이터 시각화(visualization), 표현(representation), 탐색 분석(exploratory analysis), 회귀분석 및 패턴 인식 기법 등을 논의한다. 이 섹션의 목적은 두 가지이다. 첫 번째 목적은 현재 활용되고 있는 ML 패러다임을 리뷰하고 토론하여, 고전적인 지도/비지도(supervised/unsupervised) 학습 도구를 적절하게 사용할 수 있도록 독자들에게 동기를 부여하는 것과 더불어, 전력시스템의 다양한 분야에서 활용될 수 있는 준지도(semi-supervised) 학습, 멀티 테스킹, 다중 뷰 학습, 희소 표현법(sparse representation), 딥러닝 등을 소개하는 것에 있다. 저자들은 급격하게 발전하고 있는 ML 기술들이 전력계통의 상태 추정, 부하 예측, 고장 탐지, 구조 식별(structure identification) 등에 온전히 활용될 수 있을 것으로 기대하고 있다. 다른 한편으로는 관점을 전환하여 전력계통의 데이터를 ML에 가져오는 과정에서 생기는 도전 과제와 새로운 문제를 다루고 있다. 컴퓨터 비전, 자연어 처리, 음성 인식, 로봇 제어 등에 ML을 적용할 때 경험하였던 문제와 유사하게, ML을 스마트그리드에 적용할 때에는 전력 계통에 특화된 센싱 및 측정 기술의 개발과 더불어 상호 연결된 시스템으로 인한 복잡성, 소비자의 행태와 연관된 데이터의 생성 프로세스, ML을 통해 다루기 위해서는 새로운 이론 및 방법론을 제시되어야 한다.

이 섹션에서 사용된 ML은 좀 더 넓은 의미를 갖고 있는데, 일반적으로 센서 데이터, 전문가 지식, 설문 자료 등을 이용한 학습 훈련과 일련의 컴퓨터 연산 알고리즘을 실행하여 성능 지표(performance metric)을 높이는 것을 의미한다. ML은 통계학, 컴퓨터 과학, 인공지능, 응용수학 등의 교차점(crossroad)에 있다고 볼 수 있는데, 이 섹션에서는 ML 방법론에 대하여 다양한 관점을 가지고 폭 넓게 논의하였다. 여기에는 ML 방법의 바탕이 되는 확률 가정, 이론 및 실험을 통한 일반화 성능(generalization performance), 모델 선택(즉, 하이퍼 파라미터의 선택), 계산 복잡도(complexity), 수치적인 구현(numerical implementation) 방법 등이 포함된다. 비록 이들 주제를 수학적으로 엄밀하게 다루는 것이 이 책의 초점이 아니지만, 관심이 있는 독자에게 유용할 만한 참고자료를 함께 소개하였다. 우리는 종종 최신의 ML 알고리즘을 적용하거나, 스마트그리드에 적용을 통해서 ML 기법을 발전시키고자 하는 니즈를 볼 수 있는데, 이러한 선순환을 통해서 이 두 분야가 놀라운 발전을 이룰 것으로 기대된다.

좀더 구체적으로 들어가면, 제5장은 종래의 지도/비지도 학습에 관한 패러다임을 간략하게 논의하는 것으로 시작한다. 세부적으로 들어가면 논점이 흐려질 수 있기 때문에, 여기에서는 초점을 포괄적인 리뷰에 두기 보다는 회귀, 분류(classification), 차원 축소(dimension reduction) 등과 같은 기초적인 것들 중에서 널리 이용되는 방법에 대한 독자들의 이해를 높이는데 중점을 두었다. 그리고 이 장에서는 두 가지 중요한 문제인 특성 공학(feature engineering)과 모델 선택에 초점을 두고, 좀더 깊게 들어가서 표준화된 ML 도구를 이용하는 방법과 이를 체계적으로 튜닝하는 방법을 보여준다. 이 장의 나머지 부분은 전력 계통의 데이터 분석 어플리케이션에 유망한 것으로 보이는 최근의 ML 기법을 소개하는데 할애하였다. 여기서 다루어지는 주제는 준지도 학습, 멀티태스킹 학습, 전이 학습(transfer learning), 다중 뷰 학습, 정보 표현(information representation) 등이 포함된다.

이러한 논의를 진행한 후에, 제6장에서는 사례 연구로서 클러스터링 알고리즘을 사용하여 배전 시스템의 가시성(visibility)을 높였던 경우를 소개한다. 저자는 스위스 바젤 (Basel)에 있는 30,000개 이상의 부하에 대한 스마트미터 데이터에 비지도 학습 방법을 적용하여 탐색적 데이터 분석(exploratory data analysis; EDA)의 유용함을 실증하였는데, 계량 데이터에 이러한 분석을 적용하여 숨겨진 구조, 속성 및 지리적 일관성을 나타나도록 하는데 성공하였다. 데이터가 더 풍부해질 경우, 이 방법은 DSO(distribution system operator)의 계통 운영에 이용될 수 있을 것으로 기대된다.

이 섹션의 나머지 장에서는 전력 시스템에 적용될 수 있는 몇 가지 고급 ML 방법에 대해 자세히 설명하고 있다. 제7장에서 가정용 에너지관리시스템(HEMS) 및 AMI의 증가로 인해 전례가 없었던 많은 양의 데이터가 에너지 소비에서 생성되는 점에 자극을 받아서, Mocanu 등은 자동으로 지식을 추출하는 딥러닝 프레임워크를 제시하고, 이를 활용하여 계통 운영을 향상시킬 수 있음을 보여준다. 이 장에서는 심층 신뢰 신경망(deep belief networks), 고차원 제한적 볼츠만 머신(high-order restricted Boltzmann machine)과 잘 알려진 딥러닝 개념을 일정 부분 소개하는 것으로부터 연산 요구사항, 수렴(convergence) 및 안정성(stability) 등 이들 방법의 이론적인 장점 및 한계에 대해 논의한다. 구체적인 사례로 두 개의 적용 연구가 제시되는데 여기에는 지도/비지도 딥러닝 방법을 이용해서 건물의 에너지 수요를 예측하는 사례가 포함되어 있다. 이 장은 미래의 트렌드를 살펴보는 것으로 마무리를 하고 있는데, 새로운 응용분야와 중요한 연구 주제에 제시하는데 초점을 두고 있다.

제8장 "압축 센싱을 이용한 스마트그리드 데이터 분석"에서는 압축센싱 – 희소복원(compressive sensing–sparse recovery; CS–SR)이라고 불리는 최신 ML 프레임 워크를 적용하는데 초점을 두고 있는데, 이 기술은 바이오 엔지니어링, 신호처리, 컴퓨터 비전 분야에 적용되어 큰 성공을 거두고 있다. CS–SR을 스마트그리드 모니터링, 데이터 분석, 보안 및 계통 신뢰성 부분에 적용할 경우, 유사한 성공사례가 기대된다. 전력 망은 전기 신호 뿐 아니라 계통 사고 등이 드물게 발생하는 희소한(sparse) 특성을 갖고 있다. 전력 공학에서의 희소 식별 문제처럼 희소성은 계통 모델링에서 가장 도전적인 문제로 알려져 있는데 대안적인 형태의 수하 모델을 도입하여 해결할 수 있다. 이 장은 CS–SR의 이론 및 기술적 배경에 대한 간략한 설명으로 시작된다. 다음으로 논점을 전환하여, 스마트그리드 기술에 CS–SR을 적용할 수 있는 혁신적인 응용분야에 대해서 논의한다. 마지막으로, CS–SR 기술에 대한 논의를 좀더 깊게 전개하여 배전 계통 상태 추정 (distribution system state estimation; DSSE), 스마트 송배전 망에서의 단일 및 다중 고장점 탐지, 부분 방전 (partial discharge; PD) 패턴 인식 등에 적용될 수 있는 새로운 방법을 제안하고 깊이 있게 탐구한다.

전력 시스템에서 센싱과 측정 기술이 급속하게 발전함에 따라, 연구자들은 계통의 동적 상태에 대한 정보를 실시간으로 접근할 수 있게 되었다. 특히, 위상 측정 장치인 PMU (phasor measurement unit) 기술의 개발로 송전선로 및 이와 연결된 전력 시스템의 상태를 끊김없이 모니터링 할 수 있게 되었으며, 여기에 전력 유틸리티들은 모니터링 장치, 스마트 미터 및 절연 상태 감시장치들을 추가하여, 전체 전력 망의 구조, 건전성, 동적 거동에 대해서 완벽한 그림을 그릴 수 있게 되었다. 실시간 측정을 통해서 수집된 데이터는 일반적으로 시계열(time series; TS) 형태로 존재한다. 제9장을 기술한 Gian Antonio Susto 등은 TS 패턴 인식에 사용된 최신 ML 기술을 소개한다. 먼저 TS 분류에 사용되는 기존 방법을 요약하였는데, 여기에서는 기존 방법이 갖고 있는 계산의 복잡성 문제를 부각하는데 초점을 두었다. 그 다음으로 이에 대한 해결 방안으로 TS 데이터를 보다 간결하고 유용하게 표현할 수 있는 다양한 차원 축소 및 수량 축소(numerosity reduction) 기술을 설명한다. 이 장은 다양한 분류 방법을 포괄적으로 비교하면서 결론을 맺고 있는데, 여기에서는 기본 가정, 성능, 계산의 복잡성, 분산 처리 유연성 등이 논의된다.

제3부: 빅데이터의 힘을 스마트그리드에 활용하기

이 책의 마지막 섹션은 계통 설계, 계획 수립, 계통 운영 등 전력 유틸리티의 특화된 문제를 해결하기 위한 데이터 중심 접근 방식을 설명한다. 데이터 기반 유틸리티는 데이터에서 지식을 추출하여 새로운 비즈니스 모델을 만들 필요가 있다. 예를 들면, 전력 소비자의 수요반응(demand response; DR) 잠재량을 분석하거나, 그리드 센서에 생성되는 대용량 데이터를 사전 처리하거나, 전력 시장에 대한 대규모 시뮬레이션을 하거나, 전력 기기들을 예측 정비하는 것들이 있다. 시계열 분석을 통해 실시간/하루 전 전력시장 가격, 계통 부하, 신재생 발전량 등을 예측할 수 있게 되면, 유틸리티의 이해 관계자 및 고객에게 커다란 비즈니스 가치를 제공할 수 있다. 송배전 망에 대한 빅데이터 적용은 크게 두 가지의 목적에 이용될 수 있다. 첫 번째는 계통에 대한 모니터링과 계통 상황의 인지 역량을 향상시켜서 계통 운영자들이 신속하게 의사결정을 할 수 있도록 지원하는 것이고, 두 번째는 예측에 기반을 둔 능동적 관리 전략을 실행할 수 있게 해줌으로써, 분산 전원, 에너지 저장, DR 등 다양한 수급자원들을 계통에서 유연하게 이용할 수 있도록 하는 것이다.

그러나 유틸리티가 빅데이터가 가진 잠재력을 충분히 활용하기 위해 해결해야 할 도전과제는 유틸리티 내부에 통계학이나 데이터 사이언티스트 인력이 부족하다는 점이다. 더욱이 일반 산업계에서 "즉시 사용" 가능한 ML 도구 및 솔루션이 아직까지 유틸리티 산업으로 폭넓게 확산되지 않았기 때문에 유틸리티들이 이를 제대로 학습하는데 더 많은 시간이 필요할 수 있다. 이 섹션에서는 분산 학습 및 최적화, TS의 공간 시간 모델링, 데이터 축소, 데이터 동화(assimilation)와 시각화 기법 등을 종합하여 다루는데, 이러한 기법들은 상태 추정, 토폴로지 탐색, 고장점 탐지, 부하 세분화(load disaggregation) 등과 같이 전력계통의 고질적인 문제를 해결하는데 활용될 수 있을 것이다. 이 섹션의 저자들은 이 책을 통해서 전력 계통의 운영 및 계획수립에 관련된 사람들이 ML 및 딥 러닝의 활용에 대한 관심을 높이는데 기여하기를 기대한다.

제10장 "스마트그리드 빅데이터 어플리케이션의 미래 동향"에서는 전력계통 및 시장 데이터로부터 지식을 찾아내는 특성 추출, 차원의 축소, 분산 학습 등과 같은 데이터 기반 분석에 대한 포괄적인 개요를 제공하고 있다. 더 나아가서, 송배전 망의 제어, 동적 및 정적 상태 분석을 위한 데이터 기반 기술에 대해서 소개한다.

제11장 " 데이터 기반 수요 반응"을 기술한 Akin Tascikaraoglu는 수요관리 또는 DR에서의 빅데이터 분석의 적용과 효과에 대해서 상세한 조사 결과를 제시하면서, 이를 통해 계통 운영자와 고객 모두의 감축 잠재량을 높이는데 활용될 수 있음을 보여주고 있다. 그는 또한 DR에 실제 적용된 몇몇 사례를 소개하였다.

제12장과 제13장은 토폴로지 탐색에 중점을 두고 있다. 정확한 토폴로지, 즉, 스위치나 회로 차단기의 열림 또는 닫힘 상태를 정확하게 파악하는 것은 계통 운영의 모든 측면에서 필수적이다. 제12장 "방사형 그리드의 토폴로지 학습"은 배전 망 버스의 서브 세트에서 수집된 전압 측정 데이터를 이용해서 망의 토폴로지를 학습할 수 있는 획득 알고리즘(acquisitive algorithm)을 설명한다. 제13장 "분산 통계 검정을 통한 토폴로지 식별"은 이미지 분석 모델인 마르코프 랜덤 필드(Markov random fields)와 계통의 전압 측정 값 특성에 따른 조건부 상관관계 속성을 이용한 식별 알고리즘을 제안한다. 이를 통해 전력 망의 토폴로지와 방사형 배전 모선의 전압 크기에 상관관계가 있음을 보여주고 있다.

제14장 "지도 학습을 통한 고장점 탐지"를 기술한 Livani 박사는 복잡한 송전 망에서 고장점을 분류, 식별하고 위치를 특정할 수 있는 SVM(support vector machine) 네트워크를 제안한다. 스마트그리드에서 지능형 전자 장치(intelligent electronic devices; IED)의 적용이 증가하면서 고해상도의 대용량 데이터를 사용할 수 있게 됨에 따라, SVM 방법을 통해 계통 운영자에게 효과적이면서도 정확한 고장 분석을 제공하는 것이 가능해졌다. 이 장을 통해서 우리가 얻을 수 있는 교훈은 점차 복잡해지고 있는 전력 계통과 망에서 생기는 새로운 문제를 다루기 위해서는 기존 신호처리 ML 알고리즘을 수정해야 하며, 계통 자체에 대한 이해를 높이기 위한 노력을 병행해야 한다는 점이다.

계통에서 실제 사용할 수 있는 빅데이터 분석 플랫폼을 개발하기 위해 최신 분석도구, 패키지 및 IT 기술을 도입하는데 관심이 있는 독자를 위해 제15장의 저자는 배전 망에서 활용될 수 있는 최신 빅데이터 도구들과 그 적용 사례에 대한 조사 결과를 소개한다. 이 장에서는 상용 분산 분석 데이터베이스에 R 또는 Java가 제공하는 MapReduce 기능을 접목하여, 친화도 그래프(affinity graph)를 그리고 협업 필터(collaborative filter)를 표현하는 방법을 소개하고, 기존의 데이터베이스 개념을 적용한 경우와 성능을 비교하는 등의 여러 특징을 설명한다.

에너지 자원, 부하 패턴, 계통 상태를 예측하는 것은 차세대 스마트그리드 기술의 핵심 기능이다. 정확한 예측 플랫폼을 갖추게 되면 운영계획, 급전 계획(scheduling) 및 발전기 기동정지계획(unit commitment) 등을 수행하는데 효율성과 보안 측면에서 큰 이점이 있다. 제16장 "포괄적 상태 추정을 위한 예측 분석"은 풍력, 태양광의 발전량 예측, 부하 예측, 전력 계통 상태 추정 등에 대한 예측 ML 방법의 개요와 상세한 논의를 제공한다. 여기에서는 예전부터 이용되어 왔던 회귀분석, TS 분석에서부터 서포트 벡터 회귀, 가우시안 프로세스와 같은 커널 방법에 이르기까지 다양한 ML 도구를 다루고 있다.

마지막으로, 제17장과 제18장은 스마트그리드에 특화된 빅데이터 분석기법 적용 분야이지만 중요한 주제인 에너지 세분화(disaggregation) 또는 NILM(nonintrusive load monitoring)에 초점을 두고 있다. 이 기술의 목표는 본질적으로 계량 데이터로부터 개별 전력 기기의 전기 사용을 추정하는 것에 있다. 개별 기기의 에너지 소비 프로파일에 대한 정확한 정보가 주어지면, 소비자와 계통 운영자 모두에게 에너지 소비 예측, 수요관리, 고객 세분화 등에 유용하게 이용할 수 있다. 제17장에서는 에너지 세분화의 배경, ML 방법, 적용 방법 등에 관한 기존 문헌 조사결과를 정리하고 있으며, 제18장에서는 에너지 세분화 프레임워크에서 우려될 수 있는 프라이버시 문제에 관해 논의한다. 두 장은 스마트그리드 기술을 발전시키기 위해서는 최신의 ML 방법에 대한 이해와 더불어 계통에 대한 깊은 이해가 함께 있어야 된다는 점을 명확하게 보여주고 있다.

이 책에 참여한 전문가들

Reza Arghandeh UC Berkeley and Florida State University, Tallahassee, FL, United States

Mohammad Babakmehr Colorado School of Mines, Golden, CO, United States

Ricardo J. Bessa INESC Technology and Science—INESC TEC, Porto, Portugal

Saverio Bolognani Automatic Control Laboratory ETH Zürich, Zürich, Switzerland

Angelo Cenedese University of Padova, Padova, Italy

Michael Chertkov Los Alamos National Laboratory, Los Alamos, NM, United States

Deepjyoti Deka Los Alamos National Laboratory, Los Alamos, NM, United States

Roy Dong University of California, Berkeley, Berkeley, CA, United States

Feng Gao Tsinghua University Energy Internet Research Institute, Beijing, China

Madeleine Gibescu Eindhoven University of Technology, Eindhoven, The Netherlands

Bri-Mathias Hodge National Renewable Energy Laboratory, Golden, CO, United States

Gabriela Hug ETH Zurich, Power Systems Laboratory, Zurich, Switzerland

Jeffrey S. Katz IBM, Hartford, CT, United States

Stephan Koch ETH Zurich; Adaptricity AG, c/o ETH Zurich, Power Systems Laboratory, Zurich, Switzerland

Hanif Livani University of Nevada Reno, Reno, NV, United States

Mehrdad Majidi University of Nevada, Reno, NV, United States

John D. McDonald GE Energy Connections–Grid Solutions, Atlanta, GA, United States

Sadaf Moaveninejad Polytechnic University of Milan, Milan, Italy

Elena Mocanu Eindhoven University of Technology, Eindhoven, The Netherlands

Ingo Nader Unbelievable Machine, Vienna, Austria

Behzad Najafi Polytechnic University of Milan, Milan, Italy

Phuong H. Nguyen Eindhoven University of Technology, Eindhoven, The Netherlands

Lillian J. Ratliff University of Washington, Seattle, WA, United States

Fabio Rinaldi Polytechnic University of Milan, Milan, Italy

Marcelo G. Simoes Colorado School of Mines, Golden, CO, United States

Matthias Stifter AIT Austrian Institute of Technology, Center of Energy, Vienna, Austria

Carol L. Stimmel Manifest Mind, LLC, Canaan, NY, United States

Gian Antonio. Susto University of Padova, Padova, Italy

Akin Tascikaraoglu Mugla Sitki Kocman University, Mugla, Turkey

Matteo Terzi University of Padova, Padova, Italy

Andreas Ulbig ETH Zurich; Adaptricity AG, c/o ETH Zurich, Power Systems Laboratory, Zurich, Switzerland

Yang Weng Arizona State University, Tempe, AZ, United States

Rui Yang National Renewable Energy Laboratory, Golden, CO, United States

Yingchen Zhang National Renewable Energy Laboratory, Golden, CO, United States

Jie Zhang University of Texas at Dallas, Richardson, TX, United States

Yuxun Zhou UC Berkeley and Florida State University, Tallahassee, FL, United States

Thierry Zufferey ETH Zurich, Power Systems Laboratory, Zurich, Switzerland

감사의 글

이 책에 대한 아이디어는 우리가 몇 년 전, 여러 머신러닝 방법과 통계적 추론을 사용하여 캘리포니아 유틸리티의 스마트미터와 SCADA 데이터를 분석할 때에 시작되었다. 나중에 우리는 스마트미터보다 훨씬 더 높은 해상도를 갖는 PMU(phasor measurement unit)와 마이크로 PMU 데이터 스트림을 분석하는 작업을 시작하게 되었다. PMU와 전력 품질 데이터(120Hz ~ 30kHz 이상), 전국에 산재한 수많은 스마트미터에서 추출되는 데이터들은 전력 시스템에서 빅데이터가 출현할 것임을 의미한다. 유틸리티들은 데이터에 대한 지식을 갖춘 인력과 대량의 데이터를 처리할 수 있는 인프라를 갖추지 못한 상태에서 빅데이터 문제를 다루어야 하는 상황에 직면하고 있다. 우리는 이 책의 독자 중 일부도 비슷한 경험을 가지고 있을 것으로 확신한다. 여기에 덧붙여, 가까운 장래에 모든 집의 옥상에는 태양광 패널이 설치되고, 원격 제어가 가능한 부하가 늘어나며, 스마트가전과 전기자동차가 확산되면서, 다양한 소프트웨어와 하드웨어가 결합되는 IoT의 시대가 오고 있다.

이 책은 데이터 기반 유틸리티로 가기 위한 하나의 과정으로, 유틸리티 엔터프라이즈 아키텍처, 데이터 분석 방법론, 송전 및 배전 망의 다양한 데이터 분석기법 적용에 대한 높은 수준의 견해를 종합하여 제시하고 있다.

우리는 우리 삶에서 위대한 스승을 만나는 행운이 있었다. 우리의 부모님이신 Ali & Soodabeh Arghandeh와 Yanping & Suxue Zhou, 지도 교수이신 버지니아 공과 대학교의 Robert Broadwater 교수와 Saifur Rahman 교수, UC Berkeley의 Costas Spanos 교수와 Alexandra von Meier 교수님.

이 책에서 우리는 전력 시스템 및 데이터 분석 분야에서 학계 및 산업계에서 세계적으로 인정받는 전문가들의 글을 모을 수 있었다. 우리는 이 책에 참여하여 탁월한 저술을 해주신 모든 전문가들에게 감사를 표하고자 한다. Heather Paudler 박사께서 이 책에 대한 귀중한 의견을 보내 주신 것에 감사드린다. 이 책을 준비하는 여러 단계에서 무수한 도움과 조언을 해준 Elsevier 편집 팀의 Renata R. Rodrigues와 Ana C. A. Garcia에게 감사의 말을 전한다. 책 표지, 각 섹션의 아이콘 및 책 내의 다양한 기타 창의적인 그래픽을 디자인한 Honoka Hamano의 노력에 감사드린다.

마지막으로 초안에 대한 귀중한 의견을 주신 Jeffrey S. Katz, Ricardo Bessa, John D. McDonald, Carol L. Stimmel, Mohammad Babakmehr, Elena Mocanu, Madeleine Gibescu, Mehrdad Majidi, Gian Antonio Susto, Deepjyoti Deka, Fabio Rinaldi, Feng Gao, Han Zou, Ming Jin, Ruoxi Jia, Yingchen Zhang, Behzad Najafi, Amin Hassanzadeh, Mihye Ahn, Hanif Livani, Matthias Stifter, Saverio Bolognani, Michael Chertkov, AmirhessamTahmassebi,Madhavi Konila Sriram, Roy Dong, Jose Cordova에게 감사를 드린다.

우리는 독자들부터 의견을 기대하고 있다. 의견, 제안 및 질문이 있는 독자들의 연락을 기대한다.

Reza Arghandeh

Florida State University, Tallahassee, FL, United States

Yuxun Zhou

University of California, Berkeley, CA, United States

역자의 말

빅데이터를 일컬어 '21세기의 원유', '디지털 금맥'으로 비유하곤 한다. 이는 주로 빅데이터와 빅데이터를 활용한 분석이 가지는 엄청난 가치를 강조하여 사람들로 하여금 빅데이터에 관심을 갖도록 유도하기 위해 사용되는 말이지만, 이 표현에는 빅데이터 분석에 관한 숨은 의미가 잘 담겨 있다. 우리가 석유나 금을 얻으려면, 우선 매장된 곳을 잘 찾아야 한다. 그리고 매장량이나 채굴 비용이 어느 정도 이상이어야 경제적으로 의미가 있다. 황량한 대지, 광활한 바다에서 이런 곳을 찾으려면 고도의 탐사 기술과 자본 투자, 그리고 어느 정도의 운이 필요하다. 주지하다시피 이들 분야는 투자 리크스가 크고, 자본과 기술을 가진 소수의 기업, 국가가 독점하고 있다. 또한 원석, 원유에서 경제적 가치를 가진 재화를 만들려면 정제, 정유 등의 과정이 필수적인데, 사업성을 갖추려면 전문 지식과 기술, 노하우가 요구된다.

빅데이터 분석도 마찬가지다. 우리가 쉽게 접하는 데이터는 그 자체로 의미 없는 숫자, 문자, 이미지인 경우가 다반사이다. 수 많은 데이터, 데이터 흐름 속에서 의미 있는 결과를 도출하려면, 기존의 방법으로는 해결이 어려운 문제 즉, 빅데이터 분석으로 차별화된 가치를 만들 수 있는 곳이 어디인지를 알아야 한다. 가치가 있더라도 이를 효과적으로 분석해서 시각화 등의 과정을 통해 설득력 있는 결과로 제시하지 못하면 활용되지 못 할 수 있다. 그리고 대부분 원본 데이터에는 노이즈, 누락 값, 이상치 등이 섞여 있기 때문에 정제를 어떻게 하느냐에 따라서 상반된 결과가 나오기도 한다. 이 때문에 빅데이터 분석을 제대로 활용하기 위해서는 데이터 분석 기법에 관한 체계적인 지식과 함께, 각각의 데이터가 갖는 물리적 의미, 생성 과정, 경제적 의미에 대한 고찰과 도매인 지식을 갖추려는 노력이 필수적이다.

스마트그리드에 특화된 빅데이터 분석에 초점을 둔 이 책은, 이러한 관점을 따라서 스마트그리드에서 빅데이터를 발굴하고, 분석에 필요한 이론적 지식을 갖춰서 스마트그리드에서 실제 접하는 문제들을 빅데이터 분석으로 해결하는 순서로 구성되어 있다. 제1부 '스마트그리드에서 빅데이터 발굴하기'에서는 스마트그리드 빅데이터 이용에 대한 큰 그림을 그리고, 데이터 기반 유틸리티로 전환하기 위해 필요한 요건을 설명하면서, 빅데이터 분석이 스마트그리드 혁신에서 무슨 역할을 하고 어떤 가치를 제공할 수 있는지를 논의한다. 제2부 '빅데이터의 힘을 이용하기'에서는 빅데이터 분석 이론과 기법에 중점을 두고 있는데, 지도/비지도 학습,

딥러닝, 압축 센싱, 시계열 분석 등에 관한 모형과 주요 결과가 소개된다. 장황한 수학적 이론보다는 엔지니어라면 이해하고 있어야 할 각 방법론의 개념과 핵심 산식들이 설명하고 있으며, 수많은 빅데이터 분석 기법 중에서 실제 스마트그리드에 활용되는 방법들에 초점을 두고 있다. 제3부 '빅데이터의 힘을 스마트그리드에 활용하기'는 이 책의 하이라이트에 해당한다. 빅데이터 분석으로 스마트그리드의 실제 문제를 해결하는 방법과 희소한 최신 사례들이 소개된다. 주요 응용 분야로 수요반응, 토폴로지 학습, 고장점 탐지, 전압 불균형, 신재생 발전량 예측, 에너지 세분화 등이 다루어진다.

스마트그리드에 초점을 둔, 희소한 빅데이터 전문 서적이라는 점 이외에, 이 책의 장점으로 다수의 전문가가 집필에 참여하여 완성하였으며, 각 분야별 훌륭한 참고문헌을 제시한다는 점을 들 수 있겠다. 사실 빅데이터 분석, AI 등의 분야는 기술의 속도가 빠르고 계속 변화하고 있기 때문에 정립된 이론, 방법론도 뚜렷하지 않을뿐더러 인터넷에는 수 많는 오픈 소스와 자료들이 존재한다. 체계적이지 않은 정보의 홍수는 오히려 스마트그리드 빅데이터 분야를 새롭게 접근하려는 사람들을 헤매게 할 수 있다. 이 책은 스마트그리드와 빅데이터 분석을 함께 이해하는 전 세계 31명의 전문가가 함께 참여하여, 보다 객관적인 시각으로 스마트그리드 빅데이터 문제를 다루고 있다. 또한 각 장에서 스마트그리드 빅데이터 분석에서 이정표가 될 만한 참고문헌들을 소개하고 있는데, 이들 문헌들은 각각의 분석 분야에 뛰어들고자 하는 연구자들에게 훌륭한 나침반 역할을 할 수 있을 것이다.

이 책이 발간될 수 있도록 허락해준 Reza Arghandeh 교수와 Elsevier 담당자, 번역서 발간을 물심 양면 후원해주신 전력연구원 김숙철 원장님, 생능출판사 김승기 사장님을 비롯한 출판사 분들, 초고 편집을 도와준 이선희님, 그리고 번역일로 가정일에 소홀했던 아빠와 남편을 꿋꿋이 지지해준 양인숙님, 아들 준환에게 감사의 인사를 드린다. 끝으로 이 책의 매끄럽지 않은 부분, 오기 등은 온전히 역자에게 책임이 있음을 밝히는 바이다.

차례

스마트그리드에서 빅데이터 발굴하기

CHAPTER

CHAPTER 01

데이터 기반 유틸리티가 되기 위한 총체적인 접근

John D. McDonald
GE Energy Connections-Grid Solutions, Atlanta, GA, United States

이 장의 개요

빅데이터를 활용하는 궁극적인 목표는 고객 서비스를 개선하고 기업의 경영목표를 달성하는 동시에 계통 운영의 안정성, 복원력(resiliency), 효율성을 향상시키는 위함이다. 따라서 이러한 비즈니스 동인(driver)에 따라 데이터에 대한 요구사항과 기술 로드맵이 결정되어야 이들 분야의 지속적인 개선을 이룰 수 있다. 데이터 기반 유틸리티는 우선 가장 기본적인 비즈니스 동인이 무엇인지를 명확하게 정의하고, 설비 운영과 기업 경영을 위해 어떠한 인텔리전스가 필요하며, 사업 현안과 더불어 미래의 사업 요구 해결, 필요한 기술적 역량 확보를 위해 필요한 인텔리전스를 갖추려면 어떠한 기술이 필요한지를 이해해야 한다. 지적 능력과 자동화는 표준에 기반을 둔 양방향 통합 커뮤니케이션 시스템에 의존한다. 따라서 유틸리티는 개방형 아키텍처와 표준에 기반을 둔 ICT 토대를 확립함으로써 먼저 "강력한(strong)" 전력 망을 개발해야 한다. 이 첫 번째 단계를 달성하기 위해서는 계통에서 센서로부터 소비자에 이르는 서로 다른 경로를 통해서 얻어지는 데이터들의 현재 또는 미래의 네트워크 응답속도, 대역폭, 대기시간 등과 같은 기능적 요구사항을 이해하고 이를 지원하기 위해 ICT 관련 부서들이 서로 협력하여야 한다. 그런 다음 데이터 기반 유틸리티는 "스마트한(smart)" 전력 망을 개발하여야 하는데, 이를 위해서는 ICT 기술과 운영 기술의 융합과 관련 부서 직원들간의 협력이 요구된다. 즉, 가치 창출에 초점을 두고, 운영 뿐 아니라 기업 전반에 걸친 문화를 바꾸려는 총체적인 접근이 필요하며, 이 과정을 통해 조직내 사일로(silo)를 제거하여야 한다. 기술 측면에서는 자동화에 앞서서 데이터를 생성하는 장치와 시스템을 통합하는 작업이 선행되어야 한다. 변전소(substation) 자동화 애플리케이션을 결정하려면, 그 이전에 일별, 계절별 시간에 따른 데이터의 변화와 날씨 등에 조건에 따라 어떻게 달라지는지를 알아야 하는 것이다. 조직 측면에서는 운영 조직을 포함한 기업내 여러 조직들이 모두 어떤 데이터가 필요한지를 명확히 하여 전사 차원의 데이터 요구사항 매트릭스를 만들어야 한다. 이 과정을 거쳐야

IT와 운영 기술을 담당자가 필요한 플랫폼의 숫자와, 데이터 보안을 유지하면서 기기로부터 소비자에 이르는 가장 효율적인 데이터 흐름 경로를 결정할 수 있다. 접속과 인증에 대한 규칙을 갖춤으로써 자격을 갖춘 사람만이 적시에 올바른 데이터를 이용할 수 있도록 해야한다. 데이터 기반 유틸리티의 핵심적인 개념의 하나는 데이터를 통해 가치를 창출하고자 하는 모든 내부 직원들이 데이터에 접속할 때 보안이 유지되어야 한다는 점이다. 운영 데이터는 실시간으로 급전 분소(control center)에 전송되어야 하지만, 지능형 전자장치(IED)를 통해 추출된 비운영(nonoperational) 데이터는 일정 부분 축적된 뒤, 운영 방화벽을 통해 데이터 마트(mart)에 저장되어 기업 내 여러 부서 및 관련 애플리케이션에서 이용 가능한 형태로 처리된다. 이 장에서는 자산 관리, 안전, 표준과 상호 운영성, 그리고 송배전 망의 가시성(visibility) 향상을 통한 기업가치 제고 등의 분야에서, 데이터 기반 유틸리티에 어떠한 가치가 있는지를 보여주기 위해 세 개의 사례 연구를 살펴보고자 한다.

1. 도입

오늘날 디지털 시대에서 새로운 기술이 속속 등장하고 전통적인 전력 시장이 파괴되는 흐름 속에서도 전력 회사가 성장하려면 설비 운영과 기업 경영의 효율을 높이고, 새로운 비즈니스 통찰을 바탕으로 유연하게 대응을 할 수 있어야 하며, 이를 위해서는 데이터 활용이 필수적이다. 따라서 문제는 데이터 기반 유틸리티로 갈 것인가 가지 않을 것인가가 아니라, 데이터 기반 유틸리티가 되는 방법에 있다. 여기에는 많은 기회와 도전 과제가 있다. 간단히 말해서, 기업 내에서 데이터를 폭 넓게 이용하려면, 기업을 다시 만드는 수준의 혁신적인 여정이 여기에 도전하는 모든 전력 회사에게 요구된다. 데이터 기반 유틸리티가 되는 과정에는 데이터와 관련된 기술 및 업무 프로세스 뿐 아니라, 조직 문화, 기업 업무 전반을 근본적으로 바꾸는 과정이 필요하다. 이 과정을 통해 얻을 수 있는 효과는 계통 운영의 신뢰성, 효율, 복원력을 강화하는데 국한되지 않는다. 이러한 변화를 통해 전력회사는 새로운 유틸리티 비즈니스 모델을 실행할 수 있는 유연성을 확보할 수 있다. 데이터 기반 유틸리티가 되기 위해서는 기술과 철학을 함께 하려는 노력이 있어야 한다.

이와 관련된 철학적 원칙은 간단하게 세 가지로 정리할 수 있다. 첫번째 원칙은 데이터는 전력 회사의 존재 이유를 개선해야한다는 점이다. 오랫동안 전력회사의 궁극적인 목표는 고객들에게 전기를 안전하고 효율적이며 값싸게 제공하는 것에 있었다. 이 기본 임무가 앞으로는 고객에게 다양한 서비스 옵션을 제공하는 형태로 확대될 것으로 예상되며, 여기에 데이터가 중요한 역할을 할 것이다. 데이터 활용을 통해 고객 서비스 향상, 고객 및 이해 관계자 가치 향상, 계통 운영의 신뢰성, 복원력 및 효율성 향상을 지원할 수 있다. 이것은 전력 유틸리티의 지배구조가 공기업인지, 지자체 산하인지(municipally owned) 또는 투자가 소유인지(investor owned) 여부에 관계없이 모든 유틸리티에 해당되는 사실이다. 두번째 원칙은 데이터 기반 유틸리티가 되기 위해서는 조직 및 기술의 근본적인 변화가 필요하며, 총체적 접근 방식만이 이를 가능하게 할 것이라는 점이다. 세번째 원칙은 가장 광범위한 원칙으로, 현재 및 향후의 사회 및 시장 흐름이 전력 산업계에서 오랫동안 유지된 독점과 규제에 의한 사업 모델에 변화를 원한다는 점이다. 만일 전력 사업자가 자신의 운명을 스스로 결정하려면 능동적이어야 한다. 데이터는 새로운 가치 실현의 원동력이다. 하지만 시간이 별로 없다. 이를 위한 기회와 도전은 긴박감을 가지고 활발하게 받아 들여져야 한다.

2. 내부 및 외부 이해 관계자 연계

데이터 기반 유틸리티의 한 가지 근본적인 개념은 모든 내부의 이해관계자가 데이터를 통해서 가치를 창출하고자 할 때, 해당 데이터에 안전하고 시기 적절하게 접속할 수 있어야 한다는 점이다. 필요한 데이터를 확인하고, 수집하고, 처리하며, 그 결과를 제시할 수 있고, 필요에 따라 언제든 접속할 수 있게 하는 바로 그 과정은 유틸리티 전반에 걸친 조직 문화와 비즈니스 프로세스 변화를 유도한다. 데이터 기반 유틸리티가 되려면 모든 운영 및 경영의 단위 조직간에 협력과 조화가 필요하며, 사일로는 과거 관행이며 쓸모 없는 유산이라는 인식의 변화가 요구된다. 데이터 기반 유틸리티가 되려고 하는 목표를 추구함에 있어서, 이러한 근본적인 변화가 필수적이라는 점이 과소 평가되어서는 안된다.

이러한 상황은 외부 이해 관계자에게도 적용된다. 고객 입장에서 볼 때, 고객의 전기 사용 데이터는 가치를 가진 상품으로 볼 수 있다. 고객은 더 이상 수동적인 요금 납부자가 아니다. 고객의 에너지 사용 데이터는 고객의 소유물이며, 고객들은 데이터에서 점점 더 큰 가치를 기대하고 있다. 미국의 주 정부 산하 공공 유틸리티위원회(public utility commission; PUC)는 에너지 사용 데이터는 고객 소유이며, 유틸리티는 이를 안전하게 관리해야 할 책임이 있고, 고객이 데이터 사용 및 공유 여부에 대해 결정할 권리가 있음을 분명히 하고 있다. 유틸리티가 데이터를 활용하여 유틸리티와 고객 모두에게 가치 있는 서비스 옵션을 창출할지 여부에 따라, 유틸리티가 기업으로서의 미래에도 성공할 수 있을지 여부가 결정될 것이다. 오늘날 에너지 데이터를 기반으로 유틸리티를 대신하여 고객들에게 새로운 서비스와 가치를 제공할 수 있는 신기술이 속속 등장하고 있으며, 여기에 기반을 둔 제3의 사업자, 시장 파괴를 주창하는 움직임이 활발한 상황에서, 데이터는 유틸리티의 성장을 위한 수단 일뿐만 아니라 생존 수단으로도 볼 수 있다.

3. 총체적 접근법

비록 개별 전력 유틸리티들간에 고객 특성이 상이하고 비즈니스 모델, 기존 인프라가 다르기 때문에, 데이터 기반 유틸리티의 모습은 유틸리티별로 달라질 수 있지만, 데이터 기반 유틸리티가 되기 위한 총체적이고 체계적인 접근방식에서는 몇 가지 공통적이면서 구별되는 단계가 있다. 이 장은 이 책의 도입부로 이 책의 주제를 리뷰하고 있는데, 여기에서 우리는 총체적 접근법, 이와 관련된 필요 기술, 그리고 데이터를 생성하는 센서와 소비자를 연결하는 것의 의미를 다루고자 한다. 그리고 세 개의 사례 연구를 통해서 그 의미를 구체적으로 살펴보겠다.

데이터 기반 유틸리티가 되기 위해 총체적 접근 방식이 필요하다는 것은 말 그대로 모든 것을 고려한다는 것을 의미한다. 여기에서는 송전과 배전을 구분하지 않고 하나의 통합된 엔터티로 간주한다. 계통의 신뢰성, 복원력, 효율을 향상시키는 것을 기본으로 하여, 고객에게 전력을 제공하는 과정에서 고객의 참여와 만족도를 향상시키기 위해 이루어지는 모든 운영 활동과 사업 활동을 포괄하는 개념이다. 개방형 아키텍처 및 표준에 기반을 두면, 총체적 접근 방식을 통해서 장치, 시스템 및 데이터베이스 간의 상호 운용성을 보장할 수 있다. 이는 또한 계통 운영 및 기업 경영 수준에서 새로운 가치 창출이 가능하게 할 수 있다. 아울러 기존 설비들의 가치를 유지하면서도, 전방(forward) 및 후방(backward)의 호환성을 가능하게 하여 현재 또는 미래의 투자에 대한 편익을 최대로 끌어낼 수 있다. 발전에서 최종 소비에 이르는 종단 간(end-to-end) 네트워크 관점에서 볼 때, 총체적 접근 방식을 통해 데이터를 생성하는 모든 장치들(향후에는 송배전 망의 모든 장치가 점차 이러한 기능을 갖출 것으로 예상되지만)이 필요한 응답 요건을 갖추고 네트워크와 통신 채널에 정확하게 매핑할 수 있게 되며, 필요한 정보를 전달하여, 계통 운영과 유틸리티 경영조직에 근무하는 적합한 사람들은 가치 창출을 위해 적절한 시기와 장소에 항상 필요한 정보를 접근할 수 있게 된다.

총체적 접근 방식을 통해 유틸리티는 유틸리티의 비즈니스 동인과 고객의 요구, 기대치를 일치시킬 수 있는데, 이를 위해서는 유틸리티의 전력 망 현대화를 위한 기술 로드맵에 이런 것들을 지원하는 기술들이 반영되어야 한다. 유틸리티 문화 및 조직 측면에서 총체적 접근 방식은 조직내 사일로를 제거하고 중복 시스템 및 그에 따른 비용을 회피하기 위해 유틸리티 전반의 협력과 조화를 요구한다. 이래야만 신중하고 잘 검증된 투자의 기반을 조성하고, 고객 및 이해 관계자에게 가치와 이익을 증대시킬 수 있으며, 미래의 요구사항도 충족할 수 있게 되어, 새로운 서비스에 대한 규제 기관의 승인을 얻기도 쉬어진다.

기존 유틸리티 비즈니스 모델에 대한 재검토와 변환이 요구되고, 디지털 기술이 점점 더 세분화된 대량의 고품질 데이터를 생성하는 시대에서는 총체적 접근 방식이 데이터 기반 유틸리티로서 성공을 거둘 수 있는 가장 확실한 기회를 제공하는 방법이다.

4. "STRONG" 먼저, 그 다음에 "SMART"

유틸리티의 계통 운영, 비즈니스 동인과 고객의 요구와 기대를 일치시키게 되면, 이를 기준으로 데이터의 생성, 수집, 저장, 처리, 표시 또는 액세스 방법을 결정하여야 하며, 실행 가능한 인텔리전스를 어떤 방법으로 적용할지를 결정해야 한다. 데이터 기반 유틸리티는 현재와 향후의 계통 운영 및 비즈니스 모델을 재검토하고 고객 요구 사항과 근본적인 비즈니스 동인을 파악해야 한다. 이를 통해 고객 서비스 개선과 가치 창출을 위해 스스로 결정한 목표를 달성하기 위해 계통 운영과 기업 경영에 어떠한 인텔리전스를 실행해야 할지를 정확하게 이해할 수 있다.

현재의 계통 운영 업무를 최적화하고, 미래의 계통 운영 및 기업경영 니즈에 유연하게 대응하려면, 유틸리티는 "스마트한" 전력 망을 추진하기 전에 "강력한" 전력 망을 먼저 구축해야 한다. 이는 오직 개방형 아키텍처와 업계 표준에 기반한 ICT 기반의 확립을 통해서만 가능하다. 계통 운영의 인텔리전스와 자동화, 기업 가치의 창출은 표준에 기반을 둔 양방향 통합 커뮤니케이션 시스템에 의존한다[1].

이를 위한 첫 번째 단계로 ICT 담당 부서에서는 현재와 미래의 시스템과 애플리케이션을 위해 센서에서 고객 말단에 이르는 각각의 다양한 데이터 경로에 필요한 기능적 요구 사항(응답 요구 사항, 대역폭, 대기 시간 등)을 이해하고 이를 지원하기 위해 서로 협업을 해야 한다. 이 접근법은 조직 전체에 걸친 협력을 요구한다. 하지만 이는 결코 쉬운 작업이 아니다. 조직 문화의 근본적인 변화를 위해서는 경영진의 리더십과 개발 협력업체(third party)의 적극적 참여가 필요하며, 특정 개인과 부서단위(bailiwick-level)의 성과보다는 조직 전반에 걸친 변화, 고객 가치 창출에 기여한 인력에 대한 보상 인센티브를 강구하여야 한다.

ICT 플랫폼의 기본 기능은 유틸리티 운영 및 경영의 모든 측면을 연결하는 것으로, 이는 전사적 데이터 관리의 전제 조건이다. ICT 플랫폼은 완전한 정보 흐름, 데이터 관리 및 분석, 그리고 계통의 모니터링과 제어를 지원해야 한다. 또한 신규 고객 서비스, 분산 자원(DER) 연계와 기타 잠재적인 향후의 요구사항을 지원할 수 있는 기능도 갖추어야 한다. "스마트한" 전력 망 이전에 "강력한" 전력 망을 구축하는 단계적 접근 방식이 효과적이라는 점은 2009년부터 현재까지 미국에서 경기 부양법(American Recovery and Reinvestment Act; ARRA)의 지원을 받아 완료된 프로젝트에서 얻어진 교훈을 통해서도 확인할 수 있다. 한 가지 간단한 예가 이 점을 명확히 보여준다.

ARRA 자금 지원을 이용하여 많은 유틸리티가 AMI 보급을 진행하였다. 이들 중 일부 유틸리티는 과거의 관행대로 계량기 담당부서가 AMI 보급 업무를 전담하도록 하였는데, 이들 유틸리티는 나중에 배전 자동화(DA) 시스템의 도입을 고려하면서 이 업무를 계통 운영을 담당하는 엔지니어링 부서에 할당하여 원래의 실수를 더 복잡하게 만들었다[2].

이들 유틸리티는 방향은 옳았지만 실행에 오류가 있었다. DA는 논리적으로 볼 때, 전력망의 현대화 과정에서 AMI가 보급된 이후에 진행되어야 하는 프로젝트이며, 투자 가치가 매우 높아서 유틸리티가 정부 지원금 없이도 독자적인 투자를 할 수 있는 분야이다. 하지만 이들 유틸리티는 AMI 보급을 위해 당시에 구축한 데이터 네트워크 및 IT 인프라가 DA 통합을 지원하지 않거나 DA를 구현하는데 비용이 많이 들고, 그 과정에서 많은 혼선을 해결해야 한다는 점을 알게 되었다. 만일 총체적 관점으로 데이터 관리를 접근하였다면, 계통 운영과 경영의 모든 단위 부서가 모여서 전략 방향과 향후 프로젝트, 그리고 이를 지원하기 위한 ICT 요건에 대해 허심탄회하게 논의를 진행했어야 했다. 이들 사례에서 이러한 기본 단계를 거쳤다면, 과도한 노력과 비용을 없애고 두 개 이상의 분리된 데이터 스트림을 생성했을 것이다. 두 개 이상의 시스템이 해당 유틸리티 서비스 지역(territory) 전역에 대한 통신 네트워크를 필요로 했기 때문이다. 유틸리티들은 여기에서 얻어지는 교훈을 유틸리티의 많은 네트워크, 시스템 및 응용 프로그램 도입에서도 반영하여야 하며, 유틸리티의 잘 짜인 미래 기술로드맵에서도 반영되어야 한다. 총체적 접근 방식은 조직 문화의 변화와 상당한 시간과 노력을 필요로 하지만, 이 방식은 궁극적으로 시간, 노력 및 비용을 절감하고 미래의 데이터 중심 유틸리티가 수익을 지속적으로 증가시키는 방법이다. 이와 대조적으로 이 사례에서 알 수 있듯이, 분열되고 단편적인 접근 방식은 방향을 잃은 자산 투자 또는 기껏해야 기술 로드맵의 각 단계를 실행하는데 시간만 소모하거나 값 비싼 대안을 찾아야하는 어려움을 초래하기 쉽다.

강력한 ICT 기반이 확립되면, 데이터 기반 유틸리티는 "스마트한" 전력 망을 구축하는 단계로 나아가서 센서에서 최종 소비자에 이르는 데이터 흐름에 대한 매핑을 할 수 있게 된다. 바로 이 단계에서는 IT와 운영 기술(OT)이 합쳐져야 하며, 해당 부서 직원들이 협력해야 한다. 즉, 고객 및 이해 관계자 중심의 가치 창출에 초점을 맞추고 조직 내부의 사일로 및 사일로에 치우친 사고를 제거하는 계통 운영과 전사 전반의 조직 문화의 변화가 시작되어야 한다.

데이터 기반 유틸리티가 되기 위한 총체적 접근 방식 가이드라인

- 내부 및 외부 이해 관계자의 요구와 기대를 일치시킨다.
- 조직 전체에 걸쳐 총체적 솔루션의 관점에서 생각한다.
- 강력한 전력 망을 먼저 구축하고, 강건한(robust) ICT 성능을 활용하여 스마트한 전력 망을 추진한다.

5. IED를 활용한 계통의 가시성 향상

일부 독자들이 알고 있겠지만, 센서, 데이터 처리를 통한 계통의 가시성 확보는 한동안 송전망에서 적용되어 왔던 기술이다. 하지만 가시성이 정말로 필요한 분야는 배전 계통의 하부(downstream)로 이동하고 있는데, 이는 지능형 전자 장치(intelligent electronic device; IED) 기능을 갖춘 센서와 장치가 계속 증가하고 있기 때문이다. 배전 계통에서의 IED의 확산은 유틸리티가 송전과 배전을 하나의 개체로 다룰 수 있게 해주며, 이는 데이터 기반 유틸리티로의 전환을 가능하게 하는 주요 기술적 수단이기도 하다. 그러나 가시성을 갖추지 못한 배전 계통이 아직 많은 상황이다. 예를 들어, 미국에서 자동화 기능을 갖춘 배전 변전소는 2/3에 불과한 실정이다.

IED는 독립형 센서의 형태를 취하거나 보호 계전기(protective relay), 부하 탭 절환 장치(load tap changer), 전압 조정기(voltage regulator) 등과 같이 변전소 보호와 제어를 위한 설비에 부착되어 데이터를 생성한다. 이들은 두 종류의 데이터 스트림을 생성하는데, 각각 운영 데이터와 비운영 데이터로 구분된다. 운영 데이터는 계통의 모니터링 및 제어 목적으로 통제 센터에 근무하는 운영자에게 실시간으로 전달된다(그림1, 데이터 유형: "운영" 데이터 참조). 비운영 데이터는 가치 창출에 중요한 통찰을 제공할 수 있는데, 만일 적절하게 라우팅, 저장, 처리된다면, 응용 프로그램에 입력 정보로 활용되어 계통 운영과 경영 부서 모두가 필요에 따라 액세스 할 수 있게 된다(그림2, 데이터 유형: "비운영" 데이터 참조). 특히 비운영 데이터는 유틸리티의 경영 목표인 에너지 효율, 부하 유지(load shaping), 자본 지연(deferral)에 관한 정보를 제공할 수 있다. 비운영 데이터의 또 다른 형태인 계량 데이터는 수요 반응 및 동적 요금제(dynamic pricing)와 같은 에너지의 효율과 신뢰성을 목표로 하는 프로그램을 지원할 수 있다[3]. 이들 두 유형의 데이터를 구분하는 특성 차이를 더 잘 이해하려면 그림3의 "운영 및 비운영 데이터의 특성"을 참조하면 된다.

데이터 유형 : 운영 데이터

- 실시간 상태, 성능, 전력 기기의 부하 등을 나타내는 데이터를 의미한다.
- 계통 운영자가 계통의 모니터링과 제어를 위한 필수적으로 활용하는 기본 정보에 해당된다.
- 사례
  - 개폐기의 열림/닫힘 상태
  - 선로 전류
  - 버스 전압
  - 변압기 부하(유효 및 무효 전력)
  - 변전소 경보 신호(고온, 저압, 침입 탐지 등)

그림1. 전력계통의 운영 데이터 유형 (J.D. McDonald의 전사 데이터 관리 발표자료에서 인용)

데이터 유형 : 비운영 데이터

- 데이터의 주된 용도가 계통 운영보다는 엔지니어링, 유지보수 등에 초점을 둔 데이터를 의미한다.
- 하지만, 계통 운영자도 비운영 데이터에 관심을 가지는 경우가 많이 있다.
- 사례
  - 디지털 고장 기록계의 파형 데이터
  - 선로 차단기 접촉점(contact)의 마모 데이터
  - 변압기 냉각 오일의 용존 가스/수분 데이터

그림2. 전력계통의 비운영 데이터 유형 (J.D. McDonald의 전사 데이터 관리 발표자료에서 인용)

비운영 데이터의 가치와 그것이 어떻게 간과되고 있는지는 보호 계전기의 사례를 통해 확인할 수 있다(그림 2의 비운영 데이터 사례에서 두 번째). 계통 보호를 담당하는 부서에서는 통상 고장을 탐지하고, 회로 차단기를 정지(trip)시키는 운영상의 목적을 위해 보호 계전기를 구매, 설치한다. 그러나 IED가 부착된 모든 계전기는 유틸리티의 설비 관리 부서에 중요한 두 가지 유형의 데이터를 생성한다. 계전기가 고장을 감지하면, 계전기는 차단기를 개방하여 고장 전류를 고립시키고(isolate), 차단기의 개폐 과정에서 발생하는 아크를 소멸시킨다. 아크와 관련된 에너지는 접점이 열렸을 때 차단기를 통해 흐르는 전류 (i)의 제곱과 아크를 소멸시키는 데 걸리는 시간 (t)을 곱 즉, i^2t 공식에 의해 계산된다. 이 i^2t 데이터와 차단기의 누적된 작동 횟수를 결합하면, 해당 차단기의 유지보수 서비스 시점을 알 수 있다. 실제로 유지 보수 작업이 필요한 시점은 차단기 제조업체와 모델에 따라 다르다. 하지만, 계통 보호 담당부서와 유틸리티 내부에서 이러한 비운영 데이터의 가치를 인식하지 못하는 경우, 유지 보수는 일반적으로 실제 상태와 관련이 없는 일정 계획을 따라 진행되거나, 고장 난 경우에만 차단기를 수리하게 된다. 물론 이와 같이 고장 난 경우에만 수리하는(fix-on-fail) 형태의 설비 관리는 데이터에 기반한 능동적 자산 관리와 명확하게 대조되는 것이다[4]. 이 사례는 비운영 데이터가 가지는 가치를 분명하게 보여주는 것으로, 유틸리티 내부에서 이들 정보에 접근할 수 있는 체계가 갖추어져야 한다. IED 투자에 대한 가치를 논의할 때, 이들 투자가 사업적으로 충분한 의미를 가지려면 여기에서 생성되는 데이터가 온전히 이용될 때만 가능하다. IED 투자 비용은 개당 $5,000에서 $10,000 수준인데 일반적으로 유틸리티에서는 한 번에 수백 개가 설치된다. 그러나 여기에서 생성되는 비운영 데이터가 충분히 활용되지 않으면, 잠재 가치의 75% 정도가 버려지는 것이 된다.

모든 IED가 유틸리티의 다수 지점(point)에 설치되어, 운영 또는 비운영 데이터를 생성한

운영 데이터와 비 운영 데이터의 특성 비교

특성	운영 데이터	비운영 데이터
데이터 포멧	통상 개별적인 타임 시퀀스 데이터 아이템에 한정됨.	관련 데이터 성분들의 합으로 구성되는 것이 일반적임.
실시간 vs 이력	보통 실시간 또는 실시간에 가까운 데이터로 구성	대부분 시간에 따른 변화를 나타내는 이력 데이터 성격을 갖고 있음.
데이터 통합	SCADA RTU 등을 통해서 표준화된 프로토콜을 이용해서 쉽게 전송됨.	기기의 제작사에 따라 데이터 형식이 달라서 표준화되어 있지 않은 것이 일반적이며, SCADA 통신 프로토콜로 쉽게 전달하기 어려움.

그림3. 운영 데이터와 비 운영 데이터의 특성 비교 (J.D. McDonald의 전사 데이터 관리 발표자료에서 인용)

다. 특정 IED가 측정하는 지점들을 모으면, 그 결과는 "데이터 맵"으로 간주될 수 있다. 각각의 IED와 해당 데이터 맵을 한 두개의 통신 네트워크와 매칭시키면, 응답 요구 사항에 맞춰 데이터를 전송할 수 있게 된다. 운영 데이터와 비운영 데이터는 통신 네트워크에서 각기 고유한 응답 요구 사항이 있는데, 여기에서 필요한 간략한 검토 사항은 다음의 6절과 같다[5].

6. 네트워크 응답 요구 사항

통신 네트워크가 의미 있는 기능을 제공하고, 비즈니스에 도움이 되는 역할을 하려면, 자신이 운반하는 데이터의 우선 순위와 품질 요건을 충족시키도록 설계되어야 한다. 데이터 스트림마다 응답 요구 사항이 다양하기 때문에, 유틸리티는 다양한 기능을 갖추면서도 비용을 줄이기 위해 여러 통신 네트워크를 혼합하고 매칭(mix-and-match)하기도 한다.

IED의 실시간 운영 데이터는 일반적으로 가장 엄격한 응답 요구 사항이 적용되는데, 여기에는 신뢰성, 중복성, 속도, 대기 시간, 대역폭, 처리량 및 사이버 보안 등이 포함된다. 이는 전송 매체가 서비스 지역 주변에 링 형태로 설치된 광섬유, 무선 마이크로파 또는 UHF일 경우 유효할 수 있다. 하지만 운영 데이터는 여전히 이질적인(heterogeneous) 매체를 통해 전송되기 때문에, 그에 상응하는 통신 네트워크는 mix-and-match 접근 방식이 된다. 예를 들어, 스마트 미터는 15분 간격으로 데이터를 기록하는데 비하여, 통합형 Volt/VAR 제어기(IVVC)은 배전 선로의 커패시터 뱅크를 켜기 위해 30~60초만 필요하다. 반대로 고장 탐지, 격리 및 서비스 복원(FDIR)을 위해서는 2초의 응답시간이 요구된다.

계통 운영 관련 데이터는 일반적으로 광섬유를 통해 전송되어 왔는데, 앞으로도 계속 이 방식이 사용될 것이다. 최종 소비자가 있는 라스트 마일(last mile)에서 상류에 있는 변전소까지의 데이터 전송은 사전에 허가된 주파수 대역을 이용하는 무선 방식이 비용 효과적인 솔루션을 제공할 수 있다. 하지만 간섭이 발생할 가능성이 거의 없는 시골에서는 사전 허가가 없이 대역 확산 기술을 통해 비용 효과적인 "라스트 마일 (last mile)" 네트워크를 제공할 수 있다.

앞에서 말한 바와 같이, 비운영 데이터는 가치 있는 정보를 풍성하게 제공하여 IED에 대한 투자가 타당한 것이었음을 뒷받침하고 데이터 기반 유틸리티에 필수 불가결 요소가 될 것이다. 함께 언급했듯이 비운영 데이터는 고정된 스케줄 기반(time-based) 자산관리에서 상태 기반(condition-based) 자산관리로의 전환을 지원하고, 계통 계획, 전력 품질, 자산 관리, 유지 보수, 엔지니어링 및 기타 업무에서 새로운 가치 창출을 도와줄 것이다.

비운영 데이터의 응답 요구 사항을 결정할 때, 통신 네트워크에서 특히 고려해야 할 사항은 대역폭에 관한 문제이다. 예를 들어, 디지털화 된 파형을 손상없이 전송하기 위해서는 "팻 파이프(fat pipe)"가 필요할 수 있다. 비운영 데이터는 종종 사후(after-the-fact) 분석 및 이벤트 포렌식(forensic)에 사용되기 때문에 속도, 대기 시간 및 기타 지표들은 덜 중요하다. 비운영 데이터 또한 이질적이며, 운영 데이터보다 낮은 응답 및 보안 요구 사항이 적용되므로, mix-and-match 접근 방식이 유용할 수 있다.

7. 자동화 이전에 통합이 먼저

변전소 사이와 배전 선로에 설치된 IED를 통합하는 것은 각각 데이터 스트림을 적합한 통신 네트워크에 적절하게 할당하고, 이를 통해 이들 데이터 스트림을 계통 제어 센터, 유틸리티 경영 부서에 라우팅하는 것을 의미한다. 이 단계는 매우 중요한데, 이는 오늘날 보호 계전기, 계량기, 변압기, 회로 차단기, 리클로져, 부하 탭 절환장치, 전압 조정기 등 거의 모든 전력 계통 장비와 IED가 동일시(synonymous) 되고 있기 때문이다.

아래의 그림4는 IED 통합을 위한 도전 과제를 단계별로 도식화한 것이다. 변압기와 회로 차단기는 전력 계통의 기반이 되는 장비들이다. 다음 단계에는 IED 설치하고, IED간에 통합을 구현하고, 변전소에 자동화 (SA) 애플리케이션을 설치하는 것이다. 다섯 번째로 가장 높은 수준은 유틸리티 전체의 통합을 이루는 것이다.

유틸리티 전사 통합
변전소 자동화 어플리케이션
IED 통합
IED 도입 및 적용
전력 계통 기기(변압기, 차단기 등)

그림4. 변전소의 통합 및 자동화로 가는 5단계 과정 (2003년 3월 J.D. McDonald의 IEEE Power Energy 기고문에서 인용)

과거에 IED 통합을 논의할 때, 우리는 순간적인 전압, 전류 및 관련 데이터와 같이 운영 데이터에만 지나치게 집중하고 비운영 데이터와 그 가치는 간과하는 경향이 있어왔다. 여기에서 비운영 데이터는 사용자의 요구에 의해 발생되는 데이터나, 계통에서 이벤트가 생길(event-triggered) 경우 생성되는 로그 값 및 오실로스코프 데이터를 포함하는데, 이들 데이터는 정전이나 장비 고장과 같은 주요 이벤트가 진행된 상황을 진단하거나 포렌식 작업에 유용하게 활용될 수 있다 [6].

배전 계통 통합을 위해서 유틸리티는 계통 보호, 제어, 데이터 취득 기능을 묶어서 여기에 필요한 플랫폼의 숫자를 최소화함으로써 투자비와 운영비, 필요한 물리적 공간을 줄이고, 장비와 데이터베이스의 중복을 회피할 수 있다. 데이터 생성 장치와 계통을 통합하는 작업이 변전 자동화(SA)보다 먼저 이루어져야 한다. SA를 위해 어떤 어플리케이션이 필요한 지를 결정하기 위해서는 일일, 계절별 시간 경과에 따른 데이터의 변화를 관찰하여야 하며, 이들 데이터가 날씨 패턴 등 다양한 조건에 따라 달라지는 양상을 파악해야 하기 때문이다. 이렇게 데이터를 기반으로 하여 자동 제어를 시행하는 기준 값(threshold value)을 설정하게 되면, 합리적인 시스템 설계가 가능해진다. SA는 단순히 SCADA, 경보 처리 및 기타 요소를 도입하여, 사람의 개입 없이도 자산 관리나 운영 효율성이 최적화되도록 작동하는 것을 의미할 뿐이다.

8. 기능적 데이터 경로를 간결하게 유지하라

운영 데이터의 기능적 데이터 경로(functional data path)는 일반적으로 전압, 전력 등에 대한 실시간 데이터를 매 2~4초 마다 유틸리티의 SCADA 시스템에 전송하여, 계통을 모니터링하고 제어를 담당하는 급전원(dispatcher)들에게 제공된다. 이상적으로 설계된 SCADA는 또한 IED에서 비운영 데이터를 끌어 와서 변전소 단위의 데이터 집중 장치(concentrator)로 전달하는 기능을 갖추고 있다. 이들 비운영 데이터는 자체 통신 네트워크를 통해, 유틸리티의 기업 방화벽을 거쳐 전사 데이터 저장소(repository)로 라우팅 될 수 있다. 그런 다음 사업 부서와 해당 직원이 적절한 인증절차를 거친 후, 사내 전산망에서 쿼리 및 데이터 마이닝을 통해 필요한 데이터를 검색할 수 있게 된다.

여기에서 변전소에 설치된 통신 매체의 물리적 특성을 고려할 필요가 있다. IED 통합을 위해서는 기존 레거시 장비와 관련된 문제를 해결해야 한다. 변전소 내부의 기존 직렬(serial) 통신에 이더넷(Ethernet) 연결을 추가하는 형태로 보완을 하면, 네트워크가 하이브리드한 구성이 되는데, 이런 방법으로는 완벽한 통합이 이루어지지 않는다. 하지만 통합 ICT 플랫폼이 자리 잡으면, 이러한 잠재적인 문제는 쉽게 해결될 가능성이 있다.

그림5는 변전소에서 유틸리티 전사 시스템에 이르는 세 가지 기능적 데이터 경로를 보여주

고 있다. 여기에서 가장 적절한 두 가지 경로는 운영 데이터는 SCADA 시스템으로 이동하고, 비운영 데이터는 운영 방화벽(operations firewall)을 거쳐 전사 시스템의 데이터 웨어하우스로 가는 경로이다. 우리는 후자의 경우를 위해 전사 데이터 웨어하우스와, 앞으로 더 중요할 "데이터 마트"의 구축하는 과정에서 어떤 기술적, 조직적, 문화적 도전과제를 발생하고 이를 해결할 지를 파악하여야 한다[5].

<table>
<tr><td colspan="3">유틸리티 전사 시스템</td></tr>
<tr><td>운영 데이터 → SCADA 시스템</td><td>비운영 데이터 → 데이터 웨어하우스</td><td>IED 원격 접속</td></tr>
<tr><td colspan="3">변전소 자동화 어플리케이션</td></tr>
<tr><td colspan="3">IED 통합</td></tr>
<tr><td colspan="3">IED 도입 및 적용</td></tr>
<tr><td colspan="3">전력 계통 기기(변압기, 차단기 등)</td></tr>
</table>

그림5. 변전소에서 유틸리티 전사 시스템으로 전송되는 데이터의 3가지 기능적 경로 (2003년 3월 J.D. McDonald의 IEEE Power Energy 기고문에서 인용)

9. 센서에서 최종 소비자까지: 프로세스

계통 운영 데이터의 라우팅 및 이용에 대해서는 이 책의 독자들이 오랫동안 익숙할 가능성이 높으므로, 여기서는 비운영 데이터의 라우팅 및 가용성(availability)에 초점을 두고 논의를 진행하고자 한다. 이 문제를 다룰 때에는 기술적인 사항들이 반드시 이해되어야 하지만, 우리는 먼저 "사람들이 더 큰 성과를 거두려면 조직내 기존 사일로를 넘어서서 함께 일해야 한다"라는 점을 전사적으로 받아들이도록 하는 것이 가장 어려운 일이라는 점을 명확히 인식할 필요가 있다. 이것은 데이터 기반 유틸리티가 되기 위해 반드시 겪어야 하는 과정이다. 실제로 이 점을 제대로 이해하고 구현할 경우, 데이터는 사업 현안 해결에 중요한 가치를 제공하고, 보다 효율적이고 비용이 적게 드는 상태 기반으로 설비 운영 방식으로 전환할 수 있으며, 향후에 필요한 기능들도 지원할 수 있게 된다. 또한 이 과정은 유틸리티의 문화적, 조직적 변화와 업무 절차의 변화로 이어질 수 있는데, 이렇게 시작된 근본적인 변화의 물꼬는 다시 되돌릴 수 없게 된다.

비운영 데이터를 전달하여 데이터 이용 권한을 갖춘 직원이나 해당 부서가 가치를 창출하도록 하려면, 정보 아키텍처를 설계할 때 전사 차원의 "데이터 요구 사항 매트릭스"를 만들어야 한다. 이 작업의 초기 단계에서는 사업부서 관리자에게 질의하여 자신의 부서에서 비운영 데이터를 필요로 하는 사람이 누구이며 좀더 구체적으로 데이터는 무엇인지, 데이터 타입은 어떤 것인지, 추출 주기는 얼마인지를 묻는 과정이 요구된다. 그리고 IED의 목록과 각각의 IED가 생성하는 데이터 생성 포인트에 대한 목록을 제공함으로써, 사업부서 관리자가 필요한 데이터를 어느 수준까지 이용 가능한지를 이해하도록 지원하는 과정이 반드시 필요하다. 사업부서 관리자들은 향후 새롭게 제공되는 데이터를 통해서 어떤 일을 할 수 있으며, 이를 위해 필요한 데이터 처리 과정이나 응용 프로그램 및 시각화 기술 등을 제대로 이해하기 위해 기술 지원을 요구할 수도 있다. 여기에서 이러한 작업의 목적 즉, 전사 차원의 가치를 창출하는 것이 목표이며, 개인이나 사업 부서의 성과를 지원하기 위한 것이 아니라는 점을 분명히 주지시킬 필요가 있다. 부서간 사일로 장벽은 허물어져야 하며, 강화되지 말아야 한다.

배전 계통 IED 목록에 데이터 맵과 속성이 포함시키게 되면, 다음 단계는 각각의 데이터 맵의 어떤 포인트에서 유틸리티 내부의 이해 관계자가 가치 창출에 유용한 정보를 제공 할 수 있을지를 결정하는 일이다. 이는 복잡한 과정이 필요하다. IED의 제작사는 자사 제품을 차별화하기 위해 비운영 데이터를 고유한 방식으로 생성하도록 개발한다. 유사한 기능의 IED라고 할지라도, 제작사에 따라서 제공하는 데이터의 속성이 다를 수 있다. 따라서 제작사 별 IED 데이터 속성을 신중하게 문서화 해야한다. 데이터 샘플링 속도가 IED 마다 다를 수 있다. 유틸리티의 고객들은 매 시간 측정되는 데이터에서 최대값 또는 평균값에만 관심을 가질 수 있다. 고장 등 측정하고자 하는 이벤트에 따라 필요한 데이터 속성이 달라질 수 있다. 이 경우, 데이터는 사전에 설정된 임계 값을 초과 할 때만 의미 있는 것이 된다. 우리는 일반적으로 이러한 특성을 "가치 측면(aspect of value)"이라고 부르는데, 핵심은 IED가 어떠한 데이터를 생성하며, 이들 중에 최종 사용자에게 유용한 "가치 측면"은 무엇인지를 결정하는 데에 있다.

센서 및 데이터 맵을 정리한 IED 템플릿과 어떤 데이터와 속성이 필요한지를 정리한 데이터 요구 사항 매트릭스를 갖추게 되면, 이를 바탕으로 데이터의 생성 지점과 최종 사용 지점을 매핑하여, 네트워크 아키텍처가 비운영 데이터를 기업 방화벽을 통과하여 전사 데이터 저장소 및 웨어하우스 전달하고, 관련된 직원들이 올바르게 데이터를 이용할 수 있는 환경을 구축하는데 필요한 정보를 제공할 수 있다. 이 단계에서 성공적인 결과를 만들고 향후의 IED 추가 설치를 용이하게 하려면, 엄격성(rigority)과 정확성이 매우 중요하다. 이 작업이 잘 마무리되면, IED를 배전 망에 추가 설치할 때, 단순히 기존 템플릿과 매트릭스, 데이터 맵을 수정하기만 하면 될 정도로 업무가 단순해진다.

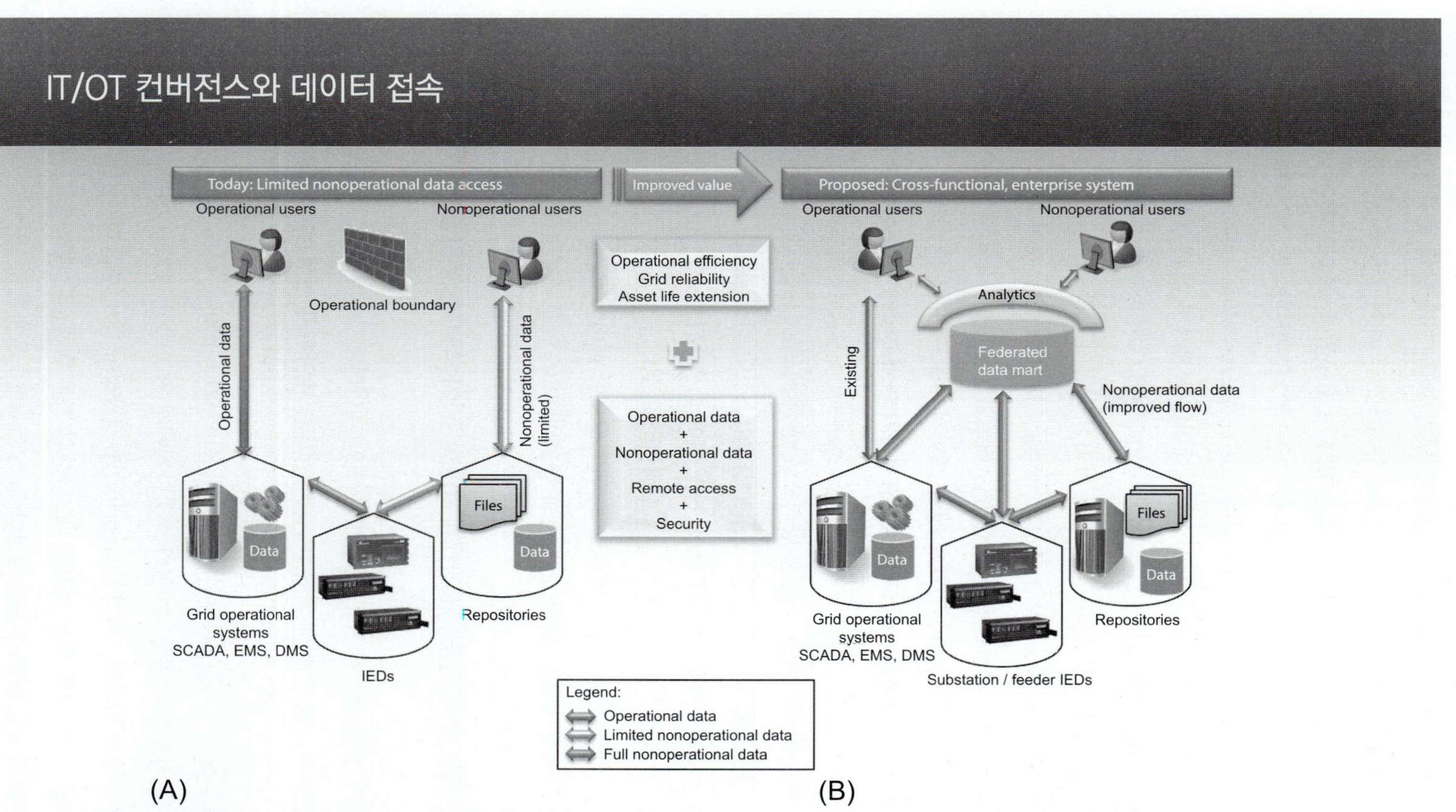

그림6. 왼쪽은 많은 유틸리티에서 운영되고 있는 사일로 형태로 데이터 접근 방식을 나타낸다. 비운영 데이터에 대한 접근은 제한되어 있다. 오른쪽은 연합 데이터 마트(federated data mart, FDM)로 모든 장치, 시스템, 데이터 저장소의 데이터가 보내지고, 조직 전체에서 운영 데이터와 비운영 데이터를 접근할 수 있게 되어 보다 나은 의사결정이 가능한 구조를 나타낸다. (J.D. McDonald의 Enterprise Data Management 발표자료에서 인용)

유틸리티들은 종종 물리적으로 분리된 수 많은 데이터 저장소를 운영하는데, 이들 데이터 저장소들은 여기에서 설명하는 미래의 데이터 마트에서도 계속 유용할 수 있다. 통합된(federated) 데이터 서버를 최상위에 두고, 이질적인(disparate) 레거시 저장소를 접속할 수 있게 하면, 일종의 가상 데이터 마트(virtual data mart)를 만들 수 있다. 그림6의 왼쪽은 일반적으로 이용되는 사일로 형태의 데이터 관리 접근 방식을 보여주고, 오른쪽은 이를 변환하여 유틸리티 내부의 인증된 사용자가 조직간 경계를 넘어서 운영 및 비운영 데이터에 모두 접속할 수 있는 접근 방식을 보여준다.

이 장에서는 비운영 데이터를 어떻게 수집하고 전사적으로 전달할 수 있는지를 설명했다. 만일 운영 데이터가 필요할 경우, 유틸리티의 사용자는 가상 데이터 마트를 통해 바로 필요한 데이터에 접근할 수 있는데, 여기에서 운영 데이터는 SCADA의 기록 장치(historian)를 통해 전달된다. 이력 장치는 미리 정해놓은 샘플링 주기에 따라 시계열 데이터 형태로 기록하여 그 결과를 보내는데, 계통 운영과 관련된 모든 데이터가 요약 형태로 전달된다. 데이터 이용자는 일반적으로 사내 네트워크 응용 프로그램을 통해 필요한 데이터를 검색한다[7].

따라서 이 장에서 다루는 총체적 접근 방식을 통해서 데이터 기반 유틸리티를 구현하면, 관련 권한을 갖고 있는 운영 부서와 일반 부서의 사용자 모두가 실시간으로 또는 필요한 시점에 운영 데이터와 비운영 데이터 모두를 접속하는 것을 보장할 수 있다(그림7). 적합한 사람만이 허용된 데이터에 접근할 수 있도록 보장하려면 다중(multifactor) 사용자 인증과 내부 통제가 필요하다. 이외에도 데이터 마트에 저장된 데이터의 신뢰성과 정확성을 보장하려면, 여타의 보안 통제가 요구된다.

10. 소비자와 고객: 다른 데이터 소스

비운영 데이터의 일종으로 유틸리티에게 가치 있는 데이터 소스인, 전기사용 고객이 스스로 생성하는 데이터에 대해서 잠시 살펴 보자. 데이터 기반 유틸리티에서 고객의 참여가 증가함에 따라, 앞으로는 유틸리티의 신뢰성 지수를 높이기 위해 고객의 소셜 미디어 활동 데이터를 활용하는 것이 보편화 될 것이다.

과거에는 유틸리티가 고객의 정전 정보를 확인하고자 할 때, 전화에 의존했었다. 정전 위치와 규모를 파악하기 위해 구두로 확인하거나 또는 고객 정보에 기록된 주소지 정보를 검색했었다. 오늘날 유선전화는 점차 사라지고 있으며, 21세기 미래의 전력고객들은 유선전화가 거

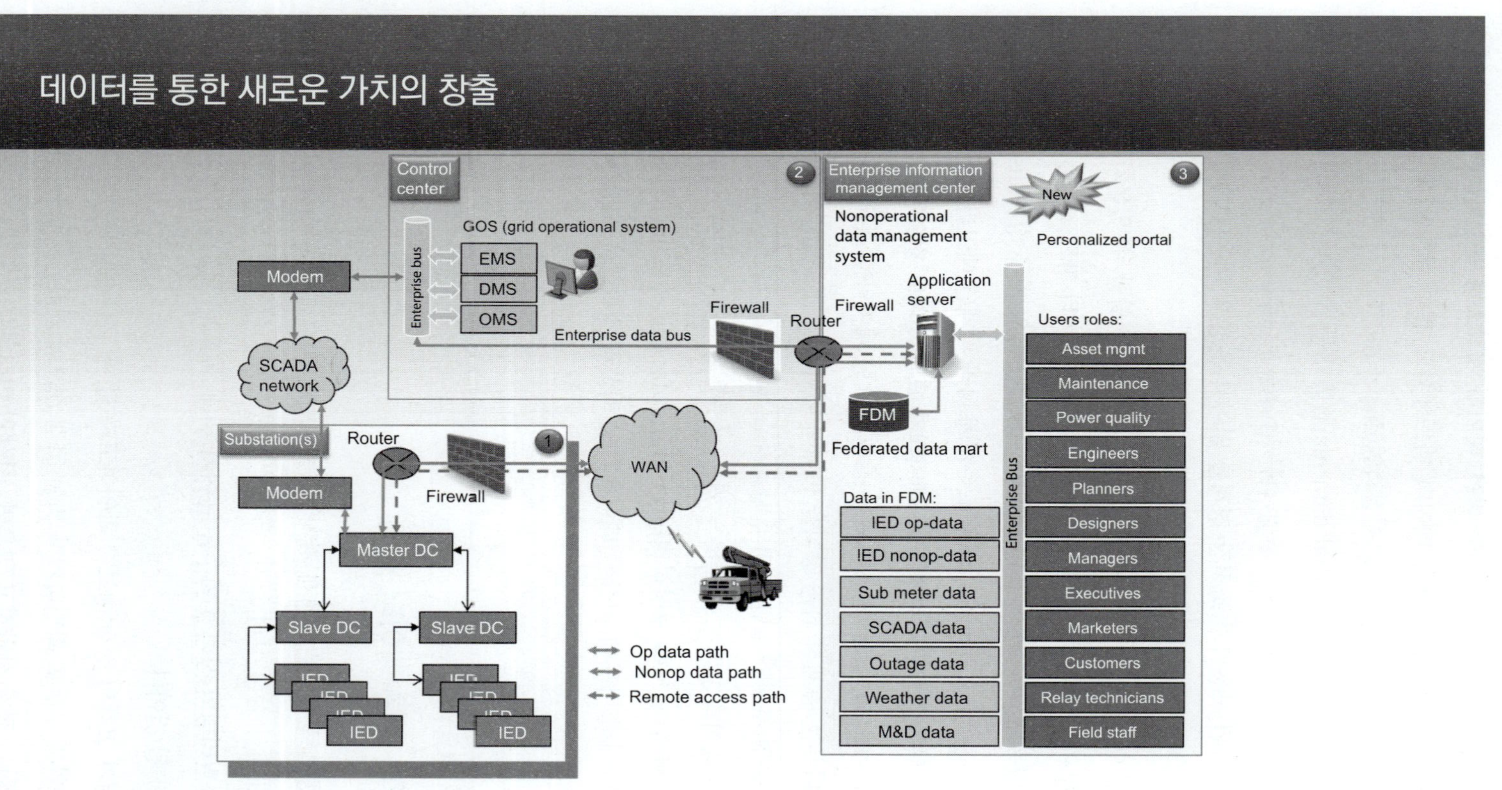

그림7. 이 그림은 제어 센터 및 전사 정보 관리 센터에 무수한 데이터 소스가 이상적으로 공급되는 방식을 보여준다. 전사 측면에서, 다양한 정보 이용자들이 가치 창출을 위해 FDM 데이터에 쉽게 접속할 수 있다. (J.D. McDonald의 Enterprise Data Management 발표자료에서 인용)

의 없는 경우가 허다한 상황이다.

이제는 모바일 소셜 미디어가 널리 보급되어 고객 트윗이나 고객 트윗 클러스터가 유사한 정보를 보다 신속하고 정확하게 제공 할 수 있게 되었다. 유틸리티는 예전에 유선 전화로 하던 업무를 대체하기 위해, 트위터 태그를 자신의 계정 정보에 연결하는 고객에게 인센티브를 제공할 수 있다. 휴대폰의 위치 태깅(geo-tagging) 기능을 켜 놓은 고객은 집에 있는지 여부와 관계없이 현재의 위치정보(GPS coordinates)를 전달할 수 있으며, 이를 통해 정전에 직접 영향을 받지 않더라도, 현재 위치에서 발생하는 정전의 원인을 관찰하여 유틸리티에 보내줄 수 있다.

두 경우 모두, 트윗이나 기타 소셜 미디어에서 생성된 데이터를 정전 관리 시스템과 직접 연동시킬 수 있는 응용 프로그램이 현재 활용 가능한 시점인데, 이를 이용하면 DA의 FDIR과 같은 기능을 동작 시켜서 유틸리티의 전력 품질을 나타내는 지수인 평균 계통 장애 시간 지수(System Average Interruption Duration Index; SAIDI)와 평균 계통 장애 횟수(System Average Interruption Frequency Index; SAIFI)에 실질적인 영향을 줄 수 있다. 이러한 응용 프로그램은 텍스트 마이닝 기능을 사용하여 "고장(outage)"이나 "전력(power)"과 같은 단어의 트위트가 증가하였을 때, 이것이 실제 정전(power outage)을 의미하는 것인지를 판단할 수 있다. 더 많은 여기에 고객이 참여하게 되면, 유틸리티의 편익은 그에 상응하여 증가한다. 고객의 소셜 미디어 정보의 활용이 SAIDI 및 SAIFI 지수에 미치는 효과를 정량적으로 제시할 수 있는 결과를 보여주는 것은 불가능한 상황인데, 이는 정전의 원인이 특정 유틸리티에 따라서, 그들이 어디에 위치하며, 정전을 유발한 수 있는 문제 선로가 어떤 형태인지가 서로 다르기 때문이다.

정전의 위치와 범위를 파악하는 수단으로 클라우드 소싱(crowdsourcing)은 몇 가지 이점이 있다. 보다 신속하고 효율적으로 정전에 대응함으로써 안정성 지수를 향상시킬 수 있다. 정전 복구를 위해 보내야 하는 출동 차량(truck rolls)을 줄일 수 있어서, 시간과 돈을 절약하고 환경에 미치는 영향을 줄일 수 있다. 최근에 진행된 적지 않은 연구에 따르면, 수요반응 등 유틸리티 프로그램에 참여하는 고객들의 만족도가 높은 것으로 알려져 있는데, 정전 횟수와 시간을 줄이기 위한 프로그램에 고객을 참여시키면 고객 서비스 및 만족도에 분명히 긍정적인 영향을 줄 것이다. 하지만 단순히 유틸리티 고객들이 앞으로 뉴 밀레니엄 세대로 대체되고, 이들이 유선 전화를 사용하지 않으며, 소셜 미디어에 익숙하다는 사실만으로도 클라우드 소싱은 확실히 보편화된 업무 관행이 될 것 이다.

고객으로부터 발생하는 특정 데이터 스트림을 이해하고 구현하기 위해서는 많은 것들이 다루어져야 하지만, 미래의 중요한 트렌드에 대해 반드시 언급되어야 할 부분이 있다. 이는 홈 에너지관리시스템(HEMS)에서 발생하는 데이터 스트림과 이와 관련된 기술이 이제 막 시작한 초창기 단계라는 점이다. 지금까지 비록 일부 상용화된 시스템에서 크고 작은 결과들을 보여주고 있기는 하지만, 분명히 현재까지는 초기 단계라고 할 수 있다.

11. 데이터에서 가치를 추출하고 제시하기

이제 본류로 돌아가서 전통적인 비운영 데이터를 주의 깊게 살펴보자. 물론 데이터는 새로운 가치와 통찰력 그리고 실행 가능한 인텔리전스를 창출하기 위한 방향으로 처리가 되어야 한다. 데이터 처리는 IED에서 측정과 동시에 진행될 수도 있고, 변전소 단위의 데이터 집중 장치 또는 "호스트 프로세서(host processor)"로 불리는 데스크탑 PC에서 진행될 수도 있다. IED에서 동시에 처리하면, 상류(upstream)의 중앙 처리 장치로 보내야 하는 통신 부하(traffic)를 줄일 수 있어서 관리가 용이해진다. 또는 앞에서 직전에 언급한 바와 같이, 데이터는 나중에 사내 전산 망에 설치된 응용 프로그램에서 처리될 수도 있다. 이 단계에서의 데이터 처리는 연산, 소프트웨어 응용 프로그램 및 논리 응용 프로그램의 형태를 취할 수 있다. 전사 측면에서 사업 부서의 관리자와 직원은 데이터 처리를 통해 실행 가능한 인텔리전스를 창출을 위해, 사내에서 개발되었거나 벤더로부터 구입한 응용 프로그램을 이해하고 신중하게 선택할 필요가 있다.

IED 템플릿을 데이터 요구 사항 매트릭스와 연결함으로써 적절한 데이터를 데이터 마트로 라우팅하고, 적합한 사람들에 대한 적절한 데이터 접속 인증 체계를 갖추면, 이 단계부터는 해당 직원들이 데이터 검색하고 데이터 마이닝 작업을 수행 할 수 있게 된다. 이를 통해 사업 부서의 관리자는 마침내 데이터를 가공하여 의미 있는 결과를 만들 수 있게 되는데, 중간에 IT나 개발업체의 도움이 필요할 수도 있다. 분석 결과를 이해하기 쉽게 전달하기 위해 시각화 도구(visualization aid)와 처리된 데이터를 이해하기 쉽게 만들어 주는 대시 보드(dashboard)의 사용이 계속해서 늘고 있다.

데이터로부터 얻어진 인텔리전스를 시각화하는 것은 중요한데, 이 분야는 계속 발전하고 있다. 시각적 표현의 중요성은 운영 데이터와 비운영 데이터 모두에 해당한다. 인텔리전스를 숫자로 가득 찬 표로 보여주면 아무도 주목하지 않을 것이다. 대신에, 예를 들어, 색으로 구분된 선이나 막대로 나타내면, 읽는 사람이 임계 값을 초과 했는지를 바로 알 수 있고, 직관적으로 핵심 인텔리전스를 파악할 수 있다. 시각화는 가치 있는 분야로, 관심이 급증하고 있어 점차 성숙될 것이다[7].

12. 전환

데이터에 대한 니즈와 어플리케이션을 위해 조직내 사일로를 없애고(de-siloing) 수평적으로 접근하려는 노력이 기존 유틸리티에 미치는 영향을 일반화하기는 어렵다. 하지만 몇 가지 부분은 분명히 해볼 만한 가치가 있다.

개별 운영 분서가 기술을 추가하고자 할 때, 보안 목적이 아니라면, 모든 운영 부서와 경영 부서의 검토를 반드시 받아야 시행할 수 있도록 해야 한다. 왜냐하면 무분별한 추가는 시스템이 결과적으로 여러 니즈와 목적에 기능을 제공해야 하고, 시스템 자체의 중복과 더불어 운영에도 많은 노력이 필요해서 더 이상 정당화될 수 없기 때문이다. 계통에 새로 추가되는 모든 장치, 기술 또는 시스템은 운영 및 비운영 데이터를 생성할 가능성이 높은데, 여기서 생성되는 데이터는 반드시 총체적 접근 방식에 기반을 둔 유틸리티 전사 데이터 맵, 데이터 요구사항 매트릭스와 데이터 마트에 통합되어야 한다. 유틸리티에서는 예전부터 운영을 담당하는 OT 부서와 정보를 담당하는 IT 부서가 서로를 미심쩍어 하는 경향이 있어 왔는데, 데이터에 기반한 디지털 유틸리티가 되려면, 반드시 협력해야 한다. 마찬가지로 경영 부서의 관리자, 직원들은 더 큰 가치 창출을 위해 데이터를 통해 얻은 통찰을 전사적으로 공유해야 한다.

실제로 데이터 기반 유틸리티로 전환하기 위해, 유틸리티는 중립적인 제3기관의 컨설팅 도움을 받아 기업 문화의 변화, 조직의 변화, 업무 프로세스 변경에 대한 가이드라인을 마련할 수도 있다. 행동에 새로운 변화를 유도하려면, 이를 촉진하는 새로운 인센티브 체계가 필요할 수 있다. 여기에서는 관리자와 직원들이 범 조직적인 협력과 가치 창출을 위한 성과와 노력에 의해 보상을 받는다.

새로운 기술을 도입하는 것보다 문화적 변화를 촉진하는 것이 훨씬 어렵다고 한다. 따라서 데이터 기반 유틸리티가 되다는 것이 온통 기술에 관한 것만은 아니라는 점을 명심하여야 한다. 기술간의 상호 운영성 못지 않게 사람 사이의 상호 운영성이 중요한 것이다[5].

13. 3개의 사례 연구

앞서 언급 한 지침들은, 비록 개념적인 용어로 설명되었지만, 그림의 떡(pie-in-the-sky)같이 현실성이 없는 이론이 아니라는 점을 이해하는 것이 중요하다. 여기에서 설명한 데이터 기반 유틸리티가 되기 위한 프로세스는 여러 유틸리티에서 서로 다른 목적에 바탕을 두고 다양한 방법으로 추진했지만, 성공적으로 이행되었다. 물론 현실 세계에서 새로운 기술이나 업그레이드 된 기술을 추가할 때, 기존의 레거시 투자를 계속 유지해야 되는 경우가 생기는데, 이 경우 그 해결 방법은 복잡할 수 있다. 따라서 이 책의 도입에 해당하는 제1장에서는 세 개의 유틸리티 사례를 살펴보고, 이들 유틸리티가 데이터를 어떻게 관리하고 적용 하였는지를 파악하여, 현실 세계의 문제 해결을 위한 통찰을 논하는 것으로 마무리 하고자 한다. 이 3개의 사례 연구는 데이터 기반 유틸리티가 가지는 가치를 명료하게 보여 주는데, 각기 자산 관리 및 안전, 표준 및 상호 운용성의 토대 구축, 송배전 망의 가시성 향상을 통한 기업 가치의 제고 사례에 해당한다. 이러한 성공을 거두려면, 각 유틸리티는 데이터 기반 유틸리티 성공 가이드라인의 한 두개 이상의 원칙을 반드시 포용해야 한다. 해당 원칙들은 내부 및 외부 이해관계자를 일체화 할 것, 조직 전반을 고려하는 총체적 해결방안을 생각할 것, 강건한 ICT 역량을 확보하여 먼저 강한 전력 망을 추진하고, 그 다음으로 스마트한 전력 망을 추진할 것 등이다. 총체적 접근법은 세 가지 원칙을 모두 이행하는데 있어 탁월한 방법이다.

13.1 미국 켄터키주 Frankfort Greenfield SCADA 통합 구축 사례

미국 켄터키 주 프랑크포트(Frankfort)에서 진행되었던 SCADA 관련 프로젝트는 기존 레거시와 새 장비를 통합하는 것이 중요한 가치를 가지며, 단일 사용자 인터페이스가 효율적이라는 점을 보여주는 사례이다.

1990년대 후반, 지자체 산하의 유틸리티인 프랑크포트 전력 및 수자원 운영위원회(Frankfort Electric and Water Plant Board; FEWPB)는 예산상의 제약으로 SCADA 계획을 보류하고 있었는데, 이 시기에 배전 변전소의 변압기에서 폭발이 발생했다. 이로 인해 심각한 정전 및 관련 비용이 발생했지만, 다행히 인명 피해는 발생하지 않았다. 이 사고는 단상 전압 조절기의 내부 고장으로 인해 불규칙한 전압 변동이 발생하여 폭발로 이어진 것으로 밝혀졌으며, 이 폭발로 수천 명의 고객에 대한 전력 서비스가 중단되었다. 사고 지점 인근에 있는 한 고객의 전등이 이상한 행동을 보였는데 해당 고객은 FEWPB에 신고하려는 생각을

했으나 실제로는 전화를 하지 않았다.

이 사건으로 갑자기 SCADA 시스템과 통합 SA가 투자의 최우선 과제가 되었다. 이 당시의 환경에서 자동화는 마이크로 프로세서 기반의 전기-기계(electro-mechanical) 계전기의 설치로 제한되었다. 그래서 FEWPB는 계통의 신뢰성을 향상시키고 정전 복구를 신속하게 하여 O&M 비용을 절감하기 위한 목적으로, SCADA 시스템과 통합 SA를 동시에 진행하는 방법을 선택하였다.

당시에 SCADA와 SA가 아주 생소한 것은 아니었지만, 이들 기술을 도입하는 것은 FEWPB가 사실상 처음으로 접하는 상황이었기 때문에, 이 프로젝트는 FEWPB에 다소 독특한 기회와 도전을 제공하였다. 여기에서 긍정적인 측면은 이렇게 함으로써 유틸리티가 SCADA 및 SA 기술을 기존 레거시 시스템과 통합할 필요가 없었다는 점이며, 또 다른 측면으로 FEWPB가 SCADA 마스터와 유틸리티의 19개 모든 변전소를 완벽히 네트워크화할 수 있는 통합 아키텍처를 개발할 수 있었다는 점이다. 외부 컨설턴트가 SCADA / SA 기능에 대한 전사 차원의 세미나를 시행하여, 유틸리티 관련 직원에게 기술 및 기능을 소개하였다.

이 유틸리티는 두 개의 시스템에 대하여 단일 사용자 인터페이스를 적용하기로 결정하였는데, 이러한 설계를 통해 1차 급전 센터(primary dispatch center), 네트워크 운영 센터(network operations center; NOC) 및 여러 대형 변전소를 비롯한 여러 위치에서 액세스할 수 있었다. 통합 디자인은 여러 부서에서 시스템을 실행할 수 있고(필요한 경우 원격으로), 교육 훈련을 단순화할 수 있다는 점을 의미한다. 차선책으로 이 유틸리티는 기존의 계전기 체계를 수용할 수 있었지만, 유틸리티 경영진은 새로운 IED로 교체하기로 결정하였다. 이는 더 많은 양의 데이터를 생성하면서도, 더 나은 보호 기능을 적은 비용으로 제공하는 것이 가능했기 때문이다. IED를 한 업체가 전담하여 공급하도록 하여, FEWPB는 모든 변전소에 적용할 수 있는 표준화된 데이터 접근 방식을 채택할 수 있게 되었다.

데이터 생성 IED, SCADA 및 SA에 대한 접근 방식을 결정한 다음, 이 유틸리티는 통신 네트워크 문제를 다루어야 했다. FEWPB는 지자체 고객들에게 케이블, 전화, 인터넷 등 일련의 서비스를 모두 제공했기 때문에 이미 동기식 광 통신망 기술(Synchronous Optical Network; SONET)을 기반으로 도시 주변에 광 섬유 링을 구축한 상태였다. 이 네트워크는 계통 보호 목적에는 적합하지 않았지만, SCADA에는 이상적인 통신 방식이었다. 광섬유 링의 백본은 변전소에 100Mbps의 전송 속도를 제공했기 때문에 운영 및 비운영 데이터 스트림과 파일을 쉽게 처리 할 수 있었다.

SONET 네트워크는 이미 유틸리티의 NOC와 1차 급전 센터에 연결된 상태였으며, 지리적으로 편리한 위치에 네트워크 허브를 두어, 주변의 통신속도가 낮은 통신 매체, 즉 케이블, 전화 및 인터넷 회선을 광 섬유 통신망에 연결하는 구조로 운영되었는데, 변전소의 통신은 이들 하부 망을 이용하였다. 따라서 이 유틸리티는 기존 광통신 링을 활용하는 것으로 전체 SCADA / SA 시스템 설계에 반영하였으며, 이를 통해 프로젝트의 SA 관련 비용을 줄일 수 있었다.

비용 지출을 억제하기 위해 FEWPB와 컨설턴트는 자사의 변전소를 거점 변전소와 2차 변전소로 구분하였다. 즉, 신설되거나 또는 규모가 큰 6개의 변전소를 IED, PC 또는 워크 스테이션, 모든 SCADA / SA 인터페이스 구성 요소를 갖춘 거점 변전소(primary substation)로 삼고, 나머지 10개 변전소를 2차 변전소로 하여 IED만 설치하였으며, 이를 다시 SA 시스템 데이터 집중 장치와 통합하였다. 2차 변전소는 가까운 거점 변전소와 광통신으로 연결하였다. 이 광통신 망을 통해 IED와 데이터 집중 장치가 데이터를 전송하여, 거점 변전소의 SCADA / SA 인터페이스에서 데이터 분석이 이루어질 수 있도록 하였다. 거점 변전소와 2차 변전소 모두 SONET 네트워크를 통해 상류에 있는 SCADA 마스터로 데이터를 전송하도록 설정하였다. .

FEWPB는 납품 업체를 선택할 때, 하드웨어와 소프트웨어 모두를 기성품으로 공급하는 개방형 시스템(open system)을 요구하였다. 이 유틸리티는 납품 업체의 관심을 유도하고, 유리한 납품 조건과 가격을 얻기 위한 목적으로 처음에는 정보 요청서(request for information; RFI)를 요청하고, 그 이후에 제안요청서(RFP)를 요청하는 절차를 운영하였다. 이 프로젝트는 이후에 변전소를 추가 건설하는 것과 연계되어 수 년의 기간에 걸쳐 완료되었다.

13.2 미국 알래스카 케치칸(Ketchikan) 유틸리티의 레거시 RTU 대응 사례

알래스카의 케치칸 (Ketchikan)에서 진행된 SCADA 관련 프로젝트는 특정 업체의 독점 기술과 프로토콜이 왜 막대한 비용을 초래할 수 있는지를 명확하게 보여주는 사례이다.

1990년대의 케치칸 공공 유틸리티(Ketchikan Public Utilities; KPU)는 1980년대의 도입한 SCADA 마스터 스테이션과 RTU(remote terminal unit) 공급업체가 사업을 중단하면서 곤란한 상황에 직면하였다. 이 업체는 자신들이 납품한 SCADA 시스템에 대한 지원을 하지 않았을 뿐 아니라, 일부 프로토콜은 공급업체의 전용 프로토콜로 되어 있었다[11].

지원 문제를 더욱 꼬이게 만든 것은 1999년에 KPU가 변전소의 데이터 수집을 확장하기 위해 RTU를 PLC(programmable logic controller)로 대체하면서 발생하였다. 당시에 PLC를 선택하는 것은 나름 의미 있는 의사 결정으로 볼 수 있었는데, 이는 PLC가 아날로그/상태 정보를 입력으로 하여, 제어 신호를 출력하는 기능을 제공하여 SA를 위한 플랫폼 역할을 할 수 있었기 때문이다. 하지만 이 유틸리티에서 PLC가 제 기능을 하려면, 예전의 RTU가 했던 것처럼 이미 폐업한 업체가 만든 전용 프로토콜을 통해 SCADA 시스템과 통신을 해야 했다.

KPU는 어렵사리 SA 구성 요소를 통합할 수 있는 경험 있는 전문가를 찾아서, 전용 프로토콜을 해독하고 IED와 SA의 통합을 위한 자체 통신 프로세서 박스(communication processor box)를 개발할 수 있었다. 통신 프로세서 박스는 SCADA 마스터의 명령에 따라, 이 명령을 PLC에 전달하고, 데이터를 검색하며, 검색된 데이터를 다시 SCADA로 전송하는 일종의 종속 장치(slave) 역할을 하였다. 이렇게 개발된 PLC 솔루션은 기능을 하였지만, 수많은 지점을 전선으로 연결하여 입/출력을 해야 했고 데이터를 디지털로 주고 받을 수 있는 IED를 적용할 수 없었기 때문에 비용이 많이 발생하였다.

몇 년에 걸쳐 KPU는 이 전략을 유지했으며, 배전 변전소의 절반을 이 전략에 따라 변경하였다. 그러나 이 프로젝트 도중에 유틸리티는 SCADA 마스터를 교체해야 한다는 것을 깨닫게 되었다. SCADA 마스터는 데이터 포인트의 한계에 도달하였고 더 이상 지원이 어려워졌다. 또한 이 유틸리티는 크루즈 선박에 대한 전력공급을 위해 북쪽의 항구로 신규 송전선로를 확장할 기회가 있음을 알게 되었는데, 해당 항구에서는 기존 디젤 엔진을 대체함으로써, 방문객과 주민들에게 깨끗한 환경을 제공할 필요가 있었다.

KPU는 서비스 지역과 지형에서 독특한 특성이 있는 유틸리티이다. 케치칸은 멀리 알래스카 남동부에 위치한 섬에 있는 작은 도시로 산악이 많은 지형으로 인해 20 마일 밖에 떨어져 있지 않은 변전소를 트럭으로 몇 시간 동안 운전해야 갈 수 있었으며, 한 변전소의 경우는 수상 비행기로만 접근 할 수 있었다. KPU가 전력 망을 북쪽으로 연결할 경우, 그에 따른 전력 망의 토폴로지는 케치칸의 중앙에서 제어하는 것이 가장 효율적이며, 원격으로 운영 가능한 형상이 된다. 송전선로 확장에 대한 고려 없이, 기존 데이터 요구 사항만을 충족하려면 지역별 제어 센터를 유지하는 것도 가능했지만, KPU는 SCADA 시스템을 업그레이드 하거나 교체하기로 하였다.

이를 위해 KPU는 SCADA 및 SA 기술을 연구했으며, 유틸리티 자동화 프로젝트에 경험이 풍부한 컨설턴트를 고용했다. KPU가 최초로 RTU 프로젝트를 시작했던 1980년대와 달리, IED가 점차 보편화 되었으므로, KPU는 이번에는 IED를 도입하는 것이 타당하다고 판단했다. 만일 IED 도입을 서둘러 판단했다면, 더 적은 수의 IED로 더 많은 수의 PLC를 대체하여 훨씬 비용을 절약하였을 뿐 아니라, 보다 효과적인 데이터 생산 및 처리 기능을 제공할 수 있었을 것이다.

SCADA 마스터의 신규 도입을 고려할 때, KPU는 이후부터 사실상(de facto) 업계 표준인 DNP3 (distributed network protocol) 프로토콜로 작동하는 시스템에만 투자하기로 하는 현명한 결정을 내렸다. 이 유틸리티는 폐업한 공급업체의 전용 프로토콜을 리버스 엔지니어링을 통해 통신 프로세서 박스를 개발하여 운영 중인 7개 변전소에 대한 투자를 잃지 않을 방법을 찾던 중에, 통신 프로세서 박스가 원래의 DNP3 프로토콜로 쉽게 변환 될 수 있다는 점을 알게 되었다. 이에 따라 신규 SCADA 마스터 공급업체는 남아있는 RTU와의 통신을 위해 SCADA 마스터 스테이션에서 DNP3 명령을 수신하고, 이를 다시 RTU가 요구하는 전용 프로토콜로 변환 할 수 있는 변환기를 통신 프로세서 상자에 구축했다. 이 프로세스는 데이터를 RTU에서 SCADA 마스터 스테이션으로 보낼 때는 역으로 작동했다. KPU가 나머지 RTU를 교체할 예산을 확보할 때까지, 전용 프로토콜과 DNP3 프로토콜간의 변환은 지속되었다.

전용 솔루션과 프로토콜을 기피하게 된 KPU의 연구와 그에 따른 의사결정은 나중에 보상되었다. 왜냐하면 산업 표준을 채택한 결과, 그 비용이 전용 프로토콜에 비해 1/3 수준으로 유지할 수 있었고, 예산 문제로 단계적으로 신규 시스템을 도입했음에도 기존 레거시 시스템을 계속 유지할 수 있었으며, SCADA 시스템을 지원할 만큼 데이터 송수신 기능이 향상되었기 때문이다. 이 유틸리티는 원격 모니터링 및 제어를 통해 운영 및 유지 보수 비용을 더 줄일 수 있다는 기대를 할 수 있게 되었고, 향후 송전선로 확장에도 대응이 가능하게 되었다.

13.3 미국 노스캐롤라이나 유틸리티의 SCADA를 통한 수익 증대 사례

노스캐롤라이나의 SCADA 관련 사례는 SCADA 시스템을 업그레이드하거나 교체하는 것이 비용이 아닌 투자로 간주되어야 함을 보여주는 사례이다.

데이터 기반 유틸리티가 되기 위한 투자는 이익 창출에 긍정적인 비즈니스 모델을 기반으로 해야 한다. 노스캐롤라이나의 지자체 산하 유틸리티인 NCMPA1(North Carolina Municipal Power Agency No. 1)가 10 년 전에 보여준 바와 같이 SCADA 기술의 진보로 일부 유틸리티는 기존 시스템을 빠른 투자수익률(ROI)로 대체 할 수 있었고, 심지어 그 과정에서 수익을 올릴 수도 있었다.

21세기로 접어 들면서, NCMPA 1은 지난 20 년간 노스캐롤라이나 주 전역에 걸친 자자체 산하 유틸리티를 대신해서 배전 업무를 담당해오고 있다. 이 지역 전력 계통은 일년 중 3/4의 기간 동안 발전 용량보다 약 250MW 낮은 600~650MW에서 계통 피크 부하가 유지되어, 잉여 전력(excess power)을 전력 시장과 전력거래 회사를 통해 도매 시장에서 판매했다.

NCMPA1은 배전 계통을 모니터링하기 위해 1996년에 SCADA 시스템을 설치했다. 이 유틸리티는 노스캐롤라이나의 Piedmont 지역의 47개 변전소에서 발생하는 순시 전력 및 에너지 사용량을 측정하기 위해 40개 이상의 계량기를 설치했다. 각 계량 사이트에서는 RTU가 계량 데이터를 DNP3을 기반으로 기록, 처리 및 포맷하여 노스캐롤라이나 Raleigh의 본사에 있는 SCADA 마스터 스테이션으로 전송했다. 프레임릴레이(frame relay) 시스템을 통해 변전소와 통제센터 간에 안정적인 56kps통신망으로 연결되었다. SCADA 마스터 스테이션은 RTU로부터 매 5분마다 부하 데이터를 수집하였다. SCADA 시스템은 FTP를 통해 "블록 스케줄링(block scheduling)"에 따라 1시간 단위로 최대 부하 및 발전 데이터를 전력시장 및 전력거래 회사에 전송하여, 잉여 발전 용량에 대한 정보를 거의 실시간으로 제공했다.

불행히도 SCADA 시스템은 이 지역에서 발생하는 뇌우(thunderstorm)의 영향으로 시간이 지남에 따라 신뢰성 문제를 노출했는데, 이 때문에 잉여 발전 용량 예측에 오류가 발생하였다. 여기에 NCMPA1이 운영하였던 1시간 단위의 블록 스케줄링으로 예측 오류가 더 심화되었다. 이에 대한 대안으로 NCMPA1 직원들은 전력 수요에 대한 공급 안정성에 초점을 두어 잉여 발전량을 예비력(reserve)로 유지하고, 가급적 외부로의 전력 판매를 줄이는 선택을 하였는데, 이로 인해 약 25MW/h의 판매 손실이 발생하였다.

NCMPA1은 SCADA 시스템을 업그레이드하거나 교체해야 했다. 그리고 블록 스케줄링에 의해 발생하는 예측 오류를 없애기 위해 "동적 스케줄링(dynamic scheduling)"으로 바꾸기로 결정하였다. 동적 스케줄링을 하려면, 관할 지역에서 4초 단위의 원격 측정 기능을 구현해야 했는데, 이는 당시 업계 평균과 유사한 수준이었다. 이 유틸리티는 가장 비용 효과적이고 미래 지향적인 해결 방안은 SCADA 시스템을 교체하는 것이라고 결정하였다. 외부 컨설턴트가 참여하여 계통 운영 매개변수를 규명하고 교체가 필요한 하드웨어를 확인하는 작업을 진행하였는데, 빡빡한 예산에도 불구하고 가급적 최신 고급 기술을 갖춘 기기로 교체하는 방향을 선택하여 계통 운영의 성능 향상을 도모하였다.

유틸리티와 컨설턴트는 예산상의 제약이 우려되었지만, 4초 단위 측정을 구현하기 위해 SCADA 마스터 스테이션을 교체할 필요가 있다고 결정하였다. 하지만, 사용중인 프레임 릴

레이 시스템이 이 속도를 지원할 수 있다고 판단했다. 변전소의 계량기는 보다 정확하고 효율적인 IED로 교체되었는데, 이들 IED는 프레임 릴레이 접속 장치(frame relay access devices; FRAD)를 통해 통신 시스템에 연결되고 오류 가능성이 높은 RTU에 대한 역할을 대신하였다. IED는 DNP3 프로토콜을 사용하였는데, 이를 통해 시스템 전체에서 보다 원활한 데이터 흐름을 보장할 수 있었다.

유틸리티와 컨설턴트는 또한 마스터 스테이션에서 고속 T1 회선으로 연결된 두 지점 사이를 분리하여, SCADA 시스템에 여분의 안정성과 복원력을 확보하고자 하였다. 이와 함께 각 측정 사이트에 전화(dial-up) 접속 통신망을 구축하여 백업 통신으로 활용하였다. .

NCMPA1은 RFP에 시스템 요구 사항으로 상호 운용성을 보장하기 위해 표준을 사용할 것을 명시하였다. 이 유틸리티는 공급업체를 선정할 때, 납품할 하드웨어 및 소프트웨어에 대한 공장 테스트(factory test)를 진행하여 NCMPA1의 사양을 충족시키는지를 확인하고, 유틸리티 직원들이 새로 도입될 시스템의 O&M에 익숙해지도록 했다. 즉, 이 과정을 유틸리티의 SCADA 관련 직원의 실무교육으로 활용했다.

새로 도입된 시스템이 성공적을 운영되면서, 신규 SCADA 시스템과 동적 스케줄링을 통해 값 비싼 25MW의 잉여 예비력 없이도 계통을 운영할 수 있게 되었다. 이 시스템의 정확도가 높아지면서 이 유틸리티는 전력 판매 회사와 새로 계약을 체결할 때 보다 유리한 조건으로 협상을 할 수 있게 되었다. 또한 이 유틸리티는 운영 효율이 크게 향상되는 것을 경험하였다. 이러한 모든 요인들로 인하여 이 유틸리티는 놀랍게도 6개월 만에 투자수익률을 제고할 수 있었다.

14. 결론

데이터 기반 유틸리티가 되는 것은 디지털 시대의 필수 요소이다. 데이터에 기반을 둔 통찰력은 실시간 계통 운영을 위해서도 중요할 뿐 아니라 기존 전력 산업을 파괴하는 기술 및 시장 트렌드가 만연한 시대에서 유틸리티가 기업을 운영하는 데에도 중요하다. 센서, 통신 네트워크, 소프트웨어 시스템, 그리고 전력 망을 모니터링 및 제어하고 기업을 운영하는 하드웨어 간의 상호 의존성 및 시너지를 확보하는 것은 임시 방편으로는 접근하기에는 너무 복잡한 문제이다. 하지만 개방형 아키텍처와 표준에 기반을 둔 총체적 접근 방식을 통해 장치, 시스템, 데이터베이스, 직원 간의 상호 운용성을 보장할 수 있다. 총체적 접근법에서 요구되는 프로세스는 고객에게 안전하고 신뢰할 수 있는, 저렴한 전력을 제공한다는 유틸리티의 근본적인 사명을 중심으로 전통적인 조직내 사일로를 제거하고 유틸리티 직원들을 통합할 수 있는 기회를 제공한다. 이 접근법을 통섭하는 핵심적인 원칙은 유틸리티에서 데이터를 통해 가치를 창출 할 수 있는 모든 사람이 적절한 보안 안전 장치를 통해 데이터에 접속할 수 있어야한다는 점이다.

유틸리티들이 현재 운영 데이터가 많은 관심을 기울이고 있지만, 비운영 데이터에도 마찬가지로 관심을 가져야 한다. 비운영 데이터는 배전 계통에 IED 설치가 늘어나면서 계속 증가하고 있다. 이들 두 종류의 데이터와 함께 고객들이 생성하는 소셜 미디어 관련 데이터를 효과적으로 활용하면, 계통 운영과 기업 경영에 많은 편익을 줄 수 있다. 체계적인 데이터 활용을 통해 계통을 보다 안전하고 안정적이며 복원력을 갖추면서도 효율적으로 운영할 수 있다. 경영 측면에서 모든 가용 데이터를 완전히 활용할 수 있게 되면, 자산 관리를 고정된 스케줄 기반에서 상태 기반으로 전환하고, 계통 계획, 전력 품질, 유지 보수, 엔지니어링 및 기타 사업 부서의 가치 창출을 이끌어 낼 수 있다. 미국의 경우, 규제 기관들이 고객이 자신의 에너지 사용 데이터를 소유하고 있으며 제3자에게 데이터를 공유할 권한이 고객에게 있음을 이미 확인한 바 있다. 따라서 파괴적인 전력 시장 흐름 속에서, 유틸리티 기업의 향후 생존 가능성은 고객에게 가치 있는 서비스 옵션을 창출할 수 있느냐에 달려 있으며, 이는 궁극적으로는 데이터의 가용성과 활용에 의존 할 것으로 보인다.

기존 자산의 가치를 극대화하고 향후 투자 가치를 보장하기 위해서는 ICT 플랫폼에 인텔리전스 기능을 추가하여 “스마트한” 전력 망을 구축하려 하기 전에 먼저 “강력한” 전력 망 구축이 선행되어야 한다. 강력한 전력 망은 전송하는 데이터의 응답 요구 사항에 부합하는 기능적 데이터 경로(functional data path)를 제공할 수 있다. 계통 운영 데이터는 실시간 모니터링 및 제어를 위해 급전 분소로 라우팅되는 반면, SCADA 기록 장치는 기업 방화벽을 통해 운영 데이터의 일부(subset)를 전송하여 경영 부서에 전달한다. 비운영 데이터 역시 기업 방화벽을 통해 전송되어, 가상 데이터 마트에 저장되는데, 유틸리티 사업 부서는 여기에 접속하여 필요한 데이터 처리 업무를 수행할 수 있다. 데이터 분석 결과를 쉽게 파악할 수 있는 형태로 시각화하는 것이 중요한 마지막 단계이다. 대시보드 및 기타 시각화 기법 분야는 앞으로도 개발이 필요한 영역이다.

궁극적으로 계통 운영 및 사업부서 직원들은 총체적 접근으로 전사를 포괄하는 데이터 관리를 통해 얻은 통찰력과 실행 가능한 인텔리전스를 서로 공유해야 한다. 제1장에서 소개한 세 개의 SCADA 관련 데이터의 사용을 통한 경영 성과를 높인 사례들은 유틸리티가 실제로 구현 가능한 엄청난 기회의 일부에 불과할 뿐이다.

14.1 이 책의 다음 부분 미리 엿보기

이 책은 이 장에서 간략하게 설명한 유틸리티 데이터 관리에 관한 총체적인 접근 방식에 기반을 두고 책의 내용을 단계별로 구성하였다.

제1부의 나머지 장들은 여기에 설명된 이니셔티브의 중요성에 대하여 세부 사항들을 살펴보고, 이를 달성하기 위한 방법을 논한다. 여기에는 데이터 기반 유틸리티를 위한 개방형 표준 기반 정보 아키텍처 개발, 빅데이터 통합을 위한 프레임워크, 데이터 웨어하우스 및 분석 기법, 데이터의 생산, 저장, 처리 등과 관련한 전반적인 데이터 관리 방법, 그리고 유틸리티가 직면한 데이터 보안 및 개인 정보 보호 문제를 다루고 있다.

앞의 개요는 빅데이터를 단지 분석과 프리젠테이션/시각화를 맥락에서만 다루고 있는데 반하여, 이 책의 제2부에서는 좀더 깊게 들어가서, 통계 학습, 기계 학습, 딥러닝 및 기타 접근법을 포함한, 현재 활용되고 있는 빅데이터 분석 기법의 알고리즘, 수학적인 원리, 주요 특징들을 다루고 있다. 각각의 주제에 대한 이론적인 고찰과 더불어 간단한 예제를 이용하여 복잡한 개념을 쉽게 설명하려고 노력하였다.

이 장은 간략한 개요를 다루면서 단지 데이터 기반 유틸리티를 통해서 달성할 수 있는 근본적인 변화의 가능성에 대해서만 언급하였다. 계통 운영의 안전성, 신뢰성, 복원력 향상이 가장 자주 언급되는 성과인데, 제3부에서는 특정 성과 목표를 달성하기 위한 세부적인 실행 방법에 대해서 설명한다. 진단, volt/var 최적화, 위험 관리, 진동(oscillation) 완화, 전력 시장 운영과 같은 일상적인 유틸리티 문제를 해결하기 위한 적절한 데이터 기반 기법에 대해 다루고 있다. 제3부에서는 DER 예측, 부하 세분화(disaggregation), 예측 정비, 소비자 행동 분석, 사이버 공격 탐지 및 기타 통찰력을 가능케하는 새로운 분석 응용 프로그램에 대한 최신 정보를 독자에게 제공한다.

요컨대, 이 책은 전력 유틸리티의 빅데이터 활용에 관한 철학, 개념 그리고 유틸리티가 보다 능동적이고 총체적인 접근을 통해 데이터 중심 유틸리티가 되기 위한 방법을 설명하고 있어 유틸리티의 빅데이터 활용에 관한 이정표가 될 만한 책이다. 향후에 진행될 여정은 유틸리티의 계통 및 조직 운영에 관한 관행과 구조를 변화시키는 과정이 되어야 할 것이며, 시장이 요구하는 새로운 비즈니스 모델을 개발하고 구현할 수 있는 유연성을 확보하는 과정일 것이다. 그리고 이러한 근본적인 변화를 추구하는 과정이 시급히 추진되어야 한다. 카르페 디엠(Carpe diem)!

참고 문헌

[1] For more on “strong” before “smart” grid, see J.D. McDonald, et al., Refining a holistic view of grid modernization, the final chapter in: Smart Grids: Infrastructure, Technology, and Solutions, CRC Press, Boca Raton, in press, 2017. For more on open information architectures and related standards, see J.D. McDonald, Managing Big Data: Challenges and Winning Strategies, T&D Magazine, 2014, pp. 29–30.

[2] J.D. McDonald, Integrating DA With AMI May Be Rude Awakening for Some Utilities, Renew Grid, Oxford, CT, 2013. passim.

[3] For the role of IEDs and non-operational data, see: J.D. McDonald, Extracting Value from Data, Electricity Today (May 2013) passim. For the role of IEDs and non-operational data, see On IED integration, see J.D. McDonald, Substation automation: IED integration and the availability of information, IEEE Power Energy Mag. 99 (2003) 23–24.

[4] J.D. McDonald, Extracting Value from Data, Electricity Today, 2013, 9.

[5] J.D. McDonald, Transformer Monitoring, Communications Networks and Data Marts: Extracting Full Value From Monitoring and Automation Schemes to Aid Enterprise Challenges,” Keynote Paper, TechCon Asustralia, 2015.

[6] J.D. McDonald, Substation automation: IED integration and the availability of information, IEEE Power Energy Mag. 99 (2003) 23.

[7] J.D. McDonald, et al., Realizing the power of data marts, IEEE Power Energy Mag. 5 (2007) 64–65. passim.

[8] See both J.D. McDonald, Integrated System, Social Media, Improve Grid Reliability, Customer Satisfaction, Electric Light & Power, Tulsa (Dec. 1, 2012) passim, and J.D. McDonald, Consumers and Home Energy Management: As Standards Emerge, It's No Longer ‘if,’ but ‘when’ and ‘how’, PowerGrid International, Tulsa, (April 15, 2014) passim.

[9] M.S. Thomas, J.D. McDonald, These case studies are summarized Power System SCADA and Smart Grids, CRC Press, Boca Raton, 2015, pp. 70–73.

[10] D. Carpenter, V. Foster, J.D. McDonald, Kentucky Utility Fires Up Its First SCADA System, T&D World, Overland Park, KS, 2005.

[11] H. Hansen, J.D. McDonald, Ketchikan Public UTILITIES Finds Solutions to Outdated, Proprietary RTUs, vol. 2, Electricity Today, 2004.

[12] J.D. McDonald, North Carolina Municipal Power Agency Boosts Revenues by Replacing SCADA, vol. 7, Electricity Today, 2003.

CHAPTER 02

유틸리티가 직면한 사이버 보안과 개인정보 보호: 사례와 해결방안

Carol L. Stimmel
Manifest Mind, LLC, Canaan, NY, United States

이 장의 개요

사이버 보안 애플리케이션은 최근에 계통 운영의 핵심적인 요소로 부각되고 있는데, 전력 망, 계통운영, 유틸리티 인프라에 영향을 미치지 않으면서 마이크로 초의 대기 시간으로 초당 수백만 건의 이벤트를 처리, 관리한다. 배전 계통은 이러한 보안 애플리케이션을 적용하기에 취약한 약점이 있는 상황에서. 매일 수많은 새로운 공격 벡터(attack vector)가 새로 생겨나고 있다. 하지만, 유틸리티들이 대부분의 사이버 보안 자원을 전력 망 자산 주위에 방화벽과 같은 가상의 벽을 만드는데 소비하면서, 정착 가장 흔한 공격 벡터의 출처는 간과하고 있는데, 바로 유틸리티 내부 직원이 여기에 해당한다. 유틸리티는 전력 망의 물리적인 운영, 그 이상의 일들을 수행해야 한다. 유틸리티는 재무 정보, 고객 데이터를 다루는 방대한 기업 시스템 운영에 대한 책임이 있으며, 점차 늘어 나는 전력 망의 디지털화를 안전하게 진행시켜야 한다. 따라서 보안 전략은 보다 세밀하고 복잡한 형태로 가야하며, 개인 정보 보호 및 기타 내부 정보 기술에 대한 통제가 포함되어야 한다. .

1. 도입

전력 계통에서 핵심 디지털 자산이 증가하고, 소비자의 참여가 늘어남에 따라, 사이버 보안 및 개인정보 보호는 유틸리티가 인프라를 보호하기 위해 해결해야 할 주요 도전 과제가 되고 있다. 이미 알려진 취약점과 위협이 있으며, 유틸리티가 사이버 공격에 대응할 수 있는 데이터 분석기법들이 개발되고 있지만, 시뮬레이션을 해보면, 배전 계통에 커다란 약점이 있을 뿐만 아니라, 최첨단 시스템을 갖추더라도 대규모 사이버 공격을 받게 되면 부분적인 오류가 발생하여 정전이 최대 몇 주까지 계속되는 것으로 예측된다. 사실상 전력 망의 현대화, 그 자체로 공격 벡터의 대상 폭이 증가하였다고 할 수 있는데, 특히 분산 전원(DER)의 급격한 확산이 취약점을 더 심화시키고 있다.

전력 산업계에서는 그 동안 계통의 복원력(resilience)을 희생하면서도 IT에만 의존하는 전통적인 사이버 보안 수단에 치중하는 경향을 보여왔다. 하지만, 사이버 보안에 대한 표준적인 방법론들은 전력 계통에는 잘 맞지 않는다. 공격으로 인해 장기간 정전이 발생하는 공포의 순간을 생각해보자. 건강, 치안(public safety), 경제 등 모든 사회적 수단들이 심각한 타격을 받게 된다. 현대 사회에서 전기는 항상 사용할 수 있어야 한다. 이러한 가용성(availability) 요건을 충족하지 못하는 어떠한 보안 대책도 적합하다고 볼 수 없다. 금융업을 비롯한 대부분의 다른 산업 분야에서는 데이터의 기밀성(confidentiality)과 무결성(integrity)이 서비스의 가용성보다 우선시된다. 하지만 전력 산업에서는 전력 공급의 가용성 확보가 보안의 최우선 과제이며, 데이터의 품질, 개인정보는 부차적인 문제라 할 수 있다.

많은 유틸리티가 채용하고 있는 전통적인 사이버 보안 전술이 핵심 전력 인프라를 대상으로 날로 증가하는 위협 수준에 적합하게 대응하고 있다고 볼 수 있는 결정적인 증거는 거의 없다. 지금 필요한 것은 디지털 기술이 대부분을 차지하는 디지털 전력 망의 복잡성을 인식하고 이를 전략에 반영하는 것이다. TrustedSec사의 CEO이고 전직 미군 해병 정보장교(Marine Intelligence Officer)인 데이비드 케네디(David Kennedy)와 "우리의 전력 망은 확실히 취약합니다….에너지 업계는 보안 베스트 프랙티스 및 시스템 유지 보수와 관련하여 다른 산업보다 훨씬 뒤떨어져 있습니다."라고 이를 간단히 설명하였다[1]. 그러나 사이버 보안 문제와 관련하여 가장 필요한 것은 더 많은 보안 기능을 쌓아 놓는 것이 아니라 근시안적이고 전체적으로 불충분한 기존의 보안 운영 체계를 근본적으로 철저하게 다시 생각해보는 것이다.

2. 사례 연구: 사이버 위협의 수준과 범위

전 세계가 일련의 사이버 위협에 직면 해있는 상황에서 서구 사회가 전적으로 전기에 의존하고 있다는 점 때문에, 전력 망은 주요 공격 목표가 될 수 있다. 21세기로 접어 들어 수십억 개의 장치가 네트워크에 연결되면서, 선진국의 사이버 전쟁 무기였던 사이버 위협은 상대국의 방어체계를 탐색하여 공공과 민간의 무수한 공격 벡터를 찾아 체계적인 공격을 감행할 수 있는 상당한 수준까지 향상되었다. 유틸리티에 대한 위협이 고도화 되었을 뿐만 아니라, 디지털 네트워크, 기계장치, 시스템 및 시스템 내의 정보에 영향을 미칠 수 있는 취약성을 파고들어 갈 수 있는 매우 복잡하고 광범위한 위협 수단 개발이 가속화되고 있다. 이 모든 것이 안정적이고 안전한 에너지의 공급에도 영향을 미친다. 전력 망에서 디지털 기기와 DER이 더 많이 연결됨에 따라 위험도 기하급수적으로 증가하고 있는데, 전력 망을 구성하는 물리적인 자산에 유틸리티가 제어할 수 없는 지상 및 옥상 태양광, 센서, IoT 구동 기기(actuator), 유틸리티와 가정내 가전기기를 연결하는 스마트 미터 등이 추가로 포함되고, 여기서 생성되는 데이터들이 계통 운영, 전력 시장, 고객 서비스의 필수적인 수단이 되고 있기 때문이다.

취약성의 범위가 넓어지는데 대하여 복원력이 있고 안전한 전력 망에 대한 사회적 요구가 증가하고 있음에도 불구하고, 전력 산업계가 사이버 보안 및 사이버 테러를 제대로 명확하게 이해하고 있지 못하다는 점은 다소 놀라운 일이다. 전력 산업계가 이렇게 무감각한 이유로는, 규제나 지배구조가 불명확하고, 시장이나 지리적 여건이 유틸리티마다 서로 달라서 통일된 원칙을 적용하기 어렵고, 전반적인 투자 부족, 사이버 공격이 실제로 있을 것인가에 대한 일반 대중의 의심과 혼동 등으로 설명할 수 있다. 하지만 사이버 공격은 실제로 발생하고 있다. 자동화된 공격 성능이 날로 향상되고 있지만, 사이버 보안에 대한 정책 개선, 관리체계 개선, 교육 및 화이트리스트 적용 등으로 가장 무방비 하여 쉬운 공격 대상이었던 사람을 향한 자동화된 공격은 급격히 감소하고 있다.

2016년에 조사된 Human Factor 사이버 보안 평가 결과에 따르면, "사이버 공격은 자동화된 공격으로부터 벗어나 사람들을 포섭하여 사이버 공격, 즉, 시스템을 감염시키고, 자격 인증을 도용하고, 자금을 이전하는 등의 작업을 수행시키는 형태로 변화하였다. 모든 공격 벡터와 모든 크고 작은 공격에서 공격 주도세력은 사회 공학(social engineering)을 사용하여 사람들을 속이고, 사람들이 악성 코드가 영향을 주는 일을 수행하도록 유도하였다."라고 언급된다[2.] 악명 높은 해커였던 케빈 미트닉 (Kevin Mitnick)이 다음과 같이 언급한 것이 정확한 표현일 것이다. "회사의 보안에 가장 큰 위협은 컴퓨터 바이러스, 주요 프로그램의 패치되지 않은 구멍 또는 잘못 설치된 방화벽이 아닌 것입니다. 실제로 가장 큰 위협은 당신이 될 수 있습니다. 사실 개인적을 볼 때, 기술보다는 사람을 조작하는 것이 더 쉽습니다. 대부분의 조직에서는 인간의 요소를 간과하고 있습니다."[3]. 많은 경우에 있어서 전력 망의 사이버 보안과 관련된 문제는 전력 유틸리티와 직원, 파트너사, 그리고 고객들과의 투명한 관계를 유지하느냐, 이들을 보안에 효과적으로 참여시킬 수 있는가에 관한 문제이다. 물론 여기에는 데이터와 정보가 어떻게 전송되고, 보안 관리되며, 사용되고, 분석되는지도 포함된다.

2.1 사이버 공격으로 인한 우크라이나의 전력공급 중단 사태

2015년 12월 우크라이나의 Prykarpattyaoblenergo, Kyivoblenergo 2개의 배전 유틸리티에서 자사가 해킹 당했다고 발표했는데, 이 해킹으로 인해 해당 유틸리티 서비스 지역의 8만 명이 넘는 고객들이 정전을 경험했다. 또한 해커들은 여러 대의 운영자 컴퓨터를 파괴하여 전력 복구를 어렵게 하였다. 계통 운영 시스템이 손상되어, 이 유틸리티 직원들은 해커들이 원격으로 열었던 차단기를 수동으로 리셋 하기 위해 사고가 난 변전소로 일일이 찾아다녀야 했다. 사고 시간은 상당히 짧았지만, 사이버 공격으로 인해 발생한 최초의 정전이었기 때문에 이 사례는 주목할만한 사건이라 할 수 있다[4].

이 공격에는 회로 차단기를 원격으로 개방하는 것 외에 다단계의 체계적인 공격이 감행되었다. 첫째, 해커들은 계통 운영 스크린에서 데이터를 정지시킴으로써 운영 직원을 눈이 멀게 만들었는데, 운영자가 해킹을 인식하지 못하는 동안 계통 운영시스템의 상황 인식 체계는 계통이 제대로 작동하고 있다고 운영자에게 보고했다. 둘째, 해커는 그 다음으로 고객이 정전 신고를 하지 못하도록 콜센터가 전화 응답을 거부하도록 만드는 공격을 했다. 즉, 콜센터에 가짜 전화를 다수 발생시켜서 실제 고객이 운영자 사이에 통화가 연결되는 것을 막았다. 해커들은 여기에 만족하지 않고, 운영자가 정전을 복구하려고 할 때, KillDisk라는 프로그램을 구동시켜 유틸리티의 전사 전산시스템을 마비시켰다. 이 프로그램은 이 회사 컴퓨터를 충돌시켜 마스터 부트 레코드를 지우고 재부팅이 되지 못하도록 하였다.

이 사건에 대해서 이 유틸리티들이 2015년 3월에 스피어피싱(Spearfishing) 캠페인을 전개하면서, BackEnergy2로 알려진 멀웨어(malware)가 침투할 수 있는 지점을 열었던 위반 사실 이외에는 별다는 원인이 밝혀지지 못했다. 이 멀웨어는 시스템에 백도어(backdoor)를 열어 다른 멀웨어 또는 응용 프로그램, 데이터를 추가로 침투시키는 기능을 갖고 있다. 미국 공군의 전직 사이버 전투 작전 장교(Cyber Warfare Operations Officer)였던 Robert M. Lee는 단순한 공격조차도 여러 공격을 잘 조합하면 엄청나게 파괴적이 될 수 있다는 점을 강조하면서, "공격에 사용된 기능은 특별히 정교하지 않았지만 중요 시설을 대상으로 시도한 3가지 공격의 기획, 실행계획, 실행 모두가 매우 정교했다."고 평가하였다[5].

2.2 피싱 메일에서 촉발된 사우디아라비아 아람코의 심각한 재정 손실

2012년 중반 사우디아라비아 아람코에서 일하는 컴퓨터 IT 전문가가 피싱 이메일을 열어 링크를 클릭했다. 아람코의 전직 보안 고문이었던 Chris Kubecka는 "2012년 중반에 언젠가 시작되었습니다.. 아람코 IT팀의 컴퓨터 기술자 중 한 명이 사기성 전자 메일을 열어 나쁜 링크를 클릭했습니다. 그 안에는 해커들이 있었습니다."라고 이 사건을 언급했다[6] 6개월이 지난 후에, "이상한 일(weird thing)"이 일어나기 시작했다. 화면이 깜빡이고 드라이브에서 파일이 지워지기 시작했고 일부 시스템은 완전히 멈춰 버렸다. 맹렬한 공격을 통제할 수 없었던 IT 팀은 결국 사내 국제 데이터 센터에 있는 서버 뒤편에서 케이블을 완전히 분리하고, 전 세계에 있는 모든 아람코 사무실을 물리적인 오프라인 상태로 전환해야 했다.

이 와중에 이 회사는 석유 생산을 계속 유지하였지만, 공급 라인이 약화되고 계약이 이행되지 않고, 금융 거래가 중단되고 사무실 통신 선로, 전자 메일 등이 운영되지 못해 신규 거래를 체결하는 업무가 중단되는 등의 문제가 팩스 등 업무 프로세스가 복구될 때 까지 지속되었다.

사우디 아람코는 석유 생산시설을 안정적으로 운영해야 했기 때문에, 3주 후 이 회사는 석유를 무료로 제공하기 시작했다. 한 직원이 무심코 감염된 링크를 누른 결과로, 이 회사는 최대 5 만개의 하드 드라이브를 새로 구입해야만 했다 (글로벌 하드 드라이브 공급 물량이 제한적이었기 때문에 비싼 값을 주고 구입). 회사가 완전히 복구되기까지 5개월이 걸렸다. 온라인 이메일 스피어 피싱 공격으로 세계 석유 공급의 10%가 위협 되었고, 재정 상태가 아람코만큼 좋지 못했다면 아마 파산에 직면했을 것이다.

2.3 위기로 잘못 인식된 Burlington Electric의 Grizzly Steppe 해킹

인간이 가장 좋은 공격 벡터인 이유는 사람들이 안전 경고, 통제 절차 등을 무시하는 경향을 보이기 때문이다. Burlington Electrics 사건의 가장 눈길을 끄는 이유는 메일 유인물이 사용되었다는 점이 아니라(최근에 정치권의 해킹 폭로로 밝혀진 이 사건으로 더 이상 메일 유인물 사용이 불가능해졌지만), 사이버 공격을 가짜라고 무시했던 일반 대중의 반응에 있다. 사람을 이용하는 악성 프로그램 공격이 계속 진화하면서 증가하고 있다는 점을 고려할 때, 이러한 반응은 특히 소름 끼치는 일이라고 할 수 있다.

이 사이버 공격의 결과를 완전히 이해하려면, 2016년 미국 대통령 선거 운동에 대한 간략한 살펴볼 필요가 있다. Burlington Electric에 대한 해킹 사건은 러시아 정부가 해킹을 지원하고 있다는 조사 결과가 발표되어 해킹 문제가 2016년 대선에서 쟁점화 된 직후에 해킹에 대한 전면적인 경고가 확산되는 시점에 발견되었다. 러시아의 간섭에 대해 미국 정보 국장(the Office of the US Director of National Intelligence)은 "러시아의 정보 기관은 크레믈린에 적대적이었던 후보를 탈락시키는데 영향력을 행사할 목적으로 미국의 주요 정당 인사와 2016

년 미국 대통령 선거와 관련된 인사들에 대한 사이버 작전을 수행했다"고 결론을 내렸다[7]. 이 두 사건(Burlington Electric 해킹과 2016년 대선 논란) 사이의 연관성은 분명하지 않았지만, Burlington Electric 해킹 사건은 러시아 정부의 해킹으로 사회가 가장 민감한 시기에 발생했다.

당시 선거 기간 동안에 극심한 분열이 있었으므로, 이러한 폭로에 대한 시민들의 반응은 당파를 초월하였으며, 대통령 당선자에게 투표한 사람들은 이 선거의 합법성에 대해 여전히 당연하다고 믿고 있다[8]. 따라서 이 조사 보고서에 대한 미국 일반 대중의 반응은 적대적이었는데, 일부는 이 보고서를 지나친 과민반응(hysteria)이라고 불렀고, 일부는 보고서의 세부 내용까지 무비판적으로 받아들였다. 이 보고서의 영향은 충격적이게도, 러시아라는 국가의 이미지가 대중의 머리 속에 확실히 각인되는 결과로 나타났다. 선거 후 몇 주간 진행된 연구에서 2014년부터 2016년까지 러시아 대통령 푸틴(Putin)에 대한 미국인들의 감정은 부정적인 평가인 −66점에서 긍정적인 평가를 의미하는 +10점으로 급격히 좋아졌다[9]. 따라서, 러시아에서 시작된 컴퓨터 계정이 Burlington Electric에 침입하였다고 보도가 되었을 때, 일반 대중들 사이에 큰 관심이 되기 어려운 이 사건이 주요한 정치적 논쟁거리로 비화되었다.

2016년 12월 30일, 워싱턴포스트는 미국 대통령 선거에 영향을 미친 것으로 의심되는 러시아 해킹 그룹이 미국 유틸리티에 악성 코드를 침투시켜 전력 망을 심각한 위험에 빠뜨리려 했다고 보도했다. 처음에 이 신문에 실린 보도 내용은 러시아의 소행임을 주장하면서, 전력 망에서 발견된 악성 코드는 코드명이 그리즐리 스텝(Grizzly Steppe)이며, 이 악성 코드는 러시아인들이 2016년 미국 대통령 선거에 영향을 준 것과 동일한 것이라는 주장이었다. 이 악성 코드는 미국 정보기관이 Grizzly Steppe이라고 불리는 러시아의 해커 그룹이 만든 악성코드에 대한 백신 소프트웨어를 공개한 후에 발견되었다. 유틸리티 및 기타 기관들은 이 백신을 통해 디지털 서명(digital signatures)을 검색하여 악성 코드를 찾고, 격리 및 제거 할 수 있었다. 이 해킹 사건으로 미국 유틸리티 업계의 많은 사람들이 수 년 동안 두려워했던 신문 기사는 헤드라인이 "러시아의 해커들이 버몬트의 한 유틸리티를 통해 미국의 전력 망에 침투했다"으로 시작되는 이야기였다. 그러나 조사가 진행됨에 따라 악성 코드가 직원 한 명의 업무용 컴퓨터에만 저장되어있는 것으로 확인되었다. 전력 망은 영향을 받지 않았다라는 진술 등이 반영되어 이야기가 다시 작성되면서 좀 더 정확성이 높아졌는데, 신문 기사의 헤드라인은 최종적으로 "관리들의 말에 따르면, 러시아의 버몬트 유틸리티에 대한 해킹 시도는 미국 전력 망 보안이 위협 받을 수 있다는 것을 보여주는 사례다"가 되었다[10].

러시아 해킹이 정치적인 쟁점이었기 때문에, 워싱턴포스트의 이 부정확한 신문 기사는 심한 비판을 받았다. 만일 정치적인 쟁점이 없었더라면, 이 기사는 전력 망의 취약성에 대한 기자의 이해가 부족했고, 엄청난 파국을 초래할 사건을 미리 알려 신문의 헤드라인을 장식하고자 하는 기자의 열정 정도로 치부되었을 것이다. 이 기사의 출처에 대한 이슈가 있지만, 북미전력신뢰성공사(American Electric Reliability Corporation; NERC)에서 중요 기반 시설 보호 프로그램 책임자로 근무하였던 Brian Harrell은 앞으로 전력 망에 닥쳐올 공격에 대한 현재의 대처에 대해 우려를 표명하면서 "불행하게도, 이 이야기가 유틸리티 밖으로 몰래 새어 나왔다는 것은 유틸리티가 외부와 이런 문제를 얘기하는 것을 꺼리거나 주저하기 때문인 것으로 보인다. 모든 유틸리티들이 이런 문제가 언론에서 어떻게 다루어지는 지를 모니터링하고, 메모한다. 이 사건의 결과로, 앞으로 유틸리티는 보고할 때, 주저할 것이다"[11].

직원 한 명이 컴퓨터를 잘못된 네트워크에 연결했다는 것 때문에, Burlington Electric가 도산한 것은 아니다. 포브스는 워싱턴포스트의 기사에 대해 "러시아 해커들이 미국의 전력 망 깊숙이 파고 들었고, 스위치 조작만으로도 미국을 어둠으로 몰아 넣을 준비가 되어 있다"라는 식의 터무니 없는 동화 같은 이야기라고 일축했지만, 미국 국토안보부는 러시아 해킹 셀을 지칭하면서, 2016년 대선에 영향을 준 것으로 보도된 바로 그 해커가 실제로 컴퓨터 시스템을 뚫고 컴퓨터에 악성코드를 심었다라고 정리하였다. 분명히 이는 내재된 것들의 한 요인 일 뿐이다. 이 사건에 대한 수정된 이야기는 "침투가 유틸리티를 파괴하려는 시도였는지, 단순한 테스트였는지 불분명하다"이다[13]. 인적 오류가 사이버 보안에 미치는 영향을 잘 이해한다면, 이 이야기의 이러한 결론은 작은 위안이 될 수 있다.

2.4 보안에 관한 태도 변화가 유틸리티 업무 관행에 미치는 영향

사이버 보안에 대한 태도 변화는 시스템의 안전을 지키면서 업무를 해야 할 직원들에게 분명하게 각인 되어야 한다. 즉, 매년 악의적인 공격을 막기 위해 정보기술에 수백만 달러를 투자하더라도, 직원들이 왜 보안 업무 체계를 따라야 하는지에 대한 이유를 스스로 확신할 수 없다면, 그 투자 가치는 사라지게 된다. 여기서 소개한 사례들은 유틸리티가 다른 기업들과 마찬가지로 악의적인 URL이 포함된 사회 공학적 해킹 끊임없이 공격을 받을 것이라는 점을 보여주고 있다. 이들 해킹 메일은 사용자 시스템에 스스로 침입하여 악성 코드를 심어 놓고, 정보를 훔치거나, 백 도어를 열거나, 계정을 복사하여 시스템의 이곳 저곳을 옮겨 다니기도 한다. 직원들을 유인하는 기술들은 계속 진화할 것이며, URL에 기반을 둔 해킹, 인증에 대한 스피어피싱, 첨부 파일을 통한 감염, 공유 파일이나 이미지에 대한 초청 등 다양한 형태로 전개되고, 그 빈도도 압도적인 수준으로 늘어날 것이다.

3. 네트워크의 디지털화에 따른 취약성 증가

유틸리티가 사이버, 물리적 또는 이 두가지를 병행하는 공격에 대하여 확실한 면역 체계를 갖추는 일은 결코 생기지 않을 것이다. 그러나 사보타주(sabotage)와 관련된 문제는 독특한 특징이 있다. 2009년 중반에 활동을 시작한 스턱스넷(Stuxnet) 웜 바이러스는, 많은 사람들이 우라늄 농축에 사용되는 원심 분리기를 손상시킴으로써 이란의 우라늄 농축 프로그램을 방해하려는 의도로, 이스라엘과 미국이 공동 프로젝트를 진행하여 만든 것으로 알고 있다. 이 웜 바이러스는 그 파괴력을 입증함으로써 세상에 널리 알려진 최초의 사이버 무기이다. 전력 망에 대한 공격이 성공할 때 광범위하고 심각한 피해가 발생하기 때문에, 전력 망에 대한 사이버 공격은 정치 성향을 가진 해커, 외로운 늑대(lone wolves), 국가가 지원하는 해커 집단 모두에게 중요하지만, 이중 가장 끔찍한 경우인 국가가 후원하는 전력 시스템 파괴 시도는 냉전시대부터 축적되어 온 산물이라고 할 수 있다. 미국의 정부 보안 뉴스(Government Security News)는 미국의 전력 망에 악성코드를 침투시키려는 러시아의 노력을 다루면서 "..블랙 에너지(Black Energy)를 이용한 해킹 작전은 2011년부터 계속 되고 있다. 하지만 이 악성코드를 활성화시켜서 감염된 시스템을 손상시키거나 수정하거나 파괴하려는 시도는 아직까지 발생하지 않았다."고 언급하였다. 미국의 산업용 시스템 컴퓨터 침해사고 대응반(Industrial Control Systems Computer Emergency Response Team; ICS-CERT)의 관료들은 러시아 정보기관들이 미국을 위협하거나 냉전시대의 상호 확증 파괴(mutual assured destruction) 전략으로 미국의 러시아에 대한 사이버 공격을 지연시키기 위한 목적으로 악성코드를 미국의 기간 시스템에 설치하는 것을 지원하고 있다고 믿고 있다[14].

이 문제에 대해 우리는 진지해야 한다. 전기 에너지는 생산과 소비가 동시에 이루어지기 때문에, 계통 운영자는 발전과 소비의 균형을 항상 유지해야 한다. 스마트그리드, DER, 송전급 ESS 등은 안정적인 운영을 위해 디지털 방식의 양방향 통신 인프라가 필요한데, 이는 계통에서 보안에 취약한 지점들이 증가됨을 의미한다. 앞에서 2개의 사례연구와, 1개의 위기 촉발 사례에서 볼 수 있듯이, 전력 망에서 한 곳 또는 일부 지점이 파괴되면 연쇄 반응을 통해 송전 및 배전 망 전역으로 빠르게 파급되기 때문에 상당한 피해를 줄 수 있다.

그림1에서 설명하는 바와 같이 스마트그리드 레이어 기술은 센서, 계량기, 제어 장치, 데이터 통신 인프라와 이를 바탕으로 구동되는 계통 운영 애플리케이션, 그리고, 유틸리티 전사 인텔리전스 시스템으로 구성되어, 이들 요소들을 다양하게 활용할 수 있는 전력 인프라를 구축하는 기술이다. 컴퓨터, 소프트웨어, 네트워크, 유틸리티 내부에서 스마트 장치의 통합이

계속됨에 따라, 의도적이든 비의도적이든 공격의 위험이 증가하고 있으며, 계통의 디지털화가 계속되면서 그 범위가 계속 확장하고 있다 (표1).

그림1. 데이터의 수집에서 대응에 이르는 상황적 인지 과정 (C.L. Stilmmel의 "스마트그리드 빅데이터 분석 전략(2014)"에서 재인용)

표1. 유틸리티 시스템 내부에서 흔히 발생할 수 있는 공격 사례

유틸리티 시스템	기능 사례	가능한 공격 사례
통신 시스템	전력선, 이동통신, 무선네트워크, 위성통신망 등을 이용한 데이터 전송	소극적 도청(wiretapping), 중간자(Man-in-the-middle) 공격, 데이터 수정, 인터넷 프로토콜(IP) 스푸핑(spoofing)
첨단 기기	스마트스위치, 저장 장치, 스마트 가전, 변압기 등	라우팅 공격, 서비스 거부 공격, 노드 전복, 메시지 손상, 봇넷botnets)
첨단 제어 시스템	전압 조정기, 변전소 및 배전 기기 등과 같은 모니터링 및 제어 시스템	제로데이익스플로잇(Zero-day exploits), 제어기 조작, 스피어피싱(Spearfishing)
센서 및 측정 장치	스마트미터와 PMU	워드라이빙(Wardriving), 노드캡쳐, 라우팅 공격, 노드 전복
의사결정 지원 시스템	전력계통 관리를 위한 운영 어플리케이션	SQL 주입 공격, 버퍼 오버 플로우 공격, 크로스 스크립트 공격, 사이트간 요청 위조
고객 접속 시스템	요금조회 등과 같이 고객이 계정을 통해 접속하는 웹 기반 시스템	SQL 주입 공격, 크로스 스크립트 공격, 서비스 거부 공격, 명의 도용 공격

출처: C.L. Stilmmel의 "스마트그리드 빅데이터 분석 전략(2014)"에서 재인용

3.1 공격 시나리오

전력 망 인프라에 대한 사이버 공격의 결과는 심각한 대규모 정전을 유발할 가능성이 있는데, Stuxnet과 같이 전력 망에 과도한 기계적 스트레스를 가하여 고장을 일으킴으로써 계통을 황폐화시키거나, Aramco가 재앙 직전까지 갔던 사례처럼 일련의 단순한 공격을 잘 조합하여 감행함으로써 혼돈에 빠뜨리고, 대형 전력회사를 파산으로 몰아갈 수도 있다.

Carol L. Stimmel은 2014년에 저술한 "스마트그리드 빅데이터 분석 전략 (Big Data Analytics Strategies for the Smart Grid)" 을 통해서 고도의 전력 망 사이버 공격에 대한

시나리오를 구분하였는데 다음과 같다.

1. 중요한 전력 인프라 구성 요소를 다시 프로그래밍하여 주요 전력 공급 중단 유발
2. 민감한 디지털 정보를 도용하여, 향후 더 심각하고 고도화된 공격에 활용
3. 화재 또는 폭탄과 같은 물리적 공격과 해킹을 조합하여 복합(blended) 위협 시도

이 장의 앞부분에서 언급했듯이 사이버 공격을 얘기할 때, 해티비즘(hacktivism), 사생활 침해, 기타 형태의 파괴 행위 등과 같은 전통적인 공격 방법이 여전히 논의의 대상이 되고 있지만, 대부분의 사회 구성원, 공공 기관들은 진주만 공습과 같은 공격을 떠올리며 두려워하는 경향이 있다. 그럼에도 대중 매체에 종사하는 많은 사람들은 해커에 대한 고정 관념 즉, 정크 푸드를 즐기는 사람, 레드불(Red Bull) 음료를 마시는 남자, 디지털 볼트 커터(digital bolt cutter)를 가지고 다니는 아이 등으로 간주하는 일반인들의 생각을 바꾸는 것이 어렵다는 점을 알고 있다. 잠재적 공격자는 물론 아마추어 헤커(script kiddie)들도 있지만, 사회에 복수를 꿈꾸는 사람, 조직 범죄자, 국가가 지원하는 사이버 전사(cyber warrior)가 될 수도 있다. 앞에서 논의한 바와 같이 해킹에 대한 일반적인 인식은 "지겹고, 진부하며, 위험하다"는 생각이다. 그러나 이러한 해커들과 관계없이, 정보 기술 침해의 80%는 기업 내부의 사람들에 의해 유발되거나 도움을 받는다. 앞의 토론에서 다루었 듯이 스피어피싱(spearfishing)이 그 예이다. 이들이 기꺼이 또는 마지못해, 의도적으로 또는 의도없이 침해에 이용당했더라도, 사이버 공격은 조직 내의 사람들에 의해 이루어지고 있다[15].

그렇다고 해서 이것이 유틸리티가 외부 사이버 공격을 방어하려는 노력을 중단해야한다는 것을 의미하지는 않는다. 여기서 얘기하고자 하는 것은 사이버 공격에 대한 리스크를 관리하고 평가할 때, 모든 공격 벡터를 고려해야 한다는 점이며, 여기에는 발전소 밖, 유틸리티 내부 네트워크, 계통 운영 등 모든 영역에 있는 노드가 포함되어야 한다.

4. 데이터 분석의 역할

디지털 네트워크에서 사이버 보안 위협에 대한 우려가 급속도로 커지면서, 유틸리티 운영과 관련된 법률과 표준을 담당하는 규제 기관과 정부도 이 문제에 관심을 갖게 되었다. 사이버 보안을 위한 산업 표준 개발은 북미 지역에서 활발하게 전개되었는데, 특히 미국과 캐나다에

서 가장 활발했다. 하지만 전 세계적으로는 보안 및 개인 정보 보호 이슈가 더디게 진행되어, 일부 지역에서는 스마트그리드 확산이 느리게 추진되고 있다. 표준화 이니셔티브는 신속히 진행되었지만, 유틸리티가 이를 반영하여 체계적인 사이버 보안 종합 계획을 수립하는 일은 유틸리티마다 상이한 상황이다. 유틸리티는 북미신뢰성공사가 중요 인프라 설비에 대한 보호 표준으로 제정한 NERC CIP(critical infrastructure protection standards)을 이해하고, 여기에 참여하여 이를 수용해야 한다.

NERC는 전력 분야의 CIP 코디네이터 역할을 하고 있는데, 이 기관은 표준을 개발하여 준수하도록 요구하고, 광범위한 기술 자료와 관련 전문 지식을 제공한다. NERC CIP 표준은 전력 망의 보안 및 안정성을 다루는데 있어서, 현 시점에서 유일하게 제대로 마련된 사이버 보안 표준이다. 이 표준에는 보안 사고에 대한 보고 의무, 인증 프로토콜, 보안 관리 통제에 관한 최소 요건, 재해 복구에 관한 내용을 담고 있다. NERC CIP는 북미 지역의 대규모 전력 계통의 보안 위험을 줄이고, 보안 상태를 개선하는 데 많은 역할을 하고 있다. 그러나 모든 보안 위험을 해결하는 것은 불가능하다. 바로 이 점이 스마트계량기, SCADA 및 동기 위상기(synchrophasor)로부터 생성되는 방대한 시공간 데이터를 활용하는, 데이터 기반의 사이버 보안 분석이 엄청난 가치를 가진 기회가 되는 이유이다.

앞의 사례 연구에서 명확히 알 수 있듯이, 전력 망을 구성하는 자산 주변에 가상의 벽을 구축 할 수 있다는 생각은 미숙하고 초보적이며, 궁극적으로 깨지기 쉽고 취약한 네트워크를 만들 뿐이다. 더욱이 유틸리티는 물리적 계통을 안정적으로 운영하는 것 외에 더 많은 책무가 요구된다. 유틸리티는 금융 정보와 고객 데이터를 담고 있는 대규모 전사 시스템 운영에 책임이 있으며, 전력 망을 점진적으로 디지털 네트워크로 변화시켜야 하는 과제가 있다. 이런 점을 고려하면 기존 보안 전략에 미묘한 변화가 당장 있어야 한다. 보안 데이터 분석 프로그램은 현장, 기업, 공장 등에서 작동되는 센서가 폭발적으로 늘어남에 따른 위협을 비용 효과적으로 선제 차단할 수 있는 최상의 옵션이 될 수 있다. 데이터 분석은 만성적인 취약 상태에서 상황을 주도하는 자세로 유틸리티를 안내하는 열쇠가 될 것이다.

사이버 보안을 위한 데이터 분석은 포렌식 기능을 포함하여 구조화 또는 비구조화(unstructured) 데이터 소스로부터 패턴을 탐지하는 알고리즘을 사용하는데, 이를 통해 내부와 외부의 위협을 식별한다. 이 방법은 유틸리티는 방어 태세와 관한, 이전에는 불가능했던 새로운 질문을 할 수 있다. 그림1에서 볼 수 있듯이, 통합 데이터 분석 기법은 폐쇄(closed) 루프 연속 학습 기능을 제공하여, 유틸리티의 보안 프로그램에서 예전에는 사용할 수 없었던 상황별 지능(situational intelligence)이 가능해진다.

다음은 디지털 전력 망의 사이버 보안 및 복원력에 기여할 수 있는 유용한 분석 모델이다.

1. 현상의 설명(descriptive): 상황별 지능
2. 현상 진단(diagnostic): 위협의 수준 및 특성 정량화
3. 예측(predictive): 위협 수준과 특성의 식별 및 방지
4. 사건의 명시(prescriptive): 향후 발생할 수 있는 사건에 대한 사전 대응 조치 설계

종래의 보안 모델은 대부분 수동적인 보안 시스템으로 주로 공격의 탐지에 초점을 두어왔다. 하지만 불행히도, 이런 것들은 종종 지속적으로 활동하는 해커의 손에 들어가서, 저급 사이버 공격이 수단으로 이용되곤 한다. 이들이 하는 일은 그저 네트워크에 침투할 수 있는 지점 한 곳을 찾는 일로, 하루 종일 침입을 시도해도 보안 시스템을 이를 알 수 없었다. 반면에 빅데이터 분석은 공격을 예측하거나 명시적(prescriptive)으로 다룰 수 있는 도구를 제공하여, 공격이 진행 중인 상태에서 공격을 중지시킬 수 있다. 예를 들어, 빅데이터 모델은 방대한 양의 데이터를 활용할 수 있으므로 정형화된 공격 패턴과 여타의 비정상적인 패턴(우크라이나의 사례에서 제어 센터 화면을 정지시킨 것과 같이 해커가 공격을 효과적으로 은폐하기 위해 사용하는 일종의 변칙 패턴)을 인식하는데 매우 효과적이다.

4.1 개인정보 보호의 역할

유틸리티가 잘 갖춰진 사이버 보안 프로그램을 통해 전력 망 전반에 걸쳐 종합적인 상황 인식을 하고, 궁극적으로는 새로 부각되는 위협에 대응하고 이를 억제해야 하는 것과 함께, 데이터 프라이버시의 역할을 인식하는 것도 매우 중요하다. 사실상 데이터를 안전하게 관리하는 것은 제대로 된 유틸리티 보안 프로파일에서 가장 기본이라 할 수 있다. 더욱이 수집된 정보를 사이버 보안 프로그램이 활용할 수 있도록 잘 매칭하는 능력을 갖추려면 개인 단위까지 세분화된 상세한 모델이 필요할 수 있다. 소비자 데이터를 보호하려면, 정책, 문화, 조직 차원의 관리와 함께, 강력한 데이터 거버넌스를 갖추는 것이 필수적이다..

캐나다 온타리오주의 전직 정보 및 개인정보 책임자이자 개인정보보호 중심 설계 프레임워크인 PbD (Privacy by Design)의 핵심 리더였던 Ann Cavoukian은 개인정보 보호에 관하여 가장 중요한 7가지 기본 원칙을 다음과 같이 제시했다.

- 개인정보는 대응보다는 사전예방이 우선이며, 치유보다는 예방이 중요하다.
- 개인정보는 항상 기본값으로 설정되어야 한다. .
- 개인정보는 설계에 내재화되어야 하며, 사후에 고려되어서는 안된다.
- 개인정보 보호 권리는 제로섬이 아니라 양적 합(positive sum)이다. 이는 사용자가 비용을 주고 이용 권리를 살 수 있는 것이 아니다.
- 종단간(end-to-end) 보안: 수집에서 공유, 저장, 궁극적으로 폐기될 때까지 전체 수명주기 동안의 보호가 필요하다.
- 가시성과 투명성: 개인 및 개인 데이터를 사용하는 사람이, 이것이 개인정보라는 점을 명확하게 인식해야 한다.
- 항상 사용자의 개인정보를 존중해야한다. 개인정보는 사용자 중심이어야 하며 사용자가 통제해야 한다. [16]

PbD는 설계의 많은 분야에서 표준 절차로 적용되어야 하며 유틸리티 운영의 모든 범위에서 고려되어야 한다. 여기에는 감시, 생체 인식(biometrics), 스마트그리드, 근거리 무선 통신(NFC), 센싱, 원격 서비스, 빅데이터 분석 그리고 위치 서비스 등이 포함된다. PbD가 국제기구에 의해 널리 받아 들여지고 있으며, 폭발적으로 증가하는 개인정보 문제를 다루는데 있어서 가장 구체적인 실행이 가능한 접근 방법 중 하나라는 점에 유념해야 한다. Cavoukian 박사의 업적은 "개인정보는 누가 가지고 있는지 없는지에 관계없이 항상 통제되어야 한다"는 명확한 관점을 제시하고 있다. 따라서 진정한 개인정보 보호의 본질은 특정 개인의 정보를 사용하는 것에 대해 구체적으로 명시하고, 사용에 제한을 가하는 능력이다. 계통 운영자가 전력망을 관리하거나, 서비스를 제공하거나, 기업을 운영함에 있어서 이들 원칙은 절대로 폄하되어서는 안된다. 이는 경쟁 시장에서도 마찬가지다.

5. 결론

유틸리티는 전력 망 운영을 보호하기 위해 고전적인 사이버 보안 방법을 시행하고 있지만, 빅데이터 분석 플랫폼은 보안에 대한 인텔리전스와 강력한 데이터 처리 성능을 결합하여 유틸리티로 하여금 사이버 보안을 주도할 수 있도록 해준다. 이러한 프로그램의 목표는 첨단 패턴 인식과 기계 학습을 통해, 네트워크에서 발생하는 엄청난 데이터 스트림, 수백만 개의 장치에 달려 있는 데이터 노드, 전송 및 통신 특성, 그리고 사용자 행동 등을 분석하여 유틸리티 시스템 전반에서 발생하는 사람과 기계와의 관계를 이해하는데 있다. 이들 기술은 특히, 전력 망의 지휘 통제 시스템처럼 다량의 데이터가 고속으로 전송되는 네트워크에서 비정상적인 활동을 식별하는 데 유용하다.

사이버 보안 응용 프로그램은 마이크로 초의 대기시간으로 초당 수백만 건의 이벤트를 관리하고 처리하면서도 기본 전력 망과 계통 운영, 유틸리티 비즈니스 인프라에 영향이 없어야 하는 유틸리티의 운영 환경에서 핵심 요소가 될 것이다. 이들 응용프로그램은 전통적인 보고 기능과 함께 상황 인식 대시보드, 예측 모델, 내용 분석(content analysis), 가상 현실 애플리케이션 등 다양한 산출물을 제공할 것이다.

2차 배전선로(secondary distribution grid)를 중심으로 DER의 계통 연계를 가속화하기 위해서는 다양한 통신 프로토콜과 표준이 필요할 것이며, 그 안에서 다양한 수준의 사이버 보안 적합성을 갖추어야 한다. 또한 DER이 늘어나면, 중앙에서 기능적 또는 비 기능적 목적을 가지고 통제하지 못하는 수 많은 상호 작용이 생겨난다. 그리고 여기에는 다수의 이해관계자들이 얽혀 있어, 복잡한 해결 과정이 필요할 것이다. 이 문제와 관련하여 미국 국립 표준기술연구소(NIST)는 2014년에 발간한 보고서에서 “DER 확산에 대응하여 계통의 복원력을 확보해야 하는 책임이 전적으로 유틸리티에만 있는 것이 아니다. DER의 설계, 설치, 운영에 많은 이해관계자가 관여한다. 여기에는 DER 제작사, 계통연계 사업자, 설치 업체, DER 소유자, ICT 서비스 제공자, 보안 관리자, 시험 및 유지보수 담당자, 유틸리티 규제기관 등이 포함된다. 하지만 새로운 사이버 물리 환경에 접했을 때, 이들 이해관계자들이 필요한 사이버 보안의 형태나 엔지니어링 전략을 충분히 이해할 가능성은 높지 않다[17].”고 언급하고 있다.

하지만 이는 사이버 보안 문제의 범위를 과소 평가한 것일 수 있다. DER 분야의 기술은 빠르게 진화하고 있을 뿐 아니라, 매일 계통에 새로 연결되고 있는 반면, DER과 관련된 표준, 정책 및 거버넌스는 여전히 열띤 토론만 진행되고 있는 상황이다. 전력 망이 기술적으로 진보하고 우리 사회가 전력 망에 의존하는 정도가 심화되고 있는 반면에, 계통에서 사람과 장치들을 연결하는 복잡한 문제를 다루는 것은 한참 뒤떨어져 있다. 현재 진행중인 사이버 보안에 관한 논의에서는 DER로 인해 분산된 소유구조 하에서의 전력 망을 어떻게 빠르게 확장할 것인가에 초점을 두고 있는데, 이뿐만 아니라, 정치적, 문화적, 행동과학적 함의(implication)와 이와 관련된 연구에도 관심을 두어야 한다.

참고 문헌

[1] J. Pagliery, Hackers Attacked the U.S. Energy Grid 79 Times This Year, Retrieved on 15 January 2017 from, http://money.cnn.com/2014/11/18/technology/security/energy-grid-hack/, 2014.

[2] The Human Factor, 2016. Retrieved 08 May 2017 from https://www.proofpoint.com/us/ human-factor-2016.

[3] SANS Institute InfoSec Reading Room, The Threat of Social Engineering and Your Defense Against It, Retrieved on 15 January 2016 from, https://www.sans.org/reading-room/whitepapers/engineering/threat-social-engineering-defense-1232, 2003.

[4] E-ISAC, Attack on the Ukrainian Power Grid: Defense Use Case, Retrieved on 14 January 2017 from, http://www.nerc.com/pa/CI/ESISAC/Documents/E-ISAC_SANS_Ukraine_DUC_18Mar2016.pdf, 2016.

[5] K. Zetter, Everything We Know About Ukraine's Power Plant Hack, Wired Magazine, 2016. https://www.wired.com/2016/01/everything-we-know-about-ukraines-power-plant-hack/.

[6] J. Pagliery, The Inside Story of the Biggest Hack in History, Retrieved 15 January 2017 from, http://money.cnn.com/2015/08/05/technology/aramco-hack/, 2015.

[7] Department of National Intelligence, Assessing Russian Activities and Intentions in Recent US Elections, Retrieved on 15 January 2017 from, https://www.dni.gov/files/documents/ICA_ 2017_01.pdf, 2016.

[8] E. Bradner, Poll: 55% of Americans Bothered by Russian Election Hacking, Retrieved on 15 January 2016 from, http://www.cnn.com/2016/12/18/politics/poll-russian-hacking/, 2016.

[9] M. Nussbaum, More Republicans View Putin Favorably, Retrieved 14 January 2017 from, http://www.politico.com/story/2016/12/gop-russia-putin-support-232714, 2016.

[10] J. Eilperin, A. Entous, Russian Operation Hacked a Vermont Utility, Showing Risk to US Electrical Grid Security, Officials say, Retrieved on 15 January 2017 from, http://wpo.st/EqlR2, 2016.

[11] R. Walton, What Electric Utilities Can Learn from the Vermont Hacking Scare, Retrieved 15 January 2017 from, http://www.utilitydive.com/news/what-

electric-utilities-can-learn-from-the- vermont-hacking-scare/433426/, 2016.

[12] K. Leetaru, 'Fake News' and How the Washington Post Rewrote Its Story on Russian Hacking of the Power Grid, Retrieved on 15 January 2017 from, http://www.forbes.com/sites/kalevleetaru/2017/01/01/fake-news-and-how-the-washington-post-rewrote-its-story-on-russian-hacking-of- the-power-grid/#270bf2b4291e, 2017.

[13] McCullum, Russian Hackers Strike Burlington Electric with Malware, Retrieved on 15 January 2017 from, http://www.burlingtonfreepress.com/story/news/local/vermont/2016/12/30/russia-hacked-us-grid-through-burlington-electric/96024326/, April 2016.

CHAPTER 03

유틸리티 혁신에서 빅데이터 분석의 역할

Jeffrey S. Katz
IBM, Hartford, CT, United States

이 장의 개요

빅데이터, 데이터 처리, 분석기법 등의 컴퓨팅 기술은 신재생에너지의 계통 연계, 정전 예측, 계속 증가하는 스마트그리드 데이터 처리, 그리고 이러한 데이터의 처리속도 등의 측면에서 전력 계통에 혁신을 주도하고 있다. 사이버 보안 시대에서는 데이터의 진실성(veracity) 또한 중요한 요소이다. 빅데이터와 거의 동시에 각광을 받고 있는 인지 컴퓨팅은 이미지나 텍스트와 같은 비정형(unstructured) 데이터의 중요성을 부각시키고 있으며, 이들 텍스트, 시각 데이터와 실시간 수치 데이터를 지능적으로 연결시켜서 한층 높은 혁신을 가능하게 하고 있다. 여기에 전력 수요, 전력 망의 손상, 태양광 및 풍력 발전 등의 예측에 활용되는 고정밀(high-precision) 기상 모델은 혁신의 가치를 한층 높여줄 수 있다.

1. 혁신의 가속기로서의 빅데이터 및 분석 기법 소개

유틸리티는 SCADA 시스템이 보편화되면서, 이미 빅데이터와 이의 분석에 관한 업무를 수행해왔다고 할 수 있다. 광대한 지역에 퍼져있는 무수한 장치들은 엄청난 양의 모니터링 데이터를 제공하는데, 이들 데이터를 수십 년 동안 누적하고 있는 경우도 있다. 스마트그리드 시대는 새로운 센서가 계통에 추가될 뿐 아니라, 기존 전력 설비에도 임베디드 컴퓨팅 기능을 추가하는 경우가 증가함에 따라 훨씬 더 많은 데이터가 생성되고 있다. 데이터의 증가는 계통 운영 데이터에 국한되지 않는데, 이는 전력 장치가 스스로 인텔리전스를 갖추는 경우가 증가하면서 로컬에 있는 컴퓨팅 시스템의 실시간 상태를 모니터링하는 것이 분산 컴퓨팅 환경을 제대로 운영하기 위해 더욱 중요해졌기 때문이다. 실시간 모니터링은 주로 송전과 배전에 적용되고 있지만, 점점 이 두 분야에서의 적용 범위가 확장되고 있다. 배전 단의 센싱 기능은 이

제 고객 소유의 장치에 대한 모니터링까지 전개되고 있는데, 태양광 패널, 인버터에 대한 모니터링이 그 예이다. 수요 반응에서는, 고객의 수요 반응 참여를 용이하게 하기 위한 목적으로 가정의 HEMS, 개별 가전기기의 데이터를 살펴보는 것이 가능해지고 있다. 다른 한편으로 송배전 전 단계인 발전에서는, 근래에 들어서 발전소 분산 제어 시스템이 다른 발전소로 게이트웨이를 확장해오고 있으며, 여기에 덧붙여 그 동안 센서 가격보다 더 높았던 발전소의 무선 센서 설치 비용이 하락하고 있다. 유틸리티 규모의 대규모 풍력이나 태양광 발전 단지가 생기면서 발전소 자체도 이제는 분산화 되어 가고 있다. 기존의 대규모 화력 발전이나 원자력 발전소와 달리, 이들 신재생 발전 단지는 설비 운영을 위한 상주 직원이 필요 없을 수 있다. 신재생 발전은 출력 변동(variability)이 커서 엄격한 모니터링이 요구되는 것과 더불어, 이러한 고립된 운영 환경으로 인해 새로운 데이터가 폭발적으로 증가할 것이다. 따라서 빅데이터와 빅데이터 분석에 의해 전력 시스템이 혁신될 것이라는 논리의 근거는 훨씬 더 명확해지고 있다.

흔히 빅데이터를 얘기할 때, 데이터의 양이 많이 회자되지만, 이에 못지않게 중요한 것이 데이터 분석을 통해서 혁신에 기여할 수 있다는 점이다. 주로 컴퓨터 게임을 지원하기 위한 목적으로 진행되고 있는 개인 컴퓨터의 놀라운 컴퓨팅 파워 증가는 무어의 법칙의 종말을 예고하는 사람에게 조차도 인상적인 수준이다. 클라우드 컴퓨팅이라고 하는 집단 컴퓨팅 환경의 확산을 고려할 때, 이제 전력 분야에 종사하는 개별 엔지니어가 활용할 수 있는 컴퓨팅 성능은 제한이 없어졌다고 할 수 있다. 컴퓨터 한 대로 작업을 하면서 수학 연산 프로그램을 돌릴 때 경험했던 컴퓨터 성능의 한계는 이제 옛날 얘기가 되고 있다. 신용카드만 있으면 이용이 가능할 정도로 클라우드 컴퓨팅에 접속하기가 쉬워지고 있으며, 클라우드 컴퓨팅은 거대한 희소 행렬(sparse matrix)을 풀어야 하는 송전 데이터 분석과 같은 복잡한 문제를 유연하게 풀 수 있는 수단을 제공한다. 2014년과 2015년에 개최된 국제전기전자공학회(International Electrical and Electronics Engineers, IEEE) 산하의 전력 및 에너지 협의회 (Power and Energy Society; PES) 총회에서도 클라우드 컴퓨팅을 활용하는 전력 시스템 애플리케이션을 중요하게 다루어졌다[2]. 더욱이 전력 유틸리티를 대상으로 하는 클라우드 기반 데이터 분석 플랫폼은 IT 개발을 많이 하지 않고도 바로 업무에 활용할 수 있는 수준에 있다[3,4]. 이들 통합 플랫폼을 적용하면, 소프트웨어 모듈의 시스템 통합에 대한 염려를 내려놓을 수 있다. 통계 분석, 비즈니스 인텔리전스, 신호 처리 등의 도구에 보다 쉽게 접근할 수 있게 되면서, 빅데이터로부터 지식을 쉽게 추출할 수 있는 방법이 제공된다. 뿐만 아니라 일부 플랫폼은 표준 기반의 전력 구성요소 데이터 모델과 함께, 통일된 데이터 모델과 체계를 제공하여 전력 엔지니어가 골치 아픈 데이터 큐레이션(data curation) 업무를 수행해야 하는 부담을 없애준다. 더 나아가서, 예전에는 데이터를 이해하기 위해 수십 년의 경험이 필요했지만, 이제는 시각화 기술의 진전으로 데이터 이해가 점차 쉬워지고 있다. 실제로 애자일(agile) 개발 팀 중 일부는 데이터를 탐색할 때, 시각화와 데이터 자동 데이터 모델링을 먼저 시행하는데, 이를 통해 어떤 패턴이 학습될 수 있는지를 살펴볼 수 있다. 이러한 사례가 IEEE의 데이터 분석 표준이 필요 없다는 얘기는 아니다. 이 사례가 의미하는 바는, 이러한 방법이 비정상적인 운영 또는 유지 보수 패턴을 탐지하기 위한 혁신적인 새로운 알고리즘을 찾는데 꽤 도움이 된다는 점이다.

예전부터 사용되어 왔던 수학 모델을 활용한 분석이 보다 과학적인 인과관계를 제공하지만, 그렇다고 해서 데이터 분석 플랫폼을 이용한 분석의 유용성을 깎아 내려지는 것은 아니다. 이와는 반대로, 많은 새로운 아이디어가 이러한 유형의 도구를 활용해서 아이디어를 시험해 보는 사람들에게서 나온다. 그러나 최신의 복잡한 수학 모델 소프트웨어는 데이터 분석에서 흥미로운 상관 관계를 찾는데 도움이 될 수 있으며, 대부분의 플랫폼이 개방형 데이터베이스 연결(ODBC)과 같은 인터페이스를 지원하기 때문에 개인 컴퓨터에서 구동되는 분석 소프트웨어를 계속해서 유용하게 사용할 수 있다. 그리고 그 결과를 유틸리티 데이터 분석 플랫폼에 쉽게 연결시킬 수 있다. 또한 이들 플랫폼은 차세대 데이터 사이언스 도구들을 지원하여, 보다 복잡한 상황을 분석하기 위한 프로그래밍 형태의 사용자 인터페이스를 구현하기가 더 쉽다. 하지만 중요한 차이점은 수학 모델 분석 도구들은 정형 데이터의 한 종류인 수치 데이터에 초점을 맞추고 있다는 점이다. 이들 도구들이 지금까지 사용해 온 모든 데이터는 사실상 정형 데이터라 할 수 있다. 인지 컴퓨팅 시대가 다가 오면서, 자산 관리 애플리케이션의 유지 보수 보고서에서부터[5,6] 헬리콥터 또는 드론이 촬영한 고해상도 정지 사진, 음향 및 열 데이터에 이르기까지 유틸리티 업무의 모든 분야에서 발생되는 비정형 데이터를 데이터 분석에 활용할 수 있게 되고 있다. 따라서 많은 사람들이 비정형 데이터에서 정형 데이터로 치환할 수 있는 부분을 찾아내고, 그 적정성을 판단하기 위해 시간을 소비할 필요가 줄어 든다. 소프트웨어가 비정형 데이터에서 특징을 찾아내고, 이를 다시 숫자 데이터인 측정치와 상호 연관을 시킬 수 있게 해 줌에 따라, 소프트웨어는 새로운 통찰을 발견할 기회를 제공한다. 궁극적으로 이러한 통찰력은 엔지니어의 이해 폭을 넓혀 주고, 계통 운영 지침을 개선하거나 폐쇄 루프 제어(closed loop control)를 보다 스마트하게 운영할 수 있게 해준다. 바로 이 점이 빅데이터와 분석에 기반한 혁신이 제공하는 진정한 가능성이다.

2. 데이터 기반 혁신을 위한 접근 방법

전력 망은 네트워크 구성요소들이 가장 밀접하게 맞물려 있으면서 고속으로 통신하는 중요 인프라의 하나이다. 오늘날의 빅데이터를 이용하는 혁신은 보다 빠른 통신을 통해 가능해진 경우가 많은데 PMU가 훌륭한 예다. 컴퓨터의 메모리와 처리 능력이 커지면서, 데이터에서 의미를 찾기 위해 분석하고 시각화를 지원하는 기술이 폭 넓게 확산되었다. 몇몇 주요 유틸리티들은 R&D 부서에 전력 시스템 전문가뿐만 아니라 소프트웨어 개발자와 데이터 과학자의 참여를 늘리고 있다. 유틸리티를 혁신하는 데 있어서 데이터가 가진 힘은 스마트그리드에 대한 초기 시도에서도 볼 수 있다. “스마트 그리드 제로” 프로젝트로 구분되는 이들 프로젝트는 계통에 새로운 센서를 추가하지 않고도 빅데이터와 데이터 분석기법을 활용하여 유틸리티가 이미 알고있는 지식보다 더 많은 새로운 지식을 줄 수 있다는 점을 실증하였다. 유틸리티에서 빅데이터 및 분석 기술을 일찍 도입하였던 얼리어답터들 중 일부는 SCADA 시스템과 관련된 스토리지 확장을 최우선으로 추진하였다. 이는 데이터를 이용하여 예측 기반 정비 프로그램과 같은 프로그램을 구축할 당시에 명시적인 요구는 없었지만, 분석 전략을 개발하는 과정에서 폐기되는 데이터가, 그 다음의 시스템 설계 단계에서는 가치가 있을 것으로 예상했기 때문이다. 데이터 스토리지는 학습할 정보의 잃어버렸을 때와 비교하면, 저렴한 선택이라고 할 수 있다.

데이터 분석 기술은 경보 한계(alarm limits)를 복제하는 단계에서 벗어나서, 이미 온라인 FFT(fast Fourier transform), 인지 컴퓨팅, 수치 및 알고리즘 방법론을 활용할 수 있는 단계에 와 있다. 유틸리티들은 애자일 소프트웨어 방법의 도입에 적극적인데, 이를 통해 데이터 분석을 이미 알고 있는 내용을 데이터를 통해 확인하는 용도로 제한하기 보다, 새로운 가능성의 예술(the art of the possible)인지를 확인하려고 하고 있다. 그림1은 배전 유틸리티의 전형적인 빅데이터 분석 아키텍처의 한 예이다.

오늘날 컴퓨터 과학에서는 장비를 소유한 개인들이 축적한 많은 데이터가 특정 집중 장치에 모이는 현상을 보이는데, 이런 곳은 사이버 범죄자들의 활동을 끌어 들이기 쉽다. 이 때문에 데이터를 활용하여 혁신을 추진할 때 사이버 보안을 고려해야 하며, 새로운 프로토콜을 도입하거나 새로운 통신 매체를 선택할 때에도 보안 수단을 생각해봐야 한다. 유비쿼터스 클라우드 컴퓨팅을 적절하게 이용하는 것도 마찬가지다. 데이터를 가로 채거나 원격으로 오류 데이터 생성기(false data generator) 설치하는 것을 막기 위한 물리적 보안과 더불어, 감시 카메라의 이미지를 처리하는 과정에서도 빅데이터가 생성된다. 이들은 모두 계통 운영을 지원하는데 활용된다. 현대적인 사이버 보안은 유틸리티 자산 전체를 모니터링한다. 유틸리티들은 보통 자산 전체에 관심을 두는데, 이러한 관점은 다른 데이터분석 기법에서 활용될 수 있는 유용한 측정 데이터를 제공해주기도 한다. 유틸리티가 실시간으로 자산을 모니터링을 하기 위해 측정하는 전류, 전압과 마찬가지로, 예측 보안 역시도 실시간 차원으로 다루어질 필요가 있다. 방화벽에서 발생하는 경보보다 SCADA에서 수집한 데이터의 분석, 추론하는 것이 사이버 공격을 더 빨리 탐지할 수 있다. 미국 연방정부의 여러 문서에서 언급하는 바와 같이, 전력 계통의 사이버 보안에 대한 관심이 증가하고 있으며, NIST는 중요 인프라에 대한 사이버 보안 프레임워크를 주도하여, 이 분야에서 가장 앞서 있다. 신재생 에너지의 계통 연계와 함께, 보안 분야의 혁신이 데이터 분석의 시급히 필요한 분야로 새롭게 대두되고 있다. 이 책의 독자들도 아마 변전소가 공격받는지 여부를 파악하기 위해 인근의 음향 및 진동 데이터를 분석 처리한다는 뉴스를 접한 적이 있을 것이다.

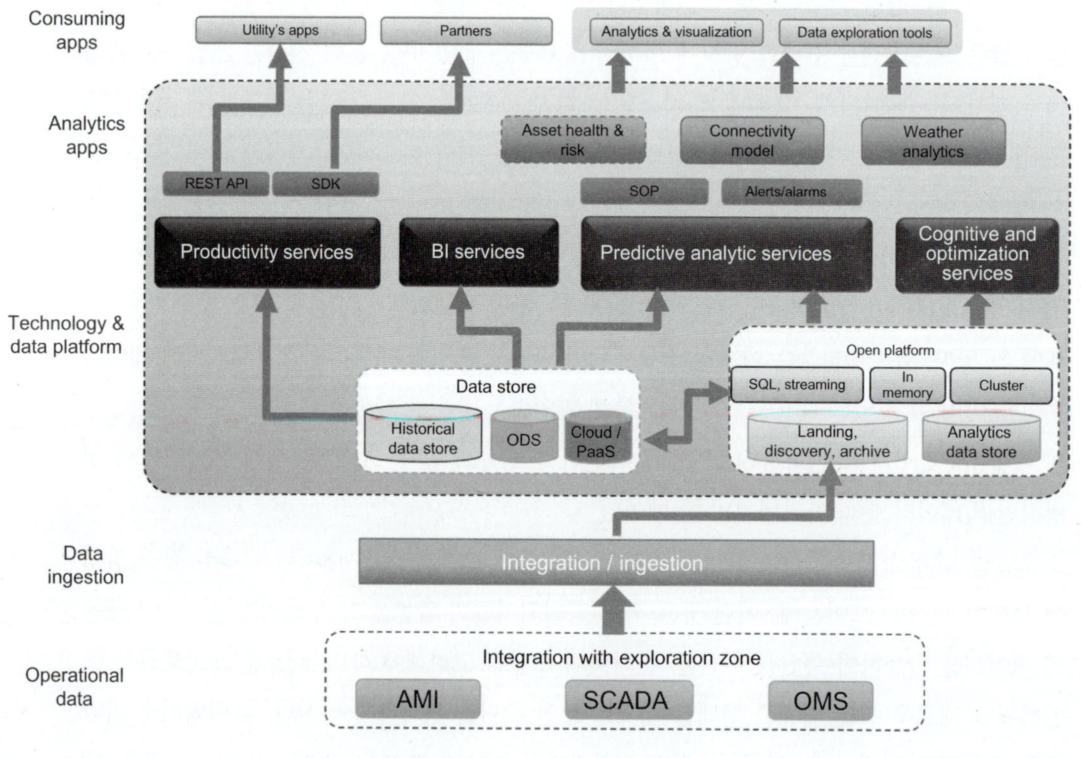

그림1. 유틸리티 혁신을 위한 에너지와 유틸리티 분석 플랫폼 사례(IBM, 2015)

3. 신재생 에너지의 계통 연계

빅데이터 및 분석 기법의 개발이 필요한 여러 분야들 중에 최상위에 있는 것은 신재생 에너지 시대의 혁신을 지원하는 문제이다. 풍력 터빈과 태양광 패널의 발전은 변동성이 매우 빠르게 발생하기 때문에 이를 다루기 위해서는 빅데이터 분석이 정말로 필요하다. 신재생 발전의 변동성은 전력 망에 변화를 유발하는데, 데이터에 기반을 둔 최적화를 통해서 계통을 안전하고, 균형 있게 유지함으로써 신재생 에너지가 친환경 수단으로서 역할을 하게 할 수 있다. 새로 추가되는 신재생 발전설비들은 유틸리티 소유가 아니어서 제어나 모니터링이 되지 않는 경우가 있는데, 최근에 설계되는 신재생 발전설비들은 기존 설비에 비하여 임베디드 컴퓨팅 기능을 더 많이 탑재하고, 더 많은 센서들이 함께 추가된다. 새로운 유지 보수 패턴을 학습시키고, 햇빛이나 구름 비율에 대한 기상 시뮬레이션, 인버터의 전력 품질 관리, 신재생 발전설비의 안전성 확보 등을 수행하려면, 신재생 발전에서 생성되는 대부분의 데이터가 취득 되고 처리되어야 한다. 일부 사람들은 전통적인 전력계통 통제실과 같은 인간 참여형(human-in-the-loop; HITL) 통제 방식으로는 대규모 신재생 에너지 보급을 통해 기대하는 이용률 목표를 달성하지 못할 것으로 믿고 있다. 시시각각으로 변하는 수요에 맞춰서 기존 발전기의 출력, 신재생 발전량, ESS 충방전 등을 최적화하는 문제는 빅데이터 분석의 활용을 통해서만 가능할 수 있다.

에너지 수급 균형에 관한 분석기법을 개발하기 위해 여러 혁신적인 프로젝트가 추진되었다. 덴마크 에너지 협회가 진행한 유연한 정보 센터(flexible clearinghouse; FleCH)가 그 예이다. 사물 인터넷은 에너지 자원이 전력 시장과 상호 작용하는 것을 점점 더 가능하게 하고 있다. 유럽 전역에 걸쳐서 계통의 유연성에 관한 R&D와 사업계획이 빠르게 증가하고 있다. 벨기에에서는 배전 계통의 유연성을 확보하기 위한 시장 모델 설계 연구가 진행되었다. 유연 에너지(flexible energy)의 거래를 가능하게하는 스마트 에너지 상품과 서비스에 대한 시장 설계 프레임워크인 USEF (Universal Smart Energy Framework)라는 컨소시엄도 운영 중에 있다[7]. USEF는 네덜란드와 벨기에의 에너지 시장에 참여하고 있는 7개 개관이 설립하였다. 이 단체의 목표는 에너지 시스템의 모든 참가자가 유연 에너지의 생산, 저장 및 사용으로부터 이익을 얻도록 돕는 것이다. 우선은 신재생 에너지 최적화라는 계통 운영에 초점을 두고 있지만, 이와 동등한 수준으로 신재생 발전의 시장 참여에 대한 이슈를 다루는데 시장이 신재생 발전 운영자들에게 직접 수요를 전달하는 방안도 자주 논의된다. 앞 장에서 언급했듯이, 보안 문제는 빅데이터를 집중적으로 모으는데 있어서 항상 따라다니는 그림자이며, 전력 시장 운영과 같이 돈 문제가 결부된 곳에서는 그 위험이 더욱 커지게 마련이다.

빅데이터 분석의 전력 계통 응용에서 또 하나의 흥미로운 혁신 사례는 미국 DOE의 ARRA 지원으로 시행된 Pacific Northwest 시범 프로젝트에서 수행 된 작업이다[8]. 이 프로젝트는 5개 주에 걸쳐 12개 유틸리티가 참여하여, 상호 거래 기반 에너지시스템(transactive energy system)을 본격적으로 실증하였는데, 빅데이터 고급 분석기법을 통해 에너지의 공급자와 소비자가 함께 사용할 수 있는 거래용 공통 "통화"를 만들었다. 이와 관련된 다른 연구로 미국 PNNL(Pacific Northwest National Lab) 국립연구소가 진행하는 Grid OPTICS(Grid Operations and Planning Technology Integrated Capabilities Suite)가 있다. 이 연구는 PNNL 미래 전력 망 계획(Future Power Grid Initiative) 프로젝트에 의해 추진되어, 지금까지 4차례의 워크샵을 개최하면서 미래 전력 망을 위한 차세대 데이터 분석기술을 논의 중에 있다. 빅데이터 고급 분석기술을 적용하는 산업계의 다른 연구사례들은 참고문헌 [10,11]에서 찾아볼 수 있다. 이들 프로젝트는 모두 전력 유틸리티가 참여하여 진행되었다.

4. 계통 운영

계통 운영의 혁신은 종종 스마트그리드 2.0이라는 다소 모호한 표현으로 언급되고 있는데, 여기에서는 실시간 통신, 광범위한 센서 네트워크, 스마트한 설비들을 활용하여 전력 망에 대한 상황 파악을 향상시키는데 목적을 두고 있다. 1단계로 추진되는 분야는 고장 및 고장점 탐지(localization) 개선, 고장 예측, 배전 계통의 고속 선로변경(faster rerouting), 스마트미터 데이터 융합 등이다. 다음 단계로는 전력 계통의 복원력을 높이기 위해 인지 컴퓨팅 알고리즘을 적용하는데 초점을 두고 있다.

전력 망 운영 개선이 가능하게 된 또 다른 측면은 위상 측정 기기(phasor measurement unit; PMU)와 관련된 기술의 진보를 들 수 있다. 이는 PMU의 보급이 좀더 보편화 되었다는 점과 함께 미국 전역에 광대한 PMU 네트워크 구축하고, 여러 주의 유틸리티가 서로 주도적으로 협력하여 국가 혹은 ISO 수준의 사고 이벤트가 언제 일어날 것인지를 이해하려 한다는 점이다. 미국에서는 유틸리티들이 주도하여 북미 동기위상기(synchrophasor) 이니셔티브(North American Synchrophasor Initiative)라는 그룹을 결성하였다[12]. 선로 주파수의 2배 속도로 3상 데이터를 샘플링 하기 때문에, PMU는 당연히 계통에서 거대한 빅데이터 생성기라 할 수 있다. 여기에 맞물려 고속 데이터 통신 네트워크를 구현하기가 쉬워 짐에 따라, 수백 마일 떨어져 있는 송전선로 사이의 위상 각(phasor angle) 차이를 분석하는 것이 가능해지고 좀더 실행 가능한 데이터 분석 결과들을 도출하는 것이 가능해졌다. PMU 데이터는 계통의 장애 뿐만 아니라 보안 상태를 표시하는 데에도 사용된다. 차세대 인터넷 망을 다루는 Internet2 컨소시엄, 미국 동부의 상호접속 데이터 공유 네트워크(Eastern Interconnect Data Sharing Network) 등은 앞으로 전력 계통에 필요한, 효율적이며 효과적인 차세대 데이터 네트워크의 방향에 대한 좋은 예들이다. 물론 측정된 데이터가 GPS와 동기화되어 있고, 시간에 대한 메타데이터 특성 정보를 함께 가지고 있으면 측정 값의 가치가 향상된다. 기존의 송전 SCADA와 EMS 데이터를 잘 조합하면, 데이터 분석을 통해 혁신을 구현할 수 있는 상당한 여지를 제공한다. 최근 캐나다의 한 대형 유틸리티는 지구자기(geomagnetic) 교란 및 기타 대규모 장애에 대한 조기 경보 생성에 도움을 주고자 새로운 실시간 예측 분석 및 시각화 도구 개발을 진행 중에 있다. 이 혁신의 과정에서 다음 단계는 기계 학습을 이용하여, 학습을 통해서 계통이 시간이 지남에 따라 인식 능력을 계속 높이는 기술 분야가 될 가능성이 높다. 지구자기 폭풍의 영향을 조사하는 것은 고위도 지역에 위치한 전력 유틸리티에게 중요한 일이다. PMU의 도입은 당초에 PMU가 생성하는 원시 데이터로부터 의사결정에 도움이 되는 통합 시스템을 구축하기 위한 것이었지만, 현재는 의사 결정보다 "모니터링"에 더 치중되어 있는 상태다.

빅데이터 분석을 통해 개념 증명(proof-of-concept)을 하였던 사례들은 참고문헌 [11]에서 기술되어 있다. 이들 사례를 살펴보면, 빅데이터를 통해 혁신을 성공한 사례들은 유틸리티에서 고질적인 문제인 부서간 경계를 넘어서서 방대한 양의 데이터를 체계적으로 수집하고 이를 서로 잘 연관을 맺는 경우였다.

자산 리스크 관리 및 수리-재생-교체 최적화(ARMOR3; Asset risk management and optimized repair-rehab-replace): 이 연구 프로젝트는 변압기, 케이블, 전주, 회로 등의 전력 자산 인프라의 유지 관리, 계획 수립을 최적화하기 위한 목적으로 진행된 것으로, 이에 필요한 식별, 정량화 등의 문제를 풀기 위해, 빅데이터 예측 분석기법, 명시적 분석기법 등을 적용하였다. ARMOR3은 모든 전력 인프라에 대한 의사 결정을 지원하기 위해, 데이터를 정보, 통찰, 예측 등으로 변환하였다. 이 프로젝트의 솔루션은 동일한 세부 데이터를 가지고 다양한 시나리오를 제시하여, 여러 팀/부서에서 우선순위를 매길 수 있는 기능을 제공하는 것을 목표로 했다. 예측 정비는 다음 고장이 발생하기 전에 고장 위치를 미리 찾고 사전에 수리하는 기증을 제공하였고, 자산 리스크 및 투자 프로파일을 생성하여 자산을 자원 제약을 고려하면서도 내용 연수(useful life)까지 100% 활용할 수 있는 방안을 제시했다.

연결 상태 모델(Connectivity models): 연결 상태 모델 파일럿 프로젝트는 AMI 또는 스마트미터의 계량 데이터에 빅데이터 고급 분석 기법을 적용하여 고객의 전력사용 상태와 고객-변압기 사이의 연결 상태를 추정한 사례이다. 기존에는 이들 정보는 일반적으로 알 수 없거나 대체로 부정확했다. 실제로 스마트미터 데이터를 이용해서 고장 위치를 탐지하거나 고장 분석을 시도하려는 많은 좋은 아이디어들이 있지만, 스마트미터의 계량기 연결 정보가 정확하지 않아 알고리즘을 적용할 수 없다는 사실을 확인한 뒤에, 난관을 겪는 경우들이 있다. 연결 상태 모델의 정확성과 지속성은 배전망의 신뢰성과 효율성을 향상시키는 데 필요한 핵심 역량이다. 그리고 유틸리티가 연결 상태 데이터베이스를 구축하고 검증하려면 많은 노력과 시간을 투입해야 한다. 데이터 분석 방법은 이러한 프로세스의 비용을 근본적으로 낮출 수 있다.

고객 인텔리전스 확보: 고객 인텔리전스 연구 프로젝트는 데이터 기반 분석을 적용해서 고객을 과학적으로 세분화(advanced customer segmentation)할 수 있는 역량을 유틸리티에게 제공하는 것을 목표로 한다. 이를 통해 유틸리티는 고객을 더 잘 이해하고, 고객을 계통 운영에 활용할 수 있다. 이러한 고객에 대한 새로운 통찰은 유틸리티와 고객의 관계를 변화시켜 전력 판매를 위한 마케팅 활동, 파일럿 서비스에 적합한 고객의 선별 등을 효율적으로 수행할 수 있게 된다. 고객 인텔리전스는 또한 고객의 수요 반응 행동, 신재생 에너지 수용성, 전기자동차 이용 패턴과 같이 고객의 행동 변화를 이해하여, 안정적인 계통 운영에도 도움이 된다. 여기에 덧붙여, 도전(energy thcft)을 보다 정확히게 탐지하여 유틸리티의 매출을 보호하는 데에도 유용하다.

정전 예측 및 대응 최적화: 이 개념은 빅데이터 분석을 통해 날씨 예측의 정확성을 높이고, 그에 따른 피해 규모의 예측, 복구 요원의 배치 등을 최적화하여, 유틸리티가 날씨와 관련된 정전에 체계적으로 준비하고 대응하는 것을 목표로 한다. 미국에서만 폭풍우로 인해 연간 140억 달러 이상의 서비스 손실이 발생한다. 날씨로 인한 정전 복구 및 운영 비용 절감은 경제적 가치와 함께 고객 만족도를 개선하여 유틸리티에 상당한 가치를 제공할 수 있다.

상호 거래 기반 에너지(transactive energy): PNNL이 진행한 DOE 프로젝트 사례에 대하여 좀더 부연하면, 상호 거래 기반 에너지 관리는 경제성과 제어 메커니즘을 활용하여 전체 전력 인프라에 걸친 에너지의 소비와 공급의 동적인 균형을 유지하는 기술로, 여기서는 "가치(value)"를 핵심 경제 운영 매개변수로 사용한다. 모든 사업 및 운영의 목적과 제약 조건이 (+), (−)의 "가치"가 부여되며, 거래 기반 시그널에 반영된다.

미국 버몬트의 신재생 에너지 연계 프로젝트: 미국의 버몬트(Vermont)주 날씨 분석 센터(Vermont Weather Analytics Center; VTWAC)가 진행한 연구의 초기 적용 대상은 태양광, 풍력 신재생 발전에 초점을 두고 있었다[14]. 개발된 시스템은 여러 개의 구성 요소로 이루어져 있는데, 이들은 모두 고급 기상 예측 기능을 토대로 작동한다. 여기에서는 물리학에 바탕을 기상 모델과 에너지 수요, 풍력 발전량, 태양광 발전량 등의 데이터에 기반을 둔 모델을 하나로 통합하여 확률 모델을 생성하였다. 모델의 결과는 예측에 대한 불확실성을 평가하고, 확률 엔진(stochastic engine)을 동작시켜 유틸리티가 계통 병목(congestion)을 피하고 송전 망의 안정성을 유지하도록 지원한다.

임계 에너지에 대한 위험도 분석: 이 프로젝트는 종합적인 데이터 분석 역량을 갖춤으로써 가스 배관 네트워크 주요 인프라 설비에 대한 운영 신뢰성을 확보하기 위한 목적으로 추진되었다. 여기에는 배관의 가스누출 탐지, 상태 기반 정비 기능이 포함된다. 신재생 에너지의 간헐성(intermittency) 문제를 해소하기 위해 전력 피크 시간에 사용되는 가스터빈 발전량이 증가하고 있으며, 일부 석탄, 중유 발전소가 가스 발전으로 대체되고 있는 추세여서 전력 망의 안정적 운영과 가스 공급 안정성 간의 관계가 더 밀접해지고 있다. 누출 탐지와 관련해서는, SCADA의 센서 데이터를 물리적 분석과 병행하여 데이터 분석으로 함께 분석하여, 임박한 배관 파열에 대한 사전 경고, 누출 및 파열 발생 위치의 탐색, 작은 누출 사고 탐지 기능 등을 제공한다. 이 중 작은 누출 사고 탐지 기능은 기존 SCADA에서 탐지되지 못하는 것이었다. 상태 기반 정비와 관련해서는, 이 시스템은 고도의 예측 최적화 엔진을 사용하고, 상태 기반 정비계획 기능은 PLC(programmable logic controller) 측정 데이터와 과거 정비 이력 데이터를 이용해서 각 자산의 상태 열화 곡선(condition deterioration curves)에 관한 예측 결과를 제공한다. 또한 자산의 향후 유용성에 대한 예측 값과 유효 운전 시간(effective run hours)와 같은 유효성 평가 지수 정보를 제공된다. 다목적 정비 및 운전 최적화 기획 기능은 상태 열화 곡선을 이용하여 향후 유용성 예측, 상태 평가 지수 추출 등이 가능하다. 민감도 시나리오(what-if scenario)를 이용해서 여러 정비 계획을 서로 비교할 수도 있다.

광역 상태 인식: 이 연구 프로젝트는 설명적(descriptive) 분석과 예측 분석을 이용하여 송전 계통에서 발생하는 이벤트를 해석, 요약하여 사후 이벤트 분석의 통찰을 제공한다. 예측 분석

기능은 또한 송전 계통의 안정성과 운영에 영향을 미칠 수 있는 복잡한 이벤트에 대한 조기 경보 알림 기능을 제공한다. 이 시스템은 지자기 유도 전류처럼 계통 붕괴로 이어지는 전력망의 이상 현상을 탐지하고, 장애가 발생하기 전에 운영자에게 경보 형태로 알려 준다. 개발된 애플리케이션은 대기시간이 짧으면서도 많은 데이터를 처리하여(low-latency and high-throughput), 전력 망에 대한 생생한 모니터링, 파일 보관, 보고, 고급 쿼리 및 시각화가 가능하다.

일반적으로 PMU 분석은 다음과 같은 설계 목표를 추구한다. 고성능을 달성하기 위해, PMU 시스템은 PMU/PDC로부터 높은 샘플링 속도로 다량의 측정 데이터를 수집한다. 경우에 따라 전력 망의 크기는 ISO 레벨, 국가 레벨도 될 수 있기 때문에, PMU 시스템은 무제한의 크기로 확장될 수 있어야 한다. 예를 들어, 60Hz 계통에 1,000대의 PMU를 설치하면, 초당 37,500개의 메시지가 생성된다. 여기에는 시계열 데이터에 최적화된 전문 스트리밍 소프트웨어와 데이터베이스가 필요하다. 데이터 저장은 하나의 측면일 뿐이다. 데이터의 유효성 검증, 분석, 실시간 라우팅을 위해서는 저장된 데이터가 유효한 것이며 분석 결과가 정확하다는 확신을 줄 수 있도록 설계되어야 하며, 이들 데이터가 조작되지 않았는지, 응용 계층(application layer)의 요구사항에 맞게 메시지를 필터링 및 라우팅하였는지를 확인할 수 있어야 한다. 중요한 빅데이터는 또한 저장과 동시에 동기화(synchronization) 되어야 한다. 데이터의 손실을 막기 위해 즉시 저장(immediate storage), 실시간 데이터베이스와 기록 데이터베이스 동시 저장, 그리고 오류 데이터 복구를 대비해서 동기화 기능이 갖추어져야 한다. 많이 활용되는 애플리케이션은 고립 상태(island state) 감지, 전력 계통 동요(swing) 현상 인식에 대한 실시간 분석이다. 인지 컴퓨팅 분석의 중요성이 부각됨과 더불어, 이종 데이터의 분석 알고리즘, 상관관계 도출을 위해서 데이터 분석의 플랫폼 기능을 활용한다. 심각한 상황에서 최적의 의사 결정을 내리려면 PMU 데이터를 이용해야 하는데, 긴박한 상황에서 계통 운영 엔지니어가 여러 UI(user interface)의 시스템을 처리하거나, 상호 호환성을 갖추지 못한 도구에 의존하게 되면, 시간이 턱없이 모자라게 된다. 따라서 이를 위해서는 단일 소스 솔루션에 의해 구동되는 일관된 시스템 구성 및 데이터 모델이 가장 적합 할 수 있다.

5. 빅데이터 인지 컴퓨팅

인지 컴퓨팅이라는 용어에 대하여 사람들은 각자 고유한 의미를 부여하려는 경향이 있다. 여기에서 다루는 인지 컴퓨팅은 기술을 바탕으로 하는 포괄적인 기능의 집합을 의미하는 것으로 정의하고자 한다. 여기에는 기계 학습, 추리, 의사 결정 기술, 자연 언어, 음성 인식, 시각화 기술, 휴먼 인터페이스 기술, 고성능 분산 컴퓨팅, 컴퓨팅 아키텍처 및 장치 기술 등이 포괄적으로 포함된다. IBM의 Watson처럼 상용화를 통해 활용 가능한 솔루션에서는 계산 알고리즘이 이전 결과와 상호작용을 통해 계속 학습을 하기 때문에 시간이 지남에 따라 점차 시스템의 지식과 그 가치가 향상된다. 시스템이 느끼고, 결론을 도출하고, 그리고 경험을 통해 배우는 것이다. 이들 시스템이 전통적인 연산 시스템 및 데이터들과 통합되면, 학습 역량을 통해 다룰 수 있는 문제의 범위가 커지고, 생산성이 높아지며, 여러 산업 분야에서 새로운 발견을 이끌어 낼 수 있다.

일반적으로 배전 유틸리티에서 직원의 2/3은 현장의 기술적인 문제를 전담하는 인력으로 구성된다. 기계 학습 알고리즘을 이용하면, 직원들이 현장에서 묻는 질문에 대해, SCADA에서 현재 또는 최근 정보를 추출하거나, 설비 진단과 관련된 정비 보고서를 검색하거나, 최신 업데이트된 설비 제작사의 기술문서 등을 종합하여 통합 정보를 제공해줄 수 있다. 여기에 덧붙여, 현장 직원들의 질문–응답을 통해 시스템은 계속 학습을 하게 된다. 이제 이들 시스템은 미국의 전력 유틸리티들이 우려하는 “인력의 고령화(aging workforce)” 문제 즉, 나이 든 직원들이 은퇴함에 따라 유틸리티의 숙련된 노하우가 사라지는 문제에 도전하고 있다. 20년 전만해도 AI 시스템을 구축하려면 프로그램 개발자가 각 분야의 전문가를 만나서 인터뷰를 해야 했지만, 지금은 알고리즘이 과거의 자산관리 시스템 서비스 기록을 가지고 스스로 학습하여 경험 지식 베이스를 구축한다. 이 시스템은 다른 한편으로 현장 기술인력을 새로 채용할 때도 도움이 되는데, 인지 시스템과 함께 일한다는 아이디어가 IT 전문 잡지 “Wired magazine”의 흥미로운 읽을거리처럼 젊은 사람들의 관심을 끌 수 있다.

다음의 예시는 IBM Watson에 전력 계통 빅데이터를 인지 컴퓨팅으로 학습시켜서, Watson이 현장의 초급기술자에게 조언하는 시나리오의 예이다. .

대부분의 고객들에게 있어서 장비 결함에 대한 서비스가 정확하고 신뢰할 수 있느냐 여부는 제조업체에 대한 만족도에서 중요한 요소이다. 기계 장치에 대한 서비스를 받을 때, 현장 지원 기술자의 전문성이 뛰어나면, 고객들은 그들의 비즈니스를 계속해서 유지할 수 있다. 하지만, 장비의 복잡성이 증가하고, 계속 변화하는 산업에서는 현장 기술 인력의 정비 경험에 일관성과 품질을 조직 전반에 걸쳐서 유지하는 것이 어렵다.

Watson을 현장 서비스에 투입하면, 현장 기술인력은 각각의 서비스 요청에 대하여 문제를 진단하고 해결책을 찾아내는데 걸리는 시간을 극적으로 줄일 수 있다. 이렇게 하면 첫 번째 방문에서의 문제 해결 비율을 향상시키고, 고객이 장비를 재가동하는데 필요한 방문 횟수를 줄일 수 있다.

경쟁적인 시장 환경에서 제작사가 탁월한 서비스로 자신을 차별화해야 하고 작업 지시서를 해결하는데 많은 변수들을 고려해야 하기 때문에, 현장 기술자가 고위층에게 문제를 상의할 필요없이 현장에서 올바른 결정을 내릴 수 있도록 권한을 부여하는 문제는 점차 필수사항이 되고 있다. 더 이상 "있으면 좋은 것(nice to have)"이 아니다.

이제 초급 기술자의 경험이 어떻게 영향을 받을 수 있는지 알아보자. 첫째, 기술자는 하루 일과를 시작할 때, 그날 해야 할 작업의 전체 목록을 살펴 보면서 시작하길 원한다. 오전 8시에 로그인을 하면, 작업자는 아직 종결되지 않은 모든 작업의 전체 목록을 보고, 필요한 경우 더 상세한 내용을 확인할 수 있다. 여기에서 작업자는 작업을 수행하는데 필요한 핵심 정보들 즉, 문제의 내용, 필요한 부품 및 공구 등을 파악할 수 있을 뿐 아니라, 고객의 기술지원에 대한 기대 수준을 충족하기 위해 필요한 추가 정보도 확인할 수 있다. 여기에서 고객의 기대 수준이 골드 레벨 즉, 즉시 해결을 원하는 고객이라고 가정하자. 작업을 수행하기 위해 현장에 도착하는 순간부터, 작업자는 고객의 서비스 요청을 처리할 준비가 되어 있다. 그는 고객이 요청한 사항에 대한 상세한 내용을 볼 수 있다. 그는 해당 설비의 모델, 고장 현상, 고객 불만, 수리 이력 등을 볼 수 있다. AS 매뉴얼의 정보와 고객이 언급한 증상을 종합하여, Watson은 수리 방법을 추천하고 수리 완료까지의 예상 시간 정보를 제공한다.

그러나 기술자는 Watson이 이러한 추천에 도달하는데 사용된 정보가 무엇이었는지에 대한 보다 자세한 내용을 알고 싶어 할 수 있다. Watson은 의사결정을 도와주는 것이지 절대로 인간을 대체하는 것이 아니기에, 사람의 판단이 여전히 중요하다.

여기에서 인지 시스템은 추천의 근거로 사용된 자료들, 즉 관련 AS 매뉴얼 및 기타 자료들을 해당 문구를 보여줄 수 있다. 제작사 매뉴얼은 자주 매년 업데이트 되는데 대표적인 비정형 데이터의 원천이다. 인지 시스템은 매뉴얼의 텍스트 뿐만 아니라, 이미지와 다이어그램을 이해할 수 있다. 또한 소셜 기능(social paradigm)도 지원한다. 기술자는 이 추천에 따라 작업을 수행하였던 다른 기술자들이 남긴 평가와 언급을 볼 수 있다. 이 기술자가 작업에 대한 평가와 언급을 입력하면, 다른 기술자들의 결과와 함께, Watson이 이를 학습하여 더 정확한 추천을 만들어낸다.

하지만 기술자가 Watson이 문제 해결을 위해 제안한 추천이 최적의 솔루션이 아니라고 확신하여, 문제 해결을 위해 차선인 다른 대안을 찾을 수 있다.. Watson은 문제를 해결하기 위해 적용 가능한 솔루션의 목록을 신뢰도(confidence)를 기준으로 정렬하여 보여 준다. 이 시스템은 현재 다루고있는 문제와 관련이 있거나 유사한 이전 작업 지시서의 사례를 활용한다. Watson은 고급 기술자 또는 전문가 수준의 기술자가 일하는 것과 동일한 방식, 즉 이용 가능한 모든 정보를 활용하고, "경험"을 최대한 활용하여 문제 해결을 위한 최상의 경로를 찾는 방식으로 행동한다.

그러나 혁신적인 기술을 도입할 때는, 이를 사용하는 인간과의 상호 작용 방법을 고려되어야 한다. 문제를 조금 더 자세히 파헤치기 위해서는 자연어 쿼리 방식이 활용될 수 있다. 이를 통해 기술자는 문제와 관련된 더 많은 정보를 볼 수 있다. 다시 말하지만, Watson이 제공하는 정보는 이 문제와 관련하여 매뉴얼 및 절차에서 성공적으로 입증된 사례에서 추출된 것이다. 그러나 자연어 쿼리 기능은 이전 두 단계가 적절한 해결책을 제시하지 못했을 때에만 사용될 수 있도록 설계되어 있는데, 그런 경우는 자주 발생하지 않는다.

Watson이 제시한 추천에 대해 다른 의견을 구하려면, 기술자는 챗로그(chat log)를 열어서 해당 이슈와 관련하여 어떤 이야기가 오고 갔는지를 볼 수 있으며, 자신이 해결해야 할 문제를 다른 동료들에게 문의할 수 있다. 여기에서는 비슷한 문제를 다루었던 다른 모든 엔지니어와의 대화가 가능하다. 즉, 이미 과거에 어떤 이야기가 있었는지를 볼 수 있고, 해당 기술가 접속되어 있으면 직접 대화가 가능하다. 또한 관리직 및 고위직 직원들도 이 대화에 참여할 수 있다.

지식의 바다를 탐색할 수 있는 이들 도구들로 무장을 하고 직원들이 현장 서비스 업무를 수행하게 되어, 모든 기술자가 전문가의 도움을 받는 셈이 된다.

6. 날씨, 전력 계통의 가장 큰 빅데이터

역사적으로 볼 때, 날씨는 전력 소비의 증가를 유발했는데, 특히 주택용 에너지 소비 증가에 큰 영향을 주었다. 나중에 날씨는 전력 계통에서 정전을 모델링하는데 필수 요소로 자리를 잡았다. 날씨가 에너지에서 중요한 영향을 끼치는 세번째 흐름은 신재생 발전량을 예측하는데 필요한 빅데이터의 원천이 된 점이다. DOE의 태양광 확산 사업 "SunShot" 프로젝트, 풍력 단지의 출력, 풍력 터빈 블레이드 끝 단의 결로 현상, 풍력 타워의 진동 및 응력 등은 모두 고급 빅데이터 분석 기법이 전력 계통에 적용되면서 큰 진전이 이루어진 분야들이다.

날씨 데이터 어플리케이션이 얼마나 큰 빅데이터를 다루는지를 이해하려면, 기상 예측에 사용되는 컴퓨터 유체역학(CFD)이 실제로 어떻게 구동 되는지를 살펴보면 된다[15]. CFD 모델은 빅데이터 컴퓨팅 과학과 통계, 측정 엔지니어링 기술 등이 복합되어 있는 예이다. 얼마나 큰 빅데이터를 다루는지를 가늠해보면, 한 시스템에서 매일 150~260억개의 API 요청을 처리하는데(최대는 초당 34만개), 많은 요청이 스마트폰 날씨 앱에서 발생한다. 날씨 시스템은 매일 자체적으로 생성되는 300Tb의 데이터와 제3자가 제공하는 100Tb의 데이터를 읽어 들인다. 150여개에 이르는 서로 다른 데이터 소스에서 보내는 60여개의 데이터 형식을 처리한다. 이러한 처리 조건 하에서, 시스템은 평균 10ms 단위로 날씨 예측을 수행하며, 예측 결과에 대한 평균 전송 시간은 300ms 미만이다. 이렇게 얻어진 정보들이 소비자 예측 서비스나 배전 포탈 등에 제공된다.

날씨 데이터 플랫폼은 클라우드 기반으로 운영되며, 여러 유형의 대용량 데이터를 수집하고, 개별날씨 데이터, 위치 정보, 기타 데이터 세트를 종합하여 날씨에 관한 통찰력을 제공한다. 그 결과물은 유틸리티, 항공에 이르는 다양한 산업에서 의사결정 지원 플랫폼에 입력 자료로 활용되어, 다양한 대응 조치 활동(responsive operational action)을 수행할 수 있게 된다. 수치 해석에 기반한 날씨 예측 과학은 대기 물리에 바탕을 둔 수학 모델이 사용된다. 날씨는 태양으로부터 흡수되는 에너지와 지표면에서 발생하는 가스가 대류 현상을 일으켜 생기는 변화이다. 지표면이 균일하지 않게 가열되기 때문에 온도와 압력 차이가 발생하고, 이 차이로 바람이 불게 된다.

풍력 터빈 및 태양광 발전량을 정확히 예측하려면, 높은 수준의 공간적 및 시간적 해상도를 갖춘 데이터가 필요한데, 세부적인 기준은 비즈니스 요구에 따라 다를 수 있다. 일례로, 수평 1km, 수직 수십~수백 미터의 해상도로 매 10분마다 예측 결과를 요구할 수 있다. 여기에 덧붙여, 공공 유틸리티와 민간 발전회사들이 요구하는 입력 데이터 형식이 서로 상이할 수 있다. 결과적으로 예측 결과가 데이터 소비자에게 유용하기 위해서는 맞춤형 정보 제공과 시각화가 필요하다. 날씨 예측 결과를 의사결정에 통합하기 위해서는 "결합 모델(coupled model)"이 사용되며, 최종 결과물은 지정학적 위치와 해당 지역 에너지 소비의 날씨 민감도에 맞춰서 조정된다. 날씨 예측에는 다량의 준 정적(quasi-static) 정보들이 포함되어 있는데, 이들 정보는 요구되는 해상도를 갖추지 못하는 경우가 많다. 이는 특정 지역의 전력 계통에 초점을 둔 날씨 예측 프로젝트를 하려고 하면, 해당 지역의 날씨에 국부적으로 영향을 주는 지정학적 특성과 수평적, 수직적, 시간적인 변화를 파악해야 한다는 것을 의미한다. 학습 결과와 예측 결과의 유효성 검증을 위해서는 과거 이벤트 데이터를 이용한 회고 분석(retrospective analysis)이 유용하며, 여기에는 과거 기상 데이터로부터 날씨 예측(hindcast)와 재분석 모드가 이용된다.

전력 계통에서 날씨 영향을 측정하는 데이터 장치로는 SCADA/원격 측정, AMI, 자산 및 인프라의 GIS, 그리드 네트워크 모델, 정전 관리 시스템과 같은 운영 관리 시스템 등이 있다. 이제는 인지 방법은 폭풍우 기록, 소셜 미디어, 의사 결정을 위한 임계 값 등과 같은 일화 데이터(anecdotal data)를 사용할 수 있다. .

참고 문헌

[1] http://resourcecenter.smartgrid.ieee.org/ (accessed 27.11.16).

[2] http://submissions.mirasmart.com/PESGM2016/Itinerary/TechnicalProgramDetail.asp?id¼40 (accessed 27.11.16).

[3] https://www.ibm.com/us-en/ma rketplace/energy-analytics (accessed 27.11.16).

[4] https://www.ge.com/digital/predix (accessed 27.11.16).

[5] https://www.ibm.com/internet-of-things/iot-solutions/asset-management/ (accessed 27.11.16).

[6] http://new.abb.com/enterprise-software/asset-optimization-management (accessed 27.11.16).

[7] https://www.usef.energy/Home.aspx (accessed 27.11.16).

[8] http://www.pnwsmartgrid.org/ (accessed 27.11.16).

[9] http://gridoptics.pnnl.gov/ (accessed 27.11.16).

[10] http://www.research.ibm.com/client-programs/seri/ (accessed 27.11.16).

[11] C.A. Pickover (Ed.), IBM Journal of Research and Development, vol. 60, Issue 1. http:// ieeexplore.ieee.org/xpl/tocresult.jsp?isnumber¼7384400 (accessed 27.11.16).

[12] https://www.naspi.org/ (accessed 27.11.16).

[13] Pacific Northwest National Lab, July 9, 2015, Franny White (Battelle). http://www.pnnl.gov/ news/release.aspx?id¼4210 (accessed 27.11.16).

[14] M. Sinn, F. Dinuzzo, IBM Research Blog, May 14, 2015. https://www.ibm.com/blogs/research/ 2015/05/demand-forecasting-by-means-of-data-driven-technique/ (accessed 27.11.16).

[15] J. Davis, Information Week, May 2, 2016. http://www.informationweek.com/strategic-cio/the-weather-company-brings-together-forecasting-and-iot-/d/d-id/1325362 (accessed 27.11.16)

심화 학습을 위한 추천 자료

전력 산업의 사이버 보안 분야

[1] N. Hitpas, George Mason University School of Business, February 8, 2015. http://business.gmu. edu/news/981-mason-ibm-nsf-partnership-produces-cybersecurity-report/ (accessed 27.11.16).

[2] N. Hitpas, George Mason University School of Business, November 16, 2015. http://business.gmu. edu/news/1104-mason-ibm-nsf-partnership-yields-second-cyber-report/ (accessed 27.11.16).

전력 유틸리티 클라우드 컴퓨팅 분야

[3] B. Ramsay, National Association of Regulatory Utility Commissioners, Final Resolutions Adopted at the 2016 Annual Meeting, November 16, 2016. http://pubs.naruc.org/pub/ 4FDD6D6B-F303-DE7B-5B46-7B25C04E6317 (accessed 27.11.16).

유틸리티 데이터 분석기법

[4] http://www.utilityanalyticsweek.com/ (accessed 27.11.16).

[5] http://www.utilityanalyticssummit.com/ (accessed 27.11.16).

빅데이터 분석 기법

[6] D. Cnota, Infogix, November 16, 2016. http://www.infogix.com/press-releases/infogix-identifies-top-ten-transformative-data-trends-2017/ (accessed 26.12.16).

[7] Big Data University—Analytics, Big Data, and Data Science Courses. http://bigdatauniversity. com/ (accessed 04.01.17).

[8] IEEE Utility Big Data Workshop, http://2017isap.tamu.edu/ieee-utility-big-data-workshop/.

CHAPTER 04

빅데이터 통합, 웨어하우스, 분석을 위한 프레임워크

Feng Gao
Tsinghua University Energy Internet Research Institute, Beijing, China

이 장의 개요

빅데이터는 크고 복잡한 데이터 세트를 지칭하는 용어로, 기존의 데이터 처리 방식으로는 이를 처리하기에 적합하지 않다. 빅데이터는 대개 인터넷, 전사 전산시스템, IoT 및 기타 정보 시스템에서 발생한다. 데이터 수집, 전처리, 저장 관리, 데이터 처리, 데이터 분석 및 지식의 시각화를 통해 의사 결정과 지능화된 사업 운영을 도와주는 새로운 통찰력을 얻을 수 있다. 스마트그리드는 전력 산업에서 계속 발전하고 있다. 여기에서 핵심 메시지는 미래의 에너지 산업을 이끄는 차세대 사이버 물리 시스템을 구현하는데 있다. 이를 위해서는 운영 기술과 인터넷 정보 기술을 심도 있는 융합이 필요하다. 스마트그리드의 지속적인 발전 여부는 방대한 양의 데이터를 처리할 수 있는 고성능 컴퓨팅 (high performance computing; HPC) 및 분석 기술을 활용할 수 있느냐에 달려 있다. 스마트그리드는 첨단 기술을 적용하고, 최신의 컴퓨팅 시스템을 사용함으로써 새로운 혁신 역량을 유틸리티에 제공할 수 있다. 이렇게 되면, 데이터 양은 폭발적으로 증가하게 된다. 스마트그리드 운영은 AMI를 활용하여 실시간에 가까운 의사 결정 및 설비 운영을 요구하므로, 최신 스마트그리드에서는 복잡한 이벤트 처리 및 스트림 컴퓨팅이 필요하다. 이 장에서는 스마트그리드의 발전을 지원하는 핵심 기술 중 하나인 빅데이터 HPC에 대해서 논하고자 한다. 여기에서는 플랫폼, 데이터 통합, 웨어하우징, 분석 기법에 초점을 두었으며, 특히 에너지 산업에서 발생하는 데이터의 다양한 특성들을 어떻게 다루어야 하는지를 중점적으로 논의하고자 한다. 이 장에서는 마지막으로 다중 에너지 (multiform energy) 시스템의 상호 보완적인 운영이 가능한, 포괄적인 기술 솔루션으로서 스마트그리드 플랫폼을 간략하게 제안하였다. 이 플랫폼은 데이터의 획득, 저장, 분석 및 시각화와 같은 데이터 수명 주기의 모든 측면을 지원한다.

1. 도입

최근 몇 년 동안, 빅데이터는 산업계와 학계에서 갑자기 뜨거운 주제가 되었다. "네이처", "사이언스"를 비롯한 여러 과학 저널에서 빅데이터의 도전과 기회를 다룬 특별 판을 발간하였다 [1,2]. "데이터는 오늘날 모든 산업 및 비즈니스 영역에 널리 퍼지면서 생산에 있어 중요한 요소가 되었다. 빅데이터의 탐색과 활용은 생산성 증가와 소비자 잉여의 새로운 물결이 될 것임을 시사하고 있다."라고 유수의 경영 컨설팅 회사인 McKinsey & Company는 말하고 있다.

빅데이터는 크고 복잡한 데이터 세트를 지칭하는 용어로 기존의 데이터 처리 방법으로는 그것들을 다루기에 적합하지 않다. 대용량 데이터는 대개 인터넷, 전사 전산시스템, IoT 및 기타 정보 시스템에서 발생한다. 데이터 수집 및 전처리, 저장 관리, 데이터 처리, 데이터 분석 및 지식의 시각화를 통해 의사 결정 및 지능화된 사업 운영을 지원하는 새로운 통찰력을 얻을 수 있다[3].

스마트그리드는 전력산업이 진화하는 방향이며 트렌드이다. 스마트그리드는 첨단 정보통신 기술과 물리적 에너지 시스템을 통합한 차세대 물리적 정보 시스템(physical information systems)이다. 여기에서 스마트그리드의 본질은 다중 에너지 자원(multi-energy sources)의 상호 보완적인 운영에 기반한 포괄적인 에너지 서비스를 제공하는데 있다. 핵심은 분산 및 신재생 에너지를 기반으로 하는 에너지의 생산, 운송, 유통과 소비에 관한 문제이다. 이와 함께 스마트그리드는 열, 전력, 가스 및 심지어 물을 함께 통합될 수 있다[4]. 스마트그리드의 비즈니스 모델은 통합 에너지와 통합 서비스 두 가지 측면을 모두 포함한다. 통합 에너지에서는 전력, 가스 및 기타 보완적인 다중 에너지가 서로 교환되며, 통합 서비스에서는 에너지 시스템 보안 모니터링, 에너지 효율 관리, 계통 운영 및 유지 보수 서비스, 그린 에너지 설치 서비스 등이 포함된다[4]. 스마트그리드는 고속 통신 통합 네트워크를 기반으로 운영되며, 에너지의 신뢰성, 안전성, 경제성, 효율성 및 친환경 목표를 달성하기 위해 첨단 감지, 측정 기술, 최적화 제어 기술, 의사 결정 지원 기술 등을 십분 활용한다. 스마트그리드 계통 운영의 지능화는 고도의 "관측 가능성(observability)"과 "제어 가능성(controllability)"에 기반을 두고 있다. 관측 가능성과 제어 가능성을 갖춤으로써 계통의 운영 상태를 실시간으로 반영할 수 있는 파노라마 데이터를 얻을 수 있다[5]. 따라서 고성능 데이터 분석 기술은 스마트그리드 기술을 진전시키는데 중요한 지원 역할을 할 것이다. 즉, 스마트그리드의 발전을 지원하는 핵심 기술 중 하나는 고성능 컴퓨팅 (HPC)을 갖춘 대용량 데이터 분석 기술이라고 할 수 있다. 여기에서 우리는 빅데이터 통합, 웨어하우징 및 분석기법을 위한 프레임 워크에 초점을 맞추어

논점을 전개하고자 한다.

2. 빅데이터 플랫폼을 위한 프레임워크

전력산업은 엄청나게 많으면서도 측정 주기가 매우 짧은 데이터로 인하여 전례에 없던 도전에 직면해 있다. 글로벌 시장조사 기관인 Navigant Research의 연구 보고서에 따르면, 전 세계 스마트 미터 설치는 2022년까지 11억대를 넘을 것으로 예상된다[6]. AMI는 일반적으로 15분에서 1시간 범위에서 고객의 전기 사용량 데이터를 수집한다. 이에 따라 유틸리티가 처리하는 데이터의 양은 과거에 비해 최대 3,000배까지 증가하게 된다[7]. 한편으로 전 세계에 걸쳐 동기 위상기(synchrophasor)가 보급되면서, 짧은 대기 시간으로 다량의 데이터를 수집할 수 있게 되어, 측정 데이터의 실시간 스트리밍이 가능해지고 있다. 일반적으로 PMU는 AC 파형 (전압 및 전류)을 1회 주기에 48개의 비율로 샘플링(60Hz 시스템의 경우, 초당 2,880개 샘플링)할 수 있다[8]. 30Hz 샘플링 속도를 가정하면, 20개의 측정치를 갖는 100개의 PMU에서 수집되는 측정 데이터는 1일 50GB 이상이 된다[9].

빅데이터 분석은 유틸리티 산업이 이러한 도전을 해결하는데 필요한 기술 패키지를 제공한다. 인메모리 연산 엔진과 병렬 컴퓨팅 프레임워크인 Hadoop/MapReduce와 Spark는 이미 엄청나게 큰 데이터 세트를 처리할 수 있는 역량을 갖추고 있다. 한편으로 스트림 처리 엔진인 Storm, Streams, Spark Streaming 등은 움직이는 데이터를 분석하기 위해 개발되어, 정보를 발생 시점에서 바로 처리할 수 있다.

결과적으로, 빅데이터는 전력 계통의 단기 운영과 장기 계획 프로세스를 향상시키는 데 활용될 수 있다. 빅데이터 분석이 유망한 애플리케이션으로는 도전(energy theft) 탐지, EV와 옥상 태양광 계통 연계 도입 전략, 배전 선로 이하로 세분화된(granular) 부하 예측, 신재생 발전량 예측, 배전 계통 토폴로지 식별, 온라인 자산 위험 평가, 배전 계통의 volt/Var 최적화, 고객 세분화(segmentation) 및 타겟팅, 유틸리티 수익 보호(revenue protection) 등이 있다.

빅데이터 플랫폼의 아키텍처는 데이터 통합, 웨어하우징, 분석기술 등이 포함되며, 뛰어난 컴퓨팅 능력을 갖추면서도 스마트그리드의 요구사항을 반영하여 다양한 비즈니스 요건에 적용할 수 있는 일련의 프레임워크를 제공한다. 널리 사용되는 빅데이터 프레임워크는 Apache Hadoop 에코 시스템을 기반으로 하는데, Hadoop 분산 파일 시스템 (Hadoop distributed file system; HDFS)을 기본 파일 시스템으로 사용한다. 자원 관리 및 작업 스케줄링 도구인 YARN(Yet Another Resource Negotiator)은 여러 비즈니스 시나리오 및 비즈니스 요구사항을 지원하기 위해 Hadoop MapReduce 및 Spark를 균일하게 배분하는 역할을 한다. 구체적인 아키텍처는 그림1과 같다.

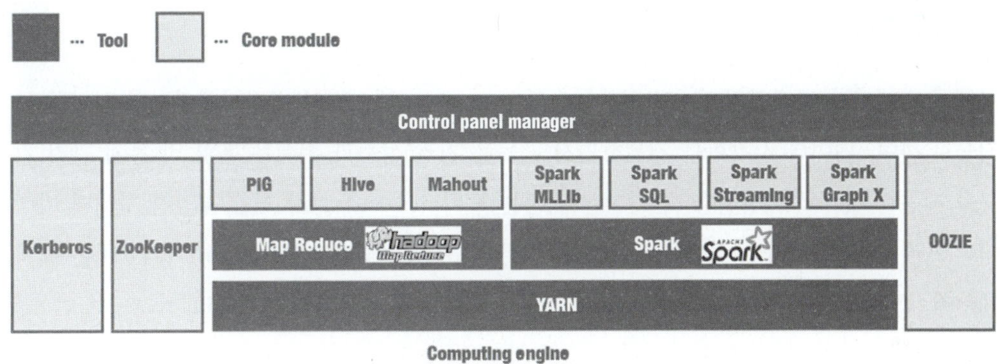

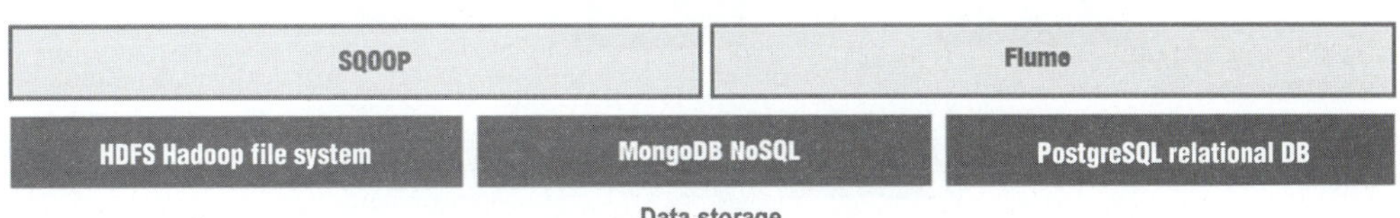

그림1. 빅데이터 플랫폼 프레임워크

시스템이 데이터 사이언스 기능을 수행하려면, 데이터 스토리지가 특정한 몇 가지 포맷의 데이터를 지원해야 한다. 지난 수십 년 동안 "데이터베이스"라는 용어는 대략 관계형 데이터베이스 관리 시스템과 거의 동일한 개념이었으며, 이들 관계형 데이터베이스는 전력 계통에서 널리 사용되어 왔다. 최근에는 관계형 데이터베이스를 탈피한 NoSQL(Not only SQL) 데이터베이스의 채택이 증가했는데, 이는 빅데이터를 처리하기 위해서는 용량과 성능의 수평적 확장을 보장하는 호리젠탈 스케일링(Horizontal Scaling)이 필요했기 때문이다 [10].

람다 (Lambda) 아키텍처는 대량 데이터를 다루기 위해 고안된 것으로, 일괄 처리(batch)와 스트림 처리(stream-processing) 방법의 장점을 모두 활용하여 데이터를 처리한다. 즉, 일괄 처리를 사용하여 포괄적이고 정확하게 미리 계산된 뷰(precomputed view)를 제공함과 동시에, 실시간 스트림 처리를 사용하여 동적 뷰(dynamic view)를 제공함으로써 대기 시간, 처리량(throughput), 고장 허용한계(fault tolerance) 간의 균형을 유지한다. 람다 아키텍처는 배치(batch) 레이어, 서빙(serving) 레이어, 스피드(speed) 레이어 라는 세개의 주요 요소로 구성되어 있다. 배치 레이어는 변경 불가능한 마스터 데이터 세트를 관리하고 배치 뷰를 미리 계산하는 반면, 서빙 레이어는 배치 뷰를 인덱싱하고 필요에 따라 이들을 로딩하며, 스피드 레이어는 신규 데이터와 함께 업데이트된 실시간 뷰를 처리한다.

2.1 아키텍처

차세대 빅데이터 프레임워크는 반정형(semistructured) 데이터와 비정형데이터의 처리를 특징으로 하여, 데이터 시각화를 지원하면서도 높은 처리 성능과 손쉬운 운영 및 유지 관리 기능을 제공할 것으로 예상된다. 람다 아키텍처는 트위터(Twitter)가 처음 제안한 차세대 빅데이터 프레임 워크의 참조 모델이다. 그림2에서 볼 수 있듯이 람다(Lambda) 아키텍처는 배치 레이어, 스피드 레이어 및 서빙 레이어의 세 가지 레이어로 이루어져 있다[11].

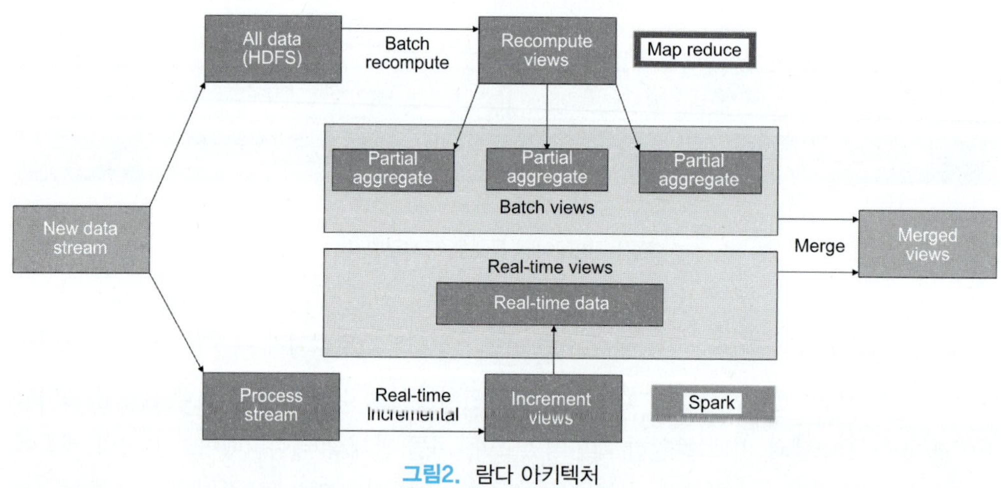

그림2. 람다 아키텍처

이상적으로 볼 때, 모든 데이터의 액세스 절차는 단일 인수 입력(argument input)과 함수 결과 출력(function result output)으로 시작할 수 있지만, 데이터가 특정 크기(예: 페타 바이트(PB))에 도달한 상태에서 실시간 쿼리를 지원해야하는 경우에는 이런 방식은 매우 비용이 많이 든다. 람다 아키텍처는 배치 뷰라는 개념을 도입했는데, 쿼리 결과의 일부를 미리 평가하고, 쿼리를 실행해야 할 때에만 그 결과를 배치 뷰에서 읽을 수 있도록 하는 방식이다. 사전에 계산된 뷰는 인덱싱을 통해서 데이터를 빠른 속도로 랜덤하게 읽을 수 있다.

배치 뷰는 배치 레이어로부터 생성된다. 배치 레이어를 사용해서 큰 데이터를 작게 만들 수 있게 되고, 컴퓨터 리소스를 효율적으로 활용함과 동시에 실시간 쿼리 성능이 향상된다.

스피드 레이어는 배치 레이어와 동일한 데이터 처리 로직을 사용하지만, 주요 차이점은 스피드 레이어는 실시간 스트리밍 데이터를 처리하는데 비하여, 배치 레이어는 대량의 오프라인 데이터를 처리한다는 점에 있다. 또 다른 차이점은 최소 계산 지연 시간(minimum computing delay) 요건을 충족시키기 방식에 있다. 즉, 스피드 레이어는 새로운 데이터 모두를 동시에 읽지 않는다. 반대로 스피드 레이어는 새로운 데이터를 한 개씩 받아서 스피드 뷰를 업데이트한다. 스피드 레이어는 계산을 점진적으로 수행하지만, 재작업(reoperation)을 하지 않는다.

2.2 스토리지

에너지 데이터는 소스가 다양하고 이질적인(heterogeneous) 특성이 있다[12]. 정형 데이터의 저장에는 오픈 소스 데이터베이스인 MySQL과 PostgreSQL이 더 나은 선택이다. 비정형 데이터의 스토리지에는 HBase, MongoDB, Cassandra와 같은 NoSQL 데이터베이스가 가장 적합하다.

원시 데이터는 MongoDB (클러스터 모드)에 저장 될 수 있으며, 클라우드 컴퓨팅 플랫폼의 데이터 스키마가 공유된다. Spark/MapReduce 연산 엔진이 이용되면 데이터는 Kafka를 통해 자동으로 HDFS로 보내진다. 수행 결과는 Kafka를 통해 다시 MongoDB로 보내질 뿐 아니라, PostgreSQL, HDFS와 같이 시스템에 있는 다른 데이터 소스로도 보내진다.

2.3 보안

Hadoop의 보안 인증은 Kerberos를 기반으로 한다. Kerberos는 개방 네트워크에서의 인증과 보안 프로토콜이다. 사용자는 인증용 암호화 데이터인 Kerberos 인증 티켓(authentication ticket)을 보유하여 Kerberos에 기반을 둔 여러 서비스에 액세스 할 수 있는지를 확인하는 과정을 거치는데, 인증과 관련된 정보만 입력하면 된다. 이 프로토콜은 또한 싱글사인인(Single sign–in) 기능을 지원한다. Hadoop 자체는 사용자 계정을 생성하는 기능을 갖고 있지 않지만, Kerberos 프로토콜을 이용해서 사용자 인증을 수행한다.

3. HPC가 적용된 빅데이터 시스템

HPC(high performance computing)는 고급 응용 프로그램을 효율적이고 안정적이며 빠르게 실행하기 위해 병렬 처리 기술을 사용한다. HPC는 빅데이터 통합, 웨어하우징, 분석기법을 위한 프레임 워크의 핵심 구성 요소이다.

3.1 시스템 아키텍처(그림3)

(1) 단일(monolithic) 아키텍처

단일 아키텍처는 컴퓨터 소프트웨어 아키텍처에서 가장 보편적인 형태이며, 종종 기능에 따라 계층화되기도 한다. 공통 계층으로는 표현(presentation) 계층, 비즈니스 로직 계층, 데이터 계층이 있다[13]. 비즈니스 로직 계층은 다양한 비즈니스 책임과 기능에 따라 구성 요소로 모듈화 될 수 있다. "단일 아키텍처"는 물리적인 배치 아키텍처(deployment architecture) 레벨에서 보면, "단일 블록(single block)"이다. 일반적으로 단일 응용 프로그램으로 컴파일, 패키지화, 배치되고 유지 관리된다.

(2) 마이크로 서비스 아키텍처

마이크로 서비스 아키텍처는 애플리케이션을 일련의 소규모 서비스로 나누는 새로운 개념의 아키텍처이다. 각 서비스는 단일 기능에 중점을 두고, 별개의 프로세스에서 실행되며, 서비스 사이에는 명확한 경계가 있다. 각 서비스는 HTTP, RESTful과 같은 가벼운 프로토콜로 통신하여 비즈니스 및 사용자 요구 사항을 충족하는 완벽한 애플리케이션을 구현할 수 있게 된다[14].

3.2 서비스 유형

HPC 서비스에는 현재까지 IaaS, PaaS, SaaS, BaaS 등 다양한 방법이 있다[15].

(1) IaaS (Infrastructure-as-a-Service)

IasS는 "서비스로서의 인프라스트럭처(Infrastructure-as-a-Service)"의 약자로, 일반적으로 하드웨어 서버 렌탈 서비스를 의미한다. IaaS 서비스 제공 업체는 사용자가 임대할 수 있도록 오프 사이트 서버, 가상화, 스토리지 및 네트워크 하드웨어를 제공한다. 이 방법을 쓰면,

사용자를 위한 사무실 공간과 유지 관리 비용을 절약할 수 있다. 성공적으로 운영되는 IaaS 제품에는 Amazon의 AWS 클라우드 서비스, Microsoft의 Azure, Alibaba의 Aliyun, Tencent의 Qcloud가 있다.

(2) PaaS(Platform-as-a-Service)

PaaS는 "서비스로서의 플랫폼(Platform-as-a-Service)"의 약자이다. PaaS는 완벽한 응용 프로그램 런타임 환경, 미들웨어, 데이터베이스 등을 제공한다. 개발자는 코드를 업로드하고 배치하기만 하면 응용 프로그램을 실행할 수 있다. PaaS는 IT 운영 및 유지 보수 비용을 절감할 뿐만 아니라 개발자의 작업량을 많이 줄여 준다. PaaS 플랫폼에는 Google의 App Engine, Baidu의 App Engine (BAE), Sina의 App Engine (SAE) 등이 있다.

(3) SaaS(Software-as-a-Service)

SaaS는 "서비스로서의 소프트웨어(Software-as-a-Service)"의 약자이다. 일반적으로 모든 부분을 웹 기반 응용 프로그램으로 제공하기 때문에 사용자는 소프트웨어 개발, 배치를 고려할 필요가 없으며, 서버 하드웨어, 대역폭도 고민할 필요가 없다. 그냥 직접 구입하면, 소프트웨어를 바로 사용할 수 있다.

(4) BaaS(backend-as-a-Service)

BaaS는 "서비스로서의 백엔드 (backend-as-a-Service)"의 약자이다. PaaS에 기반을 둔 새로운 클라우드 서비스이다. BasS는 모바일 및 웹 응용 프로그램을 위한 백엔드 클라우드 서비스를 제공하기 위해 개발되었다. 여기에는 클라우드 데이터, 스토리지, 계정 관리, 메시징, 소셜 미디어 통합, 빅데이터 분석 인터페이스 등이 포함된다[9]. BaaS 플랫폼은 사용자에게 다양한 핵심 구성 요소와 마이크로 서비스(미들웨어)를 제공하여 특정 기능을 수행하도록 지원하고 사용자의 개별 요구를 충족시킨다.

단일 아키텍처 어플리케이션은 모든 기능 요소들을 하나의 프로세스에 담는다….

마이크로서비스 아키텍처는 기능 요소를 나누어서 여러 서비스로 분리한다….

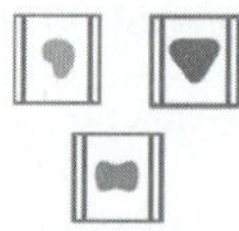

….그리고 여러 서버에 복사하는 형태로 스케일을 확장한다.

….그리고 이들 서비스를 여러 서버에 걸쳐 분산시키고, 필요에 따라 복사하는 형태로 확장한다.

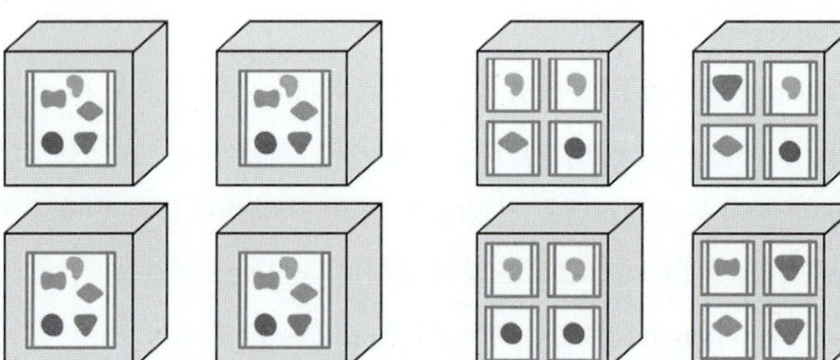

그림3. 단일 아키텍처와 마이크로 서비스 아키텍처 비교

3.3 IoT

IoT는 장치가 네트워크 내에서 센싱, 통신, 상호 작용 및 협업 할 수 있게 해준다. 단일 아키텍처 관점에서 볼 때, 전통적인 IoT 클라우드 컴퓨팅 플랫폼은 그림4와 같이 3개의 계층으로 구성된다 [16].

프로토콜 계층은 게이트웨이 역할을 하여 MQTT (Message Queue Telemetry Transport), XMPP (Extensible Messaging and Presence Protocol) 또는 기타 유료 프로토콜(proprietary protocols)을 통해 IoT 장치에 액세스하고, API (Application Programming Interfaces) 및 관련 소프트웨어 개발 도구인 SDK (Software Development Kit)를 제공한다[17-19]. 또한 IoT 장치는 WiFi, 3G, 4G 및 기타 네트워크 통신 모듈을 통해 게이트웨이에 직접 연결되어 데이터 전송을 수행할 수도 있다. 높은 동시성(high-concurrency) 환경에서 데이터 액세스 및 푸시 서비스의 안정성을 보장하기 위해, 로드 밸런싱(load balancing) 메커니즘이 일반적으로 사용되며, 게이트웨이 수는 트래픽 환경에 따라 확장된다[18,20].

비즈니스 로직 계층은 주로 사용자가 요청하는 매개변수를 토대로 대상 하드웨어, 비즈니스 데이터 전송 분산, 비즈니스 시스템 데이터 구독 및 배분 작업 등을 매칭시키는 일을 하며, 이를 통해 장치에 대한 지능형 제어 및 모니터링이 이루어진다[19,20].

핵심 서비스 계층은 모든 필수 서비스를 제공하는데, 여기에는 데이터 스토리지 데이터베이스, 메시지 대기 행렬(message queue), 로그 관리, 대형 데이터 플랫폼 도킹, 경고 서비스 모니터링 등이 포함된다[21].

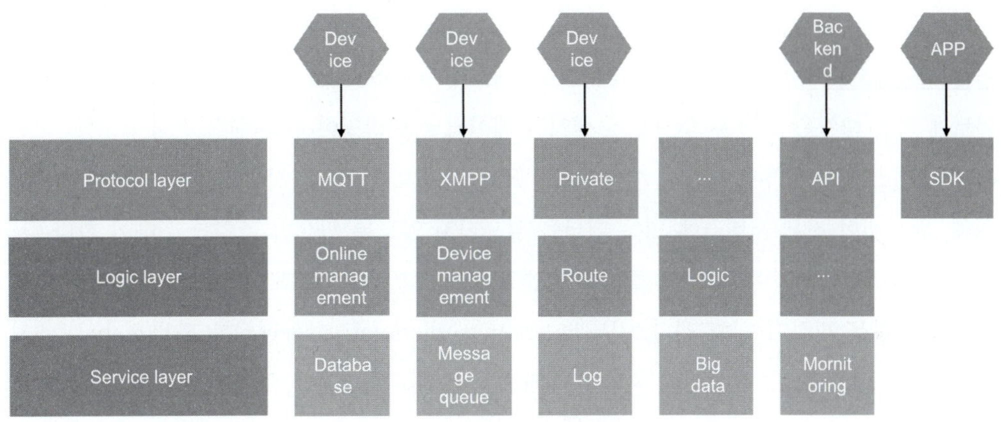

그림4. 고성능 IoT 연산 아키텍처

3.4. 스마트그리드를 위한 HPC 플랫폼

HPC 플랫폼은 대부분의 시나리오에서 제기되는 백엔드(backend) 시스템 요구사항을 추상화하고 이를 통합하며, 클라우드 엔진을 통해 사용자 정의가 가능한 강력한 공통 BaaS(Backend as a Service) 서비스를 구현한다.

클라우드 엔진은 스마트그리드 HPC 플랫폼에 의해 수행되는 호스팅 서비스를 담당한다. 이 엔진은 런타임 환경을 기반으로 하며, 백엔드 애플리케이션을 실행할 수 있다. 또한 다중 인스턴스(multi-instance) 서비스 로드 밸런싱과 확장(scaling)을 지원한다.

(1) 클라우드 기능, 후크(hooks) 및 백그라운드 작업

스마트그리드 HPC 플랫폼은 클라우드 기능, 펑션 후크(function hook), 백그라운드 작업을 제공한다. 클라우드 기능을 통해, 사용자는 데이터 상호 작용을 기반으로 비즈니스 로직을 쉽게 정의할 수 있으며, 그 결과를 라우팅 인터페이스를 통해 노출시킬 수 있다. 펑션 후크는 새로운 객체의 저장, 객체 수정과 같은 타겟 이벤트가 발생할 때, 사용자가 호출할 함수를 정의할 수 있도록 해준다. 백그라운드 작업을 통해서 비차단(non-blocking) 작업을 설정하고 빅데이터 처리와 같은 작업을 수행 할 수 있다.

(2) 실시간 데이터 스트리밍

HTTP 프로토콜은 "요청/응답(request/response)"모델로 잘 알려져 있지만, 이 모델에는 많은 제약이 있다. 계량 데이터를 새로 수신할 때 브라우저가 실시간으로 전기 사용량 데이터 표시를 업데이트하도록 알리는 것과 같이, 우리는 많은 시나리오에서 서버가 브라우저에 알림을 적극적으로 보내길 원한다. HTML5의 웹소켓(WebSocket) 프로토콜은 서버가 클라이언트에 직접 패킷을 보낼 수 있으므로 실시간 데이터 스트리밍이 가능하다.

멀티 인스턴스 클라우드 엔진 환경에서 웹소켓 통신의 연결 및 서비스 확장성을 보장하기 위해, 웹소켓이 전체 서비스에 병목 현상을 일으키지 않도록 필요한 조치를 취해야 한다. 사용자 서비스의 처리량이 많으면, 클라우드 엔진의 단일 인스턴스로도 패킷이 차단될 수 있다. 이러한 상황을 피하기 위해 레디스(Redis; remote dictionary server)를 전체(global) 메시지 대기열로 사용하여, 모든 메시지의 분배와 구독을 처리한다. 이는 신뢰성과 효율성을 보장할 뿐만 아니라, 전체 클라우드 엔진에 확장성을 부여한다.

비즈니스와 관련된 데이터 세트의 수집, 저장 및 분석 처리는 오늘날 거의 모든 기업의 주요 전략 목표인데, 유틸리티 분야에서는 적절한 데이터 관리를 통해 스마트그리드의 계통 상황을 파악할 수 있게 되어, 운영 효율성 및 계통 계획에 크나큰 개선을 이룰 수 있다.

데이터의 수집 및 체계적인 저장은 여러 온라인 트랜잭션 처리(online transaction processing; OLTP) 데이터베이스를 조합하여 관리된다. 이들 데이터베이스는 스토리지 클러스터를 형성하여 방대한 양의 데이터를 안정적으로 체계화한다. 이러한 시스템은 일반적으로 개별 데이터의 데이터베이스 읽기/쓰기 작업을 중심으로 개발되지만, 저장된 데이터의 정확성과 일관성을 보장한다.

수집된 데이터 세트에서 데이터 분석을 통해 통찰력을 찾는 과정의 데이터 액세스 패턴은 OLTP 시스템의 데이터 액세스와 크게 상이하기 때문에 데이터베이스 쿼리를 위한 대안(alternative) 시스템이 요구되는데, 통상 이러한 시스템은 데이터 웨어하우스로 불린다. 데이터 웨어하우스 안에서의 동작하는 온라인 분석 처리(online analytics processing; OTAP) 플랫폼[16]은 데이터베이스가 수 많은 개별 읽기/쓰기 작업을 수행하기 보다는 소수의 OLAP 플랫폼 사용자가 대규모 배치 작업을 수행하여 모집된 데이터를 시간, 장소 등의 차원으로 분석한다. 쿼리 된 데이터는 일반적으로 사전 집계된(preaggregated) 결과를 담은 OLAP 큐브(cubes)로 옮겨지는데, 특정 쿼리가 이들 사전 집계된 OLAP 큐브에서 다루지 못하는 쿼리일 경우, 이는 스타 스키마(star schema)로 불리는 부분적으로 비정규화된(denormalized) 데이터 구조를 통해 다루어진다.

4. 복잡한 이벤트의 처리와 빅데이터

오늘날 빅데이터 플랫폼 시스템에 있어서, 계통 운영 중에 실제 어떤 상황이 발생했을 때 적시에 대응할 수 있는 능력이 기본적인 요구 사항이 되고 있다. 이러한 요구사항은 스마트그리드 뿐 아니라 주식 자동 거래, 물류, 생산 관리와 같은 다양한 분야의 애플리케이션에서 마찬가지로 해당된다. 예를 들어, 스마트그리드 운영 시나리오에서 에너지의 소비와 생산 사이의 불일치가 감지되면, 지능형 수요 반응 시스템을 신속하게 시행해서 스마트 가전의 전력 소비를 전력 공급에 맞춰 조정함으로써 값 비싼 보조 발전기를 운영 예비력으로 확보할 필요성을 줄일 수 있다. 이 경우, 검침 값이라는 낮은 수준의 데이터가 이질적인 데이터 소스로부터 빠른 속도로 들어오는 데이터 스트림이 발생하기 때문에, 더 복잡한 상황을 감지하기 위해서는 실시간 데이터 처리가 필요하다. 이들 데이터 스트림은 매우 혼잡할 수 있고, 그 혼잡 비율은 엄청나게 변동한다.

이 문제를 다루기 위해, 실시간 복잡 이벤트 처리(complex event processing; CEP)라는 패러다임이 적합한 방법으로 부각되고 있다. CEP는 새로운 빅데이터 통합, 웨어하우징, 분석 기술로, 서로 다른 소스에서 순서 없이 발생하는 일련의 이벤트를 데이터로 간주한다. CEP는 금융 시스템, 국토(homeland) 안보, 센서 데이터 처리와 같은 산업 분야에서 폭넓게 사용되고 있다. 이들 사례에서 공통되는 요건은 데이터의 형태가 스트림 장치 또는 비동기 버스트(asynchronous bursts)인지 여부와 관계없이 종단 장치(edge device)에서 들어오는 데이터를 "즉석에서 처리해야(on the fly)"한다는 것이다. CEP 기술은 복잡한 쿼리를 여러 데이터 스트림에 동시에 적용하여 지정된 조건 (이벤트)을 감지함으로써 실시간으로 적절한 조치를 실행할 수 있다.

CEP는 유틸리티 비즈니스의 다양한 분야에서 활용될 수 있다. 여기에는 계량 데이터 관리, 수요 반응, 고장 감지, 정전 관리, 요금 청구, 원격 장비 모니터링 등이 포함된다. CEP는 유연한 도구이기 때문에, CEP가 전사 데이터 관리 전략 및 아키텍처에 포함되면, 유연한 데이터 관리 솔루션이 요구되는 스마트그리드에 있어서 데이터 관리의 유연성을 대폭 향상시킬 수 있다.

스마트그리드는 발전 설비들이 갖고 있는 동적인 특성, 복잡한 기술의 사용, 장거리 전력 전송, 전력 생산과 소비의 상시 균형 유지 등으로 인해서 본질적으로 복잡한 특성을 갖고 있다. 전력 네트워크는 인간이 만든 시스템 중에 세계에서 가장 복잡한 시스템이다. 따라서 전력 계통에 존재하는 문제는 CEP의 패러다임과 자연스럽게 어울린다.

CEP는 여러 소스에서 발생하는 데이터 스트림을 추적하고, 트렌드, 패턴 및 이벤트를 실시간으로 분석하는 기술을 사용하여, 이들 상황에 가능한 신속하게 대응할 수 있도록 한다. CEP는 더 나아가서 다양하고 멀리 떨어져 있는 데이터 소스 또는 이벤트를 모니터링하는 데 이용되어, 기업이 현재 발생하는 상황에 대해 더 나은 지식을 갖춤으로써 보다 신속한 대응을 할 수 있도록 지원한다. CEP는 사용자가 과거에 발생한 이벤트에 액세스하여 이들을 순서에 관계없이 활용할 수 있도록 해준다. 이벤트는 다양한 소스에서 올 수 있으며 오랜 시간에 걸쳐 발생하기도 한다. CEP를 구현하기 위해서는 높은 수준의 이벤트 해석 프로그램(interpreter), 상관 분석 기술을 이용한 이벤트 패턴 정의와 매칭 기법 등이 필요하다.

CEP를 사용하면 수신 데이터를 지속적으로 모니터링하여 선언적 조건(declarative condition)이 충족되면 그에 맞는 조치를 취할 수 있게 된다. 또한 데이터 모니터링 및 처리 작업은 거의 대기 시간 제로로 동작한다. 서로 다른 이벤트가 서로 다른 소스에서 나올 수 있는데, CEP 시스템은 내부적으로 이들 이벤트들을 하나의 개체로 모델링하여, 복잡한 이벤트로 조합(assemble)할 수 있다. CEP 시스템이 빅데이터의 속도 문제를 해결하는 것을 목표로 하고 있는 것과 달리, 데이터는 사전 정의된(predefined) 이벤트 스트림으로 주어진다. CEP 시스템이 사용하는 슬라이딩 윈도우 방식(sliding window approach)은 실제 데이터의 일부만을 메인 메모리에 동시에 전달하는 반면, 오래된 이벤트는 폐기하거나 보관된다. 이렇게 하면 모든 데이터가 시스템 메모리에 상주할 필요가 없어져서, 가장 최근의 이벤트를 효율적으로 분석할 수 있게 된다.

스마트그리드에서 데이터 소스는 PMU (일반적으로 초당 2,880회 샘플링), SCADA (일반적으로 2~5초마다 데이터 수집), AMI (일반적으로 1~15 분마다 데이터 수집), 날씨 데이터 및 제3자 데이터 등을 포함될 수 있다. 데이터는 고속으로 일정하게 전송되기 때문에, 입력 데이터는 스트림으로서 취급될 수 있다. 데이터는 쿼리를 통해 지속적으로 평가된다. 그림 5는 CEP의 시스템 아키텍처를 나타낸 것이다.

최신 CEP는 스트림 컴퓨팅을 활용하여 비정형 데이터를 다룰 수 있으며, 많는 수의 비즈니스 이벤트를 1초 단위로 처리한다. CEP는 고도로 정교한 분석 프로세스를 통해 분석 결과를 실시간으로 푸시하는데, 현재 이벤트가 진행 중인 상태에서 결과가 전달된다. 이를 통해 높은 수준의 입력 데이터를 처리할 때의 응답 성능이 향상된다. 즉, 단순한 설명적 분석과 정교한 예측 분석 모두에서 실시간 의사 결정을 지원하는 것이 가능해진다. 따라서 CEP를 사용하게 되면, 기업은 기본적으로 언제든지 거의 실시간으로 많은 데이터를 캡처하고 분석할 수 있게 된다.

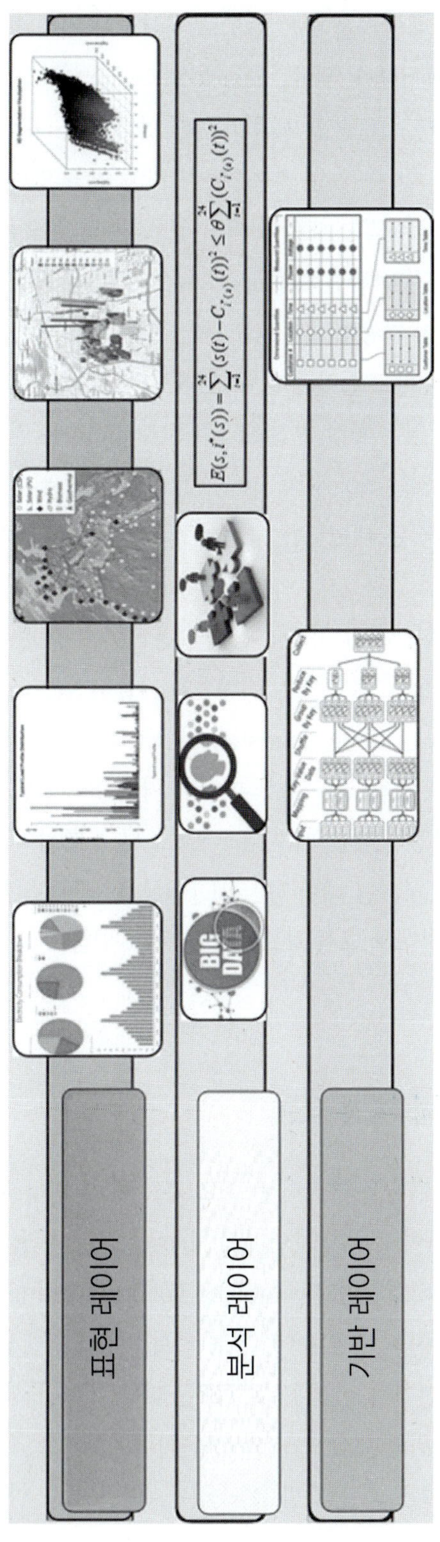

그림5. 빅데이터를 이용한 복잡한 이벤트 처리 아키텍처

Apache Spark는 대규모 데이터를 빠른 속도로 처리하기 위해 개발된 일반적인 엔진으로 기계 학습과 GraphX를 위해 Spark SQL, Spark Streaming, MLLib 등을 통합한 플랫폼이다. Spark는 대규모 데이터 스트림을 처리할 뿐만 아니라, SQL과 유사한 구문을 사용하여 대규모 데이터에 "쿼리"를 할 수 있는 기능으로 각광을 받고 있다. 이러한 장점으로 인해, Spark는 기존 CEP 플랫폼의 유력한 대안이 되고 있으며, 다른 오픈 소스 스트림 처리 시스템에 비해 뛰어나다. 특히 전자와 관련해서 Spark는 스트림의 "윈도우(window)" 시간 내에서 규칙(rule)을 생성하는 것이 가능해져서 SQL 쿼리처럼 쉽게 의사 결정을 내릴 수 있다. 이러한 특징은 매우 강력한 기능의 조합이라 할 수 있다.

Spark에서도 관심을 끌고 있는 확장 판인 Spark Streaming은 연속 스트림 처리를 지원한다. 통합 프로그래밍 모델이 갖는 Spark의 모든 장점을 가지면서, Spark Streaming은 특히 과거 이력 데이터와 새로 수집된 데이터를 묶어서 실시간으로 분석하는데 적합하다. Spark Streaming은 S3 및 HDFS와 같은 파일 시스템을 포함하여 모든 소스의 데이터를 수용한다. 사용자는 높은 수준의 데이터 스트림 처리 기능을 사용하여 수준 높은 알고리즘을 쉽게 표현할 수 있다. Spark Streaming에 담겨 있는 핵심적인 기술혁신은 스트리밍 연산을 작은 시간 간격으로 나누어 일련의 결정론적(deterministic) 마이크로 배치(micro-batching) 연산으로 처리하는 데에 있다. 여기에는 Spark의 분산 데이터 처리 프레임워크가 이용된다. 마이크로 배치는 스트리밍의 프로그래밍 모델을 배치 유스케이스와 통합하여 고성능을 유지하면서 강력한 오류 복구가 보장된다. 처리된 데이터는 HDFS를 포함한 모든 파일 시스템, Hbase를 포함한 데이터베이스, 또는 라이브 대시 보드에 저장될 수 있다.

5. 빅데이터 기술의 전력 계통 적용

스마트그리드에서 빅데이터 기술을 개발하는 주요 목표 중에 하나로, 다중 에너지 시스템의 상호 보완적인 운영을 촉진하여 에너지의 단계적인(cascading) 이용과 효율을 증진시키는 것이 있다. 최근 들어, 분산형 열병합발전(combined cooling heating and power; CCHP)이 새로운 에너지 공급원으로 개발되고 있는데, 환경 친화적이고 경제성이 있어서 신뢰할 수 있는 미래의 에너지 옵션으로 여겨지고 있다. CCHP는 다중 에너지 시스템(multiform energy system)의 성공적인 운영을 위한 핵심 구성 요소 중 하나이다.

CCHP의 1차 에너지 생산은 스팀 터빈, 가스터빈, 내연기관, 마이크로터빈 등을 통해서 이루어지는데, 이들은 열 활성화 냉각(thermally activated cooling) 기술과 통합되어 있다. 각자 독특한 특성이 있을 뿐 아니라, 구성이 복잡하여 시스템 설계, 제어, 운영, 계획 등에 새로운 연구가 필요하다. 결과적으로, 열역학(thermo-dynamics)과 열 경제학(thermos-economic) 원리에 기반한 최적화 및 경제성 평가 기술이 CCHP 시스템의 성공적인 도입을 위해 중요하다. 가격과 수요의 불확실성을 고려하면서, 다중 에너지(multiform energy) 계통을 보다 효율적으로 운영할 수 있는 데이터 기반 방법은 실제 환경에서 이들 설비의 운영을 지시하는데도 유용하다.

다중 에너지 시스템은 하나 이상의 열역학 사이클을 사용한다. 예를 들어, CCHP는 전기와 난방, 냉방 에너지를 동시에 생산하기 위해 가스터빈 발전기, 배기가스 폐열 보일러(exhaust waste heat boilers), 열 활성화된 냉각기를 조합하여 운영된다[18]. 에너지의 단계적 이용을 통해서 CCHP는 종합 효율은 약 80%~90%에 도달할 수 있다[19]. CCHP는 특히 태양광, 풍력, 에너지 저장, 부하 등의 분산 에너지 자원이 통합되어 운영되는 다중 에너지 시스템에 특히 적합하다. CCHP는 난방 및 냉방 에너지 공급을 주로 하지만, 부분적으로는 전력 수요의 역할도 수행한다. 전력 망에서 보상할 수 있을 정도로 뛰어난 전력 수요 특성을 갖고 있다(그림6). 에너지 공급 체계의 전반적인 신뢰성을 향상시키려면, 분산 모델(distributed

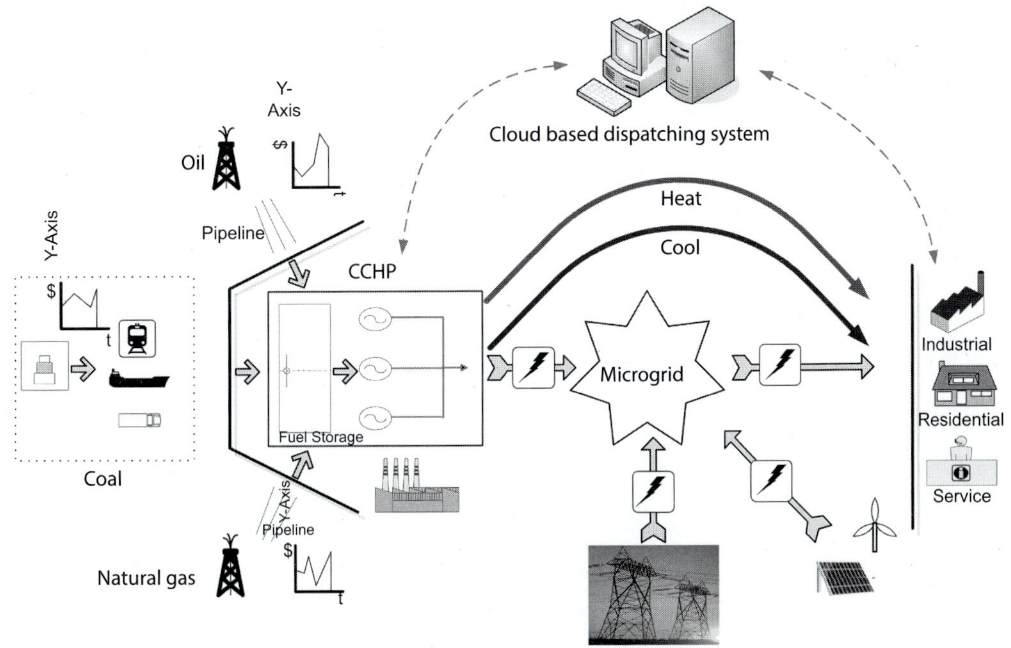

그림6. CCHP 기반 다중 에너지 생산 시스템

model)과 중앙 집중형 모델(centralized models) 조합이 필요하다. 빅데이터 플랫폼은 CCHP 성능을 최적화 하기 위한 일반적인 방법론을 실행할 수 있고, CCHP 비용 평가와 난방/냉방 에너지 급전에 대한 전력 네트워크 분석을 동시에 할 수 있는 동적 모델을 도입할 수 있다[20]. 이러한 데이터 기반 방법은 모의 데이터 세트를 이용한 시뮬레이션을 통해서 검증된 바 있다. 그 결과, 전력, 난방, 냉방 에너지가 따로 생산되는 기존 시스템에 비하여, 약 20%의 총 비용의 절감되는 것으로 확인되었다.

그림7은 CCHP 시스템의 메커니즘을 나타낸 것이다. 천연 가스, 오일 또는 석탄 가스화 등의 연료가 압축 공기와 함께 연소실로 공급된다. 연소 과정에서 고온, 고압의 공기가 생성되어 터빈을 돌리면서 발전이 이루어진다. 폐열은 노(furnace)로 공급되어 냉각 장치를 구동 시키는데, 여름에는 냉방, 겨울에는 난방 에너지를 생산한다. 나머지 에너지는 전기로 동작하는 가열 또는 냉각 장치에 의해 공급된다. CCHP는 전기의 생산과 소비가 가능한 뛰어난 수요반응 자원으로 전력 망에 의해 보상을 받는다.

그림8은 데이터 기반 분석에 기반한 CCHP의 전력, 난방, 냉방 에너지 생산의 시뮬레이션 결과이다. 도매 전력 요금이 높은 피크 시간에는 CCHP 생산량을 늘려서 마이크로그리드는 전력 망으로부터 유입되는 전기 사용량을 줄인다. 전력, 난방, 냉방 에너지가 분리되어 따로 공급되는 기존의 방식에 비해서 총 비용을 20% 가량 줄일 수 있다.

중국 칭화(Tsinghua) 대학에서 실시한 실증에서 실증 시스템은 강의동, 기숙사 및 기타 건물을 포함하여 대학 캠퍼스에 위치한 다양한 전력 소비 및 발전 장치에 연결되었다. 이 실증에서 CCHP 성능을 최적화하기 위한 데이터 기반 기법으로 연어 알고리즘 (collocation algorithm)을 사용하였으며, CCHP 비용 평가와 난방/냉방 에너지 급전에 대한 전력 네트워크 분석을 동시에 할 수 있는 동적 모델을 도입하였다[21-24].

실증에 사용된 데이터는 매 시간 단위로 업데이트되었다. 여기에는 현재 에너지 비용과 가격이 포함된다. 시뮬레이터를 실행할 때, 파이썬(Python)은 데이터를 업로드하는데 이용되며, 업로드된 데이터를 클라우드 엔진의 오픈 API를 통해 가져와서 데이터베이스에 저장하는데 사용된다. 일단 데이터가 데이터베이스에 저장되면, 클라우드 엔진은 백그라운드 작업을 시작하여 빅데이터 플랫폼이 데이터 계산 및 분석을 수행하게 한다. 그 결과는 관련 데이터베이스에 자동으로 저장되어, 전위(frontend) 페이지에서 바로 활용될 수 있는 상태가 된다. 데이터의 시각화에는 Plotly.js, Leaflet 및 기타 웹 구성 요소가 사용되었다.

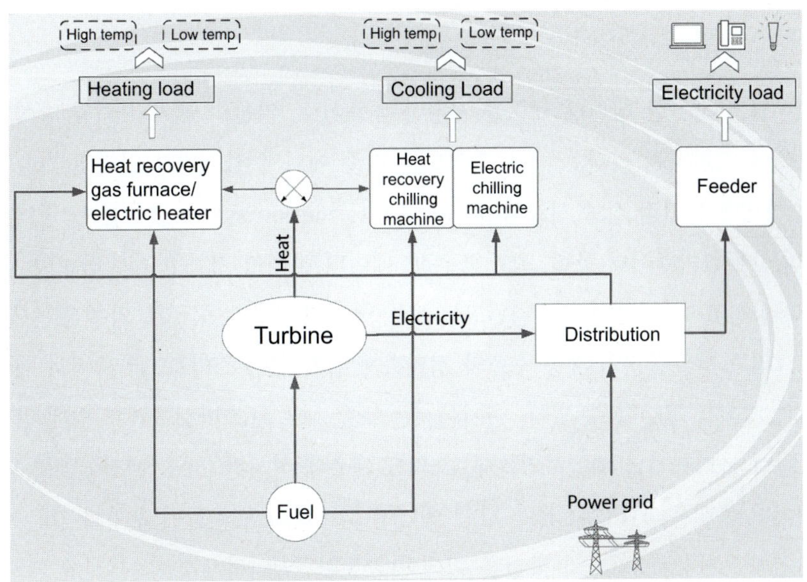

그림7. CCHP를 통한 난방, 냉방, 전력 에너지 생산 프로세스

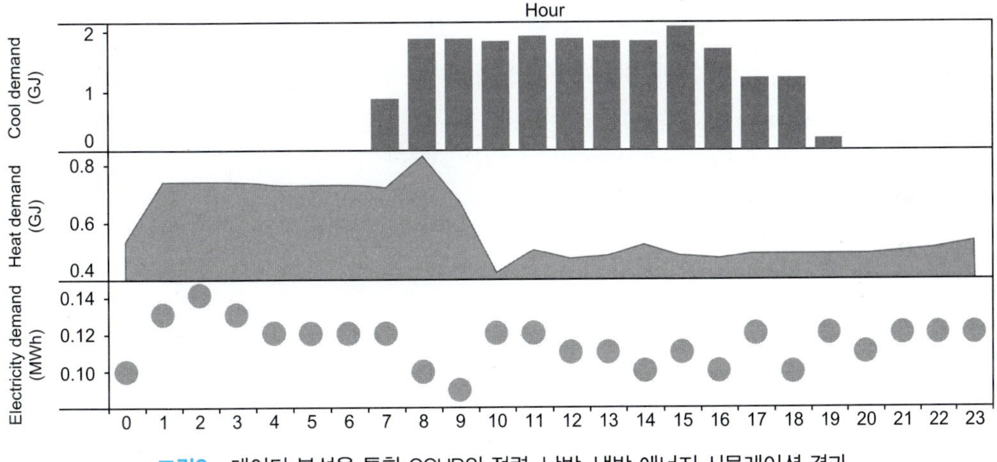

그림8. 데이터 분석을 통한 CCHP의 전력, 난방, 냉방 에너지 시뮬레이션 결과

웹소켓 프로토콜을 기반으로 하기 때문에, 사용자가 웹 페이지를 로딩할 때 브라우저는 긴 연결(long connection)을 연다. 동시에 데이터는 웹소켓을 통해 실시간으로 전송된다. 또한 react.js 기능을 활용하여 웹 페이지를 새로 고침(refresh) 없이도 업데이트 할 수 있다.

6. 결론

빅데이터는 크고 복잡한 데이터 세트를 지칭하는 용어로, 기존의 데이터 처리 방식으로는 이를 처리하기에 적합하지 않다. 스마트그리드는 기존 에너지 시스템과 인터넷 기술이 밀접하게 통합된 차세대 물리적 정보 시스템(physical information system)이다. 이 장에서 우리는 스마트그리드에서 빅데이터 통합, 웨어하우징, 데이터 분석이 가능한 데이터 기반 분산 프레임워크를 제안하였다. 제안된 프레임워크는 모듈 형태의 계층적 구조로 되어 있는데, 이는 특히 스마트그리드의 일반적인 계층 구조와 정확하게 일치하여, 스마트그리드에서 계층적인 데이터 관리와 제어를 구현할 수 있다. 여기에서는 또한 새로운 스마트그리드 빅데이터 처리 플랫폼으로 람다 아키텍처를 제안하였는데, 스피드 계층에 실시간 CEP 엔진이 내장되어 있다. 또한 빅데이터 플랫폼, HPC, CEP, 다중 에너지 시스템의 보완적인 운영이 갖는 이점에 대해 논의하였다. 스마트그리드의 발전은 빅데이터 통합, 웨어하우징 및 분석에 달려있다. 마지막으로 이 장에서는 전력 네트워크 분석과 난방/ 냉방 에너지 급전을 결합하여 CCHP 성능을 최적화하는 사례를 제시하였다. 전력, 난방, 냉방 에너지가 분리되어 따로 공급되는 기존의 방식에 비해서 총 비용을 20% 가량 줄일 수 있다. 앞으로 이 장의 저자들은 태양광, 배터리, EV 및 기타 청정 분산 에너지 장치들을 빅데이터 플랫폼에 통합하는 작업을 진행할 예정이며, 이를 통해 빅데이터, 클라우드 컴퓨팅, 스마트그리드 기술간의 결합을 촉진하고자 한다.

참고 문헌

[1] G. David, Big data, Nature 455 (7209) (2008) 1-136.

[2] L. Wouter, W. John, Dealing with big data, Science 331 (6018) (2011) 639-806.

[3] J. Han, M. Kamber, J. Pei, Data Mining: Concepts and Techniques, The Morgan Kaufmann Series in Data Management Systems, third ed., Morgan Kaufmann, 2011.

[4] Z. Dong, J. Zhao, F. Wen, Y. Xue, From smart grid to energy internet: basic concept and research framework, Autom. Electr. Power Syst. 38 (15) (2014) 1-11.

[5] Y. Song, G. Zhou, Y. Zhu, Present status and challenges of big data processing in smart grid, Power System Technology 37 (4) (2013) 927-935.

[6] Navigant Research, Smart electric meters, Advanced Metering Infrastructure, and Meter Communications: Global Market Analysis and Forecasts, Available from: www.navigantresearch. com/research/smart-meters, 2013.

[7] N. Yu, S. Shah, R. Johnson, R. Sherick, M. Hong, K. Loparo, Big data analytics in power distribution systems, IEEE Innovative Smart Grid Technologies Conference, Washington, DC, 2015.

[8] Wikipedia, Available from: https://en.wikipedia.org/wiki/Phasor_measurement_unit.

[9] L. Xie, Y. Chen, P.R. Kumar, Dimensionality reduction of synchrophasor data for early anomaly detection: linearized analysis, IEEE Trans. Power Syst. 29 (6) (2014) 2784-2794.

[10] N. Marz, Big Data Lambda Architecture [EB/OL]. (2016-08-03) [2012-09-05], http://www. databasetube.com/database/big-data-lambda-architecture/.

[11] D. Li, S. Geng, J. Zheng, Development tendency of power big data in energy internet circumstances, Mod. Electr. Pow. 32 (5) (2015) 10-14.

[12] J.-Z. Luo., et al., Cloud computing: architecture and key technologies, J. China Inst. Commun. 32 (7) (2011) 3-21.

[13] P. Sareen, Cloud computing: types, architecture, applications, concerns, virtualization and role of IT governance in cloud, Int. J. Adv. Res. Comput. Sci. Softw. Eng. 3 (3) (2013) 533-538.

[14] R. Machado, R. El-Khoury, Monolithic Architecture, Prestel Publishing, Munich, 1995.

[15] S. Newman, Building Microservices, O'Reilly Media, Sebastopol, CA, 2015.
[16] J. Wen, Y. Shi, Research on the cloud-based computing service platform for the mega eyes, Telecommun. Sci. 6 (2010) 48–52.
[17] Q. Liu, L. Cui, H. Chen, Key technologies and applications of internet of things, Comput. Sci. 37 (6) (2010) 1–10.
[18] H. Huang, J. Deng, Discussion on the technology and application of IOT gateway, Telecommun. Sci. 4 (2010) 20–24.
[19] Z. Qian, Y. Wang, IoT technology and application, Acta Electron. Sin. 40 (5) (2012) 1023–1029.
[20] Q. Sun, J. Liu, S. Li, Internet of things: summarize on concepts, architecture and key technology problem, J. Beijing Univ. Posts Telecommun. 33 (3) (2010) 1–9.
[21] D. Wu, "Multiple Objective Thermodynamic Optimization and Application Study of Distributed Combined Cooling Heating and Power System (PhD dissertation), Shanghai Jiao tong University, 2008.
[22] H. Hui, C. Yu, F. Gao, Combined cycle resource scheduling in ERCOT nodal market, in: 2011 IEEE Power Energy Society General Meeting Proceeding, Detroit, MI, 2011.
[23] Y. Liu, "Optimal Design of Distributed Combined Cooling, Heating, and Power System (MS thesis), North China Electric University, 2012.
[24] F. Gao, Integration of Wind Generation With Storage Techniques (MS thesis), Department of Economics, Iowa State University, 2008.

심화 학습을 위한 추천 자료

[1] J. Cao, M. Yang, D. Zhang, Energy internet: an infrastructure for cyber-energy integration, South. Power Syst. Technol. 8 (4) (2014) 1–10.

빅데이터의 힘을 이용하기

CHAPTER

CHAPTER 05

스마트그리드 데이터 분석을 위한 애자일 머신러닝

Yuxun Zhou, and Reza Arghandeh
UC Berkeley and Florida State University, Tallahassee, FL, United States

이 장의 개요

이 장은 고전적인 지도 및 비지도 학습의 패러다임에 대한 간략한 설명으로 시작한다. 이 분야는 기술의 종류가 세부적으로 매우 다양하기 때문에, 광범위한 리뷰보다는 독자들에게 기본적인 아이디어를 설명하고, 회귀, 분류, 차원 축소 등 널리 사용되는 접근방식에 대한 이해를 제공하는데 초점을 두고 있다. 그 다음으로는 논점을 옮겨서, 상용(off-the-shelf) ML 도구의 성능에 중추적인 영향을 미치는 모델 선택 즉, 하이퍼파라미터 튜닝(hyperparameter tuning)의 중요성에 대해 논의한다. 모든 ML 도구가 "쓰레기를 넣으면 쓰레기가 나오기(garbage in garbage out; GIGO)" 때문에, 이 장의 다음 절을 특성 선택(feature selection; FS)에 할애하여, 기존 FS 방법과 최근에 새롭게 시도되는 방법에 대해 깊이 있게 설명한다. 이 장의 나머지 부분은 전력 계통 데이터 분석에 활용이 유망할 것으로 예상되는 최근의 ML 체계(scheme)을 소개하는데 집중되어 있다. 반지도(semisupervised) 학습, 멀티 테스킹 학습, 전이 학습(transfer learning), 멀티뷰(multiview) 학습 등을 주로 논의하지만, 대상을 여기에 국한하지 않고 폭 넓게 다루었다. 전반적으로 이 장은 전력 계통에 종사하는 실무자들에게 ML 도구와 이의 적절한 활용에 대한 기본적인 지식을 제공하고, 관련 연구자들로 하여금 전력 계통 또는 ML 분야에 전문 지식을 이용하여 새로운 모델이나 방법론을 개발하고자 하는 동기를 부여하는 것에 목적을 두고 있다.

1. 도입

최근 모니터링, 센서 네트워크, AMI 등이 개발되면서 송전 및 배전 망에서 측정 데이터의 다양성, 크기, 속도가 급격히 증가하고 있다. 구체적인 예를 들면, PMU의 출현으로 인해 연구자와 계통 운영자는 기존 기술로는 관찰할 수 없었던 고품질 계통 운영 정보에 접근할 수 있게 되었다. PMU는 3상 전압 및 전류의 크기와 위상 각을 높은 정확성과 정밀한 시간 단위로 측정하여 실시간으로 데이터를 제공한다[1]. GPS 정보가 각인된 PMU 데이터는 전통적인 측정 기술로는 불가능했던, 시시각각 달라지는 계통의 상황을 거의 동시에 관찰할 수 있는 가능성을 열어 주었다. 토폴로지 검출[2], 위상 라벨링(labeling)[3], 이벤트 검출[4], 선형 상태 추정(linear state estimation)[5] 등은 지금까지 탐구된 PMU 데이터의 응용 사례들 중 하나이다. 그림1은 기존 전력 계통 인프라와 PMU 네트워크에서의 ML 기반 이벤트 감지 도구가 통합된 계통의 구조를 보여준다.

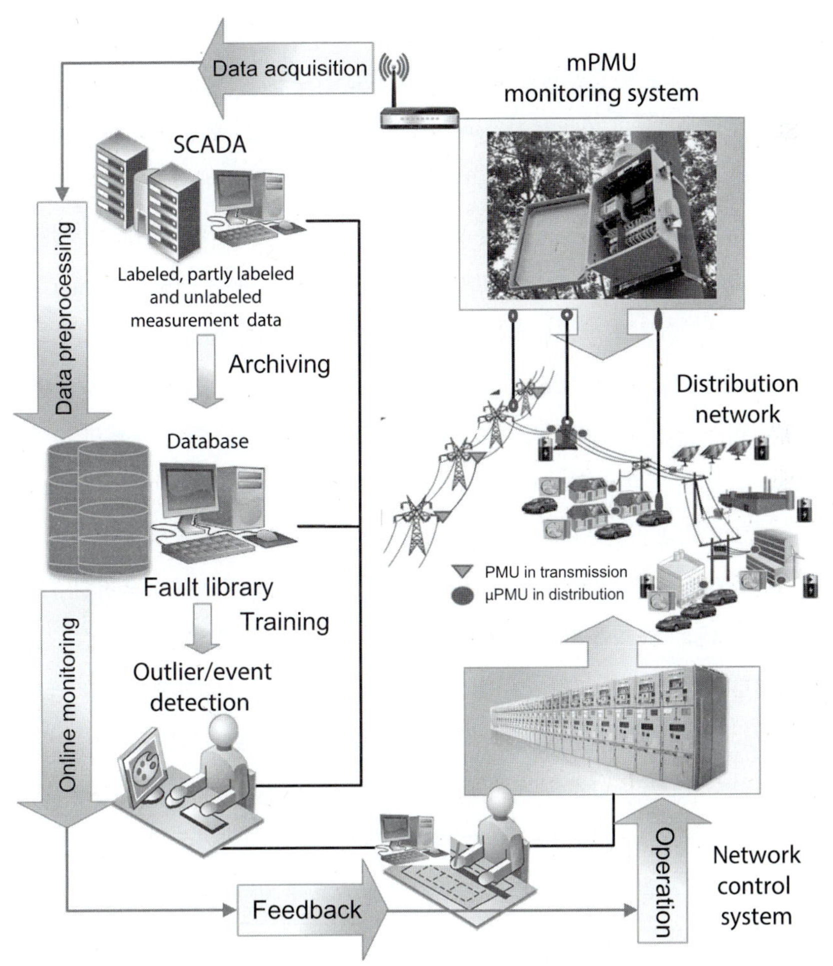

그림1. 머신러닝을 이용한 PMU 기반 이벤트 탐지 도구와 SCADA 시스템의 통합 네트워크 구조

일반적으로 오늘날의 전력 계통은 네트워킹 기술, 시스템 역학(system dynamics), 측정 기술, 연산 기술 (예: ML 및 제어) 등이 함께 어우러져 구현되는 특징이 있으며, 여기에 소비자의 수요와 에너지 사용 행위가 밀접하게 통합되어 있다. 가까운 미래에는 지능형 연산, 유비쿼터스하게 연결된 에너지 사용 패턴, 그리고 효율 및 안정성 요구 증가 등이 서로 맞물리면서, 전력 계통은 기존 순수한 물리 시스템(pure physical system)에서 사이버 물리 시스템(CPS)으로 바뀔 것이다. 하지만 이를 위해서는 계통의 자율성, 효율성, 기능성, 안정성, 안전성 및 유용성을 향상시켜야 하며, 여기에는 근본적으로 새로운 형태의 모델링, 제어, 모니터링, 디자인 및 진단에 관한 접근이 필요하다.

한편, 인공 지능, 고급 통계, ML, 데이터베이스 및 데이터 마이닝 방법론의 발전으로 컴퓨터 비전, 자연어 처리, 음성 인식, 로봇 제어 등 많은 연구 분야가 크게 변화하고 있다[6]. 오늘날의 전력 계통은 지능형 컴퓨팅을 통합한 CPS로 간주될 수 있는데, 이들 기술의 덕분으로 오픈 소스 플랫폼의 활용 가능성이 높아지고, 상용화된 ML 도구들의 활용이 쉬워지면서 데이터 중심 유틸리티로 전환할 수 있는 기회를 맞고 있다. 이 장에서는 특히 전력 계통의 탐색적(exploratory) 데이터 분석, 회귀 및 패턴 인식에 적용할 수 있는 ML 및 데이터 마이닝 알고리즘, 방법 및 기법에 대해 논의하고자 한다. 이 장의 목표는 이중적인(two folds) 측면이 있다. 한편으로는 전통적인 ML과 현재 진행되고 있는 ML 페러다임을 리뷰하고 토론함으로써, 독자들로 하여금 기존 지도/비지도 학습 도구와 최근에 개발된 반지도 학습, 멀티 테스크, 멀티 뷰, 희소(sparse) 표현, 딥러닝 등을 이해하도록 하고, 전력 계통의 다양한 업무에 제대로 활용할 수 있도록 동기를 부여하는데 초점을 두었다. 저자들은 이를 통해 최근 드라마틱한 진전이 이루어지고 있는 ML 기술이 계통 상태 추정, 부하 예측, 이벤트 감지, 구조 식별(structure identification) 등의 문제를 해결하는 혁신적인 솔루션으로 온전히 활용을 될 수 있기를 기대한다. 다른 한편으로는 반대의 방향 즉, 전력 계통 데이터에 ML을 적용할 때 생기는 도전과 새로운 문제를 논의하고자 한다. ML 기술이 발전하는 과정에서 컴퓨터 비전, 자연어 처리, 음성 인식, 로봇 제어 등의 분야에 적용될 때 겪었던 문제들과 마찬가지로, 전력 계통에 적용할 때도 새로운 도전을 극복해야 한다. 상호 연결된 계통의 복잡성, 소비자의 행동과 관련된 데이터 생성 프로세스, 계통에서만 요구되는 센싱 및 즉청 기술 등을 감안하면, ML을 전력 계통에 적용하여 의미 있는 결과를 창출하려면 새로운 이론과 방법론이 개발되어야 한다.

2. 전통적인 지도 및 비지도 학습

2.1 지도 학습 개요

전통적으로 ML에는 근본적으로 상이한 2개의 패러다임이 존재한다. 첫번째는 지도학습으로, 입력 값 x들에 대해서 출력 값 y를 매핑하면서 학습하는 방식이다. 샘플로 불리는 (x_i, y_i), $i = 1, \cdots, n$의 관측치가 있을 때, $x_i \in R^d$를 샘플 i의 특성(features)으로 부르고, $y_i \in Y$ 는 라벨 또는 타겟으로 불린다. 함수 클래스 H에서 최적화된 매핑 함수 f를 구하기 위해, 매우 다양한 방법론들이 제안되어 왔는데, 이들 방법론들은 관점이 상이하다. 학습 과정을 수식으로 표현하기 위해 많이 사용되는 방법 중의 하나는 "정규화된 경험적 위험 최소화(regularized empirical risk minimization)" 문제로 최적화 함수 f를 찾아내는데 아래의 수식이 이용된다.

$$\min_{f \in H} \frac{1}{n} \sum_{i=1}^{n} L(Y_i,\ f(\boldsymbol{x}_i)) + \frac{\lambda}{2} \|f\|_H \qquad (1)$$

여기에서 첫번째 항은 손실 함수(loss function) L을 가진 분류기(classifier) f와 적합도(goodness of fit)를 측정하며, 두번째 항은 함수 공간(functional space) H에서 매핑의 노름(norm)에 패널티를 부여하는 정규화 항을 의미한다.[1] 실제로 첫번째 항은 훈련 샘플에 대해 합산된(aggregated) 평균 손실(경험적 위험)을 의미하며, 두번째 항은 과적합(over-fitting)을 피하기 위해 f가 복잡해지는 것을 통제하는 기능을 갖고 있다. 따라서 전체적으로 볼 때, 학습 문제는 복잡성을 제한한 함수 피팅(functional fitting) 과정으로 볼 수 있다. 전통적인 선형 회귀와 단순 신경망처럼 정규화를 하지 않는 ML 수식도 일부 있지만, 복잡성을 통제하는 항을 포함시키는 것이 학습 알고리즘의 성능을 향상하는데 결정적인 역할을 한다는 점을 유의할 필요가 있다[8]. 이 문제는 오컴의 면도날 원리(Occam's razor principle)로 알려져 있는데, 학습된 모델 f를 학습에 사용되지 않은 데이터를 이용해서 일반화(generalization)할 때, 단순한 모델을 더 우선시된다는 개념이다. ML에서는 모델 선택(model selection)으로 부르는 하이퍼파라미터 튜닝 과정을 통해서 학습 모델의 적합성과 복잡성 사이의 균형을 모색하고, 사용되지 않은 데이터에서 일반화가 잘 되는 최적의 분류기를 찾을 수 있다. ML에서 모델 선택은 중요한 이슈이기 때문에, 이 장의 다른 부분에서 다루어진다.

1) 일부 경우에 있어서 정규화 과정은 문제가 잘못 정의된 부분을 완화하거나 희소성을 유도하는데 도움이 될 수있다.

2.1.1 정규화된 경험적 위험 최소화를 이용한 지도 학습 사례

ML에서는 해결하고자 하는 주제에 따라 학습 문제가 달라지며, 그에 따른 함수 클래스 H, 손실 함수 L, 노름 $\|\cdot\|_H$의 선택이 이루어진다. 다음은 자주 사용되는 데이터 분석 기법에 대해서 ML 패러다임을 적용한 사례들이다.

선형/릿지(ridge) 회귀

앞의 일반 식 (1)을 가장 단순하게 적용한 사례는 선형 함수 공간을 아래와 같이 가정한 경우일 것이다.

$$H = \{f(x) = \boldsymbol{w}^T \boldsymbol{x} | \boldsymbol{w} \in R^d\} \quad (2)$$

제곱 손실 함수 $L = (\cdot)^2$과 함께, R^d에 대한 제곱 노름 L_2 정규화가 사용된다. 경험적 위험 최소화 산식은 아래와 같이 정리된다.

$$\min_w \frac{1}{n}\sum_{i=1}^{n}(y_i - \boldsymbol{w}^T \boldsymbol{x}_i)^2 + \frac{\lambda}{2}\|\boldsymbol{w}\|^2 \quad (3)$$

이렇게 식을 구성하면, 릿지 회귀의 학습 문제를 다루게 되며, 여기서 $\lambda = 0$이 되면 전통적인 선형 회귀가 된다. 이 문제는 행렬식을 써서 더 간단하게 표현할 수 있다.

$$\min_w \|Y - Xw\|^2 + \frac{\lambda n}{2}\|\boldsymbol{w}\|^2 \quad (4)$$

이 행렬식에 대한 해는 다음과 같이 명쾌하게 구해진다.

$$\boldsymbol{w}^* = (X^T X + \lambda n I)^{-1} X^T Y \quad (5)$$

여기에서 X는 디자인 행렬로 불리며, 각각의 행이 샘플 $\boldsymbol{x}_i$를 담고 있다. Y는 타겟 변수의 벡터이다. 단순한 경우인 직교(orthogonal) 행렬을 가정하면, 정규화 항이 실제로 $\boldsymbol{w}$ 값을 "축소"(shrinks)하도록 유도할 수 있으며[2], 이를 통해 선형 모델의 복잡성을 통제하여 "작은"

2) 일반적인 경우, 즉 직교 특성이 없는 경우에서는 축소 효과를 분석하기 전에 특이 값 분해 (singular value decomposition;SVD)를 먼저 수행할 수 있다.

(light) 계수 값에 가점을 주게 된다. L_2와 함께 정규화에서 많이 사용되는 L_1 노름은 잘 알려진 라소(least absolute shrinkage and selection operator; LASSO) 학습 산식에 활용된다. 이와 같이 수정된 정규화를 이용하는 이점은, 해 $\boldsymbol{w}$을 직접적으로 0으로 축소할 수 있어서, 학습을 모델링하는 과정에서 희소성(sparsity)을 확보하거나 특성 선택(feature selection)을 할 수 있다는 점이다. 여기에서 설명한 사례는 선형/릿지 회귀분석의 한 측면만 다룬 것임을 유의할 필요가 있다. 선형/릿지 회귀에서 널리 사용되는 방법은 베이지안 프레임워크를 이용한 통계 분석으로, 이 절의 뒷부분에서 논의된다.

로지스틱(logistic) 회귀

타겟 변수가 범주형(categorical) 즉, $y \in \{0, 1\}$인 경우의 분류 문제를 다루기 위해, 로지스틱 회귀 분석은 앞에서와 마찬가지로 선형 함수 공간을 가정한다. 하지만, 조건부 확률(conditional probability)을 모델링하기 위해 다음과 같은 변환 공식을 사용한다.

$$P(y=1|\boldsymbol{x})= \frac{1}{1+e^{-\boldsymbol{w}^T}\boldsymbol{x}} \tag{6}$$

확률이 $P(y=0|\boldsymbol{x})$로 주어지는 이항(binary) 로지스틱 회귀 모형에서는 1에서 앞의 항을 빼서 조건부 확률이 아래와 같이 주어진다.

$$P(y=1|\boldsymbol{x})=1- \frac{1}{1+e^{-\boldsymbol{w}^T}\boldsymbol{x}}= \frac{e^{-\boldsymbol{w}^T\boldsymbol{x}}}{1+e^{-\boldsymbol{w}^T\boldsymbol{x}}} \tag{7}$$

이와 같이 네거티브 로그 우도(likelihood) 함수 혹은 교차 엔트로피(cross entropy)를 손실 함수로 사용하면, 경험적 위험 최소화 문제는 다음과 같이 정리된다.

$$\min_{w} - \frac{1}{n}\sum_{i=1}^{n}\log(P(y_i|\boldsymbol{x}_i))+ \frac{\lambda}{2}\|\boldsymbol{w}\|^2 \Rightarrow \frac{1}{n}\sum_{i=1}^{n}\left[-y_i\boldsymbol{w}^T\boldsymbol{x}_i + \log\left(1+e^{-\boldsymbol{w}^T\boldsymbol{x}_i}\right)\right]+ \frac{\lambda}{2}\|\boldsymbol{w}\|^2 \tag{8}$$

이 식은 L_2 정규화 로지스틱 회귀식이 된다. 선형/릿지 회귀와 달리, 해석 해가 명쾌하게 도출되지 않지만 여전히 볼록한(convex) 형상을 갖고 있기 때문에 뉴튼-랩슨(Newton-Raphson) 알고리즘처럼 2차 수치 최적화(second-order numerical optimization) 방법을 사용해서 해를 찾을 수 있다.

서포트 벡터 머신(support vector machine; SVM)

SVM이 처음에 제안되었을 때, 이 분류기는 마진을 크게 하여 대상을 분리해내는(large margin separation) 것이 관심이었다[9]. SVM을 이용한 학습 방법은 경험적 위험 최소화 프레임워크를 정규화 한 것으로 이해될 수 있는데, SVM 모델은 직관뿐 아니라 수학적으로도 뛰어나다. 먼저 분류기가 선형 함수 특징을 가지고 있는 것으로 가정하여, L_2 정규화를 적용하고 훈련 분류기의 손실, 즉 힌지(hinge) 손실 함수를 통해 분류 오류(misclassification) 오차에 대해 패널티를 부여한다. 그렇게 되면 산식은 아래와 같다.

$$L_{\text{hinge}} = [1 - y_i \boldsymbol{w}^T \boldsymbol{x}_i]_+ \tag{9}$$

여기에서,

$$[t]_+ = \begin{cases} 0 & \text{if } t \le 0 \\ t & \text{if } t > 0 \end{cases} \tag{10}$$

직관적으로 볼 때, 분류 결과인 적합 라벨(fitted label)이 정답이면 (즉, $y_i \boldsymbol{w}^T \boldsymbol{x}_i \ge 1$), 손실은 0이 되고, 이외의 경우는 양의 값을 갖게 되며, 적합 값과 참값에 차이가 크면 (즉, $y_i \boldsymbol{w}^T \boldsymbol{x}_i \ll 1$) 손실은 커지게 된다. 이들 항들과 함께 전체적인 학습을 수식으로 표현하면 다음과 같이 쓸 수 있다.

$$\min_{w} \frac{1}{n} \sum_{i=1}^{n} [1 - y_i \boldsymbol{w}^T \boldsymbol{x}_i]_+ + \frac{\lambda}{2} \|\boldsymbol{w}\|^2 \tag{11}$$

SVM의 중요한 특징은 커널 기법(kernel trick)이라는 방법을 이용해서 비선형 함수 공간에 대해서도 분류 작업을 할 수 있다는 점이다. 보다 구체적으로는 아래의 라그랑지안 쌍대 최적화(Lagrangian dual of the optimization) [11]가 이용된다.

$$\begin{gathered} \min_{a} \frac{1}{2} \boldsymbol{a}^T Q \boldsymbol{a} - I^T \boldsymbol{a} \\ \text{단, } 0 \le a_i \le \frac{1}{\lambda n} \ \forall i \in \{1, \cdots, n\} \end{gathered} \tag{12}$$

여기에서 행렬 Q는 아래와 같이 표현된다.

$$Q = XX^T \circ YY^T$$

X는 앞에서와 마찬가지로 샘플의 모든 특징을 담고 있는 디자인 행렬이며, Y는 타켓(열) 벡터이다. 기호 $\circ$는 두 개의 $n \times n$ 행렬의 성분별 승수(component-wise multiplication)를 나타낸다. 쌍대성 또는 이중성(duality)이 강하기 때문에, 식(11)의 SVM 문제는 식(11)과 쌍대인 식(12)를 풀어도 동일한 해를 얻는다. 하지만 쌍대성의 중요한 성질은 특성 샘플의 내적(inner product)만을 포함한다는 점이다. 특히, 행렬 XX^T의 (i, j) 항은 단순하게 $\boldsymbol{x}_i^T \boldsymbol{x}_j$가 된다. 만일 모든 샘플에 대해서 비선형 특성 변환(nonlinear feature transformation) $\boldsymbol{x} \to \phi(\boldsymbol{x})$을 하게 되면, 내적은 다음과 같이 된다.

$$\langle \phi(\boldsymbol{x}_i), \phi(\boldsymbol{x}_j) \rangle \triangleq k(\boldsymbol{x}_i, \boldsymbol{x}_j) \tag{13}$$

이 식에 커널 함수를 이용하면, 특성 변환 과정에서의 명시적 연산(explicit calculation)을 피할 수 있다. 여기서 자주 이용되는 커널 함수는 머서 커널(Mercer's kernel), RBF(radial basis function) 가우시안 커널, 다항 커널 등이 있는데, 행렬 Q가 양의 정부호(positive semidefinite)를 갖도록 해준다. 이렇게 되면, 쌍대성 문제는 볼록한 정방형(convex quadratic) 프로그래밍이 된다.

비모수(nonparametric) 회귀

ML 패러다임에서 소위 비모수 방법은 모델의 모수 숫자가 학습 데이터의 양에 따라 증가하는 경우를 다룬다. 비모수 방법의 대표적인 간단한 예는, 회귀나 분류에서 사용되는 단순 KNN(simple k-nearest neighbor) 알고리즘이다. 여기서 보여준 바와 같이 비모수 회귀, 즉 자연 스플라인 방법(natural spline method)은 경험적 위험 최소화 프레임워크로 도출할 수 있다.

비모수 회귀의 맥락(context)에서는 2차 도함수가 연속 즉, f''이 존재하고 연속인 모든 함수에 대해서 함수 공간을 취할 수 있다. 잔차 제곱합(residual sum of squares)에 패널티를 부여하여 최소화하면,

$$\min_{f \in L^{(2)}} (y_i - f(\boldsymbol{x}_i))^2 + \frac{\lambda}{2} \int [f''(t)]^2 dt \tag{14}$$

이 식을 직관적으로 살펴보면, 정규화 항이 함수에 평활도(smoothness)를 부과하여, "단순한" 해가 선호되도록 한다. 놀랍게도 식(14)의 문제는 자연 3차 스플라인(natural cubic spline)의 형태로 명시적이면서 유한 차원의(finite dimensional) 유일 해(unique solution)를 허용한다[11]. 따라서 회귀 변수(regressor)는 다음과 같이 쓸 수 있다.

$$f(x) = \sum_{i=1}^{n} w_i S_i(x) \tag{15}$$

$S_i(x)$는 n 차원 자연 스플라인 계열(family)의 기저 함수(basis function)이다. 여기에서 학습 데이터의 양이 증가함에 따라 모델 모수 wi도 함께 증가하는 것을 볼 수 있다.

의사결정 나무(decision tree)

또 다른 에로 의사결정 나무가 있다. 다음의 함수 클래스를 생각해보자.

$$f(\boldsymbol{x}) = \sum_{m=1}^{M} c_m I(\boldsymbol{x} \in R_m) \tag{16}$$

만일 경험적 위험 최소화의 기준으로 손실 함수 $(y_i - f(x_i))^2$의 제곱 합을 사용하고, 정방 영역(rectangle regions)에 그리디 휴리스틱(greedy heuristic) 알고리즘을 적용하면, 학습 과정은 의사결정 나무 회귀 문제로 귀결된다. 모델의 복잡성은 탐색 트리(search tree)의 최대 깊이(depth)를 설정하여 직접적으로 통제가 가능하다.

2.1.2 베이지안 접근법(Bayesian perspectives)

분명한 점은 정규화된 경험적 위험 최소화가 지도 ML 패러다임을 이해하고 유도하는데 유일한 관점이 아니라는 점이다. 사실상 예전의 ML 연구 문헌과 교과서에서는 보통 확률론적 관점으로 논의를 전개하여 데이터 생성 프로세스를 설명하고, 미래를 추론하는데 필요한 모수에 대한 학습이 이루어졌었다. 다양한 학습 문제에서 적합도 함수를 찾는 데에 관점을 두었던 앞의 사례들과 달리, 베이지안 접근법은 데이터 모델링에 초점을 두고 있으며, 종종 베이지안 프레임워크로도 불린다. 베이지안 ML에 대한 상세한 리뷰는 책 한권의 분량이 될 정도로 방대할 뿐 아니라, 이 장의 범위를 넘어선다. 이 장에서는 두 가지 사례를 들어서 독자들이 기본적인 개념을 갖추도록 하는데 중점을 두었다.

베이지안 관점에서 선형/릿지(ridge) 회귀 재조명(revisited)

경험적 위험을 직접적으로 최소화하는 대신에, 훈련 샘플 $\{x_i,\ y_i\}$가 다음으로 과정으로 생성된다고 가정한다.

$$y_i = \boldsymbol{w}^T \boldsymbol{x}_i + e_i \quad \forall i \tag{17}$$

여기에서 노이즈 e_i는 정규분포 $N(0,\ \sigma^2)$에서 독립적으로 추출된다. 그렇게 되면 위의 가정에 따른 완전 우도 함수(complete likelihood function)은 다음과 같다.

$$J(\boldsymbol{w}) = \prod_{i=1}^{n} \frac{1}{\sqrt{2\pi\sigma}} \exp\left\{-\frac{[y_i - \boldsymbol{w}^T \boldsymbol{x}_i]^2}{2\sigma^2}\right\} \tag{18}$$

모델의 추정은 우도를 최대화하는 과정에서 이루어진다. 즉, (−) 로그를 취한 뒤, 상수 항을 무시하면, $\sum_{i=1}^{n}(y_i - \boldsymbol{w}^T \boldsymbol{x}_i)^2$를 최소화하는 문제로 변환되어 전통적인 선형 회귀를 적용할 수 있게 된다. 여기에서 해는 통상 OLS(ordinary least square; 최소자승법) 추정량(estimator)으로 불리지만, 확률 모델에 기반을 두고 있기 때문에 가우시안–마르코프 정리(Gaussian–Markov theorem)처럼 추정량의 다양한 통계적 성질 즉, 모델 가설 검정(hypothesis testing), 분산 추정 등을 도출할 수 있다. 이제 모델의 모수 w가 영 벡터(zero vector) 주변에 몰려 있고, 각각이 정규 분포 $N(0,\ \tau^2)$을 따른다고 가정을 하고, “사전 지식(prior knowledge)”을 포함시킨다. 사후 우도(posterior likelihood)를 최대화하려고 하면, 다음의 최적화 문제에 도달하게 된다.

$$\max_{w} = \prod_{i=1}^{n} \frac{1}{\sqrt{2\pi\sigma}} \exp\left\{-\frac{[y_i - \boldsymbol{w}^T \boldsymbol{x}_i]^2}{2\sigma^2}\right\} \frac{1}{\sqrt{2\pi\tau^d}} \exp\left\{-\frac{\|\boldsymbol{w}\|^2}{2\tau^2}\right\} \tag{19}$$

이 식은 다음과 같이 동등하게 다시 쓸 수 있다.

$$\max_{w} \sum_{i=1}^{n}(y_i - \boldsymbol{w}^T \boldsymbol{x}_i)^2 + \frac{\sigma^2}{\tau^2}\|\boldsymbol{w}\|^2 \tag{20}$$

지금까지 릿지 회귀의 학습 산식을 다른 관점으로 재조명하였다. 베이지안 프레임워크에서는 많은 ML 문제들을 풀 때, 2단계의 과정을 거치는 것이 보통이다. 즉, (1)단계는 데이터 생성 프로세스를 모델링하는 것이고, (2)단계는 우도를 최대화 또는 K-L(Kullback-Leibler) 발산 최소화를 진행한다. 다음에서는 이 프레임워크 하에서 새로운 ML 패러다임을 어떻게 개발할 수 있는지를 독자들이 체득할 수 있도록 좀더 상세한 사례를 들어 설명하고자 한다.

사례: 자기회귀 배출 확률(autoregressive emissions probability) 특성을 가진 은닉 마르코프 모델

이 모델은 전통적인 은닉 마르코프 모델(hidden Markov model; HMM)을 변형시킨 것으로 관측치에 대하여 자기 회귀 특성을 부여한 것이 특징이다. HMM과 기대값 최대화(expectation-maximization; EM)에 익숙하지 않은 독자들은 이 책 14장의 참고문헌[12]에서 배경 지식을 참고하기 바란다. 아니면 나중에 읽을 내용으로 생각하고 이 부분을 건너뛰어도 무방하다. 먼저 상태 시퀀스(state sequence)와 관찰 시퀀스(observation sequence)가 각각 $(q_1, q_2, \cdots, q_T)$, $(y_1, y_2, \cdots, y_T)$인 HMM을 고려해보자. 여기에 자기회귀를 포함시키면 다음과 같은 수정이 이루어진다.

- 표준 HMM에서 y_t가 q_t에만 의존하는 것으로 간주한 것과 달리, y_t가 y_{t-1}에도 의존하는 것으로 가정
- 특히, 각각의 y_t가 일변량 가우시안 확률변수(univariate Gaussian random variable)여서 정규분포 $N(\mu_{q_t}+\beta y_{t-1}, \sigma^2)$을 따른다고 가정

이러한 가정을 가지고 데이터를 생성하면, 학습 문제는 가우시안 분포의 모수가 μ_k 및 β이고, $A_{k,l}$로 표시되는 전이 행렬을 추정하는 문제로 축소된다. 데이터 생성 과정에 대한 그래픽 모델은 그림2에 설명되어 있다. 이제 모델이 설정되었으므로, 훈련 데이터의 우도는 EM 알고리즘을 사용하여 최대화 시킬 수 있게 된다. 이는 어떤 의미에서 교차 최적화(alternating optimization) 프로시저로 볼 수 있다. 보다 구체적으로, 다음 단계로 수행된다:

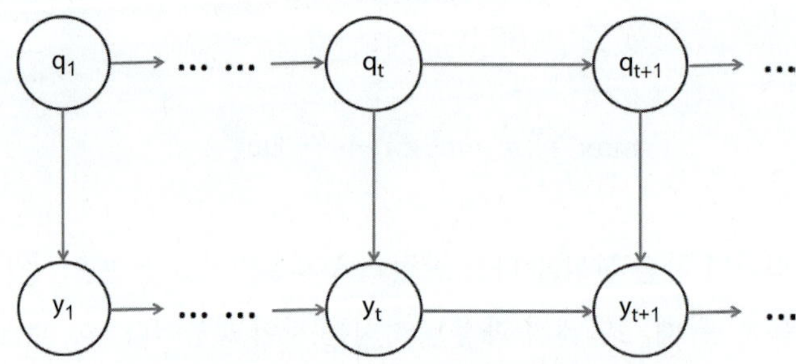

그림2. 자기 회귀 은닉 마르코프 모델의 그래프 표현

1단계: 완전 로그-우도 함수 $\theta=(\pi,\ A,\ \mu,\ \beta,\ \sigma^2)$는 아래와 같이 적을 수 있다.

$$\log p(Y,\ q|\theta)=\log\left\{\prod_{l=1}^{m}\pi q_1\prod_{t=2}^{T}A_{q_{t-1},\,q_t}\prod_{t=1}^{T}N(\mu_{q_t}+\beta y_{t-1},\ \sigma^2)\right\}$$
$$=\sum_{l=1}^{m}I(q_1=1)\log\pi_l+\sum_{t=2}^{T}\sum_{k=1}^{m}\sum_{l=1}^{m}I(q_{t-1}=k,\ q_t=l)\log A_{k,\ l}$$
$$-\frac{1}{2\sigma^2}\sum_{t=1}^{T}\sum_{l=1}^{m}I(q_t=l)(y_t-u_l-\beta y_{t-1})^2-\frac{T}{2}\log(2\pi\sigma^2)$$

2단계: $Y,\ \theta^{\text{old}}$에 대한 기대 조건을 취함으로써 목적 함수(objective function)를 찾는다.

$$E_{q|Y,\ \theta^{\text{old}}}[\log p(Y,\ q|\theta)]=\sum_{l=1}^{m}p(q_1=l|Y,\ \theta^{\text{old}})\log\pi_l$$
$$+\sum_{t=2}^{T}\sum_{k=1}^{m}\sum_{l=1}^{m}p(q_{t-1}=k,\ q_t=l|Y,\ \theta^{\text{old}})\log A_{k,\ l}$$
$$-\frac{1}{2\sigma^2}\sum_{t=1}^{T}\sum_{l=1}^{m}p(q_t=l|Y,\ \theta^{\text{old}})(y_t-u_l-\beta y_{t-1})^2$$
$$-\frac{T}{2}\log(2\pi\sigma^2)$$

이 식을 통해 자기회귀 배출 특성을 가진 HMM의 학습에 EM 알고리즘을 적용할 수 있게 된다.

E-단계: 관측치와 모수에 대한 현재 추정 값을 기반으로 조건부 기대값 (조건부 확률)을 계산한다.

$$p(q_t=l|Y,\ \theta^{\text{old}})=\frac{\alpha(q_t)\beta(q_t)}{p(Y)}\triangleq\gamma(q_t)p(q_{t-1}=k,\ q_t=l|Y,\ \theta^{\text{old}})=\xi(q_t,\ q_{t+1})$$

각각의 항은 다음의 공식에 따라 반복하여(recursively) 업데이트 된다.

$$\begin{aligned}
\alpha(q_{t+1}) &= p(y_1,\ \cdots,\ y_{t+1},\ q_{t+1}) \\
&= \sum_{q_t} p(y_1,\ \cdots,\ y_{t+1},\ q_t,\ q_{t+1}) \\
&= \sum_{q_t} p(y_1,\ \cdots,\ y_{t-1} | q_t,\ q_{t+1},\ y_t,\ y_{t+1}) p(q_t,\ q_{t+1},\ y_t,\ y_{t+1}) \\
&= \sum_{q_t} p(y_1,\ \cdots,\ y_{t-1} | q_t y_t) p(y_{t+1} | y_t,\ q_{t+1}) p(q_{t+1} | q_t) p(y_t,\ q_t) \\
&= \sum_{q_t} \alpha(q_t) A_{q_{t+1},\ q_t} p(y_{t+1} | y_t,\ q_{t+1}) \\
\beta(q_t) &= \sum_{q_{t+1}} p(y_{t+1},\ \cdots y_T,\ q_{t+1} | q_t,\ y_t) \\
&= \sum_{q_{t+1}} p(y_{t+2},\ \cdots,\ y_T | q_t,\ y_t,\ q_{t+1},\ y_{t+1}) p(q_{t+1},\ y_{t+1} | q_t,\ y_t) \\
&= \sum_{q_{t+1}} p(y_{t+2},\ \cdots,\ y_T | q_{t+1},\ y_{t+1}) p(y_{t+1} | y_t,\ q_{t+1}) p(q_{t+1} | q_t) \\
&= \sum_{q_{t+1}} \beta(q_{t+1}) A_{q_{t+1},\ q_t} p(y_{t+1} | y_t,\ q_{t+1}) \\
\xi(q_t,\ q_{t+1}) &\triangleq p(q_t,\ q_{t+1} | Y) \\
&= \frac{p(y_1,\ \cdots,\ y_{t-1} | q_t y_t) p(y_{t+1},\ \cdots,\ y_T,\ q_{t+1} | q_t, y_t) p(q_t,\ y_t)}{p(Y)} \\
&= \frac{\alpha(q_t) p(y_{t+2},\ \cdots,\ y_T | q_{t+1},\ y_{t+1}) p(y_{t+1} | y_t,\ q_{t+1}) p(q_{t+1} | q_t)}{p(Y)} \\
&= \frac{\alpha(q_t) \beta(q_{t+1}) A_{q_{t+1},\ q_t} p(y_{t+1} | y_t,\ q_{t+1})}{p(Y)}
\end{aligned}$$

M-단계: 은닉 변수에 대한 현재의 기대치를 바탕으로, 기울기를 사라지게(gradient vanish) 하는 방법으로 $E_{q|Y,\ \theta^{old}}[\log p(Y,\ q|\theta)]$의 최대치를 구한다. 다음과 같은 업데이트 공식이 얻어진다.

$$\hat{\pi}_l = \gamma_1^l$$

$$\hat{A}_{kl} = \frac{\sum_{t=2}^{T} \xi_{t-1,\ t}^{kl}}{\sum_{t=2}^{T} \gamma_t^k}$$

$$\hat{\sigma}^2 = \frac{1}{T} \sum_{t=1}^{T} \sum_{l=1}^{m} \gamma_t^l (y_t - \hat{\mu}_l - \hat{\beta} y_{t-1}) 2$$

$$\hat{\mu}_l = \frac{\sum_{t=1}^{T} \gamma_t^l (y_t - \hat{\beta} y_{t-1})}{\sum_{t=1}^{T} \gamma_t^l}$$

$$\hat{\beta} = \frac{\sum_{t=1}^{T} \sum_{l=1}^{m} \gamma_t^l (y_t - \hat{\mu}_l) y_{t-1}}{\sum_{t=1}^{T} y_{t-1}^2}$$

여기에서 업데이트는 충분 통계량(sufficient statistics)만 포함되며, 이 단계에서는 완전 분포함수가 지수 형태이기 때문에 하위 문제(sub-problem)는 오목한 형태가 된다는 점에 유의할 필요가 있다.

2.2 비지도 학습 개요

ML에서 두 번째로 다루어야 할 주제는 비지도 학습 (unsupervised learning) [13]이다. 비지도 학습에서는 관측치 $X=\{\boldsymbol{x}_1, \cdots \boldsymbol{x}_n\}$가 라벨이 없는 형태로 주어진다. 일반적으로 비지도 학습의 목표는 데이터 X에서 흥미로운 구조 즉, 클러스터, 4분위 수(quantile), 지지(support), 저차원 임베딩 등을 비롯하여 데이터 분포와 관련된 패턴을 식별하는데 있다. 이 장에서는 비지도 학습과 관련하여 현재 사용되고 있는 모든 방법들을 리뷰하기 보다는 독자들에게 비지도 학습에 대한 직관적인 이해를 제공하고, 이들 ML 도구의 배경이 되는 선형 대수 또는 최적화 기법에 대한 이해를 돕는데 초점을 두고 있다. 특히, 여기에서는 비지도 ML 도구들 중에 널리 이용되는 방법 2가지에 대해서 논의를 진행하였다.

주성분 분석(principle component analysis; PCA)

전력 망의 PMU 데이터처럼 많은 특성을 가지고 있는 데이터 세트가 주어지면, 종종 데이터의 차원을 줄여서 보여주는 것이 바람직하거나 필요할 때가 있다. 차원 축소(또는 매니폴드(manifold) 학습)는 비지도 학습에서 가장 중요한 문제 중 하나이다. 여기서 주된 관점은 우리가 접하는 많은 고차원(high-dimensional) 데이터 세트가 사실상 저차원(low-dimensional) 현상에 노이즈가 많이 껴있는 버전이라는 것이다. 따라서 데이터의 저차원 구조를 찾음으로써 시각화 뿐만 아니라 효율적인 정보 표현, 연산, 노이즈 제거, 특성 추출 등을 할 수 있게 된다.

이상적으로 얘기하면, 축소된 공간으로 변환된 데이터 즉, 차원이 축소된 데이터는 원래 데이터 세트의 주요 특성을 유지해야 한다. 이는 곧 손실 함수가 최소화되어야 한다는 것을 의미한다. $X \in R^{n \times d}$가 각 행은 데이터 샘플을 포함하고, 각 열은 평균이 0이 되도록 맞추어진 중심화(centered) 데이터 행렬을 갖는다고 가정하자. 고전적인 주성분 분석(PCA)에서는 재구성(reconstruction) 오류를 최소화하기 위해, d-차원 데이터의 선형 부분 공간(subspace)을 찾는 것을 목표로 한다. 이를 수학 공식으로 설명하면, 부분 공간의 행렬 계수(rank)를 k라고 하면, PCA는 근본적으로 아래 공식의 해를 구한다.

$$\min_{P \in \mathcal{P}^k} \|X - XP\|_{\mathcal{F}}^2 \tag{21}$$

여기에서 P^k는 행렬계수 k를 갖는 $d \times d$ 직교 투영 행렬(orthogonal projection matrix)이고, $\|\cdot\|_{\mathcal{F}}$는 행렬의 플로베니우스 노름(Frobenius norm)이다. 앞에서 다루었던 최적화 문제들이 언뜻 보기에 다루기 어려웠던 것과 달리, 여기서의 해는 각각의 샘플을 단순히 경험적인 공분산(empirical covariance) 행렬의 상위 k 특이 벡터(singular vector)에 투사(projection)함으로써 구할 수 있다. 실제로, 우리는 다음의 식을 얻는다.

$$\|X - XP\|_{\mathcal{F}}^2 = Tr[(X - XP)(X - XP)^T] = -Tr[XPX^T] + Tr[XX^T]$$

재구성 오차를 최소화하는 것과 $Tr[XPX^T]$를 최대화하는 것은 수학적으로 등가이다. P가 행렬 계수 k의 직교 투영 행렬이므로, 일부 $U \in E^{d \times k}$에 대해 $P = UU^T$로 다시 쓸 수 있다. 그런 다음 추적 연산자(trace operator)의 순환 순열(cyclic permutation) 특성을 이용하면, 다음의 식을 얻게 된다.

$$Tr[XPX^T] = U^T X^T XU = \sum_{j=1}^{k} u_j^T X^T X u_j$$

앞에서 얘기한 등가성을 감안할 때, X의 상위 k 고유 벡터는 분명하게 $Tr[XPX^T]$를 최대화한다. 따라서 PCA는 특이 값을 분해하는 SVD(singular value decomposition)와 밀접한 관련이 있어서, 연산 과정은 일반적으로 데이터 매트릭스에서 SVD를 수행하여 진행된다. 더욱이 PCA는 "커널 트릭"을 사용하기 위해 수정이 가능한데, 이는 오직 내적만 포함되기 때문이다. 참고 문헌 [14]에서는 전력 계통에서 비정상적인 이벤트 감지를 위해 커널 PCA를 활용하는 방법은 다루고 있다.

k-means 클러스터링(clustering)

비지도 학습이 널리 이용되는 또 다른 분야로 클러스터링이 있는데, 여기에서는 취득된 데이터 세트의 샘플들을 몇 개의 하위 집합 또는 클러스터로 분류하는 작업이 수행된다. 이상적인 클러스터링은 동일 클러스터에 속한 샘플들은 서로 가깝거나 유사해야 하며, 서로 다른 그룹, 다른 클러스터에 속한 샘플들 사이에는 서로 다른 특성을 가져야 한다. 그래서 클러스터링은 데이터 세그멘테이션(segmentation)으로도 불리며, NP 하드(NP-hard) 데이터 세트의 파티션 문제와 밀접하게 관련이 있다. 분류의 목적을 달성하기 위해서는, 그 근간이 되는 친밀성과 유사성에 대한 정의가 성공적인 클러스터링 알고리즘의 핵심 요소라는 점을 쉽게 알 수 있다. 하지만 실제 상황에서 L_2, 헤밍(Hamming) 거리 등과 같은 일반적인 유사성 지표들을 단순히(naïve) 선택해서는 유의미한 클러스터링 결과를 얻지 못할 수가 있다. 따라서 관련 전문가의 도움을 받아 거리/유사성 척도를 선택하거나, 척도 차제에 대한 학습 알고리즘을 사용하는 것이 바람직하다.

고전적인 k-mean 알고리즘을 최적화 관점에서 간략하게 살펴보면 다음과 같다. 아래와 같은 비용 함수를 생각해보자.

$$J(z, \mu)=\sum_{i=1}^{n}\sum_{j=1}^{K} z_i^j \|x_i-\mu_j\|^2$$

여기에서 x_i와 μ_j는 R^d에 있는 벡터이고, 각 벡터 $z_i=(z_i^1, \cdots, z_i^K)$는 1인 값을 같은 성분은 1개이고, 나머지는 모두 0으로 제약되어 있다.

- 클러스터의 중심점 $\mu_1, \cdots \mu_k$가 고정될 때, z를 최소화하려면 z_i^j를 개별적으로 최소화하는 것으로 분해한다. 즉, 각각 i에 대하여

$$z_i^j= \text{argmin}\, J(z, \overline{\mu})= \underset{z_i^j\in\{0,\ 1\};\sum_j z_i^j=1}{\text{argmin}} \left\{\sum_{k=1}^{K} z_i^j \|x_i-\overline{\mu}_k\|^2\right\}=1[j= \underset{k}{\text{argmin}}\|x_i-\mu_k\|]$$

식은 $\|x_i-\mu_k\|$이 최소값일 때, 단순히 $z_i^j=1$을 할당하게 되면 최소값이 얻어진다.

- 그룹을 나타내는 z_i가 고정 될 때, 마찬가지로 각각의 μ_j를 독립적으로 (즉, 각각의 $j\in\{1, \cdots, K\}$에 대해) 최소화하여 분해하면 μ에 대한 최소화를 얻을 수 있다.

$$\mu_j= \text{argmin}\, J(\overline{z},\ \mu)= \text{argmin}_c\left\{\sum_{i=1}^{n} z_i^j \|x_i-c\|^2\right\}$$

이 식은 벡터 C의 2차 형식이며, 미분을 취하고 0으로 설정하면 다음의 식이 구해진다.

$$\mu_j = \frac{\sum_i z_j^i x_i}{\sum_i z_j^i}$$

앞의 두 단계 모두에서 의사 결정 변수 중 한 세트가 고정된 상태에서, 다른 변수 세트를 최소화하여 전체 목적 함수를 최소화하는 과정으로 되어 있다. 따라서 k-means 알고리즘은 z, μ를 좌표로 사용하는 좌표 하강(coordinate descent) 알고리즘의 특수한 예 또는 일반적인 교차 최적화의 특수한 경우라고 할 수 있다. 각 반복(iteration)에서 제한된(bounded) 목적 함수가 감소함에 따라 수렴이 보장된다. 그러나 여기에서 목적 함수가 볼록하지 않기 때문에, 반드시 전역 최소값(global minimum)으로 수렴한다고 할 수 없다는 점에 문제가 있다. 이 문제를 완화하기 위한 노력이 일부에서 진행되었는데, 잘 알려진 *k*-means++와 같은 방법은 좋은 시작 점을 체계적으로 탐색한다. 다른 클러스터링 기법으로 스펙트럼 클러스터링, 계층적(hierarchical) 클러스터링, 자기 구성 지도(self-organized map; SOM) 등이 있다. 이 책의 독자들이 데이터 분석 패키지에서 해당 알고리즘을 찾아 직접 시험해 보는 경우가 있을 수 있는데, 거리/유사성에 대한 정의를 제대로 내리는 것이 비지도 ML에서 성공의 핵심 요소라는 점을 유념해야 한다.

3. 모델 선택 (하이퍼파라미터 선택)

회귀 분석, 패턴 인식, 분류를 위한 ML 알고리즘은 다중 하이퍼파라미터에 따라 달라진다. 앞에서 사례를 든 예제들은, 훈련 데이터의 작은 오차를 허용하는 소프트 마진(soft margin) SVM에 해당하는데, 모수 C에 마진 오차에 대한 패널티를 조정(tunning)하여 암묵적으로 서포트 벡터의 개수 또는 모델의 복잡성을 결정한다. 커널 함수와 그에 해당하는 하이퍼파라미터가 원래의 특성 공간을 고차원의 힐버트(Hilbert) 공간으로 매핑한다. 의사 결정 트리 예제에서 트리의 최대 깊이는 분할 프로세스의 복잡성을 직접 결정한다. 마찬가지로 릿지 회귀에서는 패널티 파라미터 λ가 모델에 대한 사전 지식을 반영하고 학습된 모델의 계수를 "축소"시키는 효과가 있음을 알 수 있었다. 이용 가능한 훈련 데이터 세트 D_t와 ML 모델의 특성을 결정하는 하이퍼파라미터 θ의 세트가 주어졌을 때[3], 다음의 산식을 풀어서 모델 선택이 이루

3) 이 장에서 w로 표기하는 모델의 파라미터와하이퍼파라미터 사이의 차이를 알 필요가 있다. W는 데이터를 모델링하는 과정을 반영하고,경험적 위험 최소화와 같은 학습 과정을 통해 결정되는 값이다.반면에 하이퍼파라미터는 θ는 사용자에 의해 설정되

어진다.

$$\theta^* = \operatorname{argmin}_{\theta} \mathbb{E}_{D_t, D_u} \Psi(\hat{f}(D_t, \theta), D_u) \tag{22}$$

여기에서 $\hat{f}(D_t, \theta)$는 학습 데이터 D_t와 하이퍼파라미터 θ를 갖는 학습된 ML 모델이고, D_u는 보이지 않는 데이터 세트를 나타내며, Ψ는 ML 모델의 적합성을 평가하는 특정 손실 함수를 의미한다. 훈련 데이터와 테스트 데이터의 실제 분포가 알려지지 않았기 때문에, 기대값은 추정을 통해서 근사치를 구하게 되며, 이 과정에서 다음과 같은 문제가 발생한다.

$$\theta^* = \operatorname{argmin}_{\theta} \hat{\Psi}(\hat{f}(D_t, \theta), D_u) \tag{23}$$

일반적으로 하이퍼파라미터를 통한 ML 모델의 튜닝은 ML 방법의 복잡성, 유연성, 비용 민감도(cost sensitiveness), 노이즈 복원력(noise-resilience) 및 기타 많은 성능 지표에 크게 영향을 미칠 수 있다. 하이퍼파라미터 세트를 최적화하고, 이를 통해 최적 분류기 $f^* \in \mathcal{H}$를 도출하였을 경우, 학습에 사용되지 않은 미지의 데이터를 이용한 일반화에 소요되는 수고를 최소화할 수 있을 것으로 기대할 수 있다. 이러한 하이퍼파라미터를 선택하는 프로세스를 모델 (또는 하이퍼파라미터) 선택이라고 한다. 여기에서는 모델 선택에 일반적으로 사용되는 기법을 논의하는데 주안점을 두고자 한다. 이와 관련된 이론에 대해서는, 확률적으로 대략 정확한(probably approximately correct; PAC) 학습 프레임워크에 한해서 적용되는 일반화(generalization)의 이론적 토대를 소개하고, 활용 측면에서는 실무자들이 적용할 수 있는 다양한 모델 선택 전략을 다루었다.

3.1 이론적 개념

일반화 오차(generalization bound)

데이터를 통해 학습을 시킨 ML 모델 f에 대해서 우리가 자연스럽게 할 수 있는 질문은 "학습된 모델 f가 미래의 새로운 데이터에 대해서는 어떤 성능 즉, 평균 제곱 오차, 분류 오차 등을 보일까"라는 것이다. 이 질문은 가정 없이 쉽게 답할 수 없는 문제인데, 이는 데이터의 소스만 봐서는 미래에 어떤 데이터가 생성될 지 알 수 없기 때문이다. 데이터는 랜덤하게 생성될 수

고 선택되는 변수이다.

도 있고, 심지어 기존 데이터와 상반된 패턴을 가질 수도 있다. 하지만 이 문제는 실제 데이터 생성 프로세스/모델에 약간의 조건을 부여하면 답을 얻을 수 있다. ML의 용어에서 이전 질문은 일반화 성능(generalization performance) (샘플 외 성능(out-of-sample performance) 이라고도 함) 분석으로 다루어진다. 일반화 성능 분석에서 널리 사용되는 방법은 PAC(probably approximarely correct) 학습이라는 프레임 워크를 사용하는 것이다. PAC 학습 프레임워크 내에서 개념 클래스(concept class)[4]는 임의의 $c \in C$에 대해 임의의 분포 D와 일부 $\epsilon > 0$, $\delta > 0$이 되도록 다룰 수 있는 알고리즘 A가 있는 경우 PAC 학습이 가능하다.

$$\Pr_{D \sim D}\{\mathrm{err}[f(D)] \leq \epsilon\} \geq 1-\delta \tag{24}$$

분포 D에 대한 특별한 가정은 없지만, 이 학습 프레임워크는 훈련과 테스트에 사용되는 데이터가 동일한 분포를 가져야 한다라는 제약이 있다. 확률론 관점에서 변수가 통제될 때 오차는 신뢰도 $1-\delta$의 확률(probably)로 불리고, 정확성에 대한 소프트 제어(soft control)에 초점을 둘 때는 정확도 $1-\epsilon$의 근사치(approximately)로 불린다. PAC 학습 프레임워크는 추상적인 개념을 담고 있으며, 대부분 수학에 의존하지만, PAC 학습은 복잡성, 훈련 샘플 사이즈 등에 따른 학습 모델의 일반화 성능을 알려줄 수 있다. 또한 모델 선택에도 매우 유용하게 쓸 수 있는 방법이다. 일례로 샘플들이 서로 독립적이고, 동일한 분포를 갖는 i.i.d((independent identically distributed) 분포의 2진 분류의 경우, 오차가 적어도 $1-\delta$ 이상일 확률은 다음과 같이 구해진다 [8].

$$\underbrace{\Pr(y \neq f(x))}_{\text{testing error}} \leq \underbrace{\hat{\Pr}_n(y \neq f(x))}_{\text{training error}} + \underbrace{\frac{1}{2} R_n(F)}_{\text{model complexity}} + \underbrace{\sqrt{\frac{\ln(1/\delta)}{2n}}}_{\text{vanishing term}} \tag{25}$$

이 식에서 볼 수 있듯이, 왼쪽의 테스트 오차는 오른쪽의 세 개의 항들에 의해 통제된다. 각각은 (1) 훈련 데이터 세트의 경험적 오류, (2) 리데마허(Rademacher)의 함수 클래스 F 복잡도에 의해 측정되는 모델의 복잡성, 그리고 (3) 훈련 샘플의 사이즈 n이 증가함에 따라 사라지는 항 등이다. 위의 일반화 오차는 중요한 트레이드 오프 관계를 보여준다. 즉, 모델이 복잡해짐에 따라 첫 번째 항으로 훈련 오류가 줄어들게 된다. 반면에 복잡성은 두 번째 항의 값을

4) "개념 클래스(concept class)"는 일반적으로 데이터로부터 학습하고자 하는 대상 기능을 함축한 표현으로 사용된다.

증가시킨다. 따라서 최적의 모델 $f \in F$를 찾기 위해서는 훈련 데이터의 적합성과 ML 모델의 복잡성 간의 균형을 맞추어야 한다. 참고로 두 번째 항과 관련해서는, 유사한 다른 분석에서는 VC-차원, 측정 엔트로피(metric entropy) 등이 복잡성을 측정하는데 사용된다. 여기에 관심이 있는 독자들은 참고문헌 [15]에서 상세하게 다루고 있으니 처음 몇 장을 참고하기 바란다. 또한 커널 SVM 및 그 변종(variant) 등과 같은 특정 ML 모델에서는 복잡성을 나타내는 항이 하이퍼파라미터 함수로 직접 사용되는 경우가 자주 있다[16]. 이러한 속성을 이용하면, 모델 선택을 실제로 수행할 때, 과적합(over fitting) 문제를 회피할 수 있다.

바이어스와 분산 간의 트레이드 오프

모델의 복잡성이 일반화 성능에 미치는 영향을 알아보는 다른 방법으로는 단순 바이어스-분산 분석이 있다. 예를 들어, 회귀 분석 데이터 세트에서 $y = f(x)+\varepsilon$이고, 오차의 기대 값과 분산이 각각 $E(\varepsilon)=0$, $Var(\varepsilon)=\sigma^2$이라고 가정하면, 새로운 입력 x'에 대한 예측 제곱 오차(prediction squared error)의 기대 값은 다음과 같이 나타낼 수 있다.

$$\begin{aligned} L(x') &= E\left[\left(y-\hat{f}(x')\right)^2 \middle| x'\right] \\ &= \underbrace{\sigma^2}_{\text{irreducible error}} + \underbrace{\left(E\left[\hat{f}(x')\right]-f(x')\right)^2}_{\text{biase}^2} + \underbrace{E\left[\hat{f}(x')-E\left[\hat{f}(x')\right]\right]^2}_{\text{variance}} \end{aligned}$$

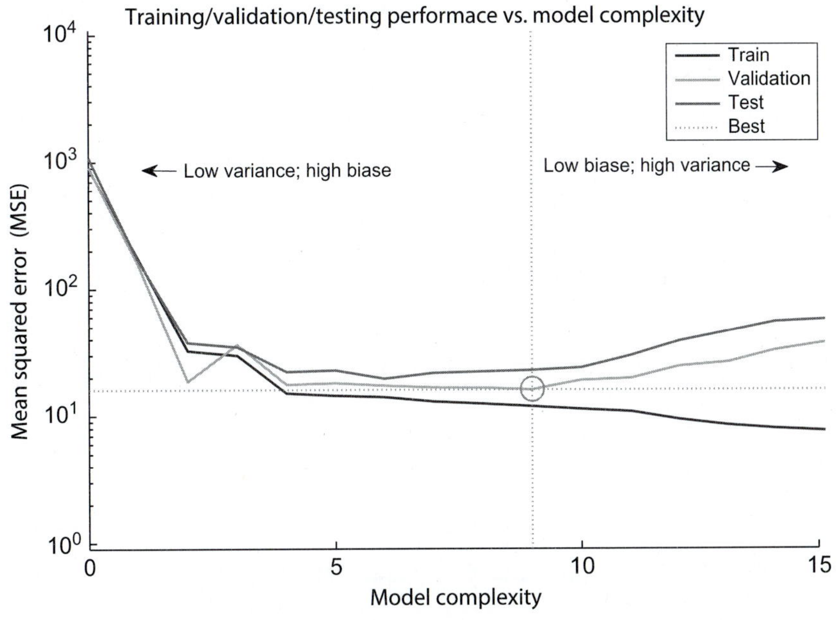

그림3. 모델의 복잡도가 학습, 유효성 검증, 테스트 성능에 미치는 영향

일반적으로 모델 f가 복잡하면 적합성이 높아지며 바이어스가 작아지는 반면에, 분산은 커지게 유도된다. 반대로 간단한 모델은 바이어스가 크지만, 분산은 작은 경향이 있다. 따라서 적합성과 복잡성 간의 트레이드 오프 관계가 다시 대두된다. 이러한 현상을 설명하기 위해 그림3은 모델의 복잡성에 따른 훈련, 유효성 검증(validation), 테스트 오차의 변화를 도식화 하고 있다. 모델의 복잡성이 증가함에 따라, 훈련 오차는 지속적으로 감소하는 반면, 테스트 오차는 처음에는 감소하다가 과적합 문제로 다시 증가하는 것을 알 수 있다. 따라서 모델 선택은 유효성 검증 오차를 통해 테스트 오차를 추정함으로써 예측 등의 후속 작업에 사용될 "최상의"모델 (그림에서 원으로 표시)을 선택하려는 과정이라 할 수 있다.

3.2 모델 선택의 실무 기법

교차 검증(cross-validation)

실제 응용에서 하이퍼파라미터를 선택할 때, 가장 잘 알려진 기법은 교차 검증(cross-validation; CV)이다. 이 방법에서는 여러 모수 세트에서 유도된 분류기가 유효성 검사 세트로 이용된다. 평균 검증(validation) 비용을 최소화하는 모수가 하이퍼파라미터로 선택된다. CV는 특히 데이터가 풍부한 상황에서 유용하다. 사용 가능한 데이터를 훈련 세트와 유효성 검증 세트 두 부분으로 무작위 하게 나눈다. CV에서는 테스트 세트를 사용할 수 없다고 가정하지만, 실제 분석에서는 최종 ML 모델을 평가하기 위해서 일부 데이터 세트를 모델 선택 프로세스에서 따로 떼어내어 일반화 테스트에 이용할 수도 있다. 훈련 세트는 모델을 훈련시키는데 사용되며, 검증 세트는 모델 선택을 위한 일반화 비용을 추정하는 데 사용된다. 즉, 식(23)의 문제에서 추정량 $\hat{\Psi}$가 유효성 검증 데이터 세트의 비용으로 간주된다. 이와 함께 하이퍼파라미터 공간에서 θ의 여러 조합에 대한 탐색이 수행되어 최소 검증 비용을 나타내는 세트가 선택된다. 마지막으로, 최적의 하이퍼파라미터로부터 얻은 모델은 미지의 또는 평가를 위해 보류된 데이터 세트를 이용하여 평가된다.

여기에서 두 가지 문제가 발생한다. 첫 번째는 가용 데이터를 어떻게 분할할 것인가에 관한 문제이다. 이 문제에 대한 답은 대체로 데이터의 크기, 신호 대 노이즈 비율, 차원의 수(dimensionality)에 의존하지만, 실제 상황에서는 그림4와 같이 단순하게 K-분할 교차 검증 방법(K-fold cross-validation strategy)을 채택하기도 한다. 여기에서 K가 작은 경우, 일반화 비용의 추정은 분산은 작지만 바이어스가 크게 되고, K가 증가함에 따라 추정치는 바이어스가 작은 반면, 분산이 커지고, 계산에 소요되는 비용이 증가한다는 점에 유념할 필요가 있다.[5] 두 번째 문제는 하이퍼파리미터 공간을 어떻게 탐색할 것인가에 관한 문제이다. 이 문제는 비록 최적화의 대상이 되는 목적 함수가 랜덤하고, 최적화에 적합한 특성(예를 들어, 볼록함(convexity), 평활도(smoothness), 미분 가능성(differentiability)) 등을 갖추지 못한 경우가 대부분이지만, 본질적으로 최적화 문제라고 할 수 있다. θ의 차원이 낮을 경우, 완전 탐색(exhaustive search) 또는 '성긴 검색에서 촘촘한 검색으로'(coarse to fine grid search) 방법을 사용할 수 있다. 그러나 하이퍼파라미터의 수가 많을 때에는 좀더 고급화된 기법이 필요한데, 파라미터 구배법(parametric gradient)[17]이나 블랙박스 함수 최적화 등이 여기에 해당한다.

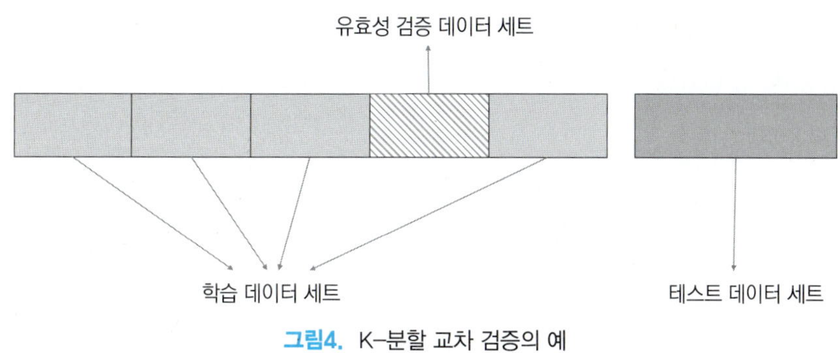

그림4. K-분할 교차 검증의 예

베이지안 관점으로 변환

베이지안 관점으로 보면, 모델 선택 문제는 다음과 같이 모델의 최대 주변 우도(largest marginal likelihood)를 선택하는 문제로 공식화 할 수 있다. 즉,

$$M_\theta^* = \mathrm{argmax}_m \Pr(d|m_\theta) \tag{26}$$

가우시안 근사법(Gaussian approximation)과 같이, 이 최대화 문제는 하이퍼파라미터의 사전 분포에 대한 가정을 추가해서 다양한 샘플링 방법을 통해 해를 구하거나, 모델 선택을 대한 간단한 기준을 제시할 수도 있다. 일례로 베이지안 정보 기준(Bayesian information criterion; BIC)가 여기에 해당한다. 이와 관련된 상세한 논의를 11장의 참고문헌[12]에서 다루고 있으니, 관심있는 독자들은 참고하기 바란다.

5) 선형, 릿지 회귀 등과 같은 일부 머신러닝 모델에서는 n에서 1개를 뺀 CV(n-1)배의 CV를 직접 계산할 수 있다.

정규화 경로 알고리즘(regularization path algorithms)

LASSO나 SVM과 같은 널리 이용되는 ML 방법에서의 모델 선택 문제는 이미 연구 문헌에서 광범위하게 다루어져 왔기 때문에 확고한 이론적 토대를 갖추고 있을 뿐 아니라, 알고리즘도 확립되어 있다는 점을 알 필요가 있다. 특히 이른바 정규화 경로 알고리즘(regularization path algorithms)은 학습된 모델을 하이퍼파라미터의 함수로 특성화하는 방법이다. 이 방법을 이용하면, CV의 계산에 소요되는 비용을 크게 줄일 수 있다. 예를 들어, SVM 쌍대 식 (12)의 해 α^*는 $1/\lambda$의 구간 선형 함수(piece-wise linear function)이며, 각 구간에서의 상관관계는 명시적인 형태로 유도 될 수 있다[17].

베이지안 최적화(Bayesian optimization)

심층 신경망(deep neural network)처럼 하이퍼파리미터의 숫자가 많고 복잡한 비확률론적(nonprobabilistic) ML 모델에서는 앞에서 언급한 모든 방법이 적용되지 않을 수 있다. 하이퍼파라미터 공간을 완전 탐색하는 CV 방법은 하이퍼파라미터의 수가 증가하면 훈련 검증의 수가 기하 급수적으로 증가하기 때문에 사용하기 어렵다. 마찬가지로 단순한 정규화 경로 알고리즘 역시 복잡한 모델에서는 유도하기가 어려워 진다. 이 문제를 다루기 위해, 최근까지 ML 연구자들은 모델 선택 문제를 연산에 제약을 둔 상태에서의 블랙박스 최적화 문제로 접근해왔다. 목적 함수의 입력을 하이퍼파라미터 세트로 하고, 그 출력으로 CV 프레임워크의 테스트 오차처럼 일반화 성능을 추정하는 방식이다. 그런 다음 최신의 블랙박스 최적화 이론과 알고리즘을 이용하여 해를 구한다. 이러한 최적화 방법 중에서 괄목할 만한 성공을 거둔 기법이 베이지안 최적화이다. 여기에서는 관측된 함수 값을 토대로 가우시안 프로세스 모델을 만들어서 탐색과 이용의 트레이드 오프(exploration-exploitation trade-off) 관계의 균형을 맞춤으로써 다음 평가 지점을 결정한다. 참고 문헌 [18, 19]에서 이론의 세부 사항과 사례를 다루고 있으니 참고하기 바란다.

4. 특성 선택

4.1 개요

관측된 데이터로부터 가장 유익한 패턴 또는 특성을 확인하는 것 즉, 특성 선택(feature

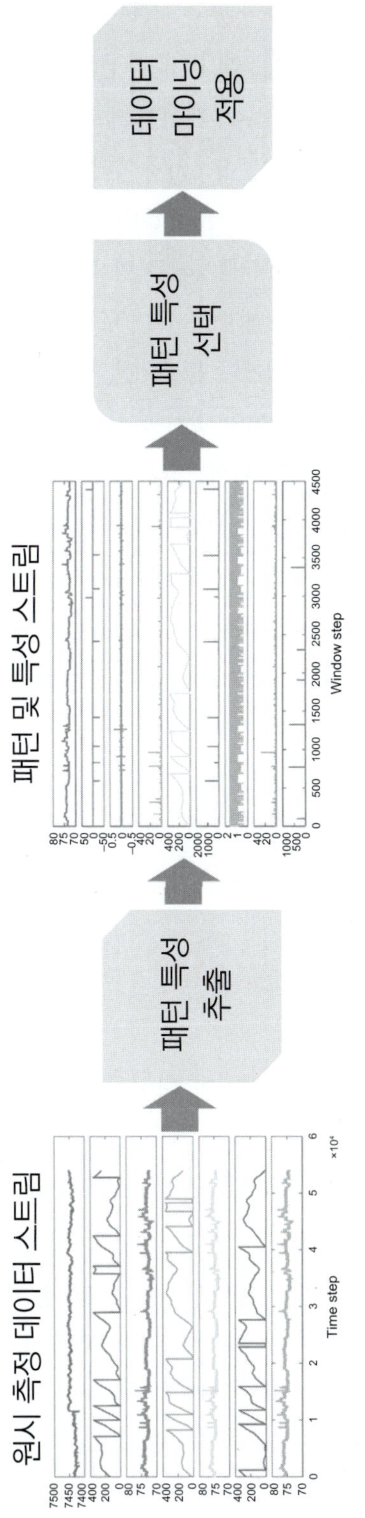

그림5. 원시 측정 데이터의 전처리 및 데이터 마이닝을 위한 특성 선택 과정

selection; FS)은 모든 데이터 분석에서 성공을 위한 토대 중 하나이다. 특히 최근의 계측 및 측정 기술의 발전으로 전력 계통 연구자들은 이제 풍부한 실시간 계통, 부하, 사용자 데이터에 접근할 수 있게 되었다. 하지만 원시(raw) 데이터 세트는 다중 공진(multiple coevolving) 시계열, 계통과 관련 없는 개별 기록, 설문 조사 등 여러 서로 다른 형태로 존재하기 때문에, 패턴 인식, 예측 등에 활용하기 위해서는 임시(tentative) 패턴/특성 추출이라는 사전 처리 과정이 필요하다. 임시 특성 추출 과정에서 생성되는 방대한 양의 정보 중에서 일부 특성들은 우리가 다루고자 하는 목적 함수에 부합하지만, 나머지 것들은 관련이 적거나 불필요한 것들이다. 대부분의 ML 방법에서 관련이 적거나 불필요한 패턴들이 분석에 포함되면, 도움이 안 될 뿐 아니라 모델 성능도 떨어뜨린다. 이와 같이 특성 선택의 목적은 관측 데이터로부터 정보로서 가치가 가장 큰 것들을 식별하는 데에 있다. ML의 입력을 위한 전반적인 정보 처리 절차는 데이터 마이닝(data mining) 전문 용어로 특성 엔지니어링 (feature engineering)이라고 불린다. 앞에서 살펴 본 바와 같이 특성 엔지니어링은 실제로 (1) 특성 추출과 (2) 특성 선택 두 단계로 구분된다. 분석 대상에 따라 요구되는 특성이 다르기 때문에, 특성 추출을 위해서는 관련 분야의 물리학, 네트워킹, 신호처리 등의 지식이 필요하다. 여기에서는 전력 계통의 이벤트 탐지에 관한 사례 하나를 소개하고 있지만, 논의의 주된 초점을 특성 선택의 기법을 이해하는데 두었다(그림5).

연구 문헌에서는 특성 선택 기법은 필터 방법, 래퍼(wrapper) 방법, 임베디드(embedded) 방법의 세 가지 범주로 분류한다. 특성 선택 기법에 대한 좀더 포괄적인 리뷰는 참고문헌[20]을 참조하기 바란다.

필터 방법 (filter method)

이 방법은 모델에 대한 기본 가정에 관계없이 의미 있는 특성을 선택하고 관련이 없는 특성은 배제한다. 스코어 등과 같이 특성 서브 세트의 유용성을 나타내는 유용성 정보 지표(informativeness metrics)가 선택을 위해 이용되기도 한다. 자주 사용되는 지표로는 상호 정보(mutual information), t-통계량, 신호 대 노이즈 비율, 힐버트-슈미트 독립성 기준(Hilbert-Schmidt independence criterion; HSIC) 등이 있다. 그런 다음 조합 검색(combinatorial search) 또는 그리디 근사(greedy approximation)를 통해 지표를 최적화하여 특성을 선택한다. 특정 ML 모델에 따라 활용할 수 있는 지표가 제한되지 않고 데이터 연산이 쉽기 때문에, 이 방법은 일반적인 분석에 사용되어 효율적인 특성 선택을 구현할 수 있다. 하지만, 몇몇 지표를 제외하고는 필터 방법의 대부분은 경험에 의존하는 방법이기 때문에 이론적 근거가 부족하다는 단점이 있다.

래퍼 방법 (wrapper method)

래퍼 방법은 학습기(예: 분류기 또는 예측기)에 이들의 직접적인 목표인 분류 및 예측 최소화의 개념을 포함시키는 방법이다. 다시 말하면, ML 모델을 이용해서 후보 특성 세트를 훈련시키고, CV와 같은 일반화 성능 추정 결과를 특성 선택의 기준으로 이용한다. 특성 선택 과정에서는 보통 단계별(stage-wise) 또는 그리디 방법이 이용되며, 조합 검색은 사용되지 않는다. 래퍼 방법으로 선택된 특성은 일부 학습기에서는 높은 정확성을 보여주지만, 모든 모델에서 그런 것은 아니다. 게다가 래퍼 방법은 후보 패턴의 수가 많을 때, 모든 후보 특성 세트를 매번 훈련시켜야 하기 때문에 계산 량이 매우 많아진다는 단점이 있다.

임베디드 방법 (embedded method)

이 방법은 학습 모델을 구성할 때, 희소성(sparsity) 개념을 도입하여 특성 서브 세트를 암묵적으로(implicitly) 선택한다. 이 방법의 핵심 아이디어는 앞에서 간략히 소개한 것처럼 희소성 제약을 도입하거나 위험 최소화에 패널티를 부여하는 것이다. LASSO, L_1-SVM이 이 방법을 사용하는 예들로, 여기에서는 L_1 노름의 "잘린 수축 효과(truncated shrinkage

표1. 특성 선택 방법 사례 및 비교

Method	Type	Dependence	Optimization	Target	Scalable?
Centroid [21]	Filter	Linear	Com/Greedy	Classification	Yes
t-score	Filter	Linear	Com/Greedy	Classification	Yes
B-statistic [22]	Filter	Linear	Com/Greedy	Classification	Yes
Correlation	Filter	Linear	Com/Greedy	Regression	Yes
mRmR [23]	Filter	Nonlinear	Greedy	Both	Yes
IGFF [24]	Filter	Nonlinear	Greedy	Both	Yes
LASSO	Embedded	Linear	Convex	Both	Yes
LDFS [25]	Embedded	Linear	Convex	Classification	No
FVM [26]	Embedded	Nonlinear	Nonconvex	Both	No
HSIC [27]	Filter	Nonlinear	Greedy	Both	Yes
QPFS [28]	Filter	Nonlinear	Nonconvex	Both	No
SpAM [29]	Embedded	Nonlinear	Convex	Both	Yes

effect)"를 이용한다. 하지만 임베디드 방법은 여전히 모델에 따라 결과가 다르기 때문에, 선택의 일관성에 관한 이슈가 이론과 실제 응용에서 모두 문제가 된다.

표1은 초기 FS 방법과 그 사례들을 몇가지 요약한 것이다.

4.2 정보 이론을 기준을 이용한 특성 선택 실용 사례

이 절에서는 μPMU 데이터로부터 전력 계통의 이벤트를 탐지하는 과정에서 특성을 추출하고 선택하는 단계의 사례를 제공하고자 한다[30]. 그림6은 μPMU 측정 데이터를 순간적으로 캡처한 것이다. 밀리 초 단위의 μPMU 데이터는 예전에 탐구된 적이 없기 때문에, 여러 특성 추출 방법에서 어느 것이 효과적인지에 대한 사전 지식이 부족한 상태이다. 이런 상황에서 효과적인 데이터 이용 절차는 먼저 가능한 모든 특성 추출 방법을 수행한 다음에 최소-중복-최대-관련성(minimum-redundancy-maximum-relevance; mRmR) 기준을 사용하여 각 이벤트 유형별로 가장 효과적인 방법을 확인하는 것이다.

표기에 따라 다중 스트림 시계열 μPMU 데이터는 $\{X_1, \cdots, X_T\}$의 순서로 기록된다. 각 X_t는 $M \times C$ 차원 벡터이며, M은 μPMU의 수이고 C는 각 μPMU의 채널 수를 의미한다. 원시 데이터는 밀리 초 단위의 분해능을 가진데 비하여 실제 이벤트는 거의 모두가 더 큰 시간 단위로 발생하기 때문에 우리는 유용한 정보를 추출하기 위해 슬라이딩 윈도우를 안전하게 사용할 수 있다. 윈도우의 사이즈 L은 관심이 되는 이벤트의 시간 척도에 따라 선택되어야 한다. 예를 들어, 0.1초 척도로 특정 과도 이벤트(transient event)를 감지하기 위해서는 $L = 12$로 설정하고, 각 윈도우의 데이터를 처리하면 된다. 편의를 위해, 스트림 i의 t번째 윈도우를 $w_t^i \triangleq \{x_t^i, \cdots, x_{t+L}^i\}$로 표기하기로 한다.

이제 특성 후보를 만들기 위해 다양한 기법을 생각해 볼 수 있게 되었다. 직관적으로 볼 때, 전압 강하(voltage sag)나 전압 교란(voltage disturbance)과 같은 종류의 이벤트는 전압의 크기, 위상 등의 단일 스트림 변동을 조사하여 밝힐 수 있지만, 고 임피던스 고장(high impedance fault), 전압 발진(voltage oscillation)과 같은 다른 이벤트들은 전압 및 전류 다중 스트림의 상호작용/의존성 분석 등을 통해 좀더 명확하게 확인할 수 있다. 서로 다른 유형의 이벤트를 탐지하기 위해 단일 스트림 특성 추출과 다중 스트림 특성 추출 모두에서 다양한 측정 방법이 이용된다.

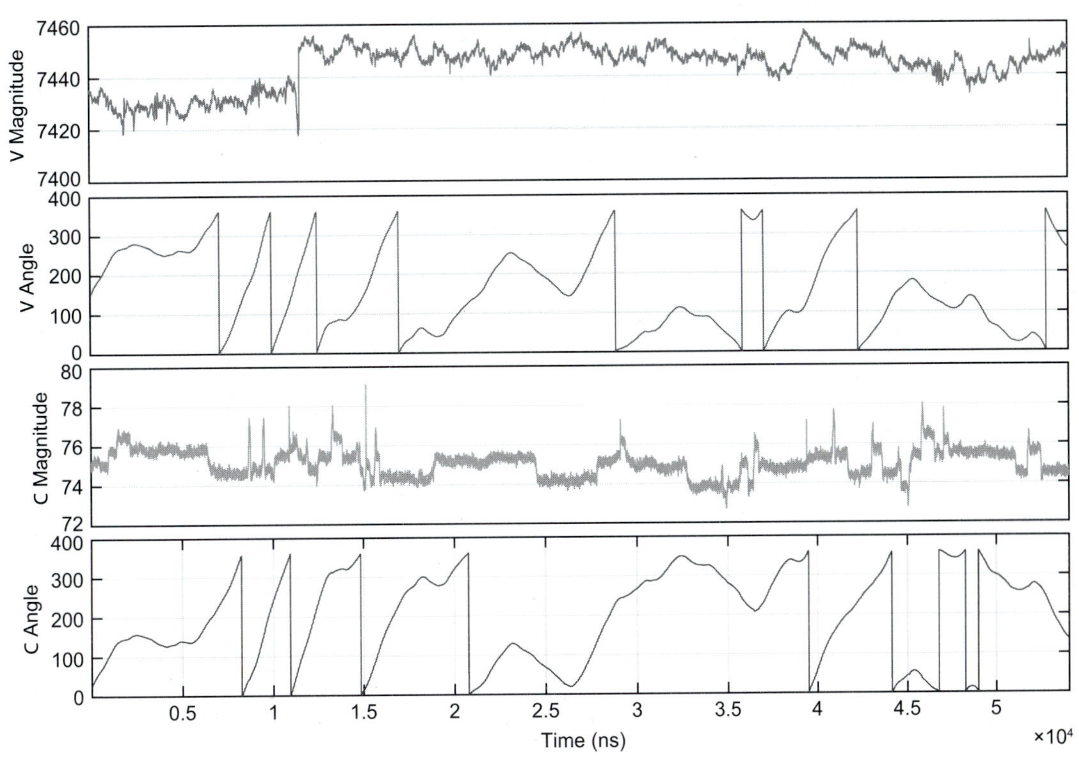

그림6. 실제 배전 망에서 얻어지는 원시 u-PMU 데이터 사례

단일 스트림 특성 추출

- 전통적인 통계 값: 각 윈도우에서 전압/전류의 평균, 분산, 크기 범위를 구한다. 이들로부터 얻을 수 있는 특성은 각 단위 시간에서의 평균 전류/전압 등과 함께 이들 값의 변화 등이다. 통계학 관점에서는 중앙값(median)이 좀더 강건한(robust) 척도로 여겨지는데, 이 값 역시 포함된다. 각 윈도우에서의 크기 값의 변동을 좀더 다루기 위해, 엔트로피나 히스토그램과 같은 분산 특성을 계산하기도 한다.
- 1차 차분(first-order difference): 각 스트림에 대해 시간 t의 측정 값과 t+1에서의 측정값의 차이 $x_{t+1}^{i}-x_{t}^{i}$를 계산하고 각 창에서 이들 차분 값의 평균과 분산을 구한다. 직관적으로 생각할 때, 전압, 전류 크기에서 일시적인 이벤트가 크게 발생하게 되면 1차 차분 값이 갑자기 튀게(spike) 되어 변화를 잘 포착할 수 있다. 전압/전류 스트림에 위상 정보가 결합되면 차분 값의 평균은 전압과 전류의 주파수를 표시할 수 있게 되어 계통 안정성을 나타내는 중요한 지표가 될 수 있다.
- 변환: 무효 부하(reactive load)의 ON / OFF와 같이 배전 계통 분야의 많은 이벤트는

일반적으로 크기 및 위상 측정 모두에서 진동을 유발하므로, 주파수와 관련된 정보를 캡처하기 위해서는 고속 푸리에 변환(fast Fourier transform; FFT)을 사용하는 것이 좋다. 또한 웨이브렛(wavelet) 변환은 국부적인 변동이나 갑작스러운 변화를 포착하기 위해 이용된다.

다중 스트림 특성 추출

- 편차(deviation): 전압과 전류의 3상에서 2상 간의 차이를 구하면, 이를 통해 만들어지는 시간 시퀀스를 단일 스트림으로 간주하여 전통적인 통계 값으로 처리할 수 있다. 이 방법으로 위상의 불균형을 나타내는 이벤트에 대한 정보를 얻을 수 있다.
- 3상 중 임의의 2개 상들 사이의 상관 관계: 전압 및 전류의 시계열 데이터에서 이들 사이의 상관관계를 살펴보면, 상호 의존성에 대한 지표를 추출할 수 있다. 이 정보는 상간(interphase)의 상호작용에 대한 유용한 정보를 얻는데 도움이 된다.

표2는 특성 추출 후보들을 요약한 것이다. 다른 μPMU에서 추출되어 노드(node)가 서로 다른 스트림 사이의 상호 작용 특성은 하위 시스템에서 발생하는 이벤트의 탐지 폭과 관련이 있어서 매우 관심을 받고 있다. 이를 활용하면, 상관 관계를 성호 의존성 지표로 이용할 수 있을 뿐 아니라, 인과 관계 정보(causal information)를 얻을 수 있어서 이벤트가 전파되는 지점을 정확히 특정할 수 있다[31].

여기에서 제시된 특성 추출 절차를 이용하면, 총 260여 개의 특성들을 추출하여 특성 풀(pool)을 만들 수 있다. 이들 중 일부는 추출된 특성들이 서로 매우 유사해서 중복으로 간주할 수 있는 것들도 분명히 있을 것이다. 예를 들어, 3상이 서로 균형을 이루고 있으면, 각 상들의 단일 스트림 평균, 분산은 거의 동일하게 나온다. 다른 예로, 특정 스트림에 대해서 1차 차분과 웨이브렛 변환을 하면, 이 둘 모두가 시계열 데이터의 갑작스런 변화를 반영하기 때문에 매우 유사한 결과 패턴을 보일 수 있다. ML 관점에서 볼 때, 중복된 특성이 추가되면 분류나 탐지의 성능에는 도움이 되지 않으면서 노이즈 학습을 추가적으로 더 해야 하고, 컴퓨터 연산의 어려움만 발생한다.

더 중요한 것은, 앞에서 특성 추출 기법을 설명할 때 언급한 바와 같이 특정 이벤트 또는 특정 이벤트 유형에 있어서는 적합한 특성의 서브 세트가 각기 따로 존재한다는 점이다. 결국, 각각의 이벤트 유형을 정확히 탐지할 수 있는 "지문(fingerprint)" 특성을 찾아내는 것이 알고리즘 관련 문제뿐만 아니라 계통 진단 목적에도 항상 도움이 된다.

표2. 추출 가능한 특성 후보들

단일 스트림	통계량	$\text{mean}(w_t^i)$, $\text{var}(w_t^i)$, $\text{range}(w_t^i)$ $\text{median}(w_t^i)$, $\text{entropy}(w_t^i)$, $\text{hist}(w_t^i)$
	차분 값	$U_t^i = \text{Diff}(X_t^i)$; statistics
	행렬 변환	$\text{fft}(w_t^i)$, $\text{wavelet}(w_t^i)$
복수 스트림	편차	$X^i - X^j \ \forall i, \ \forall j \in \mathcal{N}(i)$
	상관 계수	$\text{corr}(X^i, X^j) \ \forall i \ \forall j \in \mathcal{N}(i)$

여기에서 mRmR은 특성 선택에 사용되었다. mRmR 절차는 특성 후보 세트의 적합성을 나타내는 지표로 상호 작용 정보(mutual information)를 이용하여 관련성과 중복성 간의 트레이드오프 문제를 해결한다. 구체적으로 말하면, $I(X;Y)$가 확률 변수 X와 Y 사이의 상호 작용 정보라고 하면, 특성 선택 목적 함수의 첫 번째 부분은 타겟 라벨 c에 대한 선택된 특성 세트 S의 평균 의존성(average dependence)을 최대화하는 것이다. 즉,

$$\max_{S \in \mathcal{X}} D(S) \triangleq \frac{1}{|S|} \sum_{x_i \in S} I(x_i; c) \tag{27}$$

여기에서 S는 특성 수집에 이용되는 세트 변수를 나타내며, $\mathcal{X} = \{x^1, \cdot, x^d\}$는 모든 특성 후보의 집합을 의미한다. 관련성 최대화(Max-Relevance) 기준만을 적용하여 특성을 선택하면 중복성이 많이 발생할 수 있다는 점을 감안하여, 두 번째 목적 함수 즉, 평균 1차 중복성에 패널티를 부여하는 다음의 산식이 필요해진다.

$$\max_{S \in \mathcal{X}} R(S) \triangleq \frac{1}{|S|^2} \sum_{x_i, x_j \in S} I(x_i, x_j) \tag{28}$$

이들 두 식을 조합하면, 아래와 같이 mRmR 특성 선택 목적 함수가 도출된다.

$$\max_{S \in \mathcal{X}} \{D(S) - R(S)\} \tag{29}$$

이 식의 풀이는 그리디 휴리스틱(greedy heuristic)을 통해서 근사값으로 구할 수 있다. 가령 $m-1$개의 특성을 갖는 S_{m-1}의 특성 세트를 가정하면, 최적화를 통해서 얻어지는 특성은 아래의 단일 변수 문제가 된다.

$$\max_{x_j \in \mathcal{X} \setminus S_{m-1}} \left[I(x_j;c) - \frac{1}{m-1} \sum_{x_j \in S_{m-1}} I(x_j;x_i) \right] \quad (30)$$

그리디(greedy) 알고리즘에 대한 이론적 분석은 참고문헌[32]를 참조하기 바란다. mRmR은 C ++, R, MATLAB을 사용하여 온라인으로 실행할 수 있는데, 이들 소프트웨어에서 제공되는 상호 작용 정보 추정을 위한 다층(multilayer) 분리(discretization) 기법을 이용하면 된다. 각각의 이벤트에 대해서 선택 기법을 시행하여 이벤트 분류 및 탐지에 가장 유용한 특성 세트를 만들 수 있다. 고(高) 임피던스 고장에서 가장 많이 사용되는 특성 4개를 그림7에서 나타내었다.

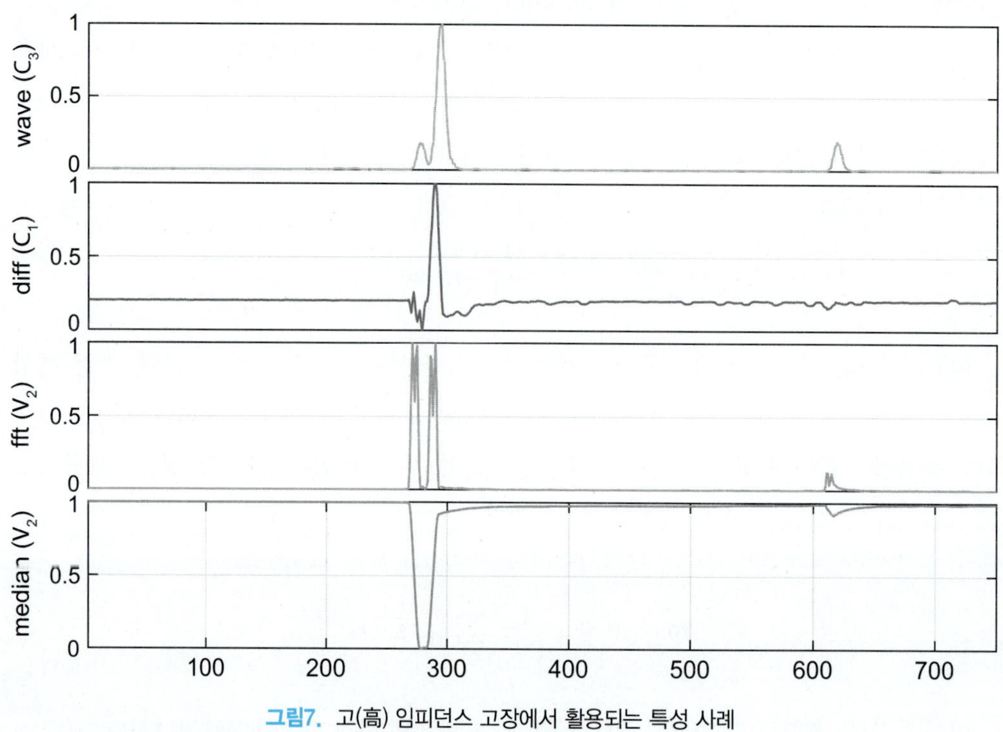

그림7. 고(高) 임피던스 고장에서 활용되는 특성 사례

5. 기타 유망 연구 방향

반지도학습을 통한 라벨이 없는 데이터 활용

라벨이 있는 데이터와 라벨이 없는 데이터가 모두 존재할 경우에는 반지도학습라고 불리는

학습 방법이 해 볼만 하다[33]. 반지도학습을 통해서 우리가 얻고자 하는 바는 이들 두 가지 유형의 가용 데이터를 조합하여 더 나은 모델을 찾아 냄으로써 해당 분야 전문가의 도움을 받아야 하는 필요성을 줄이는데 있다[34]. 전력 계통 어플리케이션에 활용되기 위해서는 상세한 라벨이 있는 데이터가 매우 소중하지만, 이런 데이터는 매우 드물다. 따라서 해당 분야의 전력 계통 전문가가 참여하여 측정 데이터를 살펴보고 데이터에 대한 통찰력을 데이터 분석에 제공해주어야 한다. 반면에 비지도 학습을 이용하면, 완벽하지는 않지만 적은 비용으로 나름 유용한 정보를 얻을 수 있다. 더욱이 라벨이 없는 데이터는 센서 측정치를 수집하는 것만으로 대량의 데이터를 쉽게 얻을 수 있다. 따라서 전력 계통 빅데이터 분석에서 유망한 분야는 예측, 상태 추정, 부하 예측, 이벤트 탐지, 결함 위치 파악 등과 같은 다양한 작업을 위한 특화된 반지도 학습 방법을 개발하는 분야이다. 최근 반지도 학습 연구에서 기대할만한 결과가 나오고 있다[30].

멀티테스크 학습을 통한 지식의 전이

전력 계통 어플리케이션의 학습 과제는 서로 관련이 있는 경우가 제법 많다. 간단한 예를 들어, 배전 망에서 특정 지역 노드의 부하 예측 문제는 다른 지역 배전 선로의 부하 예측 문제와 매우 유사하다. 이는 모두 해당 선로에 연결된 소비자들의 전기 사용 행동이 유사하고, 기상 조건 등이 유사하기 때문이다. 최근에 개발된 멀티 태스킹 학습(multitask learning) [35-37] 및 전이 학습(transfer learning) [38]을 이용하면, 한 두개 또는 몇 개의 학습 과제를 통해 획득한 정보와 지식을 유사한 다른 작업과 공유할 수 있다. 이렇게 되면 많은 이점이 있다. 예를 들어, 어떤 학습 과제를 수행하는데 필요한 훈련 데이터가 충분하지 않을 수가 있는데, 유사한 학습 과제 간의 정보를 공유하면 "학습 데이터 크기를 늘리는" 효과가 있다. 또한 최근의 멀티 태스킹 학습 도구들은 작업 간의 종속 관계를 자동으로 식별하는 기능을 제공한다. 이 기능을 활용하면 전력 계통에서 함께 공진하는(coevolving) 다른 프로세스의 "구조"에 대한 흥미로운 정보를 얻을 수 있다. 마지막으로 여전히 중요한 점은 멀티 태스크로 학습을 설정하면 단일 태스크 학습 방법으로는 도저히 관찰할 수 없는 "계통 수준 또는 네트워크 수준"의 거대 이벤트를 학습하는 데 도움이 될 수 있다는 점이다. 3장의 참고문헌 [39]는 배전 망의 이벤트 탐지를 위한 멀티 태스크 시계열 모델의 사례를 제공하고 있다.

멀티뷰 학습을 통한 정보의 융합

서로 다른 데이터 소스에서 생성된 정보를 결합하는 문제는 여러 제어 및 계통 공학 연구 문헌에서 다루어져 왔는데 보통은 입자 필터링(particle filtering)과 같이 칼만(Kalman) 필터링 및 그 변형 프레임워크를 이용해 왔다. ML 관점에서 볼 때, 이러한 융합 방법(fusion method)은 노이즈가 추가된 모델을 가정하고, 여기에 베이즈(Bayes)의 규칙을 이용해서 부가 정보를 포함시키는 과정과 마찬가지로 볼 수 있다. 하지만 ML에서 부각되고 있는 세부 영역으로 멀티뷰(multiview) 학습이 있는데, 이 방법은 다른 정보 소스나 특성 세트들의 일관성(consistency)과 보완적 속성(complementary properties) 탐색할 수 있어서, 기존의 단일 뷰 학습 모델에 비해서 일반화 성능이 더 뛰어난 모델을 효과적으로 만들 수 있다[40–42]. 멀티뷰 학습에 활용되는 기법으로는 공동 훈련(co-training), 다중 커널 학습(multiple kernel learning), 부분 공간 학습(subspace learning) 등이 있는데, 이들 기법들은 모두 이론적으로 검증되었고, 실행 가능한 알고리즘도 개발되어 있다. 전력 계통 어플리케이션에서 멀티뷰 학습은 시간에 따라 변동하는 계통의 시스템 다이내믹스(system dynamics), 스펙트럼 분석(spectral analysis), 토폴로지 정보 등을 결합하는데 유망할 것으로 예상되며, 또한 외생 공변량(external covariates) 데이터인 날씨, 교통, 사용자의 이동성 등의 정보를 결합하는데도 유용할 것으로 보인다. 보다 일반적이며 자동화된 정보 융합을 위해서는 통합(unified) ML 프레임워크가 사용된다.

기타 유망한 연구 방향

ML에서 발전하고 있는 여러 분야들 중에서 아래의 연구 분야들이 전력 계통 어플리케이션에서 활용이 유망한 분야로 예상된다. .

- 종난산(end-to-end) 분류 / 회귀 및 자동 정보 표현(automatic information representation)을 위한 딥러닝 (7장 참조)
- 부하/자원 예측 및 계통 구조 마이닝을 위한 압축 센싱 (8장 참조).
- 전력 계통 상태의 고차원 모델링을 위한 다기관(manifold) 학습 및 상호작용 학습
- 스마트그리드의 다중 채널 센서에서 생성된 데이터의 텐서 분석 및 모델링

참고 문헌

[1] A. Von Meier, D. Culler, A. McEachern, R. Arghandeh, Micro-synchrophasors for distribution systems, in: Innovative Smart Grid Technologies Conference (ISGT), IEEE, 2014, pp. 1-5.

[2] R. Arghandeh, M. Gahr, A. von Meier, G. Cavraro, M. Ruh, G. Andersson, Topology detection in microgrids with micro-synchrophasors, in: Power & Energy Society General Meeting, IEEE, 2015.

[3] M. Wen, R. Arghandeh, A. von Meier, K. Poolla, V. Li, Phase identification in distribution net- works with micro-synchrophasors, in: Power & Energy Society General Meeting, IEEE, 2015.

[4] Y. Zhou, R. Arghandeh, C.J. Spanos, Partial knowledge data-driven event detection for power distribution networks, IEEE Trans. Smart Grid (2017).

[5] L. Schenato, G. Barchi, D. Macii, R. Arghandeh, K. Poolla, A. Von Meier, Bayesian linear state estimation using smart meters and PMUS measurements in distribution grids, in: International Conference on Smart Grid Communications (SmartGridComm), IEEE, 2014, pp. 572-577.

[6] M.I. Jordan, T.M. Mitchell, Machine learning: trends, perspectives, and prospects, Science 349 (6245) (2015), 255-260.

[7] V.N. Vapnik, V. Vapnik, Statistical Learning Theory, vol. 1 Wiley, New York, 1998.

[8] P.L. Bartlett, S. Mendelson, Rademacher and Gaussian complexities: risk bounds and structural results, J. Mach. Learn. Res. 3 (2002) 463-482.

[9] B.E. Boser, I.M. Guyon, V.N. Vapnik, A training algorithm for optimal margin classifiers, in: Proceedings of the Fifth Annual Workshop on Computational Learning Theory, ACM, 1992, pp. 144-152.

[10] J. Shawe-Taylor, N. Cristianini, Kernel Methods for Pattern Analysis, Cambridge University Press, Cambridge, 2004.

[11] F. Harrell, Regression Modeling Strategies: With Applications to Linear Models, Logistic and Ordinal Regression, and Survival Analysis, Springer, Dordrecht, 2015.

[12] K.P. Murphy, Machine Learning: A Probabilistic Perspective, MIT Press, Cambridge, MA, 2012.

[13] T. Hastie, R. Tibshirani, J. Friedman, Unsupervised learning, in: The Elements of Statistical Learning, Springer, New York, 2009, pp. 485-585.

[14] Y. Zhou, R. Arghandeh, I. Konstantakopoulos, S. Abdullah, A. von Meier, C. J. Spanos, Abnormal event detection with high resolution micro-PMU data, in:

Power Systems Computation Conference (PSCC), IEEE, 2016, pp. 1-7.
[15] M.J. Kearns, U.V. Vazirani, An Introduction to Computational Learning Theory, MIT Press, Cambridge, MA, 1994.
[16] Y. Zhou, N. Hu, C.J. Spanos, Veto-consensus multiple kernel learning, in: Thirtieth AAAI Conference on Artificial Intelligence, 2016.
[17] Y. Zhou, J.Y. Baek, D. Li, C.J. Spanos, Optimal training and efficient model selection for parameterized large margin learning, in: Pacific-Asia Conference on Knowledge Discovery and Data Mining, Springer, 2016, pp. 52-64.
[18] G. Malkomes, C. Schaff, R. Garnett, Bayesian optimization for automated model selection, in: Adv. Neural Inf. Process. Syst., 2016, pp. 2892-2900.
[19] E. Brochu, V.M. Cora, N. De Freitas, A tutorial on Bayesian optimization of expensive cost functions, with application to active user modeling and hierarchical reinforcement learning. 2010 (arXiv preprint arXiv:1012.2599).
[20] G. Chandrashekar, F. Sahin, A survey on feature selection methods, Comput. Electr. Eng. 40 (1) (2014) 16-28.
[21] J. Bedo, C. Sanderson, A. Kowalczyk, An efficient alternative to SVM based recursive feature elimination with applications in natural language processing and bioinformatics, in: Australasian Joint Conference on Artificial Intelligence, Springer, 2006, pp. 170-180.
[22] G.K. Smyth, et al., Linear models and empirical Bayes methods for assessing differential expression in microarray experiments, Stat. Appl. Genet. Mol. Biol. 3 (1) (2004) 3.
[23] H. Peng, F. Long, C. Ding, Feature selection based on mutual information criteria of max- dependency, max-relevance, and min-redundancy, IEEE Trans. Pattern Anal. Mach. Intell. 27 (8) (2005) 1226-1238.
[24] D. Li, Y. Zhou, G. Hu, C.J. Spanos, Optimal sensor configuration and feature selection for AHU fault detection and diagnosis, in: IEEE Trans. Ind. Inf., 2016.
[25] M. Masaeli, J.G. Dy, G.M. Fung, From transformation-based dimensionality reduction to feature selection, in: Proceedings of the 27th International Conference on Machine Learning (ICML-10), 2010, pp. 751-758.
[26] F. Li, Y. Yang, E. Xing, From Lasso regression to feature vector machine, in: NIPS, 2005, pp. 779-786.
[27] L. Song, A. Smola, A. Gretton, J. Bedo, K. Borgwardt, Feature selection via dependence max- imization, J. Mach. Learn. Res. 13 (2012) 1393-1434.
[28] I. Rodriguez-Lujan, R. Huerta, C. Elkan, C.S. Cruz, Quadratic programming feature selection, J. Mach. Learn. Res. 11 (2010) 1491-1516.

[29] P. Ravikumar, H. Liu, J. Lafferty, L. Wasserman, Spam: sparse additive models, in: Proceedings of the 20th International Conference on Neural Information Processing Systems, Curran Associates Inc., 2007, pp. 1201–1208.

[30] Y. Zhou, R. Arghandeh, I. Konstantakopoulos, S. Abdullah, C.J. Spanos, Data-driven event detection with partial knowledge: a hidden structure semi-supervised learning method, in: American Control Conference (ACC), IEEE, 2016, pp. 5962–5968.

[31] Y. Zhou, Z. Kang, L. Zhang, C. Spanos, Causal analysis for non-stationary time series in sensor- rich smart buildings, in: 2013 IEEE International Conference on Automation Science and Engineering (CASE), IEEE, 2013, pp. 593–598.

[32] Y. Zhou, C.J. Spanos, Causal meets submodular: subset selection with directed information, in: Adv. Neural Inf. Process. Syst., 2016, pp. 2649–2657.

[33] O. Chapelle, B. Scholkopf, A. Zien, Semi-supervised learning (Chapelle, O. et al., eds.; 2006) [Book Reviews], IEEE Trans. Neural Netw. 20 (3) (2009) 542.

[34] X. Zhu, A.B. Goldberg, Introduction to semi-supervised learning, in: Synthesis Lectures on Artificial Intelligence and Machine Learning, vol. 3(1), Morgan & Claypool Publishers, 2009, pp. 1–130.

[35] T. Evgeniou, M. Pontil, Regularized multi-task learning, in: Proceedings of the Tenth ACM SIGKDD International Conference on Knowledge Discovery and Data Mining, ACM, 2004, pp. 109–117.

[36] L. Jacob, J.P. Vert, F.R. Bach, Clustered multi-task learning: a convex formulation, in: Adv. Neu- ral Inf. Process. Syst., 2009, pp. 745–752.

[37] A. Kumar, H. Daume III, Learning task grouping and overlap in multi-task learning, (2012) (arXiv preprint arXiv:1206.6417).

[38] S.J. Pan, Q. Yang, A survey on transfer learning, IEEE Trans. Knowl. Data Eng. 22 (10) (2010) 1345–1359.

[39] Y. Zhou, Statistical Learning for Sparse Sensing and Agile Operation (Ph.D. thesis), EECS Department, University of California, Berkeley, 2017, Available from: http://www2.eecs. berkeley.edu/Pubs/TechRpts/2017/EECS-2017-39.html (Accessed 12 May 2017).

[40] C. Xu, D. Tao, C. Xu, A survey on multi-view learning, 2013 (arXiv preprint arXiv:1304.5634).

[41] S. Sun, A survey of multi-view machine learning, Neural Comput. Applic. 23 (7–8) (2013) 2031–2038.

[42] Z. Zhang, Z. Zhai, L. Li, Uniform projection for multi-view learning, in: IEEE Trans. Pattern Anal. Mach. Intell., 2016.

CHAPTER 06

스마트그리드 데이터 분석을 위한 비지도 학습

Thierry Zufferey[*], Andreas Ulbig[*,†], Stephan Koch[*,†], Gabriela Hug[*]
[*]ETH Zurich, Power Systems Laboratory, Zurich, Switzerland, [†]Adaptricity AG, c/o ETH Zurich, Power Systems Laboratory, Zurich, Switzerland

이 장의 개요

이 장에서는 배전 계통을 보다 시각적으로 이해할 있는 K-Means 클러스터링(clustering) 알고리즘의 활용에 초점을 두고 있다. 이 기법은 AMI와 빅데이터 기술, 그리고 Spark, H2O와 같은 병렬 클라우드 컴퓨팅 환경을 통해서 구현이 가능해졌다. 스위스 바젤시의 30,000개 이상의 스마트미터 부하 데이터에 대해서 적절한 클러스터 분석 기법을 적용함으로써, 전력 소비자의 유형과 에너지 소비에 관한 깊은 지식이 없이도 전력 망의 상태에 대한 유용한 정보를 얻을 수 있게 되었다. 일단 제대로 된 에너지 데이터를 확보하게 되면, 다음의 중요한 단계는 특성을 추출하는 것이다. 그래픽 사용자 인터페이스는 배전 계통 운영자(distribution system operators; DSO)의 요구에 맞는 특성들을 매우 유연하게 맞춤형으로 제공해준다. 예를 들어, 전력 계통에서 다양한 유형의 고객들이 배전 선로에 따라 어떻게 분포하고 있는지에 대한 정보는 DSO의 관심 사항이다. 이 장에서는 클러스터링 결과를 바젤시의 지도 위에 시각화하여 제시하는 것과 같은 적정한 사례들을 제시하였다. 특히 이들 사례를 통해서 지역별 냉난방 수요를 쉽게 시별 할 수 있거나, 지역별로 이웃 주민들의 하루 동안의 에너지 소비에 대한 통찰력을 얻는 것이 가능함을 알 수 있을 것이다.

1. 도입

지난 몇 년 동안 우리는 배전 계통에서 새로운 센서 즉, 스마트미터가 급격하게 확산되는 것을 보아왔다. 예전에는 변전소 또는 변압기 수준에서만 상세한 측정이 가능했지만, 이제는 공간적으로는 각 가정 단위까지, 시간적으로는 1시간에서 1분 단위까지 아주 정밀한 측정이 가능해졌다. 1차적으로 볼 때, 배전 계통 운영자(DSO)가 스마트미터를 설치하는 주요 동기는 기존의 수검침(manual data gathering)을 대체하고 스마트미터의 계량 데이터와 요금 청구 시스템을 효율적으로 통합하는데 있다. 또한 스마트미터를 이용하면 이사를 간 고객을 추적하거나 고객들이 전력 공급업체를 바꾸는 것들을 용이하게 다룰 수 있다. 전력 소비자에 대한 이러한 디지털화는 계통 운영을 더 잘 할 수 있고, 능동 배전 망(active distribution grid)을 도입하는데 매우 매력적인 기회가 될 수 있다. 그동안 DSO들은 전력 조류(load flow)를 모니터링 하는데 있어서 중간 전압에서는 개별 고객보다는 여러 고객들의 묶음(ensemble) 데이터만 관찰하여 왔고, 저압에서는 모니터링을 거의 할 수 없어서 블랙박스처럼 간주되어 왔다. 하지만 스마트미터의 개발로 개별 가구의 에너지 사용 데이터를 취득할 수 있게 됨에 따라 상황이 변했다. 고객들의 행동 패턴에 따라 단일 고객 또는 2~3명의 고객들이, 전압을 비롯하여 배전 계통의 상태에 유의한(significant) 영향을 줄 수 있고, 경우에 따라서는 인접 지역의 다른 배전 망에도 예상치 못한 파급을 줄 수도 있다. DSO는 이제 전력 망에 대한 과도한 투자(overdimensioning)를 하는 대신에, 고해상도 측정 데이터를 활용해서 계통의 상태에 대한 가시성(visibility)을 향상시킬 수 있다. 이러한 점은 배전 계통에 늘어나고 있는 신재생에너지의 연계 비율을 고려하면 더욱 중요해진다. 신재생에너지는 미래의 계통 운영의 도전과제로, 이의 성공적인 운영을 위해서는 소비자를 비롯하여 계통에 연결된 모든 주체들이 능동적인 참여가 필요하다.

이 장에서는 적절한 데이터 준비 과정에서부터 분석 결과의 직관적인 시각화에 이르기까지 데이터에 기반한 클러스터링 방법을 포괄적으로 제시하였다. 여기에서 다루는 분석 사례는 스위스 기술 혁신위원회(Commission for Technology and Innovation; CTI)가 자금을 지원한 "스마트미터 데이터를 이용한 배전 망 운영 최적화(Optimized Distribution Grid Operation by Utilization of Smart Metering Data)"프로젝트의 일환으로, 취리히 연방공과대학(ETH)가 수행한 것이다[1]. 이 연구에서는 바젤시의 공공 유틸리티인 IWB 전력회사[2]가 수집한 스마트미터 계량 데이터가 사용되었으며, ETH가 설립한 자회사 Adaptricity[3]가 데이터 처리를 담당하였다. 이 회사는 배전 망을 신재생에너지로 전환하는데 필요한 시뮬레이터와 최적화 소프트웨어를 개발하고 있다. 이 사례 연구에서는 개인정보 보호를 위해 모든 소비자가 가명 처리되어서 부하 프로파일 이외에 개별 소비자의 유형 또는 소비 습관을 추정할 수 있는 다른 정보는 활용할 수 없었다는 점을 유념할 필요가 있다. 그럼에도 불구하고 바젤시의 배전 망은 선로 단위의 데이터 집중 장치(data concentrators; DC)를 갖추고 IWB의 중앙 서버로 계량 데이터를 전송하는 체계가 갖추어져 있어서, 특정 데이터가 어느 지역에서 취득된 것인지를 파악할 수 있었다. 각 DC의 주소뿐만 아니라, DC에 어떤 스마트 미터가 연결되어 있는지를 알 수 있게 되어, 해당 소비자의 대략적인 위치를 파악할 수 있었다.

이 장의 나머지 부분은 다음과 같이 구성되어 있다. 2절에서는 사례 연구에서 사용된 스마트미터 데이터에 대해서 상세히 설명하고, 데이터 전처리 작업을 통해 깔끔한 데이터 세트를 얻는 과정을 설명하였다. 3절에서는 가장 널리 사용되는 클러스터링 알고리즘 중 하나인 K-Means에 관한 이론적 배경을 다루었다. 4절에서는 스마트 미터 데이터의 클러스터링을 기반으로 유용한 지식을 DSO에 제공하는 방법을 자세히 설명한다. 마지막으로 5절에서는 이 장에서 논의된 아이디어를 요약하고 비지도 학습 방법이 전력 계통 데이터 분석에 제공하는 이점을 언급하였다.

2. 계량 데이터 전처리

양질의 데이터는 정확도와 해석 가능성을 확보하여 학습 알고리즘이 유의미한 결과를 얻기 위한 필요 조건이다. 일반적으로 데이터 전처리의 두 가지 측면을 구분할 필요가 있다. 한 가지 측면은 서로 다른 여러 데이터 출처에서 취득된 측정 데이터는 일반적으로 불일치(inconsistencies), 노이즈 또는 일정 구간에 데이터가 누락되어 있는 데이터 갭이 포함되어 있다는 점이다. 여러 출처의 데이터를 통합한 다음에는, 이상치 탐지(anomaly detection), 데이터 클리닝, 누락(missing) 데이터 보정 등을 기법을 적용해서 데이터 품질을 높일 수 있다. 다른 측면은 측정된 데이터에 실제 가치를 부여하는 학습 기법은 일반적으로 전체 데이터 세트를 처리하지 않고, 일부 샘플 데이터를 취해서 학습하고자 하는 특성에 대한 작업이 진행된다는 점이다. 클러스터링을 위한 상세한 특성 추출 과정은 4절에서 설명된다.

IWB는 현재 모든 독일어권 국가에서 최대 규모의 스마트 계량기 인프라를 구축하고 있으며, 5만명 이상으로부터 15분마다 에너지 소비 데이터를 기록하고 있다. 분석에 사용된 데이터 세트는 2014년 4월부터 2016년 9월까지의 계량 데이터이다. 위에서 언급했듯이 이상치 및 누락 값을 적절하게 처리하여 원시 데이터를 정리하는 것이 중요하다. 오류가 많는 측정 장치는 교체해야 하고, 일반적이지는 않지만, 정확한 측정치로 간주되는 부하 프로파일은 보존해야 한다. 또한 측정된 모든 데이터를 작업하기 보다는 소비자의 에너지 사용 습관을 합리적으로 관찰할 수 있고, 후속 분석과 관련이 있는 데이터만 작업하는 것이 바람직하다. 이러한 관점에서 스마트미터가 설치된 모든 고객 중에서 전력 소비량이 최소 1년 동안 기록되어 있고,

1년간 전기 사용량이 최소 100kWh 이상인 고객들만 데이터세트에 남기고 나머지는 제외하였다. 또한, 계량 데이터를 시계열로 관찰하면, 누락 값(missing value)이 종종 관찰되는데, 누락은 개별 계량기의 산발적인 작동 오류와 장치 그룹의 연결 문제에서 비롯된다. 전체 측정 값에서 누락 값이 10% 이상이거나, 2주 이상의 기간 동안 연속해서 측정 값이 없는 고객들의 계량 데이터는 분석에서 제외하였지만, 데이터 보정이 가능한 고객들은 분석 대상에 포함되었다. 누락 데이터 간격이 1시간 이내인 경우는 선형 회귀를 통해 보정하였다. 데이터 누락 구간이 더 큰 경우에는 해당 일 전주 혹은 다음 주의 같은 요일, 같은 시간대의 값으로 대체하는 방법이 사용되었다. 이상치(outlier)의 탐지 및 데이터 클리닝 프로세스의 최종 단계에서는 부하 프로파일에서 측정 값의 30% 이상이 0인 고객을 제외하였다. 이는 부하 프로파일에서 0 값이 많다는 점은 오동작 계량기의 전형적인 현상이기 때문이다. 이러한 과정을 거쳐서 최종적으로 30,000개의 잘 정리된 15분 검침 주기의 시계열 데이터를 만들 수 있었으며, 고객별 검침 기간은 12개월에서 30개월 (즉, 시계열 데이터 측정 값은 35,040~87,744건) 사이였다. 데이터 세트의 파일 사이즈는 약 16GB였는데, 전력 계통에서는 이 정도의 사이즈는 빅데이터 문제로 간주된다. 하지만 클러스터링을 위해서 특성을 추출할 때는 상당히 작은 데이터 사이즈인 수 MB 정도만 필요하다. 이는 원본 데이터 세트보다 수십 배의 데이터가 필요한 예측 분석과 비교하면 상대적으로 작다고 할 수 있다.

2.1 통계 분석

데이터 세트가 준비되면, 먼저 통계 분석을 통해서 계량된 고객들에 대한 다양한 통찰을 얻을 수 있다. 그림1과 2는 각각 평균 에너지 소비의 분포와 외부 온도에 따른 에너지 소비의 상관계수 분포를 나타낸 것이다. 여기에서 각각의 히스토그램은 가우시안 정규분포 형태를 보이는데, x축이 전기 사용량이 아니라 전기 사용량의 로그 값이라는 점에 유의할 필요가 있다.

첫째, 대부분의 부하가 주택용 고객으로 구성되어 있고, 주택용 고객은 연간 수 MWh (평균 3 MWh)이하의 전력을 소비하지만, 데이터 세트에 일부 포함된 상업 및 산업용 고객들은 연간 수백 MWh에 이르는 전력을 소비한다. 따라서 이들 상업 및 산업용 고객들의 계통의 상태에 미치는 영향이 크기 때문에 특별한 주의가 요구된다고 할 수 있다. 둘째, 대다수 고객들의 전력 소비가 기상 조건의 영향을 거의 받지 않더라도 온도에 대한 의존성은 고객들 사이에 상당히 다양하게 분포한다는 점을 관찰할 수 있다. 기온이 올라갈수록 전기 사용량이 증가하는 양의 상관 관계가 있는 부하 프로파일은 주로 낮 시간이나 여름에 전기 사용이 많은 고객들이 보이는 특징이며, 반대로 음의 상관 관계가 있는 부하 프로파일은 해당 고객이 전기 난

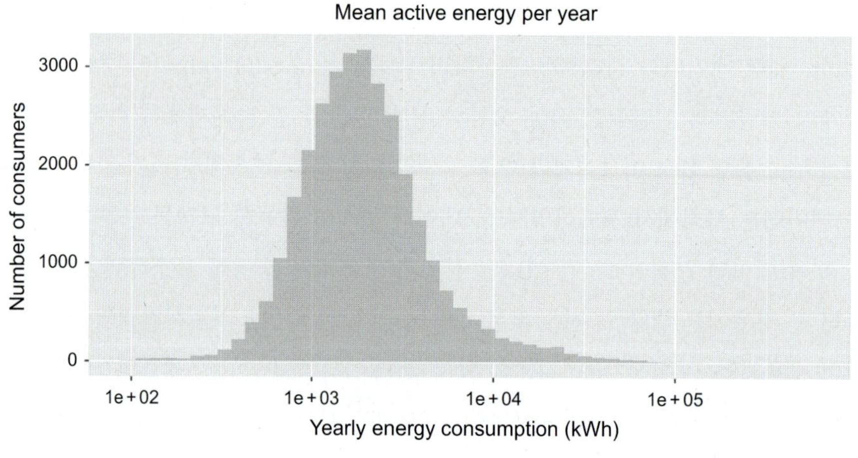

그림1. 연간 유효 전력 소비 히스토그램

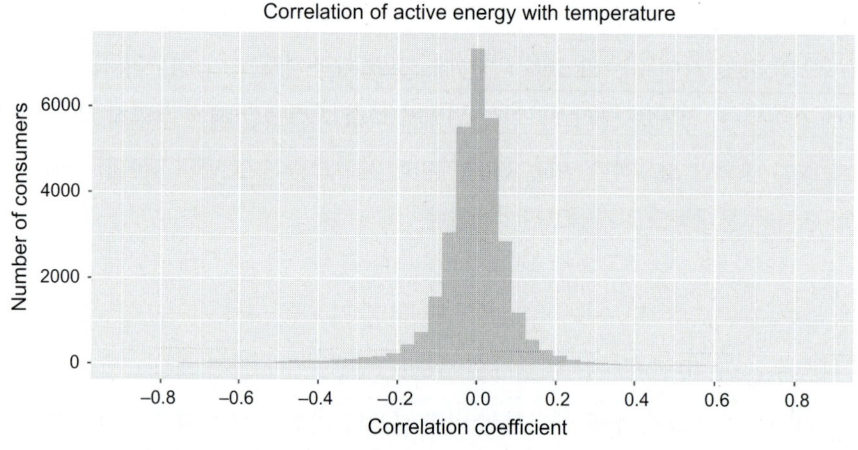

그림2. 부하 프로파일과 외부 온도와의 상관계수 분포 히스토그램

방을 하고 있음을 시사한다. 만일 DSO가 배전 선로 단위에서 이와 같은 분석 결과를 알고 있으면, 온도에 민감한 고객들의 수요 변화에 대해 더 잘 예측할 수 있다.

여기서 보여준 간단이 두 가지 분석 결과는 간단한 통계 분석만으로도 고객들의 에너지 소비 특징을 손쉽게 파악하는데 도움이 될 수 있음을 보여준다. 하지만 이러한 간단한 통계분석 해석 결과만 가지고는 DSO의 계통 운영에 직접적으로 도움이 되는 직관을 얻기가 다소 어려울 수 있다. 따라서 이 장에서는 다양한 종류의 전력 소비자를 직관적인 방법으로 더 깊이 이해할 수 있는 클러스터링 기법과 기계 학습 방법을 다루고자 한다. 특히, 여기에서는 이들 분석 방법을 이용해서 단순한 통계 분석으로는 쉽지 않았던 한계 고객(marginal customer)의 특성을 파악하는데 초점을 두고 있는데, 이들 고객들은 배전 망의 국부적인 변화에 영향을 미치는 고객층이다.

3. 클러스터링 알고리즘

비지도 학습 방법은 특정 데이터 세트에서 숨겨진 구조를 발견하도록 훈련된 알고리즘이다. 사건(instance)를 분류하거나 회귀 함수를 도출하는 지도학습과는 달리, 비지도 학습의 특징은 라벨 즉, 정답에 가까울 것으로 생각되는 결과와 학습 결과를 비교하는 과정이 없다는 점이다. 비지도 학습에는 은닉 마르코프 모델(Hidden Markov Model, HMM), 차원 축소, 비정상 탐지(anomaly detection) 등과 같은 다양한 접근 방법이 있다. 하지만 가장 많이 사용되는 방법 중 하나는 이 장에서 자세히 설명할 K-Means 클러스터링 알고리즘으로 앞의 사례에서 설명한 스마트 미터 분석은 이 방법이 활용되었다. R, MATLAB과 같은 대부분의 수치 연산 프로그램, H2O, WEKA 등과 머신러닝 프로그램과 더불어 Java, Python의 프로그램 언어에서도 라이브러리 형태로 K-Means 알고리즘을 지원하고 있어서 쉽게 이용이 가능하다.

클러스터링의 목적은 유사한 사건들을 그룹으로 묶는 것에 있는데, 데이터 마이닝 문헌에서 사건은 측정 또는 관측으로 불리기도 한다. 이 장에서 소개되는 사례의 경우는 이질적인(heterogeneous) 모집단에서 고객의 유형을 여러 그룹으로 구분하는데 클러스터링이 이용되었다. 클러스터링은 깔끔한 데이터 세트를 이용해서 특성을 추출하는 작업에서 시작을 하는데, 이렇게 만들어진 특성들은 클러스터를 만드는데 벤치마크 역할을 한다. 클러스터의 개수를 의미하는 K는 데이터의 다양성, 추출된 특성의 수와 형태, 클러스터링의 목적에 따라 달라진다. 고객들의 주된 부하 패턴에만 관심이 있다면 클러스터의 수는 두 개로도 충분할 수 있다. 그러나 클러스터의 개수를 십 여개로 늘리게 되면, 집단간의 미묘한 차이를 탐색하고 일반 소비자와 다른 전력 소비 패턴을 보이는 고객들을 구분해낼 수 있다. 적절한 클러스터 수와 전력 계통 분석에 적합한 특성 선택 방법에 대해서는 다음 절에서 상세하게 다루고 있다.

그림3은 피셔(Fisher)의 붓꽃(iris) 데이터 세트에 K-Means 클러스터링 알고리즘을 적용하여 세 개의 클러스터를 구분하는 사례를 나타낸 것이다. 이 데이터 세트는 통계적 분류를 다루는 교과서의 예제로 자주 사용되는 유명한 데이터로 150개 붓꽃 샘플의 특성을 바탕으로 3개의 붓꽃 클러스터를 만들 수 있다. 여기에서 첫번째 특성은 꽃받침(sepal)의 길이에 해당

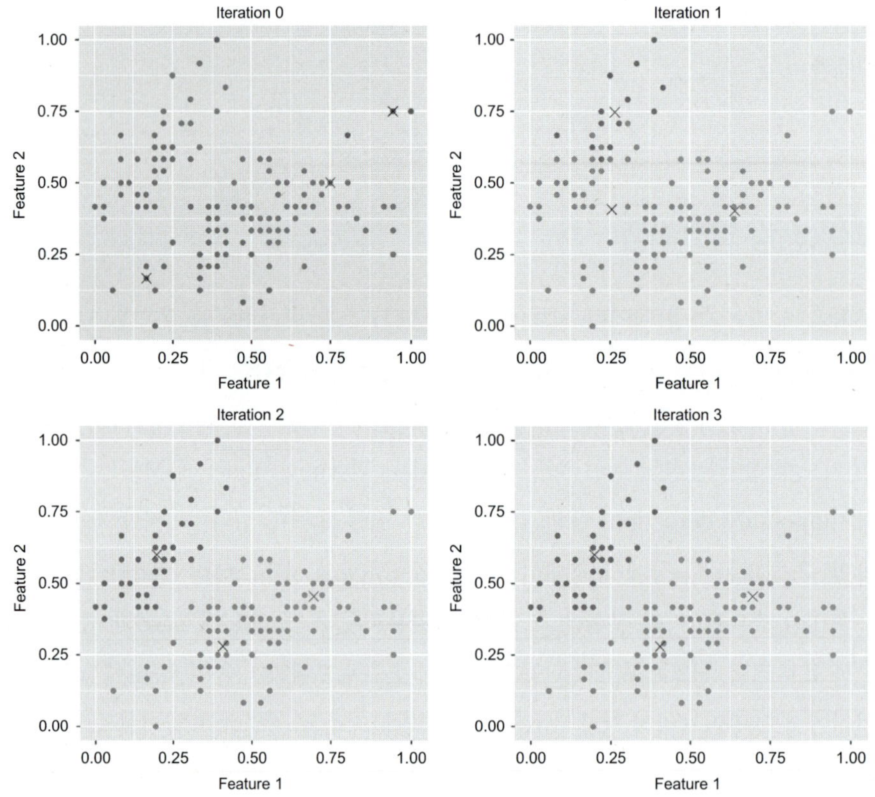

그림3. K-means 알고리즘의 반복 연산을 이용하여 붓꽃 데이터 세트를 3개의 그룹으로 클러스터링한 결과

하고, 두번째 특성은 꽃받침의 폭이며, 이 두개의 특성은 모두 정규화 처리된다. 이 데이터에서 3개의 클러스터를 만들려면, 우선 "클러스터의 중심점(cluster centroids)"으로 불리는 3개의 지점을 지정해야 한다. 예를 들어, $K=3$인 훈련 세트에서 1차 중심점들은 임의로 설정된다. "K-Means++" 알고리즘은 초기 값 선택에 다른 방식을 이용하는데, 1차 중심점들 중에 첫번째 중심점만 임의로 설정하고 나머지 1차 중심점들은 첫번째 중심점과 유클리드 노름(norm)을 계산하여 설정한다. 즉 다음 중심점들에서 가중 확률분포(weighted probability distribution)를 정의하여 임의로 선택하는 방식이 적용된다. 이 프로세스가 모든 중심점들이 선택될 때까지 반복된다. 초기 중심점의 선택은 결과 값의 수렴에 영향을 미치고, 클러스터의 최종 형상에 영향을 미치기 때문에 중요하다. K-Means++가 임의로 1차 중심점을 선택하는 것보다 일반적으로 뛰어난 성능을 보이는 것으로 알려져 있다. 초기화 단계 이후에 K-Means는 기본적으로 클러스터 할당과 업데이트, 두 가지 작업을 반복하면서 동작한다. 먼저, 클러스터 할당 단계는 각 관측 값과 중심점들 사이의 유클리드 거리를 계산하여, 거리

가 가장 가까운 중심점에 해당 관측 값을 할당한다. 둘째, 클러스터 업데이트 단계는 클러스터의 중심점을 수정하는 단계로 각 클러스터의 중심점을 해당 클러스터에 할당된 모든 데이터의 평균 값으로 이동시킨다. 이 두 단계를 반복하면서 중심점의 변화가 줄어들어 안정화되면, K-Means 알고리즘이 수렴되었음을 의미한다. 따라서 그림3은 붓꽃 데이터 세트를 클러스터링하는데 K-Means의 3회 반복이 필요했다는 점을 나타낸다.

4. 클러스터링 접근법과 시각화

4.1 특성 추출

어떤 부분에 관심을 두고 고객을 구분하는가에 따라서, 스마트미터 부하 프로파일로부터 추출하고자 하는 특성들이 다양한 형태가 될 수 있다. 불필요한 데이터로 인해서 클러스터링 알고리즘이 제 기능을 못하는 일이 발생하지 않도록 하면서도, 고객들의 습관을 잘 나타낼 수 있는 적당량의 정보를 얻는 것이 특히 중요하다. 그림4는 과학 연산 프로그램인 MATLAB의 그래픽 사용자 인터페이스(GUI)의 화면인데, 클러스터 분석을 위해 선택할 수 있는 다양한 특성들을 개괄적으로 보여준다. 고객에 대한 좀더 고급화된 특성을 추출하기 위해서는 평균 에너지 소비량, 표준 편차, 최대값 등의 일반적인 통계 측정치 외에도 추가적으로 여러 측정 값들이 추출 되어야 한다. 예를 들어, 대표적인 부하 패턴은 하루 또는 일주일과 같이 지정된 기간 동안에 평균 부하 프로파일을 계산하고 이를 정규화 해서 구해진다. 15분 검침 주기의 데이터를 이용하면 하루를 기준으로 96개의 대표적인 일일 패턴이 도출될 수 있다. 스마트미터를 주택에 설치하기 이전에 DSO가 주택의 에너지 소비에 대해서 알 수 있는 정보는 오직 검침 기간 동안의 총 전력 소비량 밖에 없었다. 지금은 특정 고객의 전기 사용량에 대해서 일일, 주간, 계절별 변화를 손쉽게 관찰할 수 있게 되었다. 예를 들어, 가정, 사무실, 상가 등의 에너지 수요는 주중과 주말이 서로 다르게 마련이다. 고해상도의 측정 데이터를 이용해서 피크 수요를 쉽게 유추할 수 있고, 이를 통해 배전 선로를 구성하는 개별 구성품이 심각한 영향을 받을 수 있는 시간대를 탐지할 수 있다. 또한 부하 패턴이 불규칙적인 확률 특성을 가지고 있어서 예측이 어려웠던 고객들도 하루 전 또는 일주일 전의 데이터에서 추출된 자기 상관 계수(autocorrelation coefficient)를 활용하여 클러스터링 기법을 이용하면, 보다 쉽게 찾아낼 수 있다. 마지막으로 기상 데이터와 같이 전력 소비에 영향을 미치는 외생 변수

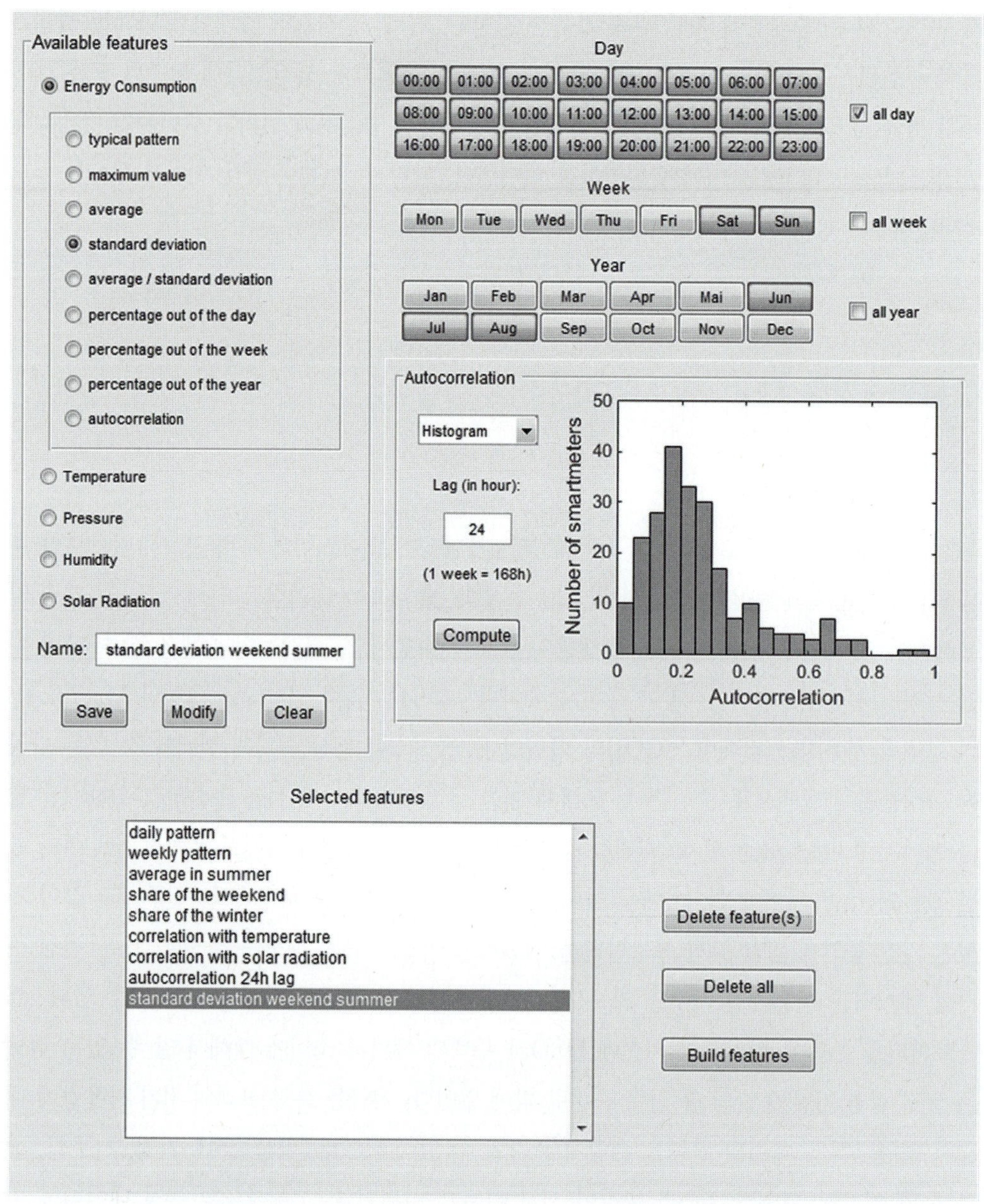

그림4. MATLAB의 클러스터링 특성 선택 사용자 인터페이스 사례

(exogenous variable)들의 영향도 추론이 가능하다. 클러스터링 알고리즘을 이용하면 기온에 민감한 부하들을 자동으로 찾아낼 수 있기 때문에 계통 운영의 의사결정 지원 도구로서 기여할 수 있다. 물론 이러한 모든 특성들을 함께 묶으면, 클러스터링을 통해서 얻을 수 있는 1차 통계량에 비해서 더 많은 가치가 있다. 또한 특성을 추출함에 있어서 측정 기간 전체의 데

이터가 필요하지 않을 수 있다는 점도 기억할 필요가 있다. 좋은 분석 도구라면, DSO로 하여금 문제가 발생할 가능성이 높은 특정 시간대 또는 특정일에 집중할 수 있도록 가능성에 대한 정보를 제공해야 하며, 이 시기에 누가 규정 전압 범위를 초과하게 만들거나 선로 또는 변압기에 과부하를 유발하는 등으로 계통 운영에 가장 큰 영향을 미치는지를 재빠르게 찾아낼 수 있어야 한다.

4.2 일반적인 일일 부하 패턴

이 절에서는 일일 부하 프로파일에 관한 두 개의 서로 다른 클러스터링 결과를 제시하고 논의한다. 각 클러스터의 평균 부하 프로파일은 검은 선으로 표시하였다. 그림5에 표시된 부하 곡선들은 정규화(normalized)된 일일 패턴을 바탕으로 그려진 것이다. 하루를 15분으로 나누면 96개의 구간이 되므로 15분 검침 주기의 데이터는 전체 측정 기간에 대해서 각 고객별로 96개의 특성이 추출될 수 있으며, 클러스터링 알고리즘의 입력 자료로 활용된다. 유의할 점은 여기에서는 특이하게도 클러스터의 특성이 그림의 데이터 포인트와 직접 대응된다는 점이다. 이는 각 클러스터 그룹의 부하 프로파일이 상대적으로 동질(homogeneous)하기 때문이다. 검은 선의 프로파일은 정확하게 각 클러스터의 중심점을 나타낸다. 경험 법칙(rule of thumb)을 따라서, 클러스터링 개수를 25개로 고정하였는데, 이렇게 함으로써 각 클러스터에 적정 규모의 고객을 할당하면서도 독특한 부하 패턴을 보이는 고객들을 찾아내고자 하였다. 하지만 클러스터링을 진행한 결과, 이들 중 명확하게 구분이 되는 클러스터는 6개 였으며, 이후의 분석에서는 6개 클러스터가 이용되었다.

클러스터4는 정규 근무시간이 아닌 점심 시간과 저녁 시간에 눈에 띄는 피크를 보이기 때문에 음식점이나 카페테리아 위주로 구성되고 일부 주택용 고객이 포함될 가능성이 높다. 반대로 클러스터9의 고객은 24시간 운영되는 산업용 부하처럼 상대적으로 일정한 전력 소비량을 갖고 있다. 유념할 점은 여기에서 표시된 고객들의 프로파일은 수 많은 날 동안의 평균값이며, 특정일 하루의 전력 소비 행위를 반영하지 않는다는 점이다. 하지만 그럼에도 불구하고, 이 데이터는 하루 중에 비슷한 부하들이 여럿 모여서 집합적으로 어떠한 부하 프로파일을 형성하는지에 대한 통찰을 줄 수 있다. 예를 들어, 전기 난방 시스템이 생성하는 평균 1일 부하 패턴은 평균 효과(averaging effect) 때문에 상당히 일정하게 보일 수 있다. 클러스터10에서 에너지 소비가 주로 오전8시에서 오후8시 사이에 발생하는데, 이는 전력 소비가 매장 운영 시간에 영향을 받고, 일정 부분은 방문 고객 수에 따라 변동하는 일반 상점이나 백화점 등

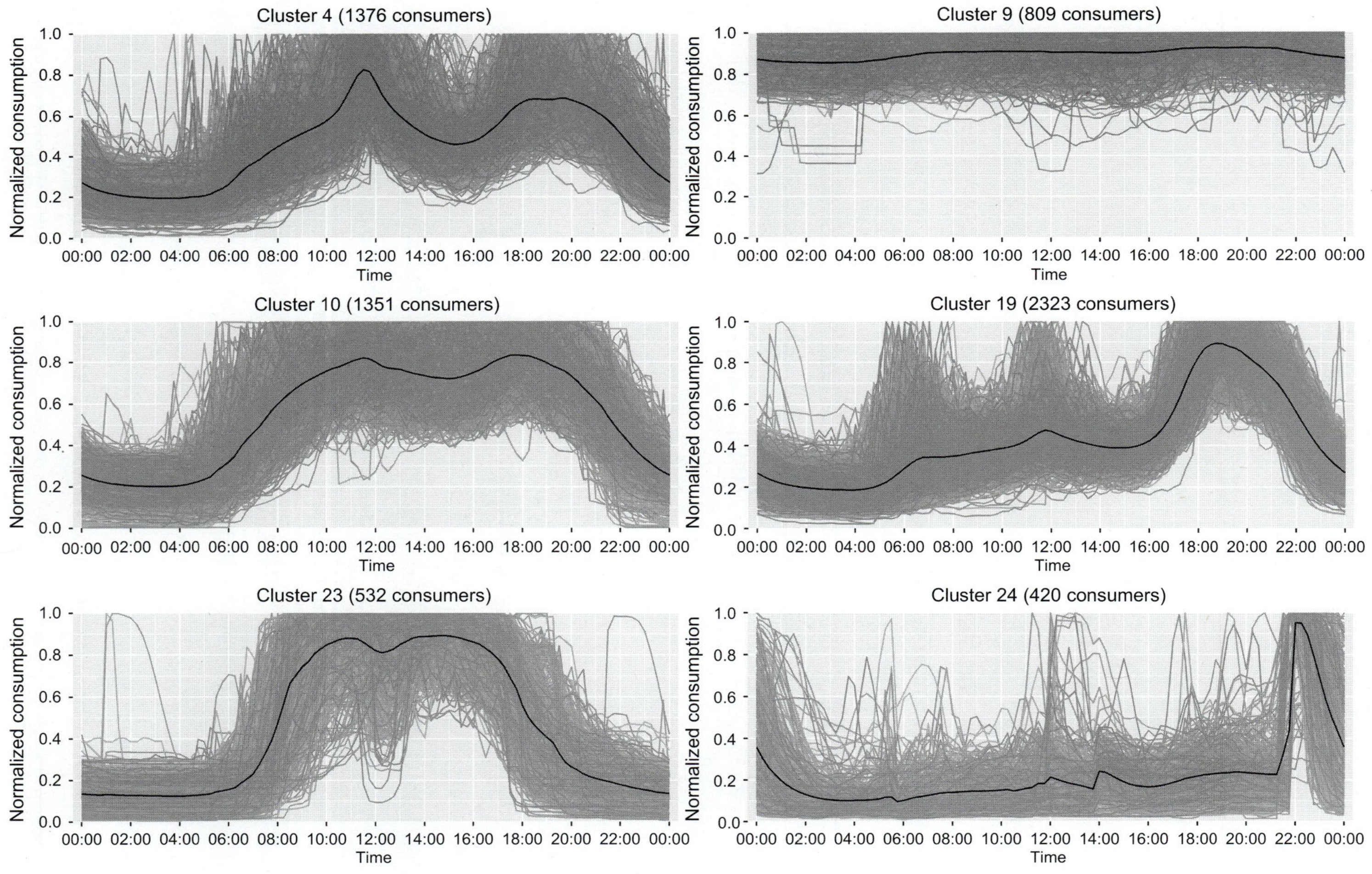

그림5. 1일 부하 프로파일의 클러스터링 결과

이 여기에 포함되어 있음을 시사한다. 가장 많은 수의 고객들이 포함되어 있는 클러스터19는 주택용 고객이 다수 포함되어 있을 가능성이 높다. 부하 패턴을 보면 오전 6시 전후, 정오 시간의 전력 소비가 약간 높은데, 이는 요리와 같이 에너지 소비가 많은 활동이 이루어지고 있음을 암시한다. 하지만 대부분의 전력 소비는 업무시간이 종료된 이후에 발생하는데, 거주자가 귀가하여 요리, 조명, TV 시청 등을 하면서 에너지를 소비하고 있음을 의미한다. 여기에서 설명되지 않은 대다수의 클러스터는 클러스터19와 비슷한 패턴을 보였는데, 이는 대부분의 스마트미터가 주택에 설치되었음을 시사한다. 여기에 클러스터23은 사무실 고객들이 모여 있는 것으로 보이는데, 점심 시간에 전력 사용량이 급감하고, 업무시간이 아닌 시간의 전력 사용량이 매우 낮기 때문이다. 마지막으로 클러스터24는 리플 컨트롤(ripple-controlled) 기기의 부하 특성을 보이는데, 리플 컨트롤은 보일러, 온수기와 같은 기기를 전력 요금 등에 따라서 시간 별로 프로그래밍을 하여 자동으로 제어하는 기능이다. 전기 요금이 비싼 구간에서 싼 구간으로 변하는 저녁 10시 이후에 전력 사용량 변화를 보면 이러한 특성이 분명하게 드러난다. 에너지 계량 데이터의 클러스터링의 가장 주된 활용 분야는 고객 세분화(customer segmentation)이며, 일부 DSO는 이들 정보를 이용하여 경부하 시간대로 고객들의 부하를 이전하기 위한 동적 요금제(dynamic pricing) 전략을 세우는 데 활용하고 있다. 여기서 사용된 클러스터 분석을 주말로 확대하여 시행하면, 주말에 전력 사용량이 눈에 띄게 달라지는 고객 그룹을 찾는데 활용할 수 있다.

그림6은 좀더 재미있는 분석 사례로, 평균 에너지 소비에 따라서 대표 부하 프로파일이 어떻게 달라지는지를 살펴 본 것이다. 이 경우 특성은 평균 전력 소비량 1개가 되며, 총 15개의 클러스터가 구분되었다. 평균 전력 사용량이 적은 클러스터에서는 클러스터의 개별적인 부하 패턴 형태와 관계없이 주택용 고객에서 나타나는 전형적인 저녁시간 피크 현상을 보인다. 하지만 평균 전력 사용량이 많아지면 부하 프로파일이 사각형 모양으로 변하면서, 주택용 고객에서 일반적으로 관찰되는 저녁 시간의 피크 집중 현상이 점차 사라지는 것을 볼 수 있다. 이러한 현상은 이들 클러스터에 산업 및 상업용 부하의 비중이 높고, 산업 및 상업 고객들은 정규 근무시간에 활동을 시작하고, 비교적 일정한 전력 소비를 보인다는 점을 감안하면 쉽게 이해될 수 있다. 이 점은 주말의 패턴을 살펴 봄으로써 좀더 확인할 수 있는데, 평균 전력사용량이 적은 클러스터는 주말에도 전력 사용이 활발한 반면, 평균 사용량이 증가하면 주말 사용량이 감소한다. 그림1에서 이미 살펴 본 바와 같이, 클러스터의 크기는 고객 당 전력 소비가 증가함에 따라 눈에 띄게 작아진다. 그림6의 마지막 클러스터는 특정한 패턴을 찾을 수 없는데, 전력 사용량이 많은 대형 고객들이 이 클러스터에 있는 것으로 판단된다. 이러한 유형의 데이

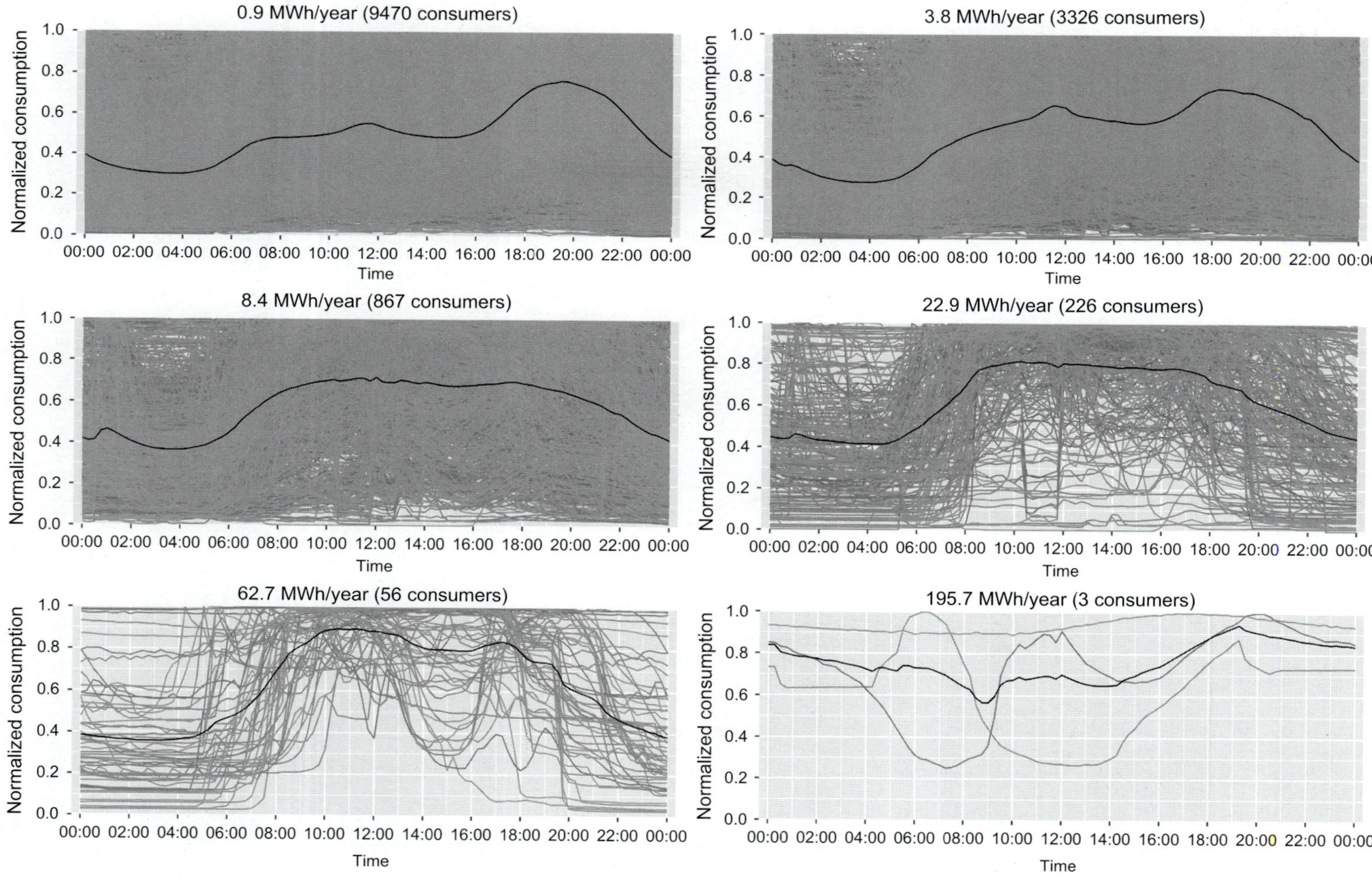

그림6. 평균 에너지 수요를 기준으로 클러스터링한 그룹의 1일 부하 패턴 비교

터 마이닝 결과는 다시금 다른 측정 데이터와 쉽게 묶을 수 있는데, 예를 들어 데이터 세트의 범위를 지리 정보와 연계하여 이웃 등으로 한정하면 좀더 세밀한 분석 결과를 얻을 수 있다. 이 사례에서는 단순 히스토그램과 같은 데이터에 의존하여 분석이 이루어졌지만, 비지도 학습 알고리즘이 가치 있는 결과를 더 많이 줄 수 있었다는 점을 유념하기 바란다. 이런 방식으로, DSO는 전기요금 청구서의 근거가 되는 고객의 전력 사용 행위를 재빨리 파악하여 통찰을 얻을 수 있는 기회를 가질 수 있게 된다. 이러한 결과를 얻는데 여기에서 사용된 방법보다 심도 있고, 특별한 분석 기법이 요구되지 않는다는 점을 기억할 필요가 있다.

4.3 시각화 도구

에너지 시계열 데이터에 클러스터링 기법을 적용하여 계통 운영자에게 흥미로운 통찰을 제공할 수 있다는 점이 점차 분명해지고 있다. 그러나, 이 지식을 계통 운영자들에게 전달할 때는 직관적으로 이해하기 쉬워야 하며, 활용이 용이한 형태로 제공하는 것이 중요하다. 따라서 이 절에는 Adaptability사가[3] 개발한 시각화 도구에 바탕을 둔 대화형 리플릿(leaflet)[6]을 소개하고자 한다. 클러스터링 분석 결과는 일반적인 통계분석 결과와 부하 패턴에 대한 전형적인 차트와 더불어, 스마트미터의 위치 위에 파이 차트 형태로 표시하였다. 이렇게 하면, 분석의 대상이 되는 배전 계통의 종합적인 부하 변화를 잘 살펴볼 수 있다. 바젤 시의 경우, 스마트 미터의 정확한 위치 정보 데이터를 얻을 수 없었지만, 확보된 데이터 집중장치(DC) 위치만으로도 도시 전체에 걸쳐있는 고객들의 분포에 대한 정확한 그림을 그리기에 충분하였다.

특성을 선택하면, 스마트 미터가 설치된 각 지역 배전 계통에서 해당 특성을 가진 고객들이 얼마나 되는지를 관찰할 수 있다. 먼저 그림7의 사례를 살펴보자. Silipo 등[7]은 하루를 5개의 구간 즉, 이른 아침(오전 7시~오전 9시), 아침(오전 9시~오후 1시), 오후(오후 1시~오후 5시), 저녁(오후 5시~오후 9시), 밤(오후 9시~오전 7시)으로 나눈 바 있는데, 이 기준을 적용하여 각 시간대의 에너지 사용 비중을 %로 나타내었다. 다섯 개 구간의 비중을 합하면 100%가 된다. 여기서 사용된 클러스터링 기법은 앞 절에서 설명한 일일 부하 프로파일 분석의 클러스터링과 유사하며, 차이점은 사용된 특성이 훨씬 적다는 점이다. K-Means를 이용해서 5개의 클러스터가 구분되었다. 시각화 도구를 이용할 때는 클러스터의 수가 적을수록 단순화 측면에서 좋다고 할 수 있다. 그림의 오른쪽 하단에 있는 상자는 해당 소비자의 수와 클러스터 중심점(즉, 평균 특성 값) 등을 비롯하여 클러스터 특성을 요약한 것이다. 여기에서 고객

수가 가장 작은 그룹은 약 5% 미만으로 구성된 클러스터1(빨간 색)으로 심야 시간에 전력소비가 많은 올빼미 족에 해당한다. 이들 중 대부분은 아파트가 많은 지역인 바젤 시의 동쪽 지역에 자리 잡고 있는데, 경부하 요금이 적용되는 오후 10시 이후부터 활동이 활발해지는 특성을 보인다. 이러한 점은 이 지역에 소재한 전기 보일러를 사용하는 건물에서는 밤 시간 전력 소비가 매우 많을 것이라는 점을 시사한다. 전기 난방 부하는 전기 요금에 특히 민감하기 때문에, DSO가 수요관리 프로그램을 도입하면 참여할 가능성이 매우 높다. 이와 반대로 노란 색으로 표시된 클러스터3은 업무 시간에 전력 사용량이 가장 많고, 상점, 박물관, 사무실, 식당들이 위치해 있는 구도심에 집중되어 있다. 약 6%의 고객이 여기에 해당한다. 이런 형태의 부하를 보이는 고객의 상당수는 또한 바젤 북쪽의 쇼핑몰에서 볼 수 있다. 나머지 3개의 클러스터 고객들은 IWB 유틸리티 고객의 대부분을 차지하며, 도시 전체에 걸쳐서 고르게 분포되어 있다. 파란 색의 클러스터2는 오전 9시에서 오후 7시 사이에 다소 활발하여 사무실, 식당이 많고 일부 주택용 고객이 포함된 것으로 보인다. 녹색의 클러스터4와 주황색의 클러스터5는 저녁 시간의 전력 사용량이 많아서 주로 주택용 고객으로 구성되고 일부 식당 등이 포함된 것으로 보인다. 정리하면, 이러한 도구를 이용해서 하루 중 여러 시간대에서 지역별로 계통에 요구되는 에너지 공급 요건이 어떻게 변하는지를 시각적으로 확인할 수 있다. 이러한 시각화 개념을 하루에서 일년으로 확장하면, 계절별로 소비가 어떻게 변하는지를 서로 비교할 수 있다. 또한, 주중 또는 겨울철과 같이 특정 기간 동안의 데이터에 대해서만 특성 추출 프로세스를 진행하면, 유사한 분석 방법을 쓰더라도 기간이 다를 경우 그 결과는 보완적인 성격을 갖는다. 따라서 분석 결과는 해당 기간의 계통 상태에 대해서만 보다 대표성을 갖는다고 볼 수 있다.

앞서 언급했듯이 계통 운영자에게 있어서 온도에 민감한 소비자를 모니터링하는 것이 중요하다. 온도와 부하 프로파일의 상관 관계를 클러스터링 특성으로 이용하고 여기에 시각화 도구를 적용하면 이러한 고객들을 쉽게 찾아낼 수 있다. 그림8은 부하가 동일한 고객들을 온도에 대한 의존성에 따라 클러스터링을 진행한 결과이다. 2.1절의 통계 분석에서는 고객들이 0을 중심으로 정규분포에 근접한 분포를 보이는 것으로 확인되었지만, 여기에서는 온도 의존성이라는 고유 특성을 기준으로 K-Means를 통해서 의미 있는 분류 결과를 만들 수 있었다. 스위스의 가정에서는 에어컨 보급이 일반적이지 않으며, 가스에 비해 전기 난방은 많이 사용되지 않는다는 점을 유념할 필요가 있다. 따라서 절반 가량의 고객들이 포함되어 있는 클러스터1(빨간 색)는 온도에 따른 전력 소비의 변화가 거의 없다. 이들 고객 중 대부분은 전기 난방 시스템을 갖추고 있지 않은 것으로 예상된다. 노란 색의 클러스터3은 두 번째로 큰 그룹으로

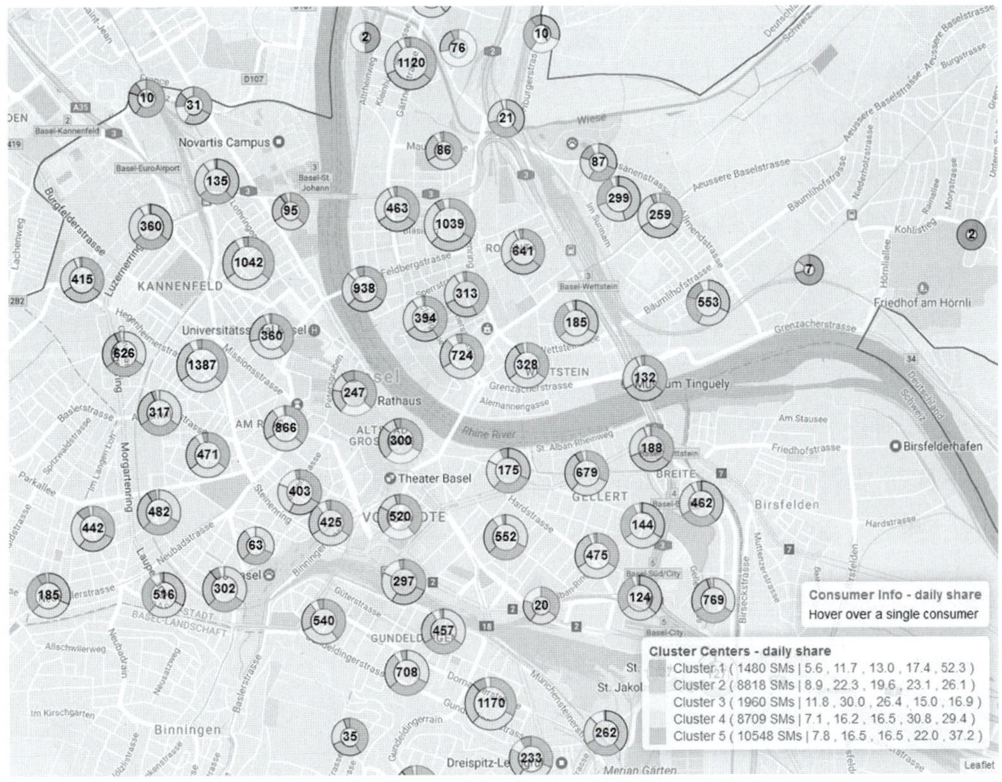

그림7. 시간대(새벽, 오전, 오후, 저녁, 심야)별 에너지 소비 비중에 따라 고객들을 클러스터링하고 이를 GIS와 연계하여 시각화한 결과

고객 중 30 %가 여기에 해당하는데, 온도와 전력 사용 사이에 약한 상관 관계가 존재한다. 하지만 이러한 온도 의존성은 이들 고객들이 하루 중 온도가 높은 시간인 낮 시간에 전력 사용이 있는 고객이라는 점을 고려하면 대부분 설명이 된다. 비록 고객 수는 많지 않지만 녹색의 클러스터4는 온도에 대한 양의 상관 관계가 가장 크다는 점에서 흥미로운 그룹이다. 여기에 해당하는 고객들은 도시의 특정 지역에 몰려 있다. 낮 시간의 전력 소비가 높은 편이지만, 더운 날씨에도 확실하게 영향을 받는다. 실제로 클러스터4의 고객들은 더운 날에 에어컨을 가동하는 상가 지역이나 축구 경기장 주변에 대부분 몰려 있다. 이와 달리 음의 상관 관계를 보이는 클러스터도 2개가 존재한다. 먼저 오렌지 색의 클러스터5는 온도가 내려가면 전력 사용량이 약간 증가하는 특성을 갖는 고객들로 구성되어 있는데, 전기 난방 기기를 가지고 있는 고객을 가능성이 높다. 바젤 시 전역에 걸쳐서 이런 고객들이 정도의 차이는 있지만 폭 넓게 분포하고 있다. 파란 색의 클러스터2는 음의 상관관계가 가장 큰 그룹이다. 여기에 해당하는 고객들은 원래 온도에 민감하거나, 다른 한편으로는 심야 시간의 음의 상관관계가 두드러지게

나타나는 것으로 볼 때, 전기보일러와 같이 전기 요금에 민감한 기기를 가지고 있는 고객일 가능성이 있다. 대부분의 고객들이 낮 시간에 활동을 하고 있음에도 상당수의 고객에서 온도에 대한 음의 상관 관계가 나타나는 것으로 볼 때, 이러한 부수적인 상관 관계의 효과는 제한적일 것으로 보인다. 이러한 과정을 통해서 DSO는 극심한 기상 조건에서 전력 수요가 급증할 것으로 예상되는 지역에 관한 뛰어난 통찰을 얻을 수 있다.

결론적으로 시각화 도구는 계통 운영의 최적화를 위해 의사결정을 내려야하는 주체와 클러스터링 알고리즘을 통해 계산되는 정보를 연결시켜주는 다리와 같다고 할 수 있다. 클러스터를 파이 차트 형태로 정보를 제공하면, 계통의 상태에 대해서 직관적으로 이해할 수 있는 종합적인 그림을 보여줄 수 있다. 하지만 클러스터링을 통해 얻어지는 지식의 질은 적합 특성을 선택하느냐 여부에 따라 달라진다. 이 장에서 소개된 사례에서는 데이터 세트에 대한 축소 작업을 진행하지 않았지만, 관심이 되는 기간을 중심으로 해당 기간 동안의 데이터로 특성을 추출하게 되면 특정 기간에 대해서 정확한 결과를 얻을 수 있다.

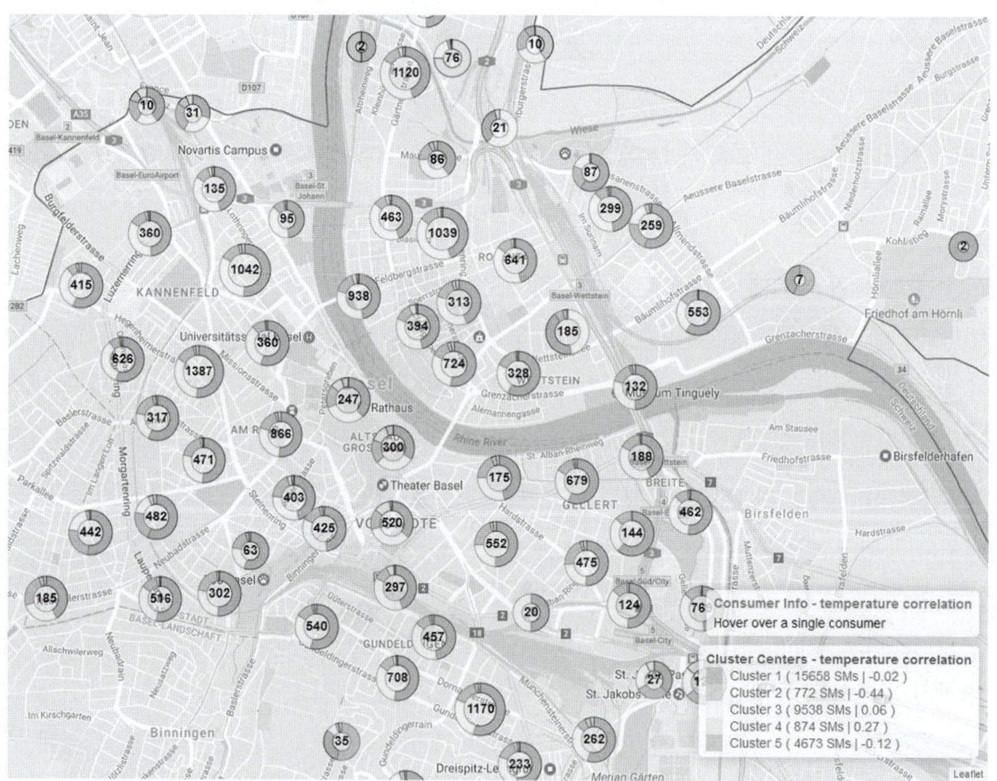

그림8. 외부 온도와 부하의 상관계수를 기준으로 고객들을 클러스터링하고 이를 GIS와 연계하여 시각화한 결과

5. 결론

요약하면 지난 몇 년 동안 저압 전력 망에서 엄청난 양의 데이터가 스마트미터에 의해 수집되고 있는데, 이를 활용하면 계통 운영에 추가적인 이점이 있다. 하지만, 이제는 많은 양의 데이터를 다룰 수 있는 적합한 방법을 개발하고, 여기서 얻어지는 지식을 DSO가 쉽고 신속하게 이해할 수 있는 형태로 변환하고, 결과적으로 이 지식들이 계통 운영을 도움이 되도록 만드는 것이 중요하다. 스마트미터에서 얻어지는 고 분해능의 시간적, 공간적 데이터를 통해 예전에는 불가능했던 상세한 수준의 계통 상태 추정이나 기타 계통 특성을 알 수 있게 된 것과 같은 맥락으로, 클러스터링과 같은 비지도 학습 기법은 여러 형태의 전력 소비자를 이해하는 식견을 제공하고 고객들을 묶을 수 있는 방법을 제시하여 새로운 가치를 만들어낸다.

이 장에서는 스위스 바젤 시의 DSO인 IWB가 수집한 대규모 측정 데이터 세트를 가지고 취리히연방공대의 스핀오프 Adaptricity가 참여하여 진행한 클러스터링 연구에 대해 포괄적으로 설명을 하였다. 데이터 분석에 앞서서 해야할 첫번째 작업은, 이용 가치가 없거나 신뢰할 수 없는 정보가 분석에 포함되지 않도록 가용 원시 데이터를 제대로 준비하는 것이다. 두 번째는 클러스터링 특성을 추출하는 작업으로 에너지 소비자의 클러스터에서 유사성의 기준이 되는 포인트가 이 단계에서 정의되어야 하기 때문에 성공적인 클러스터링 분석의 핵심 요소라 할 수 있다. 추출된 특성을 활용해서 표준 통계량, 통계량 간의 조합, 클러스터의 평균 부하 프로파일, 부하 프로파일의 온도 변수 의존성 등에 대한 분석을 할 수 있다. 세번째 작업은 모든 소비자에서 추출된 특성을 가지고 선택된 클러스터에 대해 K-Means 클러스터링 알고리즘 학습을 진행한다. 클러스터링 연산이 진행되면서 소비자는 각각 하나의 클러스터에 할당된다. 마지막으로 이러한 클러스터링 결과를 시각화하여 도시의 지도상에 표시한다. 지도상의 지점은 익명성(anonymization)에 대한 규정에 따라 우편 주소가 될 수도 있고, 데이터 집중 장치가 될 수도 있다.

데이터 준비 단계에서 시간이 많이 소요되지만, 분석 방법만으로 볼 때, 클러스터링은 예측과 같은 다른 학습 알고리즘에 비해 시간이 많이 걸리지 않는 방법이며, 분석 결과는 측정 데이터에 중요한 가치를 부여하는 특징이 있다. 특히 클러스터링 분석은 가장 흔하지 않은 부하를 찾아내는 문제에서 자주 관심을 받고 있다. 이들 흔하지 않은 고객들을 주류 클러스터에 속한 고객들과 비교하면, 어떤 특성에서 상당히 다른 행동을 보이게 마련인데, 사례에서는 시각화 도구를 통해 이들 고객들이 특정 지역에 많이 몰려 있다는 점을 확인할 수 있었다. 따라서 이러한 흔하지 않은 부하를 가진 고객들에 대해서 DSO가 잘 알고 있으면, 저압 계통에 시급한 상황이 발생했을 때 DSO가 보다 빠르게 대처할 수 있다. 예를 들어, 온도에 민감한 고객들이 몰려 있는 지점(branch)의 배전 계통 부품들은 폭염, 혹한 등의 시기에 더 많은 부하를 감당해야 한다. 예전의 접근처럼 평균을 구하는 방법으로는 이 문제의 심각성을 알 수 없었으며, 스마트미터와 이를 분석할 수 있는 기법 및 시각화 도구가 있기 전까지는 탐지하기도 어려웠다. 더욱이 클러스터링으로 얻어지는 고객 세분화 정보는 수요 관리나 동적 요금제에 적합한 고객을 찾아내는데 토대가 된다. 이러한 방식으로 배전 계통을 보다 유연(flexible)하게 운영할 수 있는데 예를 들어, DSO가 신재생 잉여 에너지가 어디에서 발생하고, 이들 에너지가 어디에서 흡수되는지를 알 수 있으면 신재생에너지의 계통 연계를 보다 원활하게 이행할 수 있게 된다.

마지막으로, 스마트미터링은 전력 계통에서 최근에 측정이 이루어지는 데이터의 소스로서 예전에는 불가능했던 전력의 최종 소비에 대한 정보가 다량으로 얻어지고 있다. 따라서, 소프트웨어 관점에서는 이들 데이터를 가치 있게 활용하는 문제가 새롭게 당면한 과제라 할 수 있다. 데이터가 많아질수록 지식이 증가한다 것은 오로지 이를 다룰 수 있는 데이터 처리, 분석, 시각화가 가능할 때만 해당되는 얘기다. 일반적으로 비지도 학습 기법은 병렬 컴퓨팅처럼 빅데이터 기술의 영역으로 다루어진다. 하지만 이 기법을 전력 계통 데이터 분석에 적용할 때는 단순히 빅데이터 기법을 가져다 쓴다는 개념보다는 매우 새로운 연구 분야로 접근할 필요가 있다. 이 과정을 통해서 DSO의 계통 운영에 새로운 기회를 열 수 있을 것이다.

참고 문헌

[1] Commission for Technology and Innovation, https://www.kti.admin.ch/kti/en/home.html.

[2] Industrielle Werke Basel, https://www.iwb.ch.

[3] Adaptricity AG, https://www.adaptricity.com.

[4] The R Project for Statistical Computing, https://www.r-project.org.

[5] Apache Spark, https://spark.apache.org.

[6] Leaflet, https://leafletjs.com.

[7] R. Silipo, P. Winters, Big Data, Smart Energy, and Predictive Analytics, 2013. KNIME, Technical Report.

CHAPTER 07

딥러닝을 이용한 스마트그리드 데이터 분석

Elena Mocanu, Phuong H. Nguyen, Madeleine Gibescu
Eindhoven University of Technology, Eindhoven, The Netherlands

이 장의 개요

가정용 에너지 관리시스템(home energy management system; HEMS)과 AMI의 성장으로 전례 없는 대규모 데이터가 스마트 그리드 환경에서 사용 가능해지고 있다. 전력 망의 운용 개선을 목적으로, 이들 데이터에서 자동으로 지식을 추출하거나, 유용한 정보를 제공하는데 활용하기 위해 최신의 지도, 비지도 머신 러닝(ML) 기법들도 활용할 수 있게 되었다. 이 장에서는 딥러닝에 초점을 두고 있으며 다음의 형식으로 구성되어 있다. 첫번째 부분에서는 최신 기술에 대한 논의 출발점으로 잘 알려진 딥러닝의 개념에 대해서 설명을 하고 있는데, 여기에서는 심층 신뢰 신경망(deep belief network; DBN)과 고차원 제한 볼츠만 머신(high-order restricted Boltzmann machine) 즉, 조건부 제한 볼츠만 머신, 인수분해 조건부 제한 볼츠만 머신(factored conditional restricted Boltzmann machine; FCRBM), 4원 조건부 제한 볼츠만 머신 등을 다룬다. 각자의 이론적인 장점과 한계를 연산 처리의 제약, 수렴 성질(convergence), 안정성 등으로 논의한다. 이후에는 지도 학습과 비지도 학습 딥러닝 방법을 이용해서 건물의 에너지 소비를 예측하는 2건의 사례가 소개된다. 이 장의 결론 부분에서는 스마트그리드의 계통 계획과 운영을 더 잘하기 위해서나, 고객들로 하여금 에너지 절약 행동을 유도하여 보다 적극적인 역할을 하도록 만들기 위해서 새롭게 적용 가능한 분야에 대한 열린 질문과 고찰을 통해서 간략하게 미래의 트렌드를 살펴보는 것으로 마무리된다.

1. 도입

1.1 신경망에서 딥러닝으로

불확실한 사건을 예측하는 힘을 확보하기 위해 과학계는 점점 더 정확한 방법을 지속적으로 찾아왔다. 전력 예측 문제에 있어서 가장 널리 이용되는 방법이 무엇인지를 살펴보고, 이들 연구에 딥러닝 방법을 적용할 수 있는지를 알아보기 위해서, Scopus 데이터베이스의 학술 논문들에 몇가지 쿼리를 넣어서 간략한 서지 분석(bibliometric analysis)을 진행하였다. 지난 10년간 에너지 예측에 초점을 논문은 6,613건이 발표되었으며, 2015년에만해도 발표된 논문이 839건에 이른다. 그림1은 이들 논문들의 분포를 나타낸 것인데, 한편으로는 논문의 유형(컨퍼런스, 학술지 게재 논문, 리뷰 페이퍼, 기타)로 구분을 하였고, 다른 한편으로는 ML을 적용한 것과 적용하지 않은 것으로 구분하였다.

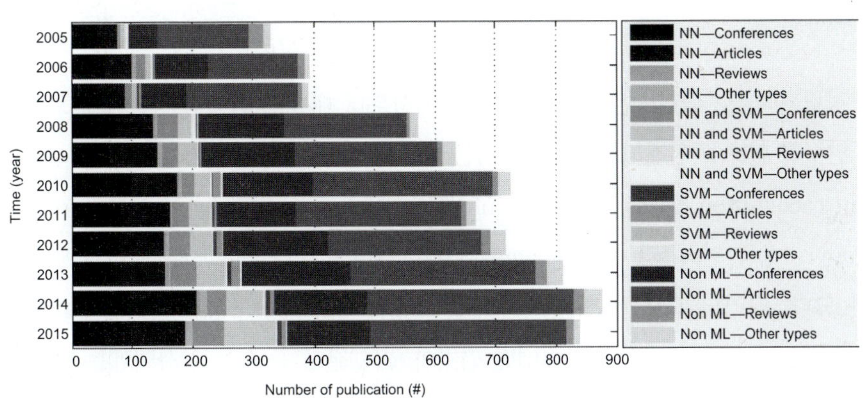

그림1. 2005년-2015년간 전력 예측으로 발표된 논문들의 Scopus 서지 분석 결과

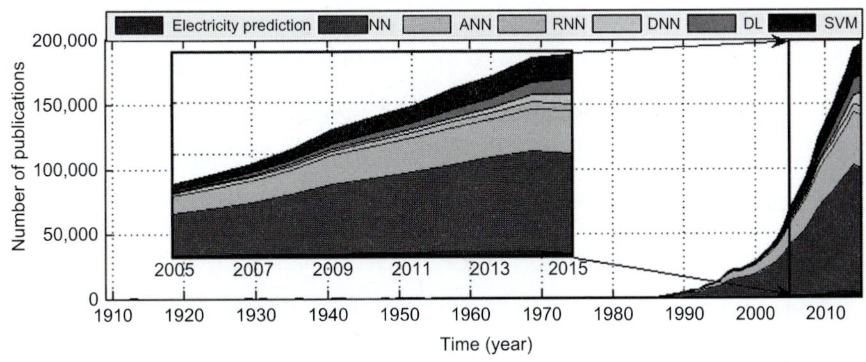

그림2. 지난 100년(1909년-2015년)간 예측과 관련된 논문들의 Scopus 서지 분석 결과

조사 결과, 신경망을 이용한 논문은 총 2,380건이며, SVM을 이용한 논문은 총 820건이고, 703건의 논문은 이 두 가지 방법을 모두 사용한 것으로 확인되었다. 그림2에서는 ML의 진화에 대한 보다 일반적인 관찰을 위해 대상 기간을 100년으로 확장하고, 지난 10년간의 변화는 확대하여 표시하였다. 이 그림은 전력 예측에 관한 최근의 상황을 보여줄 뿐 아니라 이들 기술의 미래 방향을 살펴보는 논의의 출발점 역할을 한다.

전반적으로 볼 때, 가장 많이 연구된 ML 방법은 신경망(neural networks; NN)과 이를 확장한 모형 즉, 인공 신경망(artificial neural networks; ANN), 순환 신경망(recurrent neural networks; RNN), 심층 신경망(deep neural networks; DNN), 심층 신뢰 신경망(deep belief networks; DBN)에 기반을 둔 방법이었다. 2016년까지 Scopus에 NN으로 색인된 논문은 백만 건이 넘는다는 점을 유념할 필요가 있다. 이것으로부터 우리는 DNN을 포함한 딥러닝 모델이 지난 몇 년 동안 가장 중요한 트렌드임을 알 수 있다..

1.2 딥러닝 방법

개념이 정립된 이후, 딥러닝은 순수 학문 연구에서부터 대규모 산업적 응용에 이르기까지 광범위한 연구와 활용이 전개되고 있는데, 이는 다양한 현실 생활의 문제를 해결하는데 음성 인식(audio recognition)[2], 강화 학습(reinforcement learning; RL)[3], 전이 학습(transfer learning)[4], 행동 인식(activity recognition)[5] 등의 머신러닝이 거두고 있는 성공에 힘 입은 바가 크다. 딥러닝 모델은 은닉 뉴런(hidden neuron)으로 구성된 다층(multiple layer) ANN으로, 뉴런들은 연속된 층 사이에만 연결이 있고 같은 층의 뉴런 사이에는 연결이 없다. 일반적으로 딥러닝 모델은 제한 볼츠만 머신(RBM)과 같은 기초 단일 블록(basic building block)으로 구성된다[6]. RBM은 지도 학습과 비지도 학습에서 딥 아키텍처의 초기 가중치를 구하는 일을 성공적으로 수행할 뿐 아니라, 점차적으로 여러 응용 분야에서 독립형(standalone) 모델로도 활용될 수 있음이 입증되고 있다. 성공 사례로는 인간의 선택 행위 모형의 밀도 추정[7], 협업 필터링(collaborative filtering)[8], 정보 검색[9], 다중 클래스 분류[10] 등이 있다. 따라서 RBM에서 앞으로 중요한 연구 방향은 계산 시간을 단축하고, 생성 및 판별 능력을 높이는 것과 같이 다양한 항목에서의 성능을 높이는 데 있다[11].

여기에서는 최근에 진행한 딥러닝 아키텍처의 변화에 대한 조사 결과에서부터 논의를 시작하고자 한다. 그림3이 나타내는 것은 텐서 인수 분해 차수(order of tensor factorization)에 따른 딥러닝 아키텍처의 전반적인 변화를 조사한 결과이다. 이 그림에서는 두 가지 일반적인 연구 방향을 확인할 수 있다. 하나는 ANN에서 은닉 층의 수를 늘리는 것이 딥러닝의 주된 진화 방향이라고 할 수 있으며, 요즘은 이를 심층 네트워크라고 부르고 있다(그림3의 수직 명암 지역). 하지만 여러 RBM층 사이의 다층 상호작용(즉, 텐서 연결)의 차수의 관점에서 보면, 텐서(tensor) 인수분해의 차수를 늘리는 쪽으로 다른 연구 방향이 전개되고 있음을 알 수 있다. 이 장에서는 차수를 늘리는 연구(붉은색 명암 지역)를 주로 다루고 있지만, 나머지 절에서 이들 두 영역을 함께 설명하였다.

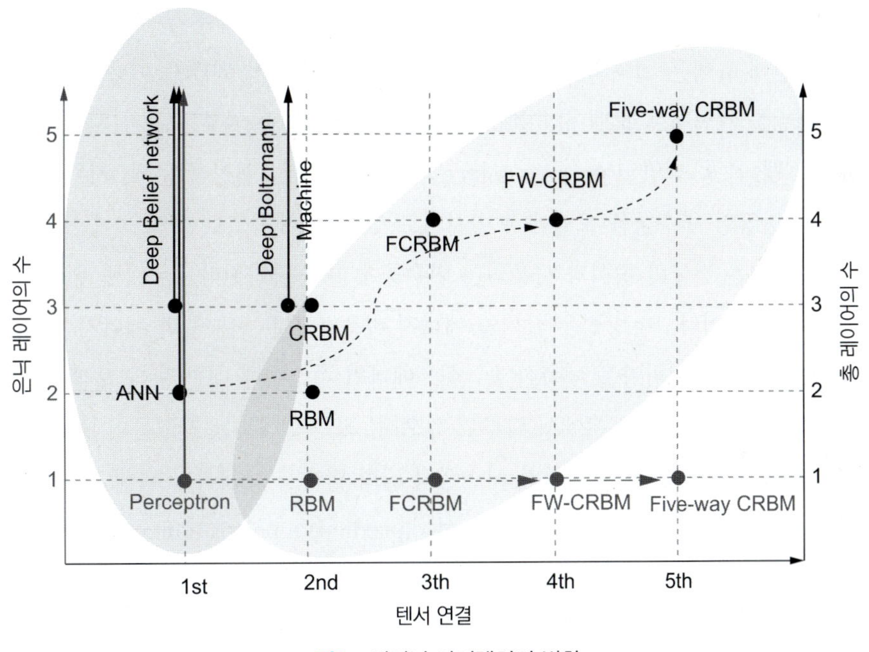

그림3. 딥러닝 아키텍처의 변화

2. 지도 학습 딥러닝을 이용한 에너지 예측

상업 및 산업용 건물이 전세계의 에너지 소비에서 차지하는 비중은 매우 크다. 현재 부각되고 있는 미래의 에너지 생태계는 그린 빌딩들이 스마트그리드로 연결되어 건물의 에너지 소비를 최적화하는 것을 목표로 한다. 이를 위해서는 단기에서 장기에 이르는 폭 넓은 시간 범위에서 에너지 소비 예측이 필요하다. 여러 건물 집단에 대한 예측 뿐만 아니라 개별 건물 수준까지의 예측이 중요한데, 이를 통해서 확보되는 지역 단위의 예측을 바탕으로 분산 전원을 활용할 수 있다. 에너지 소비를 세분화하여 예측할 수 있게 되면, 에너지 소비 패턴을 분석하거나 에너지 절약의 주요 내상을 식별하는데 도움이 된다. 또한 시간별 에너지 소비량 예측 결과를 활용하여 빌딩 관리자는 시간별 에너지 사용계획을 수립하고, 에너지 사용을 경부하 시간으로 이전하거나, 보다 효과적인 에너지 구매계획을 세울 수가 있다.

건물의 에너지 소비는 소비자의 여러 행동들이 복잡하게 얽혀 있고, 그 영향 인자도 불분명하며 잦은 수요 변동으로 인해서 예측하기가 어렵다. 수요 변동에 영향을 주는 인자로는 날씨의 변화, 건축에 사용된 자재와 이들 자재들의 단열 특성, 거주자의 행동 패턴, 조명 및 HVAC의 설비 구성 등이 있다. 지금까지 건물의 에너지 소비를 정확하게 예측하기 위한 다양한 방법들이 제안된 바 있다. 일반적으로 건물 에너지 예측 방법은 두 가지 유형으로 나눌 수 있다. 첫 번째 유형은 열역학 및 에너지 거동에 대한 물리적 원리를 이용해서 건물 단위의 에너지 소비를 계산하는 모델이다. 여기에 해당하는 모델 중 일부는 공간 시스템, 자연 환기, 공조 시스템, 수동 태양열(passive solar), 태양광 시스템, 재정적 문제, 거주자 행동, 기후 환경 등의 다양한 변수들을 모델에 포함시키고 있다. 전체적으로 보면, 이들 모델들은 모델링의 대상이 되는 건물의 형식과 사용되는 변수들에 따라 달라진다. 두 번째 유형은 통계적 방법을 활용한 예측이다. 이 방법은 날씨와 에너지 비용과 같은 변수들과 에너지 소비를 연관시켜서 빌딩의 에너지 소비량을 예측한다. 건물 에너지 시스템에 대한 보다 포괄적인 논의는 Krarti[12]와 Dounis[13]의 논문에서 다루고 있으며, 최근의 리뷰는 참고문헌 [14,15]를 참조하기 바란다. 또한 미래의 건물 에너지 시스템의 진화 방향을 모색하기 위해 건물 에너지 예측 모델을 만들고, 그 결과를 이용해서 예측 성능(predictive performance) 최적화하기 위한 하이브리드 접근도 시도되고 있다[16~18]. 한편, 에너지 예측을 위한 가장 널리 사용되는 머신러닝 방법은 ANN과 SVM이다[9]. 은닉 마르코프 모델(hidden Markov model; HMM) 역시 자주 활용되는데 이 모델은 시계열 분석을 위한 확률 모형이다[20]. HMM 모델은 생물정보학(bio-informatics)에서 주식 시장에 이르기까지 다양한 분야에서 좋은 결과를 보여주고 있지만, 건물 에너지 예측 분야에서는 아직 많은 연구가 이루어지지 않았다.

이 절에서는 계량 데이터에서 얻어지는 부하 프로파일의 특성을 활용하여 에너지 소비를 예측하는딥러닝을 중점적으로 다룬다. 에너지 소비는 시계열 문제로 볼 수 있기 때문에, 우리는 조건부 제한 볼츠만 머신(CRBM)[8]와 인수분해 조건부 제한 볼츠만 머신(factored conditional restricted Boltzmann machine; FCRBM)이 적합할 것으로 생각하였다. 이들 모델들은 최근에 도입되기 시작한 확률 기반 머신러닝 기법으로 인간의 행동 스타일, 구조화된 출력 예측 등과 같이 복잡한 비선형 시계열 모델에서 지금까지 성공적으로 사용된 학습 방법이다[22-24]. 여기에서는 스타일과 특성 라벨을 하나로 합치고, 이에 따라서 학습 규칙에 관한 방정식과 미분 계수를 수정하는 형태로 FCRBM 아키텍처를 구현하여 에너지 예측을 수행하였다.

2.1 조건부 제한 볼츠만 머신(Conditional Restricted Boltzmann Machine)

CRBM [22]은 시계열 데이터와 인간 활동을 모델링하는데 사용되는 RBMs[6]의 확장 모형이다[25]. 이 모델은 비지도 학습에 기반을 둔 에너지 모델에 적합하다. 확률론적 노드와 레이어를 사용하는 확률 모델로, 이를 통해 국소 최저치(local minima)에 대한 취약성 문제를 완화할 수 있다. 또한, 다층 신경망 구조로 되어 있어서 RBM은 일반화에 탁월한 가능성을 갖고 있다[1]. 수식으로 보면 RBM은 가시 레이어(visible layer)와 은닉 레이어(hidden layer)의 이진(binary) 형태로 구성된다. 가시 레이어는 데이터를 나타내고 은닉 레이어는 임의의 복잡도(arbitrary complexity)로 표현될 수 있는 분포의 종류를 확대하여 학습 용량을 늘린다[25]. CRBM 모델[22]은 RBM에 조건부 히스토리 계층(conditional history layer)을 포함시켜 확장한 모델이다. 이 모델의 일반적인 구조는 그림4에 제시되어 있는데, 여기서 총 에너지 함수는 뉴런과 가중치/바이어스 간의 모든 가능한 상호 작용을 고려하여 다음과 같이 계산된다.

$$E(v,h,u;W) = -v^T W^{vh} h - v^T b^v - u^T W^{uv} v - u^T W^{uh} h - h^T b^h \quad (1)$$

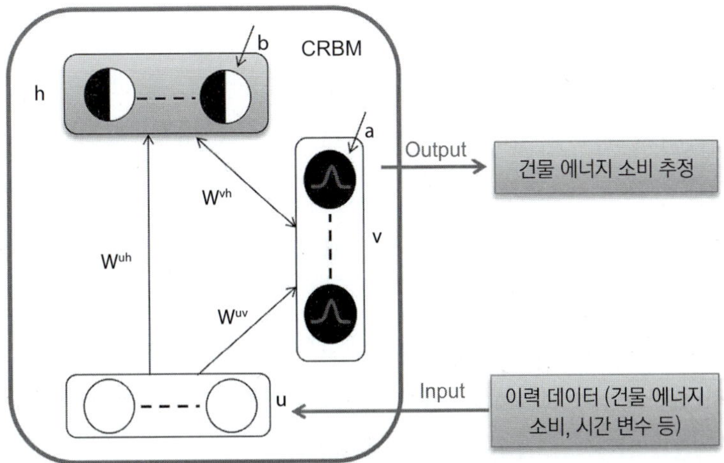

그림4. 조건부 제한 볼츠만 머신의 일반적인 아키텍처. 여기에서 u는 조건부 이력 레이어(입력)을 의미하며, h는 은닉 레이어, v는 가시 레이어(출력)을 나타낸다. 은닉 레이어는 이진 뉴런을 가지고 있으며, 입력 레이어는 실수, 기타 레이어는 가우시안 값들을 가진다.

여기에서 $\mathbf{u}=[u_1, \cdots, u_{n_u}]$는 모든 히스토리의 실수 값 벡터를 나타내며, n_u는 마지막 히스토리 뉴런 (입력)을 나타내는 인덱스이다. $\mathbf{v}=[v_1, \cdots, v_{n_v}]$는 모든 가시 유닛 v_i에 대한 실수 값 벡터를 나타내고 n_u는 마지막 가시 뉴런 (출력)을 나타내는 인덱스이다. 마찬가지로 $\mathbf{h}=[h_1, \cdots, h_{n_h}]$는 모든 은닉 유닛 h_j의 바이너리 벡터이며, n_h는 마지막 은닉 뉴런을 나타내는 인덱스이다. $\mathbf{W}^{vh} \in \mathbb{R}^{n_h \times n_v}$는 $\mathbf{v}$와 $\mathbf{h}$를 연결하는 모든 가중치의 행렬을 나타내고, $\mathbf{W}^{uv} \in \mathbb{R}^{n_h \times n_v}$은 $\mathbf{u}$와 $\mathbf{v}$를 연결하는 모든 가중치의 행렬을 나타내며, 마찬가지로 $\mathbf{W}^{uh} \in \mathbb{R}^{n_u \times n_h}$은 $\mathbf{u}$와 $\mathbf{h}$를 연결하는 모든 가중치의 행렬을 나타낸다. 숨겨진 뉴런의 바이어스는 $\mathbf{b}^h \in \mathbb{R}^{n_h}$로 주어지며 가시 뉴런의 바이어스는 $\mathbf{b}^v \in \mathbb{R}^{n_v}$로 주어진다.

ANN과 달리 CRBM의 가중치는 양방향(bidirectional)이 될 수 있다는 점에 유의할 필요가 있다. 좀더 정확하게 말하면, $\mathbf{W}^{vh}$는 양방향성이고 다른 가중치 행렬 $\mathbf{W}^{uv}$ 및 $\mathbf{W}^{uh}$는 단방향 특성을 가지고 있다.

2.1.1 CRBM에서의 추론

CRBM에서 확률론적 추론(probabilistic inference)이란 두 가지 조건부 분포를 결정하는 것을 의미한다. 첫 번째는 다른 모든 레이어에 대한 은닉 레이어의 조건부 확률 즉, $p(\mathbf{h}|\mathbf{v}, \mathbf{u})$이고 두 번째는 다른 모든 레이어에 대한 가시 레이어의 조건부 확률 즉, $p(\mathbf{v}|\mathbf{h}, \mathbf{u})$를 결정하는 것이다. 같은 레이어에 있는 뉴런 사이에는 연결이 없으므로, 각 단위 유형에 대해 추론을 병렬 연산으로 수행할 수 있다. 즉,

$$p(h=1|\mathbf{u}, \mathbf{v}) = \mathrm{sig}(\mathbf{u}^T W^{uh} + \mathbf{v}^T W^{vh} + b^h) \tag{2}$$

여기에서 $sig(x)=1/1+\exp(-x)$이고,

$$p(v|\mathbf{h}, \mathbf{u}) = \mathcal{N}(\mathbf{W}^{uv^T}\mathbf{u} + \mathbf{W}^{vh}\mathbf{h} + \mathbf{b}^v, \sigma^2) \tag{3}$$

이 식에서 표준편차 σ를 편의상 1로 간주한다. 은닉 뉴런의 확률은 각각의 은닉 유닛에 대한 전체 입력을 평가하는 S자형(sigmoidal) 함수로 주어지며, 가시 뉴런의 확률은 각각의 가시 유닛에 대한 전체 입력으로 가우스 분포로 주어진다.

2.1.2 대조 발산(contrastive divergence)을 이용한 CRBM 학습

매개 변수는 우도 함수를 최대화하는 방식으로 구해진다. 모델의 우도를 최대화하기 위해서는 가중치에 대한 에너지 함수의 기울기가 계산되어야 한다. 로그 우도 함수 기울기는 미분으로 계산하기가 어렵기 때문에 Hinton[26]은 이에 대한 대안으로 대조 발산(contrastive divergence; CD)이라고 하는 근사 방법을 제안한 바 있다. 최대 우도에 도달한 학습 단계에서는 입력 데이터의 분포와 근사 모델간의 KL 척도(Kullback–Leibler measure)가 최소화된다. CD 근사 방법에서 학습은 다음과 같은 기울기를 따른다.

$$CD_n \propto D_{KL}(p_0(\mathbf{x})||p_\infty(\mathbf{x})) - D_{KL}(p_n(\mathbf{x})||p_\infty(\mathbf{x})) \tag{4}$$

여기서 $p_n(\cdot)$은 n 단계에서 실행되는 마르코프 체인의 분포를 의미한다. 각각의 가중치 행렬과 바이어스에 대한 업데이트 규칙은 이들 변수 각각에 대한 에너지 함수(즉, 가시 가중치)를 유도함으로써 계산될 수 있다. 이를 산식으로 표현하면 다음과 같다.

$$\frac{\partial \mathbf{E}(v,h,u)}{\partial W^{uh}} = -uh^T; \frac{\partial \mathbf{E}(v,h,u)}{\partial W^{uv}} = -uv^T; \frac{\partial \mathbf{E}(v,h,u)}{\partial W^{vh}} = -vh^T \tag{5}$$

각 레이어의 바이어스에 대한 업데이트 공식은 아래와 같다.

$$\frac{\partial \mathbf{E}(v,h,u)}{\partial b^v} = -v, \quad \frac{\partial \mathbf{E}(v,h,u)}{\partial \mathrm{b}^h} = -h \tag{6}$$

가시 유닛은 주어진 은닉 유닛의 조건에 따라 독립적일 수 있고, 반대로 은닉 유닛은 가시 유닛에 독립적일 수 있기 때문에, 학습 과정은 1단계 깁스 샘플링(one-step Gibbs sampling)을 이용해서 이루어진다. 1단계 깁스 샘플링은 세부적으로 다음의 2개 단계 즉, (1) 은닉 유닛을 모두 업데이트하고 (2) 가시 유닛을 모두 업데이트하는 단계로 구분될 수 있다. 따라서 CD_n에서 가중치 업데이트는 다음과 같이 수행된다.

$$\mathbf{W}^{uh}_{\tau+1} = \mathbf{W}^{uh}_{\tau} + \alpha(\langle \mathbf{uh}^T \rangle_{\mathrm{data}} - \langle \mathbf{uh}^T \rangle_{\mathrm{recon}}) \tag{7}$$

$$\mathbf{W}^{uv}_{\tau+1} = \mathbf{W}^{uv}_{\tau} + \alpha(\langle \mathbf{uv}^T \rangle_{\mathrm{data}} - \langle \mathbf{uv}^T \rangle_{\mathrm{recon}}) \tag{8}$$

$$\mathbf{W}^{vh}_{\tau+1} = \mathbf{W}^{vh}_{\tau} + \alpha(\langle \mathbf{vh}^T \rangle_{\text{data}} - \langle \mathbf{vh}^T \rangle_{\text{recon}}) \tag{9}$$

그리고 바이어스 업데이트는 다음과 같다.

$$\mathbf{b}^{v}_{\tau+1} = \mathbf{b}^{v}_{\tau} + \alpha(\langle \mathbf{v} \rangle_{\text{data}} - \langle \mathbf{v} \rangle_{\text{recon}}) \tag{10}$$

$$\mathbf{b}^{h}_{\tau+1} = \mathbf{b}^{h}_{\tau} + \alpha(\langle \mathbf{h} \rangle_{\text{data}} - \langle \mathbf{h} \rangle_{\text{recon}}) \tag{11}$$

여기에서 τ는 반복 횟수이고 α는 학습 속도를 의미한다.

2.2 인수분해 조건부 제한 볼츠만 머신(Factored Conditional Restricted Boltzmann Machine)

이 절에서는 그림5에 제시된 FCRBM을 소개한다. 이 방법에 대한 이해를 돕기 위해 모델의 구성에 대한 설명과 함께 직관적인 부분을 함께 논의하였다. 다음으로 에너지 함수, 확률론적 추론, 학습 및 업데이트 규칙 등을 포함하여 수학적인 모형에 대한 설명과 세부 사항들을 추가하였다.

FCRBM을 수학적으로 표현하기 위해서는 세 가지 주요 구성요소가 필요하다. 첫번째는 에너지 함수인데 이 함수는 주어진 네트워크 구성에서 스칼라 값을 제공하며 필수 요소이다. 두번째는 확률론적 추론 즉, 각각의 조건에 대한 계산 절차가 구체화 되어야 한다. 마지막으로, 자유 매개 변수(free parameter)를 구하기 위한 업데이트/학습 규칙이 유도 되어야 한다.

테일러(Taylor) 등[25]은 여러 스타일과 인수, 곱셈, 삼원(three-way) 상호 작용 등을 추가한 FCRBM을 통해 인간의 행동의 다양한 스타일을 예측한 바 있다. 원래 FCRBM은 기존의 CRBM 모델의 3개 레이어에, 스타일과 특성을 다루는 2개의 레이어를 추가한 형태로 구성된다. 하지만 여기에서 제시된 사례에서는 연구 목적에 부합하도록 스타일과 특성 레이어를 하나로 통합하였으며, 이 레이어에서 예측에 유용한 다양한 매개변수를 표현할 수 있도록 구성하였다. 좀더 정확하게 표현하면, 앞에서 언급된 축소(reduction)를 시행하였으며, 이에 따라 FCRBM 모델은 (1) 실수 값의 가지는 가시 레이어 $\mathbf{v}$, (2) 실수 값의 히스토리 레이어 $v_{<t}$(i.e., $v_{<t} = v_{<t,t-N:t-1}$), 여기서 $N \in \mathbb{N}$, (3) 이진 은닉 레이어 $\mathbf{h}$, (4) 스타일 레이어 $\mathbf{y}$ 등으로 구성된다. 위의 각 레이어는 FCRBM의 성공적인 구현에 필수적이다. 가시 레이어에는

예측하고자 하는 시계열 데이터의 현재 값을 인코딩한다. 타임 시퀀스의 히스토리는 히스토리 레이어에 인코딩되어 예측의 토대 역할을 한다. 은닉 레이어는 타임 시퀀스 분석에 필수적인 것으로 중요한 특성을 찾아내는 역할을 한다. 이들 레이어 사이의 고유한 관계를 학습하기 위해서, 그림5에서와 같이 지정(directed) 또는 지정되지 않은(undirected) 가중치와 인수들이 연결에 이용된다.

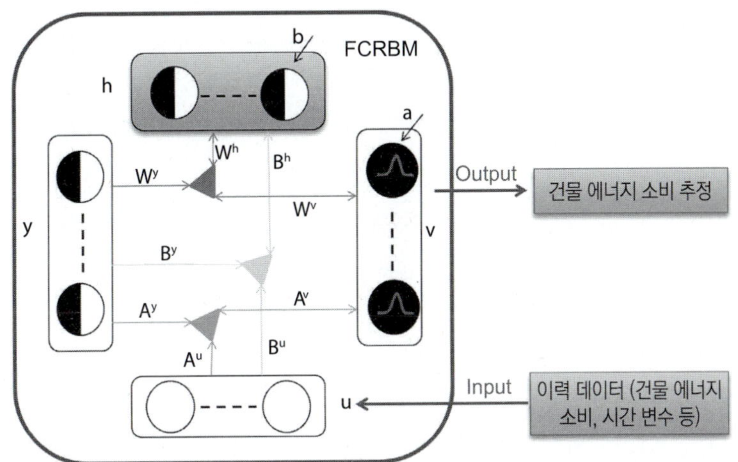

그림5. 인수분해 조건부 제한 볼츠만 머신의 일반적인 아키텍처. 여기에서 u는 조건부 이력 레이어(입력)을 의미하며, h는 은닉 레이어, v는 가시 레이어(출력)을 나타낸다

좀더 수학적으로 얘기하면, FCRBM은 가시 레이어 **v**와 은닉 레이어 **h**, 뉴런에 대한 결합 확률 분포(joint probability distribution)를 정의한다. 결합 분포는 과거 N의 관측치 $\mathbf{v}_{<t}$, 모델의 매개 변수 θ(즉, i.e., $\mathbf{W}^h$, $\mathbf{W}^v$, $\mathbf{W}^y$, $\mathbf{A}^{v<t}$, $\mathbf{A}^v$, $\mathbf{A}^y$, $\mathbf{B}^y$, $\mathbf{B}^v$, $\mathbf{B}^h$), 그리고 스타일 레이어 **y**의 조건에 따라 달라진다. CRBM과 마찬가지로, FCRBM의 은닉 레이어 유닛은 이진 확률이며, 가시 레이어의 유닛은 실수이고 여기에 가우시안 노이즈가 추가된 것으로 가정한다. 수식에 대한 표기를 용이하게 하기 위해서, 테일러가 발표한 최초의 논문(Taylor and Hinton, 2011)에서와 같이, 표준편차를 $\sigma_i = 1$로 가정하였다.

2.2.1 FCRBM에서의 총 에너지 함수

FCRBM에서 총 에너지 함수 $\mathbf{E}(\mathbf{v}_t, \mathbf{h}_t | \mathbf{v}_{<t}, \mathbf{y}_t)$는 다음과 같이 1차 및 3차 에너지 항의 합으로 계산된다.

$$\mathbf{E} = \underbrace{\frac{1}{2}\sum_{i=1}^{n_1}(v_{i,t} - \hat{a}_{i,t})^2 - \sum_{j=1}^{n_2}\hat{b}_{j,t}h_{j,t}}_{\mathbf{E}_I} - \underbrace{\sum_{f=1}^{F}\left[\sum_{i=1}^{n_1}W_{if}^{v}v_{i,t}\sum_{j=1}^{n_2}W_{if}^{h}h_{j,t}\sum_{p=1}^{n_3}W_{pf}^{y}y_{p,t}\right]}_{\mathbf{E}_{III}} \tag{12}$$

여기에서 $\mathbf{E}_{III}$은 다음과 같이 정의된다.

$$\mathbf{E}_{III} = -\sum_{f=1}^{F}\left[\sum_{i=1}^{n_1}\left[\sum_{j=1}^{n_2}\left[\sum_{p=1}^{n_3}\left[W_{if}^{v}W_{jf}^{h}W_{pf}^{y}v_{i,t}h_{j,t}y_{p,t}\right]\right]\right]\right] \tag{13}$$

여기에서 F, n_1, n_2, n_3은 각각 인수의 전체 개수와 가시 레이어, 은닉 레이어, 라벨 레이어의 유닛 개수를 나타낸다. $\hat{a}_{i,t}$와 $\hat{b}_{j,t}$ 항은 동적 바이어스로 불리며 다음과 같이 정의된다.

$$\hat{a}_{i,t} = a_i + \sum_{i}A_{i,m}^{v}\sum_{k}A_{k,m}^{v<t}v_{k,<t}\sum_{p}A_{p,m}^{y}y_{p,t} \tag{14}$$

$$\hat{b}_{j,t} = b_j + \sum_{n}B_{j,n}^{h}\sum_{k}B_{k,n}^{v<t}v_{k,<t}\sum_{p}B_{p,n}^{y}y_{p,t} \tag{15}$$

여기에서 $A_{i,m}^{v}$, $A_{k,m}^{v<t}$, $A_{p,m}^{y}$, $B_{j,n}^{h}$, $B_{k,m}^{v<t}$, $B_{p,n}^{h}$은 각 레이어의 동적 바이어스를 의미한다. 이들 뿐만 아니라 가중치 연결도 더 상세하게 훈련이 필요한 자유 매개 변수이다.

2.2.2 FCRBM에서의 추론

FCRBM에서 추론은 같은 층의 뉴런 사이에는 연결이 없기 때문에 병렬로 수행된다. 여기에서 추론은 특히 두 가지 조건부 분포를 결정하는 것을 의미한다. 첫째는 은닉 뉴런의 조건부 확률 분포 $(h_{j,t}=1|\boldsymbol{v}_t\boldsymbol{v}_{<t}\boldsymbol{y}_t)$로 총 입력 $h_{j,t}^{*} = \sum_{f}W_{if}^{h}\sum_{i}W_{if}^{v}v_{i,t}\sum_{p}W_{pf}^{y}y_{p,t}$에 대한 각 은닉 레이어 유닛과 인수들을 평가하여 S자 함수로 주어진다. 두 번째는 가시 뉴런의 확률 $p(v_{i,t}=1|\boldsymbol{h}_t\boldsymbol{v}_{<t}\boldsymbol{y}_t)$로 총 입력 $v_{i,j}^{*} = \sum_{f}W_{if}^{v}\sum_{i}W_{jf}^{h}h_{k,t}\sum_{p}W_{pf}^{y}y_{p,t}$에 대한 가시 레이어 유닛과 인수들의 가우시안 분포로 주어진다. 따라서, j 번째 은닉 레이어 유닛과 i번째 가시 레이어 유닛에 대해 추론은 다음과 같이 진행된다.

$$p(h_{j,t}=1|\boldsymbol{v}_t\boldsymbol{v}_{<t}\boldsymbol{y}_t) = sigmoid(\hat{b}_{j,t} + h_{j,t}^{*}) \tag{16}$$

$$p(v_{i,t}=1|\boldsymbol{h}_t\boldsymbol{v}_{<t}\boldsymbol{y}_t) = \mathcal{N}(\hat{a}_{i,t} + v_{i,j}^{*}, \sigma_i^2) \tag{17}$$

여기에서 $N(\mu,\ \sigma_i^2)$은 평균이 μ이고 분산이 σ_i^2인 가우시안 확률 밀도 함수를 나타낸다.

2.2.3 FCRBM의 학습 및 업데이트 규칙

하이퍼파라미터 θ에 대한 업데이트 규칙은 일반적으로 다음과 같이 주어진다.

$$\theta_{\tau+1} = \theta\tau + \rho\Delta\theta_\tau + \alpha(\Delta\theta_{\tau+1} - y\theta_\tau) \tag{18}$$

여기에서 τ, ρ, α, y는 각각 업데이트 수, 모멘텀, 학습 속도, 가중치 감쇠(weight decay)를 나타낸다. 이들 매개 변수의 선택에 관한 세부 사항은 힌톤(Hinton)의 논문[27]에 설명되어 있다. 가중치 행렬 및 바이어스 각각에 대한 업데이트 규칙은 식(12)로부터 이들 변수(즉, 인수분해된 가시 가중치, 인수분해된 라벨 가중치, 인수분해된 은닉 가중치, 각 레이어의 바이어스)들에 대한 에너지 함수를 도출함으로써 아래와 같이 계산될 수 있다.

가중치 업데이트: $\mathbf{W}^v$, $\mathbf{W}^h$, $\mathbf{W}^y$ 각각에 대해서 세 가지 업데이트 규칙이 유도 되어야 한다. 우선 인수 분해된 가시 레이어의 가중치 W_{if}^v는 식(12)에서 주어진 총 에너지 함수를 W_{if}^v로 미분을 하면 계산할 수 있다.

$$\frac{\partial \mathbf{E}(\mathbf{v}_t, \mathbf{h}_t | \mathbf{v}_{<t}, \mathbf{y}_t)}{\partial W_{if}^v} = -v_{i,t}\sum_{j=1}^{n_2} W_{jf}^h h_{j,t} \sum_{p=1}^{n_3} W_{pf}^y y_{p,t} \tag{19}$$

두번째로 인수 분해된 은닉 레이어의 가중치 W_{if}^h도 같은 방식을 적용하여 다음과 같이 구할 수 있다.

$$\frac{\partial \mathbf{E}(\mathbf{v}_t, \mathbf{h}_t | \mathbf{v}_{<t}, \mathbf{y}_t)}{\partial W_{if}^h} = -h_{i,t}\sum_{i=1}^{n_1} W_{if}^v v_{i,t} \sum_{p=1}^{n_3} W_{pf}^y y_{p,t} \tag{20}$$

세번째로 총 에너지 함수를 W_{pf}^y에 대해서 미분하면, 인수 분해된 라벨 가중치가 아래와 같이 구해진다.

$$\frac{\partial \mathbf{E}(\mathbf{v}_t, \mathbf{h}_t | \mathbf{v}_{<t}, \mathbf{y}_t)}{\partial W_{pf}^y} = -y_{p,t}\sum_{i=1}^{n_1} W_{if}^v v_{i,t} \sum_{j=1}^{n_2} W_{jf}^h h_{j,t} \tag{21}$$

바이어스 업데이트: 마찬가지로 식(12)를 현재 레이어의 동적 바이어스 레이어를 동적 바이어스(즉, A^{v}_{im}, $A^{v<t}_{k,m}$, $A^{y}_{p,m}$ 로 미분하여 아래와 같은 업데이트 규칙을 찾을 수 있다.

$$\frac{\partial \mathbf{E}(\mathbf{v}_t, \mathbf{h}_t | \mathbf{v}_{<t}, \mathbf{y}_t)}{\partial A^{v}_{i,m}} = v_{i,t} \sum_k A^{v<t}_{k,m} v_{k,<t} \sum_p A^{y}_{p,m} y_{p,t} \tag{22}$$

$$\frac{\partial \mathbf{E}(\mathbf{v}_t, \mathbf{h}_t | \mathbf{v}_{<t}, \mathbf{y}_t)}{\partial A^{v<t}_{k,m}} = v_{k,<t} \sum_i A^{v}_{i,m} \sum_p A^{y}_{p,m} y_{p,t} \tag{23}$$

$$\frac{\partial \mathbf{E}(\mathbf{v}_t, \mathbf{h}_t | \mathbf{v}_{<t}, \mathbf{y}_t)}{\partial A^{y}_{p,m}} = y_{p,t} \sum_i A^{v}_{i,m} \sum_k A^{v<t}_{k,m} v_{k,<t} \tag{24}$$

은닉 레이어를 구성하는 동적 바이어스 (즉, $B^{h}_{j,n}$, $B^{v<t}_{k,n}$, $B^{y}_{p,n}$)에 대한 업데이트 규칙을 찾는 과정도 비슷한 절차로 계산된다. 동적 바이어스, 가중치와 같은 모델 자유 매개 변수는 CD를 사용하여 학습된다. 하이퍼 매개 변수의 에너지 미분과 식(4)의 CD식을 사용하면, 다음과 같은 Δ규칙을 계산할 수 있다.

$$\Delta W \propto \left\langle \frac{\partial \mathbf{E}}{\partial W} \right\rangle_0 - \left\langle \frac{\partial \mathbf{E}}{\partial W} \right\rangle_k \tag{25}$$

$$\Delta A \propto \left\langle \frac{\partial \mathbf{E}}{\partial A} \right\rangle_0 - \left\langle \frac{\partial \mathbf{E}}{\partial A} \right\rangle_k \tag{26}$$

$$\Delta A \propto \left\langle \frac{\partial \mathbf{E}}{\partial B} \right\rangle_0 - \left\langle \frac{\partial \mathbf{E}}{\partial B} \right\rangle_k \tag{27}$$

여기에서 k는 원본 데이터의 분포에서 시작해서 총 K 단계까지 이르는 마르코프 체인의 현재 실행 단계를 나타낸다.

2.3 에너지 예측 실험 및 결과

에너지 예측이라는 목표를 달성하기 위해 일련의 측정 데이터를 이용하여 ANN, SVM, RNN, CRBM, FCRBM 등의 모델을 평가하고 그 결과를 비교하였다. 데이터 세트는 시간에 따른 전력 소비의 변화와 기타 다른 전력 특성을 기록한 것으로 한 가구에 대해 약 4년 동안 1분 단위로 샘플링 된 것이다. 구체적으로, 데이터 세트[28]는 2006년 12월에서 2010년 11

월(47개월)까지 수집된 2,075,259개의 측정 값으로 구성되었다. 이 절에서 다루어지는 모든 실험에서 처음 3년간의 데이터를 훈련에 사용하고, 4년째 데이터를 테스트에 이용하였다. 또한 여기에서 다루어지는 예측 모델 실험에서는 다음의 전력 특성 정보가 활용되었다.

1. 평균 유효 전력: 각 가정에서 사용되는 전력기기에서 발생하는 분 단위의 유효 전력(wh)으로 서브 미터링이 아닌 총 사용량을 나타낸다.
2. 서브 미터링 1: 주방에서 소비된 전력으로 주로 식기 세척기, 오븐 및 전자 레인지 등으로 소비되는 유효 전력 측정값을 나타낸다.
3. 서브 미터링 2: 세탁실에서 소비되는 전력으로, 세탁기, 회전식 건조기, 냉장고, 조명 등에 사용되는 유효 전력 측정값을 나타낸다.
4. 서브 미터링 3: 전기 온수기와 에어컨에 사용되는 유효 전력 측정값을 나타낸다.

위와 같이 가정에서 사용되는 각기 다른 전력 소비를 예측하는 것은 다른 많은 요인과 함께 거주자의 행동에 직접적인 영향을 받는다. 이러한 모든 요소들이 반영되기 때문에 계량 데이터는 비선형 시계열 형태의 데이터가 된다. 이 때문에 제안된 모델의 성능을 평가하기 위해 다양한 시나리오가 사용되었다. 표1은 이들 시나리오를 간략하게 정리한 것이다.

표1. 에너지 예측 실험 요약

	Notation	Time Horizon	Resolution
Scenario 1	S1	15 min	1 min
Scenario 2	S2	1 h	1 min
Scenario 3	S3	1 day	1 min
Scenario 4	S4	1 day	15 min average
Scenario 5	S5	1 week	15 min average
Scenario 6	S6	1 week	1 h average
Scenario 7	S7	1 year	1 week average

이 절의 나머지 부분에서는 각 시나리오에 따른 결과를 얘기할 때, 평균 제곱근 오차(root mean square error; RMSE)를 기준으로 설명하였다. 하지만 저자들이 발표한 논문[29]에서는 예측 성능 평가 결과의 통계적 유의성을 논의하기 위하여 RMSE 이외에 상관 계수와 유의 확률(P-value)도 함께 포함하였음을 밝히는 바이다(그림6 및 표2).

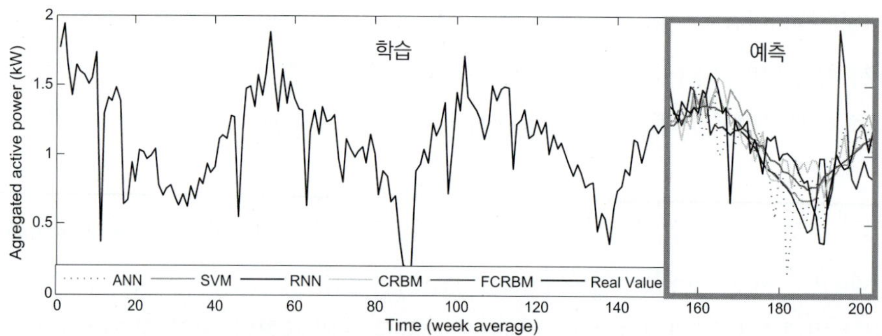

그림6. 7번 시나리오 결과– 주간 평균 이력 데이터에 ANN, SVM, RNN, CRBM, FCRBM 등의 머신러닝 알고리즘을 적용하여 연간 전력사용량을 예측한 결과와 실제 측정값 비교

표2. 시나리오별 ANN, SVM, RNN, CRBM, FCRBM의 RMSE 예측 오차 비교

	Methods	S1	S2	S3	S4	S5	S6	S7
유효 전력(kW)	ANN	0.703	0.731	2.529	0.907	1.867	0.784	0.246
	SVM	0.649	1.995	1.881	1.344	1.559	0.790	0.188
	RNN	0.565	0.939	1.889	1.009	2.807	0.915	0.457
	CRBM	0.638	0.903	1.075	1.030	0.951	0.690	0.182
	FCRBM	0.621	0.666	0.828	0.899	0.797	0.663	0.170
서브미터링1(wh)	ANN	7.491	3.100	7.171	9.147	15.189	3.078	0.951
	SVM	3.548	2.651	5.056	7.115	5.122	3.443	0.508
	RNN	9.680	6.055	10.515	19.625	21.058	9.093	1.278
	CRBM	3.068	2.746	6.244	5.103	4.634 3	.286	0.493
	FCRBM	3.241	2.605	6.193	4.996	4.565	3.128	0.462
서브미터링2(wh)	ANN	1.852	3.697	4.440	7.284	7.858	8.681	0.500
	SVM	0.761	0.948	9.897	5.321	4.883	3.635	0.468
	RNN	5.022	7.978	12.301	15.098	14.977	8.848	2.011
	CRBM	0.886	1.238	4.840	4.162	4.334	3.481	0.526
	FCRBM	0.687	1.105	4.047	3.790	4.260	3.318	0.436
서브미터링3(wh)	ANN	10.032	12.451	12.236	10.457	10.289	7.469	2.078
	SVM	9.637	12.013	10.262	8.469	8.535	6.729	2.001
	RNN	10.433	10.417	10.229	11.814	11.412	15.083	6.080
	CRBM	11.796	11.509	11.229	7.301	8.299	9.423	2.025
	FCRBM	8.971	8.140	8.556	6.837	7.709	6.648	1.579

모든 시나리오에서, 사용된 방법과 관계없이 온수기, 에어컨에 대한 측정값인 서브 미터링 3의 에너지 예측이 일반적으로 가장 부정확한 결과를 나타냄을 알 수 있다. 이는 소비자들의 전기 온수기의 사용은 본질적으로 쉽게 예측할 수 없는 행동이라는 점을 감안하면 설명될 수 있다. 서브 미터링3의 에너지 소비 데이터 표준 편차가 8.4347로 분석된 모든 측정 데이터에서 가장 크게 나타난다.

이 실험에서 서브 미터링 데이터에서 이상치(outlier)를 포함하여 예측하게 되면, 모든 예측 방법에서 전반적인 예측 성능이 상당히 감소한다는 점을 확인할 수 있다. 또한, 대상 기간을 1주일, 1년 단위로 늘려서 부드러운 곡선의 데이터로 구성된 시나리오 6, 7에서는 항상 양의 상관계수가 관찰된 것에 비하여 대상 기간이 짧은 시나리오에서는 음의 상관 계수가 관찰된다. 그림7은 모든 7가지 시나리오 결과를 간략하게 나타낸 것이다. 여기에서 화살표는 예측 단계의 횟수에 따른 변화의 방향을 표시한 것이다. 미래를 예측하는 단계의 수가 증가함에 따라 ANN의 성능이 CRBM 및 FCRBM과 비교하여 저하되고 있음을 알 수 있다.

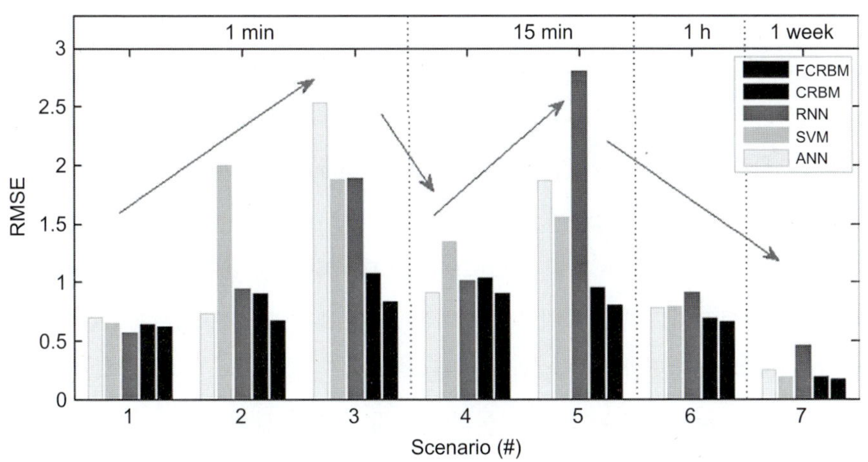

그림7. 유효 전력 측정값과 시나리오별 예측 오차 비교

이러한 관찰 결과는 시나리오 3과 5의 예를 보면 잘 알 수 있다. 여기에서는 각각 1,440개와 672개의 미래 단계(future step)를 두고 예측이 수행되었는데, ANN의 오차는 CRBM, FCRBM의 오차보다 약 두 배 큰 것으로 나타났다. 거의 모든 시나리오에서 SVM의 오차는 CRBM, FCRBM보다 약간 크지만 ANN, RNN에 비해서는 비슷하거나 작게 나타났다. 또한 이 실험에서 RNN은 훈련에 소요되는 시간은 매우 빠르지만 결과가 안정적이지 못하며, 성능이 저장소의 수와 데이터 유형에 따라 크게 달라지는 것으로 확인되었다.

이러한 결과를 종합해보면, 현재 활용되고 있는 예측 방법 중에서 ANN, SVM, RNN, CRBM 등에 비하여 FCRBM이 가장 뛰어난 방법이라고 할 수 있다. 또한 예측하고자 하는 대상 기간이 증가함에 따라 FCRBM과 CRBM은 보다 강건한(robust)한 결과를 제공하였으며, 예측 오차는 ANN의 절반 수준이었다는 점을 기억할 필요가 있다. 실험에 사용된 모든 방법들이 예측 결과에 도달하는 시간이 수십 밀리 초 단위로 짧았기 때문에 가정 및 건물 자동화 시스템과 같은 응용 프로그램에서 거의 실시간으로 활용하기에도 적합한 것으로 보인다. 또한 모든 실험에서 전기 온수기와 같이 간헐적으로 작동하는 전력 기기의 서브 미터링 에너지 소비에 대한 예측보다 가구 전체의 총 유효 전력 소비에 대한 예측이 더 뛰어난 성능을 보이는 것을 볼 수 있다.

3. 비지도 학습 딥러닝을 이용한 에너지 예측

에너지 예측에 사용될 수 있는 지도 학습에는 여러 방법이 있다. 이들 방법들은 아직까지 계속해서 학문적 연구와 응용 연구가 필요한 상태에 있다. 이들 방법으로 건물의 에너지 소비를 충실하게 재현하려면 그에 걸맞는 라벨 데이터가 필요하다. 이 장에서는 라벨 데이터를 얘기할 때 건물의 에너지 분석을 통해 얻어진 이력 데이터(historical data) 또는 알려진 데이터를 의미하는 것으로 사용하였다. 일반적으로 이력 데이터가 부족하기 때문에 시뮬레이션 데이터로 대체되기도 한다. 하지만 두 가지 방법 즉, 이력 데이터와 시뮬레이션 데이터를 이용한 접근 모두에서 스마트그리드에서 실제로 발생하는 이벤트나 변화를 충분히 고려하지 않으면, 수용되기 어려운 다소 엉뚱한 예측 결과가 만들어진다.

이 절을 쓰게 된 주된 동기는 특정 건물의 에너지 소비에 관해 활용할 수 있는 이력 데이터가 없는 경우가 많다는 점이 종종 간과된다는 사실에 바탕을 두고 있다. 따라서 이력 데이터가 없다는 사실은 머신 러닝의 관점에서 볼 때, 건물 에너지 소비에 대한 예측 문제를 전형적인 비지도 학습 문제로 다루어야 함을 시사한다. 가장 많이 사용되는 비지도 학습 방법의 하나인 강화 학습(reinforcement learning; RL)은 전력 계통에서는 확률론적 최적 제어(stochastic optimal control) 문제를 풀기를 위해서 도입되었다[30]. RL 방법은 시스템 제어[31], 게임, 그리고 최근에는 전이 학습[4, 30]과 같이 광범위한 분야에서 사용되고 있다. RL과 전이 학습을 함께 이용함에 따르는 장점은 명료하다. 즉, 전체(global)에서 얻은 지식을 국부적인(local) 상황에 전이함으로써 건물 에너지 수요의 불확실성을 인코딩할 수 있다는 점이다.

하지만 차원의 저주(curse of dimensionality)로 인해, 이들 방법을 높은 차원에 적용하려는 시도는 실패하기가 쉽다. 최근 들어, 딥러닝과 RL을 함께 묶어서 적용하는 것에 대한 관심이 다시 증가하고 있다. 이러한 접근을 통해서 RBM은 가치 함수 추정(value function estimation)[32], 정책 추정(policy estimation)[33] 문제에 성공적으로 활용될 수 있음이 입증되었다. 여기에 더 나아가서 Mnih 등[3]은 DNN과 Q-학습(Q-learning)을 결합하여 다양한 환경에서 제어 정책을 학습할 수 있는 딥-Q 네트워크를 성공적으로 만든 바 있다. 딥러닝의 진화 방향에 대한 좀더 보편적인 시각을 얻기 위해, Scopus 학술 데이터베이스에 별도의 쿼리를 만들어서 전이 학습과 RL과 관련이 있는 학술 논문들의 현황에 대한 서지 분석을 진행하였다. 2016년 7월 기준으로 Scopus에 색인된 전이 학습 관련 논문은 189,524건, RL 관련 논문은 113,263건으로 확인되었다. 그림8에서는 3개의 세부 분야에 대한 지난 10년 동안의 변화를 좀더 확대하여 표현하였다. (i) Q-학습은 3,174건의 논문이 있었으며, (ii) SARSA(state-action-reward-state-action)는 332건, (iii) 심층 강화 학습은 207건의 논문이 발표된 것으로 확인된다.

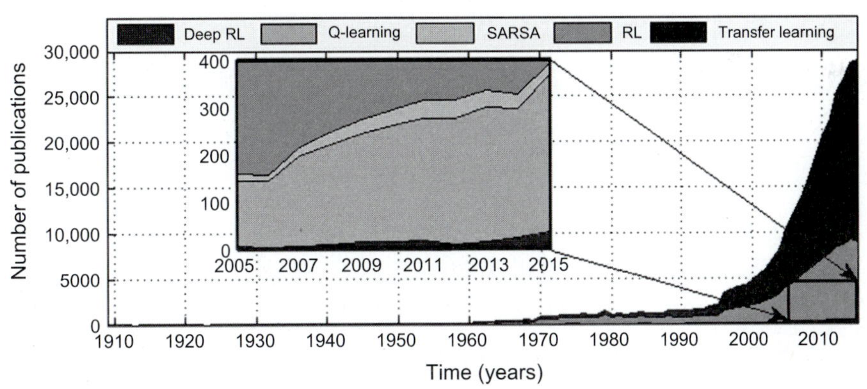

그림8. 1909년-2015년간 전이 학습과 강화 학습에 초점을 둔 논문들의 Scopus 서지 분석 결과

저자들은 2016년에 건물 단위의 에너지 소비 예측 연구를 수행하면서, 2개의 RL 방법을 포괄적으로 탐구하고 확장 모형을 제안한 바 있다[34]. 즉, 이 연구에서는 라벨이 없는 이력 데이터를 이용하여 기록, 행위, 보상의 강화 학습 알고리즘인 SARSA (state-action-reward-state-action)[35]와 Q-학습[36] 방법을 사용하였다. 이들 두 모형은 모두 원래 연속적인 상태 공간을 잘 처리할 수 없다는 제약이 있는데, 이 연구에서는 DBN[1]을 도입하여

연속적인 상태 추정과 자동화된 특성 추출을 하나의 통일된 프레임워크에서 구현하였다는 점에서 이론적으로 의의가 있다. 여기서 제안된 RL 방법은 이력 데이터나 시뮬레이션 데이터가 없는 경우에도 적합하지만, 이 연구에서는 이력 데이터를 이용하여 특정 지역에서 건물을 개보수하거나, 단일 건물 또는 여러 건물들이 새로 들어서는 것과 같은 스마트그리드의 변경 사항이 미치는 영향을 추정하고자 하였다. 이 절에서는 제안된 모델의 적용 가능성과 효율성을 다음의 세 가지 상황을 가정하여 설명하고자 한다.

- 기존에 없던 새로운 유형의 건물이 스마트그리드와 연결되는 경우로, 예를 들어 기존 상업용 건물에서 얻은 지식을 신축된 주거용 건물에 전이 학습을 시키는 경우
- 기존 건물을 개조하는 경우로, 예를 들어 전기 난방기가 새로 추가하고, 기존 난방기에서 학습된 지식을 전기 난방기로 전이 학습 시키는 경우
- 추가적으로 전기 요금과 같은 외생 요인(external factor)이 건물의 에너지 소비에 미치는 영향에 대한 예측으로, 예를 들면 고정 요금제에서 학습된 지식을 계시별(time-of-use; TOU) 요금제로 전이 학습 시키는 경우

이 연구는 이력 데이터, 에너지 가격, 건물의 물리적 특성, 기상 조건, 거주자의 행동 패턴 등과 같이 건물에 대한 사전 정보 없이도 건물의 에너지 소비를 예측한 최초의 시도라 할 수 있다.

3.1 문제의 정의

이 절에서 설명하는 사례는 머신러닝의 시계열 예측 기법을 사용하여 건물의 에너지 소비를 예측하고, 이를 다시 건물간 전이학습(cross-building transfer)에 적용하여 비지도 학습 방법으로 에너지 사용량을 예측하는 방법을 제안한 사례이다. 여기에서 사용된 강화 학습과 전이 학습 체계의 일반적인 구조는 그림9와 같다. 시간에 따라서 건물의 에너지 소비는 불균등하게 분포하기 때문에, 첫번째로 관심을 갖고 풀어야할 과제는 "연속 상태 공간을 어떻게 추정할 수 있는가?"에 관한 문제이다. 이 문제에 대한 아이디어는 데이터 사이의 간격을 되도록 일정하게 유지하면서 에너지 소비를 나타낼 수 있는 낮은 차원의 표현(lower dimensional representation)을 찾는 것이다.

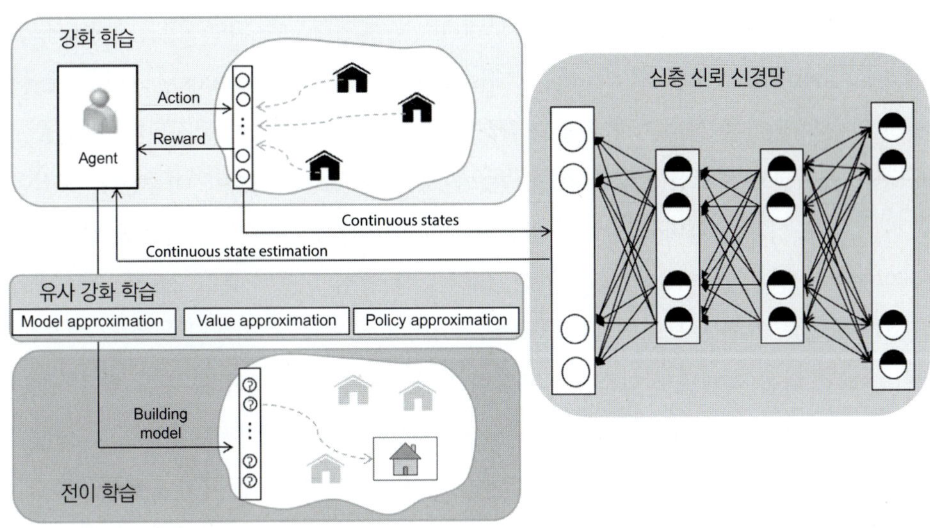

그림9. 연속 상태 추정을 위해 비지도 학습은 전이 학습과 강화 학습에 심층 신뢰 신경망을 도입하여 확장

이를 수학적으로 설명하면, 라벨이 없는 데이터를 이용하여 에너지 소비를 예측하는 문제는 아래와 같은 세 개의 하부 문제로 구분된다. 즉,

1. 연속 상태의 예측 문제: 주어진 데이터 세트 $D:\mathbb{R}\rightarrow S$에서 갇힌(confined) 상태 공간 표현 S_1을 탐색
2. 강화 학습 문제: 주어진 건물 모델 $M_1=\langle S_1,\ A_1,\ T_1(\cdot\ ,\cdot),\ R_1\rangle$에서 최적 정책(optimal policy) π_1^*의 해를 풀이
3. 전이 학습 문제: 주어진 모델 $M_1=\langle S_1,\ A_1,\ T_1(\cdot\ ,\cdot),\ R_1\rangle$, π_1^*, $M_2=\langle S_2,\ A_2,\ T_2(\cdot\ ,\cdot),\ R_2\rangle$에서 적합한 π_2^* 탐색

이 문제들에 대한 해는 3.3 절에서 강화 학습에서 DBN을 이용한 연속 상태 추정에 대한 새로운 방법을 다룰 때 소개된다. 또한 이 방법과 SARSA, Q-학습 알고리즘을 통합하여 예측의 정확성을 높이는 방안도 다루어진다.

3.2 강화 학습(Reinforcement Learning)

RL [37]은 심리학에서 영감을 얻은 기계 학습 분야로서, 주어진 환경에서 특정 목표를 달성하기 위해 AI 에이전트가 행동을 수행하는 방법을 연구한다. 실제로 에이전트는 행위를 순차적으로 선택하여 동적 시스템(dynamic system)을 제어하도록 되어 있다. 동적 시스템은 "환경"(environment)으로도 불리는데, 상태(states)와 동역학(dynamics), 그리고 에이전트가 선택한 행위에 따른 상태의 변화를 기술하는 함수에 의해 특성이 결정된다. 행위를 실행하게 되면, 에이전트는 보상(스칼라 값)을 받으면서 다른 새로운 상태로 이동한다. 보상은 목표로 하는 최종 상태에 얼마나 떨어져 있는지에 대한 정보로 주어진다. 목표를 달성하기 위해, 에이전트는 연구 문헌에서 "정책"으로 불리는, 즉 행위 선택에 대한 전략을 학습해야 하는데 시간에 따른 기대 보상의 합이 최대화되는 방향으로 학습이 진행된다. 이와 더불어, 시스템의 상태는 다음 상태로 진화하는데 필요한 모든 정보들을 캡처한다. 또한 에이전트는 동적 시스템의 상태를 오류 없이 인지할 수 있다고 가정함으로써, 에이전트는 이들 정보를 바탕으로 현 시점에서 의사결정을 할 수 있게 된다. RL 알고리즘에는 두 가지 종류가 있는데, (i) Q-learning [36], SARSA [35] 또는 정책을 조금씩 움직이는 정책 경사(Policy Gradient) 방법과 같이 상호 작용에 기반을 둔 온라인 알고리즘과 (ii) 최소 자승 정책 반복(Least-Square Policy Iteration) 또는 적합(fitted) Q-반복과 같은 오프라인 RL이 있다, RL 알고리즘에 대한 보다 상세한 논의에 관심이 있는 독자들은 Busoniu 등[38]의 논문을 참고하기 바란다. 이 절의 나머지 부분에서 다루는 RL 알고리즘은 온라인 RL만을 대상으로 한다.

3.2.1 마르코프 의사결정 프로세스

RL 문제는 마르코프 결정 프로세스(Markov decision process; MDP)를 사용하여 수식으로 만들 수 있다. MDP는 4개의 집합 요소로 구성된 튜플(tuple) $\langle S, A, T.(\cdot,\cdot), R.(\cdot,\cdot)\rangle$에 의해 정의되며, 여기에서 S는 상태의 집합으로 $\forall s \in S, A$이며, A는 행위의 집합으로 $\forall a \in A$이고, $T: S\times A\times S \rightarrow [0,1]$ 천이 함수(transition function)로 시간 t, 상태 s에서 행동 a를 선택함으로써 시스템이 시간 $t+1$에서 s 상태에 도달할 확률 즉, $p_a(s, s') = p(s_{t+1}=s' | s_t=s,\ a_t=a)$로 주어진다. R은 $R: S\times A\times S \rightarrow \mathbb{R}$ 보상 함수(reward function)로 $R_a(s, s')$는 에이전트가 상태 s에서 s'로 천이하여 받는 즉각적인 보상(immediate reward) 또는 즉각적인 기대 보상(expected reward)을 의미한다. MDP에서 중요한 것은 마르코프 속성(Markov property)으로 상태 전이가 시스템의 직전 상태에만 의존하고, 그 이전의 환경 상태 또는 에이전트의 행위에는 독립적이라는 가정 즉, 모든 s', r, s_v, a_t에 대해서 $p(s_{t+1}=s',\ r_{t+1}=r | s_v a_t)$라는 가정이다[39].

MDP 이론에서는 S, A가 유한한 것으로 가정하지 않지만, 기존 알고리즘에서는 유한하다는 가정이 포함되어 있다. 일반적으로 이 문제의 해는 선형 또는 동적 프로그래밍을 사용하여 해결할 수 있다. MDP에 대해 좀더 관심있는 독자들은 Puterman [40]을 참조하기 바란다. 하지만, 현실 세계에서, 상태 천이 확률 T와 보상 R은 알 수 없으며, 상태 공간 S, 동작 공간 A는 연속적일 수 있다. 이러한 상황에서는 작업이 너무 오래 걸리거나 작업에 대한 정의가 분명하지 않아 최적 제어 이론으로는 문제를 해결할 수 없기 때문에 RL에서는 MDP를 정규 확대(normal extension)하고 일반화하여 표현한다[35].

3.2.2 Q-학습

첫번째로, Q-학습 알고리즘 [36]은 규칙이 확률로 주어지는 경우에서 표준 해석 방법처럼 권장되고있다. 이 알고리즘은 상태와 행위의 조합에 대한 품질(quality)을 계산하는 함수를 가지고 있다. 이 함수는 $S \times A \rightarrow \mathbb{R}$ 로 정의된다. 학습이 시작되기 전에 Q의 행렬은 초기 값을 반환한다. 그런 다음 에이전트가 행위를 선택할 때마다 보상과 새로운 상태를 관찰하는데, 이 들 두 값은 이전의 상태와 선택된 행위에 의존한다. 가치 함수(value function) $V^{\pi}: S \rightarrow \mathbb{R}$ 에 대해서, 고정된 정책 π의 행위-가치 함수(action-value function)는 다음과 같다.

$$Q^{\pi}(s,a) = r(s,a) + y\sum_{s'} p(s'|s,a)\, V^{\pi}(s'),\ \ \forall s \in \mathcal{S}, a \in \mathcal{A} \tag{28}$$

상태-행동 쌍(pair) $Q^{\pi}(s, a)$에 대한 가치는 에이전트가 상태 s에서 시작하여, 행위 a를 실행한 다음, 정책 π를 따를 때 기대하는 결과를 나타내며, $V^{\pi}(x) = Q^{\pi}(x,\ \pi(x))$로 표현된다. 여기에 대응하는 벨만(Bellman) 방정식은 다음과 같다.

$$Q^{*}(s,a) = r(s,a) + y\sum_{s'} p(s'|s,a) \max_{b} Q^{*}(s,b) \tag{29}$$

여기에서 y는 $y \in [0, 1]$의 할인 계수(discount factor)로 보상과 $b = \max(a)$의 중요성 사이에 균형(trade off)을 부여한다. 따라서, $\forall s \in S$에서 최적치는 $V^{*}(s) = \max_{a} Q^{*}(s, a)$, $\pi^{*}(s) = \arg\max_{a} Q^{*}(s, a)$에서 얻어진다. 상태-행동(state-action) 쌍의 값은 같은 공식을 써서 r_t의 총 기대 리턴 값(expected total return)에 대한 기대 값 $\mathbb{E}_{\pi}$로 주어지며, $Q(s, a) = \mathbb{E}_{\pi}(r_t | s_t = s, a_t = a)$으로 표현된다. 정책이 조금씩 변화하는(off-policy) Q-학습 알고리즘은 다음과 같이 정의되는 업데이트 규칙을 가지고 있다.

$$Q_{t+1}(s_t, a_t) = Q_t(s_t, a_t) + \alpha_t[r_{t+1} + y \max Q_t(s_{t+1}, a) - Q_t(s_t, a_t)] \tag{30}$$

여기에서 r_{t+1}은 s_t에서 a_t를 실행했을 때 관찰되는 보상이며, $\alpha_t(s, a)$는 모든 $\alpha \in [0, 1]$에 대하여 학습 속도(learning rate)를 의미하는데, 모든 상태-행동 쌍에 대해서 같은 값을 가질 수 있다.

Q-학습 알고리즘은 연속 상태의 수가 매우 많은데 비하여, 선택할 수 있는 행위의 수가 몇 가지 밖에 없는 이산적(discrete)인 경우에는 문제가 된다. 일반적으로 Q-학습 알고리즘은 상태, 행위, Q 값과 같은 세개의 쌍을 연관시키기 위해 신경망과 같은 함수 근사화(function approximation) 방법을 필요로 한다. 마르코프 가정하에 현재의 상태와 행동만을 고려해서 하나의 MDP로 탐색할 수 있지만, 현실 세계에서 접하는 문제들은 여러 MDP들을 부분적으로만 관찰할 수 있는 POMDP(Partially Observable Markov Decision Process)이기 때문에, 시간 t에서의 $\langle S_t, A_t, Q_t \rangle$를 명확하게 식별하기 위해서는 임의의 k개의 이력 상태와 행위 $(S_{t-k}, a_{t-k}, \cdots, S_{t-1}, a_{t-1})$를 고려하는 것이 더 좋은 결과를 얻을 수 있다.

3.2.3 SARSA (state-action-reward-state-action)

SARSA 알고리즘은 Q-학습의 흥미로운 확장 모형으로 정책 반복 (policy iteration) 메커니즘의 일부로 Q-학습을 활용하는데 목적을 두고 있다[35]. SARSA와 Q-학습의 주된 차이점은 다음 상태에 대한 최대 보상 값이 반드시 Q값을 업데이트하는데 사용될 필요가 없다는 점에 있다. 따라서 SARSA 알고리즘의 핵심은 단순히 값을 반복하여 업데이트하는 것에 있다. 업데이트에 필요한 정보는 튜플 $(s_t, a_t, r_{t+1}, s_{t+1}, a_{t+1})$이며, 업데이트 규칙은 다음과 같이 정의된다.

$$Q_{t+1}(s_t, a_t) = Q_t(s_t, a_t) + \alpha_t[r_{t+1} + yQ_t(s_{t+1}, a_{t+1}) - Q_t(s_t, a_t)] \quad (31)$$

여기에서 r_{t+1}은 보상을 의미하며, $\alpha_t(s, a)$는 학습 속도를 나타낸다. 실제로 우리가 그리디(greedy) 정책 즉, 에이전트가 항상 최선의 행동을 한다는 정책을 채택하면, Q-학습과 SARSA는 동일하다. 하지만 무작위 탐색을 선호하는 e-그리디 정책을 사용하면 이 두 학습 알고리즘은 달라진다.

전통적인 RL 알고리즘에서는 상태와 행위가 유한한 MDP만을 고려한다. 그러나 건물의 에너지 소비량은 거의 임의의 값을 가지기 때문에 MDP가 고려해야 하는 상태의 수가 매우 많다. 건물 에너지 소비가 시계열 문제로 볼 수 있다는 점 때문에, 기존 RL 모델처럼 상태 공간을 이산화(discretization)하는 것은 그다지 유용하지 않다. 그래서 저자들은 상태 공간의 수가 매우 많거나 연속적인 경우에 대한 알고리즘 연구를 진행하였으며, 그 내용은 다음 절에서 설명된다.

3.3 심층 신뢰 신경망(DBN)을 이용한 상태 추정

딥 아키텍처(Deep Architectures)[1]는 비선형 차원 축소[42], 이미지 인식, 비디오 시퀀스, 모션 캡쳐 데이터[43]와 같은 다양한 애플리케이션에서 매우 우수한 결과를 보여왔다. 차원 축소와 딥 아키텍처에 대한 상세한 분석은 Maaten 등[44]의 논문에서 설명되어 있다. 전반적으로 볼 때, DBN은 문제를 추상화(abstraction)의 수준에 따라서 여러 개의 하부 문제(sub-problem)로 자연스럽게 분해하는 방법이라고 할 수 있다.

3.3.1 심층 신뢰 신경망(Deep Belief Networks)

DBN은 여러 개의 RBM이 서로 쌓여있는 형태로 구성된다[42]. RBM은 가시 유닛 레이어 **v**와 2진 은닉 유닛 레이어 **h**로 구성된 확률론적 순환 신경망(stochastic recurrent neural network)이다. 가시 유닛과 은닉 유닛이 결합된 구성 (**v**, **h**)에서 총 에너지는 다음과 같이 주어진다.

$$E(v,h) = -\sum_{i,j} v_i h_j W_{ij} - \sum_i v_i a_i - \sum_j h_j b_j \tag{32}$$

여기서 i는 가시 레이어의 인덱스를 나타내고, j는 은닉 레이어의 인덱스를 나타내며, $w_{i,j}$는 i번째 가시 유닛과 j번째 은닉 유닛 사이의 연결 가중치(weight connection)를 의미한다. 또한, v_i와 h_j는 각각 i번째 가시 유닛과 j번째 은닉 유닛의 상태를 나타내며, a_i와 b_j는 각각 가시 레이어와 은닉 레이어의 바이어스를 의미한다. 이 식의 첫번째 항 $\sum_{i,j} v_i h_j W_{ij}$은 은닉 유닛과 가시 유닛 사이의 관련 가중치가 갖는 에너지를 나타낸다. 두번째 항 $\sum_i v_i a_i$는 가시 레이어의 에너지를 나타내는 반면, 세번째 항은 은닉 레이어의 에너지를 의미한다. RBM에서 은닉 레이어와 가시 레이어의 결합 확률 $p(\mathbf{v}, \mathbf{h})$은 다음과 같이 정의된다.

$$p(\mathrm{v}, \mathrm{h}) = \frac{e^{-E(\mathrm{v},\mathrm{h})}}{Z} \tag{33}$$

여기에서 Z는 분할 함수(partition function)로 가능한 모든 (**v**, **h**) 조합에서의 에너지를 합산하여 $Z=\sum_{v,h}e^{-E(v,h)}$로 구할 수 있다. 상태 v에 의해 표현되는 특정 데이터 포인트의 확률을 결정하기 위해, 한계 확률(marginal probability)이 사용되며, 은닉 레이어의 상태를 $p(v)=\sum_{h}p(\mathbf{v},\mathbf{h})$로 요약(sum out)한다.

위의 방정식은 주어진 입력에 대해 활성화하고자 하는 가시 또는 은닉 레이어 구성의 확률을 계산하는데 사용될 수 있다. 이들 값들은 또한 모델의 조건부 확률을 결정하기 위한 추론을 수행하는 데에도 이용된다. 모델의 우도를 극대화하기 위해서는 가중치에 대한 로그 우도(log-likelihood)의 기울기를 반드시 계산해야 한다. 약간의 산식 풀이과정을 진행하면, 첫번째 항의 기울기는 다음과 같이 쓸 수 있다.

$$\frac{\partial\log\left(\sum_{h}\exp(-E(v,h))\right)}{\partial \mathbf{W}_{ij}}=v_i\cdot p(h_j=1|v) \tag{34}$$

하지만 두번째 항의 기울기를 계산하는 것은 쉽지 않다. 따라서 RBM에서 은닉 레이어와 가시 레이어의 추론은 다음 공식을 사용하여 수행 할 수 있다.

$$p(\mathbf{h}_j=1|\mathbf{v})=\sigma\left(b_j+\sum_{i}v_i\mathbf{W}_{ji}\right) \tag{35}$$

$$p(\mathbf{v}_i=1|\mathbf{h})=\sigma\left(a_i+\sum_{j}h_i\mathbf{W}_{ji}\right) \tag{36}$$

여기에서 $\sigma(\cdot)$는 S자(sigmoid) 함수를 나타낸다. 또한, RBM을 학습시키기 위해 훈련 데이터의 로그 확률에서 확률론적 최대 경사법(stochastic steepest ascent)을 적용하여 아래와 같이 학습 규칙을 사용할 수 있다[26].

$$\frac{\partial\log(p(\mathbf{v},\mathbf{h}))}{\partial W_{ij}}=\langle v_ih_j\rangle_0-\langle v_ih_j\rangle_\infty \tag{37}$$

여기에서 $\langle\cdot\rangle_0$는 데이터의 분포 (p_0)에 대한 기대치를 나타내고, $\langle\cdot\rangle_\infty$는 모델의 분포에 따른 기대치를 나타낸다.

일반적으로 DBN[1]에서 상위 레벨에 서로 쌓이는 RBM의 개수는 임의로 주어진다. 모델을 도식적으로 보면, 이로 인해서 일부는 방향성이 있고(directed), 일부는 방향이 없는(undirected) 형태의 조합이 생성된다. 여기에서 가시 레이어 $\mathbf{v}$(입력 벡터)와 l번째 은닉 레이어 h^k 사이의 결합 분포는 아래와 같이 정의될 수 있다.

$$p(\mathbf{v}, \mathbf{h}^1, \cdots, \mathbf{h}^k) = \prod_{k=0}^{i-2} \mathrm{p}(\mathbf{h}^k | \mathbf{h}^{k+1}) \mathrm{p}(\mathbf{h}^{l-1}, \mathbf{h}^l) \quad (38)$$

이 식에서 $\mathrm{P}(\mathbf{h}^k|\mathbf{h}^{k+1})$는 레벨 k에서의 RBM의 은닉 유닛에 대한 가시 유닛의 조건부 분포이며, $\mathrm{P}(\mathbf{h}^{l-1}|\mathbf{h}^l)$는 최상위 레벨 RBM에서의 가시-은닉의 결합 분포이다. 그림10은 3개의 은닉 레이어(즉, $h_1(j)$, $h_2(j)$, $h_3(j)$)를 가진 DBN의 예를 나타낸 것이다. DBN에서 최상위 RBM은 최하단 레벨에서 결정된 S자형 우도 함수의 보완적 사전 지식(complementary prior) 역할을 한다. DBN은 하위 레벨에서 상위 레벨로 각각의 RBM을 따로 훈련시키는 방식으로 그리디 비지도 학습 형태의 훈련이 가능하다[45]. 여기에서는 은닉 레이어가 다음 RBM의 입력으로 사용된다. 또한, DBN은 모델의 최하단 레벨에서의 초기 상태를 고정시키고 이로부터 상단의 은닉 레이어를 추론하는 방식으로, 환경에서 얻어진 초기 상태를 이진 값을 가진 다른 상태 공간으로 투영하는 데 사용할 수도 있다. 이렇게 하면, 결국에 가서는 최상위의 은닉 레이어는 SARSA 또는 Q-학습 알고리즘에 직접 통합할 수 있게 된다.

이제까지 상태 추정에 관한 문제들을 따져 보고, 세 가지 하위 문제(sub-problem)들을 통일된 접근 방식으로 살펴 보았다. 이제부터는 실험적 검증(experimental validation)에 대해서 알아보자.

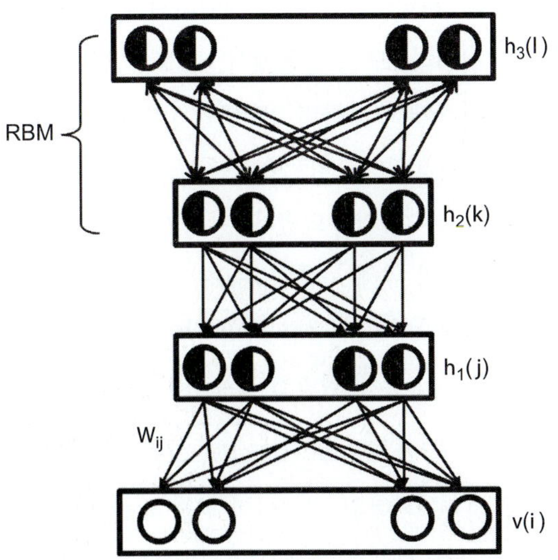

그림10. 3개의 은닉 레이어로 구성된 일반적인 심층 신뢰 신경망의 구조. 상위 2개 레이어는 방향성이 없는 연결을 가지고 있으며, 연상 메모리(associative memory)를 형성한다.

3.4 딥러닝을 이용한 건물 에너지 예측 사례

데이터 세트의 특성: 앞에서 제시된 솔루션들의 실험적 검증을 위해 사용된 데이터 세트는 2007년 1월 6일부터 2014년 1월 31일까지 약 7년 동안 기록된 데이터이다. 부하 프로파일은 여러 주거용, 상업용 건물의 데이터로 볼티모어 가스/전력회사(Baltimore Gas and Electric Company)에서 온라인으로 취득된 것이다. 분석된 모든 유형의 건물에 대해, 이용 가능한 부하 이력 데이터는 시간당 평균 부하로 kWh단위로 표시되어 있다. 전체적으로 볼 때, 데이터 세트에서는 표3과 같이 네 가지 건물 프로파일이 존재한다.

표3. 데이터 세트의 건물 유형 구분

	표기	의미
주택용	R(ToU)	TOU 요금제를 적용한 주거용 건물로 전기 히터가 없음
	RH	주거용 건물로 전기 히터 사용
	RH(ToU)	TOU 요금제를 적용한 주거용 건물로 전기 히터 사용
상업용	G	일반 용도(60kW 미만의 상업, 산업, 조명 등의 전력 사용)

여기에서 사용된 데이터 세트의 전체적인 모양은 그림11A와 같다. 여기에서는 일반용 전력(General Service)와 주택용을 구분하여 데이터의 시간 범위를 점차 좁혀가는 형태로 표현하였다. 일반용 전력에는 산업용, 상업용, 가로등용 전력이 포함되며, 주택용(R)은 전기 난방이 없는 건물을 대상으로 한다. 또한 그림11B는 데이터의 일반적인 특성을 나타내는 통계 값과 시각적인 분포를 나타낸 것이다. 모든 실험에서 데이터 세트를 훈련용과 테스트용으로 분리하여 진행하였다. 보다 정확하게 얘기하면, 2007년 6월 1일부터 2013년 1월 1일(2,041일)까지 수집된 데이터는 훈련에 사용되었으며, 2013년 1월에서 2014년 1월 31일(396일)사이의 나머지 데이터는 성능을 평가하는 데 사용되었다. 각기 다른 방법을 통해 예측된 건물 에너지 소비 예측 결과의 품질을 평가하기 위해 사용된 지표는 아래에서 더 상세하게 설명된다.

예측 품질 평가를 위한 지표: 앞에서 언급한 바와 같이, 데이터 분석의 목표는 새로운 건물 에너지 소비에 대한 정확한 예측을 통해 일반화 성능을 확보하는데 있다. 첫번째 일반화 성능의 지표는 제곱근 평균 오차인 RMSE(root-mean-square error)로 $\sqrt{\frac{1}{N}\sum_{i=1}^{N}(v_i - \hat{v}_i)^2}$ 로 정의된다. 여기에서 N은 특정 시간 범위 내에서의 다단계 예측의 수를 나타내며, v_i는 시간 단계 i에서의 실제 값, $\hat{v}_i$는 같은 시간 단계에서의 모델의 추정 값을 나타낸다. 그런 다음 피

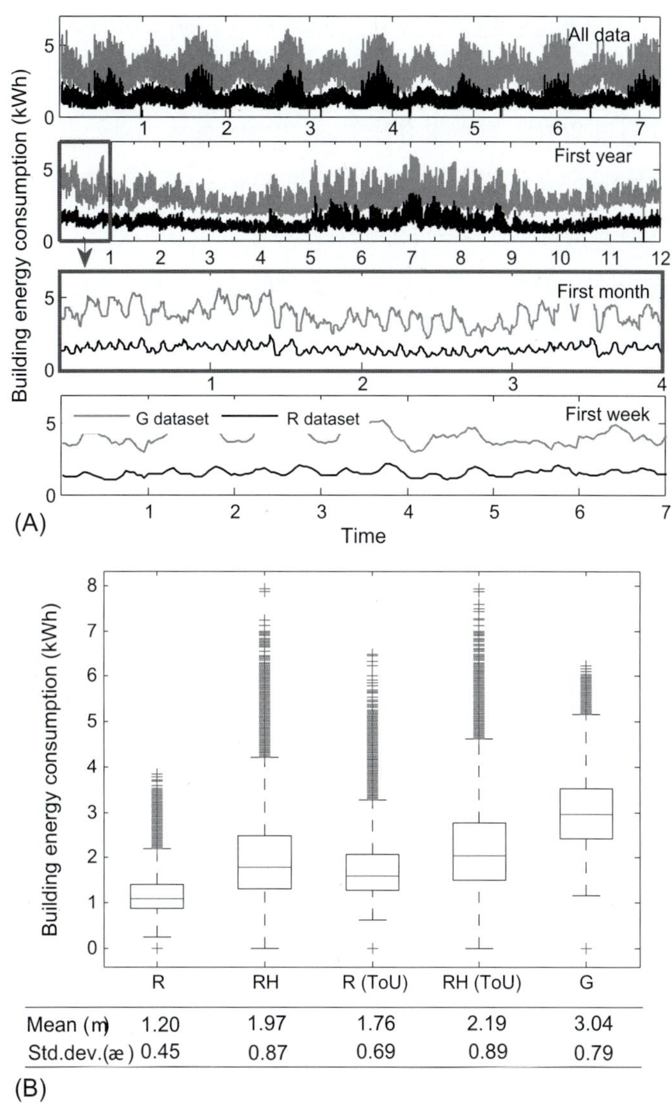

그림11. (A) 여러 시간 범위에서의 건물의 전력 소비 비교. (G)는 일반 건물의 전력 소비를 나타내고, (R)은 주거용 건물의 전력 소비를 의미함. (B) 데이터 세트의 일반적인 특성에 대한 박스 플롯

어슨(Pearson) 적률(product-moment) 상관 계수(R)를 사용하여 실제 값과 예측 값 사이의 선형성(linear dependence)에 대한 평가를 할 수 있다.

상관 계수는 $R(u, v) = \frac{\mathbb{E}[(u-\mu_u)(v-\mu_v)]}{\sigma_u \sigma_v}$ 로 정의되며, 여기에서 $\mathbb{E}[\cdot]$는 표준 편차가 σ_u와 σ_v인 기대 값 분포를 나타낸다. 상관 계수는 [−1, 1] 사이에서 어떤 값도 취할 수 있다. 상관 계수의 부호는 관계의 방향을 결정하며, 양(+)의 관계 또는 음(−)의 관계가 있을 수 있다. 마지막 지표로는 콜모고로프-스미로프(Kolmogorov-Smirnov) 테스트[46]가 있는데, 이를 통해 예측 결과의 통계적 유의성을 확인할 수 있다. 콜모고로프-스미로프 테스트는 데이터 분포에 대한 가정을 하지 않아도 되는 장점이 있다. 이 테스트는 정교한 통계 처리가 필요해서 예측 정확성을 분석하는 데에 일반적으로 활용되는 지표가 아니지만, 본 사례에서는 학습과 예측이 서로 다른 건물 유형에서 이루어진다는 점 때문에 도입되었다. 따라서 테스트 결과에서 통계적 유의수준 ($P < 0.05$)을 달성하면, 훈련 데이터가 제공된 건물 유형과 다른 확률 분포 함수를 가진 건물 유형에서도 활용이 가능하다는 점을 확인할 수 있다.

표4. 딥러닝을 이용한 에너지 예측 실험 요약

	표기	대상 기간	측정 주기
Scenario 1	S1	1 h	1 h average
Scenario 2	S2	1 day	1 h average
Scenario 3	S3	1 week	1 h average
Scenario 4	S4	1 month	1 h average
Scenario 5	S5	1 year	1 week average

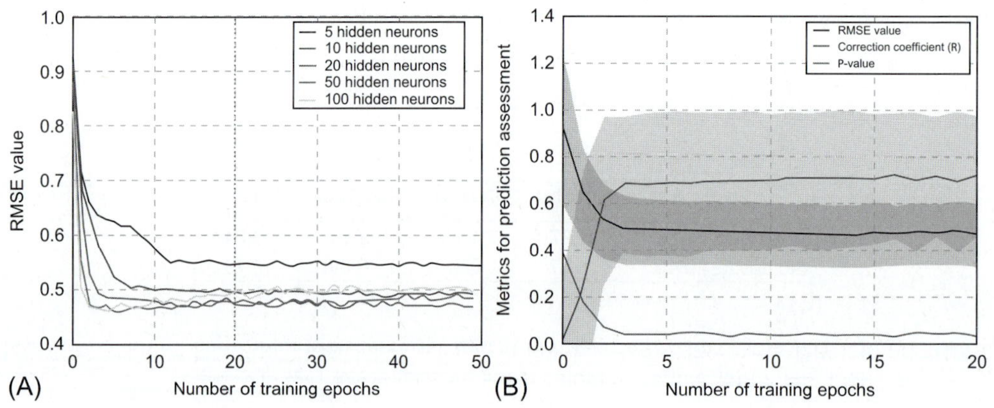

그림12. (A) 심층신뢰신경망에 대한 제한볼츠만머신 알고리즘의 은닉 뉴런의 수에 따른 RMSE 오차의 변화 (B) 10개의 은닉 뉴런을 가진 제한볼츠만머신의 성능 평가 결과

경험적 결과: 3.3절에 제시하였던 확장된 강화 및 전이 학습 접근법의 성능을 평가하기 위해 다섯 가지의 시나리오를 설정하였다. 이들 시나리오는 여러 시간 범위의 분해능(resolution)에서 다양한 다단계 예측을 다루기는 위해 선택된 것으로 표4에 요약되어 있다. 결과에 대한 심층 분석에 들어가기 전에 먼저 이를 구현하는 방법에 대한 상세한 설명을 덧붙

이면 아래와 같다.

세부 실행 방법: 분석의 실행 과정은 두 부분으로 나눌 수 있다. 첫번째는 DBN을 실행하는 것이고, 그 다음의 작업은 구축된 DBN에 RL 알고리즘을 이용해서 연속 상태를 추정하는 것이다. 연속 상태 추정은 다음과 같다.

DBN을 이용한 연속 상태 추정: 3.3절에서 다룬 수학 산식들을 과학 연산프로그램인 MATLAB에 넣어서 초기 DBN 모형을 구축하였다. 좋은 예측 성능을 얻기 위하여, DBN 모형에서 은닉 유닛의 숫자를 변화시켜가면서 RMSE의 변화를 관찰하여 최적의 은닉 유닛 수를 도출하였다. 이 과정을 그림12에서 나타내었다.

이러한 과정을 통해서, 최적의 은닉 뉴런의 수는 10으로, 학습 속도는 10^{-3}으로 설정되었다. 또한 모멘텀은 0.5, 가중치 감쇠는 0.0002로 설정되었다. 모델에서는 전체 데이터에 대해서 20회의 학습 즉, 에포크(epoch)를 20회로 설정하여 훈련을 시켰으나, 그림 12B에서 보듯이 대략 4회째 에포크부터 수렴이 확인되었다. 매개 변수의 최적 선택에 대한 자세한 내용은 힌턴(Hinton)의 논문[27]에서 확인할 수 있다.

SARSA와 Q-학습: 3.2절에서 다룬 수학 산식들을 마찬가지로 MATLAB에 넣어서 SARSA와 Q-학습을 구현했다. 두 경우 모두에서 학습 속도는 0.4로 설정되었고 할인 계수도 설정하였다. 이들 두 매개 변수는 SARSA와 Q-학습의 성능에 직접적인 영향을 미친다.

여기에서 매개 변수 값의 선택은 그림13의 사례와 같이 RMSE 결과에 대한 철저한 조사를 진행한 다음에 이루어진다. 일반적으로 볼 때, 학습 속도는 새로 획득한 정보가 기존 정보를 덮어 씌우는(override) 정도를 결정하고, 할인 계수는 미래 보상(future reward)의 중요도를 결정한다. 예를 들어, 할인 계수 $\gamma = 0$으로 설정하면 학습 에이전트가 현재의 보상만을 고려하여 기회주의적인(opportunistic) 행동을 하도록 유도하고, 할인 계수가 1에 근접함에 따라, 학습 에이전트는 장기적으로 높은 보상을 받기 위해 노력한다.

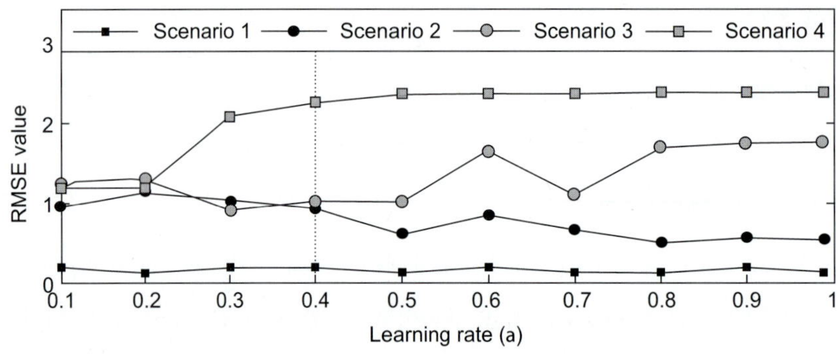

그림13. G 데이터 세트에 대한 시나리오별 학습속도(α)에 따른 RMSE의 변화

3.4.1 상업용 건물에서 주거용 건물로의 전이 학습

이 실험 세트에서 상업용, 산업용 건물의 에너지 소비 데이터를 사용하여 DBN 모델을 훈련시킨 다음, 훈련된 DBN 모델을 사용하여 훈련에서 다루어지지 않았던 주택용 건물에 에너지 소비를 예측하여 보았다. 예측에 사용된 건물 유형은 전기 난방을 하는 주택과 하지 않는 주택, 계시별(TOU) 요금제를 적용하는 주택 등이며, 표5와 그림14에서와 같다. 이와 같이 다른 유형의 건물 에너지 소비 예측을 통해서 제안된 모델의 일반화 성능을 살펴볼 수 있으며, 다른 확률 분포를 갖는 행위를 테스트하여 모델의 강건함(robustness) 여부를 연구할 수 있다(그림11 참조).

표5. 심층신뢰신경망의 여러 학습 알고리즘을 이용하여, 상업용 건물 데이터 세트를 학습시키고, 주거용 건물의 에너지 소비를 예측한 결과

	학습방법	G	R	R(ToU)	RH	RH(ToU)
Scenario 1	SARSA	0.18	0.02	0.10	0.36	0.42
	Q-learning	0.22	0.02	0.04	0.34	0.34
	SARSA and DBN	0.04	0.02	0.06	0.04	0.04
	Q-learning and DBN	0.01	0.03	0.09	0.04	0.02
Scenario 2	SARSA	0.65	0.75	0.47	1.23	1.20
	Q-learning	1.09	0.98	0.40	1.28	1.55
	SARSA and DBN	0.38	0.37	0.37	0.46	0.47
	Q-learning and DBN	0.33	0.37	0.29	0.41	0.66

Scenario 3	SARSA	1.27	1.73	1.36	1.59	1.33
	Q-learning	1.39	1.10	0.83	1.47	1.61
	SARSA and DBN	0.69	1.31	0.55	1.33	1.18
	Q-learning and DBN	0.62	0.98	0.58	1.26	1.30
Scenario 4	SARSA	1.55	3.70	2.39	2.05	1.89
	Q-learning	1.41	1.24	1.14	1.67	1.71
	SARSA and DBN	1.14	1.45	1.17	1.33	1.21
	Q-learning and DBN	0.98	1.40	0.87	1.52	1.55
Scenario 5	SARSA	1.01	2.61	2.04	2.16	1.95
	Q-learning	0.72	2.28	1.81	1.83	1.59
	SARSA and DBN	0.05	0.08	0.10	0.11	0.24
	Q-learning and DBN	0.03	0.02	0.02	0.03	0.03

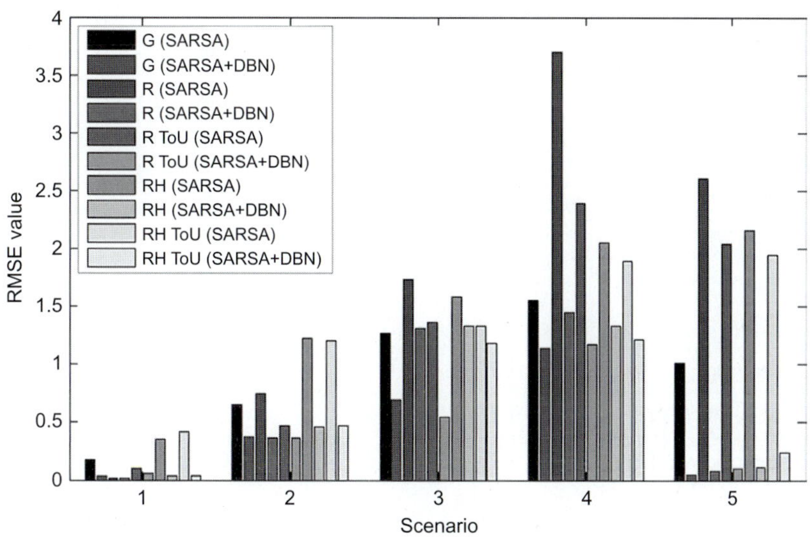

그림14. 여러 전이 학습 결과의 예측 오차 비교. (A)는 R 데이터를 이용하여 RH를 예측한 결과이고, (B)는 R(ToU) 데이터를 이용하여 RH(ToU)를 예측한 것이며, (C)는 G 데이터를 이용하여 R을 예측한 결과임.

3.4.2 주거용 건물에서 다른 주거용 건물로의 전이 학습

이 실험 데이터에서 한 가지 유형의 주거용 건물 에너지 소비 프로파일을 학습시키고, 에너지 소비 특성이 상이한 다른 유형의 주거용 건물에 학습 결과를 전이시키는 실험을 진행하였다. 좀 더 정확히 말하자면, (i) 전기 난방을 하는 주거용 건물(R)과 전기 난방을 하지 않는 주거용 건물(RH)에 대해 학습 알고리즘을 훈련시켰다. 이들 두 건물 유형에 대한 예측 결과는 표6과

표6. (A) 전기 히터가 없는 주거용 건물의 데이터를 이용하여 전기 히터가 있는 주거용 건물의 에너지 사용량 예측한 경우, (B) 같은 예측을 TOU 요금제가 적용된 주거용 건물에 수행한 경우

	Methods	A		B	
		RMSE	R	RMSE	R
S1	SARSA	0.42	0.88	0.50	0.83
	Q-learning	0.44	0.87	0.16	0.99
	SARSA with DBN	0.42	0.88	0.28	0.94
	Q-learning with DBN	0.03	0.99	0.24	0.99
S2	SARSA	2.15	0.18	1.69	0.33
	Q-learning	1.93	0.10	0.91	0.83
	SARSA with DBN	1.25	0.61	1.42	0.55
	Q-learning with DBN	0.50	0.64	1.18	0.77
S3	SARSA	2.63	0.27	2.69	0.11
	Q-learning	2.57	0.18	1.65	0.17
	SARSA with DBN	2.67	0.13	1.98	0.27
	Q-learning with DBN	0.69	0.09	1.55	0.21
S4	SARSA	2.23	0.04	2.45	0.01
	Q-learning	2.14	0.11	1.62	0.17
	SARSA with DBN	1.97	0.09	2.38	0.24
	Q-learning with DBN	0.71	0.10	1.60	0.28
S5	SARSA	0.74	0.62	0.67	0.19
	Q-learning	0.57	0.62	0.41	0.47
	SARSA with DBN	0.03	0.43	0.03	0.34
	Q-learning with DBN	0.02	0.51	0.02	0.42

같다.

표5와 표6의 RMSE를 살펴 보면, 모델이 예측한 값과 실제 값이 잘 일치하고 있음을 확인할 수 있다. 또한 RMSE보다 공식적인 신뢰성 지표인 상관계수, 예측에 사용된 단계의 수 등을 통해서도 예측 결과의 신뢰성을 파악할 수 있다. 예를 들어, 시나리오1에서와 같이 한 단계 앞선 미래만 예측하는 경우, 통계적으로 유의한 예측 결과라는 판단을 하려면 피어슨 상관계수가 (+)1 또는 (−)1에 매우 근접해야 한다. 하지만 시나리오3, 시나리오4에서처럼 예측이 각각 168 단계와 672 단계에서 이루어진 경우에는 상관계수가 0에 가까워도 여전히 통계적

으로 매우 유의한 것으로 받아들여질 수가 있다. 상관 계수의 강건함에 대한 좀 더 많은 논의는 데블린(Devlin) 등의 논문[47]을 참고하기 바란다. 단순한 형태의 SARSA와 Q-학습 방법을 적용했을 때, 전체 실험의 24%에서 음의 상관계수가 도출되어 예측 결과가 부정확한 것으로 확인되었다. 반면에 DBN을 도입하여 개선한 모형 즉, 저자들이 제안한 SARSA DBN 확장 모형과 Q-학습 DBN 확장 모형에서는 음의 상관계수가 4%에 불과한 것으로 확인되었다. 표6에서 회색으로 나타낸 부분과 같이 콜모고로프-스미로프 테스트 결과를 살펴보면, 모든 경우에 있어서 전반적으로 건물 유형별로 데이터들이 상이한 분포를 갖고 있다는 점을 확인할 수 있다. 그림11처럼 데이터에서 매우 비선형적인 부하 프로파일이 관찰되고 이상치 값이 크게 나타난 점을 감안할 때, 이러한 결과는 데이터 세트의 고유한 특성에서 부분적으로 원인이 있을 수 있다. 데이터에서 이러한 현상이 관찰되면, 전이 학습을 시행할 때 분포에 대해서 보다 상세한 조사를 해야한다는 주장이 강하게 제기될 수 있다. 하지만 본 사례에서는 분포에 대해 상세한 조사를 하지 않았음에도, 표5와 표6에서 확인되는 바와 같이 DBN을 사용한 경우가 DBN 없이 강화 학습을 진행한 경우에 비해서, RMSE의 정확도가 91.42% 향상되었다는 점을 확인할 수 있다.

주목할 점은 여기에서 제안된 방법이 이력 데이터를 활용할 수 있는 경우에도 여전히 유용하다는 점이다. 이러한 판단의 근거는 표5에서 확인할 수 있다. 표5의 첫 번째 열에서 얻은 결과는 ANN, SVM과 같은 여느 지도 학습을 통해서 얻어지는 결과와 동일할 것으로 예상된다. 이를 살펴보면, 장기 건물 에너지 소비 예측(시나리오5)에서 DBN을 적용한 Q-학습 알고리즘이 모든 실험에서 DBN을 적용하지 않는 Q-학습에 비해서 RMSE 정확도가 90% 이상 높다는 점이 확인된다. 예를 들어, 표6에서 DBN을 적용한 Q-학습은 RMSE가 0.02인데 비하여 DBN이 없는 Q-학습에서는 RMSE가 0.57로 나타나서, RMSE의 정확도가 96.5% 향상되었다는 점을 알 수 있다.

4. 결론

이 장에서는 먼저 지도 학습을 이용한 에너지 예측에 유용한 두 가지 딥러닝 방법으로 CRBM과 FCRBM을 설명하였다. FCBRM는 일반화 성능이 우수하고 대규모 데이터베이스를 수용하면서도 실제 환경에서 몇 밀리 초 단위로 결과를 줄 수 있는 장점이 있다. 여러 방법들 간의 상호 비교 결과를 보면, FCRBM이 ANN, RNN, SVM과 같은 여타의 다른 방법에 비해 뛰어난 성능을 가지고 있다는 점이 확인된다. 뿐만 아니라, 정보가 추가되면 FCRBM은 성능이 더욱 향상될 수 있기 때문에, 스마트그리드 환경에서 전력 에너지 프로파일의 완벽한 실시간 제어를 가능하게 할 수 있다.

두번째로는 3절에서 건물 에너지 예측의 새로운 패러다임을 소개하였다. 이 방법을 이용하면, 특정 건물을 조사하여 이력 데이터를 구할 필요가 없다. 상태 공간 도메인의 일반화를 통해서 건물 모델을 성공적으로 학습시킨 다음, 이를 다른 건물 유형으로 전이하는 하나의 일관된 접근을 할 수 있다. 방법론 측면에서 이 방법의 기여는 두가지로 볼 수 있다. 첫째, 자동 특성 추출을 할 수 있는 DBN 모형이 제시되었다. 둘째, 건물 에너지 모델 간에 지식의 전이 학습이 가능하도록 기존 강화 학습 알고리즘을 확장하였다. 즉, 널리 이용되고 있는 강화 학습 알고리즘인 SARSA와 Q-학습 알고리즘의 상태 추정에서 DBN을 접목하였다. 새롭게 제안된 머신러닝 방법은 실제 데이터를 가지고 다양한 시간 범위와 분해능(time resolution)에 대해서 에너지 예측을 수행하여 평가되었다. 그 결과는 놀랍게도 DBN을 접목한 SARSA, Q-학습의 예측 시간 범위가 증가할수록 점차 예측이 강건해지고, 예측 오차는 DBN이 없는 기존 모델에 비해서 20배 가량 향상되는 것으로 나타났다. 이 방법의 장점은 새로운 빌딩의 기본 상태 공간(underlying state space)으로 DBN을 일반화할 수 있다는 점과 상태 공간의 표현에 일관성을 유지할 수 있다는 강건함에 있다. 하지만 이 방법이 미래의 에너지 시스템으로 전환하는데 기여하려면, 앞으로 스마트그리드의 다른 분야에서도 심도 깊은 연구가 필요하다.

오늘날 전력 계통 데이터 분석을 위한 딥러닝 활용은 초기 단계에 있다고 할 수 있다. 하지만 전력 계통이 빅데이터 시대로 전환되면서 대규모 애플리케이션을 위한 가장 선도적인 솔루션으로 딥러닝이 대두되어 이를 활용하려는 요구가 증가하고 있다. 이와 관련된 논의에 관심있는 독자들의 저자들의 에너지 예측을 위한 CRBM과 HMM 비교[19]와 가격 기반 수요 반응에 대한 FCRBM 적용[48]에 관한 논문들을 참고하기 바란다. 저자들은 또한 딥러닝을 이용한 에너지 세분화(disaggregation), 건물에너지 유연성 탐지 등의 연구를 진행한 바 있다[49, 50]. 최근 들어, Marino 등[51]은 2절에서 사용된 데이터와 동일한 데이터 세트를 활용하여 순환 신경망의 일종인 장단기 메모리(Long Short-Term Memory; LSTM) 네트워크를 건물 에너지 예측에 적용한 바 있다. 에너지 예측을 위한 딥러닝 기법에 대해 보다 상세한 리뷰는 Ryu 등의 논문[52]과 최근에 발표된 Manic 등의 논문[53]을 참고하기 바란다.

참고 문헌

[1] Y. Bengio, Learning deep architectures for AI, Foundations and Trends in Machine Learning, 2, Now Publishers, Hanover, MA, 2009, pp. 1-127.

[2] H. Lee, P. Pham, Y. Largman, A.Y. Ng, in: Unsupervised feature learning for audio classification using convolutional deep belief networks, Advances in Neural Information Processing Systems, 2009, pp. 1096-1104.

[3] V. Mnih, K. Kavukcuoglu, D. Silver, A.A. Rusu, J. Veness, M.G. Bellemare, A. Graves, M. - Riedmiller, A.K. Fidjeland, G. Ostrovski, S. Petersen, C. Beattie, A. Sadik, A. Antonoglou, H. King, D. Kumaran, D. Wierstra, S. Legg, D. Hassabis, Human-level control through deep reinforcement learning, Nature 518 (7540) (2015) 529-533.

[4] H. Bou Ammar, D.C. Mocanu, M.E. Taylor, K. Driessens, K. Tuyls, G. Weiss, in: Automatically mapped transfer between reinforcement learning tasks via three-way restricted Boltzmann machines, Machine Learning and Knowledge Discovery in Databases, 8189, 2013, pp. 449-464.

[5] D.C. Mocanu, H. Bou Ammar, D. Lowet, K. Driessens, A. Liotta, G. Weiss, K. Tuyls, Factored four way conditional restricted Boltzmann machines for activity recognition, Pattern Recogn. Lett. 66 (2015) 100-108.

[6] P. Smolensky, Information processing in dynamical systems: foundations of harmony theory, Parallel Distributed Processing: Volume 1: Foundations, MIT Press, Cambridge, MA, 1987, pp. 194-281.

[7] T. Osogami, M. Otsuka, Restricted Boltzmann machines modeling human choice, Adv. Neural Inf. Proces. Syst. 27 (2014) 73-81.

[8] R. Salakhutdinov, A. Mnih, G. Hinton, in: Restricted Boltzmann machines for collaborative filtering, Proceedings of the 24th International Conference on Machine Learning, ACM, 2007, pp. 791-798.

[9] P.V. Gehler, A.D. Holub, M. Welling, in: The rate adapting poisson model for information retrieval and object recognition, Proceedings of 23rd International Conference on Machine Learning (ICML06), 2006, p. 2006.

[10] H. Larochelle, Y. Bengio, in: Classification using discriminative restricted Boltzmann machines, Proceedings of the 25th International Conference on Machine Learning, Helsinki, Finland, 2008, pp. 536-543.

[11] D.C. Mocanu, E. Mocanu, P.H. Nguyen, M. Gibescu, A. Liotta, A topological

insight into restricted Boltzmann machines, Mach. Learn. 104 (2) (2016) 243 – 270.

[12] M. Krarti, Energy Audit of Building Systems: An Engineering Approach, second ed. Mechanical and Aerospace Engineering Series, CRC Press, 2010. ISBN: 978-1-4398-2871-7.

[13] A.I. Dounis, Artificial intelligence for energy conservation in buildings, Adv. Build. Energy Res. 4 (1) (2010) 267 – 299.

[14] A. Foucquier, S. Robert, F. Suard, L. Stephan, A. Jay, State of the art in building modelling and energy performances prediction: a review, Renew. Sust. Energ. Rev. 23 (2013) 272 – 288.

[15] H.X. Zhao, F. Magoules, A review on the prediction of building energy consumption, Renew. Sust. Energ. Rev. 16 (6) (2012) 3586 – 3592.

[16] M. Aydinalp-Koksal, V.I. Ugursal, Comparison of neural network, conditional demand anal- ysis, and engineering approaches for modeling end-use energy consumption in the residential sector, Appl. Energy 85 (4) (2008) 271 – 296.

[17] L.A. Hurtado Munoz, E. Mocanu, P.H. Nguyen, M. Gibescu, W.L. Kling, in: Comfort- constrained demand flexibility management for building aggregations using a decentralized approach, 4th International Conference on Smart Cities and Green ICT Systems, 2015.

[18] L. Xuemei, D. Lixing, L. Jinhu, X. Gang, L. Jibin, in: A novel hybrid approach of kpca and svm for building cooling load prediction, Int. Conf. Knowledge Discovery and Data Mining, 2010.

[19] E. Mocanu, P.H. Nguyen, M. Gibescu, W.L. Kling, in: Comparison of machine learning methods for estimating energy consumption in buildings, Proc. of the 13th Int. Conf. on Prob- abilistic Methods Applied to Power Systems, 2014.

[20] L.E. Baum, T. Petrie, Statistical inference for probabilistic functions of finite state Markov chains, Ann. Math. Stat. 37 (1966) 1554 – 1563.

[21] T. Zia, D. Bruckner, A. Zaidi, in: A hidden Markov model based procedure for identifying household electric loads, Annual Conference on IEEE Industrial Electronics Society, 2011, pp. 3218 – 3223.

[22] V. Mnih, H. Larochelle, G. Hinton, in: Conditional restricted Boltzmann machines for struc- tured output prediction, Proceedings of the International Conference on Uncertainty in Arti- ficial Intelligence, 2011.

[23] E. Mocanu, D.C. Mocanu, H.B. Ammar, Z. Zivkovic, A. Liotta, E. Smirnov, in: Inexpensive user tracking using Boltzmann machines, In IEEE International Conference on Systems, Man and Cybernetics, 2014, pp. 1–6.

[24] J.W. Taylor, Exponentially weighted methods for forecasting intraday time series with multiple seasonal cycles, Int. J. Forecast. 26 (4) (2010) 627–646.

[25] G.W. Taylor, G.E. Hinton, S.T. Roweis, Two distributed-state models for generating high- dimensional time series, J. Mach. Learn. Res. 12 (2011) 1025–1068.

[26] G.E. Hinton, Training products of experts by minimizing contrastive divergence, Neural Com- put. 14 (8) (2002) 1771–1800.

[27] G.E. Hinton, A practical guide to training restricted Boltzmann machines, Neural Networks: Tricks of the Trade, second ed., Lecture Notes in Computer Science, 7700, Springer, Berlin, Heidelberg, 2012, pp. 599–619.

[28] K. Bache, M. Lichman, UCI-Machine Learning Repository, University of California, School of Information and Computer Science, Irvine, CA, 2013.

[29] E. Mocanu, P.H. Nguyen, M. Gibescu, W.L. Kling, Deep learning for estimating building energy consumption, Sustain. Energy Grids Netw. 6 (2016) 91–99.

[30] D. Ernst, M. Glavic, F. Capitanescu, L. Wehenkel, Reinforcement learning versus model pre- dictive control: a comparison on a power system problem, IEEE Trans. Syst. Man Cybern. B Cybern. 39 (2) (2009) 517–529.

[31] R. Crites, A. Barto, in: Improving elevator performance using reinforcement learning, Advances in Neural Information Processing Systems 8, 1996, pp. 1017–1023.

[32] B. Sallans, G.E. Hinton, Reinforcement learning with factored states and actions, J. Mach. Learn. Res. 5 (2004) 1063–1088.

[33] N. Heess, D. Silver, Y.W. Teh, in: Actor-critic reinforcement learning with energy-based poli- cies, JMLR Workshop and Conference Proceedings: EWRL, 2012.

[34] E. Mocanu, P.H. Nguyen, W.L. Kling, M. Gibescu, Unsupervised energy prediction under smart grid context using reinforcement cross buildings transfer, Energy Build. 116 (2016) 646–655.

[35] R.S. Sutton, A.G. Barto, Introduction to Reinforcement Learning, first ed., MIT Press, Cambridge, MA, 1998. ISBN: 0262193981.

[36] C.J. Watkins, P. Dayan, Technical note: Q-learning, J. Mach. Learn. Res. 8 (3-4) (1992) 279-292.

[37] M. Wiering, M. van Otterlo, Reinforcement Learning: State-of-the-Art, Springer, Heidelberg, New York, Dordrecht, London, 2012.

[38] L. Busoniu, D. Ernst, B. De Schutter, R. Babuska, in: Approximate reinforcement learning: an overview, IEEE Symposium on Adaptive Dynamic Programming And Reinforcement Learning (ADPRL), 2011, pp. 1-8.

[39] A.A. Markov, The theory of algorithms, in: Collection of Articles. To the Sixtieth Birthday of Academician Ivan Matveevich Vinogradov, Trudy Mat. Inst. Steklov., vol. 38, Acad. Sci. USSR, Moscow, 1951, pp. 176-189.

[40] M.L. Puterman, Markov Decision Processes: Discrete Stochastic Dynamic Programming, first ed., John Wiley & Sons, Hoboken, NJ, 1994.

[41] M. Castronovo, F. Maes, R. Fonteneau, D. Ernst, in: Learning exploration/exploitation strate- gies for single trajectory reinforcement learning, JMLR Proceedings EWRL, 24, 2012, pp. 1-10.

[42] G.E. Hinton, R.R. Salakhutdinov, Reducing the dimensionality of data with neural networks, Science 313 (5786) (2006) 504-507.

[43] G.E. Hinton, S. Osindero, Y.W. Teh, A fast learning algorithm for deep belief nets, Neural Comput. 18 (2006) 2006.

[44] L.J.P. van der Maaten, E.O. Postma, H.J. van den Herik, Dimensionality reduction: a compar- ative review, J. Mach. Learn. Res. 10 (1-41) (2009) 66-71.

[45] R. Salakhutdinov, in: Learning deep Boltzmann machines using adaptive MCMC, Proceedings of the 27th International Conference on Machine Learning, 2010, pp. 943-950.

[46] F.J. Massey, The Kolmogorov-Smirnov test for goodness of fit, J. Am. Stat. Assoc. 46 (253) (1951) 68-78.

[47] S.J. Devlin, R. Gnanadesikan, J.R. Kettenring, Robust estimation and outlier detection with correlation coefficients, Biometrika 62 (3) (1975) 531-545.

[48] E. Mocanu, E.M. Larsen, P.H. Nguyen, P. Pinson, M. Gibescu, in: Demand forecasting at low aggregation levels using factored conditional restricted Boltzmann machine, Power Systems Computation Conference, PSCC 2016, 20-24 June, Genoa, Italy, 2016.

[49] E. Mocanu, P.H. Nguyen, M. Gibescu, in: Energy disaggregation for real-time building flexi- bility detection, IEEE PES General Meeting 2016, 17–21 July Boston, MA, USA, 2016.

[50] D.C. Mocanu, E. Mocanu, H.P. Nguyen, M. Gibescu, A. Liotta, in: Big IoT data mining for real- time energy disaggregation in buildings, Proceedings of the IEEE International Conference on Systems, Man, and Cybernetics, 2016.

[51] D.L. Marino, K. Amarasinghe, M. Manic, in: Building energy load forecasting using deep neu- ral networks, IEEE Industrial Electronics Society, 2016.

[52] S. Ryu, J. Noh, H. Kim, in: Deep neural network based demand side short term load forecast- ing, IEEE International Conference on Smart Grid. Communications, 2016, pp. 308–313.

[53] M. Manic, K. Amarasinghe, J.J. Rodriguez-Andina, C. Rieger, Intelligent buildings of the future: Cyberaware, deep learning powered, and human interacting, IEEE Ind. Electron. Mag. 10 (4) (2016) 32–49.

심화 학습을 위한 추천 자료

[1] L.E. Baum, in: An inequality and associated maximization technique in statistical estimation for probabilistic functions of Markov processes, Proceedings of the Third Symposium on Inequalities, 1972, pp. 1–8.

[2] K. Brügge, A. Fischer, C. Igel, The flip-the-state transition operator for restricted Boltzmann machines, Mach. Learn. 93 (1) (2013) 53–69.

[3] C.M. Bishop, Pattern Recognition and Machine Learning (Information Science and Statistics), first ed., Springer, New York, NY, 2006.

[4] C.C. Chang, C.J. Lin, Libsvm: a library for support vector machines, ACM Trans. Intell. Syst. Technol. 2 (3) (2011) 1–27.

[5] C. Cortes, V. Vapnik, Support-vector networks, Mach. Learn. 20 (3) (1995) 273–297.

[6] G. Desjardins, A. Courville, Y. Bengio, P. Vincent, O. Delalleau, in: Tempered Markov chain Monte Carlo for training of restricted Boltzmann machines, Proceedings of the 13th Int. Conf. on Artificial Intelligence and Statistics, 2010,

pp. 145 - 152.

[7] S. Fan, R.J. Hyndman, Short-term load forecasting based on a semi-parametric additive model, IEEE Trans. Power Syst. 27 (1) (2012) 134 - 141.

[8] A. Foley, P.G. Leahy, A. Marvuglia, E.J. McKeogh, Current methods and advances in forecasting of wind power generation, Renew. Energy 37 (1) (2012) 1 - 8.

[9] B.C. Geiger, G. Kubin, in: Signal enhancement as minimization of relevant information loss, Systems, Communication and Coding (SCC), Proceedings of 2013 9th International ITG Conference, 2012.

[10] N. Nicola Jones, Computer science: the learning machines, Nature 505 (7482) (2014) 146 - 148.

[11] J. Laserson, From neural networks to deep learning: zeroing in on the human brain, ACM Crossroads 18 (1) (2011) 29 - 34.

[12] A.M. De Livera, R.J. Hyndman, R.D. Snyder, Forecasting time series with complex seasonal patterns using exponential smoothing, J. Am. Stat. Assoc. 106 (496) (2011) 1513 - 1527.

[13] E.M. Larsen, P. Pinson, G.L. Ray, G. Giannopoulos, in: Demonstration of market-based real- time electricity pricing on a congested feeder, 12th Int. Conf. on the European Energy Market, 2015, pp. 1 - 5.

[14] E.L. Lehmann, J.P. Romano, Testing Statistical Hypotheses, Springer Texts in Statistics, Springer-Verlag, New York, 2005.

[15] M. Lukoovsevivcius, A practical guide to applying echo state networks, Neural Networks: Tricks of the Trade, Lecture Notes in Computer Science, 7700, Springer, Berlin, Heidelberg, 2012, pp. 659 - 686.

[16] M. Lukoovsevivcius, H. Jaeger, Reservoir computing approaches to recurrent neural network training, Comput. Sci. Rev. 3 (3) (2009) 127 - 149.

[17] D.W. Marquardt, An algorithm for least-squares estimation of nonlinear parameters, SIAM J. Appl. Math. 11 (2) (1963) 431 - 441.

[18] L.R. Rabiner, Readings in speech recognition, A Tutorial on Hidden Markov Models and Selected Applications in Speech Recognition, Morgan Kaufmann Publishers, San Francisco, CA, 1990, pp. 267 - 296.

[19] T. Tieleman, G. Hinton, in: Using fast weights to improve persistent contrastive divergence, Proceedings of the 26th Annual Int. Conf. on Machine Learning,

2009, pp. 1033 - 1040.

[20] T. Tieleman, in: Training restricted boltzmann machines using approximations to the likeli- hood gradient, Proceedings of the 25th Int. Conf. on Machine Learning, 2008, pp. 1064 - 1071.

[21] M. Wytock, J.Z. Kolter, in: Large-scale probabilistic forecasting in energy systems using sparse gaussian conditional random fields, Proceedings of the 52nd Conference on Decision and Control, 2013, pp. 1019 - 1024.

[22] M. Welling, M. Rosen-Zvi, G.E. Hinton, in: Exponential family harmoniums with an applica- tion to information retrieval, Advances in Neural Information Processing Systems 17 (NIPS 2004), 2004.

[23] L. Yang, H. Yan, J.C. Lam, Thermal comfort and building energy consumption implications—a review, Appl. Energy 115 (2014) 164 - 173.

CHAPTER 08

압축 센싱을 이용한 스마트그리드 데이터 분석

Mohammad Babakmehr*, Mehrdad Majidi†, Marcelo G. Simoes*
*Colorado School of Mines, Golden, CO, United States, †University of Nevada, Reno, NV, United States

이 장의 개요

이 장에서는 스마트 전력 망의 모니터링, 데이터 분석, 보안, 신뢰성 분석 등의 분야에서 활용될 수 있는 최신 신호처리 및 시스템 식별 기법인 압축 센싱-희소 복구(compressive sensing-sparse recovery; CS-SR) 기법의 이론과 그 응용 사례를 소개한다. 전력 공학에서 가장 유명한 모델링 문제의 하나인 전력 계통과 전기 신호의 희소(sparse) 문제를 다루기 위한 대안적 수학 모델로 압축 신호 처리 또는 희소 시스템 식별 프레임워크가 도입되었다. 이 장의 앞 부분에서는 CS-SR의 수학적 이론과 기법의 배경이 간략하게 설명된다. 이후에는 스마트그리드 기술에서의 CS-SR 적용에 대한 최신의 동향을 논의하고, 마지막으로 전력 망의 제어 문제를 다루는 세 개의 데이터 분석 사례를 상세하게 다룬다. 이들 사례는 각각 배전 계통 상태 추정(distribution system state estimation; DSSE), 스마트 송배전 망에서의 단일 및 다중 고장점 탐지, 부분 방전 패턴 인식 등으로 CS-SR을 이용한 새로운 분석 방법들이 소개된다.

1. 도입

지난 20년 동안 센서 네트워크 및 데이터 센터의 기술 혁신은 전력 공학 분야에 큰 영향을 미쳐왔다. 상호 연결된 전력 망을 통해서 전기 품질에 관한 일련의 정보가 계통 장치로부터 측정되어 의사결정 허브로 전송되며, 제어실에서 계통의 제어장치로 전달되는 모니터링 신호에 대한 피드백의 대부분 과정이 온라인으로 이루어지고 있다[1]. 이와 같은 온라인 모니터링 및 기록 프레임워크는 여러 가지 장점들을 내재하고 있지만, 한편으로는 빅데이터 시대가 도래하면서 매시간 제어 및 운영 상황실로 유입되는 엄청난 양의 측정 데이터는 계통 운영자로 하여금 새로운 분석 기법 및 기술에 대한 이슈를 고민하도록 만들고 있다. 따라서 이들 다양한 데이터 세트를 통해서 계통의 상황에 대한 고해상도의 모니터링 이미지를 그릴 수 있지만, 이를 위해서는 데이터 스토리지, 시간 비용, 수학적인 복잡성 등을 동시에 해결해야 하는 도전 과제를 극복하여야 한다[2].

빅데이터 분석과 관련된 도전 과제를 해결하기 위해, 연구 문헌에서는 다양한 접근법에 대한 연구결과가 발표되고 있는데, 빅데이터 시대의 차세대 기술로 압축센싱-희소복구(CS-SR) 기법이 큰 관심을 받고 있다. 다소 수학적인 설명이지만, CS-SR의 기본 개념은 관심의 대상이 되는 데이터 신호가 자유도(degrees of freedom)의 숫자가 작은 대체 표현(alternative representation)을 가지고 있으면, 대상 신호의 전반적인 변화를 데이터의 원래 시간 범위보다 훨씬 작은 양의 대체 표현 측정 값으로 캡처할 수 있는 사실에서 비롯한다[3,4]. 예를 들어, 샤논(Shannon)의 표본 추출 정리(sampling theorem)에 따르면, 60Hz를 갖는 사인파 신호(고조파 포함)의 고유 특성을 올바르게 측정하려면, 샘플링 주기는 대역 폭의 2배 이상이 되어야 하며, 결과적으로 조밀한 시간 벡터(dense time vector)가 생성된다. 하지만 이 신호에 상응하는 대체 표현으로 푸리에(Fourier) 변환을 하면, 해당 주파수 스펙트럼 범위에서 신호를 0이 아닌 계수 2개 미만으로 나타낼 수 있게 되어, 희소한 벡터가 생성된다. 지난 10년 동안, 대부분의 자연 현상이나 산업 현장에서 관찰되는 이와 같은 희소 행동 패턴에 많은 연구자들이 관심을 갖고 새로운 수학적 도구와 이론을 통해 연구한 결과, 관심의 대상이 되는 신호의 변화를 작은 양의 측정 데이터로 캡처할 수 있는 대안적인 기법인 CS-SR이 개발되었다. 이를 통해 원본 데이터를 희소한 수준으로 압축하여 센싱하고(compressive sensing)[1], 다시 희소한 수준에서 원래의 패턴으로 복구(sparse recovery)할 수 있게 되었다.

하지만 희소 복구 기술 분야에서는, 희소한 특성을 갖고있는 현실적인 문제들의 분석과 시간 복잡성을 수학적인 공식으로 해결하기 위해 별도의 수학적 연구가 독립적으로 더 진행되었다[5]. 이러한 일련의 문제 외에도 그래프 모델에 기반을 둔 분석에 대한 연구도 따로 관심을 가질 만 하다. 외견상 복잡하게 보이지만, 전력 망의 모니터링과 관련된 대부분의 문제들은 어떤 측면에서 희소한 구조를 가지고 있다. 예를 들어, 참고문헌 [6]에서 제시된 바와 같이, 전력 망에서 발생하는 동시 선로 고장(simultaneous line outages)의 횟수는 보통 송전 선로에서 발생한 총 고장 횟수의 작인 부분 집합이다. 따라서 손상된 선로의 위치를 확인하려

1) 희소 신호 $x \in \mathbb{R}^N$ 는 보통 $K \ll N$ 인일부 K를 제외하고는 대부분의 성분들이 0인 벡터로 정의된다. 여기에서 K는 신호의 희소성(sparsity)으로 불린다.

면 이 문제를 희소 고장 벡터 복구(sparse outage vector recovery) 문제로 간주하고 접근할 수 있다. 또한 전력 계통에서의 네트워크 간의 로컬 선로 연결 패턴을 살펴 보면, 전력 망 버스에 연결된 선로의 평균 숫자[2]는 작은 편이다. 이러한 특성 때문에 전력 망은 희소 그래프 모델로 표현될 수 있다. 다른 한편으로, 전압, 전류와 같은 대부분의 전력 신호는 푸리에 변환과 같은 수학적인 변환을 하면 희소한 형태로 표현할 수 있다는 점이 쉽게 관찰된다. 푸리에 변환을 통해 관찰되는 계수 값들은 대부분 0 또는 매우 작은 값을 가지며, 일부만이 다른 계수들과 유의한 차이를 보인다. 이러한 전력 망의 고유한 희소 특성을 이용하면, 부분 방전(partial discharge; PD) 패턴인식[7, 8], 전력 품질 이벤트 분석 및 분류[9] 등과 같은 다양한 전력계통의 신호 처리 문제를 해결하는데 진전을 이룰 수 있다.

이 장의 다음 부분에서는, 먼저 2절에서 CS-SR의 정의, 기법, 수학적인 이론 등을 간략하게 소개하고, 3절에서는 전력 공학 분야에서 활용되고 있는 CS-SR 기술들의 종합적인 현황을 살펴본다. 마지막 부분에서는 배전 계통 상태 추정(DSSE), 스마트 배전 망에서의 단일/동시 고장점 탐지, 부분 방전 패턴 인식 등 전력계통의 세 가지 모니터링 문제를 다루는 데 사용되는 CS-SR 접근 방법에 대해서 상세한 조사를 하고 그 결과를 논의한다.

2. 압축센싱-희소복구 문제의 수학적 모델링

CS-SR은 신호 처리의 새로운 패러다임이라 할 수 있는데. 데이터 스토리지 공간, 시간 비용, 데이터 분석의 복잡성 등을 해소하기 위한 새로운 데이터 취득 프로토콜이 CS-SR을 통해 제시되고 있다. 다음의 두 절에서는 CS-SR의 기본적인 사항들을 개념에 초점을 두고 간략하게 설명한다. 이들 개념은 이 장의 나머지 부분들을 이해하기 위해 필요하다.

2.1 압축 센싱

압축 센싱 이론을 접하게 되면 대략, "만일 관심을 갖는 데이터의 자유도가 작다면, 왜 데이터의 변화를 캡처하기 위해 그 많은 데이터 샘플이 필요한가"라는 단순한 질문이 있을 수 있다. 예를 들어, 정현파 신호(sinusoidal signal)는 $A\sin(2\pi ft+\varphi)$로 정의되는데, 여기서 우리가 특성을 파악하기 위해 알아야할 매개변수는 A, f, φ 3개이다. 하지만 왜곡 현상(aliasing

2) 이 과정에서 연결 정도(connection degree)는 전력 버스와 직접 연결되어 있는 이웃 버스들의 총수를 의미한다.

effect)을 피하기 위해서 우리는 샤논의 정리에 따라 신호 대역폭의 2배에 해당하는 샘플링 주파수가 필요하다[10]. 이러한 샘플링 주파수에서 기록된 샘플의 수를 N(N은 신호의 원본 도메인 차원(original domain dimensionality)으로 불림)이라고 하면, N은 보통 표현하고자 하는 매개변수(신호의 실제 차원으로 해석됨)보다 훨씬 큰 값을 갖게 된다. 압축 센싱 이론은 훨씬 작은 측정의 횟수 M으로 행동을 포착할 수 있는 대체 측정 프레임워크를 찾는데, 여기서 M은 K(0이 아닌 관측값)의 차수에 따라 달라지며, $M \ll N$이 된다. 숫자가 줄었음에도 M은 신호의 원래 행동을 나타낼 수 있고, 여기에서 얻어지는 부분적인 정보를 이용하여 원본의 구조를 복구할 수 있다.

정의1 희소한 신호: $x \in \mathbb{R}^N$인 신호가 만일 일부 K개(여기서 $K \ll N$)의 신호를 제외하고는 대부분이 0의 값을 가지면 희소하다고 정의한다.

정의2 압축 가능 신호: $x \in \mathbb{R}^N$인 신호가 만일 일부 K개(여기서 $K \ll N$)의 신호를 제외하고는 대부분이 0에 가까운 값을 가지면 압축 가능하다고 정의한다.

정리1 [11] $x \in \mathbb{R}^N$인 신호 x가 K-희소 하거나, 어떤 도메인에서 K-희소 표현을 가진 경우 즉, $x = D\alpha$, $D \in \mathbb{R}^{N \times N}$, $\alpha \in \mathbb{R}^N$인 경우에서, 만일 센싱 프로토콜 A (보통은 AD)가 널리 알려진 희소 복구 보장 조건을 충족하고 측정 횟수가 $K\log(N/K)$에 가까우면, $y = Ax(or\ y = AD\alpha)$, $y \in \mathbb{R}^M$, $A \in \mathbb{R}^{M \times N}, M \ll N$인 측정 세트로부터 x (또는 α)을 올바른 구조를 복원할 수 있다.[3)]

2.2 희소 복구 문제

여기에서는 희소 복구 문제의 정의와 함께 이 문제의 기초, 관련된 이론을 살펴보고자 한다. (자세한 내용은 참고문헌 [3, 12]을 참조)

3) 여기에서는 표기를 쉽게 하기 위해 센싱 프로토콜 행렬 A를 단일 행렬, 희소 벡터 K를 x로 간주한다. 참고문헌 [3, 12]에서는 다른 분야에서 대체 희소 표현을 어떻게 정의하고 다루는지를 상세하게 설명하고 있다.

정의3 응집성(coherence): 정규화된 열 $a_1, \cdots, a_N$ 으로 구성된 행렬 $A \in \mathbb{R}^{M \times N}$ 의 응집성은 다음과 같이 정의된다.

$$\mu_A = \max \langle a_i, a_j \rangle \text{ for } i,j = 1{:}N \text{ and } i \neq j \tag{1}$$

정의4 제한된 아이소매트리 특성(Restricted isometry property; RIP): 행렬 $A \in \mathbb{R}^{M \times N}$ 가 모든 K-희소 벡터 $x \in \mathbb{R}^N$ 에 대해 다음의 부등식을 유지하면, 행렬 A는 행렬 변환 후에 길이가 보존되는 아이소메트리 상수 $\delta_K \epsilon (0, 1)$를 가진 K 차수의 제한된 아이소메트리 특성을 가진 것으로 정의한다.

$$(1-\delta_K)\|x\|_2^2 \leq \|Ax\|_2^2 \leq (1-\delta_K)\|x\|_2^2 \tag{2}$$

정리2 [13] $x \in \mathbb{R}^N$ 인 x가 K-희소 신호이고 측정 데이터 세트가 $y = Ax \in \mathbb{R}^M$ 인 경우, A가 $2K$ 차수의 RIP 조건을 충족하고, 일부 아이소메트리 상수가 $\delta_{2K} < 1$ 또는 $\mu_A < \frac{1}{2K-1}$, 이면, 그 해는 다음과 같다.

$$\hat{x} = \underset{\acute{x}}{\operatorname{argmin}} \|\acute{x}\|_0 \text{ s.t.} y = A\acute{x} \tag{3}$$

이 해는 K 이하의 희소성 수준을 갖는 유일한 해이다. 여기서 $\|x\|_0$ 는 0이 아닌 계수의 숫자를 의미하며, 기수(cardinality)로도 볼 수도 있다. 불행히도 이 문제는 수학적으로 효율적인 풀이 방법이 존재하지 않는 NP-난제(NP-hard)로 알려져 있다[13]. 하지만 다행스럽게도 이 문제의 시간과 복잡성을 해소하기 위해 요건을 완화한 아래의 대체 해가 적용될 수 있다.

$$\hat{x} = \underset{\acute{x}}{\operatorname{argmin}} \|\acute{x}\|_1 \text{ s.t.} y = A\acute{x} \tag{4}$$

여기에서 l_1-노름은 x에서 볼록 함수이며, 희소 신호에 대해서 작은 값을 갖는 경향이 있다.

정리3 [13] $x \in \mathbb{R}^N$인 x가 K-희소 신호이고 측정 데이터 세트 $y = Ax \in \mathbb{R}^M$를 가진 경우, A가 $2K$ 차수의 RIP 조건을 충족하고, 일부 아이소메트리 상수가 $\delta_{2K} < 0.4651$ 또는 $\mu_A < \frac{1}{2K-1'}$이면, 식(4)의 $\hat{x}$에 관한 해는 $y = A\hat{x}$에 관한 K-희소 해를 리턴한다. 이 문제는 기저 추구(basis pursuit; BP) 문제로 널리 알려져 있다.

정리4 [13] x를 $\mathbb{R}^N$의 임의의 벡터로 하고, 노이즈 측정 데이터 세트를 $y = Ax + \epsilon \in \mathbb{R}^M$라고 할 때, A가 $2K$ 차수의 RIP 조건을 충족하고, 일부 아이소메트리 상수가 $\delta_{2K} < 0.4651$이면, $\hat{x}$에 관한 해는 다음과 같다.

$$\hat{x} = \underset{\acute{x}}{\operatorname{argmin}} \|\acute{x}\|_1 \ \text{s.t.} \|y - A\acute{x}\|_2 \leq \eta \tag{5}$$

여기에서 $\eta \geq \|\varepsilon\|_2$는 다음을 따른다.

$$\|x - \hat{x}\|_2 \leq \frac{C_1 \|x - x_K\|_1}{\sqrt{K}} + C_2 \eta$$

여기에서 x_K는 x에 대해 가장 가까운 K-희소 신호이고, C_1과 C_2는 δ_{2K}에 종속된 두 개의 상수이다. 이 문제는 기저 추구 노이즈 제거(basic pursuit de-noising; BPDN) 문제로 널리 알려져 있다.

알고리즘1 직교 매칭 추적(orthogonal matching pursuit; OMP) 알고리즘

```
require: matrix A, measurements y, stopping criterion
initialize: r^0 = y, x^0 = 0, l = 0, SUP^0 = ∅
 repeat
  1.match: h^l = A^T r^l
  2.identify support indicator:
     sup^l = {argmax_j | h^l(j) |}
  3.update the support:
     SUP^{l+1} = SUP^l ∪ sup^l
  4.update signal estimate:
     x^{l+1} = argmin_{z:SUP(z)⊆SUP^{l+1}} ||y − Az||_2
     r^{l+1} = y − Ax^{l+1}, l = l + 1
 Until stopping criterion met
output: x̂ = x^l
```

BP나 BPDN을 문제를 푸는 데에는 볼록 함수 최적화를 통해서 해를 구하는 일반적인 접근 외에도, 해를 구하기 위한 일련의 그리디 방법들이 개발되어 있다. 식(4), 식(5)을 만족하는 유망한 후보 해들을 탐색하는 대신에, 그리디 방법은 희소 해를 직접 재구성하는 방식을 취한다. 그리디 방법에서 잘 알려진 방법은 유명한 직교 매칭 추구(orthogonal matching pursuit; OMP) 알고리즘이다(알고리즘1 참조). 간략하게 설명하면, 이 방법을 단계적 상관 최소화 절차를 통해서 신호 x의 참 서포트(true support)를 찾는 방식으로 되어 있다.

3. 스마트그리드에서의 CS-SR 기법 적용

지난 2년 동안에 CS-SR 기술이 전력 공학 분야에 도입되기 시작하였으며, 지금은 스마트그리드 여러 분야에서 CS-SR 응용이 이루어지고 있다[15-28]. 스마트그리드는 보통 서로 연결되어 있는 복잡하고 거대한 시스템이지만, 이 네트워크의 구조나 데이터 형식을 살펴 보면, 본질적으로 희소한 특성을 가지고 있다. 예를 들어, 전력 망(PN)을 그래프 $G(S_N, S_E)$로 표현한다고 할 때, 일반적인 전력 망의 구조, 또는 토폴로지는 $S_N = \{1, \cdots, N\}$인 N개의 노드로 구성되고, 각각의 노드 i는 임의의 스마트그리드 버스를 나타내며, 송전 선로는 $S_E = \{l_{i,j} : i, j \epsilon S_N\}$이고 노드 사이를 연결하는 형태로 구성된다. 다양한 형태의 표준 전력 망 모델을 살펴 보았을 때, 전력 망에서 전력 버스(electrical bus)의 최대 연결 비율은, 대규모 전력 망이라고 하더라도 보통 5%에서 10%를 넘지 않는다[29]. 참고 문헌 [30]에서 제시된 바와 같이, 배전 망에서도 유사한 현상을 관찰할 수 있다. 이러한 희소 구조에 착안하여, 압축 센싱을 도입해서 대안적인 스마트그리드 토폴로지 식별 방법에 대한 연구가 진행된 바 있다 [5, 15].

희소 복구를 이용해서 전력 선로의 고장을 식별하려는 연구는 참고문헌[6]에서 처음 시도되었고, 이후에 [16]에서 더 진전된 연구가 진행되었다. 이들 연구의 기본 아이디어는 전력 망에서 동시에 발생하는 고장들은 송전선에서 발행하는 총 고장 횟수의 작은 부분이라는 점에 착안을 것이다. 선형 DC 전력 조류 모델 $p = B\theta \epsilon R^N$ [17]을 선형 대수 행렬 특성(linear algebraic matrices properties)에 대입하면, 손상된 선로의 세트를 ζ_{out} 라고 할 때, 일련의 선형 방정식으로 모델을 만들 수 있는데, 이 문제를 전력 고장 식별-희소 복구 (power outage identification-sparse recovery problem; POI-SRP)라고 한다. POI-SRP에 관한 산식에서 $y \epsilon R^N$ 인 $y = Ax + n$은 측정 벡터로 부르며, $A \epsilon R^{N \times L}$는 센싱 행렬로 불린다.

$x \epsilon R^L$ 인 결과 벡터는 희소 벡터로 간주될 수 있는데, 고장이 발생한 지점 L_{out} 을 제외하고는 행렬의 대부분 원소가 0이기 때문이다. 따라서 희소 결과 벡터(Sparse Outage Vector; SOV)는 다음의 행렬식 형태로 표현된다.

$$x = \begin{cases} x_l \; if \;\; l \in \zeta_{\text{out}} \\ 0 \;\;\; \text{otherwise} \end{cases}$$

희소 결과 벡터 x를 복구하게 되면, 0이 아닌 곳만 살펴서 고장이 발생한 지점의 선로에 대한 인덱스 세트 ζ_{out} 를 쉽고 명확하게 얻을 수 있다. 희소 복구 과정에서 내재된 문제를 해결하기 위해 이진-POI-SRP, 구조화-POI-SRP 등의 두 가지 일반화 방법이 제시되었다 [16, 18].

또한 CS-SR은 공격 탐지 [19], 통신 프로토콜 [20,21], 전력 신호 처리[7-9] 등과 같은 다른 스마트그리드 모니터링 및 제어 문제에도 활용이 되고 있다. CS-SR 기술은 스마그리드 송배전 망에서의 단일 또는 다중 고장점 탐지[22-24], 배전 계통 상태 추정(DSSE)[25,26], 스마트그리드 동적 거동 모델링[27] 등의 분야에서 기존에 없던 새로운 방법을 제시하고 있다. 또한, 전력 조류 모델링 문제를 해결하기 위해 희소 기반 모델이 개발된 바 있다[28].

이 장의 나머지 부분에서는 스마트그리드 배전 계통에서 발생하는 다음 세 가지 모니터링 문제를 해결하기 위해 개발된 CS-SR 기반 프레임 워크에 대해 자세히 살펴 보고자 한다.

(1) 스마트그리드의 배전 계통 상태 추정(DSSE) [25,26].

(2) 스마트그리드에서의 고장점 탐지 [22-24].

(3) 부분 방전(PD) 패턴 인식 [7,8].

4. 희소 복구를 이용한 배전 계통 상태 추정

배전 선로를 따라서 전압 프로파일을 살펴 보면, 각 선로 세그먼트에서 두 버스 사이의 전압 차이는 배전 모선(distribution feeder) 시작 시점에서의 전압과 비교하면 미미한 수준임을 관찰할 수 있다. 배전 망의 이러한 전압 특성은 전압 차를 변환하여 희소한 특성의 전압 프로파일을 만드는데 사용될 수 있음을 의미한다. 희소 처리된 전압 프로파일은 일부 배전 선로에 설치된 마이크로 PMU(μPMU)를 이용해서 복원된다. 이런 방법으로 배전 계통의 상태를 추정하게 되면, 기존 가중 최소자승(weighted least square) 상태 추정 방법에서 요구되는 계통의 관측 가능성(observability)과 중복 측정(measurement redundancy) 요건이 없어도 된다. μPMU가 인접 지점(branch)을 통해 버스로 유입되는 전류와, 버스의 전압을 동기화하여 기록한다[31]. 이렇게 캡쳐 된 위상과 계통의 상태는 아래의 산식으로 주어진다.

$$Z_0 = H_0 x_0 + v_0 \tag{6}$$

여기에서, $Z_0 \in R^{m_0}$ 이고, 3상 전압 p와 3상 측정 전류 q에 대해서 측정 벡터는 $m_0 = p + q$ 이다. $x_0 \in R^{n_0}$는 3상 상태 벡터이고, $v_0 \in R^{m_0}$는 측정 오차 벡터를 나타내며, $H_0 \in R^{m_0 \times n}$ 은 상수 측정을 위한 야코비안(Jacobian) 행렬로 다음과 같다.

$$H_0 = \begin{bmatrix} II \\ yA + y_s \end{bmatrix} \tag{7}$$

여기에서, $II \in R^{p \times n_0}$ 은 3상으로 표현된 전압 측정치-버스 따름 행렬(incident matrix)을 의미하며, $y \in R^{q \times q}$ 는 3상 계열의 어드미턴스(admittance) 행렬이다. $A \in R^{q \times n_0}$ 는 3상으로 표현된 전류 측정치-버스 따름 행렬을 의미하며, $y_s \in R^{q \times n_0}$ 는 3상 분로 어드미턴스 행렬(shunt admittance matrix)이다. 식(6)을 직교 좌표(rectangular coordinates) 형태로 다시 쓰면,

$$[Re\{Z_0\} + j\,Im\{Z_0\}] = [Re\{H_0\} + j\,Im\{H_0\}] \cdot [Re\{x_0\} + j\,Im\{x_0\}] + [Re\{v_0\} + j\,Im\{v_0\}] \tag{8}$$

식(8)을 실수 항과 허수 항을 분리하여 행렬로 다시 쓰면,

$$\overbrace{\begin{bmatrix} Re\{Z_0\} \\ Im\{Z_0\} \end{bmatrix}}^{Z} = \overbrace{\begin{bmatrix} Re\{H_0\} & -Im\{H_0\} \\ Im\{H_0\} & Re\{H_0\} \end{bmatrix}}^{II} \overbrace{\begin{bmatrix} Re\{x_0\} \\ Im\{x_0\} \end{bmatrix}}^{x} + \overbrace{\begin{bmatrix} Re\{v_0\} \\ Im\{v_0\} \end{bmatrix}}^{v} \tag{9a}$$

$$Z = H \cdot x + v \tag{9b}$$

여기에서, $Z \in R^m$, $H \in R^{m \times n}$, $x \in R^n$, $v \in R^m (m = 2m_0,\ n = 2n_0)$ 은 각각 Z_0, H_0,

x_0, v_0를 직교 좌표로 나타낸다.

DSSE 문제에서 측정 횟수(m)는 상태의 수(n)보다 작다(즉, m⟨n). 따라서, 식(9a)와 식(9b)는 무한한 해를 가진 과소 결정계(underdetermined system) 방정식이 된다. 하지만 우리가 사전 지식으로 x가 희소 벡터이어서 대부분의 입력 값이 0 또는 무시할 수 있을 정도로 작은 값이라는 것을 알고 있을 경우, 측정치가 얼마 없더라도 l_1-정규화 최소 자승법으로 문제를 풀어서 복구가 가능하다[32].

$$\min \|Hx - Z\|_2^2 + \lambda\|x\|_1 \tag{10}$$

여기서 $\|\cdot\|_1$은 l_1의 노름을 나타내고, 정규화 인수 λ는 $\lambda > 0$이다.

만일 (x)가 희소하지 않지만 압축은 가능할 경우, 아래와 같이 희소 벡터로 변환이 가능하다.

$$x_s = S \cdot x \tag{11}$$

여기에서 $x_s \in R^n$는 변환 도메인에서의 벡터 x의 희소 표현이고, $S \in R^{n \times n}$는 희소 변환 행렬을 나타낸다. S가 정칙 행렬(nonsingular matrix)이면, (x) 벡터는 $x = S^{-1} \cdot x_s$로 구해지며, 이를 식(9b)에 넣어 바꾸면 아래와 같이 된다.

$$Z = \Psi \cdot x_s + v \tag{12}$$

여기에서, $\Psi = H \cdot S^{-1}$이다. 식(12)는 앞에서와 마찬가지로 아래와 같이 풀 수 있다.

$$\min \|\Psi \cdot x_s - Z\|_2^2 + \lambda\|x_s\|_1 \tag{13}$$

식(13)의 해 x_s^*는 $x^* = S^{-1} \cdot x_s^*$이 되며, 식(10)의 해를 구해서 풀 수 있다.

DSSE에서는 차이 변환(difference transformation)을 통해서 세그먼트의 두 버스에서 전압을 서로 빼게 된다. 만일, 버스1이 인피드(infeed) 버스이고 행렬(B)가 3상 브랜치-버스 따름 행렬이면, 식(6)의 상태 벡터 (x_0)는 다음과 같이 희소화된다.

$$S = \begin{bmatrix} I_3 & O_{3\times(n-3)} \\ O_{(n-3)\times 3} & B \end{bmatrix} \quad (14)$$

여기에서, $O_{M\times N}$ 는 0의 $M\times N$ 행렬이고, I_N은 $N\times N$ 항등 행렬(identity matrix)이다.

이렇게 제안된 DSSE 모형의 성능을 검증하기 위해 IEEE 123-버스 표준 불균형 네트워크를 대상으로 시뮬레이션을 수행하였다. 이 네트워크는 256개의 상대지간 전압(phase-to-ground voltage) 변수를 가진 3상, 2상, 단상 브랜치들로 구성된다. 최적 네트워크를 구성하기 위해 필요한 최소 μPMU의 개수는 상태 추정 공식의 고유 해(unique solution)를 얻는 과정에서 이진 선형 프로그래밍 문제를 풀어서 구할 수 있다. 이렇게 구해진 8개의 μPMU에 배치 알고리즘(placement algorithm)을 적용하여 최적 위치를 결정한 결과, 1번, 13번, 44번, 60번, 65번, 83번, 89번, 101번 버스에 μPMU를 설치하고, 이를 통해 86개의 전압, 전류 위상 정보를 취득하였다.

그림1은 256개의 상대지간 노드에서의 실제 전압과 추정 전압을 비교한 것이다. 추정 상태의 평균 절대 오차는 8.017×10^{-5} (p.u.)이다. 이 값은 제안된 기법이 512개($n=2n_0=2\times256=512$)의 계통 상태를 32.8%인 168개($m=2m_0=2\times84=168$)의 측정만으로 정확하게 추정하였다는 것을 의미한다. 이와 함께 그림2는 희소 전압 프로파일의 실제 값과 추정된 값을 비교한 것이다. 전압 프로파일 희소 표현에서 처음 3개의 노드가 유의한 값을 나타내고 나머지 노드들의 계수는 미비한 것을 확인할 수 있다.

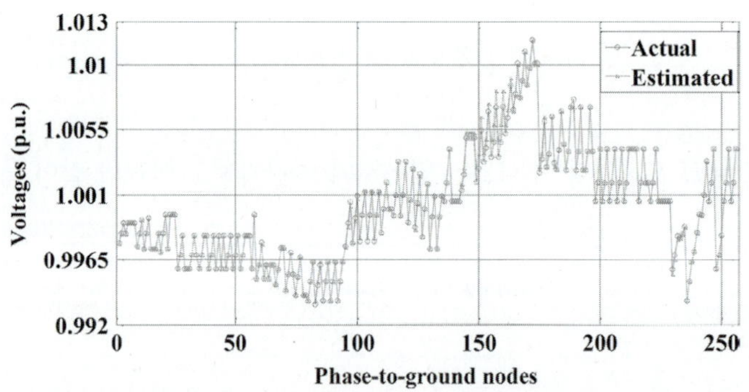

그림1. IEEE 123 버스 시스템의 전압 분포 예측 값 및 측정 값

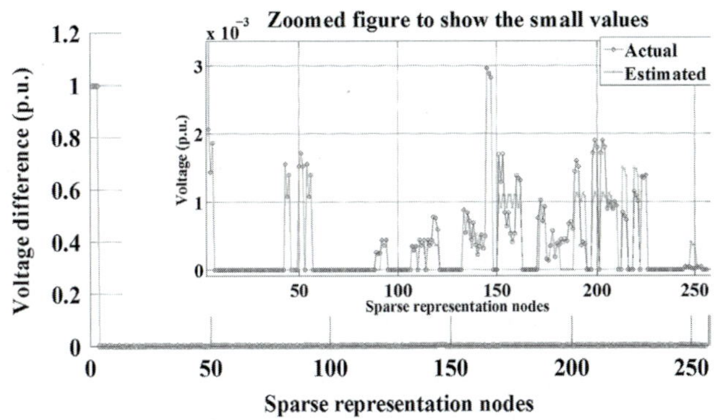

그림2. 전압 프로파일의 희소 표현에 대한 실제 및 추정 결과

이 그림에서 볼 수 있듯이, 인피드(infeed) 지점에서 0이 아닌 값들을 찾을 수 있는 것과 더불어, l_1−정규화 최소 자승법을 이용하여 부하가 큰 설비, 커패시터 뱅크, 분산전원, 주요 3상 모선 등의 양 끝 단에서의 전압 강하(voltage drop) 여부 등도 확인할 수 있다.

5. 희소 복구에 기반한 스마트그리드 송배전망의 고장점 탐지

이 절에서는 송배전 망에서 단일 및 동시 고장의 발생 지점을 찾아내는 새로운 패러다임을 소개한다. 고장점 탐지의 아이디어는 모든 버스(N 버스)에서 고장 발생 직전과 고장 발생 도중에 나타나는 순간 전압강하 벡터(sag vector)는 계통의 임피던스 행렬($Z_{bus} \in R^{N \times N}$)에 투입 고장 전류 벡터(injection fault current vector)($\Delta I \in R^N$)를 곱하여 구할 수 있고, 이 벡터는 희소 벡터 특성을 가지고 있어서 0이 아닌 곳이 고장점이라는 가정에서 비롯한다. 모든 버스에서 순간 전압강하 여부를 측정하는 것은 타당하지도 않고 경제적이지 않은데, 특히 배전 선로에서는 현실적이지 않다. 따라서 소수의 버스($M \ll N$)에만 PMU와 스마트미터를 설치하여 순간 전압강하를 측정하고, 고장 전류 벡터에서 측정된 버스에 해당하는 행들을 임피던스 행렬과 연결시켜서 계통에 관한 부정방정식(underdetermined equation)을 만들 수 있다. 압축 센싱과 l_1의 노름 최소화를 이용해서 아래와 같이 희소 전류 벡터를 복구할 수 있게 된다.

$$(l^1) : \Delta \tilde{I}_1 = \text{argmin} \, \|\Delta I\|_1 \; s.t. \Delta V = Z \cdot \Delta I \tag{15}$$

여기에서 $\Delta\tilde{I}_1 \in R^N$는 추정 전류 벡터이고, $Z \in R^{M \times N}$는 수정된 임피던스 행렬을 나타내며, $\Delta V \in R^M$는 계통에서 $(M \ll N)$ 측정을 통해 얻어진 순간 전압강하 벡터이다.

측정에 중복이 없기 때문에, 전류 벡터에서 0이 아닌 값의 개수는 실제 고장의 개수와 반드시 일치할 필요가 없다.

따라서 복구된 전류 벡터의 0이 아닌 값들은 퍼지 c-mean 클러스터링 알고리즘을 이용해서 분석되는데, 이 알고리즘에서는 3개 이상의 고장이 동시에 발생하지 않는다는 가정하에 잠재적인 고장점 4 곳을 유도해낸다. 그리고 만일 고장이 계통에서 오직 한 곳만 발생한다고 가정을 할 수 있으면, 머신러닝의 K-최근접 이웃(k-nearest neighbor; KNN) 알고리즘을 이용해서 0이 아닌 값들을 분석함으로써 단일 고장점을 추정할 수 있다. 만일 열의 숫자가 $Q_i,\ i = 1, \cdots, P$로 구성된 정규화 전류 벡터에서 크기가 가장 큰 값들(dominant values) (P)를 가지고 있다면, 고장 지점과 변전소와의 추정 거리는 KNN 알고리즘을 이용하여 식(16)으로 계산할 수 있다[33].

$$\tilde{F}_L = \frac{\sum_{i=1}^{P} F_L(i).e^{-(1-\Delta I_n(Q_i))^2}}{\sum_{i=1}^{P} e^{-(1-\Delta I_n(Q_i))^2}} \tag{16}$$

여기에서 ΔI_n은 정규화된 전류 벡터를 나타내며, FL(i)는 i번째로 큰 값과 이 값과 관련된 버스에서 변전소까지의 거리를 의미한다. 제안된 고장점 탐지 방법의 효과성(effectiveness)를 검증하기 위해 13.8kV, 134개 버스로 구성된 배전 계통에 대한 시뮬레이션을 진행하였다. 고장점 탐지 오차는 추정된 위치의 거리와 실제로 고장이 발생한 버스에서 변전소까지의 거리를 빼는 방법으로 구했으며, 100m 단위로 분류하였다.

0~100m, 100~200m, 200~300m, 300~400m, 400m 이상으로 구간을 나누어, 각 구간에 해당되는 버스의 수를 구분하여 세어본 결과를 표1로 나타내었다. 예를 들어, 표1은 스마트미터의 계량 데이터를 이용하여 단일 고장점을 추정한 결과이다. 여기에서 방법1은 퍼지 c-means를 이용한 추정이고, 방법2는 KNN을 이용해서 단일 고장점을 찾아낸 결과이다.

선행 연구에서는 송전 선로에 비해서 배전 선로가 짧기 때문에 배전 계통에서의 고장은 버스에서 발생하는 것으로 가정되었다. 반면에 송전선의 고장점을 탐지할 경우에서는 선로 중간에서 발생하는 고장점을 찾아낼 필요가 있다. 따라서 식(15)의 해를 풀어서 전류 벡터를 재구성하고, 여기에서 0이 아닌 값들을 복구하는 방법이 고장점 탐지에 이용된다. 선로를 따라 발생하는 고장점을 찾아내기 위한 이론으로는 대체 정리(substitution theorem)가 있다[34].

표1. 스마트미터를 이용한 단일 고장점 탐지 시뮬레이션 결과

고장 유형	1pH-g				3pH				2pH-g				2pH			
방법 구분	1		2		1		2		1		2		1		2	
ohm	0.5	10	0.5	10	0.5	10	0.5	10	0.5	10	0.5	10	0.5	10	0.5	10
Error																
0-100 m	124	120	124	112	121	118	115	110	126	125	122	116	122	126	110	120
100-200 m	7	10	8	16	8	9	15	14	4	6	10	14	8	4	20	11
200-300 m	2	2	1	4	3	5	2	6	3	2	1	3	3	3	3	2
300-400 m	0	1	0	1	1	1	1	3	0	0	0	0	0	0	0	0
〉400m	0	0	0	0	0	0	0	0	0	0	0	0	0	0	0	0
Total error (km)	4.4	4.6	5	6.7	5.4	5.1	6.8	7.9	4.4	3.3	5.4	6.5	5.1	4.4	6.7	5.7

만약 $i-j$ 선로에서 고장이 발생된 것으로 식별된 경우, 각각의 버스에서 투입되어 고장 지점 $(I_{ij},\ I_{ji})$으로 흐르는 고장 전류는 각 버스의 동일한 전류소스에서 해당 선로를 제거된 것으로 모델링 된다. 선로 $i_1-j_1,\ i_2-j_2$ 에서 동시에 고장이 발생한 경우는 그림3과 같다.

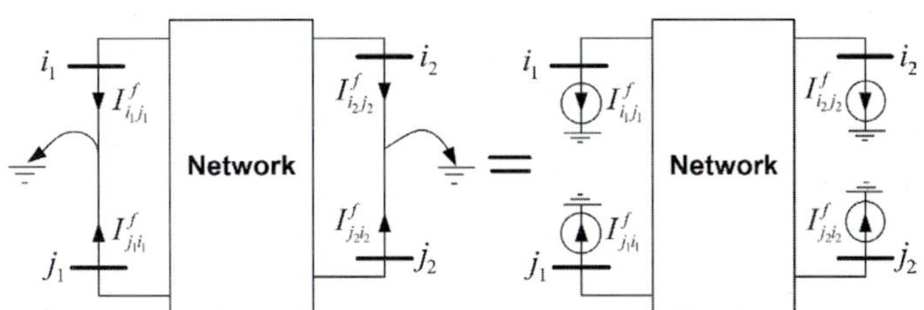

그림3. 이중 고장 시나리오에서의 대체 정리 회로도

포지티브 시퀀스 시스템에서, 고장 전류 소스는 PMU 등이 설치된 버스에서 관측되는 순간 전압강하 위상 벡터와 고장 선로를 제거한 계통의 임피던스 행렬은 아래와 같은 관련을 갖는다.

$$\Delta V_{\mathrm{All}}^{+} = Z_{\mathrm{bus},M}^{+} \cdot \Delta I_{l}^{+} \tag{17}$$

여기에서 $\Delta I_l^+ = [0 ... 0\ I_{i_1 j1}{}^f ... 0\ I_{j_1 i1}{}^f ... 0\ I_{i_2 j2}{}^f ... 0\ I_{j_2 i2}{}^f ... 0]^T \in R^N$ 는 고장 선로의 전류 벡터이며, $\Delta V_{\mathrm{All}}^+ = [\Delta V_1^+,\ \Delta V_2^+,\ ... \Delta V_{M'}^+,\ \Delta V_{M+1}^+,\ ... \Delta V_{M+K}^+]^T \in R^{M+K}$ 는 관측이 가능한

모든 버스들의 순간 전압강하 벡터로 실제 측정된 M개의 벡터와 연산을 통해 얻어진 K개의 계산 벡터가 포함된다. $Z^{+}_{\text{bus}, M}$는 고장 선로 i_1-j_1, i_2-j_2를 제거하여 다시 계산된 임피던스 행렬이다. 고장 선로 탐지 프로세스에서 복구된 0이 아닌 값들이 계통의 잠재적인 고장 지역을 결정한다는 점에 유념하기 바란다. PMU 버스가 연결된 선로의 전류 위상 벡터는 PMU에 의해 측정되므로, 투입 버스에서 건전한 지역에 있는 PMU 버스로 흐르는 사전 전압 위상 벡터(pre-voltage phasors)와 진행중 전압 위상 벡터(during-voltage phasors)는 측정된 전류 위상 벡터를 이용해서 계산할 수 있다. 따라서 K개의 계산된 위상 벡터가 M개의 측정된 위상 벡터와 함께 고장 거리 추정(fault distance estimation)에 이용된다.

$Z^{+}_{\text{bus}, M}$의 i_1, j_1, i_2, j_2 열은 ΔI^{+}_{l}에서 0이 아닌 값들을 얻는데 이용되는데, 방정식의 개수에 비하여 변수의 개수가 더 많은 과도 결정계(overdetermined equation) 문제에 해당한다.

$$\Delta V^{+}_{\text{All}} = \begin{bmatrix} z_{1,i_1} & z_{1,j_1} & z_{1,i_2} & z_{1,j_2} \\ z_{2,i_1} & z_{2,j_1} & z_{2,i_2} & z_{2,j_2} \\ \vdots & \vdots & \vdots & \vdots \\ z_{M+K,i_1} & z_{M+K,j_1} & z_{M+K,i_2} & z_{M+K,j_1} \end{bmatrix} \cdot \begin{bmatrix} I^{f}_{i_1j_1} \\ I^{f}_{j_1i_1} \\ I^{f}_{i_2j_2} \\ I^{f}_{j_2i_2} \end{bmatrix} \tag{18}$$

식(18)을 최소자승법으로 풀어서 ΔI^{+}_{l}의 0이 아닌 값들을 찾을 수 있으며, PMU 직접 측정 데이터가 없는 경우, 식(18)의 결과를 이용해서 식(19)처럼 버스 i_1, j_1, i_2 및 j_2에서 순간 전압강하 위상 벡터를 계산할 수 있다.

$$\begin{bmatrix} \Delta V^{+}_{i_1} \\ \Delta V^{+}_{j_1} \\ \Delta V^{+}_{i_2} \\ \Delta V^{+}_{j_2} \end{bmatrix} = \begin{bmatrix} z_{i_1,i_1} & z_{i_1,j_1} & z_{i_1,i_2} & z_{i_1,j_2} \\ z_{j_1,i_1} & z_{j_1,j_1} & z_{j_1,i_2} & z_{j_1,j_2} \\ z_{i_2,i_1} & z_{i_2,j_1} & z_{i_2,i_2} & z_{i_2,j_2} \\ z_{j_2,i_1} & z_{j_2,j_1} & z_{j_2,i_2} & z_{j_2,j_2} \end{bmatrix} \cdot \begin{bmatrix} I^{f}_{i_1j_1} \\ I^{f}_{j_1j_1} \\ I^{f}_{i_2j_2} \\ I^{f}_{j_2i_2} \end{bmatrix} \tag{19}$$

이렇게 되면 고장 거리 비율(fault distance ratio)은 고장 선로의 전류 위상 벡터와 순간 전압강하 전압 위상 벡터를 가지고 아래와 같이 추정할 수 있다.

$$\delta_{ij} = \frac{1}{y_{ij} l_{il}} \tan h^{-1} \left\{ \frac{-\cos h(y_{ij} l_{il}) \Delta V^{+}_{j} - Z^{0}_{ij} \sin h(y_{ij} l_{ij}) I^{f}_{ji} + \Delta V^{+}_{i}}{-\sin h(y_{ij} l_{il}) \Delta V^{+}_{j} - Z^{0}_{ij} \cos h(y_{ij} l_{ij}) I^{f}_{ji} - Z^{0}_{ij} I^{f}_{ij}} \right\} \tag{20}$$

δ_{ij}는 고장이 발생한 모든 선로에 대해서 계산되며, 여기서는 i_1-j_1, i_2-j_2가 여기에 해당한다. 단일 고장점 탐지에서도 식(17)-(20)과 비슷한 과정을 통해서 추정할 수 있다.

IEEE 39-버스 테스트 계통을 이용하여 제안된 방법의 효과성을 평가하였다. 고장의 유형을 고장 저항을 0, 50, 100 Ω으로 구분하고, 모든 선로에 대해 고장 거리 비율을 90%, 50%, 10%로 설정하여 시뮬레이션을 진행하고 그 결과를 표2에 나타내었다. 표2에서 표시된 고장점 추정 오류는 아래의 식(21)을 가지고 계산된 것이다.

$$\text{Error}(\%)=\frac{|\text{Actual distance}-\text{Estimated distance}|}{\text{Faulted line length}}\times 100\% \tag{21}$$

6. 압축 센싱을 이용한 부분 방전 패턴 인식

압축 센싱과 l_1의 노름 최소화 기법은 패턴 인식을 위한 목적으로 희소 표현 분류기(sparse representation classifier; SRC)를 만드는데도 활용될 수 있다. 이 절에서는 부분 방전(partial discharge; PD) 패턴 인식에 활용될 수 있는 SRC 기법의 새로운 적용사례를 논하고자 한다. 부분 방전이 발생하면 고압 또는 초고압 전력 설비의 절연 손상이 장기간에 걸쳐 발생하여, 결국에는 설비의 고장이나, 주변 기기로 고장이 전파될 수 있다. 따라서 부분 방전에 대한 온라인 모니터링 체계를 갖추기 위한 학계나 산업계의 체계적인 연구가 필수적이라 할 수 있다. 부분 방전은 발생원(source)에 따라서 독특한 패턴을 가지고 있기 때문에 계량 데이터 원본에서 판별할 수 있는 특성을 추출하여 패턴 인식을 수행할 수 있다. 전통적으로 사용되어 온 부분 방전 특성 추출 기법은 위상 분해 부분 방전(phase-resolved partial discharge; PRPD) 방법으로 3개의 주요 특성을 추출한다. 즉, 최대 전하, 평균 전하, 각 위상 각도에서의 부분 방전 펄스 등이 이용된다[36]. 추출된 특성을 가지고 훈련을 시킴으로써 분류기가 여러 패턴을 인식하게 된다.

표2. 단일 고장에 대한 고장점 탐지 방법의 성능 비교

고장 유형	(ohm)	선로 비율(%)	오차 범위(%)					평균	분산
			0-0.1	0.1-0.2	0.2-0.3	0.3-0.4	0.4-0.5		
3상 고장	100	90	11	10	8	1	4	0.1975	0.0179
		50	5	13	8	4	4	0.2291	0.0137
		10	5	13	8	5	3	0.2311	0.0160
	50	99	11	12	6	2	3	0.1844	0.0158
		90	11	7	9	3	4	0.2114	0.0208
		50	5	12	10	3	4	0.2331	0.0148
		10	6	13	6	7	2	0.2182	0.0156
		1	12	11	5	4	2	0.1744	0.0173
	0	90	11	8	11	0	4	0.1998	0.0188
		50	6	10	9	6	3	0.2288	0.0143
		10	6	15	8	4	1	0.2041	0.0116
단상-접지 고장	100	90	8	12	7	2	5	0.2172	0.0202
		50	7	11	7	6	3	0.2229	0.0157
		10	8	11	7	4	4	0.2286	0.0194
	50	99	2	16	8	5	3	0.2471	0.0125
		90	12	7	3	4	8	0.2323	0.0310
		50	3	10	10	5	6	0.2773	0.0164
		10	4	16	7	0	7	0.2380	0.0182
		1	2	16	6	6	4	0.2448	0.0159
	0	90	10	12	9	1	2	0.1871	0.0145
		50	7	13	6	5	3	0.2133	0.0188
		10	7	13	9	3	2	0.2001	0.0144
이중 상 고장	100	90	10	10	10	0	4	0.1983	0.0181
		50	5	15	7	3	4	0.2225	0.0146
		10	5	15	7	3	4	0.2238	0.0153
	50	99	10	15	6	1	2	0.1621	0.0125
		90	8	13	5	5	3	0.2165	0.0164
		50	5	11	11	4	3	0.2357	0.0141
		10	7	14	5	5	3	0.2210	0.0176
		1	12	11	8	1	2	0.1682	0.0148
	0	90	10	9	10	1	4	0.2030	0.0184
		50	6	11	8	7	2	0.2289	0.0130
		10	6	17	3	5	3	0.2108	0.0154

이중 상-접지 고장	100	90	11	11	8	2	2	0.1919	0.0158
		50	6	12	8	5	3	0.2266	0.0151
		10	6	13	8	4	3	0.2255	0.0164
	50	99	8	13	6	4	3	0.1952	0.0159
		90	8	10	7	5	4	0.2301	0.0200
		50	4	12	10	6	2	0.2346	0.0139
		10	5	13	8	5	3	0.2228	0.0137
		1	10	12	6	4	2	0.1861	0.0151
	0	90	10	9	10	1	4	0.2008	0.0197
		50	4	10	11	5	4	0.2393	0.0153
		10	8	14	5	4	3	0.2055	0.0158

SRC 기법의 PD 패턴 인식 성능을 평가하기 위해, 고전압 실험실에서 17개의 샘플을 생성하여 내부, 표면, 코로나 부분 방전과 같이 3개의 패턴을 분류해 보았다. 17개의 샘플에서 15개는 내부 부분 방전(internal PD)과 관련이 있고, 나머지 2개는 각각 표면 부분 방전과 코로나 부분 방전에 대한 측정 데이터로 구성되었다. 15개의 샘플은 1-5개 정도의 공기 구멍(air void)를 가지고 있는데 그 크기는 1, 1.5, 2 mm 수준이다. 캡처한 부분 방전 신호에 PRPD와 신호 노름을 조합하여 패턴 인식 입력 정보로 가공한 다음, SRC에 넣어서 분류를 진행하였다. 그림4에서 보는 바와 같이, 부분 방전은 각 샘플에 대해 3,000회의 주기 동안 측정되었으며, 한 주기 동안은 3,600회의 측정이 이루어졌다. 이들 중에 250회의 주기를 임의로 선택하였다. 각 주기 동안에 부분 방전 이벤트가 반드시 3,600회일 필요는 없다는 점에 유의할 필요가 있다. 하지만 기록 시스템에서는 0.1도의 위상각 간격으로 부분 방전 이벤트를 기록할 수 있도록 하였다.

최대 방전(q_{mx}), 평균 방전(q_{mn}), 부분 방전 반복 횟수(q_n) 등을 각 위상각에 대해서 매번 10회를 측정할 때마다 계산하였다. 따라서 3×360 행렬이 매 주기마다 얻어진다. 그림4에서 qn_i^j, qmx_i^j, qmn_i^j 등은 각각 부분 방전 펄스의 횟수, 최대 방전, 평균 방전을 의미하며, 평균 방전은 i회 주기의 j번째 위상각에서 발생하는 모든 방전의 크기를 합산하여 해당 부분 방전 횟수로 나눈 값이다. 따라서 $i=1, \cdots, 250$의 값을 가지며, $j=1, \cdots, 360$의 값을 가진다. 그림4에서는 또한 주기의 번호와 위상각에 따른 qn, qmx, qmn 곡선의 변화를 볼 수 있다. 다음으로 행렬의 각 행에 대해서 1-노름, 2-노름, 무한-노름 등을 계산하여 9×1 벡터 행렬을 생성하였다. 이 과정을 임의로 선택된 250개의 주기에 대해 반복 수행하면, 9×250의 행렬을 만들 수 있는데, 여기에서 각 열은 각 주기에서 계산된 9×1 벡터로 구성된다. 9×250 행

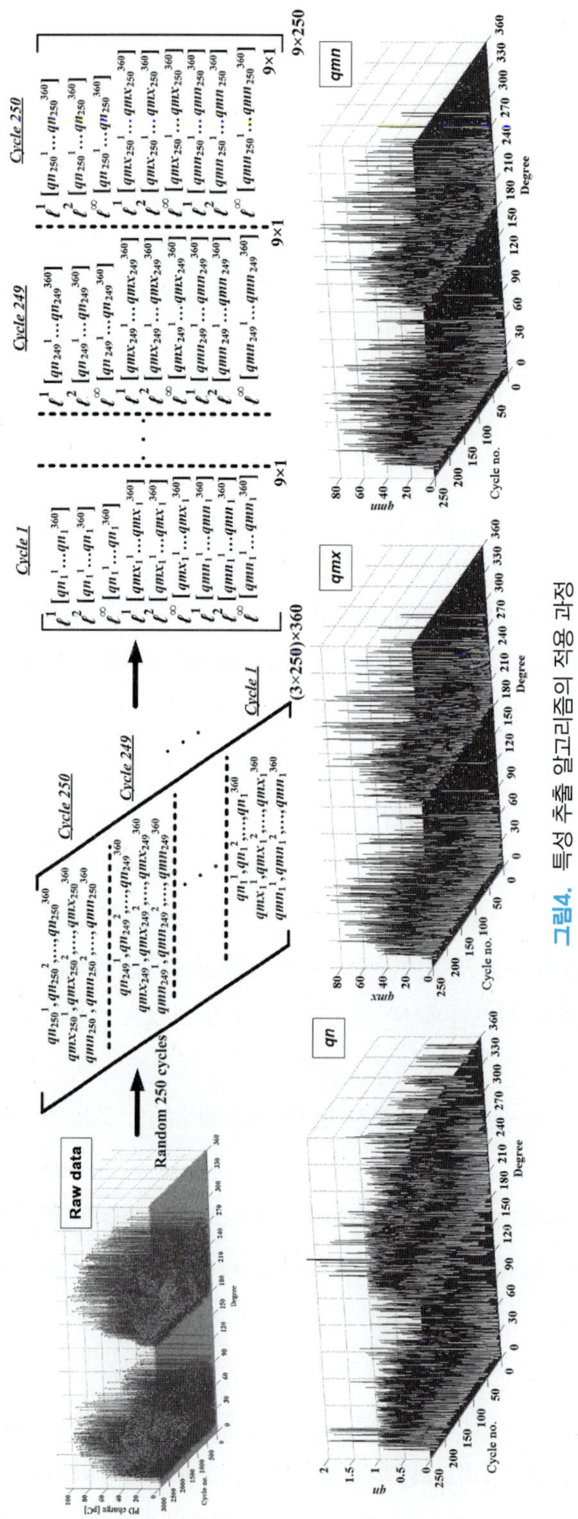

그림4. 특성 추출 알고리즘의 적용 과정

렬은 각 샘플을 대표한다고 볼 수 있는데, 여기에서 200개의 특성 벡터는 훈련에 사용하고 나머지 50개의 벡터는 패턴 인식 단계를 테스트하는데 사용되었다. 그림5를 보면, 모든 샘플에 대한 훈련 행렬은 $T_i \in R^{9\times200}$, $i=1, \cdots, M=17$ 이며, 이를 서로 연결하여 딕셔너리(dictionary) 행렬 (A)가 얻어진다. $y \in R^9$ 은 테스트 벡터로 각 샘플에 대해 50개의 테스트 벡터를 취해서 만들어진 것이다.

그림5에 있는 SRC 방정식은 식(22)를 풀어서 구할 수 있는데, 여기에서는 0이 아닌 값을 갖는 x 벡터를 복구하여 선택된 테스트 샘플을 특정 클래스에 할당한다.

$$\tilde{x}_1 = \text{argmin} \, \|x\|_1 \text{subject } to \ y = Ax \tag{22}$$

복구된 $\tilde{x}_1$ 에 있는 0이 아닌 항들이 각각 다른 클래스들에 대응할 수 있기 때문에, 실제 신호의 특성 벡터와 복구된 벡터 사이의 거리 l_2를 최소화하기 위해 아래의 잔차 함수(residual function)를 만들 수 있다.

$$r_i = \|y - A\tilde{x}_1(i)\|_2, i = 1, \cdots, M \tag{23}$$

여기에서 $\tilde{x}_1(i)$는 $\tilde{x}_1$ 벡터와 같지만 i번째 클래스 집합에 해당하는 n_i 항목을 제외한 모든 항목을 0으로 설정한 것에서 차이가 있다. 식(23)의 잔차를 모든 M=17 클래스에 대해 계산하고 테스트 샘플 y는 최소 잔차를 갖는 클래스에 할당된다. SRC의 PD 패턴 인식 성능을 평가하기 위해 다음의 4개 시나리오를 정의하였다.

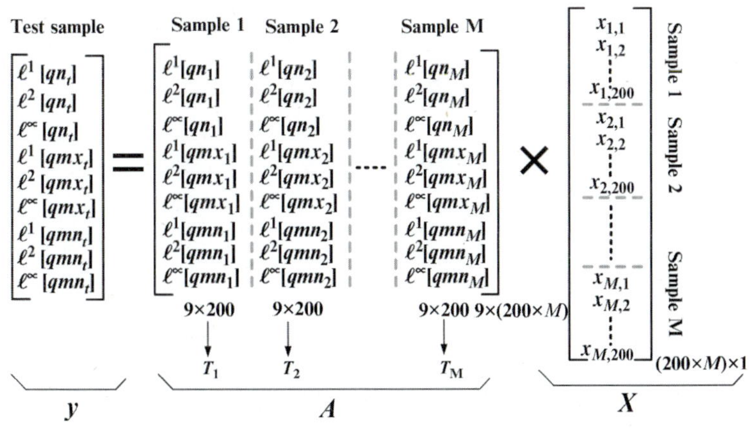

그림5. SRC equation system

- 시나리오1 (7개 샘플): 1번에서 5번의 샘플은 내부 공기 구멍 1mm인 내부 방전, 6번 샘플은 코로나 방전, 7번 샘플은 표면 방전 샘플로 구성
- 시나리오2 (7개 샘플): 1번에서 5번의 샘플은 내부 공기 구멍 1.5mm인 내부 방전, 6번 샘플은 코로나 방전, 7번 샘플은 표면 방전 샘플로 구성
- 시나리오3 (7개 샘플): 1번에서 5번의 샘플은 내부 공기 구멍 2mm인 내부 방전, 6번 샘플은 코로나 방전, 7번 샘플은 표면 방전 샘플로 구성
- 시나리오4 (17개 샘플): 1번에서 15번의 샘플은 내부 방전 샘플로, 1번에서 5번까지는 공기 구멍 1mm, 6번에서 10번까지는 공기 구멍 1.5mm, 11번에서 15번까지는 공기 구멍 2mm로 구성하고, 16번 샘플은 코로나 방전, 17번 샘플은 표면 방전 샘플로 구성

SRC 분류기의 성능을 ANN 분류기와 비교하기 위해, FFBP-NN(Feed Forward Back Propagation Neural Network) 다층 퍼셉트론(multilayer perceptron; MLP)을 이용하여 4개 시나리오 모두에 대한 부분 방전 클래스를 확인하였다. 4개 시나리오에서 각 방법들이 정확하게 인식한 비율은 표3과 같다.

표3. SRC와 ANN을 적용한 시나리오에서의 부분 방전 인식 비율

No	Method	Identification Percentage (%)			
		Scenario 1	Scenario 2	Scenario 3	Scenario 4
1	SRC	99.7	92.9	94.0	81.6
4	ANN	90.8	95.9	93.6	82.6

여기에서 알 수 있듯이, ANN에서 최상의 결과를 얻기 위해 학습 과정, 튜닝 옵션 및 기타 작업을 수행하지 않았을 경우 두 방법은 모두 비슷한 성능을 보이지만, 일부 경우에 있어서는 SRC가 ANN보다 성능이 더 우수하다는 것을 알 수 있다.

7. 결론 및 향후 전망

압축 센싱은 신호 처리 기술에서 새롭게 부각되는 기법으로 다양한 분야에서 활용 연구가 진행되고 있다. 이 장에서는 이 기술을 스마트그리드에 적용하는 사례를 제시하였다. 또한 유용한 결과가 도출되어 전력 계통에 실무적으로 활용할 수 있다는 점을 확인하였다. 스마트그리

드에서 전기자동차, 분산 전원, 수요반응 등의 분산 에너지 자원(DERs)이 증가함에 따라, 계통의 상태에 대한 파악과 시각화가 필수적으로 되고 있다. 일방향 전력 조류(one-way power flow)를 위주로 설계된 기존의 방사형(radial) 전력 망과 달리, 스마트그리드의 배전 망에서는 변동성(variability)도 크고 예측도 어려운 다양한 자원들이 존재하여 그 상태를 계속해서 관찰하고 능동적으로 관리해야 한다. 현재까지 배전 계통에서는 수천, 수만 개의 모선에 필요한 인프라를 구축하는데 막대한 비용이 들기 때문에 아직 완전한 원격 계측(telemetering)이 이루어지지 않고 있다. 이 때문에 고정밀도의 uPMU를 이용한 저비용의 상태 추정, 고장점 탐지 알고리즘이 실용적인 측면에서 의미가 있다. 전력 망의 신뢰성과 복원력(resilience)를 높이기 위해서는, 효율적인 고장점 탐지 체계를 갖춤으로써 계통의 급작스런 변화에 신속하게 대응하는 것이 용이해야 한다. 결과적으로 유틸리티들은 평상시 전력 망의 신뢰성을 높이고 신재생 에너지의 통합도 향상시켜야 함과 동시에 잠재적인 정전 위험을 더 잘 이해해서 회피할 수 있어야 한다. 신뢰성 요건을 충족하기 위해 필요한 강건하고 신뢰할 수 있는 사이버 보안 모듈 역시 향후에는 압축 센싱 개념을 이용하여 개발될 수 있을 것이다.

참고 문헌

[1] V.C. Gungor, D. Sahin, T. Kocak, et al., Smart grid technologies: communication technologies and standards, IEEE Trans. Ind. Inf. 7 (4) (2011) 529–539.

[2] X. Fang, S. Misra, G. Xue, D. Yang, Smart grid—the new and improved power grid: a survey, IEEE Commun. Surv. Tutorials 14 (4) (2012) 944–980.

[3] E.J. Candes, M.B. Wakin, An introduction to compressive sampling, IEEE Signal Process. Mag. 24 (2008) 21–30.

[4] E.J. Candes, T. Tao, Decoding by linear programming, IEEE Trans. Inf. Theory 51 (12) (2005) 4203–4215.

[5] M. Babakmehr, M.G. Simoes, M.B. Wakin, F. Harirchi, Compressive sensing-based smart grid topology identification, IEEE Trans. Ind. Inf. 12 (2) (2016) 532–543.

[6] H. Zhu, G.B. Giannakis, Sparse overcomplete representations for efficient identification of power line outages, IEEE Trans. Power Syst. 27 (4) (2012) 2215–2224.

[7] M. Majidi, M.S. Fadali, M. Etezadi-Amoli, M. Oskuoee, Partial discharge pattern recognition via sparse representation and ANN, IEEE Trans. Dielectr. Electr.

Insul. 22 (2) (2015) 1061–1070.

[8] M. Majidi, M. Oskuoee, Improving pattern recognition accuracy of partial discharges by new data preprocessing methods, Electr. Power Syst. Res. 119 (2015) 100–110.

[9] M. Sabarimalai Manikandan, S.R. Samantaray, I. Kamwa, Detection and classification of power quality disturbances using sparse signal decomposition on hybrid dictionaries, IEEE Trans. Instrum. Meas. 64 (1) (2015) 27–38.

[10] C.E. Shannon, Communication in the presence of noise, Proc. IRE 37 (1) (1949) 10–21.

[11] E.J. Candes, The restricted isometry property and its implications for compressed sensing, C.R. Math. 346 (9) (2008) 589–592.

[12] M.B. Wakin, Compressive sensing fundamentals, M. Amin (Ed.), Compressive Sensing for Urban Radar, CRC Press, Boca Raton, FL, 2014, pp. 1–47.

[13] D.L. Donoho, Compressed sensing, IEEE Trans. Inf. Theory 52 (4) (2006) 1289–1306.

[14] J. Tropp, Greed is good: algorithmic results for sparse approximation, IEEE Trans. Inf. Theory 50 (10) (2004) 2231–2242.

[15] M. Babakmehr, M.G. Simoes, M.B. Wakin, A. Al Durra, F. Harirchi, Sparse-based smart grid topology identification, IEEE Trans. Ind. Appl. 52 (5) (2016) 4375–4384.

[16] M. Babakmehr, M.G. Simoes, A. Al-Durra, F. Harirchi, Q. Han, Application of compressive sensing for distributed and structured power line outage detection in smart grids, Proc. IEEE American Control Conference ACC 2015, ACC, Chicago, IL, 2015, , pp. 3682–3689. July.

[17] J. Duncan Glover, M. Sarma, Power System Analysis & Design, second ed., PWS Publishing Company, USA, 1994.

[18] M. Babakmehr, M.G. Simoes, A. Al-durra, Compressive sensing for smart grid security and reli- ability, S. Rahman, S.M. Muyeen (Eds.), Communication, Control and Security for the Smart Grid, IET, London, 2016.

[19] M. Ozay, I. Esnaola, F.T. Vural, S.R. Kulkarni, H.V. Poor, Sparse attack construction and state estimation in the smart grid: centralized and distributed models, IEEE J. Sel. Areas Commun. 31 (7) (2013) 1306–1318.

[20] A.I. Sabbah, A. El-Mougy, M. Ibnkahla, A survey of networking challenges and routing proto- cols in smart grids, IEEE Trans. Ind. Inf. 10 (1) (2014) 210–221.

[21] W. Li, M. Ferdowsi, M. Stevic, A. Monti, F. Ponci, Cosimulation for smart grid communica- tions, IEEE Trans. Ind. Inf. 10 (4) (2014) 2374–2384.

[22] M. Majidi, M. Etezadi-Amoli, M.S. Fadali, A novel method for single and

simultaneous fault location in distribution networks, IEEE Trans. Power Syst. 30 (6) (2015) 3368 - 3376.

[23] M. Majidi, A. Arabali, M. Etezadi-Amoli, Fault location in distribution networks by compres- sive sensing, IEEE Trans. Power Deliv. 30 (4) (2015) 1761 - 1769.

[24] M. Majidi, M. Etezadi-Amoli, M.S. Fadali, A sparse-data-driven approach for fault location in transmission networks, IEEE Trans. Smart Grid 8 (2) (2017) 548 - 556.

[25] M. Majidi, M. Etezadi-Amoli, H. Livani, Distribution system state estimation using compres- sive sensing, Int. J. Electr. Power Energy Syst. 88 (2017) 175 - 186.

[26] M. Majidi, M. Etezadi-Amoli, H. Livani, M.S. Fadali, Distribution systems state estimation using sparsified voltage profile, Electr. Power Syst. Res. 136 (2016) 69 - 78.

[27] M. Babakmehr, R. Ammerman, M.G. Simoes, in: Modeling and tracking transmission line dynamic behavior in smart grids using structured sparsity, Preprint, to Appear in 54th Allerton Annual Conference on Communication, Control, and Computing, IEEE, Chicago, IL, 2016.

[28] Zhang Z, Nguyen HD, Turitsyn K, Daniel L. "Probabilistic power flow computation via low- rank and sparse tensor recovery". arXiv preprint arXiv:1508.02489.2015 August 11.

[29] R.D. Zimmerman, C.E. Murillo-Sanchez, R.J. Thomas, MATPOWER: steady state operations, planning, and analysis tools for power systems research and education, IEEE Trans. Power Syst. 26 (1) (2011) 12 - 19.

[30] Z. Wang, A. Scaglione, R. Thomas, Generating statistically correct random topologies for test- ing smart grid communication and control networks, IEEE Trans. Smart Grid 1 (1) (2010) 28 - 39.

[31] M. Gol, A. Abur, A fast decoupled state estimator for systems measured by PMUs, IEEE Trans. Power Syst. 30 (5) (2015) 2766 - 2771.

[32] S.J. Kim, K. Koh, M. Lustig, S. Boyd, D. Gorinevsky, An interior-point method for large-scale l1- regularized least squares, IEEE J. Sel. Top. Sign. Proces. 1 (4) (2007) 606 - 617.

[33] C.G. Atkeson, A.W. Moore, S. Schaal, Locally weighted learning, Artif. Intell. Rev. 11 (1) (1997) 11 - 73.

[34] H. Saadat, Power System Analysis, second ed., McGraw-Hill, New York, NY, 2002.

[35] R. Bartnikas, Partial discharges: their mechanism, detection and measurement, IEEE Trans. Dielectr. Electr. Insul. 9 (5) (2002) 763 - 808.

CHAPTER 09

시계열 데이터를 이용한 분류 기법의 스마트그리드 적용

Gian Antonio Susto, Angelo Cenedese, Matteo Terzi
University of Padova, Padova, Italy

이 장의 개요

전력 계통에서 신재생 분산 에너지, 전기 자동차, 제어 가능한 부하 등이 확산되면서, 이로부터 파생되는 전력 조류 교란에 대처하기 위해 최신의 모니터링 체계를 확립하는 것이 점차 필수적인 것이 되고 있다. 첨단 모니터링 시스템은 계통의 비정상적인 변화를 탐지하거나 문제의 원인 분석, 제어 목적 등에 이용될 수 있다. 최근 몇 년 동안 몇몇 머신러닝 기법들이 계통이 비정상적인 상태를 파악하거나, 한발 더 나아가서 계통의 상황을 알려진 지식과 비교하여 분류하는 등의 업무를 위해 개발되었다. 이들이 해결하고자 하는 전력 계통의 당면 과제 중 하나는 계통에서 시계열로 변화하는 데이터 스트림에 대한 모니터링 성능을 확보하는 것이다. 이 문제는 일반적으로 분류 단계 이전에 특성 추출을 시행하는 방법에서 해결 방안을 찾는다. 특성 추출 단계는 시계열 데이터에서 의미 있는 정보를 스칼라 형태로 변환하는 과정으로, 변환 중에 정보가 소실되는 것을 피하기 위해, 해당 분야의 도메인 전문가들이 참여해야 하는 등의 과정에서 시간이 많이 걸린다. 더욱이 추출된 특성들은 계통의 거동을 캡처하기 위해 설계되지만, 예전에 접하지 못했던 새로운 조건에서는 의미 있는 정보를 줄 수가 없어서 제대로 된 성능을 보이지 못 하는 경우가 있다. 이 장에서는 이들과 다른 형태의 접근으로 데이터에 기반한 접근 방법을 살펴본다. 즉, 시계열 데이터 원본에서 바로 분류를 수행함으로써 특성 추출 단계를 생략하는 방법이다. 여러 데이터 기반 접근 방법들 중에서, 여러 분야에서 널리 사용되는 방법으로는 동적 시간 워핑(dynamic time warping)과 기호 기반 방법(symbolic-based methodologies) 등이 있다. 여기에서는 각 방법의 장점과 단점을 논의하고, 이들 방법을 실무에 적용하기 위한 가이드라인을 설명하고자 한다.

1. 도입

발전, 송전, 배전 분야의 최근 트렌드는 스마트 인프라 패러다임을 따르는 것이다. 이를 통해 에너지 서비스의 유연성, 신뢰성, 자율성(autonomy)을 확보하면서도, 전반적인 계통의 성능을 유지하고 효과적으로 제어하는 것이 가능할 수 있다. 관련된 예로는 탈중앙집중화(decentralized) 또는 분산 신재생 에너지의 이용, 전기 자동차의 도입, 제어 가능한 부하(controllable loads)의 관리 등이 있다. 규제 기관들은 전력 계통 선로의 상태, 유틸리티들의 운영 현황 등을 평가하기 위해 고도의 모니터링 체계 확립을 필수적인 것으로 요구하고 있으며, 이를 통해 최종 소비자에게 제공되는 서비스의 품질을 확보하고, 전력 조류의 교란에 대처하며, 전력 계통에서의 발전량을 최대로 끌어 올릴 수 있을 것으로 기대한다.

이와 같이 복잡하고 상호 연결된 시스템의 시스템(system of systems)을 광범위하게 측정하게 되면 엄청나게 많은 데이터가 생성된다. 이들 데이터는 고장 및 비정상 상태[3]에서 수요반응 분석 및 최적화까지[4–6], 고장원인 분석[7]에서 서비스 사업자 통제까지[8], 예측 및 예방 정비[9]에서 물리적 또는 사이버 공격 방지[10]에 이르기 까지 다양하다. 특히, 위상 측정 장치(PMU), 주파수 교란 기록 장치(frequency disturbance recorder), AMI 등의 개발로, 송전선과 여기에 연결된 전력 계통을 끊임없이 모니터링 할 수 있게 되면서, 이들 장치들은 유틸리티의 모니터링 기기, 스마트 미터, 절연 상태 감지 장치 등과 연결되어 전력 계통의 전반적인 구조, 건전성, 동적인 거동 등에 대한 완벽한 그림을 그릴 수 있게 되었다.

하지만, 이들 복잡한 데이터 세트에서 온전한 가치를 만들려면, 대량으로 쏟아지는 데이터 흐름을 관통하는 스마트 정보를 찾아낼 수 있는 알고리즘이 개발이 요구되며, 이들 정보가 에너지와 전력 계통의 운영을 변화시킬 수 있어야 한다. 사실상 이들 솔루션은 에너지 관리시스템(EMS)의 핵심 역할을 수행한다[15]. EMS는 최종 사용처에 따라서 공장에서는 FEMS, 건물에서는 BEMS, 가정에서는 HEMS 등으로 불린다. 이와 관련되어, 머신러닝에 기반을 둔 몇몇 방법들이 최근 몇 년간 스마트그리드 계통과 전력 선로의 특성을 분석하거나, 소비자의 전력 수요 프로파일을 이용해서 수요자원 또는 서비스 개발에 활용하거나, 또는 전력 계통의 비정상적인 상태의 탐지, 비정상 상태에 대한 분류 등의 목적으로 개발되었다.

1.1 이 장의 목적

이 장에서는 전력 계통에서 사용되는 주요 ML 기술에 대한 전반적인 개요를 제공하고자 한다. 장대한 설명보다는 정보 측면에서 각 방법들의 차이를 설명하고, 이들 정보의 이용과 관련된 이슈들에 초점을 두어 독자들에게 제공하는 것에 이 장의 의미가 있다. 특히, "분류(classification)"라는 단어는 이 장에서는 ML의 하위 영역을 지칭하는 의미로 사용된다. 지도 학습 분야를 설명할 때, "지도(supervised)"라는 단어의 의미는 출력(output)을 이미 알고 있다는 의미로 사용된다. 주어진 신호 x가 입력 도메인 $\mathbb{X}$ 에 속하고, 그 출력이 서로 다른 클래스의 유한한 세트 $\mathbb{Y}$ 일 경우, 지도 학습 문제는 x와 하나의 $y \in \mathbb{Y}$ 를 연관시킬 수 있는 규칙을 찾는 문제로 귀결된다. 일반적으로 출력 클래스의 세트는 딕셔너리(dictionary)로 불리는데, 딕셔너리는 학습을 통해 얻어지며, 학습에 사용되는 입력 데이터 세트에 따라 $\mathbb{Y}$ 와 학습 규칙이 달라진다.

전력 계통에서 접하는 분류 문제로는 고장의 탐지 및 격리(fault detection and isolation; FDI), 예측 정비, 첨단 모니터링(advanced monitoring; AM), 고객 에너지 소비 프로파일, 사이버 보안 등이 있다. FDI의 경우를 예로 들면, 출력 클래스의 하나를 전력 계통의 정상적인 동작과 연관시키고, 나머지 클래스들은 계통에서 알려진 문제들을 참조하도록 할 수 있다. 즉, 순간 전압 강하(voltage sag), 순간 전압 상승(voltage swells), 고장 전류(fault current), 전압 진동(voltage oscillations), 주파수 진동(frequency oscillations) 등이 여기에 해당한다. 반면에 입력 신호는 시계열 데이터 형태로 여러 연속 데이터 흐름으로 전송되는데, PMU 데이터, 전류, 전압 등이 있다. FDI 알고리즘의 역할은 여러 측정 단위에서 보내지는 이질적인 신호를 해석해서 계통의 전반적인 상태를 이해하고 구분하는데 있다[2].

1.2 용어의 구분

이 장에서 고려하는 시계열 데이터 $\mathbf{z}.$ 는 유한한 길이의 시퀀스 $t_{\cdot,1}, \cdots, t_{\cdot,n\cdot}$ 의 시간 순서로 측정된 n개의 실수 값 데이터를 의미한다. 이러한 일반적인 정의를 훼손하지 않으면서 단순하게 표현하면, 시계열 데이터는 측정 기기에서 얻어지는 연속된 데이터 흐름을 특정 시간 구간 단위로 분할(windowing)하거나 샘플링 등의 전처리 과정을 통해 얻어진 데이터로 가정할 수 있다. 이렇게 되면 시계열 데이터 x는 p 입력 설명자(input descriptor)로 특성화 되며, 입력 공간 $\mathbb{X}$ 는 p 차원이고, N개의 신호 $\{\mathbf{x}^{(1)}, \cdots, \mathbf{x}^{(N)}\}$로 이루어진 훈련 데이터 세트는 클래스 세트 $\mathbb{Y}$ 를 정의할 수 있게 된다. 시계열 데이터에 대한 기본적인 정의와 표기는 그림1과 같으며, 표1에 이를 요약 정리하였다.

표1. 시계열 데이터 분석에서 사용되는 주요 기호 및 의미

기호	의미
$t \in \mathbb{R}$	Time
$\bar{t}$	Time of interest
R	Number of nodes in the power system cluster
$S \geq R$	Number of data sources generating signals
$\bar{q} \geq R$	Cardinality of raw signal
$\mathbf{v}(t) \in \mathbb{R}^{\bar{q}} \times \mathbb{R}$	Raw signal
$k \in N$	Window index
$\tau \in [0, 1)$	Window overlap parameter
n	Cardinality of samples per window
$q \leq \bar{q}$	Cardinality of preprocessed signal
$\mathbf{z}_k(t_{k,1}, \cdots, t_{k,n}) \in \mathbb{R}^{n \times q}$	Preprocessed signal
$p \leq n$	Number of signal descriptors
$\mathbb{X} \subseteq \mathbb{R}^p$	Domain of signal descriptors
$\mathbf{x} = x_1, \cdots, x_p \in \mathbb{X}$	Signal descriptors
N	Number of observations available for training
$\{\mathbf{x}^1, \cdots, \mathbf{x}^N\}$	Set of input data for training
$\{y^1, \cdots, y^N\}$	Set of output labels for training
$D \in \mathbb{R}^{N \times (p+1)}$	Design matrix for training
$\widetilde{M}$	Number of observations of reduced dataset (e.g., dictionary learning)
M	Number of classes
$\mathbb{Y}$	Class dictionary
$y \in \mathbb{Y}$	Class label
$f(\cdot) : \mathbb{X} \rightarrow \mathbb{Y}$	Classifier/association rule

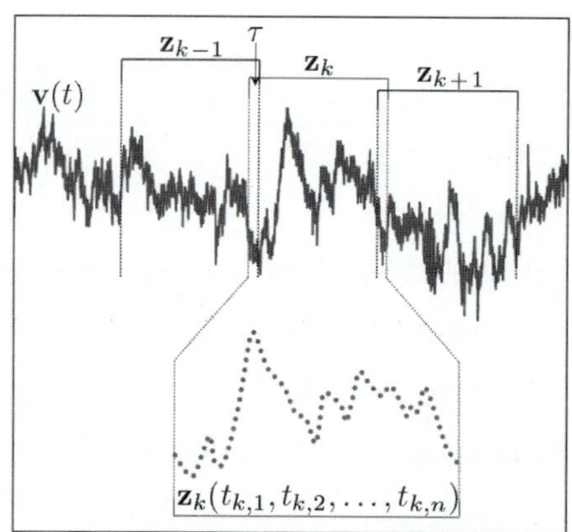

그림1. 시계열 데이터의 분할 과정. 원본 데이터 스트림에서 특정 시간 길이의 zk로 데이터를 추출하여 시계열 데이터를 생성한다.

그림2에서는 PMU 또는 기타 장치로부터 유입되는 데이터를 분류할 때, 이 장에서 용어를 적용하여, 이들 용어가 어떠한 특성과 관련이 있는지를 나타낸 것이다. 논의의 명확성을 위해서 표2는 이 장에서 사용되는 약어(acronym)의 목록을 정리하였다.

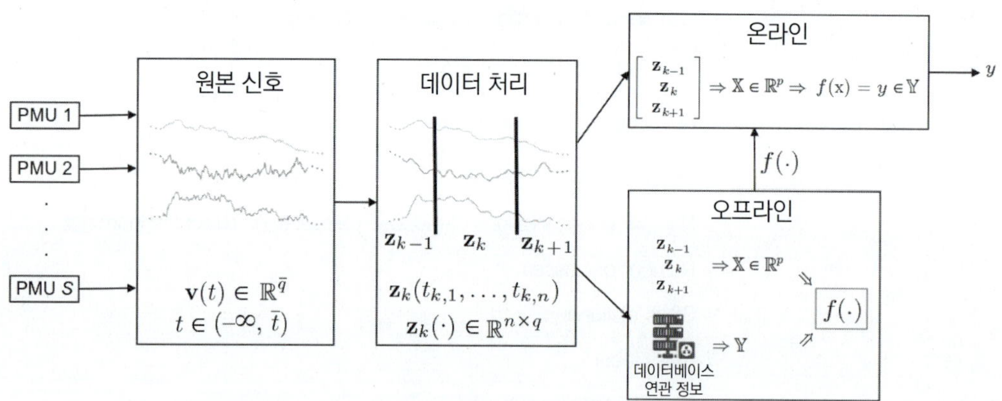

그림2. PMU 등 계측 센서에서 분류에 이르기 까지의 데이터 흐름

표2. 시계열 데이터 분석에서 사용되는 주요 약어

약어	의미
1-NN	1 Nearest neighbor
1-NN-DTW	1-NN with DTW distance
AR	Auto regressive
ARMA	Auto regressive moving average

ARIMA	Auto regressive integrated moving average
BEMS	Building energy management system
BoF	Bag of features
BoSS	Bag-of-SFA symbols
BoSS-VS	BoSS-vector space
BoW	Bag of words
DB	Distance based
DBA	DTW Barycenter averaging
DFT	Discrete Fourier transform
DR	Dimensionality reduction
DDTW	Derivative dynamic time warping
DT	Decision tree
DTW	Dynamic time warping
DTWUDC	DTW under dynamic constraints
DWT	Discrete wavelet transform
DNN	Deep neural network
EBC	Ensemble of bundle classifier
EMS	Energy management system
ERP	Edit distance with real penalty
ESN	Echo state network
FB	Feature based
FDI	Fault detection and isolation
FEMS	Factory energy management system
GP	Gaussian process
HEMS	Home energy management system
HMM	Hidden Markov model
ICA	Independent component analysis
IF	Interval feature
k-NN	k-Nearest neighbors
LDA	Linear discriminant analysis
LR	Logistic regression
LSM	Liquid state machine
MCB	Multiple coefficient binning
MDS	Multidimensional scaling
ML	Machine learning

약어	의미
MMCL	Model metric colearning
mRmR	Minimum redundancy maximum relevance
NR	Numerosity reduction
PAA	Piecewise aggregate approximation
PCA	Principal component analysis
PDC	Phasor data concentrator
PMU	Phasor measurement unit
RF	Random forest
RVM	Relevance vector machine
SAX	Symbolic aggregate approximation
SFA	Symbolic Fourier approximation
SIFT	Scale invariant feature transform
SMTS	Symbolic multivariate time series
SVM	Support vector machine
TWED	Time warping with edit distance
VAR	Vector autoregressive model
VSM	Vector space model
WDTW	Weighted dynamic time warping

2. 분류 문제

시계열 데이터의 분류에 관한 연구는 음성 인식[18]에서 금융 분석[19], 제조업[20]에서 전력계통[2, 21–23]에 이르기까지 다양한 분야에서 수십 년 동안 계속 관심을 받아 왔던 분야이다. 빅데이터와 광범위한 정보 흐름의 시대가 도래하면서 그 중요성이 한층 부각되고 있다. 시계열 분류를 위해서는 특히 다음의 두 가지 근본적인 문제(cornerstone)를 해결되어야 한다.

- 서로 다른 시계열 데이터를 어떻게 비교할 것인가? 특히, 길이가 다를 경우 어떻게 비교할 것인가?
- 서로 다른 시계열 데이터가 알려지지 않은 특정 클래스의 공통된 프로세스에서 비롯하였다는 점을 어떻게 인지할 수 있을까?

여기에서 두번째 질문은 AM 어플리케이션과 특히 관련이 있다. 만일 우리가 손상에 대해 잘 알고있고 이를 데이터베이스화하여 활용할 수 있다면, 현재 발생하는 손상을 탐지하여 예방 정비[24], 고장 탐지(FD), 고장 탐지 및 격리(FDI) 등의 솔루션을 만드는데 이용할 수 있다. 전력 계통에서 AM 솔루션에는 FD, FDI 문제를 반지도(semi-supervised) 학습으로 푸는 기능을 갖추고 있는데, One-Class-SVM처럼 단일 그룹 데이터(single group of data)를 기반으로 별도의 분류기를 만들어서 이용한다. 단일 그룹 데이터는 보통 정상상태 조건(normality condition)과 관련이 있다[25]. 이 분류기들의 목적은 "정상상태 공간(normality space)"을 정의하는 해를 만드는데 있다. 새로운 관측치가 있을 때, 만일 이 관측치가 정상상태 공간의 경계 밖에 위치하면 비정상 상태로 분류된다. 하지만 이러한 형태의 문제 풀이 방식은 이 장에서 제시하는 다른 방법들에 의해서도 해결될 수 있다.

2.1 분류 방법의 구분

이 장의 논의를 명확하게 하기 위해, 전력 계통 데이터의 분류 문제에서 해를 구하기 위해 사용되는 여러 방법들에 대한 간략한 소개를 하고자 한다. 시계열 분류 기법은 기본적으로 다음과 같이 2개의 영역으로 구분된다.

- 특성 기반(feature-based; FB) 방법: 특성 기반 방법은 분류 단계 이전에 특성 추출 작업을 먼저 수행한다. 일반적으로 원본 신호 $\mathbf{v}(t)$에서 고정된 시간 간격 n으로 관측 시점(window) k가 이동하면, 여기에서 시계열 데이터 $\mathbf{z}_k$를 얻을 수 있고, x 세트의 p 특성은 이로부터 계산된다. 예를 들어 자주 추출되는 특성으로는 평균, 최대값, 최소값, 엔트로피 등이 있으며, 시계열과 관련된 모든 특성들이 신호에서 추출된다. 이 방법의 기본 아이디어는 신호에 대한 통계 값을 통해 해당 신호가 어느 클래스에 속하는지를 확인할 수 있다는 가정에 바탕을 두고 있다. 이론상 이 프로세스에서 통계 값이 시간에 따라 변화하여 안정적이지 않을 경우, 2차 통계 값(second-order statistic)을 통해 신호의 특성을 충분히 추출할 수 있는 것으로 되어 있다. 하지만 현실 세계에서 얻어지는 신호들은 신호 자체의 특성보다는 노이즈 등 여러 요인들로 인하여 안정적이지 않은 경우가 많으며, 이 경우 분류 과정에서 의미 있는 요약 정보 값을 얻기 위해 더 많은 특성이 필요할 수도 있다. 이 때문에 관측 데이터는 시간 순서대로 되어 있어야 한다. 하지만 불행하게도 자동화된 특성 추출이 아닐 경우, 특성 추출 과정에서 발생할 수 있는 정보의 소실을 막기 위해 해당 분야 전문가가 참여해야 하며, 이로 인해 특성 추출 작업이 시간이 많이

소요된다. 또한 추출된 특성들은 계통의 특정한 행위를 캡처하기 위해 설계되지만, 예전에 접하지 못한 상황에 대해서는 정보를 제공하지 못해서 모니터링 성능의 부실로 이어질 수 있다. 그리고 튜닝을 위해 n 값을 수정하더라도 최적 해에 미치는 영향은 미비하다. FB 방법에서는 보통 교차 검증(cross validation) 절차를 통해 추정이 이루어진다[26]. FB 방법에서 학습 단계를 다룰 때, 학습 규칙은 N개의 관측치를 가진 데이터 세트의 정의에 바탕을 두며, 디자인 행렬은 다음과 같다.

$$D=\begin{bmatrix}\mathbf{x}^{(1)} & y^{(1)}\\ \mathbf{x}^{(2)} & y^{(2)}\\ \vdots & \vdots\\ \mathbf{x}^{(N)} & y^{(N)}\end{bmatrix}\in\mathbb{R}^{N\times(p+1)} \qquad (1)$$

- 거리 기반 (distance-based; DB) 방법: 거리 기반 방법은 특성 추출 단계를 거치지 않고, 적당한 거리를 정의하는 것에서 출발한다. 이 방법에서 가장 많이 사용되는 것의 하나로 동적 시간 워핑(dynamic time warping; DTW)이 있다[27]. 다음으로 분류 단계에서는 메트릭 분류기를 이용해서 분류가 진행된다. 간단하면서 널리 이용되는 분류기로 1-최근접 이웃 분류기(1-nearest neighbor classifier; 1-NN)가 있는데, 놀랍게도 이 방법은 단순하면서도 가장 효과적인 방법 중에 하나로 알려져 있다[26]. 거리 기반 방법은 FB 방법이 특성 추출에 시간이 많이 걸릴 뿐 아니라, 추출 과정에서 원본 데이터에 중요한 정보 손실이 발생한다는 점 때문에 관심을 받게 되었다[28]. 하지만 이 방법에서도 유클리드 거리를 계산하는 것과 같이 시계열 데이터의 직접 비교는 노이즈 등으로 인해서 해가 관측 자료에 민감하게 달라지는 불량 조건 문제(ill-posed problem)가 발생할 수 있어 만족스럽지 못한 성능을 보일 수 있다. 따라서 거리를 측정하는 메트릭 선택을 신중하게 할 필요가 있다. 또한 측정의 복잡성과 분류의 정확성 사이에 조율이 필요하다.

시계열 분류에 사용되는 주요 방법들은 표시하면 그림3과 같다.

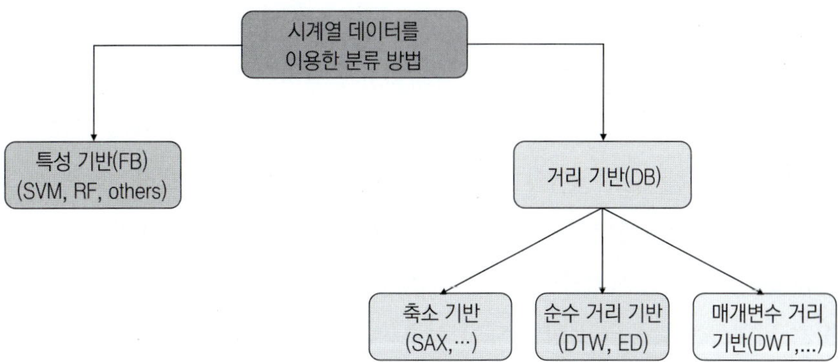

그림3. 시계열 데이터를 이용한 분류 방법의 구분

2.2 시계열 데이터의 연산과 관련된 이슈

빅데이터 관련 응용 프로그램에 사용되는 ML 기법은 데이터를 전달하는 EMS 인프라 아키텍처에 크게 의존한다. 전력 계통의 아키텍처는 계통을 모니터링하는 메인 유닛인 "부모(parent)"가 연결된 노드인 "자식(child)"을 제어한다. 각각의 노드는 작은 유닛으로 여러 PMU에서 파생된 측정 데이터를 처리한다. EMS 아키텍처의 전형적인 구조는 그림4와 같다.

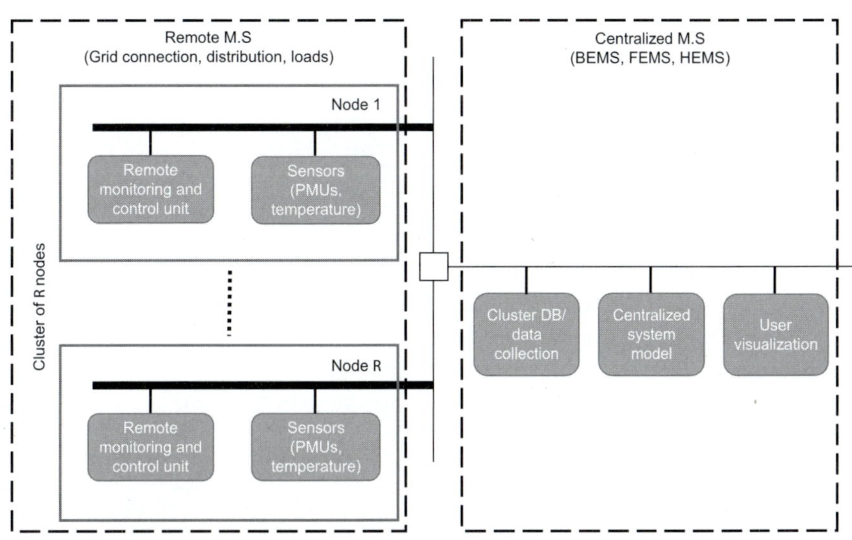

그림4. 원격 감시와 중앙 제어로 구성된 EMS의 논리적 블록 다이어그램.

이러한 구조에서 메인 유닛에는 충분한 연산 및 메모리 리소스를 갖춘 강력한 하드웨어가 설치되는 반면, 노드에는 리소스가 제한된 하드웨어가 설치된다. 분류 알고리즘을 설계할 때는 위와 같이 네트워크 아키텍처를 반드시 고려해야 하며, 분류 알고리즘을 시행할 때 시스템에 주는 부담이 골고루 분산되어야 한다. 매인 시스템 유닛은 중앙집중식으로 까다로운 알고리즘을 실행할 수 있는 반면, 노드 역시 연산 망(computational grid)을 구성하여 간단한(parsimonious) 로컬 프로시저를 병렬 연산으로 처리할 수 있다. 이 장의 나머지 부분을 더 잘 이해하기 위해서는 다음의 사항에 대한 사전 이해가 필요하다. 학습 알고리즘은 공간 복잡성(space complexity)과 시간 복잡성(time complexity)이라는 두 가지 복잡성의 관점에서 그 특성을 구분할 수 있다. 리소스가 제안된 시스템에서는 이 두 가지를 심각하게 고려해야 한다. 예를 들어, 시간 복잡성은 다시 훈련 복잡성(training complexity)과 분류 복잡성(classification complexity)으로 구분된다. 대부분의 애플리케이션에서 훈련 단계는 높은 연산과 메모리 능력을 갖춘 시스템에서 실행되는 반면, 분류 복잡성은 시스템 요구 사항이 크지 않아 노드에서도 알고리즘 솔루션을 구현할 수 있다.

노드가 간결한 알고리즘 위주로 운영되어야 하는 또 다른 요인이 있다. 일반적으로 노드에서는 온라인 모니터링을 통해 계통의 비정상적인 상황을 가급적 빨리 탐지해야 한다. 따라서 이러한 환경에서는 분류 알고리즘이 거의 실시간으로 동작해야 한다. 하지만 이런 요구 사항이 중앙에 있는 시스템에서는 필요하지 않을 수 있다. 일반적으로 오프라인으로 분석이 진행되기 때문이다.

중앙 컴퓨터에만 적합한 알고리즘의 한 예로 게으른 학습(lazy-learning) 알고리즘이 있다. 최근접 이웃(nearest neighbors; NN) 알고리즘과 같은 게으른 학습 알고리즘은 대부분의 연산 부하가 분류기를 생성할 때 생기지 않고, 평가할 때 발생한다. 이런 알고리즘들은 보통 과거의 이력 데이터를 비교하면서 새로운 관찰 데이터에 대한 분류 작업을 수행한다. 이런 점들을 감안하면, 게으른 학습 방법은 노드에서는 사용할 수 없다는 점이 명백하다고 할 수 있는데, 그 이유로는 (i) 노드에서는 평가가 최대한 빨리 진행되어야 하고, (ii) 노드에서는 비교를 할 때, 크기가 작은 해당 노드의 데이터만을 활용하여 준 최적(suboptimal) 분류를 수행하므로 노드들이 전체 네트워크에 접속할 필요가 없다는 점을 들 수 있다.

이와 같은 복잡한 상황들을 쉽게 이해할 수 있도록, 여기에서는 어떤 형태의 알고리즘이 원격(노드)에 적합하고, 어떤 알고리즘은 중앙(메인 컴퓨터)에 적합한 지에 대한 일반적인 가이드라인을 제시하였다. 이 장의 내용을 살펴보면, 앞에서 언급한 FB, DB의 두가지 기법 중에서 더 좋은 방법에 대한 선택은 응용 분야의 특성에 따라서 달라진다는 점을 알 수 있다. 사실상 FB 알고리즘에선 특성의 수 p가 너무 많을 경우 바람직하지 않다. 같은 논리로 DB 알고리즘에서는 훈련 예제로 활용되는 데이터의 관찰 수 N이 너무 클 경우 바람직하지 않다.

하지만 이러한 문제를 해결하기 위해 다양한 데이터 축소(data reduction) 방법이 개발되어 학습 알고리즘의 복잡성을 줄이는데 이용되고 있다. 예를 들어, 집합적인 기호 근사(symbolic aggregate approximation; SAX), 이산 푸리에 변환(discrete Fourier transform; DFT) 등과 같은 데이터 축소 기법들은 간단한 연산 과정을 통해서 전력 계통의 많은 경우에서 실제로 활용할 수 있는 수준의 근사(approximation) 결과를 제공한다. 전력 계통 운영 관점에서는 데이터 운영을 간결하게 하는 것이 중요하기 때문에, 다음의 절에서는 데이터 축소 기법들에 대해서 논의한다.

3. 데이터 소스

오늘날 시계열 데이터 분류 작업을 다룰 때, 자주 접하는 주요 이슈 중의 하나는 시간과 공간의 복잡성과 관련된 문제이다. 일반적으로 대규모 데이터 세트를 다루는 작업은 연산 처리 비용이 많이 들고, 경우에 따라서는 리소스의 부족으로 연산이 불가능한 경우도 있다. 한편으로, 우리가 접하는 대부분의 현실 문제에서는 데이터 세트에서 의미 있는 컨텐츠들은 일반적으로 희소(sparse)한 경향이 있다. 즉, 원본 데이터의 크기에 비에서 유용한 정보의 크기는 훨씬 작다. 이러한 이유로 빅데이터를 다루는 분류 기법 연구에서는 데이터를 최적화하거나 축소하여 표현할 수 있는 적당한 기법의 개발에 주안점을 두어 왔다. 관련 연구 문헌에서는 데이터를 간단한 형태로 변환하여 정보를 표현하는 방법을 데이터 축소(data reduction)로 부르고 있다.

전력 계통에서도 이러한 문제가 PMU나 여타의 센서에서 취득되는 다량의 정보를 다룰 때 발생한다. 그림5에서 보는 바와 같이, PMU나 여타 센서들은 로컬에 있는 위상 데이터 집중장치(local phasor data concentrators; PDC)에 연결되고, 서로 협조하여 다른 PDC들로부터 데이터를 수신한다. 이러한 구조에서 생성되는 데이터의 규모를 빅데이터 용어로 설명하면, 한 대의 PDC에 100개의 PMU에 연결되어 있고, 샘플링 주기가 30Hz이며 한번에 20번씩 측정이 이루어진다고 할 때, PDC 한 대가 하루에 생성하는 데이터의 크기는 50GB가 넘는다[29]. 따라서 데이터 축소는 데이터 스토리지를 줄이고, PMU들이 설치된 여러 장소들 사이의 상호 작용을 제대로 이해하기 위해 필수적이다.

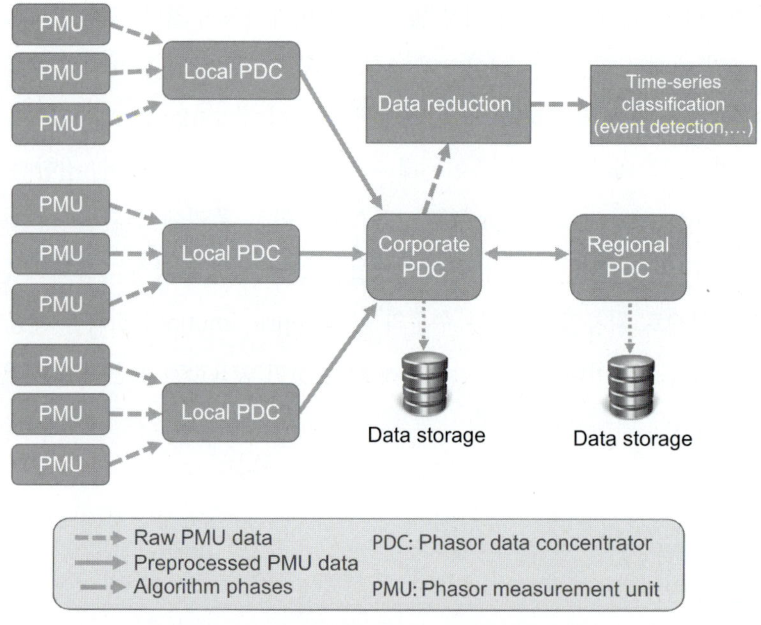

그림5. 전력 계통에서의 일반적인 데이터 흐름.

관련된 연구 문헌에서 용어를 서로 다르게 쓰고 있어서 독자들에게 혼돈을 줄 수 있으므로, 여기에서는 두 가지 데이터 축소 기법을 구분하여 좀더 명료하게 서술하고자 한다. 즉, 데이터 축소는 차원의 축소(dimensionality reduction; DR)와 수치적 축소(numerosity reduction; NR)로 구분할 수 있다. 이 절에서는 시계열 데이터의 표현에 있어서 가장 중요한 이 두 가지 축소 방법을 설명하고자 한다. 본문의 내용에 대한 보다 심도 깊은 리뷰에 관심이 있는 독자들은 참고문헌 [30, 31]을 참조하기 바란다.

3.1 차원의 축소

차원의 축소는 주로 FB 기법을 다룰 때 논의된다. 이를 보다 상세하게 수학적으로 설명하면 다음과 같다. 고차원 특성 공간 (예를 들어, p가 매우 큰 경우로 보통은 $p > 1000$)을 갖는 디자인 행렬(design matrix) $D \in R^{N \times p}$가 있다고 하다. 차원 축소는 여기에서 유익한 정보로 구성된 특성들을 찾는 것을 목적으로 하며, 이 과정을 특성 선택(feature selection)이라고 한다. 좀더 일반적인 용어로 말하면, 차원의 축소는 주성분/독립성분 분석과 같은 선형 변환과 매니폴드 학습(manifold learning)과 같은 비선형 변환을 통해서 유익한 정보로 구성된 저차원의 구조를 만드는 과정이다.

이러한 맥락에서 볼 때, 공간의 복잡성은 압도적이라고 할지라도 실제로 주요 쟁점이 되는 문제는 유명한 차원의 저주(curse of dimensionality)와 관련이 있다[26]. 차원의 저주가 유발하는 문제는 여러 가지 형태로 나타나지만, 모든 경우에서 분류기의 분산과 바이어스가 커서 분류기의 성능이 떨어지는 결과를 초래한다. p값이 크게 되면 사실상 모든 가능한 훈련 샘플들이 특성 공간을 드문드문 채우기 때문에 집약성(locality)의 개념도 사라지게 된다.

이 문제는 k-NN 분류기에서 쉽게 볼 수 있다. 특성이 p 차원의 단위 하이퍼큐브(unit hypercube)에 균일하게 분포되었다고 할 때, 예를 들어 $p = 1000$이면, 국부적인 평균(local average)을 평가하기 위해 10%의 데이터를 캡처하려면 각각의 특성에 대해 99.7%의 범위를 고려해야 한다.

3.1.1 차원 축소 기법 리뷰

앞에서 설명한 것처럼, 신호에서 컨텐츠는 종종 저차원의 공간에 임베디드 되는데, 차원 축소 기법을 이용하여 이를 격리할 수 있다. 여러 차원 축소 방법들 중에서 자주 활용되는 방법으로는 일반화 판별 분석(generalized discriminant analysis)[32], 독립 성분 분석(independent component analysis; ICA)[33, 34], 커널 PCA, 선형 판별 분석(linear discriminant analysis; LDA) [37], 다차원 스케일링(multidimensional scaling; MDS) [38], 주성분 분석(principal component analysis; PCA) 등이 있다. 비선형 접근 방법으로는 매니폴드 학습이 있는데, 이 방법은 데이터에서 은닉 매니폴드를 학습하는 것으로 목적으로 하며[41-44], 지난 몇 년간 많은 주목을 받고 있다.

좀더 간단하면서도 종종 유사한 성능을 보이는 괜찮은 차원 축소 방법으로, 데이터에서 저차원을 구조를 찾는 대신에 중복된(또는 상관이 많은) 특성들을 제거하여 적절한 하위 특성을 선택하는 방법이 있다. 잘 알려진 특성 선택 기법으로는 예를 들면, 후방 특성 제거(backward feature elimination), 전방 특성 구축(forward feature construction), 중복 최소화-연관 최대화(minimum redundancy maximum relevance; mRmR) 등이 있다. 흥미로운 것은 가장 효과적인 분류기로 알려진 랜덤 포레스트(random forests; RFs) 기법이 특성 선택에서도 뛰어난 성능을 보여준다는 점이다[45].

위의 기법들에 대해서 좀더 자세한 설명을 원하는 독자들은 참고문헌[46]을 참조하기 바란다. 최근 전력 계통 분야에서 Zhou 등[2, 23]은 데이터 기반 접근 방법으로 mRmR 차원 축소 기법과 개별 분류기들을 결합하여 PMU 데이터의 이질성을 다루는 연구를 진행한 바 있다.

3.2 수치적 축소

수치적 축소는 신호를 좀더 작은 형태의 대안적인 데이터로 표현하여 데이터의 크기를 줄이는 방법을 일컫는다. 이 방법은 시계열 데이터를 다르게 표현하는 방법을 찾고 분류에 필요한 훈련 사례의 크기 N을 줄이는 것을 목적으로 한다는 점에서 차원 축소와 차이가 있다. 예를 들어 N개의 입력으로 구성된 단변량(univariate) 시계열 데이터 $\{\mathbf{x} \in \mathbb{R}^n\}_{i=1}^N$. 가 있다고 할 때, 수치적 축소 기법은 n 또는 N을 줄이는 것을 목표로 한다.

3.2.1 수치적 축소 기법 리뷰

수치적 축소 프레임워크에서는 n, N을 줄이기 위해서 모수적(parametric) 방법과 비모수적(nonparametric) 방법을 모두 사용할 수 있다. 모수적 방법은 매개변수 모형인 이산 웨이브렛 변환(discrete wavelet transform), DFT, 로그-선형 변환 모델 등을 이용하여 시계열 데이터를 모델링함으로써 가장 흔한 사례를 찾아낸다. 이렇게 하면, 복잡 공간(complexity space)은 $O(n)$에서 $O(p)$로 줄어드는데, 여기에서 $\mathbf{x} \in \mathbb{R}^p$는 모델 매개변수의 p 차원 벡터를 의미한다. 비모수적 방법의 사례로는 히스토그램을 들 수 있는데, 우리가 흔히 사용하는 샘플링 자체도 비모수적 방법이라고 할 수 있다.

다른 계열의 수치적 축소 접근 방법으로는 기호 표현(symbolic representation)을 들 수 있는데, 이 방법 중에서는 SAX(symbolic aggregate approximation)가 가장 잘 알려져 있다. SAX는 주로 다음의 3단계로 이루어진다.

- 평균이 0이고 분산이 1인 신호를 얻기 위해 신호 데이터를 표준화(standardization)
- 아래에 설명된 절차에 따라 구간 집합 근사(piecewise aggregate approximation; PAA)[49]
- 진폭(amplitude) 도메인 위에 분리하여(discretized) 기호 매핑

정규화를 거친 후, 신호 $\mathbf{z} = z_1, \cdots, z_n$가 있고, $\bar{\mathbf{z}} = \bar{z}_1, \cdots, \bar{z}_p$가 길이 s를 갖는다고 할 때, PAA 단계에서는 신호 $\mathbf{z} = z_1, \cdots, z_n$는 $\bar{\mathbf{z}} = \bar{z}_1, \cdots, \bar{z}_p \in \mathbb{R}^p$ 벡터를 구하기 위해 p 프레임의 시간으로 분리된다. i번째 요소 $\bar{z}_i$는 i번째 간격(interval)의 평균으로 다음과 같이 정의된다.

$$\bar{z}_i = \frac{p}{s} \sum_{j=\frac{s}{p}(i-1)+1}^{\frac{s}{p}i} z_j \tag{2}$$

다음으로 SAX 표현 절차 즉, 진폭 도메인에서 분리(discretization)하는 과정은 다음과 같이 요약된다. a_i가 알파벳 A의 i번째 요소를 나타내고 $|A| = \alpha$라고 하자. 길이 p를 가진 단어(correspondent word) $\mathbf{x} = x_1, \cdots, x_p$에 PPA 근사를 적용하여 얻어지는 맵핑 결과는 다음과 같이 구해진다.

$$x_i = a_j \text{ iif } \beta_{j-1} \leq \bar{z}_i < \beta_j \tag{3}$$

여기에서 $\{\beta_j\}_{j=1}^{\alpha-1}$는 구획점(breakpoint)으로 기호가 같은 발생 확률을 갖도록 조정된다. SAX 표현을사용해서 얻을 수 있는 장점 중의 하나는 유클리드 거리의 하한(lower bound)이라는 새로운 거리 측정 수단을 바로 정의할 수 있다는 점이다. $\mathbf{z}^{(1)}$, $\mathbf{z}^{(2)}$ 길이가 n으로 같은 두 개의 시계열이고, $\mathbf{x}^{(1)} = x_1^{(1)}, \cdots, x_p^{(1)}$, $\mathbf{x}^{(2)} = x_1^{(2)}, \cdots, x_p^{(2)}$가 이들에 대한 SAX 기호 표현이라고 할 때, SAX 거리는 다음과 같이 정의된다.

$$D_{\text{SAX}}(\mathbf{z}^{(1)}, \mathbf{z}^{(2)}) = \sqrt{\frac{n}{p}\sum_{i=1}^{p} \text{dist}(\mathbf{x}_i^{(1)}, \mathbf{x}_i^{(2)})^2} \tag{4}$$

기호를 이용한 방법에서 많이 사용되는 다른 방법으로는 푸리에 기호 근사(symbolic Fourier approximation; SFA)가 있다. SFA에서도 SAX와 동일한 매개변수 p와 α가 사용된다. 여기에서는 p는 사용된 푸리에 계수(실수 및 허수)의 개수를 나타낸다. SFA를 적용하기 전에, 각 슬라이딩 윈도우(sliding window)는 진폭 불변성(invariance)을 갖추기 위해 자연스럽게 표준 편차 1로 정규화 된다. 매개 변수들이 주어지면, SFA의 기호화 과정은 다음의 주요 2단계로 수행된다.

1. 다중 계수 구간화(multiple coefficient binning; MCB) 전처리
2. SFA 변환

첫번째 단계에서는 p의 계수(실수 및 허수) c_i가 모든 학습 시계열 데이터에서 추출되어, 각각의 c_i에 대한 히스토그램이 만들어지는데, 여기에 각각의 구간(bin)이 대응된다. 다음으

로 각각의 히스토그램을 이용해서 구획점 β_{ij}, $1=1,\cdots,wp$, $j=1,\cdots,\alpha+1$을 추론한다. 두 번째 SFA 변환 단계에서는 MCB 전처리에서 찾아진 구획점에 따라 배열된 기호에 대해 각각의 추출된 계수를 매핑한다. 이렇게 되면 시계열 데이터가 문자열로 표현되어 계수의 시퀀스로 변환된다. 따라서 2차 분해능(second-order resolution)(2개의 계수)를 찾기 위해서는 2개의 실수형 계수와 2개의 허수형 계수로 구성된 단어 길이(word length)가 4인 단어가 생성된다. SFA는 SAX에 비교해 몇몇 부분에서 중요한 차이가 있다. 우선, SFA에서는 시간 복잡성이 단일 시계열 z로 변환되어 $O(n\log n)$의 형태인 반면에, SAX에서는 시간 복잡성이 $O(n)$으로 표현된다. 단어 길이가 같을 경우, SFA는 구간 단위로 분리(discretization)하지 않기 때문에, SFA가 원본 신호를 가장 잘 표현한다. 그렇지만 SFA는 학습된 계수를 통해 연속 푸리에 함수의 선형 조합으로 표현된다. 또한 SAX와 반대로, p 값을 증가시켜서 분해능을 높이고자 할 경우, 단어 길이가 짧은 단어의 기호는 언제나 긴 단어의 첨두어(prefix)이기 때문에 모든 DFT(discrete Fourier transform) 계수를 다시 계산할 필요가 없다.

N을 축소하는데 가장 많이 활용되는 방법은 클러스터링과 딕셔너리 학습이다. 시계열 데이터의 클러스터링은 데이터를 분리할 수 있는 그룹 또는 클러스터를 찾는데 목적이 있다. 클러스터링의 속도를 높이는 방법은 게으른 학습(lazy-learning)과 관련이 있는데[26], 각 클러스터 시계열 데이터 평균(중심점)을 대표 값으로 취하는 방법이 많이 이용된다. 이 방법에서는 N 대신에 $\tilde{M}$을 비교하도록 되어 있는데, $N \gg \tilde{M}$이므로 클러스터링을 하는데 걸리는 시간을 상당히 줄일 수 있다. 마찬가지로 딕셔너리 학습 기법은 $\tilde{M}$ 신호의 베이스 신호를 찾아서, 주어진 신호를 선형 조합으로 표현한다. 실제로 분류 관점에서 볼 때, 지도 딕셔너리 학습은 구성 요소(element)들을 담고 있는 딕셔너리를 학습시켜서, 클래스를 가장 잘 표현할 수 있는 판별 표현(discriminative representation)을 찾는데 목적을 두고 있다.

4. 분류 방법

4.1 특성 기반 방법

$k=1,\ \cdots,\ N$으로 이루어진 N개의 시계열 데이터 세트가 z_k가 있고, 분류가 가능한 M개의 클래스 $\mathbb{Y}=\{y_1,\ \cdots,\ y_M\}$이 있다고 할 때, FB 방법은 시계열 데이터 $\mathbf{z}_k$에 대해서 $p\leq n$인 (보통은 $p\ll n$) 간략한 표현 $\mathbf{x}=[x_1,\cdots,x_p]\in\mathbb{X}$을 찾는데 초점을 둔다. 이들 모든 관찰

N이 행렬 $D \in \mathbb{R}^{N\times(p+1)}$에 수집되면, 이 행렬을 디자인 행렬(design matrix)이라고 부르며 식(1)과 같이 정의된다. 실제 작업에서는 D는 지도 학습 단계를 나타내며, 규칙 $f(\cdot);\mathbb{X}\rightarrow\mathbb{Y}$을 정의하는데 이용되고, 그 정의는 분류 방법 선택에 따라 달라지는데[26] 세부 사항은 다음 절에서 다루어진다.

이와 관련하여, 가장 많이 사용되는 분류 알고리즘들은 k-최근접 이웃(k-nearest neighbor; k-NN) [26], 서포트 벡터 머신(SVM)[1, 51], 관련성 벡터 머신(relevance vector machine; RVM)[52], 의사결정 나무(decision trees; DT)[53], 랜덤 포레스트 random forest; RF)[54], 로지스틱 회귀(logistic regression; LR)[55], 가우시안 프로세트(GP)[56], 심층 신경망(deep neural networks; DNN)[57] 등이 있다. 각각의 방법에 대해 좀더 관심있는 독자들은 각 방법에 대한 참고문헌을 활용하기 바라며, 알고리즘에 대한 전반적인 설명을 원하는 독자는 교과서 [26, 58]을 참조하기 바란다.

4.1.1 특성 메트릭 기반 접근법

예전의 기법들은 연속적인 시계열 데이터를 바로 이용할 수 없었는데, 이는 이들 기법들이 고정된 길이의 입력 벡터가 필요했기 때문이다. 따라서 이들 방법에서는 사전에 특성 추출을 하는 과정이 필요했다.[1)] 분류기에 입력되는 데이터가 이산(discrete) 시간 데이터 또는 길이가 고정된 데이터라 할 지라도, 사실상 이들 방법의 성능은 좋지 못했는데 다음의 2가지가 주요 원인이다. 첫째, 시계열 데이터를 다룰 때는 샘플의 시퀀스 n이 $n>100$ 또는 $n>1000$으로 긴 경우가 보통인데, 이렇게 되면 시계열 데이터가 다루는 공간이 너무 크거나 “차원의 저주” 에서 언급한 바와 같이 데이터들이 성큼성큼 떨어져 있는 문제가 발생한다. 둘째, 이산 데이터 값을 독립적인 특성으로 다루는 것은 합리적이지 않다. 왜냐하면, 시계열 데이터는 측정되는 시간과 매우 밀접한 상관 관계를 갖고 있어서 이산 값 자체로는 신호의 특성에 관한 어떤 정보도 담고 있지 않기 때문이다. 특성 추출은 이러한 상관 관계를 정확하게 드러낼 수 있도록 설계되어야 한다.

FB를 이용한 분류 과정의 플로우 차트는 그림6과 같다. 전처리 단계에서는 원본 신호를 저주파 통과 여과기(low-pass filtering; LPF)에 넣어서 측정 데이터의 노이즈를 줄이고, 데이터를 시간 단위로 분할하는 윈도윙(windowing) 절차를 진행한다. 전처리 이후에는 시계열 데이터에 대한 특성 추출 작업이 진행하여, 원본 신호를 간략하게 기술하고, 다음으로 분류 단계가 진행된다.

1) 이러한 방법은 심층 학습에서도 어느 정도 적용될 수 있다. 하지만 최근의 심층 신경망에서는 특성 추출 단계를 피할 수 있다.

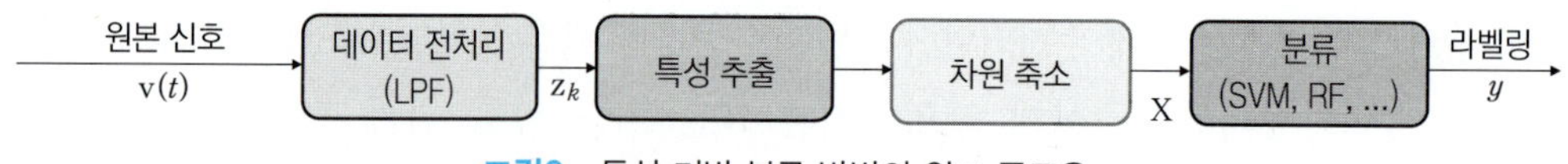

그림6. 특성 기반 분류 방법의 워크 플로우

FB 방법의 주된 장점은 분명히 신호의 특성을 표현하는 간결성(compactness)에 있다. 추출되는 특성들의 전형적인 예는 다음과 같다.

- 샘플 특성: 시계열 데이터의 샘플 분산/평균/ RMS
- 에너지 / 전력 특성: DFT 계수에서 나오는 에너지 값/전력 스펙트럼 대역
- 상관 특성: 자기 상관 함수(autocorrelation function)의 피크 횟수, 위치 및 너비/서로 다른 차원을 가진 신호 사이의 상관 매개 변수

하지만, 불행하게도 FB 접근 방식은 다음과 같은 몇 가지 단점도 가지고 있다.

- 추출되는 특성이 관련 태스크의 상황에 따라 다르게 정의된다.[2)]
- 차원성(dimensionality)이 크다.
- 시계열 데이터의 안정성(stationarity)이 확보되지 않는 경우가 있다.
- 시계열 데이터의 중요 특성인 시간 구조(time structure)가 고려되지 않는다.

이러한 점들을 고려하면, 대부분의 특성 기반 ML 기법들은, 시계열 데이터의 본질적이면서 다른 데이터들과 구분되는 특성인 시간 구조(즉, 패턴)을 활용하는데 적합하도록 되어 있지 않다는 점은 분명한 것으로 보인다. 특성 기반 ML 기법을 패턴 분석에 적용한 최초의 시도는 참고문헌 [59–61]등이다. 특히, Kadous[60]는 다변량 시계열 데이터로부터 매개 변수를 통해 이벤트 패턴을 추출한 바 있다. 이들 이벤트를 매개 변수 공간에서 클러스터링하였고 이를 기반으로 분류기의 토대가 되는 프로토타입을 제시하였다. 반면에 Kudo 등[61]은 다변량 시계열을 이진 벡터로 매핑하여, 공간 값과 시간을 축으로 격자(grid)를 만들고, 격자 셀에 각각의 요소(벡터)들이 나타나는 횟수를 연관시켰다. 즉, 신호가 해당 셀을 통과하면, 요소에 (1)을 표시하고, 이외의 경우에는 (0)을 표시하는 방식이다. 이렇게 변환된 이진 벡터들은 분류 기준으로 사용되었다.

2) 이는 자연어 처리, 컴퓨터 비전 등과 같은 복잡한 문제에 심층 학습을 도입하는 주된 이유의 하나이다. 이 분야에서 유용한 특성 정보를 정의하는 데에만 20년의 연구기간이 필요했었다.

일반적으로 이들 방법의 한계는 분류 규칙이 절대 시간 값을 가지고 추출되기 때문에, 특정 시간 값에서 특정 행동이 발생할 때, 이러한 상황을 제대로 처리하지 못한다는 점이다. Geurts [62]는 시계열 데이터 분류 문제의 많은 부분은 시계열의 국부적인 특성 패턴을 탐지하고 조합함으로써 해결할 수 있다는 의견을 제시하면서, 시간 구간이 일정한 시계열 데이터에 의사결정 나무 기법을 적용하여 이동 불변(shift-invariant) 패턴 정보를 캡처하는 방안을 제안한 바 있다.

최근에는 시간 정보(temporal information)를 캡처하기 위해 구간 특성(interval feature; IF)이라는 개념이 도입되었다[63-66]. 이들 구간 특성의 값들은 평균, 분산, 기울기와 같이 통계에서 일반적으로 다루는 값들이지만, 부스팅(boosting) 기법을 사용하여 구간을 임의로 설정하여 계산한다는 점에서 차이가 있다. IF의 대한 개념은 Rodriguez 등[63]의 연구에서 최초로 제시되었으며, 이후에, Rodriguez와 Alonso [64]와 Rodriguez 등[65]이 바이너리 앙상블 데이터의 특성 추출에 DT, SVM과 같은 분류기를 적용하면서 확장되었다. 하지만 Deng 등[66]이 언급한 바와 같이, 이들 방법에서는 후보 스플릿(candidate split)의 수가 일반적으로 크기 때문에 클래스를 분리하는 능력이 동일한 스플릿이 여러 개 있을 수 있는 문제가 있다. 이러한 문제를 다루기 위해 Deng 등[66]은 구간 특성을 더 잘 구별할 수 있는 추가적인 수단을 도입하였다. 구간 특성 부스팅의 또 다른 문제는 상대적인 공간(relative space) $O(n^2)$의 크기에 관한 것이다. 여기에서 n은 시계열 데이터의 길이를 의미한다. Rodriguez 등[63]에 따르면, 특성 공간은 구간의 길이가 2의 제곱과 동일할 때에만 $O(n \log n)$으로 축소된다. Deng 등[54]은 같은 방법에 임의 표본 추출을 적용하고, 각 노드에서의 특성 공간을 더 축소하여 $O(n)$ 수준으로 낮추기 위해 랜덤 포레스트(RF)를 이용한 바 있다.

4.1.2 발생 빈도를 이용한 접근

시계열 데이터를 분류하는 또 다른 유형의 접근 방법으로는 흔히 단어백(bag-of-words; BoW) 또는 특성백(bag-of-features; BoF)라고 불리는 방법이 있다. 이 방법은 요즈음 이미지 분류, 문서 분류 등에 사용되고 있는데, 자연어 처리 분야에서 발달된 기법이다. BoW는 컴퓨터 비전(computer vision)의 이미지나 자연어 처리의 문서처럼 표현 데이터(representing data)로 구성되는데, 단어가 발생하는 횟수를 히스토그램으로 표현한다. 여기에 단어(word)는 태스크의 종류에 따라 달라진다[67]. 즉, 언어 처리에서는 적절한 텍스트 단어가 여기에 해당하며, 컴퓨터 비전에서는 강도의 국부적인 기울기(intensity local gradients)로 이미지를 기술하는 것이 여기에 해당한다. 인코딩을 완료한 다음에, 히스토그램을 바탕으로 분류 작업을 통해 유사성을 계산하는데, 보통은 유클리드 거리가 유사성의 기준으로 사용된다.

BoW를 이용한 시계열 분류 작업은 (i) 시계열 데이터를 변환하여 BoW로 표현하는 과정(즉, 단어 발생의 히스토그램을 만드는 과정)과 (ii) 추출된 BoW를 가지고 SVM, RF, kNN 등을 이용해서 분류기를 학습시키는 과정으로 구분된다. 두번째 단계는 일반적인 RF, SVM 또는 워드 히스토그램을 이용한 여타의 분류기와 비슷한 과정으로 진행되기 때문에, 여기에서는 첫번째 단계에 초점을 두어 논의하고자 한다. 실제로 최근에는 BoW가 반영된 기법을 적용하여 로컬 및 글로벌 특성을 추출하려는 시도가 많이 진행되고 있다[68-76]. 여기에서는 이 기법이 기존 연구에 어떠한 기여를 하였는지를 중심으로 간략하게 다루고자 한다.

컴퓨터 비전 분야에서, BoW 기법은 이미지 분류에 사용되는데[77], 종종 스케일 불변 특성 변환(scale invariant feature transform; SIFT) 기법과 결합하여 사용되는 경우가 많다. SIFT는 일종의 공변량(covariant) 검출기 기능을 한다. 즉, 이미지에서 조명의 변화처럼 노이즈의 변화에 민감하지 않으면서도 아핀(affine) 변환 및 스케일에 대해 불변인 국부적인 특성(키포인트)을 추출한다. 일반적으로 BoW 방법은 시간의 순서를 무시하기 때문에, 시계열 데이터에서 관찰되는 패턴이나 이미지가 식별되지 않을 수 있다. 비록 한계가 있기는 하지만, 그럼에도 불구하고 이러한 단점을 간접적으로 해소하기 위한 BoW 연구가 일부 진행되었다. 예를 들어, Bailly 등[73, 76]은 SIFT를 시계열 데이터에 적합한 형태로 변형하고, SIFT 설명자(descriptor)를 도출할 때 사용되는 방법과 유사한 과정을 적용하여 BoW 방법에서 국부적인 특성(키포인트 설명자)을 추출한 바 있다. 이 연구의 아이디어는 SIFT가 국부적인 구조를 캡처하는데 적합하고, BoW는 시계열 데이터의 글로벌 변화를 설명하기에 적합하다는 점에서 착안된 것이다. 여기에서 더 나아가서 Bailly 등[76]은 조밀한 유사 SIFT 설명자(dense-SIFT-like descriptor)라는 개념을 도입하였다. 이전 연구와의 차이점은 키포인트가 더 이상 극한치(extrema)에 대응되지 않고, 가우시안 필터링이 적용된 시계열 데이터의 모든 시간 단계, 모든 스케일에 대해서 추출된다는 데에 있다. 이렇게 되면, 일반적으로 좀 더 강건한 글로벌 설명자를 얻을 수 있는데, 특히 신호의 변화가 완만하여 국부적인 극한치를 찾을 수 없을 때 유용하다.

Wang 등[69]의 연구에서는 DWT를 시계열 데이터의 슬라이딩 윈도우에 적용하고, 여기에서 얻어지는 DWT 계수로 각 윈도우(세그먼트)의 단어를 만든 바 있다. 학습 단계에서 모든 DWT 세그먼트는 k-means를 통해 클러스터링되어 단어의 딕셔너리 **D**가 만들어진다. 분류 단계에서 각각 DWT 윈도우에 대해 딕셔너리 **D**에서 가장 가까운 단어에 할당하고, 히스토그램을 만들어서 유사도(similarity)를 계산한다. 최종적으로 분류는 1-NN을 사용하여 수행된다.

BoF 프레임워크 역시 Bailly 등[70]에 의해 제안되었는데, IF(interval feature)와 BoW를 결합한 형태로 제안되었다. 이 방법에서는 임의의 길이를 가진 임의의 하위 시퀀스(subsequence)에 대해 구간 특성을 추출하고, 시작 시점과 종료 시점을 추출한다. 클래스에 속할 확률을 추정하는 클래스 확률 추정치(class probability estimate; CPE)에 대한 히스토그램이 학습 단계에서 생성된다. 랜덤 포레스트 분류기를 이용하여 시계열 데이터의 각각의 시퀀스에 대해 CPE가 구해진다. 다음으로 각각의 클래스 별로 상이한 히스토그램을 형성하기 위해 모든 CPE 값들은 양자화(quantized) 된다. 최종 분류에는 랜덤 포레스트가 이용된다.

기호 다변량 시계열(symbolic multivariate time series; SMTS) 방법은 Baydogan 등[72]의 연구에서 논의된 바 있다. 각각의 시계열 데이터는 특성 공간에 의해 표현되며, 측정 시간, 시계열 값, 1차 차분 값 등을 포함하여 모두가 디자인 행렬 D로 수집된다. D는 다시 지도 학습 방법인 의사결정 나무분류기에 의해 기호 분리(symbolic discretization) 작업의 데이터로 입력된다. 다음으로 기호 히스토그램을 바탕으로 BoW 방법을 사용해서 분류가 진행된다. 이 과정에서 연산의 복잡성에 영향을 주는 인자로는 의사결정 나무의 가지 수, 학습 인스턴스(instance)의 수, 추출하고자 하는 시계열 시퀀스의 수 등이다. 그런 다음 다변량 시계열 데이터는 특성 행렬에 매핑되는데, 특성들은 벡터로 시간 인덱스, 측정 값, 시간 $\bar{t}$ 에서의 모든 차원에 대한 경사도(gradient) 등을 포함한다. 최종적으로 특성 공간은 RF 분류기에 의해 영역(즉, 기호)이 분할된다. SMTS의 눈에 띄는 특징은 튜닝 매개변수가 필요하지 않다는 점이다. 반면에 단점으로는 표현의 차원이 높아질 가능성이 있기 때문에 대규모 데이터 세트에 적용하는 데에는 한계가 있다는 점이다.

Schafer[74]의 연구에서는 SFA 기호 백(bag-of-SFA-symbols; BoSS) 기법이 소개된 바 있다. 이 연구에서는 단변량 시계열 데이터 **z**를 SFA 단어로 표시하고 히스토그램을 작성하였다. 그러나 학습에는 $O(N^2n^2)$을 사용하고, 분류에는 $O(Nn)$을 사용하였다. 이에 대해 Schafer[75]은 나중에 벡터 공간 모델(vector space models; VSMs)을 이용하여 BoSS-VS로 불리는 확장형 버전(scalable version)을 제안한 바 있다. 이 방법에서는 BoSS 히스토그램을 구한 다음에, 각각의 SFA 단어(term) w에 대해서 특정 클래스 c_i 에서 나타나는 w의 빈도 *tf*와, 클래스의 총 개수를 단어 w가 나타난 클래스의 개수로 나눈 비율 *idf*를 함께 계산한다. 다음으로 *tf-idf* 측정 값은 이들 두 값의 곱 *tf·idf*에 의해 얻어진다. 이 값 *tf·idf*로 벡터의 단어 발생 빈도를 평가하여, 자주 관찰되는 클래스의 대표 단어에 더 높은 가중치를 부여한다. 이러한 방식을 채택하는 배경에는 단어 w가 높은 *tf-idf* 값을 가지면, 특정 클래스 c_i 에서 w의 발생 빈도가 많다는 것을 의미하고, 낮은 *tf-idf* 값을 가지면 모든 클래스에서 골고루 발생한다는 의미한다는 점에 착안된 것이다. 새로운 관찰 데이터 $\mathbf{z}_{\text{new}}$ 가 도착하면 BoSS 히스토그램과 상대 *tf* 벡터가 계산된다. 다음으로 가장 근접한 클래스를 예측하기 위해 코사인 유사성(cosine similarity)[3]를 구한다. 이 모델은 단어빈도-역문서빈도(term frequency inverse document frequency; tf-idf)로 불리는데, 이 모델을 사용하면, 학습과 분류의 복잡성이 각각 $O(Nn^{3/2})$, $O(n)$으로 축소된다.

Lin 등[68]과 Senin, Malinchik [71] 등은 슬라이딩 윈도우 파티셔닝을 통해, 시계열 데이터를 SAX 단어로 매핑하였는데, 이 방법에서는 이를 통해 n-gram의 히스토그램을 생성하였다. 각각 시계열에 대해 히스토그램은 각 SAX 단어의 발생 빈도를 나타낸다. 따라서 각 시계열은 히스토그램으로 표시된다. 특히, Senin과 Malinchik [71]의 연구에서는 *tf-idf* 모델 [79, 80], 가중치 산정 백(weighing bag), 코사인 유사성과 같은 지표(metric)를 이용하여 SAX와 VSM을 결합했다. 이 기법은 매개 변수의 차원이 $O(n^2)$이기 때문에 매개 변수 p와 α를 새로 선택할 때 마다 모든 SAX 계수들을 다시 계산해야 한다. 또한 학습 횟수가 N이라고 할 때, 학습 시간은 $O(Nn^3)$이 된다.

4.1.3 다이나믹스 기반 접근

이 장의 리뷰에서 마지막으로 다룰 FB 기법은 신호의 동적 특성(dynamics)을 고려하는 것으로, 동적 시스템과 신호 처리에 관한 이론에서 비롯되었다. 동적 시스템과 식별 이론 분야 연구에서는 지난 수 십 년간 확률론적 과정을 통해 결과가 시계열로 나타나는 현상을 모델링하기 위한 연구에 관심이 상당히 많았는데, 이는 미래의 트렌드 또는 예측 값을 얻기 위한 목적이었다. 예를 들자면, 가장 흔히 사용된 모델은 자기 회귀(auto-regressive; AR), 이동 평균 자기 회귀(auto-regressive-moving-average; ARMA) 및 통합 이동 평균 자기 회귀(auto-regressive-integrated-moving-average; ARIMA) 모델 등이 있다[81]. 이들 방법에서는 적합 모델(fitted model)의 계수 자체가 관련 분류기의 특성으로 사용되거나[82, 83], 좀더 복잡한 생성 모델(generative model)을 만드는데 사용된다[84].

좀더 구체적으로 얘기하면, Roberts[84]는 베이지안 관점을 취하여 특성 추출 단계와 분류기 생성(generative classifier) 단계를 구분하고, 이들이 잠재 특성 공간(latent feature

3) 두 개의 벡터 $\mathbf{x}_1$ 과 $\mathbf{x}_2$ 가 존재할 때,두 벡터 사이의 코사인 유사성(cosine similarity) $\cos\beta = \frac{(\mathbf{x}_1, \mathbf{x}_2)}{\|\mathbf{x}_1\| \cdot \|\mathbf{x}_2\|}$ 는 의 내적 $\langle \cdot , \cdot \rangle$ 으로 정의된다.

space)에 의해 서로 연결시키는 계층 모델(hierarchical model)을 제안하였다. 여기에서 분류기에는 AR 모델 표현으로 정의된 가우시안 분포와 다항 관측 분포를 갖는 은닉 마르코프 모델(HMM)이 이용되었다. HMM은 인접한 윈도우들 (서브 시퀀스들) 사이의 상관 관계를 모델링하는데 사용된다. 즉, 이 모델은 시계열 데이터가 고유한 데이터 흐름(unique flow)에서 연속적으로 추출된다고 가정한다.

마찬가지로 DFT나 DWT와 같은 신호 처리 변환 방법도 원본 신호에 적용하여 계수를 구하고, 이들 계수는 다시 관련 분류기를 학습하는데 활용된다[85-87]. 흥미로운 점은 DWT 결과는 비정상적인(nonstationary) 시계열 데이터에 더 적합하고, 반대로 DFT는 국부적인 시간, 스케일 특성을 분별하여 식별하는 데 이상적이다[88]. DWT, DFT, 동적 모델들은 모두 차원 축소 절차로 볼 수 있다는 점에 유의하기 바란다. 다음 절에서는 거리 기반 방법의 관점에서 이러한 개념을 다시 살펴볼 것이다.

Eruhimov 등[89]은 통계 모멘트(statistical moments), 웨이브렛 계수, PCA 계수, 체비셰프(Chebyshev) 계수 등과 같이 기존의 방법에서 얻어지는 잘 알려진 특성들과 시계열 데이터의 원래 값을 모아서, 이들로부터 분류기를 만들었다. 이 방법은 복잡성이라는 비용을 희생하여 정확성을 높인 방법으로 볼 수 있으며, 또한 차원을 줄이기 위해 특성을 선택하는 과정이 필요하다는 단점이 있다.

앞에서 살펴본 연구문헌들에서는 시간 패턴 (동적) 정보를 고려해왔지만, 대부분의 특성 기반 모델들은 시계열 데이터의 고유 특성으로 인해 시간 패턴 정보를 다루는데 공통적인 한계가 있었다. 사실, 시계열 데이터에 변동성(variability)이 존재하면, 이들 방법은 이 문제를 다루는데 효율적이지 못하다. 변동성은 시계열 데이터를 생성하는 과정이 확률에 영향을 받거나, 시계열 데이터가 정상상태(stationarity)에 있지 않거나, 노이즈 등의 요인에 의해 발생한다. 예를 들어, 이 장에서 시간 패턴을 다루는데 가장 효과적인 방법으로 제시된 FB 방법이라 할지라도, 시계열 데이터에서 측정 시간 간격에 변동이 있으면 이를 처리 할 수 없다. 또한 다른 방법으로 이 문제를 다룰 수 있지만 여전히 글로벌 통계 정보(global statistics)만을 이용할 뿐이며, 정상상태가 아닌 데이터에는 비효율적이다.

마지막으로, 특성 기반 방법을 활용할 때 가장 큰 제약이 되는 문제는, 특성 추출 단계가 많은 메모리 자원을 요구하고 컴퓨터 연산 부담이 크다는 점이다. 이 때문에 특성 기반 방법은 컴퓨터 자원이 충분하지 않은 경우에는 적합하지 않을 수 있다. 표3에 여러 FB 방법의 주요 특징이 요약한 것이다.

표3. 본 장에서 다루어진 특성 기반 방법의 주요 특징

방법	특성
Time–pattern features	First attempt to capture local structures
	Capture temporal information
	Feature space is big (O(n))
Interval features	Feature extraction can be onerous
	Local and global structures are captured
	Histogram extraction is onerous
Bag–of–features	Time–patterns not considered
Dynamic features	Encode information about dynamics
	Capture behavior in the frequency domain
Frequency domain features	FFT/DWT are efficiently implemented
	Good accuracy
Ensemble of features	Feature extraction is very onerous

4.2 거리 기반 방법

거리 기반 방법은 다음에 세 그룹으로 나눌 수 있다.

- 순수 거리 기반(purely distance–based): 이 방법은 원시 시계열 데이터의 거리를 임의로 정의하여 직접 계산한다.
- 축소 거리 기반(reduction distance–based): 이 방법은 원시 시계열 데이터의 축소 표현에서 적절한 방식으로 거리를 정의하고 계산한다.
- 매개 변수 거리 기반(parametric distance–based): 이 방법에서 원시 시계열 데이터는 기본 신호(basis signal)의 조합으로 표현된다. 예를 들어, 푸리에 급수 표현에서 사인 함수가 기본 신호에 해당하며, 조합은 주로 선형 조합이 이용된다. 상이한 표현의 계수인 매개 변수가 거리 계산에 이용된다.

DB 방법에서의 일반적인 데이터 흐름은 그림7과 같다. 이 절에서는 이들 세 가지 방법들을 자세하게 논의한다.

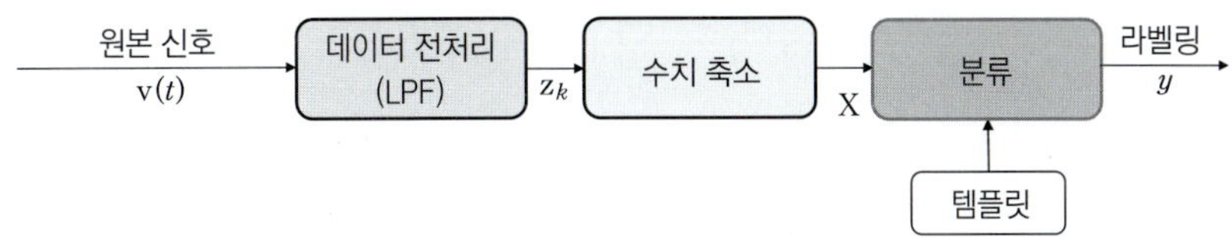

그림7. 거리 기반 분류 방법의 워크 플로우

4.2.1 순수 거리 기반 방법

순수 DB 방법은 원시 시계열 데이터 **z**에 거리를 계산하는 방법이 적용된 분류기를 이용하여 분류작업을 수행한다. 순수 DB 방법에서는 $p \equiv n$이 되며, **x**를 시계열 데이터 **z**라고 부른다(**z**에서 **x**로 가는 맵 $\mathbf{z} \rightarrow \mathbf{x}$을 동일한 것(identity map)으로 간주). 시간의 길이 변하는 시계열 데이터가 있고, 이에 대응하는 라벨을 $D = \{(\mathbf{x}_i, y_i),\ i = 1, \cdots, N\}$라고 하자. 앞에서 언급했듯이 순수 DB 방법은 원시 시계열 데이터의 거리를 직접 계산하는 방법이다. 거리의 기준을 선택할 때, 가장 직관적인 방법은 유클리드 거리를 채택하는 것이다. 그러나 유클리드 거리에는 많은 단점이 있다. 유클리드 거리를 계산하기 위해서는 시계열 데이터의 시간 간격이 일정해야 한다. 또한 유클리드 거리는 워핑(warping) 등과 같이 시계열 데이터에서 자주 발생하는 노이즈 문제를 고려하지 않기 때문에, 두 개의 시계열 데이터의 시간 간격이 동일할 경우에도 좋지 않은 선택이 될 수 있다[90].

이런 이유로 거리의 기준으로 더 자주 활용되는 방법은 동적시간워핑(DTW)이다[91]. DTW에서는 두 개의 시계열 데이터 간의 유사성을 측정하는데 있어서, 시간 길이가 달라도 적용 가능하다. DTW는 둘 사이에 정렬을 만들기 위해 하나(또는 두 개 모두)의 시간 시퀀스 축을 변형시키는 워핑을 수행한다. DTW를 이용하면 유사성 점수(similarity score)가 만들어지는데, 얼마나 유사한 지에 대한 인덱스 역할을 한다. 두개의 시계열 데이터 $\mathbf{x}^{(1)} = \{x_1^{(1)}, \cdots, x_n^{(1)}\}$, $\mathbf{x}^{(2)} = \{x_1^{(2)}, \cdots, x_m^{(2)}\}$가 있고, 그리드 행렬이 $\mathcal{G} = [n] \times [m]$라고 하자. 그리드 $\mathcal{G}$의 워핑 경로 wp는 점 $\mathbf{p}_k = (i_k, j_k) \in \mathcal{G}$으로 구성된 시퀀스 $wp = (\mathbf{p}_1, \cdots, \mathbf{p}_l)$로 볼 수 있다. 이렇게 되면 경계 조건과 워핑 조건은 다음과 같다.

$$
\begin{aligned}
&\mathbf{p}_1 = (1,1) \text{ and } \mathbf{p}_l = (n,m) && \text{(boundary conditions)} \\
&\mathbf{p}_{k+1} - \mathbf{p}_k \in \{(1,0),(0,1),(1,1)\} && \text{(warping conditions)}
\end{aligned}
$$

여기에서 모든 k에 대해 $\forall k | 1 \le k < 1$이다. 워핑 경로 s를 따라서 $\mathbf{x}^{(1)}$과 $\mathbf{x}^{(2)}$를 워핑하는 비용은 아래와 같이 주어진다.

$$d_s(\mathrm{x}^{(1)}, \mathrm{x}^{(2)}) = \sum_{(i,j)\in s} (x_i^{(1)} - x_j^{(2)})^2 \quad (5)$$

여기에서, $(x_i^{(1)} - x_j^{(2)})^2$ 은 국부적인 변환 비용(local transformation cost)으로 불린다. 다음으로 DTW 유사성 점수는 다음과 같이 정의된다.

$$d(\mathrm{x}^{(1)}, \mathrm{x}^{(2)}) = \min_x d_s(\mathrm{x}^{(1)}, \mathrm{x}^{(2)}) \quad (6)$$

분류기를 선택할 때, 가장 많이 사용되는 조합은 1-NN과 DTW를 결합하는 방법이며, NN-DTW 방법으로 불린다. 특히, 일반적으로 NN 방법은 분류에서 가장 단순한 초보적인 기법으로 인식되고 있지만, NN-DTW는 많은 논문에서 시계열 분류를 처리할 때 여타의 정교한 접근법을 뛰어 넘는 성능을 보이는 것으로 보고되고 있다[90, 92, 93]. NN-DTW와 관련된 문제 중의 하나는 연산 비용이다. DTW는 $O(n^2)$이며, NN을 찾으려면 각각의 학습 사례마다 평가가 이루어져야 한다. 연산 비용 문제를 완화하기 위해, DTW에 대한 다양한 근사 방법[94-98]이 도입되었는데, 이들 중 가장 유망한 결과를 보이는 방법으로는 FastDTW[95]와 SDTW[97]가 있다. FastDTW는 거친 수준(coarse resolution)으로부터 해를 찾는 과정을 반복하면서 보다 정밀한 해에 근접하는 멀티 스케일 방법을 취한다. FastDTW에서 시간과 공간의 복잡성은 $O(n)$이다. 이와 달리, SDTW는 컴퓨터 비전에서 많이 사용되는 SIFT[67]과 유사한 방식으로 키포인트 설명자(key point descriptors)를 추출하고, 이를 이용해서 복잡성을 축소시킨다.

위와 같은 근사 방법 이외에도 DTW를 수정하거나 확장하는 여러 방법들이 제안되어 왔다. Keogh와 Pazzani [99]는 시간 미분 동적 워핑(derivative dynamic time warping; DDTW)을 제안했는데, 이 방법은 입력값의 작은 변화에도 결과값이 크게 흔들리는 불량 조건(ill-conditioning) 문제를 피하기 위해, 원래의 시계열 데이터를 1차 차분(first-order differences) 시계열로 변환한다. 불량 조건은 DTW에서 노이즈나 긴 신호를 다룰 때 공통적으로 발생하는 문제로, 정렬이 제대로 되지 못해 비교 대상 시계열에서는 1개의 점에 불과한 시계열 데이터가 다른 시계열로 매핑될 때는 큰 서브셋으로 맵핑 되면서 발생한다. Jeong 등[100]은 DTW에 페널티를 부여하는 방법(WDTW)을 제안했는데, 여기에서 기준점(reference point)과 시험점(testing point) 사이의 위상차가 큰 지점에 가중치를 곱하는 형태로 패널티를 추가했다. 이는 특이값(outlier)에 의해 최소 거리가 왜곡되는 것을 방지하기 위한 목적이었다. 다른 유사성 측정 척도로는 Chen과 Ng[101], Chen 등[102]이 제안한 실제

페널티를 반영한 편집 거리(edit distance with real penalty; ERP), Marteau[103]가 제안한 시간 워프 편집 거리 (time warp edit distance; TWED) 등이 있다. ERP는 l_1-노름을 변형한 것으로, 국부적인 시간 시프트(shift)를 지원한다. 이 방법은 또한 EDR(edit distance for real sequence)[101] 및 DTW의 변형으로 볼 수도 있지만 메트릭 거리 함수라는 데에 차이가 있다. TWED는 동적 프로그래밍 방법을 이용해서 효율적으로 구현할 수 있는데, DTW와 달리 TWED는 탄성 거리(elastic distance)를 측정한다. 이 방법은 시간 축에서의 워핑을 허용하고, 시계열 데이터에 의해 정의되는 편집 거리와 l_p-노름을 결합한다. Marteau [103]는 또한 TWED 측정의 하한(lower bound)을 제시했는데, 이를 통해 더 작은 샘플 표현(down-sampled representation)에서도 동작할 수 있도록 함으로써 알고리즘의 속도를 향상시킬 수 있다.

앞에서 언급한 바와 같이, DTW는 거리를 측정하지 않기 때문에 커널 방법을 적용할 수 없다[104]. 커널은 유한한 크기의 양의 값을 가져야 한다. 또한 DTW는 시간 길이가 다른 시계열 데이터를 비교할 수도 없다. 이와 관련하여 Cuturi 등[105]은 시간 길이가 다른 시계열 데이터 사이에서 적용할 수 있는, 정렬 커널(alignment kernel)로 불리는 새로운 종류의 커널을 제안하였다. 이 커널은 DTW 기반의 정렬에서 가능한 모든 경우의 점수에 대해 소프트 맥스(soft-max)를 적용하고 이를 통해서 얻어지는 3개의 점수를 고려한다. 하지만 이들 커널의 계산이 2차식으로 계산되는 문제가 있다. 이러한 제약을 해소하기 위해, Cuturi [106]는 효율적인 개선 버전을 제공한 바 있다.

커널 방법과 글로벌 정렬을 결합함으로써 시간 단위가 변하는 시계열 데이터와 시간 워핑을 유발하는 교란(disturbance)를 다룰 수 있게 되었지만, 이들 방법은 동적인 상태나 패턴을 고려하지 못한다. 실제로 "동적"이라는 말은 동적 프로그래밍에서 유래되었지만, DTW는 우리가 분류하고자 하는 시계열 데이터의 동적 특성을 전혀 고려하지 못한다. Soatto[107]는 비정상 상태인 시계열 데이터의 거리를 정의하기 위해 동적 제약 DTW(DTW under dynamic constraints; DTWUDC)를 제안하였는데, 이를 통해 DTW가 동적 시스템을 따른다는 제약을 부여하였다. 좀더 자세히 말하면, 두 개의 시계열 데이터는 동적 모델의 출력이고, 입력은 일부 공통 함수가 워핑된 버전이라는 가정을 하였다. 즉, 두 개의 단변량 시계열 데이터 $x^{(1)}$, $x^{(2)}$ $(i=1, 2)$에 대하여, Soatto는 다음과 같이 선형 매개 변수를 가진 동적 모형이 있다는 가정을 하였다.

$$\begin{cases} \dot{h}_i(t) & = Ah_i(t) + Bu(w_i(t)) \\ \mathrm{x}^{(i)}(t) & = Ch_i(t) + n_i(t) \end{cases}$$

여기에서 A, B, C는 행렬이고, h_i는 상태 함수, $n_i(t)$는 노이즈 프로세스, $w_i(t)$는 워핑 함수, u는 공통 입력, $\mathbf{x}^{(i)}$는 i의 시계열 데이터를 의미한다. 그런 다음 거리는 $u_i(t)$를 먼저 핏팅하고 다음으로 $w_i(t)$를 핏팅하는 두 단계로 평가된다. 매개 변수 기반 방법을 설명하는 절에서는 시계열 데이터의 동적 특성을 캡처하는 다른 방법들을 주로 커널 방법에 초점을 두고 설명된다.

4.2.2 축소 거리 기반 방법

앞에서 자세히 설명했듯이, 1-NN-DTW 분류기는 매우 뛰어난 성능을 갖고 있지만, 연산 부하가 많기 때문에 리소스가 제한된 시스템에는 적용이 어렵다는 문제가 있다. 더욱이, 이 방법처럼 형상(shape)에 기반을 둔 방법들은 긴 시간의 시계열 데이터에 대해서는 만족할 만한 결과를 주지 못하는 것이 일반적인데, 이는 시간이 길어짐에 따라 뚜렷이 구별할 수 있는 국부적인 구조가 점차 희미해지기 때문이다. 이러한 이유로 DTW에 대한 다양한 근사 방법이 제안되었지만, 모든 학습 시계열 데이터를 비교해야 하기 때문에 1-NN 알고리즘을 구동하는 과정에서 여전히 병목을 유발한다. 이런 현상은 시간 길이 n과 시계열 데이터의 개수 N이 크면 더 심하게 나타난다. 또한 이 방법은 전체 데이터 세트를 한번에 저장할 공간이 필요하기 때문에 리소스가 많지 않은 경우에는 대부분 적용이 불가능하다.

3절에서 보았듯이, 데이터 축소 기법은 n과 N을 줄이는 것을 목표로 한다. 축소 거리 기반 방법의 주요 개념은 시계열 데이터를 새로운 표현 공간으로 간결하게 나타내고, 축소된 공간에서 적합한 방법으로 거리를 계산하고자 하는 것이다. 여기에서는 n 혹은 N, 또는 둘 모두를 줄이는 거리 기반 방법을 설명하고자 한다. 이러한 기법들을 리뷰하기 전에, 앞에서 설명되었던 기법들 중 일부가 거리 기반 방법의 범주에 속할 수 있다는 점을 알 필요가 있다. 예를 들어, VS-BOSS가 여기에 해당하는데, 이 방법은 시계열 데이터 x를 히스토그램으로 매핑하고, 히스토그램 유사성을 계산해서 x를 분류한다.

앞에서 살펴 본 것처럼, SAX와 같은 기호 표현 방법은 NR(numerosity reduction)에 매우 유용하다. SAX를 이용한 분류에서 가장 간단한 분류기는 1-NN-SAX 분류기로 볼 수 있는데, 메트릭 d_{SAX}로 주어진 기호 표현 공간에 1-NN을 적용한다.

그러나 유클리드 거리처럼 이 방법은 시간이 왜곡(distortion) 되거나, 시간이 간단하게 시프트하는 경우에도 강건하지 않다. 더욱이, N이 클 때에는 SAX 근사 방법 만으로는 충분하지 않을 수 있다. 따라서 학습시키고자 하는 사례를 희소하게 표현할 수 있는 공간을 찾는 것이 중요하다.

N을 축소하는 배경에는 (충분하다는 의미에서) 정보의 손실없이 학습 데이터 세트를 가장 잘 묘사하는 $k \ll N$ 인 서브셋(템플릿)을 찾는 데에 있다. 기본적으로 이러한 템플릿을 찾는 방법에는 두 가지 방향이 있다. 즉 비지도와 지도 학습이다. 비지도 학습의 접근 방식에서 현재 무슨 작업을 하느냐에 관계없이 클러스터링 기법을 통해 템플릿을 찾는다. 한편, 지도 학습에서는 분류 작업의 유형에 따라서 가장 차이를 잘 드러내는 템플릿을 찾는데, 이를 통해 각 클래스를 가장 잘 표현하는 템플릿을 찾는 것을 목표로 한다. 따라서 지도 학습 방법이 분류 작업에 가장 적합하다고 할 수 있다. 연구 문헌을 보면, 템플릿에 관해 적어도 두 가지의 서로 다른 정의가 있는데, 셰이프렛(shapelet)과 딕셔너리(dictionary)로 구분된다. 이들 두 템플릿은 모두 같은 데이터를 다루지만, 문제를 접근하는 관점이 상이하다.

셰이프렛에 대한 개념은 최근의 연구 문헌[108-114]에서 도출되었다. 셰이프렛은 특정 클래스를 가장 잘(maximally) 표현하는 시계열 데이터의 서브시퀀스를 의미하며, 라벨이 없는 시계열 데이터를 분류하는데 유용하다. 셰이프렛은 정보 취득(information gain)을 기준으로 볼 때 클래스를 가장 잘 표현하므로 의사 결정 나무와 랜덤 포레스트를 학습시키는 데에도 사용된다[53].

셰이프렛을 사용하는 주된 장점은 속도에 있다. 모든 훈련 샘플을 비교하는 1-NN 과정을 회피할 수 있어서 셰이프렛은 거리 계산에 더 유리하다. 유클리드 거리(또는 SAX 거리)를 갖는 1-NN과 같은 단순한 기법과 달리, 각각의 클래스를 표현하는 셰이프렛은 위상 불변(phase invariant) 특성이 있다. 실제 문제에서, 분류 속도는 3승 이상의 차이를 보이기도 한다[108]. 그러나 빠른 분류 속도에도 불구하고 셰이프렛의 학습은 번거로운 단점이 있다. 셰이프렛을 이용한 분류 기법에 관한 최초 연구가 발표된 이후, 현재까지 가장 좋지 않은 학습시간 결과를 보인 사례는 $O(N^2 n^3)$으로, 여기에서 N은 데이터 세트의 시계열 수이고 n은 시계열 데이터 세트에서 가장 긴 시계열 데이터의 길이를 의미한다. 학습의 복잡성을 줄이기 위해 다양한 확장 방법이 제안되었다. 참고문헌[112]의 연구에서는 SAX를 이용하여 $O(Nn^2)$의 학습 복잡성을 줄일 수 있는 최적 셰이프렛을 찾는 방법이 탐구된 바 있다. 이 경우 시계열 데이트를 저차원 SAX 단어 공간에 매핑하고, 이 공간에서 직접 셰이프렛을 찾는 방법이 사용되었다. 그런 다음, 앞에서 언급한 바 있는 d_{MAX}를 이용해서 거리를 계산하고 분류에 사용한다.

4.2.3 딕셔너리 학습

연구 문헌에서 발견할 수 있는 다른 접근 방법으로 딕셔너리 학습(dictionary learning)으로 불리는 방법이 있다. 이 방법은 시계열 데이터를 기초 신호(basis of signal)의 희소 표현으로 만들어 학습하는 것을 목적으로 한다. 딕셔너리는 기본 요소들의 집합으로, 여기에서 기본 요소들을 선형 조합하여 입력 신호를 표현한다. 논의를 계속하기 전에 시계열 데이터 z에서 $p=n$인 경우의 시계열 데이터를 x라고 하자. 딕셔너리 학습은 지도 학습과 비지도 학습 두 가지 유형으로 구분된다. 이 두 그룹의 차이를 이해하기 위해, 여기에서는 참고문헌 [115-117]에서 제시된 예를 가지고 이들 프레임워크의 주요 개념을 소개한다. 훈련 시계열 데이터로 시간 길이가 고정된 N개의 단변량 시계열 데이터 $\{\mathbf{x}^{(i)} \in \mathbb{R}^n\}_{i=1}^N$가 있고, 이진 라벨 $\{y_i \in -1, +1\}_{i=1}^N$이 있다고 하자. 평균 제곱 오차가 최적인 희소 표현을 신호 x의 딕셔너리 $\mathbf{D}=[\boldsymbol{d}_1,\ \boldsymbol{d}_2,\ \cdots,\ \boldsymbol{d}_{\hat{M}}]$를 통해 찾기 위해서는 아래의 볼록 함수 최적화 문제를 풀면 된다.

$$\min_{\alpha,\mathbf{D}} \sum_{i=1}^{N} \|x_i - \mathbf{D}\boldsymbol{\alpha}\|_2^2 + \lambda\|\boldsymbol{\alpha}_i\|_1, \quad s.t.\ \|\boldsymbol{d}_i\|_2 = 1 \tag{7}$$

여기에서 l_1 노름은 의미 없는(non-informative) $\boldsymbol{\alpha}_i$를 0으로 만들어서 $\boldsymbol{\alpha}$의 희소성을 강화하는데 사용된다. 최적해 $\boldsymbol{\alpha}^*$, $\mathbf{D}^*$가 구해지면, 분류 문제의 해는 다음의 식을 풀어서 구할 수 있다.

$$\min_{\theta} \sum_{i=1}^{N} L(y_i, f(\mathrm{x}_i, \boldsymbol{\alpha}^*, \mathbf{D}^*, \boldsymbol{\theta})) + \lambda_2 \|\boldsymbol{\theta}\|_2^2 \tag{8}$$

여기에서 $L(\cdot,\cdot)$과 f는 각각 적절한 손실 함수(loss function)와 예측 함수를 의미하며, 이 두 함수가 함께 분류기를 정의한다. $\boldsymbol{\theta}$는 모델 f의 매개변수이다. 자주 사용되는 함수 f는 다음과 같다.

1. $\boldsymbol{\alpha}$의 선형 모델(linear models): $f(\mathbf{x}, \boldsymbol{\alpha}, \boldsymbol{\theta}) = \mathbf{w}^T\boldsymbol{\alpha} + b$이고, $\boldsymbol{\theta} = \boldsymbol{w} \in \mathbb{R}^k$, $b \in \mathbb{R}$
2. $\boldsymbol{\alpha}$와 $\mathbf{x}$의 쌍선형 모델(bilinear model): $\mathbf{x}^T\mathbf{W}\alpha + b$이고, $\boldsymbol{\theta} = \boldsymbol{W} \in \mathbb{R}^{n\times k}$, $b \in \mathbb{R}$

이 접근법은 분류 작업과 별도로 딕셔너리 $\mathbf{D}^*$가 얻어지기 때문에 비지도 학습으로 불리는데, N개의 학습 시계열 데이터에서 희소 표현을 찾아서 딕셔너리를 구한다. 그러나, Mairal 등[116]이 지적한 바와 같이, 이 과정을 통해 얻어지는 딕셔너리는 재구성(reconstructive)

이라는 관점에서는 최적이지만, 식별 능력(discriminative) 관점, 즉 분류 관점에서는 최적이 아닌 것으로 확인되었다.

식별 능력 최적화 문제를 해결하기 위해, 지도 학습 개념을 적용한 딕셔너리 지도 학습이 도입되었는데, 식별 능력을 갖추기 위해 클래스의 라벨 정보를 활용한다. 참고문헌[116]에서 연구자들은 아래의 식(9)와 같은 근사 해법을 제안했는데, 이를 통해 **D**와 $\boldsymbol{\theta}$를 함께 학습시킨다.

$$\min_{\mathbf{D},\boldsymbol{\theta}} \sum_{i=1}^{N} L(S^{*}(\mathrm{x}_i, \mathbf{D}, \boldsymbol{\theta}, -y_i)) - S^{*}(\mathrm{x}_i, \mathbf{D}, \boldsymbol{\theta}, y_i) + \lambda_2 \|\boldsymbol{\theta}\|_2^2 \tag{9}$$

여기에서, $\mathrm{S}^{*}(\mathbf{x}_i, \mathbf{D}, \boldsymbol{\theta}, y_i) = \min_{\alpha} L(y_i, f(\mathbf{x}_i, \boldsymbol{\alpha}_i, \mathbf{D}, \boldsymbol{\theta})) + \lambda_0 \|\mathbf{x}_i - \mathbf{D}\boldsymbol{\alpha}_i\|^2 + \lambda_1 \|\boldsymbol{\alpha}_i\|_1$ 이다. 이렇게 되면 새로운 시계열 데이터 $\mathbf{x}_{\text{new}}$ 에 대한 분류 라벨 $\hat{y}$ 은 다음과 같이 주어진다.

$$\hat{y} = \underset{y \in \{-1; +1\}}{\operatorname{argmin}} S^{*}(\mathrm{x}_{\text{new}}, \mathbf{D}, \boldsymbol{\theta}, y)$$

다른 지도 학습 방법으로는 식별(discriminative) KSVD(k-Singular Value Decomposition) [118], 작업 기반(task-driven) 딕셔너리 학습 [117], 피셔(Fisher) 식별 딕셔너리 학습[119], 일관된 라벨(label-consistent) KSVD (LC-KSVD) [120, 121] 등이 있다. 그러나 이들 방법은 모두 유클리드 거리를 사용하기 때문에 시간 단위가 달라지는 시간의 시프트, 시계열 데이터의 일반적인 변형에 대해 강건하지 않다. 이 문제를 극복하기 위해 참고문헌[122]에서는 가우시안 탄성 매칭 커널(Gaussian elastic matching kernels) 형태를 도입하였다. 이 방법에서는 가우시안 커널을 계산하기 위해 DTW, ERP 및 TWED 거리를 사용한다

$$K(\mathrm{x}^{(1)}, \mathrm{x}^{(2)}) = \exp - \frac{\|(\mathrm{x}^{(1)}, \mathrm{x}^{(2)})\|^2}{2}$$

그러나 가우시안 탄성 매칭 커널은 양정치 대칭(positive definite symmetric; PDS) 커널 특성은 보장을 할 수 없다. 따라서 PDS가 아닌 부분을 제거하기 위해 적절한 수정 작업이 필요하다. 이와 관련하여 DTW 거리를 딕셔너리 학습에 포함시키려는 시도가 있었지만, 이 방법에서도 여러 문제가 발생하여 결과의 강건함이 주는 가치를 반감시킨다. 예를 들어, DTW 가우시안 커널은 양수가 아닌 준정치(non-positive semi-definiteness) 특성을 갖는다. 또

한 이들 방법은 연산 비용도 많이 든다.

최근에는 이러한 사항들을 고려하여, 새로운 방식이 희소 표현이 고려되고 있다. 이 방법은 클러스터링에서 널리 알려진 개념인 중심점(centroid)에 바탕을 두고 있다. 클래스 별로 중심점은 클래스를 대표한다고 볼 수 있다. 따라서 만일 분류 문제가 M개의 클래스를 구분하는 문제이면 시계열 데이터에서 M개의 대표 값이 선택된다. 하지만, DTW에서는 평균을 제대로 정의할 수 없는 문제가 있기 때문에, 여러 문헌에서는 DTW와 일맥 상통하는 중심점을 정의하는데 초점을 두고 있다. 이들 중에 가장 관심을 받는 정의 방법은 Petitjean 등[123, 124]의 연구에서 제안된 것으로, DBA(DTW Barycenter Averaging)으로 불린다. 이 방법은 기대값 최대화(expectation−maximization)와 다중 시퀀스 정렬(multiple sequence alignment)에 바탕을 두고 있다. 다중 시퀀스 정렬은 컴퓨터 생명공학에서 많이 사용된다. 이 방법은 N을 줄이는 데 수치적 축소(NR) 기법을 사용하고, 여기에 DTW 근사 방법을 접목하여 단일 비교(single comparison)의 속도를 향상시킨 매우 효율적인 방법이다. 이 방법과 딕셔너리 학습의 차이는 중심점이 데이터 세트에 포함되지 않는다는 것이다. 또한 이 방법은 지도 학습으로 볼 수 있는 측면이 있는데, 클래스의 라벨 정보를 이용해서 각 클래스의 중심점을 평가하기 때문이다.

4.2.4 매개변수 거리 기반 방법

매개변수 거리(parametric distance) 기반 방법은 매개변수를 이용하여 입력 신호를 축소 표현하고 거리를 계산한다. 이 경우, 각각 시계열 데이터 $\mathbf{z}$는 $\mathbf{x} \in \mathbb{R}^p$로 표현된다.

학습 단계의 가장 일반적인 절차는 다음과 같다.

- 모든 학습 시계열 데이터의 매개변수 표현을 찾는다. 가장 많이 사용되는 기법으로는 DWT가 있으며, DFT는 주어진 계수의 차수에서 멈춘다.
- 각 클래스의 중심점 또는 대표 값(템플릿)를 찾는다.

일단 각 클래스에 대한 템플릿을 얻게 되면, 분류 작업은 대표 중심점 $\mathbf{x}^{(\cdot)}$에 간단한 분류 기법인 1−NN 분류기를 적용하여 수행된다.

이 방법은 간단하지만, 시계열 신호에 내재된 동적 특성 정보를 고려하지 않기 때문에 다양한 문제들이 발생한다. 이와 관련된 문제는 주로 컴퓨터 비전 분야 연구문헌에서 다루어져 왔는데[125, 126], Cuturi와 Doucet [127], Chen[128] 등은 보다 일반적인 맥락에서 이 문제를 다룬 바 있다. Bissacco 등[126]은 동적 텍스처를 인식하기 위해 Binet-Cauchy 커널[129]을 이용하여 동적 시스템에 적합한 커널 군을 제안한 바 있다. 이 방법은 선행 연구였던 Vishwanathan 등[125]의 연구를 확장한 것으로 위상 정보, 입력 또는 초기 조건을 모델에 반영한 것이 특징이다. 본질적으로, 이들 두 연구는 시계열 데이터를 확률론적 모델링으로 접근하여 커널을 정의한 것이라고 할 수 있다. 두개의 시계열 데이터를 비교하기 위해서, 먼저 주어진 상태 공간 매개변수를 학습시켜서 각 시계열 데이터의 동적 거동을 학습시킨다. 다음으로 커널은 앞에서 얻어진 두 매개변수 세트 사이의 커널로 정의된다. 즉, 동적 시스템을 핏팅하고, 여기에서 얻어진 매개변수로 거리를 계산하는 것이다. 이러한 접근 방법은 나중에 살펴볼 분류기법들에서서도 유사하게 적용된다. Cuturi와 Doucet [127]는 벡터 자기 회귀 모델(vector autoregressive model; VAR)에 기반을 둔 자기 회귀 커널(autoregressive kernels) 기법을 도입하였다. 이들 모형에서 모든 다변량(q 차원) 시계열 데이터 $\mathbf{z} \in \mathbb{R}^{q \times n}$ 는 특성 $L(\theta\,;\mathbf{z}) = p_\theta(\mathbf{z})$에 의해 표현된다. 여기에서 우도 함수 L은 VAR 모델을 이용해 θ와 고정 샘플 z의 함수로, 모델링 된다. 측정 가능한 공간 $\mathcal{X}$가 있고, $\mathcal{X}$의 분포에 관한 매개변수 $\{p_\theta,\ \theta \in \Theta\}$ 모델이 주어졌을 때, 두개의 시계열 $\mathbf{z}^{(1)}$, $\mathbf{z}^{(2)}$의 커널 K는 다음과 같이 정의된다.

$$K(\mathbf{z}^{(1)}, \mathbf{z}^{(2)}) = \int_{\theta \in \Theta} p_\theta(\mathbf{z}^{(1)}) p_\theta(\mathbf{z}^{(2)}) \omega(d\theta)$$

여기에서 $w(d\theta)$는 위셔트(Whshart) 정규 역 행렬(matrix-normal-inverse-Wishart)의 사전 분포를 의미한다. Cuturi와 Doucet [127]은 이 커널이 쉽게 계산될 수 있다는 점을 보여 주었는데, 이 방법은 확률 밀도 추정에 의존하지 않기 때문에 심지어 $q \gg n$인 경우에도 계산을 쉽게 할 수 있다. [125-127]의 연구문헌에서는 실제로 확률론적 시계열 매개 변수 모델링을 통해 모든 커널을 정의하였는데, 다만 선행 연구와 달리, 자기회귀 커널을 계산할 때, 2단계 방법을 활용하지 않았다. 최근에 Chen 등[128]은 모델-메트릭 동시 학습(model-metric co-learning; MMCL) 방법을 제안하였는데, 선행 연구인 [125-127]과 달리 비선형 동적 시스템에 바탕을 둔 커널을 제안하였으며, 이를 에코 상태 네트워크(echo state networks; ESN)로 명명한 바 있다[130, 131]. 이 방법은 각각 시계열 데이터에 대해서 ESN 모델을 학습시키고, 모델 매개변수 θ를 사용하여 거리를 계산하는데, 거리를 계산할 때 커널 방법을 사용한다. ESN을 활용한 다른 연구 사례와 ESN의 확장 모델인 액체 상태 기계(liquid state machines; LSM) 모델 연구는 참고문헌 [132-134]를 참조하기 바란다. 이 절에 제시된 모든 방법은 특성 기반 모델로 볼 수 있다. 참고문헌 [127]의 프로파일 우도와 참고

문헌 [125, 126, 128, 133, 134] 문헌들의 동적 시스템 매개 변수는 사실상 특성으로 볼 수 있다.

커널 방법을 사용하여 동적 정보를 계산하는 방법이 단순 매개변수 거리를 기반으로 계산하는 방법에 비하여 정확성에서는 뛰어날 수 있지만, 이들 방법은 특성 추출과 커널 계산 단계에서 많은 연산 부하를 요구한다. 이 때문에 커널을 계산할 필요가 없는 단순 모델이 더 선호되기도 한다. 전력계통의 관점에서 볼 때, 이상 상태를 식별하는 데에는 단순한 거리 기반 방법으로도 충분할 수 있다. 마지막으로 표4에서 DB 방법의 가장 중요한 특성들을 요약하였다.

표4. 본 장에서 다루어진 거리 기반 방법의 주요 특징

방법		특성
Purely DB	DTW	Invariant to time-warpings
		Complexity is $O(n^2)$
	DTW approximations	Complexity is $O(n)$
	DDTW	DTW on the first-derivative signal
		Reduces pathological alignments
	WDTW	Filtering with logistic weight function
		Favor matching points located in a neighborhood
		Reduces pathological alignments
	ERP	Supports local time shifting
		Metric distance function
	TWED	Elastic distance measure
		Edit distance + L_p norm
	Alignment kernels	DTW-based alignment kernel
	DTWUDC	DTW + dynamic constraints
Red-DB	SAX	Reduce into symbolic space
	1-NN-SAX	SAX representation + SAX distance
		Suitable for simple signals
		α and p must be tuned
		Prediction is $O(n)$
	1-NN-SAX with k templates	Prediction is $O(\tilde{M})$
	1-NN-SFA	Fourier representation
		More adherence to the shape w.r.t. SAX
		Finer resolution with total recomputation

	Shapelets	Shift–invariant templates
		Training is $O(N^2 n^3)$
	Dictionary learning	Learn a sparse representation
		In general use Euclidean distance
		Chen et al. [122] add kernel representation
	DBA	DTW centroids are defined and used as templates
Par–DB	1–NN–DWT	Better than DFT to handle nonstationarity
		Good frequency and temporal resolution
	Binet–Cauchy kernels	Kernel to embed dynamic behavior
		Rely on a probabilistic parametric modeling of time series
	Autoregressive kernels	Easily computed even when $q \gg n$
		Rely on a probabilistic parametric modeling of time series
		AR model
	MMCL	Kernel based on nonlinear dynamical systems (ESN)
	LSM	Distance on LSM parameters

4.3 시계열 데이터 분류 방법 비교

표5는 특성 기반 방법(FB)과 거리 기반 방법(DB)의 일반적인 특성을 요약한 것이다.

표5. 시계열 데이터 분류에 있어서의 특성 기반 방법과 거리 기반 방법의 주요 특징 비교

분류 방법	특성
FB	Feature extraction can be onerous
	Difficult to define a "distance" between classes
	Easy interpretation of results
Purely DB	Complexity grows at least linearly with n
	Kernel–based methods can be onerous
	Distance has to be chosen tailored to the problem
	Comparisons with all N training examples (best case: $O(Nn)$
	Distance computed in the reduce space
Red–DB	Reduce numerosity of time series
Par–DB	Distance is computed over the space of parameters
	Kernel–based methods can be onerous

또한 표6에서는 이 장에서 다룬 방법들의 복잡성을 개략적으로 정리하였다. 이 표에서는 이들 방법들이 로컬에서 원격으로 적합한 것인지, 중앙에서 처리하는데 적합한 것인지를 따로 표시하였다. 즉, 이 표에서 "원격"으로 표시된 방법들은 다른 노드나 위치에서 취득되는 정보가 없더라도 수행이 가능하다는 것을 의미한다. 반면에 "중앙집중식"으로 표시된 알고리즘이나 프레임워크들은 중앙 시스템에서 수행하는 것이 더 적합하다는 것을 의미하며, 작업을

표6. 시계열 데이터 분류 방법의 구분

	분류 방법	복잡성	접근 방법 유형
FB	Time-pattern features	$O(n)$, low if p and n low	Remote
	Interval features	$O(n)-O(n^2)$, low if p and n low	Remote
	Bag of features	High $(O(Nn)-O(n))$	Centralized
	Dynamic features	High, low with simple AR models	Remote
	Frequency domain features	Low	Remote
Purely DB	DTW	High $(O(Nn^2))$	Centralized
	DTW approximations	High (lower bound O(Nn))	Centralized
	DDTW	High $(O(Nn^2))$	Centralized
	WDTW	High $(O(Nn^2))$	Centralized
	ERP	High $(O(Nn^2))$	Centralized
	TWED	High $(O(Nn^2))$	Centralized
	Alignment kernels	High	Centralized
Red-DB	DTWUDC	High (DTW + dynamic model)	Centralized
	1-NN-SAX	High $(O(Nn))$	Centralized
	1-NN-SAX with k templates	Low $(O(kn))$	Remote
	1-NN-SFA	High $O(Nn)$	Centralized (RWT)
	Shapelets	Low (reduction methods)	Remote
	Dictionary learning	$O(k)$ (cardinality of dictionary)	Remote
	DBA	Low $(O(n^2)-O(n))$, DTW approx	Remote
Par-DB	1-NN-DWT	High, low with templates	Centralized (RWT)
	Binet-Cauchy kernels	High	Centralized
	Autoregressive kernels	High $(O(N(n^2p^3)))$, p: AR order	Centralized
	MMCL	High	Centralized
	LSM	High	Centralized

위해서는 모든 노드의 데이터를 알고 있어야 한다. 이 표에서 원격/중앙집중식으로 구분을 하였더라도, 학습 단계는 오프 라인으로 수행되는 것으로만 가정하였다는 점을 유념할 필요가 있다. 표6은 오직 분류의 복잡성 만을 기준으로 구분한 것이다.

마지막으로 표7에서는 각 방법들의 그룹에 해당하는 참고문헌들을 표시하였다.

표7. 시계열 데이터 분류 방법 유형별 연구문헌

	분류 방법	참고 문헌
FB	Time-pattern features	[60-62]
	Interval features	[63-66]
	Bag of features	[68-76]
	Dynamic features	[82-84]
	Frequency domain features	[85-87]
	Ensemble of features	[89]
Purely DB	Miscellaneous	[90, 92, 93]
	DTW	[91]
	DTW approximations	[94-98]
	DDTW	[99]
	WDTW	[100]
	ERP	[101, 102]
	TWED	[103]
	Alignment kernels	[105, 106]
	DTWUDC	[107]
Red-DB	1-NN-SAX	[47, 48]
	1-NN-SAX with templates	[135]
	1-NN-SFA	[50]
	Shapelets	[108-114]
	Dictionary learning	[115-117]
	DBA	[123, 124]
Par-DB	1-NN-DWT	[136]
	Binet-Cauchy kernels	[125, 126, 129]
	Autoregressive kernels	[105, 127]
	MMCL	[128]
	LSM	[132-134]

5. 시계열 데이터 분류 기법의 적용

표8은 이 장에서 제시된 방법들을 활용하여 전력 계통의 문제를 다룬 사례들을 목록으로 정리한 것이다. 이 표에서 보듯이, 대부분의 응용 사례들이 계통의 이벤트, 비정상 상태, 고장 탐지와 관련이 있다. 이들 문제들은 FB 기법을 이용하면 바로 해결이 가능하다.

표8. 시계열 데이터 분류 방법의 전력 계통 적용 사례

연도	참고문헌	적용 알고리즘	분류 방법	데이터 종류	활용분야
2016	[2]	Kernel PCA	FB	PMU	FDI
		Partial SVM			
2016	[23	mRmR	FB	PMU	FDI
		Ensemble of bundle classifier			
		SVM			
2016	[137	DFT, DWT, FDST, PCA, Shapelet	FB	PMU	FDI
		1-NN, SVM			
2016	[13]	DTW, MDTW	Purely DB	AMI	FD
				AM	
2016	[138]	Decision tree, SVM	FB	AM	TD
2016	[139]	DWT (for preprocessing)	FB	PMU	ND
		Gaussian mixture models			
		Parzen density estimator			
		k-means clustering, k-NN			
		Standard SVDD			
		SVDD with negative examples			
2016	[140]	Semisupervised SVM	FB	PMU	AD
		Adaboost, Multiple kernel learning			
2015	[141]	Wavelet	Par-DB	PMU	AD/ED
2015	[142	DWT, neural networks	FB	PMU	Event/FDI
2015	[143]	Adaptive neuro-fuzzy inference system	FB	PMU	FD
		Neural networks, SVM			
2015	[144]	One class classifier	DB	Smart sensors	FDI
2014	[12]	Hidden Markov Models (HMM)	FB	PMU	FD

2014	[145]	Clustering, outlier detection	FB	Meteo	
		Recursive feature elimination			
		Multiple linear regression, ARIMA			
		Support vector regression, k–NN		Prediction	
		RF, Boosting tree			
		MARS			
		Ensemble of methods			
2014	[146]	Naive Bayes	FB	PMU	
		Rule induction (OneR, NNge, JRipper)		FD	
		Decision tree learning (RFs)			
		Binary classification (SVM)		AD	
		Boosting (Adaboost)			
2013	[147]	Iterative Hilbert Huang Transform	Red–DB	PMU	Monitoring
		SAX			
2012	[148]	SVM	FB	PMU	FDI
		One class SVM (semisupervised)			
2009	[17]	LS–SVM, DWT	FB	PMU	FDI
2008	[149]	DWT (for feature extraction)	Par–DB	PMU	FD
2006	[16]	SVM, neural networks	FB	PMU	FDI
2006	[22]	LR, neural networks	FB	Fault logs	FDI
				Meteo	
2001	[21]	DWT	Par–DB	PMU	FDI

6. 결론

전력 계통 시계열 데이터 분석에 이용되는 방법론들을 전체적으로 리뷰하다 보면, 스마트그리드 패러다임에서는 빅데이터 분석과 사이버 물리 시스템간의 시너지가 매우 중요하다는 점을 알게 된다. 이들 방법론은 끊임없는 기술의 진보를 통해서 과학의 혁신과 서비스 품질에 새로운 길을 열어가고 있다. 그럼에도 불구하고 여전히 해결해야 할 몇 가지 이슈가 남아 있으며, 산업 및 학술 연구 분야의 주도적인 역할이 필요하다.

가장 근본적인 이슈는 전력 계통의 모든 스케일에서 모니터링과 제어 체계, 그리고 아키텍처를 갖추는 일이다. 이는 계통의 전반적인 모니터링을 통해 전력 계통 전반의 에너지 흐름(에너지의 생산에서 최종 소비에 이르기 까지)과 전체 지역(광역 그리드 네트워크에서 주거시설에 이르기까지)에서 발생하는 모든 지식을 확보하는 것을 의미한다. 이를 위해서는 한 편으로 훨씬 더 많은 양과 데이터의 복잡성을 다루어야 하며, 다른 한편으로는 IoT로 대변되는 세상에서 시스템간의 상호운영성을 확보해야 한다.

또한, ICT가 속해 있는 사이버 영역이 그 반대편에 있는 물리적 영역의 운영에 어떤 방법으로 중요한 역할을 할 수 있는지, 그리고 이 과정에서 빅데이터의 활용이 새로운 서비스를 제공하거나 계통의 성능을 높이는데 어떤 기여를 할 수 있을지를 찾는 문제에 대해서도 고민이 필요하다. 긍정적인 역할을 기대하고 도입하였지만, 반대로, ICT 관련 기술들은 새로운 형태의 고장 시나리오, 악의적인 행동이나 사이버 보안 등의 문제를 유발하고 있다[150]. 이와 관련해서 올바른 정보 운영 정책을 확립할 필요가 있으며, 여기에는 데이터 거버넌스, 개인정보 보호 등에 대한 문제도 함께 고려하여한다. 제대로 된 정보 운영 정책을 확립함으로써, 설비와 사람들의 행위에 관한 정확한 지식을, 침해에 관한 논란없이 지속적으로 축적할 수 있어야 한다.

참고 문헌

[1] B.E. Boser, I.M. Guyon, V.N. Vapnik, A training algorithm for optimal margin classifiers, in: Proceedings of the Fifth Annual Workshop on Computational Learning Theory, ACM, 1992, pp. 144–152.

[2] Y. Zhou, R. Arghandeh, I. Konstantakopoulos, S. Abdullah, A. von Meier, C.J. Spanos, Abnormal event detection with high resolution micro-PMU data, in: Power Systems Computation Conference (PSCC), 2016, pp. 1–7.

[3] J. Valenzuela, J. Wang, N. Bissinger, Real-time intrusion detection in power system opera- tions, IEEE Trans. Power Syst. 28 (2) (2013) 1052–1062.

[4] A. Guerini, G. De Nicolao, Long-term electric load forecasting: a torus-based approach, in: 2015 European Control Conference (ECC), IEEE, 2015, pp. 2768–2773.

[5] F. Javed, N. Arshad, F. Wallin, I. Vassileva, E. Dahlquist, Forecasting for demand response in smart grids: an analysis on use of anthropologic and structural data and short term multiple loads forecasting, Appl. Energy 96 (2012) 150–160.

[6] P. Siano, Demand response and smart grids—a survey, Renew. Sust. Energ. Rev. 30 (2014) 461–478.

[7] K. Fischer, T. Stalin, H. Ramberg, J. Wenske, G. Wetter, R. Karlsson, T. Thiringer, Field- experience based root-cause analysis of power-converter failure in wind turbines, IEEE Trans. Power Electron. 30 (5) (2015) 2481–2492.

[8] D. Karlsson, M. Hemmingsson, S. Lindahl, Wide area system monitoring and control— terminology, phenomena, and solution implementation strategies, IEEE Power Energy Mag. 2 (5) (2004) 68–76.

[9] S. Yang, D. Xiang, A. Bryant, P. Mawby, L. Ran, P. Tavner, Condition monitoring for device reliability in power electronic converters: a review, IEEE Trans. Power Electron. 25 (11) (2010) 2734–2752.

[10] A.G. Phadke, P. Wall, L. Ding, V. Terzija, Improving the performance of power system pro- tection using wide area monitoring systems, J. Mod. Power Syst. Clean Energy 4 (3) (2016) 319–331.

[11] A.G. Phadke, J.S. Thorp, Synchronized Phasor Measurements and Their Applications, Springer US, 2008. ISBN: 9780387765372.

[12] H. Jiang, J.J. Zhang, W. Gao, Z. Wu, Fault detection, identification, and location in smart grid based on data-driven computational methods, IEEE Trans. Smart

Grid 5 (6) (2014) 2947 - 2956.

[13] N. Zhou, J. Wang, Q. Wang, A novel estimation method of metering errors of electric energy based on membership cloud and dynamic time warping, IEEE Trans. Smart Grid 8 (3) (2016) 1318 - 1329.

[14] N. Yu, S. Shah, R. Johnson, R. Sherick, M. Hong, K. Loparo, Big data analytics in power dis- tribution systems, in: 2015 IEEE Power Energy Society Innovative Smart Grid Technologies Conference (ISGT), 2015, pp. 1 - 5, https://doi.org/10.1109/ISGT.2015.7131868.

[15] M. Manic, D. Wijayasekara, K. Amarasinghe, J.J. Rodriguez-Andina, Building energy manage- ment systems: the age of intelligent and adaptive buildings, IEEE Ind. Electron. Mag. 10 (1) (2016) 25 - 39.

[16] P. Janik, T. Lobos, Automated classification of power-quality disturbances using SVM and RBF networks, IEEE Trans. Power Delivery 21 (3) (2006) 1663 - 1669.

[17] Q.-M. Zhang, H.-J. Liu, Application of LS-SVM in classification of power quality disturbances, Proc. Chinese Soc. Electr. Eng. 28 (1) (2008) 106.

[18] L. Rabiner, B.-H. Juang, Fundamentals of Speech Recognition, Prentice Hall, Upper Saddle River, NJ, 1993.

[19] R.S. Tsay, Analysis of Financial Time Series, vol. 543, John Wiley & Sons, London, 2005.

[20] G.A. Susto, A. Beghi, Dealing with time-series data in predictive maintenance problems, in: 2016 IEEE 21st International Conference on Emerging Technologies and Factory Automa- tion (ETFA), IEEE, 2016, pp. 1 - 4.

[21] O.A.S. Youssef, Fault classification based on wavelet transforms, in: 2001 IEEE/PES Transmis- sion and Distribution Conference and Exposition, vol. 1, IEEE, 2001, pp. 531 - 536.

[22] L. Xu, M.-Y. Chow, A classification approach for power distribution systems fault cause iden- tification, IEEE Trans. Power Syst. 21 (1) (2006) 53 - 60.

[23] Y. Zhou, R. Arghandeh, I.C. Konstantakopoulos, S. Abdullah, A. von Meier, C. J. Spanos, Distribution Network Event Detection with Ensembles of Bundle Classifiers, in: IEEE PES General Meeting 2016, 2016.

[24] G.A. Susto, A. Schirru, S. Pampuri, D. Pagano, S. McLoone, A. Beghi, A predictive mainte- nance system for integral type faults based on support vector machines:

an application to ion implantation, in: 2013 IEEE International Conference on Automation Science and Engi- neering (CASE), IEEE, 2013, pp. 195 – 200.

[25] A. Beghi, L. Cecchinato, C. Corazzol, M. Rampazzo, F. Simmini, G.A. Susto, A one-class SVM based tool for machine learning novelty detection in HVAC chiller systems, IFAC Proc. 47 (3) (2014) 1953 – 1958.

[26] J. Friedman, T. Hastie, R. Tibshirani, The Elements of Statistical Learning, Springer Series in Statistics, vol. 1, Springer, Berlin, 2009.

[27] M. Müller, Dynamic time warping, Inf. Retr. Music Motion 2007, pp. 69 – 84.

[28] A. Schirru, G.A. Susto, S. Pampuri, S. McLoone, Learning from time series: supervised aggre- gative feature extraction, in: 2012 IEEE 51st Annual Conference on Decision and Control (CDC), IEEE, 2012, pp. 5254 – 5259.

[29] L. Xie, Y. Chen, P.R. Kumar, Dimensionality reduction of synchrophasor data for early event detection: linearized analysis, IEEE Trans. Power Syst. 29 (6) (2014) 2784 – 2794.

[30] L. Van Der Maaten, E. Postma, J. Van den Herik, Dimensionality reduction: a comparative, J. Mach. Learn. Res. 10 (2009) 66 – 71.

[31] T.-C. Fu, A review on time series data mining, Eng. Appl. Artif. Intel. 24 (1) (2011) 164 – 181.

[32] B. Scholkopft, K.-R. Mullert, Fisher discriminant analysis with kernels, in: Neural Networks for Signal Processing IX, vol. 1, 1999, p. 1.

[33] A. Hyvärinen, J. Karhunen, E. Oja, Independent Component Analysis, vol. 46, John Wiley & Sons, New York, 2004.

[34] A. Subasi, M.I. Gursoy, EEG signal classification using PCA, ICA, LDA and support vector machines, Expert Syst. Appl. 37 (12) (2010) 8659 – 8666.

[35] B. Schölkopf, A. Smola, K.-R. Müller, Kernel principal component analysis, in: International Conference on Artificial Neural Networks, Springer, 1997, pp. 583 – 588.

[36] S. Mika, B. Schölkopf, A.J. Smola, K.-R. Müller, M. Scholz, G. Rätsch, Kernel PCA and De-Noising in Feature Spaces, in: NIPS, vol. 11, 1998, pp. 536 – 542.

[37] G. McLachlan, Discriminant analysis and statistical pattern recognition, 544, John Wiley & Sons, New York, 2004.

[38] J.B. Kruskal, M. Wish, Multidimensional Scaling, vol. 11, SAGE, Thousand Oaks, CA, 1978.

[39] H. Hotelling, Analysis of a complex of statistical variables into principal components, J. Educ. Psychol. 24 (6) (1933) 417.

[40] I. Jolliffe, Principal Component Analysis, Wiley Online Library, New York, 2002.

[41] J.B. Tenenbaum, V. De Silva, J.C. Langford, A global geometric framework for nonlinear dimensionality reduction, Science 290 (5500) (2000) 2319–2323.

[42] S.T. Roweis, L.K. Saul, Nonlinear dimensionality reduction by locally linear embedding, Science 290 (5500) (2000) 2323–2326.

[43] L. Cayton, Algorithms for manifold learning, Univ. of California at San Diego Tech. Rep. (2005) 1–17.

[44] H. Narayanan, S. Mitter, Sample complexity of testing the manifold hypothesis, in: Adv. Neural Inf. Process. Syst., 2010, pp. 1786–1794.

[45] G. Biau, Analysis of a random forests model, J. Mach. Learn. Res. 13 (Apr) (2012) 1063–1095.

[46] J. Tang, S. Alelyani, H. Liu, Feature selection for classification: a review, in: Data Classifica- tion: Algorithms and Applications, CRC Press, Boca Raton, FL, 2014, p. 37.

[47] J. Lin, E. Keogh, S. Lonardi, B. Chiu, A symbolic representation of time series, with implica- tions for streaming algorithms, in: Proceedings of the 8th ACM SIGMOD Workshop on Research Issues in Data Mining and Knowledge Discovery, ACM, 2003, pp. 2–11.

[48] J. Lin, E. Keogh, L. Wei, S. Lonardi, Experiencing SAX: a novel symbolic representation of time series, Data Min. Knowl. Disc. 15 (2) (2007) 107–144.

[49] E. Keogh, K. Chakrabarti, M. Pazzani, S. Mehrotra, Dimensionality reduction for fast simi- larity search in large time series databases, Knowl. Inf. Syst. 3 (3) (2001) 263–286.

[50] P. Schäfer, M. Högqvist, SFA: a symbolic Fourier approximation and index for similarity search in high dimensional datasets, in: Proceedings of the 15th International Conference on Extending Database Technology, ACM, 2012, pp. 516–527.

[51] C. Cortes, V. Vapnik, Support-vector networks, Mach. Learn. 20 (3) (1995) 273–297.

[52] M.E. Tipping, Sparse Bayesian learning and the relevance vector machine, J. Mach. Learn. Res. 1 (Jun) (2001) 211–244.

[53] L. Breiman, J. Friedman, C.J. Stone, R.A. Olshen, Classification and Regression Trees, CRC Press, Boca Raton, FL, 1984.

[54] L. Breiman, Random forests, Mach. Learn. 45 (1) (2001) 5 - 32.

[55] D.R. Cox, The regression analysis of binary sequences, J. R. Stat. Soc. Ser. B Methodol. 20 (1958) 215 - 242.

[56] C.E. Rasmussen, C.K.I. Williams, Gaussian Processes for Machine Learning, vol. 1, MIT Press, Cambridge, 2006.

[57] I. Goodfellow, Y. Bengio, A. Courville, Deep Learning, MIT Press, 2016.

[58] C.M. Bishop, Pattern Recognition, Mach. Learn. 128 (2006) 1 - 58.

[59] S. Manganaris, Supervised Classification With Temporal Data, Vanderbilt University, Nashville, TN, 1997.

[60] M.W. Kadous, Learning comprehensible descriptions of multivariate time series, in: ICML, 1999, pp. 454 - 463.

[61] M. Kudo, J. Toyama, M. Shimbo, Multidimensional curve classification using passing- through regions, Pattern Recogn. Lett. 20 (11) (1999) 1103 - 1111.

[62] P. Geurts, Pattern extraction for time series classification, in: European Conference on Prin- ciples of Data Mining and Knowledge Discovery, Springer, 2001, pp. 115 - 127.

[63] J.J. Rodriguez, C.J. Alonso, H. Boström, Boosting interval based literals, Intell. Data Anal. 5 (3) (2001) 245 - 262.

[64] J.J. Rodriguez, C.J. Alonso, Interval and dynamic time warping-based decision trees, in: Proceedings of the 2004 ACM Symposium on Applied Computing, ACM, 2004, pp. 548 - 552.

[65] J.J. Rodriguez, C.J. Alonso, J.A. Maestro, Support vector machines of interval-based features for time series classification, Knowl.-Based Syst. 18 (4) (2005) 171 - 178.

[66] H. Deng, G. Runger, E. Tuv, M. Vladimir, A time series forest for classification and feature extraction, Inf. Sci. 239 (2013) 142 - 153.

[67] D.G. Lowe, Object recognition from local scale-invariant features, in: The proceedings of the Seventh IEEE International Conference on Computer vision, vol. 2, IEEE, 1999, pp. 1150 - 1157.

[68] J. Lin, R. Khade, Y. Li, Rotation-invariant similarity in time series using bag-of-patterns rep- resentation, J. Intell. Inf. Syst. 39 (2) (2012) 287 - 315.

[69] J. Wang, P. Liu, M.F.H. She, S. Nahavandi, A. Kouzani, Bag-of-words representation for bio- medical time series classification, Biomed. Signal Process. Control 8 (6) (2013) 634-644.

[70] M.G. Baydogan, G. Runger, E. Tuv, A bag-of-features framework to classify time series, IEEE Trans. Pattern Anal. Mach. Intell. 35 (11) (2013) 2796-2802.

[71] P. Senin, S. Malinchik, SAX-VSM: interpretable time series classification using SAX and vector space model, in: 2013 IEEE 13th International Conference on Data Mining, IEEE, 2013, pp. 1175-1180.

[72] M.G. Baydogan, G. Runger, Learning a symbolic representation for multivariate time series classification, Data Min. Knowl. Disc. 29 (2) (2015) 400-422.

[73] A. Bailly, S. Malinowski, R. Tavenard, T. Guyet, L. Chapel, Bag-of-temporal-SIFT-Words for time series classification, in: ECML/PKDD Workshop on Advanced Analytics and Learning on Temporal Data, 2015.

[74] P. Schäfer, The BOSS is concerned with time series classification in the presence of noise, Data Min. Knowl. Disc. 29 (6) (2015) 1505-1530.

[75] P. Schäfer, Scalable time series classification, Data Min. Knowl. Disc. volume 30 (2016) 1273-1298.

[76] A. Bailly, S. Malinowski, R. Tavenard, L. Chapel, T. Guyet, Dense bag-of-temporal-SIFT-words for time series classification, in: International Workshop on Advanced Analytics and Learning on Temporal Data, Springer International Publishing, September, 2015, pp. 17-30.

[77] G. Csurka, C. Dance, L. Fan, J. Willamowski, C. Bray, Visual categorization with bags of key- points, in: ECCV Workshop on Statistical Learning in Computer Vision, vol. 1, Prague, 2004, pp. 1-2.

[78] G. Salton, A. Wong, C.-S. Yang, A vector space model for automatic indexing, Commun. ACM 18 (11) (1975) 613-620.

[79] H.P. Luhn, A statistical approach to mechanized encoding and searching of literary informa- tion, IBM J. Res. Dev. 1 (4) (1957) 309-317.

[80] K.S. Jones, A statistical interpretation of term specificity and its application in retrieval, J. Doc. 28 (1) (1972) 11-21.

[81] L. Ljung, System identification, in: Signal Analysis and Prediction, Springer, New York, 1998, pp. 163-173.

[82] D. Garrett, D.A. Peterson, C.W. Anderson, M.H. Thaut, Comparison of linear,

nonlinear, and feature selection methods for EEG signal classification, IEEE Trans. Neural Syst. Rehabil. Eng. 11 (2) (2003) 141 – 144.

[83] Z.-Y. He, L.-W. Jin, Activity recognition from acceleration data using AR model representation and SVM, in: 2008 International Conference on Machine Learning and Cybernetics, vol. 4, IEEE, 2008, pp. 2245 – 2250.

[84] P.S.S. Roberts, Bayesian time series classification, Adv. Neural Inf. Process. Syst. 14 (2002) 937.

[85] P. Jahankhani, V. Kodogiannis, K. Revett, EEG signal classification using wavelet feature extraction and neural networks, in: IEEE John Vincent Atanasoff 2006 International Sympo- sium on Modern Computing (JVA'06), IEEE, 2006, pp. 120 – 124.

[86] A. Subasi, EEG signal classification using wavelet feature extraction and a mixture of expert model, Expert Syst. Appl. 32 (4) (2007) 1084 – 1093.

[87] E.D. Ü beyli, Combined neural network model employing wavelet coefficients for EEG sig- nals classification, Digital Signal Process. 19 (2) (2009) 297 – 308.

[88] N.E. Huang, Z. Shen, S.R. Long, M.C. Wu, H.H. Shih, Q. Zheng, N.-C. Yen, C.C. Tung, H. H. Liu, The empirical mode decomposition and the Hilbert spectrum for nonlinear and non-stationary time series analysis, in: Proceedings of the Royal Society of London A: Math- ematical, Physical and Engineering Sciences, vol. 454, The Royal Society, 1998, pp. 903 – 995.

[89] V. Eruhimov, V. Martyanov, E. Tuv, Constructing high dimensional feature space for time series classification, in: European Conference on Principles of Data Mining and Knowledge Discovery, Springer, 2007, pp. 414 – 421.

[90] G.E. Batista, X. Wang, E.J. Keogh, A complexity-invariant distance measure for time series, in: SDM, vol. 11, SIAM, 2011, pp. 699 – 710.

[91] H. Sakoe, S. Chiba, Dynamic programming algorithm optimization for spoken word recog- nition, IEEE Trans. Acoust. Speech Signal Process. 26 (1) (1978) 43 – 49.

[92] X. Xi, E. Keogh, C. Shelton, L. Wei, C.A. Ratanamahatana, Fast time series classification using numerosity reduction, in: Proceedings of the 23rd International Conference on Machine Learning, ACM, 2006, pp. 1033 – 1040.

[93] J. Lines, A. Bagnall, Time series classification with ensembles of elastic distance measures, Data Min. Knowl. Disc. 29 (3) (2015) 565 – 592.

[94] E. Keogh, C.A. Ratanamahatana, Exact indexing of dynamic time warping, Knowl. Inf. Syst. 7 (3) (2005) 358–386.

[95] S. Salvador, P. Chan, Toward accurate dynamic time warping in linear time and space, Intell. Data Anal. 11 (5) (2007) 561–580.

[96] G. Al–Naymat, S. Chawla, J. Taheri, SparseDTW: a novel approach to speed up dynamic time warping, in: Proceedings of the Eighth Australasian Data Mining Conference, vol. 101, Australian Computer Society, Inc., 2009, pp. 117–127.

[97] K.S. Candan, R. Rossini, X. Wang, M.L. Sapino, sDTW: computing DTW distances using locally relevant constraints based on salient feature alignments, Proc. VLDB Endowment 5 (11) (2012) 1519–1530.

[98] D.F. Silva, G.E. Batista, Speeding up all–pairwise dynamic time warping matrix calculation, in: Proceedings of the 2016 SIAM International Conference on Data Mining, SIAM, 2016, pp. 837–845.

[99] E.J. Keogh, M.J. Pazzani, Derivative dynamic time warping, in: SDM, vol. 1, SIAM, 2001, pp. 5–7.

[100] Y.–S. Jeong, M.K. Jeong, O.A. Omitaomu, Weighted dynamic time warping for time series classification, Pattern Recogn. 44 (9) (2011) 2231–2240.

[101] L. Chen, R. Ng, On the marriage of LP–norms and edit distance, in: Proceedings of the Thir– tieth International Conference on Very Large Data Bases, vol. 30, VLDB Endowment, 2004, pp. 792–803.

[102] L. Chen, M.T. Ö zsu, V. Oria, Robust and fast similarity search for moving object trajectories, in: Proceedings of the 2005 ACM SIGMOD International Conference on Management of Data, ACM, 2005, pp. 491–502.

[103] P.–F. Marteau, Time warp edit distance with stiffness adjustment for time series matching, IEEE Trans. Pattern Anal. Mach. Intell. 31 (2) (2009) 306–318.

[104] B. Scholkopf, A.J. Smola, Learning With Kernels: Support Vector Machines, Regularization, Optimization, and Beyond, MIT Press, Cambridge, MA, 2001.

[105] M. Cuturi, J.–P. Vert, O. Birkenes, T. Matsui, A kernel for time series based on global align– ments, in: 2007 IEEE International Conference on Acoustics, Speech and Signal Processing— ICASSP'07, vol. 2, IEEE, 2007, pp. 413.

[106] M. Cuturi, Fast global alignment kernels, in: Proceedings of the 28th International Confer– ence on Machine Learning (ICML–11), 2011, pp. 929–936.

[107] S. Soatto, On the distance between non–stationary time series, in: Modeling,

Estimation and Control, Springer, 2007, pp. 285–299.

[108] L. Ye, E. Keogh, Time series shapelets: a new primitive for data mining, in: Proceedings of the 15th ACM SIGKDD International Conference on Knowledge Discovery and Data Mining, ACM, 2009, pp. 947–956.

[109] L. Ye, E. Keogh, Time series shapelets: a novel technique that allows accurate, interpretable and fast classification, Data Min. Knowl. Disc. 22 (1–2) (2011) 149–182.

[110] A. Mueen, E. Keogh, N. Young, Logical-shapelets: an expressive primitive for time series clas- sification, in: Proceedings of the 17th ACM SIGKDD International Conference on Knowl- edge Discovery and Data Mining, ACM, 2011, pp. 1154–1162.

[111] J. Lines, L.M. Davis, J. Hills, A. Bagnall, A shapelet transform for time series classification, in: Proceedings of the 18th ACM SIGKDD International Conference on Knowledge Discov- ery and Data Mining, ACM, 2012, pp. 289–297.

[112] T. Rakthanmanon, E. Keogh, Fast shapelets: a scalable algorithm for discovering time series shapelets, in: Proceedings of the 13th SIAM International Conference on Data Mining, SIAM, 2013, pp. 668–676.

[113] J. Hills, J. Lines, E. Baranauskas, J. Mapp, A. Bagnall, Classification of time series by shapelet transformation, Data Min. Knowl. Disc. 28 (4) (2014) 851–881.

[114] J. Grabocka, N. Schilling, M. Wistuba, L. Schmidt-Thieme, Learning time-series shapelets, in: Proceedings of the 20th ACM SIGKDD International Conference on Knowledge Discov- ery and Data Mining, ACM, 2014, pp. 392–401.

[115] J. Mairal, F. Bach, J. Ponce, G. Sapiro, A. Zisserman, Discriminative learned dictionaries for local image analysis, in: IEEE Conference on Computer Vision and Pattern Recognition, 2008. CVPR 2008, IEEE, 2008, pp. 1–8.

[116] J. Mairal, J. Ponce, G. Sapiro, A. Zisserman, F.R. Bach, Supervised dictionary learning, in: Adv. Neural Inf. Process. Syst., 2009, pp. 1033–1040.

[117] J. Mairal, F. Bach, J. Ponce, Task-driven dictionary learning, IEEE Trans. Pattern Anal. Mach. Intell. 34 (4) (2012) 791–804.

[118] Q. Zhang, B. Li, Discriminative K-SVD for dictionary learning in face recognition, in: 2010 IEEE Conference on Computer Vision and Pattern

Recognition (CVPR), IEEE, 2010, pp. 2691–2698.

[119] M. Yang, L. Zhang, X. Feng, D. Zhang, Fisher discrimination dictionary learning for sparse representation, in: 2011 IEEE International Conference on Computer Vision (ICCV), IEEE, 2011, pp. 543–550.

[120] Z. Jiang, Z. Lin, L.S. Davis, Learning a discriminative dictionary for sparse coding via label consistent K–SVD, in: 2011 IEEE Conference on Computer Vision and Pattern Recognition (CVPR), IEEE, 2011, pp. 1697–1704.

[121] Z. Jiang, Z. Lin, L.S. Davis, Label consistent K–SVD: learning a discriminative dictionary for recognition, IEEE Trans. Pattern Anal. Mach. Intell. 35 (11) (2013) 2651–2664.

[122] Z. Chen, W. Zuo, Q. Hu, L. Lin, Kernel sparse representation for time series classification, Inf. Sci. 292 (2015) 15–26.

[123] F. Petitjean, A. Ketterlin, P. Ganc¸arski, A global averaging method for dynamic time warping, with applications to clustering, Pattern Recogn. 44 (3) (2011) 678–693.

[124] F. Petitjean, G. Forestier, G.I. Webb, A.E. Nicholson, Y. Chen, E. Keogh, Faster and more accu– rate classification of time series by exploiting a novel dynamic time warping averaging algo– rithm, Knowl. Inf. Syst. 47 (1) (2016) 1–26.

[125] S.V.N. Vishwanathan, A.J. Smola, R. Vidal, Binet–Cauchy kernels on dynamical systems and its application to the analysis of dynamic scenes, Int. J. Comput. Vis. 73 (1) (2007) 95–119.

[126] A. Bissacco, A. Chiuso, S. Soatto, Classification and recognition of dynamical models: the role of phase, independent components, kernels and optimal transport, IEEE Trans. Pattern Anal. Mach. Intell. 29 (11) (2007) 1958–1972.

[127] M. Cuturi, A. Doucet, Autoregressive kernels for time series, 2011 (arXiv preprint arXiv:1101.0673).

[128] H. Chen, F. Tang, P. Tino, A.G. Cohn, X. Yao, Model metric co–learning for time series clas– sification, in: Proceedings of the Twenty–Fourth International Joint Conference on Artificial Intelligence, AAAI Press, 2015, pp. 3387–3394.

[129] S.V.N. Vishwanathan, A.J. Smola, et al., Binet–Cauchy kernels, in: NIPS, 2004, pp. 1441–1448.

[130] H. Jaeger, The “echo state” approach to analysing and training recurrent neural

networks– with an erratum note, vol. 148, German National Research Center for Information Technol– ogy GMD Technical Report, Bonn, Germany, 2001, p.34.

[131] H. Jaeger, Adaptive nonlinear system identification with echo state networks, in: Adv. Neural Inf. Process. Syst., 2002, pp. 593–600.

[132] W. Aswolinskiy, R.F. Reinhart, J. Steil, Time series classification in reservoir– and model–space: a comparison, in: IAPR Workshop on Artificial Neural Networks in Pattern Recognition, Springer, 2016, pp. 197–208.

[133] Q. Ma, L. Shen, W. Chen, J. Wang, J. Wei, Z. Yu, Functional echo state network for time series classification, Inf. Sci. 373 (2016) 1–20.

[134] Y. Li, J. Hong, H. Chen, Sequential data classification in the space of liquid state machines, in: Joint European Conference on Machine Learning and Knowledge Discovery in Databases, Springer, 2016, pp. 313–328.

[135] P. Siirtola, H. Koskimäki, V. Huikari, P. Laurinen, J. Röning, Improving the classification accuracy of streaming data using SAX similarity features, Pattern Recogn. Lett. 32 (13) (2011) 1659–1668.

[136] P. Fryzlewicz, H. Ombao, Consistent classification of nonstationary time series using sto– chastic wavelet representations, J. Am. Stat. Assoc. 104 (2012) 299–312.

[137] S. Brahma, R. Kavasseri, H. Cao, N.R. Chaudhuri, T. Alexopoulos, Y. Cui, Real time identi– fication of dynamic events in power systems using PMU data, and potential applications— models, promises, and challenges, IEEE Trans. Power Delivery 32 (2017) 294–301.

[138] A. Jindal, A. Dua, K. Kaur, M. Singh, N. Kumar, S. Mishra, Decision tree and SVM–based data analytics for theft detection in smart grid, IEEE Trans. Ind. Inf. 12 (3) (2016) 1005–1016.

[139] A.E. Lazzaretti, D.M.J. Tax, H.V. Neto, V.H. Ferreira, Novelty detection and multi–class clas– sification in power distribution voltage waveforms, Expert Syst. Appl. 45 (2016) 322–330.

[140] M. Ozay, I. Esnaola, F.T.Y. Vural, S.R. Kulkarni, H.V. Poor, Machine learning methods for attack detection in the smart grid, IEEE Trans. Neural Networks Learn. Syst. 27 (8) (2016) 1773–1786.

[141] D.–I. Kim, T.Y. Chun, S.–H. Yoon, G. Lee, Y.–J. Shin, Wavelet–based event detection method using PMU data, IEEE Trans. Smart Grid 8 (2017) 1154–1162.

[142] S. Alshahrani, M. Abbod, B. Alamri, Detection and classification of power quality events based on wavelet transform and artificial neural networks for smart grids, in: Smart Grid (SASG), 2015 Saudi Arabia, IEEE, 2015, pp. 1–6.

[143] P. Gopakumar, J.B. Reddy, D.K. Mohanta, Adaptive fault identification and classification methodology for smart power grids using synchronous phasor angle measurements, IET Gener. Transm. Distrib. 9 (2) (2015) 133–145.

[144] E. De Santis, L. Livi, A. Sadeghian, A. Rizzi, Modeling and recognition of smart grid faults by a combined approach of dissimilarity learning and one-class classification, Neurocomputing 170 (2015) 368–383.

[145] C. Fan, F. Xiao, S. Wang, Development of prediction models for next-day building energy consumption and peak power demand using data mining techniques, Appl. Energy 127 (2014) 1–10.

[146] R.C.B. Hink, J.M. Beaver, M.A. Buckner, T. Morris, U. Adhikari, S. Pan, Machine learning for power system disturbance and cyber-attack discrimination, in: 2014 7th International Sym- posium on Resilient Control Systems (ISRCS), IEEE, 2014, pp. 1–8.

[147] M.J. Afroni, D. Sutanto, D. Stirling, Analysis of nonstationary power-quality waveforms using iterative Hilbert Huang transform and SAX algorithm, IEEE Trans. Power Delivery 28 (4) (2013) 2134–2144.

[148] N. Shahid, S.A. Aleem, I.H. Naqvi, N. Zaffar, Support vector machine based fault detection & classification in smart grids, in: 2012 IEEE Globecom Workshops (GC Wkshps), IEEE, 2012, pp. 1526–1531.

[149] N.I. Elkalashy, M. Lehtonen, H.A. Darwish, A.-M.I. Taalab, M.A. Izzularab, DWT-based detec- tion and transient power direction-based location of high-impedance faults due to leaning trees in unearthed MV networks, IEEE Trans. Power Delivery 23 (1) (2008) 94–101.

[150] L. Langer, F. Skopik, P. Smith, M. Kammerstetter, From old to new: assessing cybersecurity risks for an evolving smart grid, Comput. Secur. 62 (2016) 165–176.

[151] M. Buchmann, Governance of data and information management in smart distribution grids: increase efficiency by balancing coordination and competition, Util. Policy (2017), https://doi.org/10.1016/j.jup.2017.01.003.

빅데이터의 힘을 스마트그리드에 활용하기

CHAPTER

CHAPTER 10

스마트그리드 빅데이터 어플리케이션의 미래 동향

Ricardo J. Bessa
INESC Technology and Science—INESC TEC, Porto, Portugal

이 장의 개요

전력 계통 분야의 기술 혁명은 계통 운영자, 발전회사 및 전력 망 사용자의 비즈니스와 기능적 프로세스에 영향을 미치는 대량의 데이터를 생성한다. 빅데이터 기술은 정부가 에너지 현황을 추정하여 예측, 통제 등의 정책을 마련하거나, 전력시장에서 시장 에이전트의 참여를 지원하는 제도를 마련하는 등에 활용될 수 있다. 이 장에서는 이들 문제를 다루는데 사용될 수 있는 데이터 마이닝 기술을 살펴 보고자 한다. 특성 추출, 차원 축소, 분산 학습 등과 같은 기술 분야의 트렌드가 이 장에서 다루어지는 주제들이다. 전력 계통과 시장에서 추출되는 지식들은 운영 효율(즉, 운영 비용), 투자 유예(investment deferral), 공급 품질 등의 성능지표(KPI)에 큰 영향을 미친다. 한걸음 더 나아가서 빅데이터 처리와 마이닝과 관련된 비즈니스 모델들이 등장하면서, 에너지 분야의 새로운 서비스 창출이 부각되고 있다.

1. 도입

정보통신기술(ICT)의 진보와 함께 스마트그리드가 출현하면서 위상 측정장치(PMU), 2차 변전소(MV/LV) 원격 터미널 장치(RTU) 등의 새로운 측정 장치가 설치되고, SCADA가 추가 정보를 수집하는 등 대량의 데이터 스트림이 발생하고 있다.

MV/ LV 변전소에 설치된 장비는 변전소로 유입 또는 송출되는 유효 전력, 전압, 무효 전력 등을 4 분면으로 나타낼 수 있게 해주고, 배전 계통 운영자(DSO)들이 1 만개 이상의 2차 변전소를 쉽게 운영할 수 있는 환경을 제공하고 있다. 하나의 DSO는 보통 1,000개가 넘는 2차 변전소를 운영하는데, HV/MV 변전소에서 SCADA를 통해 계통 운영에 필요한 추가 정보가 모니터링된다. 여기에는 계통 모선에 흐르는 전류, 유효/무효 전력의 흐름, 스위치와 커패시티 뱅크의 상태, 변압기의 상태 정보(예를 들어, 입 · 출력 전압, 온도, 탭 변환기 위치, 변압기 절연유의 수위 및 절연상태, 부하 등) 등이 있다. 계통에서 발생하는 대량의 데이터는 데이터의 유형에 따라 통신 지연 및 가용성 등의 제약 조건이 각기 다르다. 예를 들어, 스마트 계량기와 2차 변전소 간의 실시간 통신을 하려면 상당한 기술적 및 경제적 제약이 예상된다. 이 때문에 저전압(LV) 네트워크에서 실시간 모니터링을 구현하려면 새로운 접근법을 필요로 한다. PMU는 측정 주기가 매우 빠르지만, RTU는 일반적으로 평균 15분 수준의 측정 주기로 데이터를 수집한다.

PMU는 빠르게 업데이트 되는 데이터를 송전계통 운영자 (TSO)에게 제공 할 수 있다. 예를 들어, 텍사스 동기화 전력 망(Texas Synchrophasor Network)에서는 각 PMU가 전압, 전류, 위상, 주파수 등을 초당 30회로 측정하는데, 이들 측정 값을 쉼표로 구분한 텍스트 데이터를 시간당 108,000 라인으로 전송하여, 하루 24시간 동안 260만개의 라인을 생성한다. 즉, 이 계통에 설치된 15개의 PMU에서 하루에 1GB에 이르는 파일 스토리지가 생성되는 것이다[1].

상이한 전압 레벨에서 수집된 이들 데이터는 DSO와 TSO가 전통적인 관리 업무인 예측, 상태 추정, 운영 계획 등의 기능을 새롭게 정의하고, 실시간 인지 능력을 향상시키는 새로운 도구를 개발하거나, 계통 구성요소에 대한 예측 정비 전략을 설계하는데 필수적이다.

신재생에너지원(RES) 산업계에서는 풍력 터빈과 태양광 패널에 모니터링 센서를 설치하여 운영하고 있는데, 여기에서도 실시간으로 데이터를 전처리하고 분석하여 이들 데이터를 운영 센터로 전송한다. 예를 들어, 2.5MW 풍력 터빈에는 회전자, 발전기, 블레이드에 120개 이상의 센서가 있으며 매초 10,000개의 데이터가 수집된다. 이렇게 수집된 정보는 원격 데이터베이스로 전송되는데, 전세계에 설치된 약 25,000개의 터빈에서 하루 4TB의 데이터가 저장된다. 가스터빈 엔진에서도 마찬가지의 과정으로 하루에 520GB의 데이터가 생성된다. 이와 비교해서, 트위터(Twitter)의 실시간 피드는 하루에 약 80GB의 데이터를 생성한다. 이렇게 수집된 발전 데이터는 기존 발전설비와 RES 발전설비의 신뢰성 향상, 성능 모니터링, 예측 정비, 자산 관리 등의 업무에 활용될 수 있다. 결국에 가서, 시간에 따라 달라지는 고장률 등의 발전설비 데이터 분석 결과는 발전시스템의 신뢰성 평가 도구의 개발에 중요한 입력 데이터를 제공할 것이다[2].

전력계통의 운영에는 위와 같은 전력 시스템의 모든 전기적 및 기계적 변수와 더불어, 전력계통과 발전소 운영, 계획에 중요한 영향을 미치는 외생 변수들(exogenous variables)이 있다. 예를 들어, 기상에 관한 관측 및 예측 데이터(예: 풍속, 온도 및 햇빛 입사량)를 이용해서 전력 망 주변의 시공간에 대한 국가 또는 지역 단위의 기상정보를 만들 수 있다.

전력시장에서는 이미 대량의 정보가 발생하고 있다. 각 입찰 세션에서의 발전기의 입찰 제안 곡선, 에너지 및 보조 서비스 가격, 송전 망 각 노드에서의 위치 한계 가격(locational marginal prices; LMP) 등과 같은 다양한 데이터가 생성된다. 조만간 도입될 것으로 예상되는 배전 단위의 유연성(flexibility) 자원 시장이 생기면, 데이터의 양과 데이터가 취득되는 공간의 범위를 확장시킬 것이다. 미국의 송전계통에서는 서로 다른 관할지역(control area)간의 상호접속 용량을 확대하기 위한 투자가 계획되어 있는데, 이에 따라 전력 계통에서 LMP로 RES가 연계되는 경우가 증가함에 따라 앞으로는 대규모 시계열 데이터에 대한 시공간 모델링이 계통 운영과 계획 수립에 필수적인 요소가 될 것이다. 따라서 빅데이터에서 추출되는 지식들은 시장 참여자와 계통 운영자 모두에게 새로운 부가 가치를 가져다 줄 것이다.

이러한 모든 문제를 다루기 위해서는 다음과 같은 여러 데이터 계층을 처리할 수 있어야 한다. 이들 계층은 (i) 데이터 수집 및 전송; (ii) 데이터 관리 (예: Hadoop, Spark와 같은 프레임워크) (iii) 데이터 분석, 최적화 및 의사결정 지원 등의 과정으로 구분된다. 첫 번째 두 계층은 첨단 기술이 이미 확보되어 바로 활용할 수 있는 상태로, 이미 시장에서는 다양한 솔루션들을 접할 수 있다[3,4]. 그러나 데이터 모델의 표준화, 실시간 데이터 전송을 위한 ICT 구현, 사이버 보안 문제 등은 앞으로도 많은 기술 향상이 필요한 영역이다.

이 장에서 다루는 논의의 범위는 빅데이터 분석 계층을 주요 대상으로 하며, 전반적인 목표는 전력 계통과 관련된 여러 문제들에서 지식을 추출하는 과정에서 생기는 주요 도전과제를 다루는데 있다. 또한 분산 학습 및 최적화, 시계열 데이터의 시공간 모델링, 데이터 축소, 동화(assimilation), 시각화 방법 등과 같이 새롭게 진화하는 이슈들도 다루어진다. 초고압(extra HV)에서 저압(LV)에 이르기 까지 전력 계통 전체를 다루면서도 도매 및 소매 전력 시장과 관련된 이슈들도 소홀히 하지 않았다.

이 장은 다음과 같이 구성되어 있다. 2절에서는 송전 계통의 동적, 정상상태(steady state) 분석을 위한 데이터 기반 기법들을 설명한다. 여기에서는 송전 계통 운영자(TSO)와 배전 계통 운영자(DSO) 사이의 상호작용 이슈들도 함께 논의하였다. 3절에서는 스마트그리드에서 첨단 데이터 마이닝 기술을 적용하여 기대할 수 있는 모니터링 및 제어 기능에 대해 설명한다. 4절은 고장 데이터로부터 지식을 추출하여 계통 운영자와 발전회사들의 자산관리 전략을 지원하는 부분을 설명한다. 빅데이터 기법을 활용하여 전력 시장 입찰 및 입찰 시뮬레이션을 지원하는 분야는 5절에서 논의된다. 6절에서는 빅데이터 기술을 통해 수요의 유연성을 촉진하는 방법을 설명한다. 이 장의 결론은 7절에 제시하였다.

2. 송전 계통 분야

송전 계통에서는 RES의 보급이 확산되면서 상호 연결된(interconnected) 계통과 독립(isolated) 계통 모두에서 새로운 모니터링과 관리 도구의 필요성이 증가하고 있다. 차세대 의사 결정 도구는 RES의 변동성과 불확실성을 고려하면서도 경제 급전, 전력시장 거래에 따른 수급 안정성 수준을 점검하고, 계통의 상황을 실시간으로 파악하여 예방 활동을 위한 의사결정을 지원하게 될 것이다.

2.1 동적 거동 분석(Dynamic Behavior Analysis)

여러 전압 범위에 걸쳐서 PMU를 설치하면, 계통에 순간적인 안정성 문제가 임박했음을 운영자와 제어 기관에 경고하고, 이를 예방하기 위한 의사결정을 지원하며 사후 분석을 수행하는 데 중요한 정보를 생성할 수 있다. 캘리포니아 독립 계통 운영자(California independent system operator; CAISO)는 전력 망의 운영, 제어 및 모델링 작업에 PMU 데이터를 활용하는 부분이 포함된 유스케이스를 정의한 바 있다[5]. 이 유스케이스에서는 다음과 같은 7가지의 시나리오를 제시하여 PMU 데이터가 가지는 가치를 보여주고 있다.

1. PMU 네트워크는 주파수 변동율, 진동 모드, 댐핑(damping) 속도 등과 같은 경보 신호를 추천 시스템(recommendation system)에 제공하고, 계통 운영자가 시행할 수 있는 일련의 제어 동작 목록을 제시한다.
2. 계통 교란 이후의 시스템 복구 단계에서 메인 계통과 교란으로 격리된 계통 사이의 주파수차이를 측정하여, 분리된 계통을 다시 연결하기 위해 필요한 발전 부분의 변경사항을 파악할 수 있도록 해준다.
3. 계통 이벤트에 대한 사후 분석을 수행하여 계통 장애의 원인을 이해할 수 있도록 지원한다. 이를 통해 기존에 운영되고 있는 오프라인 동적 모델과 비상 시뮬레이션 도구(contingency simulation tool) 등이 유효한지를 검증할 수 있다.
4. RES, ESS 등과 같은 새로운 유형의 자원에 대한 그리드 코드 및 전력 시장 모델의 유효성을 검증한다.
5. 계통의 과도 불안정성을 탐지하고 위상 각 및 전압의 안정성, 저주파 진동과 같은 계통의 특정 문제에 대응할 수 있는 예방 제어 조치를 유도한다.

6. 댐핑이 잘 작동하지 않는 영역간 진동(inter-area oscillations)을 파악하고, 스마트 제어 동작을 설계하여 진동을 완화한다. 예를 들어, PMU를 이용하여 전력 계통 안정 장치(power system stabilizer)를 튜닝할 수 있다.
7. 송전 선로의 회선 등급(line rating)을 실시간으로 높인다. PMU 데이터는 이벤트에 대한 사후 기술적 문제(post-contingency technical problems)를 탐지하고, 시나리오(5)에 대한 예방적 제어 조치를 활성화하고 계통을 재구성하여(예: 발전 증가 또는 부하 감소), 위반 사항을 실시간으로 완화한다.

미국 전력연구원(electric power research institute; EPRI)은 PMU 데이터의 활용 분야를 (i) 상태 추정의 향상, (ii) 진동 감지 및 제어, (iii) 전압 안정성의 모니터링 및 제어, (iv)부하 모델의 유효성 확인 (v) 계통 복구 및 이벤트 분석 등으로 정리한 바 있다[6].

PMU 데이터를 잘 활용하려면, 제어 센터는 여러 운영 도구들에 대한 포트폴리오를 갖추어야 한다는 점에 유의할 필요가 있다. 포트폴리오에서는 예전부터 해 오던 기능을 향상시키고 새로운 기능을 개발하는 것이 함께 고려되어야 한다. 제어 센터에서 운영되는 도구들은, 예를 들어, 상태 추정(state estimator), 전압 안정도 분석(voltage stability analysis), volt/Var 제어, RES 급전 등이 있다. PMU 네트워크와 의사결정 트리를 접목하면, 동적 상태에서 발전기 정지(generator trip) 신호를 구분할 수 있게 되어 고장 이벤트가 발생할 가능성이 높은 지점을 실시간으로 찾아낼 수 있다[7]. 함고문헌 [7]에서는 오프 라인 환경에서 데이터 처리와 머신 러닝의 과정을 진행하였는데, 이 난계에서 53개의 알려진 발전기 정지 이벤트를 학습시킨 바 있다. 이 솔루션을 상업화하기 위해서는 분류 문제에 사용되는 머신 러닝 알고리즘이 고속 데이터 스트림을 처리를 할 수 있도록 해서 개념 드리프트(concept drift)를 탐지할 수 있어야 한다[8].

다른 유망한 적용 분야는 다음과 같다. 우선 선로의 차단(trip)을 검출할 수 있는데, 이를 위해서는 저주파 통과 여과기(low-pass filter) 등을 통해 고주파 노이즈를 제거하거나, 2차 신호 데이터를 만들어서 주파수 데이터의 추세를 얻는 후처리 과정이 필요하다[9]. 또한 의사결정 트리 알고리즘을 이용해서 서로 다른 버스에서 3개 위상의 오류로 발생하는 과도 안정성(transient stability)을 온라인으로 예측하고 이를 해소하기 위한 제어 규칙을 만들 수 있다[10].

전력 계통 운영 도구에 PMU를 통합하려면, 배치, 실시간, 반복(iterative) 데이터 처리를 통합하는 데이터 분석 플랫폼이 필요하다. Apache Spark가 미래의 전력 계통에서 클러스터 컴퓨팅 플랫폼으로 부상하고 있다[11]. 데이터 수집 및 분석 분야에서는 분산 컴퓨팅으로 가는 방향이 주류를 이루고 있지만, 연산 부하를 여러 노드에 분산 병렬 처리하는 알고리즘의 개발이 필요하다[12].

이들 효율적인 계산 프레임워크에 데이터 축소, 압축 기법들을 적용할 수 있는데, 계통 교란 시점에서는 데이터 압축을 적게하는 것과 같이 계통 운영 상황에 따라서 그 적용 여부를 유연하게 결정할 수 있다[13]. 주성분 분석 및 이산 웨이브렛 변환과 같이 예전부터 사용되어 온 분석 기법들을 시간 또는 상황에 따라 동적특성이 달라지는 문제들에 확장 적용할 수도 있다. 클러스터링 알고리즘 역시 발전기 회전자 각도의 과도 반응(transient response) 등과 같은 발전기의 동적 반응 특성을 그룹화하는데 이용될 수 있다. 또한 분류 알고리즘은 교란 이후 반응(post-disturbance responses) 데이터 세트를 이용해서 계통의 동적 변화를 예측하는데 이용될 수 있다[14].

계통이 동적으로 변화하는 과정에서 통신 실패가 발생하면 누락치(missing value)가 발생한다. 이와 관련된 최신 기술로 외생 입력(exogenous input)이 고려된 선형 자기 회귀(linear auto-regressive) 모델이 있는데, 이 방법은 정합성 함수(coherency function)를 가지고 입력 위치를 선택하는 형태로(location selection methodology) 계통의 동적 상태를 예측한다[15]. 한편으로, 계통 변수들 사이의 시간적, 공간적 의존성은 가우시안 프로세스 이론과 관련된 여러 공분산(covariance) 함수를 이용하여 접근할 수 있는데, 이 방법을 이용하면 누락치가 있는 경우의 추정 문제를 개선할 수 있다[16].

머신 러닝 알고리즘은 이력 상태(historical states)와 관찰되는 계통 데이터를 바탕으로, 주파수 변동폭 등과 같이 계통 운영의 안정성을 실시간으로 정량 평가하는데 이용될 수 있다[17]. 이 분야는 특히, 마이크로그리드와 독립(isolated) 계통에서 더 많은 연구가 진행되었다[18].

2.2 정상 상태 분석(Steady-State Analysis)

전력 계통에서 전력 조류(power flow)나 상태를 추정하는 알고리즘 등과 같은 정상 상태 분석 도구는 이미 높은 기술 수준에 도달하여, 몇몇 상업 솔루션이 사용 가능한 상태에 있다. 현재 당면한 과제는 이들 전통적인 알고리즘에 새롭고 다양한 유형의 정보를 통합하는 일로, 각 변수들의 상호 의존성을 시공간의 구조로 표현하면서도 다양한 시공간의 범위를 다룰 수 있도록 보장하는 것이 필요하다.

예전부터 상태 추정 알고리즘을 개발할 때에는 계통의 미래 상태를 예측하기 위해 부하 예측과 관련된 정보를 활용해왔다. 예를 들어, 노드로 유입되는 전력 간의 상호 의존성을 모델링할 때, 공분산 행렬을 이용해서 예측 오차를 추정한다[19,20]. 부하 예측과 상태 추정 이론을 융합하여 전력 계통 상태 변수(버스 전압 크기 및 위상)의 변화를 예측하고, 상태 매개 변수(state parameters) 함수를 이용하면 부하 값(load value)을 예측할 수 있다[21]. 이와 같은 새로운 부하 예측 패러다임을 적용하면 PMU의 전압 위상이나 다중 네트워크에서 수집된 전력 관련 변수들과 같이 새롭게 이용 가능한 데이터를 사용할 수 있고, 계통에 연결되어 있는 여러 서브 네트워크의 국부적인 부하 예측 모델도 구현이 가능하다.

그러나 공간-시간 의존성에 관한 모델링은 반드시 대규모 시공간에서도 구현될 수 있어야 한다. 가우시안 코플라(Gaussian copulas) 함수를 도입해서 시간-공간 의존성을 확률 변수(random variable)로 모델링할 수 있지만[22], 이 방법은 (i) 유연성이 부족하여 다양한 유형의 꼬리 종속성(tail's dependency)을 모델링할 수 없고, (ii) 확률 변수의 수가 증가하면, 확장성(scalability)이 낮아지는 두가지 제약이 있다.

RES의 영향, 상태 추정 부하의 불확실성(및 변동성)과 더불어, 토폴로지의 빈번한 변화는 전력 계통 운영을 커다란 변화를 일으키고 있다. 이 문제는 단일 데이터 포인트 (마지막 상태 추정) 대신에, 데이터 기반 솔루션을 개발하여 다룰 수 있다. 에너지 관리 시스템에서 의해 수집된 이력 데이터에 베이지안 프레임워크의 커널 리지 회귀(kernel ridge regression)를 적용하면 이 문제를 다룰 수 있다[23].

또 다른 관련 동향으로는 분산 학습 집근법(distributed learning approaches)이 있는데, 이 방법에서는 인접 지역(neighboring areas)과의 데이터 교환을 최소화하여[24] 프라이버시와 관련된 문제를 완화하고 계통 장비들의 국부적인(locally) 실행을 가능하게 하여 강건한 상태 추정 결과를 얻을 수 있다. 이 분산 학습 패러다임은 승수 교번 방향 방법(alternating direction method of multipliers; ADMM)에 기초하는데, 이중 향상 방법(dual ascent method)이 제공하는 분해의 용이성(decomposability)과 승수 방법(method of multipliers)의 우수한 수렴 특성(convergence properties)을 결합한 것이 특징이다. 이 방법을 사용하면 미분이 불가한(non-differentiable) 목적 함수를 쉽게 다룰 수 있어서 병렬 최적화(parallel optimization)를 구현할 수 있다[25]. 또한 Douglas-Rachford 방법, 블록 좌표 하강법(block coordinate descent methods) [26, 27] 등의 변형된 모형도 적용 가능하다. 교류 계통은 비선형 특성을 가지고 있기 때문에 상태 추정치(state estimator)가 볼록하지 않은(nonconvex) 문제가 발생한다는 점에 유의할 필요가 있다.

동일한 패러다임을 RES 예측에도 적용하여 지리적으로 분산된 시계열 정보를 탐색할 수 있다[28]. 벡터 자기 회귀(vector auto-regression; VAR) 프레임워크는 ADMM, 라소(LASSO) 프레임워크와 결합하여 수천 개의 시계열 데이터를 분산 방식으로 예측하는데 활용할 수 있으며, 이를 통해서 모델 계수의 희소 특성을 탐색할 수 있다.

분산 학습 패러다임을 실제로 구현하려면, 적절한 분산 처리 플랫폼을 선택하는 과정이 필요한데며, 분산 처리 플랫폼은 다음의 두 가지 유형으로 구분된다[29]. (i) 수평 확장: 연산 부하를 분산된 여러 대의 서버로 나누는 분산 클러스터 (클라우드) 컴퓨팅 프레임워크; (ii) 수직 확장: 단일 머신에 더 많은 프로세서, 메모리 및 더 빠른 하드웨어를 설치

수평 확장에서는 최초의 통신 프로토콜은 메시지 전달 인터페이스(message passing interface; MPI)와 단말기 사이의 데이터 교환과 분배였으며, 나중에 Apache Hadoop MapReduce가 등장하였고, Apache Spark가 가장 보편적인 솔루션으로 자리를 잡게 되었다. ADMM과 같은 반복 알고리즘은 디스크의 I/O 한계로 MapReduce가 적합하지 않은 반면에, Spark는 인메모리(in-memory) 형태로 연산을 수행하기 때문에 반복 프로세스의 한계를 극복할 수 있다[29]. 가장 널리 이용되는 수직 확장 방법은 고성능 컴퓨팅 클러스터, 멀티 코어 프로세서, GPU(graphics processing unit)의 성능을 향상시키는 것이다. ADDM 알고리즘과 ADDM의 확장 모형들은 이들 플랫폼에서 구현될 수 있다.

2.3 TSO-DSO 사이의 협업

TSO와 DSO 사이의 데이터 교환은 실시간 계획에서부터 장기 계획에 이르기까지 여러 시간 척도에 걸쳐서 두 시스템의 안정성(security)을 향상시키는 데 기여한다. 유럽에서는 evolvDSO 프로젝트를 통해서 TSO-DSO 협력을 위한 유스케이스를 개발한 바 있다. TSO-DSO 협력은 처음에는 양방향 정보 교환을 의미했는데, 송전과 배전 계통의 운영 상태에 관한 이력 데이터와 실시간 데이터가 교환되었다[30]. 이 개념은 나중에 DSO가 TSO의 계통 운영과 계통 계획을 지원하는 형태로 확장되었는데, 예를 들면, 1차 변전소의 유효 전력, 무효 전력을 제어하거나, 두 계통의 확장 계획을 함께 수립하는 등으로 정교한 협력이 가능해졌다. 현재 배전 계통에 있어서 송전 계통은 블랙박스처럼 알 수 없는 상태이고, 송전 계통도 배전 계통을 모르는 것이 마찬가지이기 때문에, 이들 두 계통 사이의 협력은 필요하다. 또한 배전 계통에서 DER의 계통 연계가 계속 증가하고 있는 상황을 고려하면, 두 계통을 조화롭게 운영하는 것이 어려워지고 있기 때문에 따로 분리되어서는 안된다. 수요 반응과 같은

유연한 자원이 배전 계통에서 증가하게 되면, 조만간 수요 반응 자원의 활성화와 관리를 위한 새로운 TSO-DSO 기술 프로토콜이 필요하게 될 것이다.

이러한 협력의 증가는 TSO와 DSO의 관리 작업에서 새로운 데이터가 통합되고 탐색되어야 함을 의미한다. 이와 관련하여 TSO-DSO 경계에서 유효 및 무효 전력의 유연성(flexibility) 범위를 추정하고, 이 유연성을 총 비용에서 분리할 수 있는 도구를 개발하려는 연구가 진행되고 있다[31]. 이와 유사한 방법이 저압 계통에 대해서도 수행될 수 있다[32].

동적 분석 분야에서는 노드 단위 집합 부하(aggregated load)의 동적 응답(dynamic response) 특성을 1초에서 수초 단위로 추정하려는 연구가 하나의 흐름을 이루고 있다. 일례로, 각 버스에서 얻어지는 다량의 부하 이력 데이터와 개별 부하들의 표준 동적 특성들을 분류하고 처리하여 확률론적 추정 모형을 만드는 연구가 실험실 수준에서 수행되고 있다[33]. 다른 흐름으로는 배전 네트워크와 동치 모형(equivalent model)을 구성하여 주파수 억제 예비력(frequency containment reserve)과 같은 계통의 요구 사항에 대한 자원들의 집합적인 거동을 모사하는 연구가 진행되고 있다. 인공 신경망과 같은 머신 러닝 알고리즘이 동적 등가물(equivalents)의 대용 모델로 사용될 수 있다[34].

3. 배전 계통 분야

배전 계통의 빅데이터 활용은 크게 두 가지 목표를 가지고 추진된다. 첫째, MV 및 LV 네트워크의 모니터링 기능을 향상시켜서 계통 운영자들이 신속한 의사 결정을 지원하는 것이다. 둘째는 분산 에너지 자원의 유연성을 활용하여 RES의 불확실성과 변동성이 계통에 미치는 영향을 완화할 수 있는 예측 방법을 개발하고 이를 기반으로 능동적 관리 전략을 구현하는데 있다.

3.1 모니터링과 상태 인식

스마트그리드 패러다임은 배전 계통의 모니터링 기능을 향상시킨다. 하지만 배전 계통에 있는 모든 장치에 대한 실시간 모니터링은, 특히 저압(LV) 계통에서 관리가 어려울 수 있다. 지능형 전자 장치가 적용된 머신 러닝 알고리즘은 이들 기기에 새로운 기능을 제공하여 계통의 모니터링을 지원할 수 있다. 여기에는 누락된 신호의 재구성, 상태 추정, 자산 모니터링 및 진단, 고장점 확인 등이 포함된다. 지능형 전자장치에서 이들 기능을 구현하려면, 연산 처리를 위한 컴퓨터 요구사항이 낮아야 한다. 예를 들어, 데이터 저장이 없어야 하며, 저가의 CPU에서도 동작이 가능한 용량이여야 한다. 또한 머신 러닝 알고리즘들은 진화하는 상황에 맞게 수정, 보완될 수 있어야 한다.

LV 전력망에서의 활용 방향은 스마트미터와 MV/LV 변전소에 설치된 RTU에서 수집되는 데이터를 이용하여 배전 계통 운영자가 저렴한 통신 비용으로 실시간에 가까운 계통 상황을 파악하는데 있다. 스마트미터 데이터를 활용하면, LV 전력 망의 토폴로지와 그 특성에 대한 지식 수준을 높일 수 있다. 예를 들어, 전력 망 토폴로지의 통신 연결 오류 정보를 활용하면 지리 정보 시스템(GIS) 오류를 줄일 수 있으며, 위상 감지에도 사용할 수 있다[35].

자동 인코더 익스트림 학습 기계 (auto-encoder extreme learning machines; AE-ELM)와 같은 데이터 기반 방법을 사용하면, 실시간 통신 기능을 갖춘 계량기를 일부 LV 네트워크에만 설치하더라도 모든 노드에 대해 실시간으로 전압 크기 및 유효 전력 값을 추정할 수 있다[36,37]. 이와 같이 스마트그리드에 새로운 기능이 추가되면, 계통 운영자에게 과전압/저전압 경보를 보낼 수 있으며, 기술적인 문제를 해결할 제어 관리 기능을 동작시킬 수도 있다. 이들 기술은 주로 전압 크기에 대해 정확한 정보를 제공한다. 총 계량기에서 실시간 통신 기능을 갖춘 계량기가 30%만 되어도 AE-ELM 상태 추정기가 추정하는 전압 정보의 정확성은 (i) 전압 크기의 평균 절대 오차(MAE)가 0.49V, (ii) MAE에 대한 유효 전력은 0.35kW, (iii) 최대 MAE는 0.79V 수준인 것으로 확인된 바 있다.

AE-ELM를 활용할 때, 해결해야 하는 문제는 여러 LV 네트워크의 운영 상태를 어떻게 동시에 모니터링하고, 이를 통해 탐지된 기술 문제를 해결하기 위한 제어 전략을 어떻게 도출할 것인가에 있다. 이 문제를 해결하기 위해서는 데이터 스트림 시각화와 차원 축소와 같은 새로운 데이터 기술들이 필요하다. 이들 기술은 각 네트워크의 동작 상태를 요약하고, 계통 운영자가 쉽게 이해할 수 있는 형태로 정보를 변환하여 제공한다. 전력 계통에서 사용될 수 있는 색다른 시각화 방법으로 "spark-lines" 기법이 있는데, 이 방법은 시간에 따라 달라지는 계통 데이터를 그래프 형태로 계통 지도에 표시한다 [39].

기술적인 문제가 발생하는 지점과 노드를 보다 잘 표시하고 식별하기 위해서는 전력 네트워크의 시각화도 개선이 필요하다. 이와 관련하여 가능한 방법의 하나로 전력 거리(electrical distance) 측정 결과를 차원 스케일링(dimensional scaling)과 그래프 이론을 활용하여 2차원의 평면에 투사하는 방법[40]이 있는데, 이 방법을 이용하면 전력 망의 구조와 전압 성능에 관한 새로운 통찰을 얻을 수 있다.

트위터 등에서 실시간으로 발생하는 시공간 트윗과 같은 소셜 미디어 데이터를 활용하여 계통에서 고장이 발생한 지점을 탐지할 수 있는데, 여기에서는 이기종 정보 네트워크에서 사용되는 지도 학습 토픽 모델(supervised topic model)이 활용될 수 있다[41]. 배전 계통의 차세대 도구는 배전 네트워크 데이터, 상태 추정 도구, 소셜 미디어 등을 결합하여 DSO의 전력 공급 서비스 품질 지표를 향상시킬 수 있어야 한다.

계통에서 경보가 발령되면 계통 운영자는 대응 조치와 관련된 의사 결정에 필요한 시간 여유가 별로 없다. 이런 일이 발생하면 운영자는 비슷한 운전 조건에서 발생하였던 과거 사례 데이터를 검색해야 하고, 발생된 사건에 대한 시공간 분석을 수행하여 실제로 실행 가능한 단순한 제어 규칙 세트를 몇 초 내에 생성해야 한다. 예를 들어, 2차 변전소의 부하 탭 체인저 위치를 바꾸거나, 특정 노드에서의 태양광 발전 출력을 몇 % 낮추는 것들이 여기에 해당한다.

차세대 전력 망 지원 도구, 운영자 훈련 도구들은 전력 망에서 발생하는 다량의 측정 데이터와 관련된 이벤트들을 활용할 수 있는 형태로 개발되어야 한다. 일례로 전력 망의 제어 조치에 대한 사전 분석(pro-active analysis)을 지원하는 도구가 있다. 이 도구는 과거 이벤트 사례와 실제 데이터를 분석하고 시뮬레이션을 다시 실행하여 전력 망 관리 규칙을 개선한다[42]. 과거 이력 데이터에 빨리 접근할 수 있고, 유사한 이벤트나 패턴을 짧은 시간 안에 찾아낼 수 있는가의 여부가, 이들 도구들이 갖추어야 하는 주요 기능 요구 사항이다.

송전 망과 마찬가지로, 배전 계통의 상태 추정 알고리즘들은 스마트그리드 장치가 설치된 현장 즉, RTU, 변압기 제어장치 등과 같은 곳에서 운영된다. 이러한 구조는 MV 수준의 모니터링을 향상시킬 수 있는 피어-투-피어(peer-to-peer) 데이터 교환의 길을 열어놓은 것이라고 할 수 있다. 배전 계통 모델을 만들 때, 토폴로지, 임피던스, 선로에 연결된 발전기 및 부하 등과 같이 불확실성이 큰 매개 변수들은 상태 추정 및 제어 도구의 적절한 활용을 통해 그 불확실성을 크게 해소해야 할 대상이다. 이들 불확실성은 AMI 이력 데이터, 기타 센서 데이터를 활용하는 매개 변수 추정 방법을 이용하여 줄일 수 있다. 예를 들어, 3상 및 단상 회로의 변압기, 라인 직렬(line series) 임피던스 매개 변수는 AMI에 의해 수집된 유효 전력, 무효 전력 및 전압 측정치로 추정 할 수 있다[43].

3.2 부하 예측과 예측 제어

스마트그리드 패러다임은 부하 예측 분야에 새로운 과제를 안겨준다. 과거에 부하 예측은 예측 결과가 매우 정확해서 "해결된 문제(solved problem)"로 분류되었다. 예를 들어, 평균 절대 비율 오차(mean absolute percentage error; MAPE)는 2%~4% 사이에 있었다. 하지만 프로슈머(prosumers)의 역할이 부각되면서, 소비 패턴의 변동성이 증가하여 예측이 점점 어려워지고 있다. 가까운 장래에, 태양광 패널의 자가 소비(self-consumption), 동적 전기 요금제, 소비자 선호 및 행위(예: 수요 반응, 에너지 저장 장치)로 인해, 기상 조건에 따라 배전 계통의 부하 프로파일 달라지는 현상이 보편화될 것이다. PV 발전으로 인한 자가 소비의 경우, DSO들은 현재 주거 수준에서의 PV 발전 프로파일에 대한 정보를 갖고 있지 못하며, 이들 발전이 계통의 프로파일에 미치는 영향을 모르고 있다. 날씨 데이터와 "보이지 않는(invisible)" PV 사이트 주변에 발전 프로파일을 알고 있는 이웃 PV 사이트의 발전량 시계열 데이터를 활용하여 퍼지 이론과 클러스터링 알고리즘을 적용하면, 이들 보이지 않는 PV 사이트의 발전량을 추정할 수 있다[44]. 또한 변동성을 탐지하는 알고리즘을 활용하면, 순열 테스트(permutation tests)를 통해 허가 받지 않은(unauthorized) PV 설치 여부를 확인할 수 있다[45].

불확실한 정보 환경에서 배전 망에서 각 노드 총 부하(nodal net-load)의 시공간 의존성의 구조를 모델링할 때, 예측 오차는 예측 관리 전략을 설계할 때 필수적인 요소이다. 이러한 요건을 충족하기 위해 최근에 개발된 기술로는 (i)지리적으로 분산된 시계열 데이터의 상호 의존성을 분석하여 RES 예측 역량 제공[46, 47] (ii) 예측 오차의 시공간 의존성을 모델링하여 확률 벡터(random vector) 또는 결합 확률밀도 함수 도출[22, 48] (iii) 특성 엔지니어링 기법을 이용한 시공간 수치 예측[49] 등이 있다. 이들 연구의 목적은 매우 정확한 확률 예측 결과를 도출하는 것으로, DSO 계통 관리 도구에 활용될 수 있다. 또한 LV 수준에서는 예측에 사용되는 시계열 데이터의 수가 매우 많기 때문에 분산 컴퓨팅 솔루션이 요구된다.

예전부터 사용되어 왔던 전력 계통의 최적화는 주로 최적 전력 조류(the optimal power flow; OPF) 문제를 다루어 왔는데, 이제는 OPF 문제가 여러 기간에(multi-period) 걸친 최적화로 확장되고 있으며, 에너지 저장이나 수요반응 제어 등도 함께 고려되고 있다. 확률론에 기반하여 이 문제를 다루는 여러 연구들[50]이 제안된 바 있는데, 빅데이터를 이용한 연구는 ADMM과 보조 문제 이론(auxiliary problem principle) 등과 같은 분산 통계 학습(distributed statistical learning) 기법들을 이용하여 분산 OPF를 지원하는 방향으로 진행되고 있다[51, 52]. 이들 최적화 문제는 또한 텐서플로우(TensorFlow)와 같은 딥러닝 프레임워크를 활용해서 풀 수 있는데, 이를 이용하면 OPF에서 많은 연산 시간이 소요되는 선형 라이브러리 작업을 회피할 수 있다.

4. 자산 관리 분야

현재 여러 TSO와 DSO들은 자산 데이터 관리 시스템을 개선하고 있는데, 계통의 건전성과 운영 상태와 관련된 다중 시계열 데이터를 관리 대상에 포함시킴과 동시에, AMI에서 추출되는 새로운 정보를 이용하고자 노력하고 있다. 이들 데이터를 활용하면 다음의 업무에 유용하다. (i) 수명 연장 또는 자산의 개보수에 대한 의사 결정 (ii) 예측 관리 전략을 설계하고, 이들 전략이 계통의 신뢰성에 미치는 영향을 평가. 몬테카를로 (Monte Carlo) 시뮬레이션 방법 [54]에 기반한 자산 신뢰성 평가 도구에서는 설비의 고장률에 대한 정보, 여러 유지보수 전략의 영향에 관한 정보 등이 필수적이다.

계통에서 좀더 섬세한 관리 전략이 필요한 중요 자산을 식별하는 일은 라플라스(Laplace) 테스트, 상관 계수 기법 등을 이용해서 고장 데이터를 통계적으로 분석함으로써 구현이 가능하다[55]. 또한 고장률에 영향을 미치는 프로세스를 평가하거나 인적 실수(human mistake)의 영향, 설비 계획 전략의 영향 등을 평가하려면, 고장 지수(outage index)에 대한 분석 기술이 필요하다[56]. 이 문제를 다루려면 다음의 사항들이 요구된다. (i) 기상 변수, 설비 수명, 유지 관리 전략이 반영된 각 자산별 고유 고장률 추정 (ii) 유지 보수를 시행함에 따른 고장률의 변화 평가 (iii) 우발 사고의 결과에 대한 평가[57].

예측 기반 자산관리 전략이나 상태 기반 모니터링 등의 기법들은 자산 Y의 구성 요소 X가 N일 기간 동안에 고장이 발생할 확률 M%로 계산하고 예측하는 것을 목표로 한다. 이를 다른 말로 표현하면 고장 확률(probability of failure) 또는 고장 시간(time to failure)으로 언급된다. 이러한 작업을 수행하려면 특성 공학 기법을 통해서 해당 분야의 전문 지식(domain knowledge), 특성 축소, 특성 선택 등을 함께 묶는 과정이 필요하며, 기본 학습기로는 분류와 회귀 기법이 활용된다. 일부 사례를 살펴 보면, 변압기에서 실제로 관찰되는 수분 함량, 산도(acidity) 등의 데이터와 전문가들이 언어로 표현(linguistic expressions)한 규칙에 퍼지-로직(fuzzy-logic) 알고리즘을 적용하면 변압기의 건전성 지수(health index)를 평가할 수 있다. 또한 자동 인코더(auto-encoder)와 정보 이론 학습 기법인 이동 평균(mean shift) 알고리즘을 결합하면, 변압기의 절연유에 용해된 용존 가스에 대한 온라인 모니터링이 가능하다[59]. 설비의 운전 시간과 건전성 지수, 제조사, 위치 등의 수명주기 데이터를 비모수 회귀 방법으로 분석하면, 자산별 고장률, 건전성 상태, 위험 요인 분석을 수행할 수 있다. 이러한 데이터 마이닝 기법은 회로 차단기와 같은 다른 자산들에도 적용 가능하다[61].

이 분야의 연구는 다음과 같은 도전 과제를 해결할 필요가 있다. (i) 자산관리에 대해 기존 연구를 통해 얻은 특성들을 딥러닝 기법과 같은 자동 특성 추출 알고리즘과 결합하는 것으로 여기에는 다량의 입력 변수가 필요할 수 있다. (ii) 비용에 민감한 태스크에 대한 올바른 평가 수단을 만드는 일로 여기에는 잘못된 경보의 비용, 고장 탐지 실패에 대한 비용 등과 함께, 정확한 고장 탐지 및 예측에 대한 보상이 등이 함께 포함된다. (iii) 적절한 데이터 시각화 기법을 사용하여 예측 결과와 그에 대한 불확실성을 의사 결정자에게 전달할 수 있어야 한다. (iv) 분류 문제에서 불균형한 데이터 세트가 초래하는 자주 발생되지 않는 고장 모드를 처리할 수 있어야 한다. (v) 웨이블(Weibull) 모델과 같은 모수적 기법을 대신하여 비모수적 기법을 개발하고 적용할 수 있어야 한다.

IoT 기술의 등장에 따라서 신재생 발전 및 기존 발전회사들은 데이터 기반 방법으로 발전 자산들의 상태를 모니터링하고, 새로운 예측 정비 방법을 개발하기 위해 데이터 사이언티스트를 채용하고 있다. 해상풍력 설비들의 경우, 정비 비용이 매우 많이 소요되기 때문에 새로운 모니터링, 정비 계획 도구를 필요로 한다[62]. SCADA 측정 데이터에 신경망, 가우시안 프로세스와 같은 머신 러닝 알고리즘을 적용하면 새로운 형태의 전력 곡선(풍속 vs. 전력)을 도출할 수 있으며, 표준 x-차트를 이용해서 개별 터빈에 대한 제어 차트를 그리거나, 극치(extreme value) 통계 데이터를 이용해서 경보 한계치를 설정할 수도 있다[63]. 날씨 변수에 대한 단기 확률 예측 정보는 리스크(비용-손실 모드)를 고려한 의사결정 문제에 반영하여 해상 풍력 발전설비 유지 보수를 위한 새로운 방법을 찾을 수도 있다[64].

마지막으로 배터리 저장, 가변 펌프 전력 저장 등과 같은 전력 망에 새로 도입되는 자산들의 경우에도 작동 상태에 대한 추정과 예측을 위해서는 관련 데이터를 활용하여 앞에서 설명한 바와 유사한 방법이 필요할 것이다.

5. 전력 시장 분야

전력 시장은 두 가지 형태로 구분될 수 있다. 하나는 전기 에너지가 물리적인 전송(physical delivery) 자원의 형태로 즉각 거래되는 현물시장(spot market)이고 다른 하나는 물리적인 전송이 나중에 이루어지는 선물(future market)이다. 선물 시장은 보통 리스크 헷징을 위해 이용된다.

현재 이 분야의 연구는 새로운 시장 규칙을 설계하는데 치중되어 있는데, 이러한 프레임워크를 통해 스마트그리드 패러다임을 강화하고, 수요측 자원의 능동적인 참여를 통합하는 것을 목표로 한다. 예를 들어, 하루전 시장(day-ahead market)에서 가격 신호를 전달해서 소비자들이 수요를 이전(shift)하는 것이 경제적으로 효율적인가에 대한 연구[65], 수요반응 전력시장(demand response electricity market)에서 상업용 건물들이 가격 신호에 어떻게 반응하는지를 에이전트 기반 모델링을 통해 시뮬레이션하는 연구[66] 등이 진행되고 있다.

유럽에서는 범 유럽 전력 시장을 구축하려는 흐름이 있는데, 이를 통해 국가간 상호 접속 용량을 높이려는 목적이 있다. 이러한 시장이 구축되면, 현물 가격의 확률론적 의존성이 유럽 전역에 미치는 영향을 분석하는 것이 매우 중요해진다[67]. 따라서 분산된 가격 시계열 데이터에 대한 시공간 분석이 필요하게 된다. 미국과 같이 지역적으로 한계 가격(marginal price)이 다른 지역에서는 시장 가격의 시공간 패턴 정보는 전력 망 토폴로지[68]와 같은 유용한 정보를 담고 있기 때문에 머신 러닝 알고리즘을 접목하여 계통 상태를 파악하고, 가격 예측의 정확성을 높일 수 있다.

전력 시스템은 전력 에너지 시장과 구분되는 보조 서비스(ancillary services) 시장이 있는데, 계통의 신뢰성과 전력 품질을 뒷받침하기 위한 목적으로 운영된다. 이 시장과 관련된 주요 연구 목표는 계통 운영에 활용할 예비력 자원의 크기와 방향, 그리고 그에 상응하는 가격을 모델링하고 예측하는데 있는데, 여기에는 일반적으로 불규칙한 시계열 데이터가 이용된다[69]

전력 시장에서 시장 참여자가 공급자 혹은 수요자로 최적의 참여를 하려면, 1시간에서 1년에 이르는 다양한 시간 범위에 걸친 가격에 대한 예측 정보가 필요하다. 특정 시점에서 전력 수요나 가격을 예측하는 연구는 많이 다루어져 왔지만, 가격 예측의 불확실성을 규명하려는 연구는 부족한 상황이다[70]. 변동성이 큰 신재생 에너지의 전력 시장 참여가 증가하면서, 시장 가격에 미치는 영향이 점점 커지고 있는데 시장 가격이 0원이거나 네거티브 가격인 경우도 자주 발생하기 시작하고 있다. 그러므로 신재생 에너지의 발전량과 같은 고유의 불확실성과 함께 날씨 예측 등과 같은 외생 변수(exogenous variables) 등도 전력 시장 가격 예측 알고리즘 모델링에 포함되어야 한다[71]. 현물 가격과 선물 시장의 상호 의존성에 대한 연구는 중장기 리스크 헷징 전략을 설계하는데 필수적인 요소이며, 이를 위해서는 코펄라 이론 (copula theory)의 복잡한 의존 구조(dependency structures) 모형이 필요하다[72].

전력 시장의 동적인 변화를 이해하고 예측하기 위해서 중요한 변수는 시장 참여자의 전략적 입찰행위이다. 이러한 정보는 시장 경쟁자, 규제 기관 모두에게 유용하다. 시장 참여자는 상태 공간 모델 표현[73], 메타 휴리스틱(metaheuristic) 최적화 기법[74] 등의 방법으로 경쟁자의 행위를 고려하여 각자의 이익을 최대화하는 방향으로 입찰에 참여하려 한다. 또한 공급 함수는 다른 시장 참여자의 입찰 제안에 대한 최적의 반응을 표현할 수 있으며[75], 기능 데이터 분석에 관한 최근 연구결과를 이용하면 추정을 개선할 수 있다[76]. 경쟁자의 행위를 예측하는 다른 사례로는 머신 러닝과 특성 축소 알고리즘을 결합하거나 기능 데이터 시계열 이론(functional data time-series theory)[77]을 적용해서 잔여 수요 곡선(residual demand curve)을 예측하는 경우가 있다.

에너지 규제 기관들은 주로 전력 시장의 효율성을 평가하거나 새로운 시장 규칙이나 규제 체계를 테스트하는데 관심이 많다. 강화 학습 알고리즘을 이용하면 시장 참여자의 입찰 전략, 즉 입찰 가격과 입찰량을 구성하고, 이를 가지고 정산(clearinghouse) 행위를 시뮬레이션하여 시장 효율성을 평가할 수 있다[78]. 또한 강화 학습은 데이터를 기반으로 입찰 전략을 설계할 수 있는데, 예를 들어, 풍력 발전기가 전력 시장에 참여할 때 발전량의 불확실성을 충분히 고려하여, 불균형 비용(imbalance cost)를 최소화하는 최적 분위수(quantile)를 선택하는 사례가 발표된 바가 있다[79]. 이 사례는 시장 입찰 전략을 세우고 의사결정을 자동화하는 데에 전력 시장의 이력 데이터를 활용한 첫 번째 사례이다[80].

6. 수요 반응 분야

스마트그리드 패러다임에서 소비자를 수요반응(DR) 프로그램에 참여시키려면 가격 예측과 관련한 새로운 도전 과제를 해결해야 한다. 전력 가격이 극단적으로 변할지를 예측할 수 있게 되면, 수요 감축이나 부하 이전이 경제성을 갖는 시간을 식별할 수 있고 이들 정보를 소비자들과 시장 참여자들에게 알려줄 수 있다[81]. 사실상 DR 프로그램의 숫자가 증가하면서, 전력 소비와 가격 예측 문제는 따로 떼어놓을 수 없는 상황이 되고 있다. 예를 들어, 가격이 상승하면 전력 소비는 줄기 때문이다. 따라서 이들 두 변수의 상관 구조를 파악하여 두 변수를 동시에 예측할 필요가 있다[82]

동적 소매 요금제(dynamic retailing prices)에서 각 소비자의 수요 반응 또는 가격 탄력성(elasticity)을 추정하는 일은 가격 신호를 이용해서 전력 소비를 조절하기 위해 필수적이며, 새로운 부하 예측 알고리즘을 필요로 한다[83, 84]. 이와 관련된 빅데이터의 현안은 설명 변수(explanatory variables)의 개수에 있지 않고, 동시에 다뤄야 하는 고객의 숫자가 많다는 점과 개별 고객의 부하 프로파일이 시간에 따라 변하는 특징을 갖고 있다는 점에 있다.

이와 관련된 연구 방향은 개별 고객과 고객 집단의 가격 탄력성을 실시간으로 학습시키고 최적화하는 온라인 도구를 개발하는데 있다[85, 86]. 이 문제를 풀기 위해 확률론적 근사 방법(stochastic approximation), 온라인 볼록 함수 최적화 등과 같은 온라인 데이터 처리 방법을 적용하려는 연구가 최근에 진행되고 있다[26, 27].

소비자를 DR 프로그램에 참여시키기 전에, 전력 소매업체나 DR 사업자들은 스마트미터에서 수집되는 대량의 유효 전력 측정 데이터를 분석할 필요가 있다. 하지만 일부 경우에 있어서는 유효 전력 데이터가 LV 모선이나 2차 변전소에서만 사용 가능한 경우가 있다. 데이터 분석의 목적은 개별 소비자가 특정 시간에서 다른 시간으로 전력 소비를 얼마나 유연하게 이전할 수 있는가를 파악하는데 있다. 현재의 연구 방향은 데이터 기반 알고리즘을 이용해서 온도와 같은 외생변수들의 영향이 반영된 DR 잠재량(potential)을 추정하고, 전체 소비량(aggregated consumption)을 예측하는 열적 모델(thermal model)의 매개 변수를 찾는데 있다. 일례로 스마트미터 유효 전력 데이터를 이용한 선형 회귀 프레임워크로 HVAC의 전력 소비에 대한 물리적 모델을 만들어서 개별 고객의 DR 잠재량을 추정하는 연구가 진행되었다[87]. 또 다른 예는 DR 잠재력을 추정하기 위해 하루 중 시간, 설정 값 변화, 외부 온도 등의 일련의 설명 변수로 구성된 회귀 모델을 적용해서 DR 잠재량을 추정한 사례가 있다[88]. 다른 연구 방향으로 빌딩에서 생성되는 다량의 에너지 데이터 세트를 분석해서 빌딩의 성능을 평가하고, 개보수에 따른 에너지 절감량을 추정하는 연구가 있다[89].

가전 기기에 대한 실시간 제어 전략은 데이터 기반 방법으로 구현이 가능하며, 실제 응용에서 여기에 적합한 기술은 배치(batch) 강화 학습 즉, Q-학습 기법이다. 하지만 여러 종류의 제어 부하들을 모으게 되면 상태 공간의 차원 수가 증가하기 때문에 차원의 저주 문제에 당면하게 된다. 입력 변수가 많은 경우의 빅데이터를 다룰 수 있는 딥러닝 기법으로 컨볼루션 신경망(convolutional neural networks; CNN)[90]과 같은 방법을 이용하여 상태-행위 함수 값(state-action value function) 또는 Q 함수를 근사하는 회귀 알고리즘을 만들거나 상태-시간 특성을 추출해서[91] 현실 세계에 좀 더 적합하게 할 수 있다. 이런 방법은 심층 강화 학습(deep reinforcement learning)으로 불리는데 전압 제어 협조(coordinated voltage control), 가상 발전소(virtual power plant) 등과 같은 전력 계통의 다른 문제에도 이용될 수 있다.

7. 결론 및 향후 과제

계량 및 제어를 위한 기술 솔루션은 이미 시장에서 제품 판매가 이루어지고 있으며, 여러 대규모 실증 실험도 진행된 바가 있다. 기술적으로 볼 때, IoT와 스마트그리드 개념은 실현되었다고 볼 수 있는 상황이다. 앞으로 도전 과제는 여기에서 얻어지는 데이터를 이용하여 지능화 기능을 갖추는 일이며, 구성 부품, 정보 통신 계층 상위에서 새로운 비즈니스 모델을 찾는데 있다.

차세대 빅데이터 기능은 시공간 정보와 분산 학습 기법을 묶는 것으로, 최신의 기법들은 이를 통해 성능을 높이고 연산 작업을 분산시킬 수 있다. 이 과정에서 확률론적 정보가 산출물로 얻어지는데, 이 정보는 리스크를 반영한 의사 결정 지원 방법에 활용되어 고부가가치의 결과를 만들어 낼 수 있다. 딥러닝 기법들은 자동으로 특성을 추출하고 데이터를 축소하는데 많은 성과를 얻고 있지만, 해당 분야 전문가들이 참여하여 수작업을 통해 특성을 찾는 과정이 간과되어서는 안된다. 데이터 기반 방법은 추정이나 예측 이외의 분야에서도 활용될 수 있다. 머신 러닝 알고리즘은 강화 학습 기법을 내재하여 계통의 자산을 제어하거나 복잡한 물리 시스템을 모사하는데 이용될 수 있다.

데이터로부터 추출된 지식을 활용하는 새로운 비즈니스 모델도 조만간 나타날 것으로 예상된다. 예를 들면, 전력 소비자의 수요 반응 잠재량을 분석하거나 전력 망에 설치된 센서에서 빅데이터 처리를 하거나, 전력 시장에 대한 대규모 시뮬레이션, 전력 설비의 예측 정비 등을 들 수 있다. 전력 시장의 거래 가격 예측, 부하 예측, 신재생 발전량에 대한 시계열 예측 등이 이미 기술적으로 성숙되어 조만간 비즈니스가 구현될 것으로 예상된다.

전력 산업에서 빅데이터 기법이 가지는 잠재적 가치는 매우 높지만, 여기에는 몇가지 위협 요인이 있다. 일반적으로 전력 계통에서 수집되는 데이터의 품질은 누락 값이 많고, 전체 데이터에서 오류 데이터의 비중이 높아서 품질 수준이 매우 낮다고 할 수 있다. 일부 경우에서는 데이터 전송 지연이 24시간에 이르는 등으로 실시간 데이터 취득이 안되는 경우가 발생한다. 또한 전력 계통 분야에 종사하는 엔지니어들의 고급 통계 기법에 대한 지식은 빈약한 수준이며, 잘 모르기 때문에 오히려 빅데이터가 가지는 가치를 저평가하기도 한다. 마지막으로, 즉시 사용 가능한(ready-to-use) 머신 러닝 라이브러리들이 대량 보급되면서 빅데이터 분석을 익히는 문턱을 낮춰서 학습 곡선(learning curve)을 용이하게 해주지만, 이 때문에 오히려 파괴적인(disruptive) 솔루션의 개발과 이를 산업화하려는 관심이 지연될 수 있다.

참고 문헌

[1] M. Grady, in: Texas synchrophasor network, IEEE-PES Fort Worth Chapter Meeting, February, 2016. http://web.ecs.baylor.edu/faculty/grady/_2016_Texas_Synchrophasor_Network_Reports_ Updated_160716.pdf.

[2] M. Matos, J.P. Lopes, M. Rosa, R. Ferreira, A.L. da Silva, W. Sales, et al., Probabilistic evaluation of reserve requirements of generating systems with renewable power sources: the Portuguese and Spanish cases, Int. J. Electr. Power Energy Syst. 31 (9) (2009) 562-569.

[3] D. Singh, C.K. Reddy, A survey on platforms for big data analytics, J. Big Data 2 (1) (2014) 1-20.

[4] Y. Yan, Y. Qian, H. Sharif, D. Tipper, A survey on smart grid communication infrastructures: motivations, requirements and challenges, IEEE Commun. Surv. Tutor. 15 (1) (2013) 5-20.

[5] D. Hawkins, M. Varghese, D. Dieser, Y. Osoba, H. Sanders, IP-1 ISO Uses Synchrophasor Data for Grid Operations, Control, Analysis and Modelling, (2010), California ISO Document Ver- sion 3.1.

[6] P. Zhang, J. Chen, M. Shao, Phasor Measurement Unit (PMU) Implementation and Applica- tions, EPRI, Palo Alto, CA, 2007. 1015511.

[7] J.N. Bank, R.M. Gardner, J.K. Wang, A.J. Arana, Y. Liu, in: Generator trip identification using wide-area measurements and historical data analysis, 2006 IEEE PES Power Systems Confer- ence and Exposition, 2006.

[8] J. Gama, P. Medas, P. Rodrigues, in: Learning decision trees from dynamic data streams, Proceedings of the 2005 ACM Symposium on Applied Computing, 2005.

[9] D. Zhou, Y. Liu, J. Dong, in: Frequency-based real-time line trip detection and alarm trigger development, 2014 IEEE PES General Meeting Conference & Exposition, 2014.

[10] T. Guo, J.V. Milanovi'c, Probabilistic framework for assessing the accuracy of data mining tool for online prediction of transient stability, IEEE Trans. Power Syst. 29 (1) (2014) 377-385.

[11] R. Shyam, S. Kumar, P. Poornachandran, K.P. Soman, Apache spark a big data analytics plat- form for smart grid, Procedia Technol. 21 (2015) 171-178.

[12] D. Zhou, J. Guo, Y. Zhang, J. Chai, H. Liu, Y. Liu, Y. Liu, Distributed data

analytics platform for wide-area synchrophasor measurement systems, IEEE Trans. Smart Grid 7 (5) (2016) 2397 - 2405.

[13] P.H. Gadde, M. Biswal, S. Brahma, H. Cao, Efficient compression of PMU data in WAMS, IEEE Trans. Smart Grid 7 (5) (2016) 2406 - 2413.

[14] T. Guo, J.V. Milanovi'c, in: Identification of power system dynamic signature using hierarchical clustering, 2014 IEEE PES General Meeting, 2014.

[15] F. Bai, Y. Liu, Y. Liu, K. Sun, N. Bhatt, A. Del Rosso, X. Wang, Measurement-based correlation approach for power system dynamic response estimation, IET Gener. Transm. Distrib. 9 (12) (2015) 1474 - 1484.

[16] C.E. Rasmussen, C.K. Williams, Gaussian Processes for Machine Learning, The MIT Press, Cambridge, 2006.

[17] H. Vasconcelos, J.P. Lopes, in: ANN design for fast security evaluation of interconnected sys- tems with large wind power production, International Conference on Probabilistic Methods Applied to Power Systems, PMAPS 2006, 2006.

[18] H. Vasconcelos, C. Moreira, A. Madureira, J.P. Lopes, V. Miranda, Advanced control solutions for operating isolated power systems: examining the Portuguese islands, IEEE Electrification Mag. 3 (1) (2015) 25 - 35.

[19] M.B. Do Coutto Filho, J.C. de Souza, Forecasting-aided state estimation—Part I: Panorama, IEEE Trans. Power Syst. 24 (4) (2009) 1667 - 1677.

[20] A.K. Sinha, J.K. Mondal, Dynamic state estimator using ANN based bus load prediction, IEEE Trans. Power Syst. 14 (4) (1999) 1219 - 1225.

[21] A. Tajer, Load forecasting via diversified state prediction in multi-area power networks, IEEE Trans. Smart Grid (2017) (In Press).

[22] J. Tastu, P. Pinson, H. Madsen, Space-time trajectories of wind power generation: parameter- ized precision matrices under a Gaussian copula approach, in: Lecture Notes in Statistics: Modeling and Stochastic Learning for Forecasting in High Dimension, Springer, Cham, 2015, pp. 267 - 296.

[23] Y. Weng, R. Negi, C. Faloutsos, M.D. Ili'c, Robust data-driven state estimation for smart grid, IEEE Trans. Smart Grid 8 (4) (2017) 1956 - 1967.

[24] V. Kekatos, G.B. Giannakis, Distributed robust power system state estimation, IEEE Trans. Power Syst. 28 (2) (2013) 1617 - 1626.

[25] S. Boyd, N. Parikh, E. Chu, B. Peleato, J. Eckstein, Distributed optimization

and statistical learning via the alternating direction method of multipliers, Found. Trends Mach. Learn. 3 (1) (2011) 1 – 122.

[26] K. Slavakis, G.B. Giannakis, G. Mateos, Modeling and optimization for big data analytics: (statistical) learning tools for our era of data deluge, IEEE Signal Process. Mag. 31 (5) (2014) 18 – 31.

[27] K. Slavakis, S.J. Kim, G. Mateos, G.B. Giannakis, Stochastic approximation vis–a–vis online learning for big data analytics, IEEE Signal Process. Mag. 31 (6) (2014) 124 – 129.

[28] L. Cavalcante, R.J. Bessa, M. Reis, J. Dowell, LASSO vector autoregression structures for very short–term wind power forecasting, Wind Energy 20 (4) (2017) 657 – 675.

[29] X. Liu, X. Wang, S. Matwin, N. Japkowicz, Meta–map reduce for scalable data mining, J. Big Data 2 (1) (2015) 1.

[30] A. Ulian, M. Sebastian, Business use cases definition and requirements, (2014). Deliverable D2.1 evolvDSO project.

[31] M. Heleno, R. Soares, J. Sumaili, R.J. Bessa, L. Seca, M.A. Matos, in: Estimation of the flexibility range in the transmission–distribution boundary, IEEE PowerTech 2015, 2015.

[32] E. Polymeneas, S. Meliopoulos, in: Aggregate modeling of distribution systems for multi– period OPF, Power Systems Computation Conference (PSCC 2016), 2016.

[33] J.V. Milanovi'c, Y. Xu, Methodology for estimation of dynamic response of demand using lim– ited data, IEEE Trans. Power Syst. 30 (3) (2015) 1288 – 1297.

[34] A.M. Azmy, I. Erlich, P. Sowa, Artificial neural network–based dynamic equivalents for distri– bution systems containing active sources, IEE Proc. Gener. Transm. Distrib. 151 (6) (2004) 681 – 688.

[35] W. Luan, J. Peng, M. Maras, J. Lo, B. Harapnuk, Smart meter data analytics for distribution network connectivity verification, IEEE Trans. Smart Grid 6 (4) (2015) 1964 – 1971.

[36] P. Barbeiro, H. Teixeira, J. Pereira, R.J. Bessa, in: An ELM–AE state estimator for real–time monitoring in poorly characterized distribution networks, Proc. of the IEEE PowerTech 2015, Eindhoven, 29 June – 2 July, 2015.

[37] H. Teixeira, P. Barbeiro, J. Pereira, R.J. Bessa, P. Matos, D. Lemos,

C. Morais, M. Caujolle, M. Sebastian-Viana, in: A state estimator for LV networks: results from the evolvDSO project, Proc. of the CIRED 2016 Workshop, Helsinki, 14–15 June, 2016.

[38] J. Pereira, J. Sumaili, R.J. Bessa, L. Seca, A. Madureira, J. Silva, et al., Business Use Cases Def- inition and Requirements, (2015) Deliverable D3.4 evolvDSO project.

[39] Dutta, S., Data Mining and Graph Theory Focused Solutions to Smart Grid Challenges (Ph.D. thesis), University of Illinois, Urbana-Champaign, 2013.

[40] P. Cuffe, A. Keane, Visualizing the electrical structure of power systems, IEEE Syst. J. (2017) 1–12.

[41] H. Sun, Z. Wang, J. Wang, Z. Huang, N. Carrington, J. Liao, Data-driven power outage detec- tion by social sensors, IEEE Trans. Smart Grid 7 (5) (2016) 2516–2524.

[42] D. Clerici, G. Vigano , R. Zuelli, B. Swaminathan, V. Debusschere, R. D' Hulst, et al., Advanced Tools and Methodologies for Forecasting, Operational Scheduling and Grid Optimisation, (2015) evolvDSO project deliverable D3.2.

[43] J. Peppanen, M.J. Reno, R.J. Broderick, S. Grijalva, Distribution system model calibration with big data from AMI and PV inverters, IEEE Trans. Smart Grid 7 (5) (2016) 2497–2506.

[44] H. Shaker, H. Zareipour, D. Wood, Estimating power generation of invisible solar sites using publicly available data, IEEE Trans. Smart Grid 7 (5) (2016) 2456–2465.

[45] X. Zhang, S. Grijalva, A data driven approach for detection and estimation of residential PV installations, IEEE Trans. Smart Grid 7 (5) (2016) 2477–2485.

[46] R.J. Bessa, A. Trindade, V. Miranda, Spatial-temporal solar power forecasting for smart grids, IEEE Trans. Ind. Inf. 11 (1) (2015) 232–241.

[47] J. Dowell, P. Pinson, Very-short-term probabilistic wind power forecasts by sparse vector auto- regression, IEEE Trans. Smart Grid 7 (2) (2016) 763–770.

[48] J.B. Iversen, P. Pinson, in: RESGen: renewable energy scenario generation platform, 2016 IEEE PES General Meeting, 2016.

[49] J.R. Andrade, R.J. Bessa, Improving renewable energy forecasting with a grid of numerical weather predictions, IEEE Trans. Sustain. Energy 8 (4) (2017) 1571–1580.

[50] A. Alqurashi, A.H. Etemadi, A. Khodaei, Treatment of uncertainty for next generation power systems: state-of-the-art in stochastic optimization, Electr. Power Syst. Res. 141 (2016) 233 - 245.

[51] B.H. Kim, R. Baldick, A comparison of distributed optimal power flow algorithms, IEEE Trans. Power Syst. 15 (2) (2000) 599 - 604.

[52] Q. Peng, S.H. Low, Distributed Optimal Power Flow Algorithm for Balanced Radial Distribu- tion Networks, (2014) arXiv preprint arXiv:1404.0700.

[53] M. Wytock, S. Diamond, F. Heide, S. Boyd, A New Architecture for Optimization Modeling Frameworks, (2016) arXiv preprint arXiv:1609.03488.

[54] Silva, J., Definition of Maintenance Policies in Power Systems (M.Sc. thesis), Universidade do Porto, Porto, 2014.

[55] A.U. Adoghe, C.O.A. Awosope, J.C. Ekeh, Asset maintenance planning in electric power dis- tribution network using statistical analysis of outage data, Int. J. Electr. Power Energy Syst. 47 (2013) 424 - 435.

[56] R. Dashti, S. Yousefi, Reliability based asset assessment in electrical distribution systems, Reliab. Eng. Syst. Saf. 112 (2013) 129 - 136.

[57] R. Clement, P. Tournebise, A. Weynants, S. Perkin, K. Johansen, S. Khuntia, et al., Functional Analysis of Asset Management Processes, (2015) Deliverable D5.1, EU Project GARPUR.

[58] A.E. Abu-Elanien, M.M.A. Salama, M. Ibrahim, Calculation of a health index for oil-immersed transformers rated under 69 kV using fuzzy logic, IEEE Trans. Power Deliv. 27 (4) (2012) 2029 - 2036.

[59] V. Miranda, A.R.G. Castro, S. Lima, Diagnosing faults in power transformers with autoasso- ciative neural networks and mean shift, IEEE Trans. Power Deliv. 27 (3) (2012) 1350 - 1357.

[60] J. Qiu, H. Wang, D. Lin, B. He, W. Zhao, W. Xu, Nonparametric regression-based failure rate model for electric power equipment using lifecycle data, IEEE Trans. Smart Grid 6 (2) (2015) 955 - 964.

[61] S.M. Strachan, S.D. McArthur, B. Stephen, J.R. McDonald, A. Campbell, Providing decision support for the condition-based maintenance of circuit breakers through data mining of trip coil current signatures, IEEE Trans. Power Deliv. 22 (1) (2007) 178 - 186.

[62] I. Antoniadou, N. Dervilis, E. Papatheou, A.E. Maguire, K. Worden, Aspects

of structural health and condition monitoring of offshore wind turbines, Philos. Trans. A Math. Phys. Eng. Sci. 373 (2035) (2015).

[63] E. Papatheou, N. Dervilis, A.E. Maguire, I. Antoniadou, K. Worden, A performance monitoring approach for the novel Lillgrund offshore wind farm, IEEE Trans. Ind. Electron. 62 (10) (2015) 6636 – 6644.

[64] J. Dowell, I. Dinwoodie, D. McMillan, in: Forecasting for offshore maintenance scheduling under uncertainty, European Safety and Reliability Conference, Glasgow, 2016.

[65] C.L. Su, D. Kirschen, Quantifying the effect of demand response on electricity markets, IEEE Trans. Power Syst. 24 (3) (2009) 1199 – 1207.

[66] Z. Zhou, F. Zhao, J. Wang, Agent–based electricity market simulation with demand response from commercial buildings, IEEE Trans. Smart Grid 2 (4) (2011) 580 – 588.

[67] Mihaylova, I., Stochastic Dependencies of Spot Prices in the European Electricity Markets (M.Sc. thesis), Universidad de St. Gallen, St. Gallen, 2009.

[68] V. Kekatos, G.B. Giannakis, R. Baldick, in: Grid topology identification using electricity prices, 2014 IEEE PES General Meeting, 2014.

[69] R.J. Bessa, M.A. Matos, Forecasting issues for managing a portfolio of electric vehicles under a smart grid paradigm, 3rd IEEE PES Innovative Smart Grid Technologies Europe (ISGT Europe 2012), Berlin, Germany, 2012.

[70] R. Weron, Electricity price forecasting: a review of the state–of–the–art with a look into the future, Int. J. Forecast. 30 (4) (2014) 1030 – 1081.

[71] T. Jo ′ nsson, P. Pinson, H. Madsen, On the market impact of wind energy forecasts, Energy Econ. 32 (2) (2010) 313 – 320.

[72] Fischbach, P., Copula–Models in the Electric Power Industry (M.Sc. Thesis), Universidad de St. Gallen, St. Gallen, 2010.

[73] P. Giabardo, M. Zugno, P. Pinson, H. Madsen, Feedback, competition and stochasticity in a day ahead electricity market, Energy Econ. 32 (2) (2010) 292 – 301.

[74] T.C. Price, Using co–evolutionary programming to simulate strategic behaviour in markets, J. Evol. Econ. 7 (3) (1997) 219 – 254.

[75] E.J. Anderson, A.B. Philpott, Using supply functions for offering generation into an electricity market, Oper. Res. 50 (3) (2002) 477 – 489.

[76] J.O. Ramsay, B.W. Silverman, Functional Data Analysis, Springer, New York,

2005.

[77] J. Portela, A. Mun~ oz, E. Alonso, in: Day-ahead residual demand curve forecasting in electricity markets, The 32nd Annual International Symposium on Forecasting (ISF 2012), Boston, MA, 2012.

[78] J. Nicolaisen, V. Petrov, L. Tesfatsion, Market power and efficiency in a computational electric- ity market with discriminatory double-auction pricing, IEEE Trans. Evol. Comput. 5 (5) (2001) 504-523.

[79] N. Mazzi, P. Pinson, in: Purely data-driven approaches to trading of renewable energy gener- ation, Proc. of the 13th International Conference on the European Energy Market (EEM), Porto, 6-9 June, 2016.

[80] Peters, M., Machine Learning Algorithms for Smart Electricity Markets (Ph.D. thesis), Erasmus University Rotterdam, Rotterdam, 2015.

[81] J.H. Zhao, Z.Y. Dong, X. Li, K.P. Wong, A framework for electricity price spike analysis with advanced data mining methods, IEEE Trans. Power Syst. 22 (1) (2007) 376-385.

[82] L. Wu, M. Shahidehpour, A hybrid model for integrated day-ahead electricity price and load forecasting in smart grid, IET Gener. Transm. Distrib. 8 (12) (2014) 1937-1950.

[83] O. Corradi, H. Ochsenfeld, H. Madsen, P. Pinson, Controlling electricity consumption by forecasting its response to varying prices, IEEE Trans. Power Syst. 28 (1) (2013) 421-429.

[84] A. Garulli, S. Paoletti, A. Vicino, Models and techniques for electric load forecasting in the pres- ence of demand response, IEEE Trans. Control Syst. Technol. 23 (3) (2015) 1087-1097.

[85] L. Jia, L. Tong, Q. Zhao, An Online Learning Approach to Dynamic Pricing for Demand Response, (2014) arXiv preprint arXiv:1404.1325.

[86] S.J. Kim, G. Giannakis, An online convex optimization approach to real-time energy pricing for demand response, IEEE Trans. Smart Grid (2017) (In Press).

[87] J. Kwac, R. Rajagopal, Data-driven targeting of customers for demand response, IEEE Trans. Smart Grid 7 (5) (2016) 2199-2207.

[88] R. Yin, E.C. Kara, Y. Li, N. DeForest, K. Wang, T. Yong, M. Stadler, Quantifying flexibility of commercial and residential loads for demand response using setpoint changes, Appl. Energy 177 (2016) 149-164.

[89] P.A. Mathew, L.N. Dunn, M.D. Sohn, A. Mercado, C. Custudio, T. Walter, Big-data for building energy performance: lessons from assembling a very large national database of building energy use, Appl. Energy 140 (2015) 85 - 93.

[90] Y. LeCun, Y. Bengio, G. Hinton, Deep learning, Nature 521 (7553) (2015) 436 - 444.

[91] B.J. Claessens, P. Vrancx, F. Ruelens, Convolutional Neural Networks for Automatic State- Time Feature Extraction in Reinforcement Learning Applied to Residential Load Control, (2016) arXiv preprint arXiv:1604.08382.

CHAPTER 11

데이터 기반 수요 반응

Akin Tascikaraoglu
Mugla Sitki Kocman University, Mugla, Turkey

이 장의 개요

이 장에서는 스마트그리드 인프라에서 에너지 관리 부분에 수요 측면(demand side)의 참여를 가능하게하는 빅데이터 분석과 관련된 자원, 활용과 그 편익에 대해서 상세한 조사를 진행하였다. 이 장은 수요 관리(demand–side management), 수요 반응(demand response; DR)이라고 불리는 이러한 활동을 명확하게 구분하고, 계통 운영자와 최종 사용자 모두에게 더 높은 감축 잠재력(potential)을 제공하는 방안을 논의하는 것에서부터 시작한다. 그런 다음 효율적인 DR 프로그램 운영에 필요한 빅데이터 관리 기법들을 설명한다. 이후, DR 프로그램에 사용될 수 있는 다양한 클러스터링, 분류(classification) 방법들의 편익을 그 목적에 따라 4개의 그룹으로 나누어서 평가하였다. 첫번째로는 최종 사용자의 에너지 소비 행동과 전력 부하 프로파일의 분류에 이용될 수 있는 빅데이터 분석 기법의 역할을 논의하였다. 다음으로 빅데이터 분석 기법들을 활용한 수요 예측, 신재생 발전량 예측, 동적 요금제(dynamic pricing) 등으로 DR 프로그램 운영 지원 역할을 평가하였다.

1. 도입

전 세계의 전력 수요는 꾸준하게 증가해 왔는데, 지난 10년간 연간 약 4%가량이 증가했다 [1]. 이와 같은 연간 총 수요의 증가는 계통의 운영 효율을 최적화해야 함과 동시에 안정성(stability)과 신뢰성을 유지해야 하는 계통 운영자들에게 다양한 도전과제를 던지고 있다. 에너지 비용과 환경 문제를 고려하면서 증가하는 전력 수요를 충당해야 하는 문제의 첫 번째 이슈는 신재생 에너지 자원의 보급률 증가와 관련이 있다[2]. 하지만 신재생 에너지는 발전량이 간헐적(intermittent)이고 확률적인 특성이 갖고 있기 때문에, 이들 자원을 계통에 통합하면 불확실성이라는 새로운 문제에 직면하게 된다. 현재에도 이미 계통에서는 수요와 공급의 균형을 유지하는 과정에서 전력 수요의 일일 변동이 발생하고 있다. 모든 시간에서 수급 균형을 관리하기 위해, 수요 변화를 추종할 수 있는 가용 발전설비들이 갖추어져 있는데, 이는 전통적으로 전력 수요는 비탄력적(inelastic)이어서 중단되거나 연기될 수 없는 것이기 때문에 공급에서 수요–공급을 담당해야 한다고 인식되었기 때문이다.

전력 망을 현대화하는 과정에서 디지털 정보통신 기술을 대규모로 적용하면서 확립된 스마트그리드 환경은, 전력 계통의 신재생 에너지 수용성을 높이고, 수요측 자원이 에너지 절약과 피크 부하 균등화(leveling), 경부하 시간 소비량 증가(valley filling), 주파수 조정(frequency regulation) 등의 수급 서비스에 참여하는 것을 가능하게 해주고 있다. 이러한 활동들은 수요반응으로 불리는데 좀 더 큰 틀에서는 수요관리(demand–side management; DSM)의 범주에 해당된다. 계통 부하에 심각한 상황이 발생하면 최종 소비자의 전력기기 수요를 유연하게 하여 이에 대응한다. 다른 말로 표현하면 DR은 가격을 변화시키거나 인센티브 지급 등을 통해서 최종 소비자의 전력 사용을 변화시키는 것을 목표로 한다.

DR 확산 초기 단계에서는 전력 사용량이 많고 원격 검침 및 제어 인프라가 갖추어진 대규모 산업용, 상업용 고객만이 DR 프로그램의 대상이었다. 하지만 최근 몇 년에 걸쳐서 DR 프로그램의 대상은 주택용 고객, 심지어는 개별 전기 제품까지 확대되었는데 이는 스마트그리드 기술의 광범위한 확산에 힘입은 바가 크다. DR 프로그램의 대상이 상세한 수준(high–resolution level)까지 확대되면서, 부하 서비스 사업자(load serving entities; LSEs)는 대규모의 데이터를 수집하고, 저장하고, 처리해야 하는 새로운 도전에 직면하게 되었다. 기존 산업 및 상업용 고객들과 더불어, 이제는 개별 가전의 전기 사용 데이터, 수 많은 주택용 참여 고객 정보를 다루어야 한다. 일반적으로 LSE가 부하 감축 스케줄과 감축량을 결정하려면, 고객들의 전력 소비, 가용한 발전 자원의 발전량 등을 예측하고, 전력 시장의 가격 변화 등을 고려해야 한다. 이런 것들을 동시에 고려하려면 데이터 관리가 복잡해진다. 다량의 데이터를 효과적으로 다뤄서 DR 프로그램에서 감축 잠재량을 최대화하려는 목적으로, LSE들은 최근에 빅데이터 기법들을 도입하기 시작하고 있다.

스마트그리드 환경에서 빅데이터의 이용이 증가하고 그에 따른 편익도 점차 가시화되고 있는데, 특히 이 장에서는 DR 애플리케이션에 초점을 두어 DR 솔루션의 적용 현황을 살펴보고, 현재 이미 적용되고 있는 최신 기법들과 앞으로 LSE가 활용할 것으로 예상되는 기술들을 다루고 있다. 특히 여기에서는 참여 고객들의 세분화를 최적화하는데 이용되는 클러스터링 기법과 고객 분류 기법이 가져다 주는 편익을 따져 보았다. 이외에도, 빅데이터 관리 기법들이 신재생 발전량 예측, 부하 예측 등의 정확성을 향상시키는데 어떤 기여를 하는지를 연구 문헌들의 결과를 인용하여 탐구하였다. 또한 빅데이터 마이닝, 분석 기법들이 동적 요금제 애플리케이션에 어떠한 역할로 기여하는지를 평가하였다.

이 장의 나머지 부분은 다음과 같이 구성된다. 2절에서는 스마트그리드 환경에서 이용 가능한 빅데이터 소스들을 살펴보고, 3절에서는 DR 어플리케이션에 사용되는 빅데이터 분석 기술의 적용 사례를 설명하고 빅데이터 기반 DR이 당면한 도전 과제를 요약하여 제시한다. 빅데이터를 수요 관리에 이용한 연구 사례들과 실제 구현사례들은 4절에서 제시된다. 5절에서는 이 장에서 가장 중요한 사항들을 다시 요약하고, DR과 관련된 빅데이터 분석의 향후 연구 방향을 제시한다.

2. DR에 활용되는 빅데이터 소스

스마트그리드 빅데이터의 주요 소스는 AMI이며, 고객 쪽에 설치된 스마트미터, 스마트 서모스탯(thermostats), 센서 등에서 초 단위에서 1시간에 이르기까지 여러 측정 주기로 데이터를 측정하여 보고한다. 전력 망에는 수 천개의 데이터 소스가 있는데 각각의 디바이스들은 전력 소비, 전압, 위상각 등의 정보를 보통 15분 단위로 수 많은 고객들로부터 수집하기 때문에 다량의 데이터가 매 시간, 매일 측정된다. 이들 전력과 에너지 데이터 이외에 기상 데이터는 예측의 정확성을 높이는데 기여하기 때문에 에너지 관리에서 중요한 지원 도구 역할을 한다. 예를 들어, 풍속과 바람의 방향에 대한 데이터는 데이터 기반 풍력 터빈 속도/발전량 예측에 이용되며, 일조량과 기온 데이터는 태양광 발전량을 예측하는데 이용된다. 또한 에너지 수요 예측의 정확성을 한층 높이기 위해서는 주거 형태(dwelling type), 거주 시간(occupancy level), 가구 소득, 교육 수준 등의 다른 형태의 정보가 이용된다. 이외 에도 GIS에서 추출되는 해당 지역의 지리 정보는 계통의 운영과 예측에서, 보다 효율적인 의사결정을 하는데 이용될 수 있다.

스마트그리드 환경에서 사용되는 빅데이터는 흔히 4V로 요약되는 4개의 특성 기준을 가지고 있다. 첫 번째 특징은 데이터의 양(Volume)으로 전력 계통에서 AMI 보급이 늘어나면서 데이터의 양이 크게 증가하고 있다. 방대한 양의 데이터를 처리하는 것은 어려운 작업이지만, 동시에 많은 기회를 제공한다. 두 번째 특성은 속도(Velocity)로, 빅데이터에서 속도는 데이터의 수집 및 처리에 필요한 시간을 의미한다. 에너지 시스템의 데이터 복잡성으로 인해서 빅데이터는 또한 다양성(Variety)과 가치(Value)라는 특성을 가지고 있다. 여기에서 마지막 특성인 가치는 데이터를 통해 의미 있는 통찰을 얻어내는 것을 의미한다. 데이터의 가치는 그 활용 목적에 따라 다르게 나타날 수 있다. 예를 들어 데이터의 가치는 DR 프로그램에 대한 일반 고객들의 참여를 높이거나, 예측 성능을 개선하거나, 소비자의 에너지 소비를 예측하는 등과 같이 다양하게 나타날 수 있다.

3. DR에 사용되는 빅데이터 어플리케이션

DR 프로그램을 대규모로 도입하면, 기존 전력시스템으로 구성된 계통에서 신재생 에너지의 계통 연계, 송전 및 배전 효율 향상, 대규모 에너지 저장 시스템과의 협조, 과부하 또는 계통 혼잡으로 인한 정전 가능성 억제, 배전 계통에서의 EV 충전 인프라 구축 등 여러 분야에서 개선 효과가 있다. DR 프로그램은 일반적으로 두 가지 그룹으로 나눌 수 있는데, 하나는 요금을 시간에 따라 다르게 책정하는 요금 기반 접근 방식이고 다른 하나는 참여 고객에게 감축 인센티브를 제공하는 인센티브 기반 프로그램이다.

위에 언급한 기술을 충분히 활용하기 위해, 스마트그리드 환경에서는 생성되는 엄청난 양의 발전 및 소비 데이터가 수집된다. 빅데이터를 통해서 얻을 수 있는 편익은 분명하지만, 이와 함께 새로운 도전과제를 해결해야 하는데, 그림1과 같이 컴퓨터 연산 부담 문제도 해소되어야 한다. 무엇보다도 DR 환경에서 실시간으로 빅데이터를 처리하기 위해서는 계량 시스템의 고도화, 충분한 통신 리소스 확보, 대규모 저장 용량의 확보 등이 필요하다. 이는 기존의 계량 및 데이터 수집 시스템이 가전기기 등과 같은 작은 단위까지 확장할 수 있도록 되어 있지 않기 때문이다. 또한 통신 수단의 가용 대역폭 역시 대규모 데이터 수집하는데 충분하지 않으며, 저장 수단도 대량 데이터에 부적합한 상황이다. 이 분야에 널리 사용되어 온 기술은 중앙 집중형 SCADA에 기반을 둔 클라이언트-서버 모델이지만, 이 모델은 많은 데이터가 필요한 어플리케이션으로 확장될 수 없는 한계가 있다.

그림1. 빅데이터 기반 수요 반응의 일반적인 프로세스

위에서 언급한 바와 같이, 데이터는 스마트그리드 AMI 네트워크를 통해 수집되며, 스마트그리드는스마트미터를 통해 에너지 사용량을 측정하고 저장하여 분석할 수 있다. 이 네트워크는 홈 네트워크에서 광역 네트워크에 이르기까지 다양한 어플리케이션으로 구성된다. 홈 네트워크(home area networks; HANs)는 스마트미터와 개별 전력 디바이스, 가전기기들과의 통신으로 스마트미터를 통해서 이들 기기들을 제어하는 것도 가능하다. 인접지역 네트워크(neighborhood area networks; NANs)는 인근의 여러 HAN들에서 수집된 계량 데이터를 데이터 집중 장치(data concentrator unit; DCU) 등을 통해 유틸리티에 전달하여 다양한 분석에 활용하는 네트워크이며, 상위에 있는 광역 네트워크(wide-area networks; WANs)는 측정된 데이터를 유틸리티의 중앙 제어 장치 등으로 전송하여 실시간 광역 모니터링, 계통 보호, 제어 등의 계통 운영에 활용한다. 통신 측면에서는 HAN 어플리케이션에는 비교적 낮은 주파수의 데이터 전송 속도 (최대 수백 Kbps)와 짧은 커버리지 거리 (최대 수백 미터)를 가진 통신 도구로도 충분한데, 이는 HAN에서 이루어지는 통신이 스마트미터와 가전 제품 간의 통신만 존재하고, 통신 거리는 소비자의 구내지역으로 짧기 때문이다[3, 4]. 대신에, HAN에서 요구되는 통신 특성은 저비용 및 저전력이면서도 보안을 갖추어야 한다는 제약이 있다. 이러한 요건을 갖춘 통신 기술로 ZigBee(IEEE802.15.4), PLC(Power Line Carrier), Wi-Fi(IEEE802.11), Z-wave 등이 있으며, HAN에 널리 쓰이고 있다. 반면에, NAN에서는 다수의 소비자와 유틸리티 DCU 사이에 데이터 통신이 이루어지기 때문에 수십 Mbps에 이르는 고속 통신과 수십 km에 이르는 전송 거리가 요구된다[3, 4]. 따라서 ZigBee와 Wi-Fi 메쉬 네트워크, PLC, WiMAX (IEEE802.16m) 등과 GPRS, LTE와 같은 이동통신 무선 네트워크가 대부분이 장거리 통신에 사용된다. WAN에서는 데이터 전송 속도가 1 Gpbs 수준으로 빠르고 전송 거리가 수백 km에 이를 정도로 넓기 때문에, 전력 계통의 동적 안정성 제어 요건을 충족하기 위해 이동 통신과 WiMax 방법이 일반적으로 사용된다[3, 4].

그러나 데이터 양이 상당히 많을 경우, 이들 첨단 기술 모두를 새로 도입하는데 여러 기술적, 경제적 제약으로 인해 한계가 있다. 따라서 기존 시스템에서 이미 활용 가능한 데이터 세트를 이용하여 데이터를 분석하는 여러 기법들이 적용되고 있다. 수집 및 전송 프로세스를 거친 모든 활용 가능한 데이터는, 활용 목표에 따라 여러 단계(multi-stage) 데이터 스토리지 아키텍처에 저장되는데, LSE가 자주 접속하는 데이터는 가장 빠른 저장 시스템에 저장되고, 사용 빈도가 낮은 데이터는 속도가 느린 저장 시스템에 저장되는 방식이 이용된다. 이후에 저장된 데이터의 품질을 확인하여, 불량 데이터를 검출하고 오류 값을 찾아낸 후에 수정되고 누락 데이터는 대체된다. 다음으로 여러 다른 소스에서 수집된 다른 유형, 다른 사양의 데이터를 통합하는데, 이 과정이 빅데이터의 처리에서 가장 까다로운 작업 중의 하나이다. 여기에서 에너지 빅데이터는 다양한 데이터 수집 장치, 어플리케이션에 의해 수집되기 때문에, 시간, 공간 해상도, 크기, 구조, 형식 등과 같은 데이터의 사양이 서로 다르다는 점을 유의할 필요가 있다. 이와 같이 기종이 상이하고 이질적인 데이터를 통합하는 일은, 빅데이터 분석에서 모든 가용한 데이터를 탐색하는데 매우 중요한 과정이다. 그런 다음 데이터 마이닝을 수행하는데, 분산 데이터 마이닝(distributed data mining), 차원 축소 기법들을 사용하여 정보 손실없이 데이터의 양을 줄이는 것과 같은 여러 목적을 가지고 데이터 마이닝이 진행된다. 마지막으로 이들 대규모 데이터 세트를 이용해서 실시간 DR 어플리케이션이 가능하도록 유용한 정보를 추출하는 것은 또 다른 도전과제이다. 여기에는 인공 신경망(ANN), 베이지안 네트워크와 같은 머신러닝(ML) 알고리즘이 일반적으로 사용된다.

위에서 언급한 방법 외에도 가상화(virtualization), 인메모리(in-memory) 컴퓨팅과 같은 고급 컴퓨팅 기술이 데이터 분석의 모든 단계에서 연산 부담을 줄이기 위한 목적으로 빅데이터 관리에서 많이 사용된다. 이에 대한 대안으로, 고성능 컴퓨터 자원을 사용하여 실시간 고속 데이터 처리를 할 수도 있다. 이러한 모든 방법과 도구를 통해 얻은 빅데이터를 스마트그리드 환경에서 다양한 목적에 효과적으로 사용할 수 있다. 예를 들어, 이러한 데이터는 소비자의 에너지 소비 행동을 반영하여 발전과 계통 운영을 최적화하는 의사결정을 지원할 수도 있다. 신재생 에너지의 발전량을 예측하거나, 전력소비 예측 등의 성능을 높일 수도 있다. 또한 보다 효율적인 동적 요금제 메커니즘을 개발하는 데에도 사용될 수 있다. 이들을 통해서 얻을 수 있는 편익은 다음에서 설명된다.

3.1 에너지 소비 행동 분석

DR 프로그램의 효율성에 영향을 미치는 주요 요인 중 하나는 소비자의 에너지 소비 행동이다. 소비자의 행동이 시간과 공간에 따라 어떻게 달라지는지를 알 수 있으면, 계통 운영자는 전력 계통에서 에너지의 수요와 공급의 균형을 보다 잘 관리할 수 있다. 또한 이러한 정보는 계통 운영자가 밸런싱 서비스에 대한 의사 결정을 할 때, 의사 결정에 추가적인 유연성(flexibility)을 제공한다. 소비자들도 계통 운영자들과의 실시간 커뮤니케이션을 통해서 자신들의 에너지 소비 패턴을 알게 되면, 에너지를 보다 효율적으로 이용하는 방향으로 행위 패턴을 바꾸어서 에너지 비용을 절약할 수도 있다.

전력 소비자의 에너지 소비 행동은 여러 객관적인 요인들과 주관적인 요인들에 영향을 받는다. 객관적 요인들은 내적(internal) 요인과 외적(external) 요인으로 구분된다. 내적 요인으로는 소득, 교육 수준, 주거 구조, 주거 시간 등이 있으며, 외적 요인으로는 에너지 정책, 에너지 가격, 기상 조건 등을 들 수 있다. 주관적인 요인은 에너지 소비자의 의도와 인식과 관련되는 요인들이다.

시공간적 상관 관계를 이용하여 넓은 지역에 분산되어 있는 가정들 사이의 에너지 측정 데이터로부터 상당량의 가치 있는 정보를 발견할 수 있다. 이들 데이터를 분석하면 다양한 소비자의 에너지 사용 패턴을 파악하는데 도움이 되며, 소비자 별로 고유한 에너지 소비 패턴을 결정할 수 있다. 그러나 스마트 미터에서 생성되는 다량의 데이터는 데이터의 전송, 저장, 처리와 관련하여 다양한 문제를 발생시킨다. 따라서 정보를 거의 훼손하지 않으면서 데이터 크기를 줄이는 다양한 접근 방식이 실제 사례에서 사용되고 있다. 차원 축소로 알려진 이 방법은 허용 가능한 오차 범위에서 데이터 처리를 용이하게 하고, 저장 용량, 컴퓨터 연산 시간을 줄이면서, 중복된 기능을 제거하여 성능을 향상시킬 수 있다. 다양한 방법들이 차원 축소를 위해 이용된다. 예를 들어, 누락 값이 있는 변수들은 데이터 세트에서 대체할 데이터가 없을 경우 무시할 수 있다. 또한 분산이 작거나 상관 관계가 높은 변수들은 제거될 수 있다. 의사 결정 트리와 랜덤 포레스트 기법이 위에서 언급한 여러 문제들을 다루는데 사용될 수 있다. 각 변수들이 어떠한 영향을 미치는지는 변수들을 순서에 따라 하나씩 추가하면서 그 변화를 살펴봄으로써 확인할 수 있다.

3.2 부하의 구분

DR 어플리케이션에서 소비자들의 에너지 사용량, 기존 발전 및 신재생 발전설비들의 발전량, 에너지 가격 등의 정보는 필터링, 분석, 분류 등의 작업을 통해서 다양한 형태로 가공되어 DR 프로그램의 효율을 향상시키는데 이용될 수 있다. 에너지 소비 측면에서 각 소비자는 에너지 가격 변화, 날씨, 하루 중 시간 등에 따라 각기 다르게 반응한다. 따라서 많은 수의 에너지 소비 패턴 정보들을 모아서 이를 미리 그룹화해두면, 효과적인 마케팅 전략을 개발하거나 개별 고객들에게 개인 맞춤형 서비스를 제공할 수 있다. 이렇게 데이터를 세분화하여 구분하는 과정은 전력 부하 분류(electric load classification)로 불린다.

부하를 여러 프로파일로 효과적으로 분류하기 위해 데이터 세트를 분석하는 데이터 마이닝, 목적에 맞도록 정보를 추출하는 과정, 데이터를 특정 구조로 변환하여 좀더 쉽게 이용하기 위한 방법 등이 문헌 연구와 실제 사례에서 자주 다루어진다. 데이터 마이닝 기법 중에는 머신 러닝에 기반을 둔 방법들이 부하를 분류하는데 많이 사용되어 왔는데, 이 방법이 주어진 데이터를 기술하는 정확한 수학 모델인 없는 상황에서 효과적으로 사용할 수 있기 때문이다. 또한 K-means, 퍼지 c-means, 계층적 클러스터링(hierarchical clustering), 자기 조직화 지도(self-organizing map; SOM) 등이 특히 부하를 분류하는 작업에서 좋은 성능을 보이는 것으로 알려져 있다.

비계층적(nonhierarchical) 클러스터링 알고리즘인 K-means 클러스터링은 기본적으로 각각의 관측 지점과 클러스터 중심점 사이의 거리를 계산해서 가장 가까운 평균을 갖는 클러스터에 해당 관측 지점을 할당하는 형태로 데이터 세트를 분할하는 방법이다. 이 방법은 부하 분류 연구 문헌에서 널리 사용되고 있는데, 그 이유는 방법이 단순하면서도 동작 효율이 좋기 때문이다. 하지만 설정한 클러스터의 개수와 초기 클러스터 중심점 위치에 따라 모델의 성능이 크게 영향을 받는다. 이와 달리, 퍼지 c-means 방법에서는 데이터 포인트가 모든 클러스터에 속하는 것으로 가정하고 속한 정도(belonging) 또는 멤버십(membership)을 계산한다. 그리고 목적 함수를 최소화 시키는 과정을 반복 수행하면서 멤버십 수준을 계속 업데이트한다. 이 방법에서도 K-means와 마찬가지로 초기 클러스터 중심점의 위치와 클러스터의 개수가 결과에 영향을 준다. 상대적으로 적용하기가 쉬운 장점 때문에, 부하 분류에서 계층적 클러스터링 방법에 대한 관심이 최근에 증가하고 있다. 이 방법은 각각의 관찰 지점이 각자 클러스터를 갖는 것으로 가정을 하고 시작을 해서, 종료 기준(termination criteria)에 도달할 때까지, 거리를 계산하고 계속해서 합치는 작업을 수행한다. 여기에서 거리는 가장 먼 이웃까지의 거리가 연산에 사용되며, 종료 기준은 응집 전략(agglomerative strategy)로 알려져 있다. 한편, 반대의 방법으로 모든 관찰 지점들이 하나의 클러스터에 있는 것으로 가정을 하고 시작을 해서, 클러스터를 계속해서 분할하는 방법도 시도되는데, 이러한 방법을 분기 전략(divisive strategy)으로 부른다. 일반적인 ANN 모델과 달리 비지도 학습 신경망 방법인 SOM은 경쟁 학습(competitive-learning)을 이용하여 가중치를 학습시킨다. SOM 역시 부하 분류에 다양한 적용 사례가 발표되고 있으며, 네트워크 가중치, 인접 함수(neighborhood functions) 등과 같은 최적 인자(optimum factors)를 찾는데 좋은 결과를 보여주고 있다.

부하를 분류하는 연구에 최근에는 서포트 벡터 클러스터링(support vector clustering), 반복 개선 클러스터링(iterative refinement clustering), 꿀벌 짝짓기 최적화(honey bee mating optimization), 리더 따라하기(follow the leader) 등과 같은 새로운 방법들이 시도되고 있다. 또한 중앙 집중 프레임워크에서는 소비자와 유틸리티의 메인 프로세서 사이에 많는 데이터를 주고 받는 것은 경제적으로 비용 효과적이지 않기 때문에, 분산 데이터 분석 방법이 폭 넓게 쓰이기 시작하고 있다는 점에 유의할 필요가 있다. 분산 프레임워크에서는 데이터 마이닝 알고리즘을 구동하는데 필요한 연산 및 통신 자원이 작게 소요된다.

3.3 수요 예측과 신재생 발전량 예측

전력 계통에서 수요와 신재생 에너지의 발전량은 일정하지 않으며, 전력 가격, 기상 조건 등 수 많은 변수들에 의해 영향을 받기 때문에 DR 프로그램의 운영을 복잡하게 만드는 요인들이다. 따라서 수요 예측, 전력시장 가격 예측, 신재생 발전량 예측은 효과적인 DR 프로그램 운영을 위해 핵심적인 도구들이다. 예측의 정확성을 높이게 되면 특정 시점에서 발전소들의 발전량 수준을 조정할 수 있게 되어 계통 운영비를 낮추고 전력 계통의 신뢰성을 높일 수 있다. 또한 수요와 가격의 상관 관계를 고려하여 계통 운영자가 시장 가격을 조정하는 데에도 도움이 된다[5].

예측의 정확성을 높이기 위해서는 실시간으로 대량의 데이터를 처리할 필요가 있다. 예를 들어, 전력 수요를 예측하는 작업에는 과거의 수요 이력 데이터와 함께 수요에 영향을 주는 다양한 요인들이 함께 고려된다. 이들 요인에는 빌딩의 위치, 크기, 형태 등과 같은 빌딩 사양, 전력 소비자의 습관 및 행동 패턴, 소득, 교육 수준, 등과 같은 사회 경제적 요인, 하루 또는 계절별로 달라지는 기온, 습도와 같은 날씨 변수 등이 있다. 수요 예측에 관한 최근의 연구들은 예측의 대상을 각 가정 수준까지 세분화하고 심지어는 개별 가전기기에까지 확장하는데 초점을 두고 있는데, 이들 작은 단위에서 수집되는 상세한 데이터를 이용하기 때문에, 입력 데이터와 출력 데이터의 크기가 계속 증가하고 있다. 여기에서 스마트그리드를 통해서 새로운 기술들이 부각되면서 향후에는 DR 분야에서 다루어야 하는 예측의 대상과 방법이 더 넓어질 것이라는 점에 유의할 필요가 있다. 예를 들어, 플러그인 하이브리드(plug-in hybrid) 전기자동차의 충전 부하를 예측하는 작업은 운전자의 습관에 대한 데이터와 자동차 운행 패턴에 대한 데이터의 분석을 통해 진행되는데, 그 결과는 DR 프로그램의 효율적 운영에 영향을 미치기 때문에 유망한 연구 주제라 할 수 있다. 태양광과 풍력 발전량을 예측할 때는 일반적으로 풍속과 일사량에 대한 이력 데이터가 활용되는데, 풍향, 기압, 온도, 발전소 인근의 지형 구조 등의 다른 기상 정보들도 활용된다[6].

스마트그리드 환경에서는 보통 다음의 3가지 유형의 데이터가 예측 작업에 이용된다. (i) 예측하고자 하는 변수의 이력 데이터, (ii) 수요 예측에서의 전력 시장 가격, 신재생 발전량 예측에서의 기온 등과 같은 다양한 외생 변수의 이력 데이터, (iii) 수요 예측에서의 사회 경제적 요인, 신재생 발전량 예측에서의 발전에 영향을 미치는 물리적 특징 등과 같이 예측하고자 하는 변수에 영향을 미치는 매개 변수[7]. 또한 예측하고자 하는 지점의 인접 지역에서 수집된 데이터도 입력 데이터 세트에 포함될 수 있다. 데이터 분석에 사용되는 예측 변수와 외생 변수들의 이력 데이터는 주로 최근에 측정된 데이터가 사용된다. 하지만 경우에 따라서, 예측 기간에 유사일(similar days)에 대한 정보가 필요한 경우에는 전년도에 측정된 데이터가 필요할 수 있는데, 특히 에너지 소비와 기상 조건의 관계에서 비교적 일정한 패턴을 도출하려는 경우에서 이런 데이터가 요구된다[7].

세 가지 유형의 데이터를 함께 사용하거나, 위치 별로 적어도 하나 또는 두 가지 유형의 데이터를 사용하여 예측을 진행하면, 예측 모형은 식(1)과 같은 다변량(multivariate) 모델로 변환된다.

$$y_t^{r^*,v^*} = \sum_{\substack{r=1\\v=1}}^{R,V} \sum_{i=1}^{p} y_{t-i}^{r,v} \phi_i^{r,v} \tag{1}$$

여기에서, $y_t^{r^*,v^*}$는 예측하고자 하는 타겟 변수이며, t는 시간, r은 지역, v는 변수를 의미한다. R과 V는 각각 지역의 개수, 변수의 개수를 나타낸다. $\Phi_i^{r,v}$는 회귀 계수이고 p는 모델의 차수를 의미한다. 식(1)은 식(2)와 같이 데이터의 양을 관찰할 수 있는 형식으로 확장하여 수요 예측과 신재생 발전 예측에 사용할 수 있다.

$$\begin{bmatrix} y_{p+1}^{r^*,v^*} \\ y_{p+2}^{r^*,v^*} \\ \vdots \\ y_{p+N}^{r^*,v^*} \end{bmatrix} = \left[\begin{matrix} y_p^{1,1} & \cdots & y_1^{1,1} \\ y_{p+1}^{1,1} & \ddots & \vdots \\ \vdots & \ddots & \vdots \\ y_{p+N-1}^{1,1} & \cdots & y_N^{1,1} \end{matrix}\right| \begin{matrix} \cdots & \cdots \\ \cdots & \cdots \end{matrix} \left| \begin{matrix} y_p^{R,V} & \cdots & y_1^{R,V} \\ y_{p+1}^{R,V} & \ddots & \vdots \\ \vdots & \ddots & \vdots \\ y_{p+N-1}^{R,V} & \cdots & y_N^{R,V} \end{matrix}\right] \begin{bmatrix} \phi_1^{1,1} \\ \vdots \\ \phi_p^{1,1} \\ \vdots \\ \vdots \\ \phi_1^{R,V} \\ \vdots \\ \phi_p^{R,V} \end{bmatrix} \tag{2}$$

여기에서, $p+N$은 예측 모델의 학습 단계에서 데이터화된 타겟 변수의 수를 나타낸다. 식(2)에서 볼 수 있듯이, 회귀 계수 벡터에 사용된 데이터의 수는 여러 지역에서 측정된 각 변수들의 총 관측 숫자와 동일하도록 되어 있는데, 이는 곧 데이터의 량이 엄청나게 크고, 측정 주기가 길어서(low time granularity) 훈련 시간이 몇 시간 이상으로 길어지고 결과적으로 예측 결과가 부정확하게 될 것이라는 점을 의미한다. 식(1)과 식(2)는 자기 회귀 기반(autoregressive-based) 방법에 사용되는 데이터의 구조라는 점에 유의할 필요가 있다. 동일한 입력 데이터 세트를 활용해서 시계열 방법 또는 머신 러닝 기반 방법을 이용한 데이터 기반 예측도 가능하다.

복잡한 데이터를 좀더 의미 있는 구성 요소들로 나누면 모델링을 보다 용이하게 할 수 있는데, 이를 통해 예측의 정확성을 향상시킬 수 있다. 이와 같이 분해 방법(decomposition methods)을 도입하면 데이터의 양이 한층 증가하게 된다[7]. 예를 들어, 웨이브렛 변환(wavelet transform; WT)을 통해 시계열 데이터를 몇 개의 하위 시계열 데이터로 나누게 되면, 입력 데이터의 양이 몇 배 증가하게 된다. 또 다른 분해 방법인 경험 모드 분해(empirical mode decomposition; EMD)에서는 하위 시계열의 수가 WT에 비해서 더 커질 수가 있다.

방대한 양의 데이터를 사용할 때 발생하는 문제들을 다루면서도 만족할만한 수준의 정확성을 유지하고 특히, 실시간 예측 등으로 활용하려면, 특성 선택(feature selection)으로 불리는 변수 선택 방법이 가장 효과적인 방법의 하나로 제시되고 있다. 이 방법은 기본적으로 여러 변수의 세트에서 가장 관련이 있는 변수를 선택하여, 모델을 구성하는데 사용되는 변수의 수를 줄이는 것을 목적으로 한다. 예를 들어, 시간 변수의 경우에는 요일(days of week), 시간(hour) 등의 변수가 있고, 기상 변수의 경우에는 기온, 기압 등에서 선택된다. 데이터의 유형과 특징에 따라서 여러 특성 선택 방법들이 사용될 수 있는데, 통계 분석, 상관 분석(correlation analysis), 주성분 분석(principle component analysis), 민감도 분석(sensitivity analysis), 부하 곡선 분석(load curve analysis) 등의 여러 방법이 있다. 이들 방법 중에서 상호 정보(mutual information; MI) 기준법은 예측하고자 하는 변수와 각 변수들의 MI를 비교해서 정보 값(information value)이 높은 순서로 나열한다. 이렇게 해서 높은 정보 값을 갖는 변수들만 예측에 활용한다. 가장 유용한 특성을 선택하고, 불필요하거나 성능에 미치는 영향이 미비한 특성들을 제거하기 위해 다양한 최적화 기법들이 효과적으로 이용될 수 있다. 최적화 기법을 활용하면, 시계열 데이터 구조에서 타겟 변수와 여기에 영향을 주는 영향 변수와의 관계를 파악할 수 있는데, 이 관계는 예측 모델을 만드는데 있어서 가장 중요하다. 새들이 무리를 지어서 다니는 행동에 영감을 받은 입자 무리 최적화(particle swarm optimization; PSO) 모델, 개미들이 최단 거리를 찾는 행위에서 영감을 받은 군집 최적화(colony optimization) 모델 등이 영향 인자를 결정하는 데에 많이 사용된다. 정보 엔트로피 이론(information entropy theory)은 연구 문헌에서 자주 다루어 지는데 이 방법 역시 관련이 없는 변수들을 줄이고 이를 통해 수렴 속도(convergent speed)를 높이기 위한 목적으로 이용된다.

또한 클러스터링 방법으로 시계열 이력 데이터를 전처리(preprocessing)하면 좋은 예측 결과를 얻을 수 있다. 또한 각 클러스터 그룹마다 다른 방법으로 모델링을 할 수 있다. 이러한 전처리 과정은 위에서 언급한 최적화 알고리즘을 수행할 때 보통 함께 이용된다. 마찬가지로, SOM 네트워크는 입력 데이터 세트를 유사한 특성을 가진 여러 개의 하위 집합으로 나눌 때 널리 사용되는데, 이 방법은 분류 기준(classifying criteria)에 관한 사전 지식이 없어도 클러스터링을 할 수 있기 때문에 비지도 학습으로 볼 수 있다. 다음으로 각각의 클러스터링된 하위 집합에 대해서 각기 다른 예측 방법을 적용할 수 있는데 일반적으로 ANN, SVM 등과 같은 머신 러닝 방법들이 이용되지만, 데이터의 특성에 따라서 달라질 수 있다.

계통에서는 여러 다른 센서, 계량기에서 데이터가 취득 되는데, 데이터의 일부에는 여러 이유로 인해서 오류 데이터가 포함될 수 있다. 오류를 발생시키는 요인으로는 악천후, 측정 장치의 오동작, 데이터의 전송 및 저장에서 발생하는 문제 등이 있을 수 있다. 이들 오류 데이터는 예측 모델의 성능에 심각한 영향을 끼칠 수 있다. 따라서 불량 또는 노이즈가 있을 가능성이 높은 데이터는 예측 단계 이전에 필터를 통해 제거되어야 하며, 여기에는 다양한 임계치(thresholds)와 기준이 사용된다. 다른 말로 표현하면, 데이터의 크기가 미리 정해 놓은 임계치 이상 또는 이하일 경우, 이들 데이터를 입력 데이터 세트에서 제거한다. 임계치는 보통 훈련 단계에서 정의된다. 여러 필터링 방법 중에 선형 위상 필터(linear-phase filter)의 특수한 사례인 영 위상 필터(zero phase filter)를 사용하면 원본 데이터와 매우 근접한 데이터를 제거하는데 일반적으로 좋은 결과를 기대할 수 있다. 하지만 일부 경우에 있어서는 원본 데이터에서 에러 데이터를 구분하는 것이 불가능한 경우가 있다는 점을 인식할 필요가 있다. 이 경우에 필터링 모델을 사용함과 동시에 사람의 직접적인 개입이 필요하다.

3.4 동적 요금제의 운영

매 시간마다 전력 가격을 다르게 하여 공급하면 전력 계통의 총 에너지 소비의 상당 부분을 증가시키거나 감소시킬 수 있는데, 이는 소비자들이 변동하는 가격에 맞춰 반응을 하기 때문이다. 동적 요금제, 실시간 요금제(real-time pricing)로 불리는 이러한 요금제에서는 유틸리티가 스마트미터를 통해서 전력 소비자들에게 요금 정보를 전달하고, 소비자들은 이에 따라 각자의 에너지 소비 행동을 변화시킴으로써 전력 계통의 안정성을 향상시킬 수 있다. 전력 소비자 관점에서 동적 요금제의 가장 큰 편익은 소비자 스스로 수요를 잘 조절하거나, 특정 계약 기간 동안에 계통 운영자가 자신이 소유한 전력 기기를 제어할 수 있도록 허용함으로서 총 에너지 사용 가격 즉, 청구되는 전기 요금을 크게 줄일 수 있다는 점이다. 전력 소비자는 피크 시간에 사용될 전기를 전기 요금이 상대적으로 저렴한 경부하(off-peak) 시간으로 부하 이전(shift)하여 이러한 목적을 달성할 수도 있다. 이러한 과정은 식(3)과 같이 수식으로 표현될 수 있다.

$$minimize\ E = \sum_{t} P_{\text{grid},t} \cdot \Delta T \cdot \lambda_{\text{buy},t} \tag{3}$$

여기에서, $P_{grid,\ t}$는 전력 망에서 유입되는 전력을 나타내며 ΔT는 단위 변동 시간(time granularity), $\lambda_{\text{buy},\ t}$는 해당 시간 구간에서의 전력 가격을 의미한다.

식(3)에서 ΔT는 분석에 사용될 데이터의 양에 큰 영향을 미친다. 만일 이 값이 계통 운영에서 일반적으로 요구되는 데이터 수집의 시간 단위와 비슷한 수준인 수 초 단위라고 하면, 데이터의 양은 엄청나게 커진다. 반면에 ΔT 값이 주택용 스마트미터의 검침 주기인 10분 또는 15분 수준일 경우, ΔT는 주택용에 충분하다고 할 수 있다. 식(4)에서 구분하는 바와 같이, 전력 계통에서 산업용, 상업용, 주택용 고객들의 부하는 유연한(flexible) 부하와 유연하지 않은(inflexible) 부하로 구분된다. 유연한 부하는 필요에 따라 사용량의 조절이 가능한 부하를 의미하며, 유연하지 않은 부하는 조절이 곤란한 부하로, 예를 들어, 산업/상업 건물의 가동을 위한 필수 기기들의 동작, 주택용 건물에서 거주자의 편의(comfort) 관련된 전기 사용이 여기에 해당한다. 이들 유연하지 않은 부하들은 제어가 가능한지 여부에 따라 다시 두 가지로 구분된다. (1) 직접 제어가 가능한 부하(interruptible loads): 특정 시간 (일반적으로 분 단위로)에 전원을 끌 수 있는 부하 (2) 부하 이전이 가능한 부하(deferrable loads): 전기 사용을 특정 시간(일반적으로 시간 단위) 이후로 옮겨서 사용하도록 스케줄 조정이 가능한 부하

$$P_{\text{grid},t} = P_{\text{inflex\_load},t} + P_{\text{flex\_load},t} \tag{4}$$

동적 요금제의 실제 적용 사례와 연구 문헌들에서는 대부분 상업용, 산업용 고객들에게 미치는 효용을 탐구하는데 초점을 맞춰 왔다. 이는 이들 고객들의 전력 사용량이 전체 전력 수요에서 차지하는 비중이 상대적으로 많고, 좀더 예측 가능한 전력 프로파일을 갖고 있기 때문이다. 하지만 최근 들어 주거용 단지에서 사용되는 전력 소비량의 비중이 크게 증가하여 이

분야로 방향을 전환한 연구 결과[8]가 발표되고 있다. 상업/산업용 빌딩을 대상으로 진행된 연구들과 비교해 볼 때, 주택 단위의 연구에서는 데이터 세트에 제어 가능한 여러 가전 기기들의 데이터들이 포함되기 때문에 검침 데이터의 양이 상당히 큰 경향이 있다. 이외에도 주택용 고객들의 에너지 소비 행위에 동적 요금제가 미치는 영향을 정확하게 모델링하려면 소비자들이 언제, 어떤 목적으로 가전기기를 사용하고 끄는지를 알아야 하기 때문에, 전기 사용량 이력 데이터와 함께 인터뷰, 설문조사 등의 데이터가 필요하게 된다. 조사 대상이 되는 자료로는 가전 기기의 보유 현황과 각 가전기기의 사양 정보, 각 가전기기의 사용 빈도와 운영 시간, 주택 거주 시간 등이 있다. 수십 만명의 고객들로부터 100여개가 넘는 질문에 대한 응답을 포함한 다량의 데이터를 조사하면 시간대별 전력 소매 가격을 효과적으로 조절하는 데 필요한 가치 있는 정보를 생성할 수 있다. 이와 함께, 가격 변화에 따른 소비자들의 수요 반응을 관찰하고, 수요 반응을 모델링하여 에너지 관리시스템(EMS) 등에 활용하려는 연구들이 최근 몇 년간 관심을 받아 왔다. 이들 연구들은 모두 데이터 집약적인(data-intensive) 작업이 필요해서 매우 번거롭고, 방대한 양의 데이터를 처리하는 데 어려움을 겪는다. 따라서 향후에는 빅데이터 분석 기술이 효과적인 동적 요금제 운영을 위해 핵심적인 역할을 할 것으로 기대된다. 현재까지는 빅데이터 분석 기술을 동적 요금제에 적용한 연구들이 매우 적은 상황이지만 이 분야는 유망한 연구 분야이며, 동적 요금제 프로그램이 전 세계에 걸쳐서 확산되면서, 이 분야의 연구도 점차 보편화될 것으로 기대된다.

4. 데이터 기반 수요 반응 연구 및 적용 사례

위에서 언급한 바와 같이, 데이터 마이닝과 머신 러닝 기법은 스마트미터와 센서에서 생성되는 엄청난 양의 데이터를 처리하고 분석하여 DR 프로그램에 필수적이다. 이러한 목적을 가지고 다양한 연구가 진행되어 논문으로 발표되어 왔는데, 특히 지난 10년 동안에는 빅데이터의 데이터 소스와 에너지 분야에서 적합한 데이터 관리 기법에 관한 연구가 주류를 이루었다.

참고 문헌[9]에서는 동적 수요 반응(dynamic demand response; D2R) 개념을 가지고 클라우드 기반 소프트웨어 프로그램을 개발하여, 사우스 캘리포니아 대학의 마이크로그리드(micro-grid) 실증 프로젝트에 적용한 바 있다. 이 연구에서는 데이터 관리 기술과 함께, 정돈된 데이터를 사용하여 수요 및 감축량 예측 모델을 개발하고 실증 프로젝트의 DR 잠재량을 평가하고자 하였다[9]. 참고 문헌[10]은 기계와 기계 사이(machine-to-machine; M2M)

의 통신이 증가함에 따르는 영향을 스마트그리드 데이터의 양 관점에서 분석하였다. 이와 함께 이 연구에서는 M2M 통신에서의 새로운 데이터 관리 기법도 제안되었다[10]. 스마트미터 데이터의 크기를 줄여서, 컴퓨팅 속도를 높이기 위한 목적으로 참고문헌[11]에서는 무작위 투영(random projection)을 이용해서 데이터 차원의 축소를 진행하였다. 참고문헌[12]에서는 고객 부하 곡선을 분류하는 작업에 ANN 방법을 사용하였다. 데이터 하베스팅(harvesting)을 효과적으로 하기 위해, 참고문헌[13]에서는 비지도 학습 기법을 바탕으로 온라인 클러스터링 방법을 제안한 바 있다. 참고문헌[14]에서는 에너지 수요 예측에 분산 데이터 분석 방법을 적용하였다. 여기에서 소개되지 못했지만, 이외에도 여러 기술 연구들이 스마트그리드에서 전력 수요와 관련된 새로운 빅데이터 관리 기법들을 제안하고 있다.

이와 함께 여러 편의 리뷰 논문들이 연구 문헌에서 발표되고 있다. 참고문헌[15]에서는 빅데이터에 바탕을 둔 스마트 에너지 관리에 대한 광범위한 문헌 조사를 진행하여, 빅데이터의 특성에 대한 상세한 분석과 더불어 에너지 분야에서 수요 관리에 적합한 프로세스를 제시하고 있다. 참고문헌[15]에 따르면, DR에 필요한 주된 데이터 소스로 앞에서 언급한 바와 같이 AMI를 지적하고 있다. 스마트미터의 보급이 빠르게 증가하고 있기 때문에, 스마트미터에서 수집되는 데이터의 양도 점차 엄청나게 증가하고 있다. 예를 들어, 100만대의 스마트미터가 매 15분 간격으로 검침을 할 경우, 연간 축적되는 데이터의 양안 3k 테라바이트에 이른다[15]. 이외에도 참고문헌[15]에서는 빅데이터 관리에 적합한 제품과 서비스를 제공하는 기업들과 상세한 문헌조사 결과를 제시하고 있다.

또 다른 리뷰 문헌으로 참고문헌[16]은 에너지 빅데이터가 주택용 고객의 에너지 소비 행위를 분석하는데 어떠한 기여를 할 수 있는지를 살펴보고 있다. 에너지 소비 행위에 대한 분석은 DR에서 매우 중요한 분석 중에 하나이다. 참고문헌[16]에서는 정보 과학(information science)의 관점에서 에너지 소비와 관련된 사회적 이슈(social issues)가 에너지 소비에서 발생하는 빅데이터의 이해를 높이는데 매우 중요하다는 관점을 제시하고 있다. 이러한 맥락에서 참고문헌[17]에서는 스마트그리드 비전을 달성하기 위해 동적인 에너지 관리(dynamic energy management)를 구현할 때 직면하게되는 빅데이터 이슈와 도전 과제들을 논의하였다. 스마트그리드 비전에서 동적 에너지 관리가 직면 한 커다란 데이터 문제와 과제는 참고문헌[17]에서도 논의되었다. 여기에서는 이와 관련된 빅데이터 처리 방법을 전반적으로 리뷰하였으며, 향후 부각될 수 있는 개념들도 함께 논의하였다. 이외에도 스마트그리드 비전에서 빅데이터에 관한 다양한 조사 연구결과들은 참고문헌[18-20]에서 찾아 볼 수 있다.

DR 솔루션의 확산이 전 세계에 걸쳐서 진행되면서[21], 최근 들어 스마트 전력 계통 운영을 위한 빅데이터 어플리케이션의 보급도 점차적으로 늘고 있다. 몇몇 기업들은 이와 관련된 솔루션과 소프트웨어 구조를 발표하고 있다. IBM은 전력 계통 운영에 특화된, 다수의 맞춤형 빅데이터 관리 인프라 솔루션을 제공하고 있다. IBM이 제공하는 솔루션은 빅데이터의 크기를 줄여서 계통 운영자에서 전력 소비자에 이르기까지 계통의 여러 참여자들에게 의미 있는 산출물로 변환하는 전반적인 과정을 다루고 있다[22]. T-Systems사는 스마트그리드 관리와 예측을 위한 빅데이터 보안에서부터 고속 빅데이터 변환에 이르기까지, 전력 계통 참여자들에게 필수적인 빅데이터 솔루션의 여러 개념들을 제시하고 있다[23]. VPS사는 VPS ICE라는 전력 계통 운영 소프트웨어를 제공하는데, 자사의 솔루션이 시장에서 판매되는 어떤 종류의 하드웨어와도 결합될 수 있으며, 모든 범위의 에너지 관리에 활용될 수 있다고 언급하고 있다[24]. 지멘스는 EnergyIP로 제품화한 스마트미터 빅데이터 분석 도구를 유틸리티와 전력 계통 운영자들에게 제공하고 있다[25]. EnergyIP 분석 도구는 전기 도둑(theft)을 탐지할 수 있는 데이터 패턴 분석 방법, 취약하거나 과부하가 걸려 있는 장치 또는 발전소의 식별, 여러 전압 범위에서의 부하 예측 등의 기능을 제공한다. 계통 운영에 특화하지는 않았지만 Cisco[26], HP[27] 등의 IT 기업들도 최근에 여러 업종에서 사용할 수 있는 빅데이터 관리 소프트웨어 솔루션을 제공하고 있다. 참고문헌[15]에서는 전력 계통 운영에 초점을 둔 빅데이터 관리 솔루션을 제공하는 기업들을 조사하여 그 결과를 제시하고 있다.

DR 분야에서 빅데이터를 실제로 응용한 사례도 다수 존재한다. Pacific Northwest 스마트그리드 실증 프로젝트에서는 미국 5개 주에 걸쳐 6 만명이 참여하는 실증 사업을 진행하였는데, 2년 동안의 기간에 수 테라바이트의 데이터를 제공한 것으로 추정된다[28]. 이 프로젝트에서는 에어컨, 의류 건조기, 온수기 등의 단일 가전제품에 대한 직접 부하 제어(direct load control; DLC) 실증 실험을 진행할 경우, 이 과정에서 엄청나게 많은 데이터들이 생성되어 데이터 관점에서 상당히 부담이 될 것으로 논의가 되었다[28]. 테네시(Tennessee)주 채터누가(Chattanooga)시 산하의 유티리티인 EPB(Electric Power Board)는 오클리지 국립연구소(Oak Ridge National Laboratory)와 협력하여, 이 유틸리티가 전력을 공급하는 17만호의 주택용, 상업용 고객들을 수요 반응 프로그램에 참여시킬 수 있는 빅데이터 관리 소프트웨어를 개발하는 프로젝트를 진행한 바 있다[29]. 스페인의 전력 유틸리티 Viesgo는 지멘스와 협력하여, 이 회사의 70만 고객들의 스마트미터 데이터 관리에 EnergyIP 도구를 이용한 바 있다[30]. 또한 지멘스의 EnergyIP 도구는 지멘스와 독일 정부와의 협력을 통해서 독일 전력 시장에서 여러 목적으로 활용되고 있다[25]. 미국 텍사스의 오스틴(Austin)에서는 "Pecan Street 스마트그리드 프로젝트"가 진행되어, 수요 반응에 대한 실증을 수행하였는데 여기에서는 여러 신재생 발전소와 전력 고객들로부터 추출된 데이터가 사용되었다[31]. 이외에도 스마트그리드 환경에서 수요 반응과 관련된 빅데이터 관리 프로그램들의 적용과 실증이 전 세계 여러 지역에서 다수 진행되었는데, DR 솔루션을 주택용 고객의 개별 단위 가전 제품에까지 확산하려는 기술개발 방향과 병행하여 빅데이터 관리에 대한 요구는 한층 증가할 것으로 예상된다.

5. 요약 및 향후 전망

첨단 측정, 통신 및 제어 기술의 적용이 폭 넓게 진행되면서 스마트그리드 환경에서 다량의 데이터의 축적이 계속 증가하고 있다. 빅데이터의 이용과 관련되어 부각되고 있는 도전 과제는 다음의 2가지 분야, 즉 신재생에너지를 포함한 발전 쪽의 관리와 수요 관리(DSM)에서 연구되어 왔다. 발전 분야와 비교할 때, 수요 부분에서의 빅데이터는 수 많은 고객측 계량 기기에서 발생하는 것이 주류를 이룬다. 인센티브나 가격 등을 통해 피크 시간을 중심으로 수요를 조절하는 이들 프로그램이 전력 소비자의 에너지 소비 행위에 긍정적인 영향을 미치는 결과들이 나타나면서 지난 몇 년간 수요관리전략에 대한 관심이 증가하여 왔다. 이들 프로그램을 통해 계통 운영자는 다양한 동적 요금체계를 적용할 수 있게 되었고, 소비자들에게 피크 시간의 전기 사용량을 줄이거나, 특정 기기의 작동 시간을 변경하거나, 심지어는 비효율적인 전력 기기를 교체하도록 유도할 수 있다. 따라서 이러한 변화를 통해서 전력 수요를 원하는 방향으로 조절할 수 있게 되었다.

수집된 에너지 소비 데이터는 DR 프로그램을 효율적으로 적용하는 데 있어 가장 중요한 자원 중 하나라는 점은 명확하다. 이 때문에 이들 수집 데이터는 고품질 요건을 요구되며 누락 값이나 에러 데이터 등이 없어야 한다. 하지만, 실제 환경에서는 스마트 미터의 일시적인 오동작, 센서 불량, 관련 통신 도구 이상 등의 문제가 발생하여 고품질 요건을 갖추는 것이 가능하지 않다. 이러한 맥락에서 빅데이터 관리 기술은 가용 데이터를 활용하는데 필수적인 도구로 간주될 수 있다. 빅데이터 관리 기술을 이용하면, 서로 다른 데이터 세트에서 패턴을 정의하고, 부하 패턴 분류 등과 같이 이들 사이의 상관 관계를 규명할 수 있으며, 예측 분석, 불량 데이터 탐지 및 교정 등과 같은 데이터를 활용한 예측과 보완 업무를 수행할 수 있다. 이러한 작업들은 에너지 발전 스케줄을 설계하거나 실시간 에너지 가격을 설정하는 것과 같은 DR 프로그램의 운영을 최적화하는데 필수적이다.

빅데이터 접근법은 다른 영역에서 효과적으로 사용되어 왔다. 그러나 스마트그리드 환경에서, 특히 DR을 구현하는데 있어서는 다량의 데이터를 실시간으로 선택하고, 분류하고, 분석하고 예측해야 하는 어려운 점이 있다. 이 장에서는 빅데이터를 이용하여 DR 프로그램을 시행하려고 할 때 직면할 수 있는 도전 과제들을 살펴 보았다. 빅데이터에 기반을 둔 DR 프로그램은 앞에서 얘기하였던 여러 긍정적인 효과들과 더불어, 일부 문제들을 야기할 수 있다는 점을 인지할 필요가 있다. 예를 들어, 데이터 보안과 관련된 문제들은 DR 프로그램에서 데이터의 양이 증가할수록 점점 까다로운 문제가 될 것이다. 따라서 암호화 및 데이터 익명 처리와 같이 여러 분야에서 널리 사용되는 전통적인 보안 방법이 최근에 스마트그리드 환경에서 적용되기 시작하여, 데이터의 기밀성(confidentiality)을 보장하고 인증 및 액세스 제어와 같은 다양한 서비스를 제공하는데 이용되고 있다.

참고 문헌

[1] US Energy Information Administration, International Energy Outlook 2016, May 2016.

[2] A. Tascikaraoglu, B.M. Sanandaji, K. Poolla, P. Varaiya, Exploiting sparsity of interconnections in spatio-temporal wind speed forecasting using wavelet transform, Appl. Energy 165 (2016) 735-747.

[3] P. Siano, Demand response and smart grids—a survey, Renew. Sust. Energ. Rev. 30 (2014) 461-478.

[4] M. Kuzlu, M. Pipattanasomporn, S. Rahman, Communication network requirements for major smart grid applications in HAN, NAN and WAN, Comput. Netw. 67 (2014) 74-88.

[5] N.G. Paterakis, A. Taşcikaraoğlu, O. Erdinc, A.G. Bakirtzis, J.P. Catala~o, Assessment of demand-response-driven load pattern elasticity using a combined approach for smart house- holds, IEEE Trans. Ind. Inf. 12 (4) (2016) 1529-1539.

[6] A. Tascikaraoglu, B. Sanandaji, G. Chicco, V. Cocina, F. Spertino, O. Erdinc, N. Paterakis, J.P. Catalao, Compressive Spatio-temporal forecasting of meteorological quantities and pho- tovoltaic power, IEEE Transactions on

Sustainable Energy 7 (3) (2016) 1295 – 1305.

[7] A. Tascikaraoglu, M. Uzunoglu, A review of combined approaches for prediction of short–term wind speed and power, Renew. Sust. Energ. Rev. 34 (2014) 243 – 254.

[8] O. Erdinc,, A. Taşcikaraoğlu, N.G. Paterakis, Y. Eren, J.P. Catala ˜o, End–user comfort oriented day–ahead planning for responsive residential HVAC demand aggregation considering weather forecasts, IEEE Trans. Smart Grid 8 (1) (2017) 362 – 372.

[9] Y. Simmhan, S. Aman, A. Kumbhare, R. Liu, S. Stevens, Q. Zhou, V. Prasanna, Cloud–based software platform for big data analytics in smart grids, Comput. Sci. Eng. 15 (4) (2013) 38 – 47.

[10] Z. Fan, Q. Chen, G. Kalogridis, S. Tan, D. Kaleshi, in: The power of data: data analytics for M2M and smart grid, In 2012 3rd IEEE PES Innovative Smart Grid Technologies Europe (ISGT Europe), October, IEEE, 2012, pp. 1 – 8.

[11] A.D. Martins, E.C. Gurja ˜o, in: Processing of smart meters data based on random projections, In Innovative Smart Grid Technologies Latin America (ISGT LA), 2013 IEEE PES Conference on, 2013, April, pp. 1 – 4.

[12] M.N.Q. Macedo, J.J.M. Galo, L.A.L. de Almeida, A.D.C. Lima, Demand side management using artificial neural networks in a smart grid environment, Renew. Sust. Energ. Rev. 41 (2015) 128 – 133.

[13] A. Monti, F. Ponci, in: Power grids of the future: why smart means complex, In Complexity in. Engineering, 2010. COMPENG'10, IEEE, February, 2010, pp. 7 – 11.

[14] R. Mallik, N. Sarda, H. Kargupta, S. Bandyopadhyay, Distributed data mining for sustainable smart grids, Proc. ACM SustKDD 11 (2011) 1 – 6.

[15] K. Zhou, C. Fu, S. Yang, Big data driven smart energy management: from big data to big insights, Renew. Sust. Energ. Rev. 56 (2016) 215 – 225.

[16] K. Zhou, S. Yang, Understanding household energy consumption behavior: the contribution of energy big data analytics, Renew. Sust. Energ. Rev. 56 (2016) 810 – 819.

[17] P.D. Diamantoulakis, V.M. Kapinas, G.K. Karagiannidis, Big data analytics for dynamic energy management in smart grids, Big Data Res. 2 (3) (2015) 94 – 101.

[18] D. Alahakoon, X. Yu, Smart electricity meter data intelligence for future energy

systems: a sur- vey, IEEE Trans. Ind. Inf. 12 (1) (2016) 425–436.

[19] A. Vasilakos, J. Hu, Energy big data analytics and security: challenges and opportunities, IEEE Trans. Smart Grid. 7 (5) (2016) 2423–2436.

[20] H. Jiang, K. Wang, Y. Wang, M. Gao, Y. Zhang, Energy big data: a survey, IEEE Access 4 (2016) 3844–3861.

[21] N.G. Paterakis, O. Erdinc,, J.P. Catala~o, An overview of demand response: key-elements and international experience, Renew. Sust. Energ. Rev. 69 (2017) 871–891.

[22] IBM Solutions for Big Data Analytics in Power Systems. http://www-03.ibm.com/systems/uk/ power/solutions/bigdata-analytics/.

[23] T-Systems–Smarter Energy Management: Intelligent Monitoring of Power Usage, Big Data Analysis for Utilities. https://www.t-systems.com/blob/198454/6ab7d26105862dc24295d3fb92392b2c/ dl-usecase-energy-data.pdf.

[24] VPS ICE Software Platform. http://virtualpowersystems.com/the-platform.

[25] Siemens website: Siemens expands data analysis tool for smart metering by adding big data option. http://www.siemens.com/press/en/pressrelease/?press¼/en/pressrelease/2016/ energymanagement/pr2016020154emen.htm&content¼EM.

[26] Cisco: Big Data. http://www.cisco.com/c/en/us/solutions/data-center-virtualization/big-data/ index.html.

[27] Hewlett Packard Enterprise: Big Data Solutions. https://www.hpe.com/us/en/solutions/big- data.html.

[28] FORBES: Big Data Meets The Smart Electrical Grid. http://www.forbes.com/sites/ tomgroenfeldt/2012/05/09/big-data-meets-the-smart-electrical-grid/#2b14e6f91adc.

[29] E&E News: Big Data Means Big Challenges for Utilities. http://www.eenews.net/stories/ 1060018115.

[30] Siemens software will manage smart meter data for Spanish power utility. http:// www.siemens.com/press/en/pressrelease/?press¼/en/pressrelease/2016/ energymanagement/ pr2016020154emen.htm&content%5B%5D¼EM.

[31] A. Tascikaraoglu, B.M. Sanandaji, Short-term residential electric load forecasting: a compres- sive spatio-temporal approach, Energy Build. 111 (2016) 380–392

CHAPTER 12

방사형 그리드의 토폴로지 학습

Deepjyoti Deka, Michael Chertkov
Los Alamos National Laboratory, Los Alamos, NM, United States

이 장의 개요

전체 배전 선로에 실시간 계량기와 차단기들이 설치되어 있지 않다는 한계 때문에 배전 계통의 상태 및 토폴로지에 대한 정확한 추정은 어려움이 있다. 최근 몇 년 동안, 가정에서 스마트 디바이스와 센서들의 설치가 증가하면서 배전 버스에서의 에너지 소비와 전압을 측정하는 것이 가능해지고 있다. 이 장에서는 배전 망의 하부 버스에서 수집되는 전압 측정 데이터를 이용해서 전력 망의 토폴로지를 학습하는 그리디(greedy) 알고리즘에 대해서 논의한다. 배전 망은 보통 방사형(radial) 토폴로지로 운영된다. 이러한 토폴로지 특성을 활용하면, 전압의 2차 모멘트(second moments)를 확인하고 이를 이용해서 학습 알고리즘을 설계하는 것이 가능해진다. 만일 계통의 모든 버스에서 전압을 측정할 수 있을 경우, 여기에서 다루는 학습 프레임워크를 활용하면 운영 토폴로지를 추정하기 위해서 선로의 임피던스나 각 버스에서의 전력 소비 통계량 등의 추가 정보를 필요로 하지 않는다. 만일 이들 정보가 주어지면, 이를 이용해서 토폴로지 학습 결과를 검증할 수 있다. 즉, 전압 측정이 불가능한 누락(missing) 버스가 있다고 가정하고, 이들의 비율을 여러 단계로 변화시키는 시나리오를 만들어서 테스트를 할 수 있는 것이다. 학습 알고리즘의 효율은 컴퓨터 연산의 복잡성을 통해 살펴볼 수 있는데, 토폴로지 학습 연산의 복잡성은 전력 망 버스의 숫자가 증가함에 따라 비례하여 증가한다.

1. 도입

전력 망은 송전 망과 배전 망으로 구분되는 계층적 구조로 구성된다. 송전 망이 고전압 선로로 구성되는 반면에, 배전 망은 중간 전압, 저전압 선로로 구성되어 배전 변전소와 부하 버스(load bus)를 연결한다. 전력 망과 전력 시장의 정적, 동적 운영 대부분은 전력 망의 상태(버스 전압, 선로의 전력 조류, 모선간 전력량(bus injection))와 운영 토폴로지(차단기 상태)에 대한 정확한 추정에 의존한다. 전력 망에는 중복 선로(redundant line)가 있기 때문에, 운영 토폴로지에 대한 추정은 차단기가 켜져 있는 선로를 결정하는 것을 의미한다. 전통적으로 전력 망의 운영과 제어는 송전 선로에 치중해 왔는데, 이는 대부분의 대용량 발전설비들이 송전 선로에 연결되었기 때문이다. 많은 계측 장치 특히, 실시간 측정 장치들은 주로 송전 망에서 도입되었다. 반면에, 배전 망에서는 측정 장치들이 드문드문 배치되었고 실시간 추정은 드물었다[1]. 하지만 최근 들어서, 플러그인 EV, 스마트 에어컨, 주택용 ESS 등과 더불어 지붕 태양광과 같은 신재생 자원들이 급증하면서, 배전 망에 계속해서 점점 더 많은 장치들이 연결되고 있다. 이들 자원들이 가져다 주는 편익을 최대화하면서, 배전 시장(distribution grid market)과 같은 새로운 기회를 창출하기 위해서 배전 망에서의 실시간 상태 추정, 토폴로지 추정의 중요성이 부각되고 있다. 이들 장치 중 일부는 선로의 국부적인 전압을 측정하고 주거용 버스(residential bus)로 유입되는 전류에 대한 측정값을 제공한다는 점에 주목할 필요가 있다. 또한 현대식 계량 장치인 PMU를 확산하려는 노력의 일환으로, 배전 망에 주파수 측정 네트워크를 구성하는 마이크로 PMU(μ-PMU) 보급이 점차 동력을 얻고 있다. 이 장에서는 전력 망 버스 하위에 설치된 스마트 미터에서 측정되는 고충실도(high fidelity)의 전압 데이터를 이용하여 배전 망의 토폴로지를 추정하는 연구를 논의한다. 이들 측정 데이터는 본질적으로 노드 특성(nodal)을 갖고 있다는 점에 유의할 필요가 있다. 이들 데이터에는 회선 차단기, 전력 조류 등과 같이 토폴로지를 직접 추정할 수 있는 선로 측정 데이터가 포함되어 있지 않다.

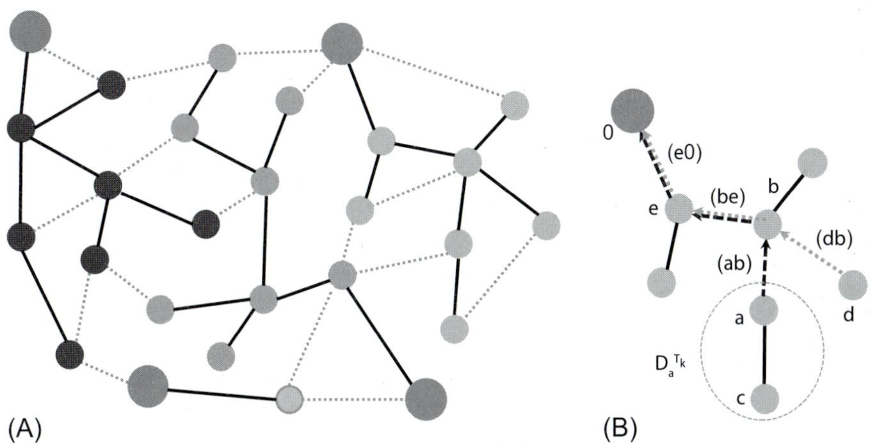

그림1. (A) 4개의 변전소(큰 원)로 구성된 배전 망. 운영 선로는 실선, 비운영(nonoperational) 선로는 점선으로 표시 (B) 방사형 배전 망의 노드. 노드 a와 c는 노드 b의 자손이며, 노드a, 노드d에서 이어지는 점선은 루트 노드로의 경로를 나타냄.

대부분의 전력 계통에 있어서, 배전 망의 토폴로지는 하나의 공통된 특징이 있다. 배전 망은 일반적으로 불연속 방사형 모양(disjoint radial graphs)으로 운영이 되는데, 변전소 버스를 루트 노드(root node)로 하고, 고객에 연결된 부하 버스(load bus)는 트리 모양의 비루트(non-root) 로드로 구성된다. 하나의 방사형 레이아웃(layout)에서 다른 레이아웃으로 전환(switching)할 때는 가용한 선로에서 차단기를 on/off 스위치 함으로써 제어가 시작된다(그림 1A 참조). 토폴로지 추정의 목표는 작동중인 현재 트리 구조를 추정하는 것에 있다. 전력 망의 가용한 선로에서 간선들의 방향성을 제거한 기본 그래프(underlying graph)는 루프형(loopy) 구조를 갖고 있기 때문에, 여기에서 파생될 수 있는 가능한 후보 트리 토폴로지의 수는 많다. 이들 후보 토폴로지에서 계통에서 측정되는 값들과 일치하는 실제 운영 토폴로지를 구하기 위해서 마구잡이로(brute force) 숫자를 대입하여 점검하는 방법은 계산상으로 가능한 방법이 아니다. 이 장에서는 노드에서 수집된 데이터의 2차 통계(second-order statistics)를 새롭게 해석함으로써 이 문제를 해결할 수 있는 복잡하지 않은 알고리즘을 논의한다. 또한 이러한 해석 방법은 측정 데이터가 전력 망 전체가 아닌 일부 버스/노드에서 얻어진 경우에도 정확한 토폴로지 추정 결과를 얻을 수 있다. 배전 망의 모든 선로에 측정 장치를 설치하는 것이 현실적으로 곤란하다는 점을 감안할 때, 이 방법은 현장에서 이용될 수 있는 현실적인 대안을 제시한다고 볼 수 있다.

1.1 선행 연구 결과

전력 망의 토폴로지 학습에 관한 연구는 특히 배전 망에서 연구가 증가하고 있으며, 일부에서 여러 접근 방법이 제안된 바 있다. 참고문헌[5]에서는 지역 한계 가격(locational marginal price)를 이용하여 전력 망 구조를 복구하는 방법으로 희소성(sparsity)을 강화하는(promoting) 정규화 과정을 통해 최대 우도 추정치를 도출한 바 있다. 참고문헌[6]은 마르코프 랜덤 필드(Markov random field)를 기반으로 DC 전력 조류(power flow; PF)에 대한 버스 위상 각을 모델링하여, 전력 망의 고장을 탐지하는 의존성 그래프(dependency graph) 방법을 제안하였다. Bolognani 등[7]이 송전 선로가 일정한 저항/리액턴스 비율을 갖는다는 점에 착안하여, 전압 측정 값의 공분산 역 행렬 부호를 이용하는 학습 알고리즘을 제시한 바가 있다. 참고 문헌[8]에서는 배전 망의 부하가 가우시안 분포를 갖는 것으로 가정하고, 토폴로지 식별 결과를 머신 러닝 설계에 반영하여 근사 추정 방법을 제시하였다. Cavraro 등[9]은 스마트미터에서 얻어지는 시계열 측정 값과 데이터베이스에서 추출되는 특성을 비교하여 토폴로지 변화를 식별한 바 있다. 또한 유사한 엔벨로프 기반(envelope-based) 비교 기법이 매개 변수 추정에 사용된 바 있다[10, 11]. 참고문헌[12]에서는 가용한 선로의 전류 흐름 측정 데이터에 최대 우도(maximum likelihood) 테스트를 시행하여 토폴로지를 추정한 바 있다. 참고문헌[13]은 방사형 토폴로지를 확인하기 위해 조건부 독립성(conditional independence-based) 테스트를 이용하였다. 이 방법은 참고문헌[14]의 전력 망 역학(grid dynamics)에서 수집된 샘플을 토폴로지 식별에 확장한 것이다.

1.2 스패닝 트리 기반 학습 알고리즘의 장점

이 장에서는 우리가 전력 망 노드에서의 전압 크기는 관찰할 수 있지만, 전력 망 끝 단의 측정(edge-based measurement) 데이터는 사용할 수 없다는 가정을 가지고 논의를 진행한다. 여기에서는 선형(linear) PF 모델[4, 15–17]을 사용하여 비상관 노드가 투입(uncorrelated nodal injections)되면 전력 망 운영 토폴로지를 따라서 전압 차(voltage magnitude differences)의 분산이 증가한다는 점을 보여준다. 즉, 이 장에서는 계통에서 운영되는 트리(operational tree)의 노드에서 측정되는 전압 값 만을 사용하여, 연산 속도가 빠른 스패닝 트리 기반(spanning tree-based)의 토폴로지 학습 알고리즘을 제시한다. 이 알고리즘은 참고문헌[18]에서 자세히 설명되어 있다. 이 알고리즘은 학습 과정이 개별 노드에 투입되는 전력량이나 선로의 매개변수(저항, 리액턴스 등)에 독립적이라는 장점이 있다. 또한 측정치가 누락(missing)된 노드/버스가 있는 경우에도 확장 적용이 가능하다. 누락된 노드는 서로 최소 3개의 홉(hop)으로 분리되며 노드의 전력 소비에 대한 공분산을 이용할 수 있다. 이와 함께 여기에서는 다른 상황을 가정하였는데, 즉, 선로의 끝 단 또는 리프(leaf)에 있는 최종 소비자(end user)에서만 전압을 측정할 수 있는 상태에서 토폴로지 학습을 하는 경우를 고려하였다. 이 경우, 중간에 있는 모든 노드의 전압은 관찰되지 않기 때문에 누락 노드로 간주된다. 이러한 구조에서의 학습 과정은 선로 끝 단의 두개 또는 3개의 노드에서 측정되는 전압을 함수로 하여, 선로 끝 단에서 변전소에 있는 노드까지 운영 토폴로지 구성을 반복하면서 이루어진다. 이 장에서 제시된 결과 중 일부는 참고문헌 [4, 18, 19]에서 찾아 볼 수 있다.

여기에서 제시되는 알고리즘은 트리 구조의 그래픽 학습 모델이라는 점에서 참고문헌[20]과 유사한데, 참고문헌[20]은 다변량 확률 분포(multivariate probability distribution)에서 유도된 정보 거리(information distances)를 이용해서 학습 알고리즘을 구현한 바 있다. 하지만 여기서 제시되는 알고리즘은 노드에서 물리적인 전류와 전압의 흐름을 설명하는 키르히호프 법칙(Kirchhoff's laws)을 기반으로 하고 있다는 점에서 차이가 있다[20, 21]. 또한 이 알고리즘에서는 전압의 크기에 따라 가중치를 부여하였는데, 이 때문에 정보 거리를 사용한 그래픽 모델과 달리 그래프 가산성(graph additivity)을 충족시켜야 된다는 제약이 없다.

이 장의 나머지 부분은 다음과 같이 구성된다. 2절에서는 모델에서 사용되는 각각의 용어에 대한 설명과 배전 계통에서의 전력 조류에 대한 이해를 제공한다. 3절에서는 노드 전압 통계 데이터의 주요 특성인 균등(equalities)과 불균일(inequalities)을 설명한다. 전압은 머신러닝 알고리즘의 토대를 제공한다. 모든 노드의 전압을 측정할 수 있어서 완벽한 가시성(complete visibility)을 갖춘 경우에 적용되는 운영 스패닝 트리 재구성(reconstructing operational spanning tree) 알고리즘은 4절에서 논의된다. 누락 데이터에 대한 알고리즘 보정은 5절에서 다루어진다. 여기에서 누락 데이터는 적어도 3개 이상의 홉(hop)이 누락 노드에 의해 분리된 경우를 의미한다. 이 장에서는 또한 가용한 측정 데이터가 노드 끝 단의 소비자에서만 얻어지는 경우의 토폴로지 학습을 상세한 사례를 들어 설명한다. 6절에서는 방사형 네트워크를 대상으로 하여 학습 알고리즘을 시뮬레이션한 결과를 소개한다. 마지막으로 7절에서는 결론과 향후 연구 분야에 대한 논의를 진행한다.

2. 배전 망의 구조와 전력 조류 모델링

방사형 구조(Radial Structure) 모델링

이 장에서 배전 망은 그래프 $\mathcal{G}=(\mathcal{V},\mathcal{E})$로 표현되는데, 여기에서 $\mathcal{V}$는 그래프에서 버스와 노드의 집합을 의미하며, $\mathcal{E}$는 모든 비방향성(undirected) 선로와 (개방 또는 운영 중인) 에지(edge)들의 집합을 나타낸다. 모델에서 노드들은 $(a, b, \ldots)$와 같은 알파벳으로 표현되고, 노드 a와 노드 b를 연결하는 에지는 (ab)로 나타내어진다. 방사형 구조로 운영되는 전력망은 모델은 그림1A와 같다. 일반적으로 운영 중인 전력 망은 K개의 분리된 트리의 모음(collection)으로 볼 수 있다.

이 절에서는 운영 에지의 집합이 $\mathcal{E}_{\mathcal{T}} \subset \mathcal{E}$이고, 노드 $\mathcal{V}_{\mathcal{T}}$를 가진 트리 $\mathcal{T}$ 하나로만 구성된 단순한 운영 구조의 전력 망에 초점을 두고자 한다. 따라서 트리의 루트 노드는 하나의 에지에만 연결되어 자유도 1을 갖는데 그 구조는 그림1B와 같다. $\mathcal{P}_{\mathcal{T}}^{a}$를 트리 $\mathcal{T}$ 안에서 노드 a로부터 루트 노드(기준 버스(reference bus))로 이르는 고유 경로(unique path)에 있는 에지의 집합이라고 하자. 만일 $\mathcal{P}_{\mathcal{T}}^{b}$가 노드 a에 연결된 일부 노드$(ac)$를 포함하고 있다면, 노드

b는 노드 a의 자손(descendant)이라고 부른다. 노드 a의 자손들의 집합을 $D_{\mathcal{T}}^{a}$로 나타내는데, 정의에 따라 $D_{\mathcal{T}}^{a}$에는 노드 a도 포함된다. 만일 $(ab) \in \mathcal{E}_{\mathcal{T}}$여서 노드 b가 노드 a에 직계 자손(immediate descendant)이면, 노드 a를 부모(parent), 노드 b를 노드 a의 자식으로 부른다. 노드가 자식을 전혀 갖고 있지 않는 경우, 즉 $D_{\mathcal{T}}^{a} = \{a\}$가 성립하면, 노드 a는 나뭇잎(leaves)으로 불린다.

전력 조류(PF) 모델

$z_{ab} = r_{ab} + ix_{ab}$를 선로 $(ab)(i^2 = -1)$의 복소 임피던스(complex impedances)라고 하자. 여기에서 r_{ab}와 x_{ab}는 각각 선로의 저항과 리액턴스를 의미한다. 노드 a로 투입되는 교류 전력은 키르히호프 법칙에 따라 다음과 같이 주어진다.

$$P_a = p_a + iq_a = \sum_{b:(ab)\in\varepsilon_{\mathcal{T}}} \frac{v_a^2 - v_a v_b \exp(i\theta_a - i\theta_b)}{z_{ab}^*} \tag{1}$$

이 식에서 스칼라 실수 값인 v_a, θ_a, p_a, q_a는 각각 노드 a에서의 전압, 위상, 유효 전력, 무효 전력을 나타낸다. $V_a = (v_a \exp(i\theta_a))$과 P_a는 각각 노드의 복소 전압과 투입 전력을 나타낸다. 여기에서 식(1)이 비선형이면서 볼록하지 않다는 점에 유의할 필요가 있다. 현실적인 상황에서 트리 $\mathcal{T}$의 각 선로에서 유효 전력과 무효 전력의 손실은 작기 때문에, 식(1)의 2차항을 무시할 수 있다는 가정을 할 수 있는데, 그렇게 되면 아래처럼 선형형태의 식으로 변환할 수 있다[4, 7, 18].

$$P_a = \sum_{b:(ab)\in\varepsilon^T} (\beta_{ab}(\theta_a - \theta_b) + g_{ab}(v_a - v_b)),\ q_a = \sum_{b:(ab)\in\varepsilon^T} (-g_{ab}(\theta_a - \theta_b) + \beta_{ab}(v_a - v_b)) \tag{2}$$

여기에서,

$$g_{ab} \doteq \frac{r_{ab}}{x_{ab}^2 + r_{ab}^2},\ \beta_{ab} \doteq \frac{x_{ab}}{x_{ab}^2 + r_{ab}^2} \tag{3}$$

이렇게 선형화를 할 수 있었던 것은 주변 노드와의 위상 차이와 기준 전압(reference voltage)과의 차이가 작다고 가정했기 때문이다. Deka 등[4]는 전압의 편차가 작을 경우, 식(2)는 LinDistFlow 모델[15, 16, 22]과 동등하다는 점을 확인한 바 있다. 또한, 선로의 저항을 0으로 하면, 송전 망에서 사용되는 DC PF 모델로 간단하게 할 수 있다[23]. LinDistFlow 모델과 마찬가지로 식(2)는 전력의 합이 0 즉, $\sum = 0$ 이면, $\sum^{a \in \mathcal{V}_{\mathcal{T}}} p_a = 0$ 이 0이고 손실이 없는(lossless) 것으로 간주된다. 이 선형 모델에서 노드에 투입되는 유효 전력과 무효 전력은 인접 노드 사이의 위상차와 전압 차이의 함수라는 점에 유의할 필요가 있다. 따라서 계통을 분석하는 역무는 전압과 위상을 측정하는 것으로 단순화할 수 있다. 즉 전압이 1 p.u.이고 위상이 0인 기준 버스/노드를 기점으로 해서 모든 버스에서 상대적인 전압과 위상각을 측정하면 된다. 일반적인 관례는 변전소를 기준 버스로 삼는데, 이는 변전소에 투입되는 전력과 변전소에 연결된 네트워크 노드들의 전력이 균형을 이루기 때문이다. 기준 노드가 없는 간략한 형태로 식(2)를 도치 시키면, 전압은 노드에 투입되는 전력의 함수가 되어 다음의 벡터 형식으로 표현된다.

$$v = H_{1/r}^{-1} p + H_{1/x}^{-1} q \quad \theta = H_{1/x}^{-1} p - H_{1/r}^{-1} q \tag{4}$$

이 모델은 선형 결합 전력 조류(linear coupled power flow; LC-PF) 모델로 불리는데, 여기에서, p, q, v, θ 는 각각 변전소가 아닌 노드에서의 유효 전력(real power), 무효 전력, 전압, 위상각의 벡터를 나타낸다. $H_{1/r}$, $H_{1/x}$ 는 트리 $\mathcal{T}$ 에 대해 축소된 가중치를 갖는 라플라시안 행렬(reduced weighted Laplacian matrices)로 저항과 리액턴스의 역수가 에지의 가중치로 사용된다. 축소 과정을 통해서 원래의 라플라시안 가중치 행렬에서 기준 버스에 해당하는 행과 열이 제거된다. 방사형 토폴로지를 갖기 때문에, 축소된 가중 그래프 라플라시안 행렬 $H_{1/r}$ 의 역행렬은 다음의 구조를 갖는다(이와 관련된 유도 과정은 Deka 등의 참고문헌 [4] 참조).

$$H_{1/r}^{-1}(a,b) = \sum_{(cd) \in P_T^a \cap P_T^b} r_{cd} \tag{5}$$

따라서 $H_{1/r}^{-1}$ 행렬의 (a, b)번째 엔트리는 노드에서 루트에 이르는 경로의 선로에 있는 에지들의 저항의 합으로 주어진다. 그림1B에서처럼 트리 $\mathcal{T}$ 에서 노드 a와 부모 b가 있을 경우, 식(5)에서 다음의 관계가 성립한다.

$$H_{1/r}^{-1}(a,c) = H_{1/r}^{-1}(b,c) = \begin{cases} r_{ab} & \text{if node } c \in D_T^a \\ 0 & \text{otherwise} \end{cases} \tag{6}$$

확률 벡터 X의 평균을 $\mu_X=\mathbb{E}[X]$로 표현하면, 두 개의 확률 벡터 X와 Y에 대한 공분산 행렬은 $\Omega_{XY}=\mathbb{E}[(X-\mu_X)(Y-\mu_Y)^T]$로 표현된다. LC-PF 모델에서 전압의 평균과 공분산은 노드에 투입되는 유효 전력과 무효 전력으로 다음과 같은 관계를 가질 수 있다.

$$\begin{aligned}\mu_v &= H_{1/r}^{-1}\mu_p + H_{1/x}^{-1}\mu_q,\\ \Omega_v &= H_{1/r}^{-1}\Omega_v H_{1/r}^{-1} + H_{1/x}^{-1}\Omega_q H_{1/x}^{-1} + H_{1/r}^{-1}\Omega_{pq} H_{1/x}^{-1} + H_{1/x}^{-1}\Omega_{pq} H_{1/r}^{-1}\end{aligned} \tag{7}$$

다음 절에서는 방사형 배전 망에서의 노드 전압 함수에 관한 주요 결과를 유도한다. 이 결과들은 토폴로지 학습 알고리즘에 이용된다.

3. 방사형 그리드에서의 전압 특성

우선 이 절에서 논의되는 결과들은 변전소가 아닌 노드를 대상으로 하며, 노드에 투입되는 전력에 관한 통계 결과는 다음의 사항들을 가정하여 도출된 것이다.

가정1 서로 다른 노드에서 투입되는 전력은 서로 상관 관계가 없다. 반면에 같은 노드에서는 유효 전력과 무효 전력은 양의 상관 관계를 갖는다, 이를 수식으로 표현하면, 변전소가 아닌 노드에서 $\forall a,\ b$에 대하여 다음의 관계가 성립된다.

$$\Omega_{qp}(a,a)>0,\quad \Omega_p(a,b)=\Omega_q(a,b)=\Omega_{qp}(a,b)=0$$

이러한 가정은 많은 배전 망에서 실제로 노드가 다를 경우 부하의 변동이 다르게 나타나며, 동일한 노드에서는 유효 전력과 무효 전력이 일치하거나 상관 관계가 있는 것으로 나타난다는 점을 생각하면 유효한 가정으로 볼 수 있다. 여기에서 가정1은 노드에 투입되는 전력이 (노드에서 DER 등의 국부적인 발전으로) (−)값을 갖거나 (+)값을 갖는 경우, 그리고 (−)와 (+)가 혼합되어 있는 경우에도 모두 적용 가능하다는 점에 유의할 필요가 있다. 노드 a와 노드 b 사이의 전압 차이의 분산을 $\phi_{ab}=\mathbb{E}[(v_a-\mu_{v_a})-(v_b-\mu_{v_b})]^2$으로 정의하면, 식(7)을 이용하여 ϕ_{ab}는 다음과 같이 표현할 수 있다.

$$\phi_{ab} = \Omega_v(a,a) - 2\Omega_v(a,b) + \Omega_v(b,b) \quad (8)$$

여기에서 식(8)을 Ω_v를 구성하는 4개의 행렬로 나타내면, 다음과 같이 다시 쓸 수 있다.

$$\begin{aligned}\phi_{ab} = \sum_{d \in T} & \left(H_{1/r}^{-1}(a,d) - H_{1/r}^{-1}(b,d)\right)^2 \Omega_p(d,d) + \left(H_{1/x}^{-1}(a,d) - H_{1/x}^{-1}(b,d)\right)^2 \Omega_p(d,d) \\ & + 2\left(H_{1/r}^{-1}(a,d) - H_{1/r}^{-1}(b,d)\right)\left(H_{1/x}^{-1}(a,d) - H_{1/r}^{-1}(b,d)\right) \Omega_{pq}(d,d)\end{aligned} \quad (9)$$

식(9)의 관계는 학습 알고리즘에서 ϕ_{ab}의 불평등 추세(inequality trends)와 동등 관계(equality relations)를 식별하는데 사용되므로 중요하다. 다음 결과를 이용해서 방사형 전력망의 ϕ_{ab} 순서를 식별할 수 있다.

정리1 전력 망의 트리 $\mathcal{T}$에서 3개의 노드 a, b, c가 $a \neq b \neq c$이면, 다음의 경우에 대해 $\phi_{ab} < \phi_{ac}$ 관계가 유지된다.

1. 노드 a는 노드 b의 자손이고, 노드 b는 노드 c의 자손인 경우(그림 2A 참조)
2. 노드 a와 노드 c는 노드 b의 자손이며, a에서 c까지의 경로가 노드 b를 통과하는 경우(그림 2B 참조)
3. 노드 c는 노드 b의 자손이고, 노드 b는 노드 a의 자손인 경우 (그림 2C 참조).

첫 번째 두 경우에 대한 증명은 참고문헌[4]에서 확인할 수 있으며, 세 번째 경우에 대한 증명은 참고문헌[18]에서 설명되어 있다. 특히 트리 $\mathcal{T}$의 인접 노드들에 대해서는 다음의 결과를 통해서, ϕ에 관한 동등 관계를 볼 수 있다.

정리2 (ab)와 (bc)를 트리 $\mathcal{T}$에서 운영되는 에지라고 할 때,

1. 노드 a가 노드 b의 부모라고 하면(그림 2C 참조), 다음의 관계가 성립한다.

$$\phi_{ab} = \sum_{d \in D_{\mathcal{T}}^b} r_{ab}^2 \Omega_p(d,d) + x_{ab}^2 \Omega_q(d,d) + 2r_{ab}x_{ab}\Omega_{pq}(d,d)$$

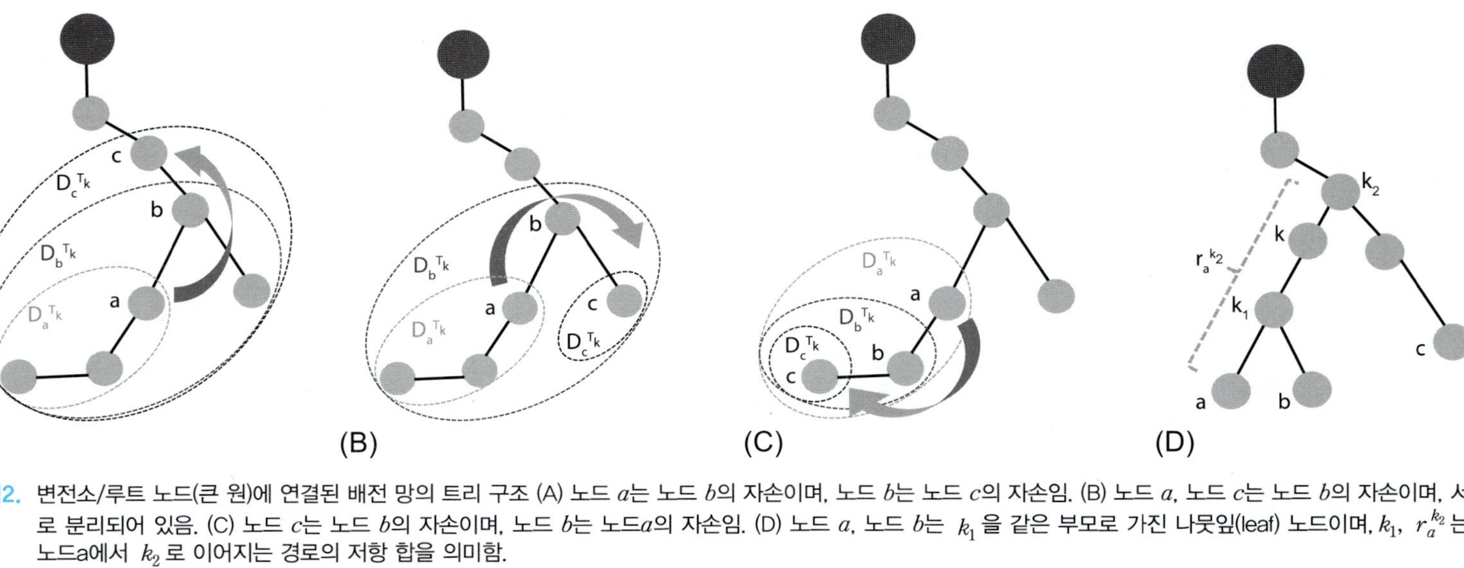

그림2. 변전소/루트 노드(큰 원)에 연결된 배전 망의 트리 구조 (A) 노드 a는 노드 b의 자손이며, 노드 b는 노드 c의 자손임. (B) 노드 a, 노드 c는 노드 b의 자손이며, 서로 분리되어 있음. (C) 노드 c는 노드 b의 자손이며, 노드 b는 노드a의 자손임. (D) 노드 a, 노드 b는 k_1 을 같은 부모로 가진 나뭇잎(leaf) 노드이며, k_1, $r_a^{k_2}$ 는 노드a에서 k_2 로 이어지는 경로의 저항 합을 의미함.

2. 노드 b가 노드 c의 부모이면서 노드 a의 자식이라고 하면(그림 2C 참조), 다음의 관계가 성립한다.

$$\begin{aligned}\phi_{ac} = \sum_{d \in D_T^c} & (r_{ab}+r_{bc})^2 \Omega_p(d,d) + (x_{ab}+x_{bc})^2 \Omega_q(d,d) + 2(r_{ab}+r_{bc})(x_{ab}+x_{bc}) \Omega_{pq}(d,d) \\ + \sum_{d \in D_T^b - D_T^c} & r_{ab}^2 \Omega_p(d,d) + x_{ab}^2 \Omega_q(d,d) + 2 r_{ab} x_{ab} \Omega_{pq}(d,d)\end{aligned} \tag{10}$$

3. 노드 b가 노드 a와 노드 c의 부모일 경우(그림 2B 참조), 다음의 관계가 성립한다.

$$\begin{aligned}\phi_{ac} = \sum_{d \in D_T^a} & r_{ab}^2 \Omega_p(d,d) + x_{ab}^2 \Omega_q(d,d) + 2 r_{ab} x_{ab} \Omega_{pq}(d,d) \\ + \sum_{d \in D_T^c} & r_{bc}^2 \Omega_p(d,d) + x_{bc}^2 \Omega_q(d,d) + 2 r_{bc} x_{bc} \Omega_{pq}(d,d)\end{aligned} \tag{11}$$

정리2의 세 가지 경우는 모두 에지(ab)와 에지(bc)에 해당하는 선로의 임피던스와 그 자손 노드에 대한 투입 전력 만을 고려하고 있다는 점을 알 필요가 있다. 이러한 특징은 토폴로지 학습 알고리즘에서 누락된 노드를 찾는 데 중요하다. 마지막으로 나뭇잎(leaf)이지만 서로 떨어져 있을 수 있는 세 개의 노드로 구성된 그룹에서 전압의 분산과 관련된 또 다른 결과를 논의하고자 한다.

정리3 끝 단에 있는(terminal) 노드 a, 노드 b가 공통된 부모 k_1을 가지고 있다고 하자. 그리고 다른 끝 단의 노드 c가 있어서 노드 c가 $k_1 \in \mathcal{D}_{k_2}$ 이고, 그림 2D에서처럼 노드 k_2가 중간에 있어서 $\mathcal{P}_{k_1} \cap \mathcal{P}_c = \mathcal{P}_{k_2}$ 라고 가정을 하자. 노드 a에서 노드 k_2로 연결되는 경로에서 선로의 저항과 리액턴스의 합을 $r_a^{k_2}$, $x_a^{k_2}$ 라고 할 때, 각각은 $r_a^{k_2} = \sum_{(eb) \in \mathcal{P}_a - \mathcal{P}_{k_2}} r_{ef}$, $x_a^{k_2} = \sum_{\sum (eb) \in \mathcal{P}_a - \mathcal{P}_{k_2}} x_{ef}$ 로 정의된다. 같은 방식으로 $r_a^{k_2}$, $x_{k_1}^{k_2}$ 등을 정의하면, 다음의 관계가 성립한다.

$$\begin{aligned}\phi_{ac} - \phi_{bc} = \Omega_p(a,a)&((r_a^{k_2})^2 - (r_{k_1}^{k_2})^2) + \Omega_q(a,a)((x_a^{k_2})^2 - (x_{k_1}^{k_2})^2) \\ &+ \Omega_{pq}(a,a)((r_a^{k_2} x_a^{k_2} - r_{k_1}^{k_2} x_{k_1}^{k_2}) - \Omega_p(b,b)((r_b^{k_2})^2 - (r_{k_1}^{k_2})^2) \\ &+ \Omega_q(b,b)((x_b^{k_2})^2 - (x_{k_1}^{k_2})^2) + \Omega_{pq}(b,b)((r_b^{k_2} x_b^{k_2} - r_{k_1}^{k_2} x_{k_1}^{k_2})\end{aligned} \tag{12}$$

이 정리에 대한 증명은 식(12)의 왼쪽을 확장하고 정리2와 비슷한 방법을 써서 구할 수 있는데, 상세한 증명은 Deka 등[19]의 논문을 보면 찾을 수 있다. 정리3은 나뭇잎 노드(여기에서는 노드 c)와 두 형제 나뭇잎(sibling leaves) (노드 a와 노드 b) 사이의 분산 ϕ의 차이는 노드 a와 노드 b에 투입되는 전류에만 의존한다는 점을 의미한다. 또한, 식(12)의 오른 쪽에서 선로의 임피던스는 (ak_1), (bk_1)와 노드 k_1에서 노드 k_2까지의 임피던스로 나타난다. 이 관계는 누락된 노드가 있는 경우에 공통된 부모(여기에서는 노드 a와 노드 b)를 갖는 끝 단의 노드 쌍(pair)에서 루트로 가는 경로를 반복적으로 학습하는데 이용된다.

4. 누락이 없는 경우의 토폴로지 학습

루프형(loopy) 기본 그래프에서 에지의 집합 $\mathcal{E}$가 주어져 있을 때, 토폴로지 학습의 목표는 방사형 전력망 $\mathcal{T}$에서 운영 중인 에지의 집합 $\mathcal{E}_{\mathcal{T}}$를 추정하는데 있다. 먼저 모든 노드에서 전압의 크기를 측정할 수 있는 경우를 예로 논의를 진행하면 다음과 같다.

정리4 루프형 기본 그래프에서 각각의 허용 가능한(permissible) 에지 $(ab) \in \mathcal{E}$의 가중치를 $\phi_{ab} = \mathbb{E}[(v_a - \mu_{v_a}) - (v_b - \mu_{v_b})]^2$라고 할 때, 방사형 전력망 $\mathcal{T}$에서 운영 중인 에지의 집합 $\mathcal{E}_{\mathcal{T}}$는 기본 그래프의 스패닝 트리에서 최소의 가중치를 갖는다.

증명 정리1로부터, 방사형 전력망 $\mathcal{T}$에서 노드 a와 연결된 모든 경로 중에서 ϕ_{ab}의 최소값은 노드 a와 인접한 노드 b 사이의 에지 $(ab) \in \mathcal{E}_{\mathcal{T}}$에서 구할 수 있다는 점을 알 수 있다. 따라서 에지 가중치 ϕ를 가진 원래의 루프형 그래프에 대해서 최소 스패닝 트리는 방사형 트리에서 운영 중인 에지들에 의해 주어 진다. 만약 노드 a가 변전소/루트 노드라서 $v_a = 1$인 경우에, 모든 에지 (ab)의 가중치는 $\phi_{ab} = \Omega_v(b,\ b)$로 주어진다는 점에 유의할 필요가 있다. 이 때문에 스패닝 트리 구성에서 루트는 전압의 분산이 가장 낮은 노드와 연결된다.

알고리즘1 계통에서 변전소가 아닌 모든 버스의 전압 측정 값을 입력으로 해서 모든 허용 가능한 에지 $(ab) \in \mathcal{E}$에 대한 ϕ_{ab}를 계산한다.

알고리즘1 최소 가중치 스패닝 트리 기반 토폴로지 학습

Input: m voltage magnitudes v for all nodes, set of all edges $\mathcal{E}$.
Output: Operational edge set $\mathcal{E}_\mathcal{T}$.
1: $\forall(ab) \in \mathcal{E}$, compute $\phi_{ab} = \mathbb{E}[(v_a - \mu_{v_a}) - (v_b - \mu_{v_b})]^2$
2: Find minimum weight spanning tree from $\mathcal{E}$ with ϕ_{ab} as edge weights.
3: $\mathcal{E}_\mathcal{T} \leftarrow$ edges in spanning tree

알고리즘1은 스패닝 트리를 최소화하는 운영 가능한 에지의 집합 $\mathcal{E}_\mathcal{T}$를 결정한다. 알고리즘1은 저항, 리액턴스와 같은 선로의 매개 변수에 대한 정보 또는 노드의 전력 소비와 관련된 유효 전력 및 무효 전력에 관한 어떤 통계 정보도 필요하지 않다는 점에 유의할 필요가 있다. 만일 선로 $\mathcal{E}$의 임피던스와 모든 노드의 위상각 측정치를 알고 있다면, 식(2), 식(7)를 이용해서 각 노드에 가해지는 투입 전력의 평균과 공분산을 추정할 수 있다.

알고리즘의 복잡성

Kruskal의 알고리즘 [24, 25]을 사용하여 $O(|\mathcal{E}|\log|\mathcal{E}|)$을 연산하는 과정을 통해 에지 $\mathcal{E}$로부터 최소 스패닝 트리를 구할 수 있다. 만약 $\mathcal{E}$이 알려지지 않은 경우, 모든 에지가 허용되는 완전한 그래프(complete graph)를 고려한다. 이 경우의 알고리즘1의 복잡도는 $O(N^2 \log N)$이 된다.

여러 트리로의 확장

각 트리는 기준 전압이 알려져 있는 기준 버스를 가지고 있다는 점에 유의할 필요가 있다. 분리된 트리(disjoint tree)에 속한 노드 a, 노드 b 사이의 전압은 서로 상관 관계가 없으므로, 분산은 $\phi_{ab} = \Omega_v(a,b) + \Omega_v(b,b)$가 된다. 이 결과는 알고리즘1을 실행하여 각각의 작동 트리를 생성하기 전에, 노드를 하위 세트로 분리하는데 이용될 수 있다. 다음 절에서 다루는 다중 트리의 사례에서도 같은 기법을 확장한 알고리즘이 사용된다.

다음 절에서는 스패닝 트리 기반 알고리즘을 사용하여 누락된 노드가 있는 두 가지 사례를 살펴 보고자 한다.

5. 누락된 노드가 있는 경우의 토폴로지 학습

실제 전력 망에서 트리 $\mathcal{T}$ 의 누락된 노드 집합 $\mathcal{M}$에 대한 전압 측정치들은 통신 패킷이 누락되거나 노이즈 등이 임의로 발생하여 삭제될 수가 있다. 여기에서는 누락 노드가 있는 두 가지 경우를 고려한다. 하나는 누락 노드들이 운영 중인 트리에서 2개 홉(hop)이상 떨어진 경우이며, 다른 하나는 나뭇잎/끝단 노드를 제외한 모든 노드가 누락인 경우이다. 여기에서는 관찰자가 모든 노드에 투입된 전력에 대해서 Ω_p, Ω_q, Ω_{pq} 공분산 행렬의 값과, 허용 가능한 에지의 집합 $\mathcal{E}$의 모든 선로에서의 임피던스 R, X의 값들을 추정할 수 있거나 이력 정보를 이용할 수 있는 것으로 가정한다. 첫번째 사례를 살펴 보면 다음과 같다.

5.1 3개 이상의 홉에 누락이 있는 경우

첫번째 사례는 다음의 가정을 기초로 한다.

가정2 누락된 노드 $\mathcal{M}$는 전력 망의 트리 $\mathcal{T}$ 에서 두 개 이상의 홉으로 떨어져 있다.

이러한 가정을 하게 되면, 관찰 가능한 노드는 2개 이상의 누락된(unobserved) 노드를 연결할 수 없게 된다. 누락된 노드가 있는 운영 토폴로지를 재구성하기 위해서는 처음에 ϕ를 에지 가중치로 사용하여 관찰 가능한 노드 사이의 최소 가중치 스패닝 트리(minimum weight spanning tree) $\mathcal{T}_M$을 구성해야 한다. 트리 $\mathcal{T}$ 에서 이웃하는 에지는 $\mathcal{T}_M$에서도 나타나지만, 반대의 경우는 성립하지 않는다. 따라서 트리 $\mathcal{T}_M$의 에지를 분석하여 관찰되지 않는 노드의 위치를 탐지한다. 먼저 누락 노드가 나뭇잎 노드 l(그림 3A 참조)인 경우를 생각해 보자. 가정2에 의해, 부모(q)와 조부모(w)의 정보가 관찰된다. 여기에서 ϕ_{qw}는 정리2의 제1 명제(statement)를 만족시킨다. 만일 q의 다른 모든 자손들이 알려져 있다면, 이 정리의 제1 명제는 동등한 지 여부를 점검함으로써 관찰되지 않는 노드 l의 존재를 확인하는데 이용될 수 있다.

이제, 나뭇잎이 아닌 누락 노드 b의 식별을 논의해보자(그림 3A 참조). 운영 트리 $\mathcal{T}$ 에서 b의 부모 a와 자식 노드의 집합 $C=\{c_1,\ c_2,\ c_3,\ c_4\}$가 하나의 홉을 구성한다고 할 때, 가정2에 따라서 이들 노드는 관찰이 가능하다. 정리1의 제1명제와 제3명제를 이용하면, b(집합 C)의 자손들은 노드 a를 통해서 $\mathcal{T}_M$의 나머지와 연결된다. 하지만 $\mathcal{T}_M$에서 C에 있는 노드와 노드 a 사이의 에지들은 그림 3B와 3C의 구성 중에 하나의 형태로 존재할 수 있다. 이러한 구성에서 $\mathcal{T}_{\mathcal{M}}$에서의 자식-부모 쌍은 실제 전력 망 $\mathcal{T}$ 에서는 조부모-자식 쌍 또는 형제 쌍으로 나타날 수 있다. 따라서 이러한 구성에서는 누락 노드의 존재 여부를 확인하기 위해 정리2가 사용된다.

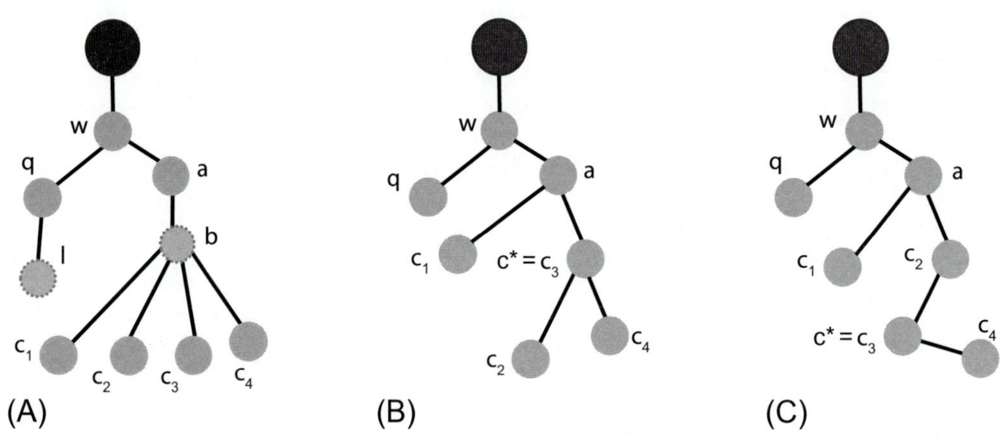

그림3. 누락된 나뭇잎 노드 l과 일반 노드 b를 가진 배전 망의 트리 $\mathcal{T}$ 의 구조. 노드 a는 누락된 노드 b의 부모이며, 노드 b의 자손은 c_1, c_2, c_3, c_4 임. 이 경우 관찰되는 노드에 대한 스패닝 트리 $\mathcal{T}_{\mathcal{M}}$은 (B) 또는 (C)의 구조를 가짐.

알고리즘2 누락된 노드의 집합 $\mathcal{M}$이 주어졌을 때, $\mathcal{V}_{\mathcal{T}}-\mathcal{M}$은 관측되는 집합이다. 알고리즘2는 먼저 ϕ에 의해 주어진 에지 가중치를 이용해서 관측되는 노드들에 대한 스패닝 트리 $\mathcal{T}_{\mathcal{M}}$을 구성한다. 다음으로 $\mathcal{T}_{\mathcal{M}}$에서 관측되는 노드들을 루트 노드로부터의 깊이에 따라 정렬하고 누락 노드의 위치를 확인한다. 부모 a를 가진 나뭇잎 b 각각에 대하여 5단계에서 10단계의 과정을 거치면서 에지 $(ab) \in \mathcal{E}_{\mathcal{T}}$에 관찰되지 않는 나뭇잎 노드 h가 있어서 노드 b와 연결되어 있는지 여부를 확인한다. 여기에서 C는 노드 a에서 확인되지 않은 자식들의 집합을 의미한다. 13번째 단계에서는 C에 있는 노드가 누락 노드 h를 통해서 조부모 노드 a에 연결되어 있는지 여부를 확인하는데, 여기에서는 정리2의 제2명제가 이용된다. 반면에 16번째 단계에서는 C에 있는 노드들과 노드 a가 누락된 노드를 부모 노드로 공유하고 있는 형제 관계인지를 확인하는데, 여기에서는 정리2의 제3명제가 이용된다. 이들 과정을 반복하면서 관찰되는 노드와 누락된 노드 모두가 $\mathcal{T}_{\mathcal{M}}$ 또는 누락 노드의 집합 $\mathcal{M}$에서 제거되고, 발견된 에지들은 $\mathcal{E}_{\mathcal{T}}$에 추가된다. 이 과정은 모든 자손을 나뭇잎 노드로 가진 새로운 노드 a를 뽑았을 때, 남아있는 누락 노드가 하나도 없을 때까지 반복된다.

알고리즘2 누락 데이터가 있는 경우의 최소 가중치 스패닝 트리 기반 토폴로지 학습

Input: Injection covariances Ω_p, Ω_q, Ω_{pq} of all nodes, missing nodes set $\mathcal{M}$, m voltage observations v for nodes in $\mathcal{V}_\mathcal{T}-\mathcal{M}$, set of all edges $\mathcal{T}$ with line impedances. **Output:** Operational edge set $\mathcal{E}_\mathcal{T}$.

$\forall$ observable nodes a, b, compute ϕ_{ab} and find minimum weight spanning tree $\mathcal{T}_\mathcal{M}$ with ϕ_{ab} as edge weights. Sort nodes in $\mathcal{T}_\mathcal{M}$ in reserve topological order.
while $|\mathcal{M}|>0$ **do**
  Select node a with children set $\mathcal{C}$ in $\mathcal{T}_\mathcal{M}$ consisting only of leaf nodes
  for all $b\in\mathcal{C}$ **do**
    if ϕ_{ab} satisfies Statement 1 in Theorem 2 with $D^b_\mathcal{T}=\{b\}$ **then**
      $\mathcal{E}_\mathcal{T}\leftarrow\mathcal{E}_\mathcal{T}\cup\{(ab)\}$, $\mathcal{C}\leftarrow\mathcal{C}-\{b\}$, add injection covariance of b to a. Remove node b from $\mathcal{T}_\mathcal{M}$.
    end if
    if $\exists h\in\mathcal{M}$ s.t. ϕ_{ab} satisfies Statement 1 in Theorem 2 with $D^b_\mathcal{T}=\{b,h\}$ **then**
      $\mathcal{E}_\mathcal{T}\leftarrow\mathcal{E}_\mathcal{T}\cup\{(ab),(bh)\}$, $\mathcal{M}\leftarrow\mathcal{M}-\{h\}$, $\mathcal{C}\leftarrow\mathcal{C}-\{b\}$, $\mathcal{T}_\mathcal{M}\leftarrow\mathcal{T}_\mathcal{M}-\{b\}$. Add injection covariances of b, h to a.
    end if
  end for
  if $|\mathcal{C}|>0$ **then**
    if $\exists c\in\mathcal{C}, h\in\mathcal{M}$ s.t. ϕ_{ab} satisfies Statement 2 in Theorem 2 with $D^c_\mathcal{T}=\{c\}$ and $D^h_\mathcal{T}=\{h\}\cup\mathcal{C}$ **then**
      $\mathcal{E}_\mathcal{T}\leftarrow\mathcal{E}_\mathcal{T}\cup\{(ah)\}\cup\{(ch)\forall c\in\mathcal{C}\}$, $\mathcal{M}\leftarrow\mathcal{M}-\{h\}$. Add injection covariances $\forall c\in\mathcal{C}$, h to a, $\mathcal{T}_\mathcal{M}\leftarrow\mathcal{T}_\mathcal{M}-\mathcal{C}$
    else
      Pick $b\in\mathcal{C}$. Find $h\in\mathcal{M}$ s.t. ϕ_{ab} satisfies Statement 3 in Theorem 2 with h as parent and $D^b_\mathcal{T}=\{b\}$, $D^a_\mathcal{T}=\{a\}$.
      $\mathcal{E}_\mathcal{T}\leftarrow\mathcal{E}_\mathcal{T}\cup\{(ah)\}\cup\{(ch)\forall c\in\mathcal{C}\}$. Add injection covariances of a, $\forall c\in\mathcal{C}$ to h, $\mathcal{T}_\mathcal{M}\leftarrow\mathcal{T}_\mathcal{M}-\{a\}\cup\mathcal{C}$.
    end if
  end if
end while

알고리즘의 복잡성

누락된 노드들의 집합 $\mathcal{M}$을 갖는 N 노드 시스템에 대하여, Deka 등[18]은 알고리즘2의 전체적인 복잡도는 $O((N-|\mathcal{M}|)^2\log(N-|\mathcal{M}|)+(N-|\mathcal{M}|)|\mathcal{M}|)$이며, 최악의 경우에는 $O(N^2\log N)$이 된다는 점을 증명한 바 있다. $O(N^2\log N)$은 알고리즘1의 최악의 복잡도와 같은 값이다.

기타 사항

경험적으로 볼 때, 전압의 2차 모멘트 계산 값은 실제 값과 다를 수 가 있다. 따라서 허용 오차의 개념을 적용해서 모든 등식 관계가 정확한 것인지를 확인한다. 허용 오차의 개념은 다음 절에서도 마찬가지로 적용된다.

5.2 중간 노드가 모두 누락된 경우

이제는 오직 끝단 노드 또는 나뭇잎 노드에서만 관찰이 가능한 경우를 살펴 보자. 따라서 끝

단 노드와 이웃하는 모든 중간 노드들이 누락된다. 앞에서와 마찬가지로 모든 허용 가능한 선로의 집합 $\mathcal{E}$에서 선로와 관련된 매개 변수들을 알고 있다고 가정한다. 하지만 이 경우에는 투입 전류에 대한 통계 값은 오직 끝단 노드에서만 관찰되며 중간에 있는 누락 노드들에서는 알 수가 없다고 가정한다. 이 문제를 다루기 위해서는 한걸음 더 나아가서 다음과 같은 구조적 제약(structural constraint)에 대한 가정이 필요하다.

가정3 누락된 중간 노드는 자유도(degree)가 2보다 큰 것으로 가정한다.

학습 알고리즘을 구현할 때, 토폴로지 학습 문제에 대한 해가 유일하지 않을 수 있기 때문에 이러한 가정이 필요하다. 이에 대한 예는 참고문헌[19]에서 자세히 설명되어 있다. 일반적인 그래픽 모델 학습에서도 해의 유일성을 위해 유사한 가정을 하는데, 세부 내용은 참고문헌[26]에 언급되어 있다. 가정3을 따르면, 나뭇잎 노드의 형제 노드들은 다른 나뭇잎 노드이거나 누락된 중간 노드가 될 수 있다.

나뭇잎 노드에서만 측정이 가능한 경우에 대한 토폴로지 학습 방법은 알고리즘3과 같다.

알고리즘3 끝단 노드 데이터를 이용한 토폴로지 학습

Input: Injection covariances $\Omega_p, \Omega_q, \Omega_{pq}$ at terminal nodes $\mathcal{L}$, missing node set $\mathcal{M} = \mathcal{V}_T - \mathcal{L}$, m voltage magnitude observations v for nodes in $\mathcal{L}$, set of all edges $\mathcal{E}$ with line impedances. **Output:** Operational edge set $\mathcal{E}_T$.

$\forall$ nodes $a, c \in \mathcal{L}$, compute ϕ_{ac}. $\forall a \in \mathcal{V}_T$, define $par_a \leftarrow \Phi$, $des_a \leftarrow \Phi$
for all $a, c \in \mathcal{L}$ **do**
  if $b \in \mathcal{M}$ s.t. ϕ_{ac}, b satisfy Statement 3 in Theorem 2 **then**
    $\mathcal{E}_T \leftarrow \mathcal{E}_T \cup \{(ab), (bc)\}$, par_a, $par_c \leftarrow b$, $des_b \leftarrow a, c$, $tp \leftarrow 1$
  end if
end for
while $tp > 0$ **do**
  $tp \leftarrow 0$
  for all $k \in \mathcal{M}$ with some $a, b \in des_k$, $par_k = \Phi$ **do**
    if $k_2 \in \mathcal{M}$, $c \in \mathcal{L}$, s.t. $\phi_{ac} - \phi_{bc}$ satisfy Theorem 3 **then**
      $\mathcal{E}_T \leftarrow \mathcal{E}_T \cup \{(kk_2)\}, par_k \leftarrow k_2, des_{k_2} \leftarrow des_k, tp \leftarrow 1$
    end if
  end for
end while
If one missing node has unidentified parent, join it to root. Form postorder traversal set $\mathcal{W}$ for missing nodes with known parents
for all $c \in \mathcal{L}, par_c = \Phi$ **do**
  for $j \leftarrow 1$ to $|\mathcal{W}|$ **do**
    $k_2 \leftarrow \mathcal{W}(j)$ with $a, b \in des_{k_2}$
    if $\phi_{ac} - \phi_{bc}$ satisfy Eq. (12) **then**
      $\mathcal{E}_T \leftarrow \mathcal{E}_T \cup \{(ck_2)\}, \mathcal{W} \leftarrow \mathcal{W} - \{k_2\}, j \leftarrow |\mathcal{W}|$
    end if
  end for
end for

토폴로지 학습은 다음과 같은 세 가지 주요 단계로 이루어진다. (a) 형제 나뭇잎 노드의 부모 식별, (b) 반복 연산을 통해 형제 노드에서 루트 노드로 가는 경로를 구성, (c) 형제가 없는 나뭇잎 노드의 위치 식별. 모든 끝단 노드로 투입되는 전류의 공분산을 알고 있으므로, 정리2의 제4명제에 따라서 터미널 노드에서의 사후 공분산이 알려져 있기 때문에 두 형제 노드에 대한 ϕ_{ab}는 부모 노드로 이어지는 선로의 임피던스에 의존한다. 이 관계를 이용하면, 형제 관계에 있는 모든 나뭇잎 노드의 부모를 결정할 수 있게 된다. 정리3에 따르면, 나뭇잎 노드 c와 2개의 형제 노드 a, b에 대해 $\phi_{ac}-\phi_{bc}$는 노드 a, b에서 루트 노드에 이르는 경로에 있는 에지들의 임피던스에 의존한다. 이 관계를 이용해서 반복 연산을 하면 노드 a, b에서 루트 노드에 이르는 경로에서의 누락 노드를 식별할 수 있다. 마지막으로 형제 노드를 갖지 않는 나뭇잎 노드의 위치는 정리3을 통해서 결정할 수 있다. 위치가 정확한지 여부는 부모 노드들을 확인하기 전에 모든 후보 노드들(candidate nodes)을 점검함으로써 확인할 수 있다. 세부적인 사항에 대한 설명은 Deka 등[19]에 의해 제시되어 있다.

연산 과정의 복잡성

참고문헌[19]에서 자세히 설명하고 있는 바와 같이, 알고리즘의 전체적인 복잡도는 최악의 경우 $O(N^3)$이다. 또한 특정 구성(specific configurations)의 경우에서 알고리즘3은 전체 노드의 50%에 대한 위상 측정 데이터만으로도 전력 망에 대한 학습을 수행할 수 있다. 그리고 이 값은 전력 망을 재구성하는 다른 알고리즘에 비해서 알고리즘을 구현하기 위해 필요한 데이터가 낮은 수준이라고 할 수 있다.

6. 토폴로지 학습 시뮬레이션 결과

이 절에서는 여기에서 설명된 3개의 학습 알고리즘의 성능에 초점을 두어 시뮬레이션 결과를 소개하고자 한다. 첫번째로 알고리즘1에서는 모든 노드에서의 전압 측정값을 이용하여 운영 중인 에지의 집합 $\mathcal{E}_{\mathcal{T}}$를 학습한다. 여기에서는 그림 4A와 같이 29개의 부하 노드와 1개의 변전소 노드로 구성된 방사형 네트워크[27, 28]를 대상으로 하였다. 각각의 시뮬레이션을 실행할 때, 변전소가 아닌 노드에서의 투입 전력 샘플은, 노드가 다를 경우 노드 사이의 상관 관계는 없다는 가정하에 상관 관계가 없는 다변량 가우시안 분포(uncorrelated multivariate Gaussian distribution)로부터 추출하였다. 이와 함께 전압 샘플은 LC-PF 모델로부터 생성하였다. 여기에 더불어, 30개의 에지를 임의로 추가하여 루프형 에지의 집합 $\mathcal{E}$를 구성하였다. 이 사례에서 토폴로지 학습 결과는 그림 5A와 같다. 이 결과를 보면, 추정이 매우 정확하고 운영 중인 에지의 집합 크기에 대한 평균 오차가 샘플 사이즈가 50이하 임에도 0에 근접할 정도로 작아지고 있음을 확인할 수 있다.

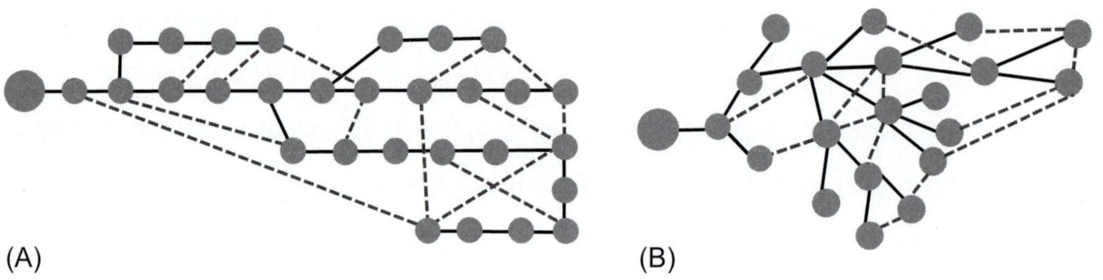

그림4. 테스트에 사용된 그리드의 구조. 큰 원은 변전소를 나타내며, 작은 원은 부하 노드를 의미함. 실선은 운영 에지를 나타내며, 점선은 개방된 선로를 의미함. (A) 알고리즘2가 이용된 29개의 버스 시스템 (B) 알고리즘3에 이용된 20개 버스 시스템

다음으로는 알고리즘2에 대한 시뮬레이션 사례로, 여기에서는 운영 중인 전력 망의 구조가 3개 이상의 홉으로 분리된 누락 노드 즉, 관찰되지 않는 노드가 존재하는 경우를 고려하였다. 여기에서는 누락 노드의 개수가 각각 4개, 6개, 8개인 경우로 나누어 살펴 보았다. 관찰되지 않은 노드의 위치는 가정2에 따라 무작위 하게 선택된다. 그림 5B에서 보듯이, 모든 경우에 있어서 샘플 수가 증가함에 따라 평균 오차의 크기가 줄어드는 것을 확인할 수 있다. 이러한 경향은 모든 경우의 누락 노드 집합에 대해 명확하게 확인된다. 또한 측정 샘플의 수가 일정할 때, 평균 오차는 누락 노드의 숫자가 증가할수록 증가한다는 점을 알 수 있다.

마지막으로 끝단 노드에서만 전압 측정이 가능한 토폴로지를 알고리즘3를 통해서 학습한 결과는 그림5C와 같다. 학습에 사용된 망은 20개의 버스로 구성된 방사형 망으로 그림 4B와 같이 가정3을 만족한다. 앞에서와 마찬가지로 30개의 에지를 임의로 추가하여 루프형 에지의 집합 $\mathcal{E}$를 구성하였다. 그림 5C의 알고리즘3 실행 결과를 살펴 보면, 허용 오차 설정에 관계없이 평균 부분 오차(fractional error)가 전압 측정 개수가 증가함에 따라 계속해서 감소하는 것을 확인할 수 있다. 가장 정확한 결과를 얻기 위한 허용 오차 설정은 수동으로 이루어진다.

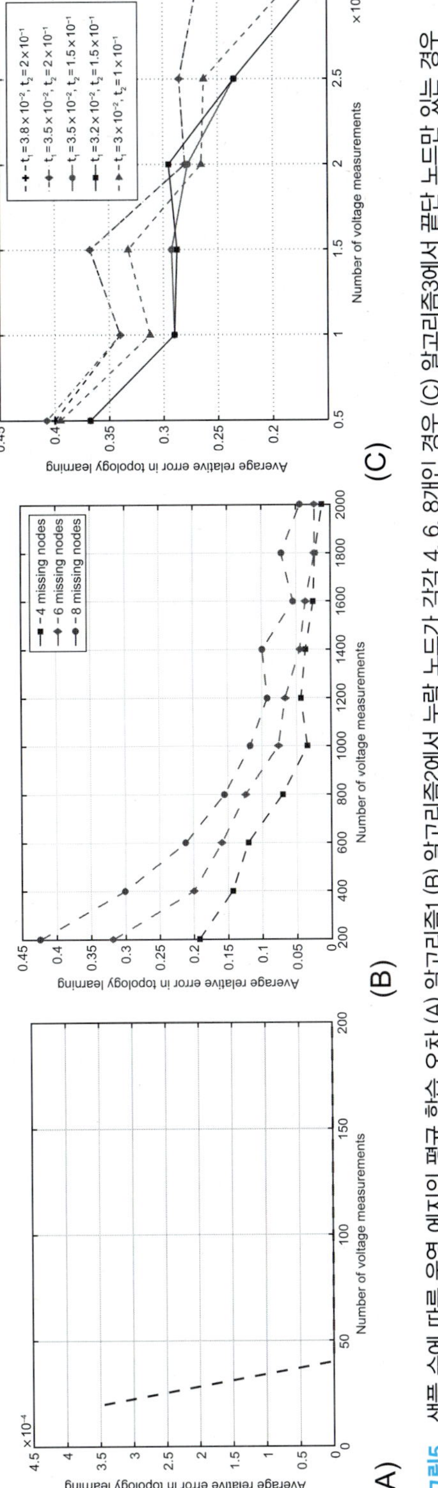

그림5. 샘플 수에 따른 운영 에지의 평균 학습 오차 (A) 알고리즘1 (B) 알고리즘2에서 누락 노드가 각각 4, 6, 8개인 경우 (C) 알고리즘3에서 끝단 노드만 있는 경우

7. 결론

이 장에서는 조밀한 루프형 기본 그래프에서 전압 측정 통계데이터를 활용하여 배전 망의 방사형 토폴로지를 추정하는 여러 방법들을 중점적으로 살펴 보았다. 모든 노드에서 전압 데이터를 확보할 수 있는 경우에는, 기본 그래프에서 전압 차이를 에지 가중치로 사용하면 운영 전력 망은 최소 가중치 스패닝 트리로 주어진다는 점을 제시하였다. 사실상, 알고리즘을 동작시키기 위해서 추가적인 정보는 필요하지 않다. 또한 이 장에서는 학습 프레임워크를 확장하여 일부 노드들에서만 전압 측정 데이터를 활용할 수 있는 두 가지의 상황에 대한 토폴로지 학습을 다루었다. 누락 노드들이 3개 이상의 홉으로 떨어져 있는 경우, 에지 가중치가 동등 관계(equality relations)를 만족하는지를 확인하는 과정을 통해서 정확하게 재구성하는 것이 가능하다. 마찬가지로 전압 측정 데이터가 나뭇잎 노드에서만 가능하고 중간의 모든 노드들이 누락된 경우에도 비슷한 방법을 이용해서 정확하게 재구성하는 것이 가능하다. 전압 모멘트에 기반을 둔 학습에서 앞으로의 발전 방향은 모델에 사용된 가정들을 좀 더 완화하여 보다 현장의 현실적인 상황을 반영한 대안을 제시하는데 있다. 예를 들어, 누락 노드들이 3개 이하의 홉으로 분리된 경우라든가 투입 전력에 대한 이력 데이터가 없을 경우에도 활용할 수 있는 모델을 만드는 것들이 앞으로 필요할 수가 있다. 더 나아가서 전력 조류(PF) 모델에 로시(lossy) 압축 개념을 반영하거나 노이즈가 미치는 영향 등을 분석함으로써 여기에서 제시된 학습 알고리즘의 활용성이 더욱 향상될 것으로 기대된다.

참고 문헌

[1] R. Hoffman, Practical state estimation for electric distribution networks, in: IEEE PES Power Systems Conference and Exposition, IEEE, 2006, pp. 510–517.

[2] A.G. Phadke, Synchronized phasor measurements in power systems, IEEE Comput. Appl. Power 6 (2) (1993) 10–15.

[3] A. von Meier, D. Culler, A. McEachern, R. Arghandeh, Micro-synchrophasors for distribution systems, in: 2014 IEEE PES Innovative Smart Grid Technologies Conference (ISGT), 2014, pp. 1–5.

[4] D. Deka, M. Chertkov, S. Backhaus, Structure learning in power distribution networks, in: IEEE Transactions on Control of Network Systems, IEEE, 2017.

[5] V. Kekatos, G.B. Giannakis, R. Baldick, Grid topology identification using electricity prices, in: 2014 IEEE PES General Meeting j Conference & Exposition, IEEE, July, 2014, pp. 1–5.

[6] M. He, J. Zhang, A dependency graph approach for fault detection and localization towards secure smart grid, IEEE Trans. Smart Grid 2 (2) (2011) 342–351.

[7] S. Bolognani, N. Bof, D. Michelotti, R. Muraro, L. Schenato, Identification of power distribu- tion network topology via voltage correlation analysis, in: 2013 IEEE 52nd Annual Conference on Decision and Control (CDC), IEEE, 2013, pp. 1659–1664.

[8] Y. Sharon, A.M. Annaswamy, A.L. Motto, A. Chakraborty, Topology identification in distribu- tion network with limited measurements, in: 2012 IEEE PES Innovative Smart Grid Technol- ogies (ISGT), IEEE, 2012, pp. 1–6.

[9] G. Cavraro, R. Arghandeh, K. Poolla, A. Von Meier, Data-driven approach for distribution net- work topology detection, in: 2015 IEEE Power & Energy Society General Meeting, July, 2015, pp. 1–5.

[10] J. Peppanen, J. Grimaldo, M.J. Reno, S. Grijalva, R.G. Harley, Increasing distribution system model accuracy with extensive deployment of smart meters, in: 2014 IEEE PES General Meeting Conference & Exposition, IEEE, 2014, pp. 1–5.

[11] J. Peppanen, M.J. Reno, M. Thakkar, S. Grijalva, R.G. Harley, Leveraging AMI data for distri- bution system model calibration and situational awareness, IEEE Trans. Smart Grid 6 (4) (2015) 2050–2059.

[12] R. Sevlian, R. Rajagopal, Feeder topology identification, 2015 (arXiv:1503.07224).

[13] D. Deka, S. Backhaus, M. Chertkov, Estimating distribution grid topologies: a graphical learn- ing based approach, in: Power Systems Computation Conference (PSCC), IEEE, 2016, pp. 1-7.

[14] S. Talukdar, D. Deka, D. Materassi, M.V. Salapaka, Exact Topology Reconstruction of Radial Dynamical Systems with Applications to Distribution System of the Power Grid, in: American Control Conference (ACC), 2017 (accepted).

[15] M. Baran, F.F. Wu, Optimal sizing of capacitors placed on a radial distribution system, IEEE Trans. Power Delivery 4 (1) (1989) 735-743.

[16] M.E. Baran, F.F. Wu, Optimal capacitor placement on radial distribution systems, IEEE Trans. Power Delivery 4 (1) (1989) 725-734.

[17] S. Bolognani, S. Zampieri, On the existence and linear approximation of the power flow solution in power distribution networks, IEEE Trans. Power Syst. 31 (1) (2016) 163-172.

[18] D. Deka, S. Backhaus, M. Chertkov, Learning topology of the power distribution grid with and without missing data, in: 2016 European Control Conference (ECC), IEEE, 2016, pp. 313-320.

[19] D. Deka, S. Backhaus, M. Chertkov, Learning topology of distribution grids using only termi- nal node measurements, in: IEEE Smartgridcomm, 2016.

[20] M.J. Choi, V.Y.F. Tan, A. Anandkumar, A.S. Willsky, Learning latent tree graphical models, J. Mach. Learn. Res. 12 (2011) 1771-1812.

[21] C.K. Chow, C.N. Liu, Approximating discrete probability distributions with dependence trees, IEEE Trans. Inf. Theory 14 (3) (1968) 462-467.

[22] M.E. Baran, F.F. Wu, Network reconfiguration in distribution systems for loss reduction and load balancing, IEEE Trans. Power Delivery 4 (2) (1989) 1401-1407.

[23] A. Abur, A.G. Exposito, Power System State Estimation: Theory and Implementation, CRC Press, Boca Raton, FL, 2004.

[24] J.B. Kruskal, On the shortest spanning subtree of a graph and the traveling salesman problem, Proc. Am. Math. Soc. 7 (1) (1956) 48-50.

[25] T.H. Cormen, C.E. Leiserson, R.L. Rivest, C. Stein, Introduction to Algorithms, MIT Press, Cambridge, MA, 2001.

[26] J. Pearl, Probabilistic Reasoning in Intelligent Systems: Networks of Plausible

Inference, Mor- gan Kaufmann, San Mateo, CA, 2014.
[27] U. Eminoglu, M.H. Hocaoglu, A new power flow method for radial distribution systems including voltage dependent load models, Electr. Power Syst. Res. 76 (1-3) (2005) 106-114.
[28] Available at http://www.dejazzer.com/reds.html.

CHAPTER 13

분산 통계 검정을 통한 토폴로지 식별

Saverio Bolognani
Automatic Control Laboratory ETH Zürich, Zürich, Switzerland

이 장의 개요

이 장에서는 전력 망에서 수집되는 측정 데이터를 이용해서 배전 망의 토폴로지를 자동으로 식별하는 것과 관련된 문제를 다룬다. 이 방법은 운영 토폴로지의 변화를 탐지하거나 플러그 앤플레이 volt-VAR 조정기(regulators)의 적용 및 튜닝, 계통 혼잡 완화(congestion relief)를 위한 능동적 관리 전략을 이행하는 등에 활용될 수 있다.

우선 전력 망에 대한 1차 방정식 선형 모델(first-order model)을 이용하여 전압 측정 데이터 사이에 특정한 상관 관계 특성을 가지고 있으며, 이 관계는 희소 마르코프 랜덤 필드(sparse Markov random field) 모델을 통해서 설명될 수 있다는 점이 제시된다. 그래프 모델 식별에 활용될 수 있는 특별한 도구를 이용해서 전력 망의 토폴로지를 재구성할 수 있는 중앙 집중형 알고리즘(centralized algorithm)이 제안된다.

다음으로 계통 운영자(agent)가 전력 망 토폴로지 식별 작업을 일련의 분산 통계 검정 형태로 어떻게 수식화하여 활용 할 수 있는지를 설명한다. 계통에서 수집되는 샘플의 수가 증가할수록 계통 운영자는 신뢰 수준이 더 높은 검정 결과를 얻을 수 있고, 이를 통해 스위치가 열려 있거나 닫혀 있는지 여부에 대한 보다 정확한 가정을 할 수 있으며, 궁극적으로는 전력 망의 토폴로지에 관한 추론을 할 수 있게 된다. 한편 이들 검정 방법을 연산 처리하는 과정에서 발생하는 복잡성은 전력 망의 크기와 무관하다.

중앙 집중형 알고리즘과 분산형 방법의 효과성을 비교하기 위해, 실제 배전 선로 모선에서 얻어지는 가상의 전력 수요 측정 데이터를 기반으로 시뮬레이션을 진행한 결과를 소개한다.

1. 도입

송전 계통과 달리 배전 네트워크는 역사적으로 볼 때, 그 계획과 설계가 한 번 구축한 이후에는 별다른 관리나 운영을 하지 않는 방식(fit-and-forget approach)으로 운영되어 왔다. 운영 중에는 계측과 조작이 최소화하기 때문에 배전 망의 대부분 설비가 모니터링되지 않았으며, 데이터를 수집하거나 실시간으로 급전 명령을 전달할 수 있는 통신 인프라조차 안되어 있는 경우가 종종 있어 왔다.

하지만 오늘날의 배전 네트워크는 새롭게 부각하는 여러 도전 과제에 직면해 있으며, 배전 분야의 정보, 통신, 제어 기술들의 심도 깊은 통합을 위한 움직임이 촉진되고 있다. 일례로 변동성이 큰 에너지 자원들에 의해 소형 발전기(micro-generators)들이 대규모로 계통에 유입되고 있다. 이와 같이 분산 전원이 저항이 매우 크고(highly resistive), 방사형으로 구성된 저압 네트워크에 들어오면서 국부적인 과전압(overvoltage)과 배전 선로의 계통 혼잡 문제를 일으킬 수 있다[1]. 또 다른 예는 전기자동차, 스마트 빌딩 등과 같이 급전이 가능한 부하들(dispatchable loads)이 배전 계통에 연결되는 것을 들 수 있다. 따라서 이들 고객 부하에 대한 적절한 급전 스케줄이나 조정 프로토콜을 시행하지 않을 경우, 배전 망에 심각한 계통 혼잡 문제가 발생할 가능성이 높다[2, 3].

지난 몇 년 동안 계통의 운영 효율과 신뢰성을 유지하면서 이러한 문제들을 해결할 수 있는 엔지니어링 솔루션을 개발하기 위한 국제 공동연구 프로젝트가 추진되고 자금 지원이 이루어졌다[4-7]. 이렇게 개발된 솔루션의 상당수는 배전 계통의 토폴로지를 이미 알고 있는 것으로 가정하고 개발되었지만, 현실에서는 그렇지 못한 경우가 발생한다. 배전 계통의 지능화를 추진하는 프로젝트들은 많은 경우에 있어서 배전 계통에 새로운 장치들을 설치하고, 기존 인프라를 다시 조정(retro-fit)하는 형태로 진행된다. 이와 함께, 플러그앤플레이(plug-and-play) 방식이 종종 고려되는데, 경우에 따라서는 이 방식이 유일한 해법인 경우도 있다. 플러그앤플레이 방식을 적용하려면, 새로 설치되는 장치들이 운영될 물리적 시스템을 식별할 수 있어야 하는데, 이를 구현하려면 전력 망의 토폴로지로부터 시작하여, 할당된 역할을 수행하기 위한 통신 및 제어 인프라를 재구성하는 과정이 필요하다. 장비가 설치가 된 이후에도, 계통의 스위치들이 전력 망의 운영 효율과 서비스 향상을 위한 목적으로 동작하면서 토폴로지가 변할 수 있다. 이러한 토폴로지 변화는 계통의 제어장치들에 의해서 탐지가 되어야 하며, 토폴로지 재구성이 바로 이루어져야 한다.

이 장에서는 전력 망의 운영 과정에서 현장에서 측정되는 데이터를 이용하여 전력 망의 토폴로지를 식별하는 문제를 다룬다. 데이터 측정은 주로 각 버스에서 측정되는 전압에 초점을 둔다. 이 장에서 다루는 방법은 그래픽 모델의 일종인 마르코프 랜덤 필드(Markov random fields) 식별 방법과 밀접하게 연관된다[8]. 또한 방사형 전력 망에서 측정되는 전압 값의 조건부 상관 특성(conditional correlation properties)에 기초하고 있다. 3절에서는 이러한 상관 특성을 논의하고, 이를 바탕으로 중앙 집중형 토폴로지 식별 알고리즘을 유도하는 과정이 소개된다. 4절에서는 동일한 추론을 사용하여 노드가 3개인 분산 검정(distributed tests) 방법을 설계하고, 전력 망의 토폴로지와 관련된 기초 정보(elementary bits of information)를 반환하는 방법을 소개한다. 이들 검정 방법들은 필요한 계측 데이터의 양과 컴퓨터 연산 부하를 최소화하면서도, 측정 샘플 데이터 수가 적더라도 신뢰할 수 있는 결과를 줄 수 있어야한다. 5절에서는 실제 배전 네트워크에서 수집된 전력 측정 데이터를 이용해서 3절의 상관 분석과 4절의 분산 식별 알고리즘(distributed identification algorithms)을 함께 테스트하고 그 결과를 비교한다.

1.1 토폴로지 식별 연구 동향

전력 망의 토폴로지 식별과 관련된 연구 문헌들은 대부분 다음의 2개 영역으로 구분된다. 하나는 계통의 모든 곳에 스위치를 설치할 수 없는 상황에서 제한된 개수의 스위치를 어떻게 배치할 것인가와 관련된 연구로, 이들 연구에서는 제한된 수의 가설을 세우고 검증하는 과정으로 전개된다. 다른 하나는 모선의 전체적인 토폴로지를 식별하는 연구이다. 여기에서는 이들 두가지 영역을 개별적으로 리뷰하고자 한다.

현장 측정 데이터를 이용해서 모니터링 되지 않는 회로 차단기의 스위치 동작을 탐지하고, 이를 이용해서 배전 망을 재구성(reconfiguration)하는 방법의 예는 참고문헌[9]에서 찾아 볼 수 있다. 이 연구에서는 이러한 작업을 분류 문제로 간주하여 수식화 하였다. 최근에는, 지리 정보 시스템(GIS)에 표시된 토폴로지가 맞는 것인지를 확인하기 위해 상관 분석을 이용하는 방법이 제안되었는데, 여기에서는 가설을 세우고 검정하는 형태로 문제를 다루었다[10]. PMU 측정 데이터와 스위칭 이벤트의 시계열 데이터 패턴을 이용해서 토폴로지 변화를 실시간으로 탐지하는 알고리즘이 제안된 바 있다[11]. 참고문헌[12]에서는 전압 위상 측정 데이터가 마르코프 랜덤 필트 특성을 가지고 있다는 점을 관찰하고, 이를 이용해서 고장 탐지 기법을 시험한 바 있다.

반면에 참고문헌[13]에서는 가능한 토폴로지 구성에 대한 특정 라이브러리를 가정하지 않고 전체 토폴로지를 재구성하는 것에 초점을 두고 있다. 이 장에서 소개하는 수학적 분석 기법들은 이 방법에 토대를 두고 확장한 것이다. 최근 들어, 같은 아이디어를 가지고 비용 최소화 스패닝 트리(minimum−cost spanning tree)를 구성하여 배전 망을 식별하는 연구가 제안되었다. 이 방법은 그래프 모델의 일종인 Chow−Li 알고리즘과 밀접하게 관련되어 있는데, 상호 정보 행렬(mutual information matrix) 을 이용하여 보다 좋은 성능을 보였지만 여전히 대량의 샘플 데이터를 필요로 하는 한계가 있었다[14]. 전압 측정치의 2차 모멘트 변화를 이용하는 토폴로지 학습 도구가 제안되었는데[15, 16], 흥미로운 점은 후속 연구에서 그래픽 학습에서 어려운 문제의 하나인 측정 데이터가 누락되는 경우도 함께 다룰 수 있게 되었다는 점이다. 참고문헌[18]에서는 버스 연결과 토폴로지 추정 문제를 그룹 변수의 절대 축소(shrinkage)를 최소화하는 선형 회귀(Group Lasso)로 수식을 전개한 바 있다.

위의 연구 사례들은 모두 실제 측정 데이터를 사용하지 않고, 가상의 합성 데이터를 이용해서 연구가 진행되었다. 참고문헌[19]는 예외적으로 실제 데이터를 이용해서 희소성이나 트리 구조를 인위적으로 가정하지 않으면서도 선형 전압 민감도 계수(linear voltage sensitivity coefficients)를 계산하였다.

2. 배전 망의 그리드 모델

배전 망은 보통 방사형 그래프 $\mathcal{G}$로 모델링 되는데, 여기에서 에지는 선로를 나타내며, 노드 $\mathcal{V}=\{0, \cdots, n\}$는 전력 망의 버스를 나타내고 변전소 노드는 0으로 색인된다.

또한 전력 망에 연결된 배전 모선(distribution feeder)을 연구 대상으로 하기 때문에 변전소 노드에서의 전압은 일정한 것으로 가정한다. 따라서 모선의 전압은 전력 수요에 영향을 받지 않는다. 아울러 $h \in \mathcal{L}:=\{1, \cdots, n\}$인 다른 노드들은 유효−무효전력(PQ) 버스로 모델링 된다. 따라서 유효 전력과 무효 전력의 수요는 버스의 전압에 영향을 받지 않는 것으로 가정된다.

이러한 모델링 프레임워크에서 정상 상태(steady state)일 때, 전력 망의 노드들이 다음의 값들을 가진다. 즉, 각각의 노드 $h \in \mathcal{V}$에 대하여,

- 복소 전압(complex voltage) : $u_h = v_h e^{j\varphi_h}$
- 복소 전력 투입량 : $s_h = p_h + jq_h$

- 복소 전류 투입량 : i_h

이러한 표기를 따르면, 전력 망에서의 비선형 전력 조류 방정식은 $n+1$개의 복소수 방정식 표현으로 쓸 수 있다.

$$v_h e^{j\varphi_h} \sum_{k \in V} \bar{y}_{hk} v_k e^{-j\varphi_k} = p_h + jq_h, \quad \forall h \in V \tag{1}$$

여기에서 $\overline{y}_{hk}$는 h와 k를 연결하는 선로의 어드미턴스(admittance) 복소 공액(complex conjugate)이고, 버스에서의 션트(shunt) 어드미턴스를 무시할 때, $y_{hh} = -\sum_{k \neq h} y_{hk}$이 된다.

이후에 이루어지는 분석을 위해서는 벡터 형태로 표기하는 것인 편리할 수 있다. 여기에서는 모든 $h \in \mathcal{L}$에 대해서 스칼라 양 v_h, s_h, p_h, q_h을 쌓아서 만든 n 차원의 벡터를 각각 v, s, p, q로 표기하기로 한다. 마찬가지 방법으로, 버스의 어드미턴스 행렬 Y를 스칼라 y_{hk}의 요소를 가진 행렬로 아래와 같이 분할할 수 있다.

$$Y = \begin{bmatrix} Y_{00} & Y_{0\mathcal{L}} \\ Y_{\mathcal{L}0} & Y_{\mathcal{L}\mathcal{L}} \end{bmatrix}$$

여기에서 $Y_{\mathcal{L}\mathcal{L}}$는 $n \times n$의 차원을 가진다.

또한, 분석을 위해서는 비선형 전력 조류 방정식을 선형으로 변환할 필요가 있는데, 여기에서는 식(1)에서 평평한 전압 프로파일을 가정하여 $v_h = v_0$, $\forall h \in \mathcal{V}$ 주변을 선형 결합 전력 조류(linear coupled power flow; LC-PF) 모델로 선형화 한다. 이 모델에 대한 유도 과정은 참고문헌[20]의 5장에서 설명되어 있으며, 선형화에 대한 기하학적 해석은 참고문헌[21]에서 다루고 있다. 이러한 근사 방법을 적용하면, $\mathcal{L}$에서의 버스 전압은 다음과 같이 표현될 수 있다.

$$v \asymp \mathbf{1} v_0 + \frac{1}{v_0} \mathrm{Re}(Z\bar{s}) \tag{2}$$

여기에서 $Z \in \mathbb{C}^{n \times n}$의 임피던스 행렬은 $Z = Y_{\mathcal{L}\mathcal{L}}^{-1}$로 정의된다.

방사형 네트워크의 경우, 버스 임피던스 행렬의 요소들은 아래와 같이 잘 알려진 해석 방법이 사용된다.

정의1 (최단 경로). 두 개의 버스 $h,\ k \in \mathcal{V}$가 주어졌을 때, $\mathcal{V}$ 노드에서 가장 짧은 연결 경로를갖은 연결 서브세트를 $\mathcal{P}_{hk}$로 정의하며, $h,\ k \in \mathcal{P}_{hk}$가 된다.

보조정리1 $h,\ k$를 $h,\ k \in \mathcal{V}$인 두개의 버스라고 하고, $\mathcal{P}_{0h},\ \mathcal{P}_{0k}$를 각각의 노드에서 노드 0(변전소 노드)으로 연결하는 최단 경로라고 할 때, 교차점 $\mathcal{P}_{0h} \cap \mathcal{P}_{0k}$의 노드와 연결되는 에지들의 임피던스 합을 Z_{hk}라고 한다.

일반성(generality)을 유지하기 위해서 $v_0 = 1$로 가정한다. 또한 근사식의 오차(approximation error)는 무시할 수 있는 것으로 가정된다. 이러한 가정을 하게 되면, 전력망 모델(grid model)은 다음과 같이 쓸 수 있다.

$$v = \mathbf{1} + Rp + Xq \tag{3}$$

여기에서 축소된 버스의 저항과 리액턴스의 행렬은 각각 $R = \mathrm{Re}(Z)$, $X = \mathrm{Im}(Z)$로 쓸 수 있다.

3. 전압 상관 분석

이 절에서는 참고문헌[13]에서 처음 제안된 바 있는 전압 상관 분석(voltage correlation analysis) 기법을 리뷰하고, 이 모델을 확장하는 방법을 설명한다. 이 모델은 분산 전원 식별 전략(distributed identification strategy)의 토대를 제공한다.

식(3)을 이용하면, 버스 전압에 관한 공분산 행렬은 다음과 같이 직접 표현할 수 있다.

$$\begin{aligned} \mathrm{cov}(v) &= \mathbb{E}(v - \mathbb{E}v)(v - \mathbb{E}v)^T \\ &= \mathbb{E}(R(p - \mathbb{E}p) + X(q - \mathbb{E}q))(R(p - \mathbb{E}p)) + X(q - \mathbb{E}q))^T \\ &= R\Sigma_{pp}R + X\Sigma_{qp}R + R\Sigma_{pq}X + X\Sigma_{qq}X \end{aligned} \tag{4}$$

여기에서,

$$\begin{bmatrix} \Sigma_{pp} & \Sigma_{pq} \\ \Sigma_{qp} & \Sigma_{qq} \end{bmatrix}$$

는 버스에 투입되는 전력 벡터 $[p^T q^T]^T$ 에 관한 양정 공분산 행렬(positive definite covariance matrix)이다.

식(4)의 공분산 행렬은 전력 망의 토폴로지에 관한 명확한 정보를 담고 있으며, 행렬 R과 X로 엔코딩 된다. 이 정보를 재구성하려면, 다음의 가정들이 필요하다.

가정1 (전력 수요의 비상관성). 서로 다른 버스에 투입되는 유효 전력과 무효 전력은 서로 상관관계가 없다. 따라서, Σ_{pp}, Σ_{pq}, Σ_{qp}, Σ_{qq} 는 모두 대각 행렬이다.

가정1은 상관 관계를 토대로 한 토폴로지 식별 방법을 유도하는데 핵심이 되는 가정으로, 1절에서 리뷰한 문헌들을 통해서 도출된 것이다. 5절에서는 이러한 가정이 실제 배전 모선에서 추출된 전력 측정 데이터에도 여전히 유효한 것인지를 살펴 보고, 시간 척도에 따라 어떻게 달라지는지를 논의한다.

이에 앞서서, 나중에 분석을 진행할 때 도입되는 2가지의 가정들을 소개하면 다음과 같다.

가정2 (X/R 일정 비율 가정). 배전 망에 모든 선로들의 인덕턴스와 저항의 비율은 일정하다. 즉,

$$y_{hk} = e^{j\theta}|y_{hk}|, \quad \forall h,k \in \mathcal{V}$$

여기에서 θ는 배전 선로 전체에 대해서 고정된 값이다.

가정2가 충족되기 위해서는, 전력 망이 상대적으로 동질적인(homogeneous) 특성을 가져야 하는데, 5절에서 논의하는 IEEE 시험 모선에 관한 수치 실험 조건에서처럼, 대부분의 실제 전력 망에서 이러한 가정은 합리적인 것으로 간주될 수 있다.

가정3 (균일 역률 가정). 배전 모선에 가해지는 부하는 모두 동일한 역률을 갖는다. 즉,

$$q_h = kp_h, \quad \forall h \in \mathcal{L}$$

여기에서 k는 배전 선로 전체에 대해서 고정된 값이다.

가정3은 부하가 완벽하게 보상되는 경우에 쉽게 검증할 수 있는데 즉, $\kappa = 0$인 경우에 모든 $h \in \mathcal{L}$에 대하여 $q_h = 0$이 된다.

이러한 가정을 하면, 순수 저항성 전력 망(purely resistive grid)과 완벽하게 등가인 전압 공분산 행렬을 계산해내는 것이 가능해져서 다음의 결과를 도출할 수가 있다.

보조정리2 (동등한 저항성 전력 망). 가정1, 가정2, 가정3이 모두 유효하다고 할 때, 버스의 컨덕턴스 행렬 G와 동일한 토폴로지 $\mathcal{G}$를 가진 순수 저항성 전력 망이 존재하며, 유효 전력 투입량은 공분산 행렬 Σ와 상관 관계가 없게 되어, 원래의 전력 망(original grid)과 동일한 전압 공분산 행렬 $\mathrm{cov}(v)$을 얻을 수 있다. 또한 전압 공분산 행렬은 다음과 같이 표현할 수 있다.

$$\mathrm{cov(v)} = M\Sigma M$$

여기에서, $M = G_{\mathcal{L}\mathcal{L}}^{-1}$이다.

증명 먼저, 가정2가 성립하는 경우를 먼저 고려해보자. 그러면 $Y' \in \mathbb{R}^{(n+1)\times(n+1)}$인 경우에, $Y = e^{j\theta}Y'$가 된다. 또한, $R = \mathrm{Re}(Y_{\mathcal{L}\mathcal{L}}^{-1}) = \cos\theta(Y'_{\mathcal{L}\mathcal{L}})^{-1}$, $X = \mathrm{Im}(Y_{\mathcal{L}\mathcal{L}}^{-1}) = -\sin\theta(Y'_{\mathcal{L}\mathcal{L}})^{-1}$ 관계가 성립한다. 여기에서, $X = -\tan\theta R$라고 할 때, 식(4)는 다음과 같이 다시 쓸 수 있다.

$$\mathrm{cov}(v) = R(\Sigma_{pp} - 2\tan\theta\Sigma_{qp} + \tan^2\theta\Sigma_{qq})R$$

보조정리2의 명제는 다음과 같이 양정 행렬(positive definite matrix)을 정의하고, 그래프 라플라시안 $G = \text{Re}(Y)$을 고려하면 검증된다.

$$\Sigma = \Sigma_{pp} - 2\tan\theta\Sigma_{qp} + \tan^2\theta_{qq} = [I \;\; -\tan\theta I]\begin{bmatrix}\Sigma_{pp} & \Sigma_{pq} \\ \Sigma_{qp} & \Sigma_{qq}\end{bmatrix}\begin{bmatrix} I \\ -\tan\theta I\end{bmatrix}$$

이제 가정3이 성립하는 경우를 생각해 보자. 가정3에 따라서, $\Sigma_{pq} = \Sigma_{qp} = \kappa\Sigma_{pp}$, $\Sigma_{qq} = \kappa^2\Sigma_{pp}$이 된다. 식(4)를 다시 정리하면, 다음의 공분산 행렬 식을 얻을 수 있다.

$$\text{cov}(v) = (R + kX)\Sigma_{pp}(R + kX)$$

따라서 보조정리2의 명제는 $\Sigma = \Sigma_{pp}$(양정 행렬)이고, 그래프 라플라시안 G를 고려하여 각각의 에지 hk에 대한 가중치를 $\text{Re}(y_{hk}) - \kappa\,\text{Im}(y_{hk})$로 구함으로써 검증된다. 여기에서 y_{hk}는 해당 선로의 어드미턴스를 의미한다.

보조정리2는 공분산 행렬 $\text{cov}(v)$의 역행렬이 희소한 특성을 가지면 특정한 부호 패턴을 갖고 있는지를 보여 주는 다음의 결과들을 입증하는데 도움이 된다.

정리1 가정1, 가정2, 가정3이 유효하고, $K = \text{cov}(v)^{-1}$라고 하면, $\mathcal{L}$의 모든 쌍 h, k에 대해 다음의 관계가 성립한다.

$$K_{hk}\begin{cases} >0 & if\ h = k \\ <0 & if\ h \sim k \\ >0 & if\ \exists \ell \in \mathcal{L}\ such\ that\ h \sim \ell\ and\ \ell \sim k \\ 0 & otherwise \end{cases}$$

여기에서 ~기호는 전력 토폴로지에서 이웃임을 표시한다. 즉, 이들 h, k를 연결하는 에지 그래프가 존재한다.

증명 보조정리2에 따라서, 행렬 K는 양의 가중치를 가진 라플라시안 $\mathcal{L}$과 양정 대각 행렬 Σ^{-1}에 대해서 다음과 같이 표현될 수 있다.

$$K = \text{cov}(v)^{-1} = (M\Sigma M)^{-1} = G_{\mathcal{L}\mathcal{L}}\Sigma^{-1}G_{\mathcal{L}\mathcal{L}}$$

여기에서 Σ^{+} 은 다음과 같이 표기된다.

$$\Sigma^{\dagger} = \begin{bmatrix} 0 & 0 \\ 0 & \Sigma^{-1} \end{bmatrix} \in \mathbb{R}^{(n+1)\times(n+1)}$$

$\mathcal{N}(h)$을 노드 h의 이웃 노드의 집합으로 정의하고, G가 양의 가중치를 가진 라플라시안이라는 점을 이용하면, G_{hk} 는 다음과 같이 된다.

$$G_{hk}\begin{cases} >0 & if\ h=k \\ 0 & if\ h\sim k \\ 0 & otherwise \end{cases}$$

따라서, 다음의 식을 얻을 수 있다.

$$\mathbf{1}_h^T G\Sigma^{\dagger} G\mathbf{1}_k = \left(G_{hh}\mathbf{1}_h^T + \sum_{h'\in\mathcal{N}(h)} G_{hh'}\mathbf{1}_{h'}\right)\Sigma^{\dagger}\left(\mathbf{1}_k G_{kk} + \sum_{k'\in\mathcal{N}(k)} \mathbf{1}_{k'} G_{k'k}\right)$$

여기에서, 다음의 사실을 고려하면,

$$\mathbf{1}_v^T \Sigma^{+} \mathbf{1}_w = \begin{cases} (\Sigma_{vv})^{-1} > 0 & if\ v = w \neq 0 \\ 0 & \text{otherwise} \end{cases}$$

$\mathcal{L}$ 에서의 공분산 행렬은 다음과 같이 구분할 수 있다.

- 모든 h에 대해서

$$K_{hh} = \mathbf{1}_h^T G\Sigma^{\dagger} G\mathbf{1}_h = G_{hh}(\Sigma_{hh})^{-1}G_{hh} + \sum_{\ell\in\mathcal{N}(h)} G_{h\ell}(\Sigma_{\ell\ell})^{-1}G_{\ell h} > 0;$$

- 만일 $h\sim k$ 이면,

$$K_{hk} = \mathbf{1}_h^T G\Sigma^{\dagger} G\mathbf{1}_k = G_{hh}(\Sigma_{hh})^{-1}G_{hk} + G_{hk}(\Sigma_{kk})^{-1}G_{kk} < 0;$$

• 만일 $h \neq k$이고, $\exists \ell$에 대해서 $\ell \sim h$, $\ell \sim k$이면,

$$K_{hk} = \mathbf{1}_h^T G \Sigma^{\dagger} G \mathbf{1}_k = G_{h\ell}(\Sigma_{\ell\ell})^{-1} G_{\ell k} > 0;$$

• 이외의 경우에는,

$$K_{hk} = \mathbf{1}_h^T G \Sigma^{+} G \mathbf{1}_k = 0$$

비고1 행렬 K는 집중 행렬(concentration matrix)로 알려져 있으며, 조건부 상관 관계(conditional correlation)를 해석하는데 흥미롭고 잘 알려진 해석 결과를 제공한다. 특히, 주어진 모든 다른 전압 v_ℓ, $\ell \neq h, k$에 대하여 전압 v_h, v_k 사이에 상관 관계가 없을 경우, $K_{hk} = 0$가 된다. 마르코프 랜덤 필드의 개념으로 이를 설명하면, 전력 망의 토폴로지를 나타내는 그래프에서 1-홉(hub) 이웃 또는 2홉 이웃일 경우에, 이에 해당하는 그래프 모델은 노드들이 방향성 없이 에지에 연결되는 그래프(undirected graph) 형태를 띄게 된다.

또한 정리1은 행렬 K에서 순음수(strictly negative)를 가지는 요소들은 $Y_{\mathcal{L}\mathcal{L}}$에서 희소 패턴을 가지기 때문에, 전력 망의 토폴로지를 재구성하는데 직접 이용할 수 있다는 점을 보여준다.

이러한 관찰 결과들을 종합하면, 전력 망의 토폴로지를 식별하는 과정은 다음과 같은 단계로 제안될 수 있다. 모든 버스에서 측정되는 전압 $v^{(t)}$이 T 시퀀스를 가지고, $t = 1, \cdots, T$라고 할 때,

1. 표본의 공분산 행렬 $\hat{\Sigma} = \mathrm{cov}\left(v^{(t)},\ t = 1,\ \cdots,\ T\right)$을 계산한다.
2. 표본의 집중 행렬 $\hat{K}$를 $\hat{\Sigma}^{-1}$로 계산한다.
3. $\hat{K}$에 요소에 해당하는 요소들에 에지 가중치를 부여하여 노드 $\mathcal{L}$에 대하여 완벽한 그래프 C를 설정하고, C에 대하여 최소 스패닝 트리를 계산한다. 최소 스패닝 트리는 C의 서브 그래프로, 모든 노드들을 연결하는데 에지 비용의 총합이 가장 작은 트리를 의미한다.

여기에서 최소 스패닝 트리는 Prim의 알고리즘 [22]과 같은 그리디 알고리즘을 통해서, 입

력 데이터의 개수에 따라 시간 복잡도(time complexity)를 다항식으로 표현하고, 다항 시간(polynomial time)을 계산해서 구할 수 있다.

이 방법은 어떤 의미에서 그래프 식별 모델 중에, 잘 알려진 Chow-Liu 알고리즘[23]과 닮아 있지만, 최적의 스패닝 트리를 선택할 때, 정보 이론(information theory) 관점으로 실제 분포에 가장 근접한 근사를 탐색하는데 초점을 둔다. 또한 우리는 그래프 이론(graph theory)을 통해서 이 시나리오에서 실제 분포를 기술하는 그래프 루트(root)를 가진 트리가 존재한다는 것 이미 알고 있다. 따라서 이러한 추가 정보를 명시적으로 이용할 수 있다. 즉, 이러한 사전 지식(priori knowledge)을 활용하면, 추정된 그래프의 희소성을 튜닝하기 위해 별도의 모델 선택 도구를 필요로 하지 않는다[24].

5절에서는 실제 전력 수요 측정 데이터 세트를 가지고, 여기에서 제안된 식별 알고리즘을 적용하여 전압 상관 관계를 분석하는 사례를 소개한다. 이 과정에서 이 알고리즘이 어떤 형태의 대규모의 샘플 데이터를 필요로 하는지, 그리고 알고리즘의 가정이 위배될 때, 성능에 어떠한 악영향을 주는지를 살펴보고자 한다.

4. 배전 토폴로지 평가

앞의 1절에서 살펴본 바와 같이, 전압 측정 데이터에 대한 통계 분석이라는 유사한 목적을 가진 다양한 방법들이 제안되어 왔다. 이들 중 일부는 토폴로지 탐지 속도를 향상시키거나, 일부는 분석에 필요한 샘플 수를 줄일 수 있는 등의 장점이 제시되어 있다[14-16]. 하지만 이들 방법들은 모두 3절에서 소개한 바와 같은 중앙 집중형 시나리오에 기반을 둔 방법들이다. 즉, 일부에서 약간의 예외가 있기는 하지만[17], 계통의 모든 노드에서 전압을 측정할 수 있은 것으로 가정하고 개발된 방법으로 이들 방법은 계통에 대한 모니터링이 잘 갖추어지지 않은 전력 망에는 적용하기 어렵다.

이 절에서는 이들 방법과 동일한 상관 관계 방법을 이용해서 일련의 배전 토폴로지 테스트 세트를 유도한다. 여기에서는 전력 망의 토폴로지에 대한 기본 정보를 제공하기 위해 3개의 버스로 구성된 작은 클러스터(cluster)들이 있고, 전압 측정 데이터는 서로 공유되는 것으로 가정한다. 이 방법은 배전 망 운영자들의 일반적인 요구에 더 적합한 방법이다. 왜냐하면 모니터링을 위한 측정을 최소화할 수 있고(여기에서는 3개 버스의 전압 센서 이용), 다음과 같이 전력 망의 토폴로지 식별에 대해서 단순하면서도 타당한 가정을 할 수 있기 때문이다.

- 스위치가 열려 있거나 닫혀 있는지 여부
- 3개 버스의 센서 중에서 어느 것이 전기적으로 변전소에 가장 가까운지 여부
- 기존 센서에 새로 연결되는 센서의 상대적인 위치 파악

제안된 방법의 세부 사항들을 설명하기 위해서는, 그림1에서 보는 바와 같은 추가적인 정의들이 유용할 수 있다. 이 가정은 방사형 그래프에서만 유효하다.

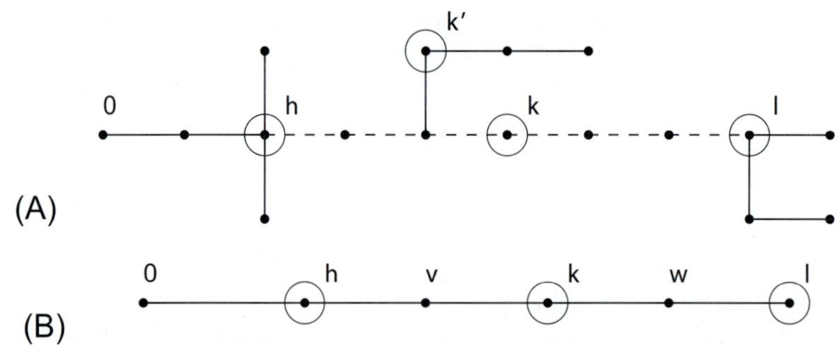

그림1. 4절에서 설명된 토폴로지의 모형 (A) Phkl의 최단 경로(점선 부분)에 k가 놓여있기 때문에 버스의 부분집합 $\mathcal{T}=\{h, k, \ell\}$는 트라이어드가 된다. 하지만 $\{h, k', \ell\}$은 트라이어드가 아니다. (B) 트라이어드 $\mathcal{T}$의 최소 인터리브 그래프를 나타낸다.

정의2 (트라이어드). $\mathcal{T} \subset \mathcal{L}$인 세 개의 버스에서 이들 중 하나의 버스가 다른 두 개 버스를 연결하는 최단 경로에 속해 있으면, 이 버스를 트라이어드(triad)로 정의한다.

정의3 (최소 인터리브 그래프). 그림1에서 보는 바와 같이 트라이어드 $\mathcal{T}$가 다른 트라이어드 $\mathcal{T}'=\{0, v, w\}$에 끼어 들어가 있으면(interleaved), 그래프는 최소 인터리브 그래프(minimal interleaved graph)로 정의된다.

정의4 (노드 깊이). $h \in \mathcal{V}$인 버스 h와 가중치가 부여된 라플라시안 G가 주어 졌을 때, 노드 깊이(node depth) x_h는 노드 사이를 최단으로 연결하는 경로 $\mathcal{P}_{0h}$의 에지들의 가중치 합으로 정의된다.

이러한 정의를 토대로 해서, 트라이어드 버스의 전압 공분산이 선로 매개변수와 유효 전력 투입량에 대한 공분산을 적절하게 설정할 경우, 규모가 훨씬 작은 순수 저항성 전력 망의 전압 공분산과 동일(identical)라는 다음의 결과를 도출할 수 있다.

보조정리3 (최소 등가 저항성 전력 망). 가정1, 가정2, 가정3이 유효하고, 트라이어드 $\mathcal{T} = \{h, k, \ell\}$가 있다고 할 때, 최소 인터리브 그래프로 트라이어드 $\mathcal{T}$를 연결하는 최소 등가 저항성 전력 망(minimal equivalent resistive grid)이 존재한다. 이 전력 망의 컨덕턴스 행렬 $\tilde{\mathrm{G}}$와 전력 공분산 대각 행렬 $\tilde{\Sigma}$는 노드 h, k, ℓ에서의 전압 공분산 $\mathrm{cov}(v_T)$와 같다.

증명 이에 대한 증명은 그림2에서 보는 바와 같은 단계를 통해서 구조화할 수 있다.

- A 단계: 보조정리2에 기초하여, 양의 가중치로 구성된 라플라시안 G와 전력 공분산 행렬 Σ를 가진 등가의 저항성 전력 망이 있다고 가정한다.
- B 단계: 곁가지(즉, 경로 $\mathcal{P}_{0\ell}$에 속하지 않는 가지)에 있는 모든 전력 수요를 이들과 연결된 노드에서 있는 것으로 간주한다. 이러한 가정은 전력 망의 일반적인 특성과 크게 다르지 않다. 이 단계에서 노드에 대한 3개의 서브 세트를 각각 $\mathcal{L}_1$, $\mathcal{L}_1$, $\mathcal{L}_3$로 표기한다.
- C 단계: 최소 인터리브 그래프를 고려한다. 이 그래프는 양의 가중치를 가진 라플라시안 $\tilde{G}$를 가지고 노드 h, k, ℓ이 동일한 노드 깊이 x_h, x_k, x_ℓ를 가지며, 라플라시안 G를 가진 원래의 그래프의 노드 v, w의 노드 깊이와 다음의 관계를 가진다.

$$x_v = \frac{\sum_{i \in \mathcal{L}_2} x_i \sigma_i (x_i - x_h)}{\sum_{i \in \mathcal{L}_2} \sigma_i (x_i - x_h)}$$

$$x_w = \frac{\sum_{i \in \mathcal{L}_3} x_i \sigma_i (x_i - x_k)}{\sum_{i \in \mathcal{L}_3} \sigma_i (x_i - x_k)}$$

여기에서, σ_i는 노드 i에 대응하는 행렬 Σ의 대각 성분을 나타낸다. 이를 통해서, 전력 공분산 행렬의 대각 성분은 다음과 같이 구성할 수 있다.

$$\tilde{\sigma}_v = \frac{\sum_{i \in \mathcal{L}_2} \sigma_i (x_i - x_h)}{x_v - x_h}$$

$$\tilde{\sigma}_w = \frac{\sum_{i \in \mathcal{L}_3} \sigma_i (x_i - x_k)}{x_w - x_k}$$

$$\tilde{\sigma}_h = \sigma_h + \frac{\sum_{i \in \mathcal{L}_1} x_1^2 \sigma_i}{x_h^2} + \sum_{i \in \mathcal{L}_2} \sigma_i - \tilde{\sigma}_v$$

$$\tilde{\sigma}_k = \sigma_k + \sum_{i \in \mathcal{L}_3} \sigma_i - \tilde{\sigma}_w$$

$$\tilde{\sigma}_\ell = \sigma_\ell$$

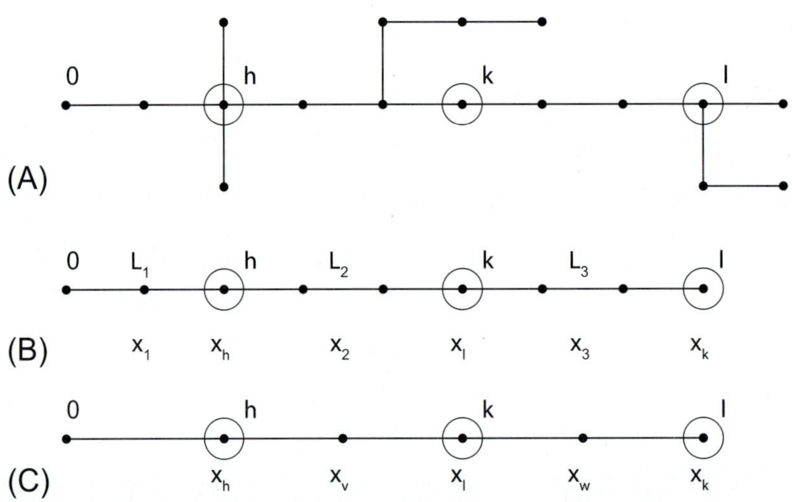

그림2. 보조정리3의 단계별 증명 과정에 대한 도식적 표현

최소 등가 저항성 전력 망(minimal equivalent resistive grid)의 전압 공분산 행렬은 $\tilde{M}\tilde{\Sigma}\tilde{M}$ 로 계산될 수 있다. 보조정리1로부터 선형 그래프(line graph)에서 $M_{ij} = \min\{x_i, x_k\}$ 이라는 점을 이용하면, 다소 시간이 오래 걸리지만 표준적인 연산 방법을 통해서, 원래의 저항성 전력 망과 최소 등가 저항성 전력 망에 트라이어드 전압 v_T 의 공분산 행렬과 같다는 점을 보여 줄 수 있다. 또한 보조정리2를 이용하면, 이 공분산 행렬이 원래 전력 망의 전압 공분산 $\text{cov}(v_T)$과 같게 된다.

보조정리3의 등가성(equivalence) 개념은 전압 공분산 행렬 $\text{cov}(v_T)$에 대한 연구를 보다 단순하게 하기 위함이다. 사실상 최소 인터리브 그래프에서 공분산 행렬은 $\tilde{G}$와 $\tilde{\Sigma}$의 매개 변수 함수로 직접 표현하는 것이 가능하다. 이런 점을 이용하면 다음의 결과를 도출할 수 있다.

정리2 가정1, 가정2, 가정3이 모두 유효하다고 하고, $k \in \mathcal{P}_{h\ell}$에 해당하는 트라이어드 $\mathcal{T} = \{h,\ k,\ \ell\}$가 있고, 버스 h, k, ℓ에서의 전압 공분산을 $\mathrm{cov}(v_T)$라고 하자. 그렇게 되면, 공분산의 역행렬 $K = [\mathrm{cov}(v_T)]^{-1}$는 다음과 같은 부호 패턴을 가진다.

$$\mathrm{sign}(K) = \begin{bmatrix} +1 & -1 & +1 \\ -1 & +1 & -1 \\ +1 & -1 & +1 \end{bmatrix}$$

증명 먼저 보조정리2를 이용해서 저항성 등가 네트워크를 구축한다. 다음으로 보조정리3을 통해, 트라이어드 노드에서의 전압 공분산 행렬과 동일한 행렬을 가진 최소 저항성 등가 네트워크를 구성할 수 있다.

전체 전압 공분산 행렬 $\mathrm{cov}(v) = \tilde{M}\tilde{\Sigma}\tilde{M}$에서 적합한 행과 열을 선택함으로써 트라이어드에서의 전압 공분산 행렬 $\mathrm{cov}(v_T)$을 구할 수 있다. 보조정리1을 이용하면 다음과 같이 쓸 수 있다.

$$\mathrm{cov}(v_T) = N \begin{bmatrix} \tilde{\sigma}_h & & & & \\ & \tilde{\sigma}_v & & & \\ & & \tilde{\sigma}_k & & \\ & & & \tilde{\sigma}_w & \\ & & & & \tilde{\sigma}_\ell \end{bmatrix} N^T \quad \text{where } N = \begin{bmatrix} \tilde{x}_h & \tilde{x}_h & \tilde{x}_h & \tilde{x}_h & \tilde{x}_h \\ \tilde{x}_h & \tilde{x}_v & \tilde{x}_k & \tilde{x}_k & \tilde{x}_h \\ \tilde{x}_h & \tilde{x}_v & \tilde{x}_k & \tilde{x}_w & \tilde{x}_\ell \end{bmatrix}$$

K의 행렬식(determinant)이 양수이므로, K의 부호 패턴은 공분산 $\mathrm{cov}(v_T)$의 수반 행렬(adjoint) 부호 패턴과 동일하다. 공분산의 수반 행렬은 일반적인 선형 대수 소프트웨어를 통해 계산할 수 있다. 여기에서 양수를 가지는 깊이 차이를 $\delta_{h0} = \tilde{x}_h$, $\delta_{vh} = \tilde{x}_v - \tilde{x}_h$, $\delta_{kv} = \tilde{x}_k - \tilde{x}_v$, $\delta_{wk} = \tilde{x}_w - \tilde{x}_k$, $\delta_{tw} = \tilde{x}_\ell - \tilde{x}_w$로 정의하여 계산하면 변수를 조작하기가 쉬어진다. 공분산 $\mathrm{cov}(v_T)$의 수반 행렬 성분들은 이들 깊이 차이를 구하는 4차 방정식으로 풀 수 있다. 예를 들어, 다음과 같이 계산될 수 있다.

$$[\text{adjoint}(\text{cov}(v_{\mathcal{T}}))]_{\ell\ell} = \tilde{\sigma}_h(\tilde{\sigma}_k + \tilde{\sigma}_\ell + \tilde{\sigma}_v + \tilde{\sigma}_w)\delta_{h0}^2\delta_{vh}^2 + 2\tilde{\sigma}_h(\tilde{\sigma}_k + \tilde{\sigma}_\ell + \tilde{\sigma}_w)\delta_{h0}^2\delta_{vh}\delta_{kv} + (\tilde{\sigma}_h + \tilde{\sigma}_v)(\tilde{\sigma}_k + \tilde{\sigma}_\ell + \tilde{\sigma}_w)\delta_{h0}^2\delta_{kv}^2$$

여기에서는 지면의 제약으로 이들 식을 유도하는 과정은 생략한다. $\text{cov}(v_T)$의 수반 행렬 성분들은 조사를 통해서 확인이 가능한데, K 행렬의 부호 패턴은 다음과 같다.

$$\text{sign}(K) = \begin{bmatrix} +1 & -1 & +1 \\ -1 & +1 & -1 \\ +1 & -1 & +1 \end{bmatrix}$$

정리2를 이용하면, 다음의 과정을 통해서 배전 망에 대한 가설 검정(hypothesis test)을 진행할 수 있다. 트라이어드 $\mathcal{T}$가 있고, 트라이어드를 구성하는 3개의 버스에서 측정되는 전압 시퀀스를 $\mathcal{T}$, $v_{\mathcal{T}}^{(t)}$, $t=1, \cdots, T$라고 할 때, 가설 검정을 통해서 트라이어드의 어떤 노드가 다른 2개의 노드와 연결하는 최단 경로(shortest-electric path)를 갖고 있는지를 파악할 수 있다. 가설 검정 과정은 다음과 같다.

1. 3×3의 표본 공분산 행렬 $\hat{\Sigma}_{\mathcal{T}} = \text{cov}(v_{\mathcal{T}}^{(t)},\ t=1, \cdots, T)$을 계산한다.
2. 3×3의 표본 집중 행렬 $\hat{K}$를 $\hat{\Sigma}_{\mathcal{T}}^{-1}$로 계산한다.
3. $\hat{K}$의 성분에 해당하는 에지 가중치를 부여한 노드 $\mathcal{T}$의 완벽한 그래프를 C를 고려하여 C의 최소 스패닝 트리를 계산한다. 최소 스패닝 트리는 $\mathcal{T}$의 3개의 노드를 연결하는 선 형태의 그림으로 그려지며, 최소 스패닝 트리의 총 에지 비용은 최소가 된다.

이러한 접근의 장점은 이러한 검정 과정을 통해서 트라이어드에서 생성될 수 있는 3개의 토폴로지 중에서 가장 가능성이 높은 토폴로지를 식별할 수 있기 때문에 검색해야 하는 대상

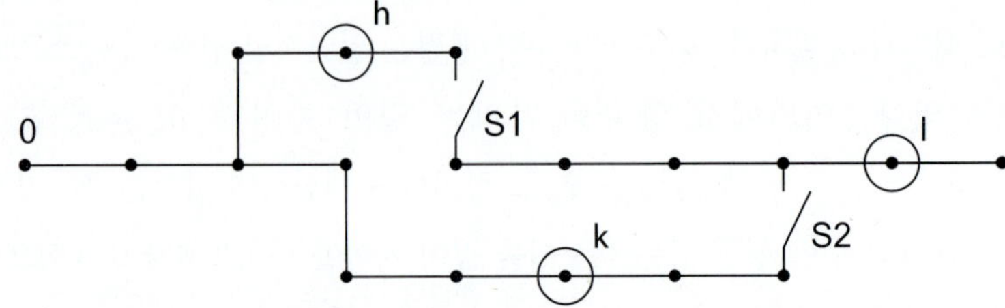

그림3. 전력 망의 스위치들의 위치를 결정하는 문제를 트라이어드 {h, k, l}의 노드간의 상대적 위치에 관한 문제로 변환하는 과정을 보여 주는 사례

을 크게 줄일 수 있는 점이다. 그림3에서 제시된 시나리오를 예로 들면, 배전 망 운영자는 두 개의 스위치 S1, S2의 개폐 여부를 파악하는데 관심을 가질 수 있다. 트라이어드 $\{h, k, \ell\}$를 선택하고, On/off 여부에 대한 질문을 가설 검정의 형태로 트라이어드의 관련 토폴로지에 던질 수 있다. 검정을 통해서 $k \in \mathcal{P}_{h\ell}$이 확인되면, S1이 열려 있고, S2가 닫혀 있어야 한다. 반면에 $k \in \mathcal{P}_{k\ell}$이면 S2가 열려 있고, S1이 닫혀 있어야 한다. 5절에서는 유사한 구성에서 가설이 올바른 것인지를 확인하는 몇가지 드문 사례가 소개된다.

5. 토폴로지 알고리즘 수치실험 결과

이 절에서는 실제 배전 망에서 측정된 전력 수요 데이터 세트를 이용해서 3절에서 소개된 상관 분석과 4절에서 소개된 분산 알고리즘(distributed algorithm)이 타당한 방법인지를 살펴보고자 한다.

사용된 데이터 세트는 DiSC(distribution system voltage control) 시뮬레이션 프레임워크의 일환으로 제공된 것이다[25]. 덴마크의 DSO인 NRGi가 측정한 데이터는 익명화 처리(anonymized) 과정을 통해 분석에 이용되었다. 데이터는 덴마크의 호르센스(Horsens)이라는 도시 주변 지역에 거주하는 약 1,200 가구의 전력 소비량을 나타낸다. 개별 가구의 전력 소비 데이터는 15분 간격으로 측정되었으며, 추출 기간은 1년 이상이었다. 측정 주기인 15분 이하의 시간 동안에 발생하는 부하의 변동성을 재현하기 위해서, 참고문헌[26]에서 제안한 것과

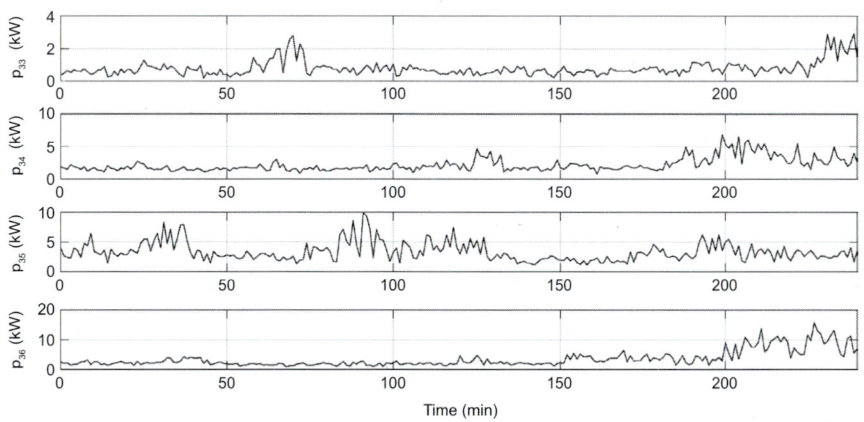

그림4. 시험에 사용된 모선의 수요 프로파일 사례. 각 버스의 수요는 개별 건물들의 전력 사용량 측정 값들을 합산하여 구해진다.

유사한 형태의 부하 생성 모델을 만들어서 이 값을 측정 데이터에 중첩(superimpose)하는 형태의 방법이 이용되었다.

시험에 사용된 모선(test feeder)는 참고문헌[20]에서 제안된 방법을 적용하였는데, 온라인 저장소(online repository)[27]을 통해 이용이 가능하다. 시험 모선은 IEEE 123 배전 시험 모선 표준[28]을 준수하여 3상 백본(backbone)으로 구성된다. 모선의 각 버스에서는 해당 버스의 전력 수요 프로파일들이 합쳐지고, 이 값은 공칭(nominal) 전력 수요와 비례하는 것으로 간주하였다. 수요 프로파일의 사례는 그림4와 같다.

다른 연구문헌들에서 제시된 방법들과 마찬가지로, 이 절에서의 사용된 분석 방법은 기본적으로 가정1, 즉 버스가 다를 경우, 버스 사이의 전력 수요는 서로 상관 관계가 없다는 가정이 충족되어야 한다. 그림5는 버스에 투입되는 유효 전력의 공분산 행렬을 계산한 결과를 나타낸 것으로, 실제로 상관 관계가 어떻게 나타나는지를 보여주고 있다. 참고문헌[25]에서 관찰된 바에 따르면, 이러한 상관 관계는 각 가정의 시간에 따른 생활 패턴이 유사하고, 동일한 기상 조건에 노출된다는 사실에 기인한다. 하지만 그림5의 오른쪽 패널에서처럼, 측정 주기를 짧게 하면 상호 상관 관계가 사라지는 것을 확인할 수 있다. 따라서 측정 데이터를 고주파 필터(high-pass filter)로 전처리 하게 되면, 상관 관계가 없다는 가정이 합리적인 가정이 될 수 있다. 이러한 전처리 방법은 토폴로지 식별에 유용한 방법일 뿐 아니라, 유사한 식별에서도 적용될 수 있을 것으로 기대된다.

그림6은 정리1에서 예측된 희소성 패턴을 검증하기 위해 집중 행렬 K를 계산하고, 3절에서 제안된 중앙 집중형 식별 알고리즘을 적용한 결과이다. 그림6의 왼쪽 패널은 집중 행렬이 얼마나 많은 비논리적인 성분을 가지고 있는지 보여준다. 즉, 각 관측치들은 비선형 특성(nonlinearity), 선로 X/R 비율과 P/Q 비율의 불균일성, 전력 수요 간의 상관관계 등에 의해서 논리적인 분석이 어려운 패턴이 나타난다. 하지만 수치 분석을 더 진행해 본 결과, 이러한 비논리적 성분의 상당 부분이 후자의 원인, 즉 전력 수요 간의 상관관계에 발생하는 것으로 확인되었다. 그림6의 오른쪽 패널 그림은 같은 전력 망에 동일한 분석 방법을 적용한 결과로, 상관 관계가 없은 전력 수요를 인위적으로 생성하여 적용한 것에 차이가 있다. 이 그림에서는 정리1에서 예측한 부호 패턴이 제대로 나타난다.

흥미롭게도, 3절에서 설명되었던 최소 스패닝 트리에 기반한 식별 알고리즘을 적용한 경우 그림6에서와 같이 논리적으로 분석하기 어려운 상황에서도 샘플 집중 행렬이 매우 강건한 결과를 보여준다. 일반적으로 샘플의 특성에 따라 알고리즘의 결과가 달라지기는 하지만, 그림7은 알고리즘을 실행했을 때, 가장 흔하게 얻을 수 있는 일반적인 결과를 나타낸다. 2개의 에

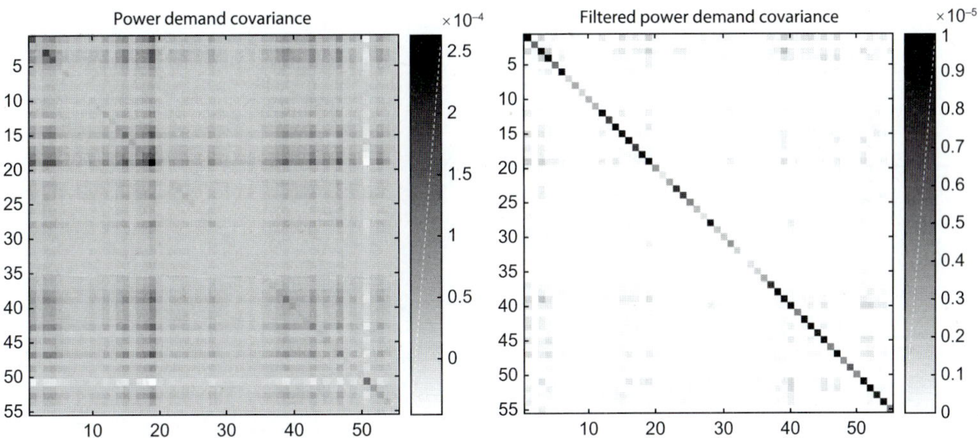

그림5. 12시간 동안 측정된 샘플 데이터에서 얻어진 공분산 행렬 결과. 왼쪽 그림은 원본 데이터에서 얻어진 공분산 행렬로 버스들 사이의 상대적인 상관관계를 나타낸다. 오른쪽 그림은 원본 데이터에 고주파 필터를 적용한 후에 얻어진 공분산 행렬이다. 차단(cut-out) 주파수를 초과하면, 왼쪽 그림의 전력 수요의 상관관계가 사라진다.

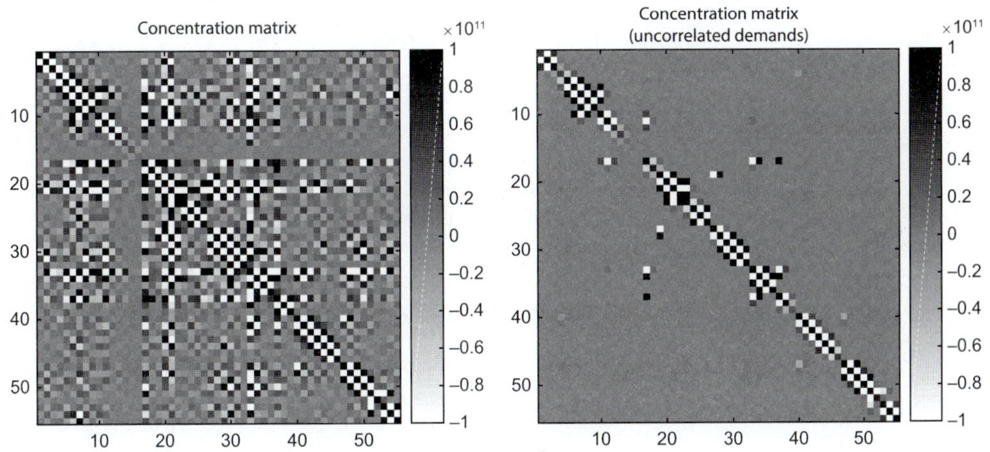

그림6. 왼쪽의 그림은 원본 데이터에서 얻어진 샘플의 집중 행렬을 나타낸다. 집중 행렬은 라플라시안 제곱의 희소 패턴과 동일한 패턴을 보여야 한다. 집중 행렬의 비논리적인 성분들은 오른 쪽 그림에서 처럼 주로 전력 수요와의 상관관계에서 비롯한다. 오른 쪽 그림은 같은 행렬에 비상관 전력 수요를 합성한 것으로 동일한 희소 패턴을 보인다.

지에서 발생한 예외를 제외하고는, 전반적으로 그리드 토폴로지를 올바르게 재구성한것으로 확인된다. 2개의 예외 사례는 그림7의 오른쪽 패널에 표시하였다.

마지막으로, 4절에서 제안된 분산 통계 가설 검정(distributed statistical hypothesis test)을 살펴본 결과는 다음과 같다. 트라이어드가 $\mathcal{T} = \{6, 7, 10\}$ 일 때, 그림8은 샘플 수를 증가시키고, 데이터 세트를 달리하여 계산한 집중 행렬 K를 나타낸다. 이들 행렬에서 검은 색 점

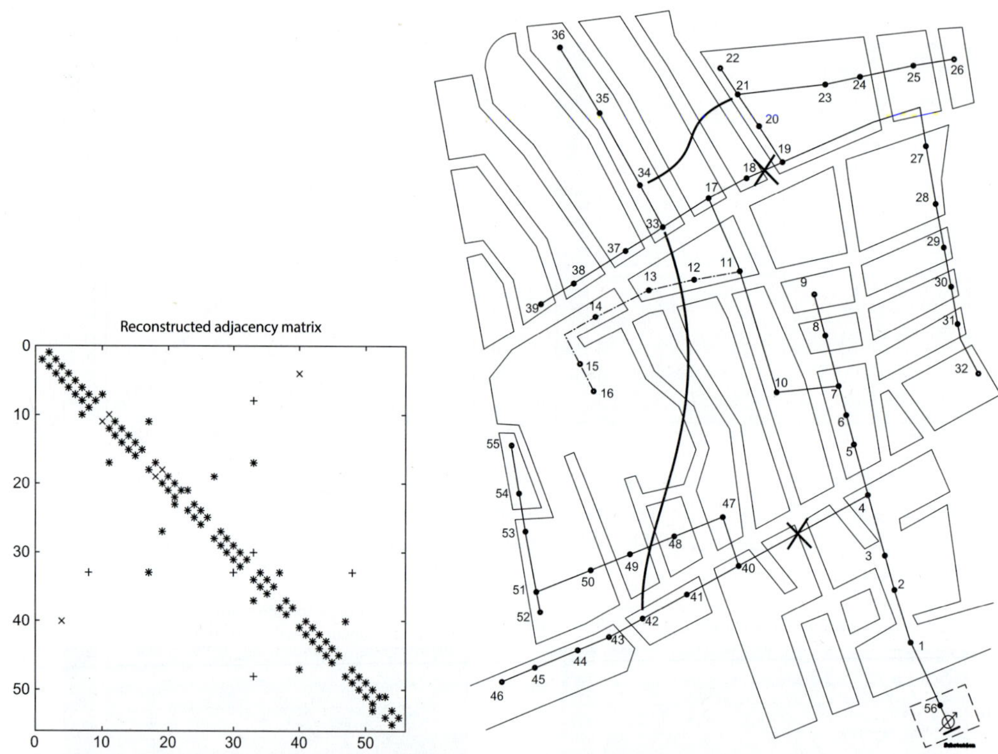

그림7. 실제 측정 데이터를 가지고 3절에서 설명된 방법을 IEEE 123 시험 모선에 적용한 결과. 왼쪽 그림에서 두 곳의 에지를 제외하고 대부분의 경우 정확하게 식별하고 있음을 알 수 있다.

으로 표시된 부분은 4절의 식별 알고리즘 결과를 표시한다. 비교적 적은 수준인 30개 샘플에서부터 정리2에서 예측한 부호 패턴이 정확한 예측 결과를 보이기 시작하여, 3개 노드의 상대적인 위치를 올바르게 재구성하고 있음을 확인할 수 있다. 샘플 수가 증가함에 따라서 집중 행렬은 점차 동일해진다.

제안된 분산 접근법(distributed approach)의 성능을 확인하기 위해서, 6개의 트라이어드를 설정하고, 이들 트라이어드에서 3개 노드의 상대적인 위치를 재구성할 때 발생하는 오차율과 샘플 수의 관계를 그림9에 나타내었다. 그림9를 살펴보면, 일부 트라이어드에서 샘플 수가 증가함에 따라 오차율이 매우 빠르게 감소하여 적은 수의 샘플만으로도 트라이어드의 토폴로지를 식별할 수 있다는 점을 알 수 있다. 다른 경우에는 약간 더 많은 샘플이 필요하다.

이 장에서 다루지 않은 자연스러운 질문으로 알고리즘의 효율을 최대화하기 위한 센서의 최적 배치 문제가 있을 수 있다. 예를 들어, 그림3에서 스위치의 위치를 결정하기 위해 어떤 버스 전압을 측정해야 하는지가 문제될 수 있다.

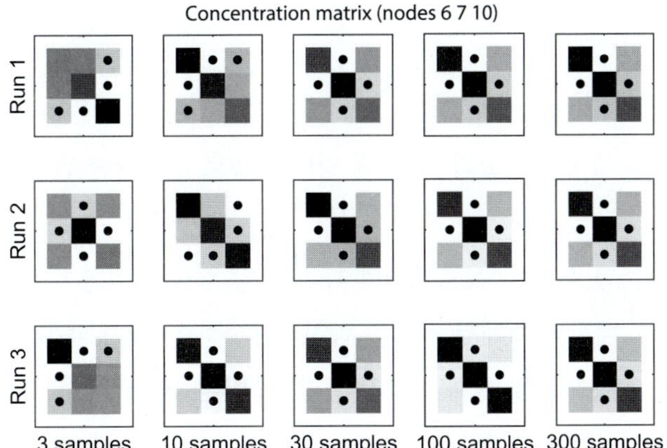

그림8. (6, 7, 10) 3개 노드에서 수집된 전압 데이터의 샘플 집중 행렬. 각각의 열은 샘플을 나타내며, 각각의 행은 데이터 세트를 나타내는데, 측정 시점이 달라지면 다른 데이터 세트가 된다. 검은 점으로 표시된 부분은 최소 스패닝 트리 알고리즘으로 토폴로지를 식별한 경우이다. 샘플 수가 증가하면, 샘플의 집중 행렬이 참값에 수렴하여 정확한 토폴로지를 찾을 수 있게 된다.

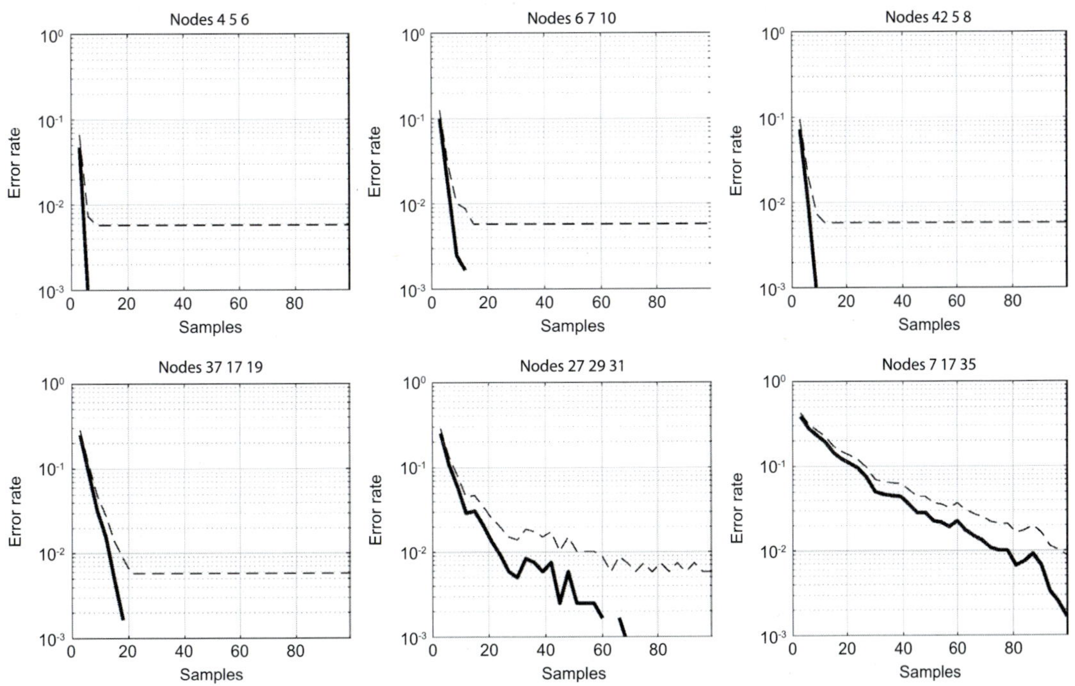

그림9. 트라이어드 노드의 상대적인 연결 상태 식별에 관한 가설 검정 알고리즘의 오차율 비교. 굵은 선은 1,200회 실행한 이후의 불편(unbiased) 오차율을 나타내고, 점선은 Wilson 구간 점수법으로 검정한 95% 신뢰구간이다[29].

6. 결론

이 장에서는 방사형 배전 모선에서 전압 측정 데이터의 상관 분석을 다루었다. 분석 결과가 도출되기 위해서 어떤 가정이 필요하고, 전력 망의 토폴로지에 관한 관련 정보를 담는 방법을 설명하였다.

기존의 연구 결과는 전력 망의 토폴로지에 대한 중앙 집중형 식별 알고리즘에 바로 적용할 수 있다. 하지만 모든 배전 버스에서 전압을 측정해야 한다는 제약 때문에 이들 결과 또는 유사한 다른 결과들을 적용하는데 한계가 생긴다. 즉 올바른 토폴로지를 도출하기 위해서는 많은 양의 샘플 데이터가 필요하게 된다.

대부분의 경우에 있어서, 배전 망 전체의 토폴로지를 식별할 필요가 없다. 대부분의 토폴로지 문제는 "어떤 네트워크 스위치가 개폐되었는지? 어떤 노드가 변전소에 더 가까운지?" 등에 대한 가설을 검증하는 문제로 귀결될 수 있다. 이 장에서는 이 문제를 다루기 위한 분산 통계 검정(distributed statistical test) 방법을 제안하였다. 단지 3개 노드에서 측정된 소수의 데이터만으로도 노드의 상호 교차점과 상대적인 위치에 대한 판단이 가능하였다. 여기에서 도출된 알고리즘은 전력 수요의 상관관계가 크지 않은 전력 망에 대해서 강건한 결과를 제시하였으며, 매우 가볍게 작동되는 장점이 있다.

이들 트라이어드에서 특정한 토폴로지 가설을 검증하기 위해, 센서의 최적 위치를 결정하는 문제는 연구 개발이 더 필요한 중요한 문제로 남아 있다.

참고 문헌

[1] Q. Zhou, J.W. Bialek, Generation curtailment to manage voltage constraints in distribution networks, IET Gener. Transm. Distrib. 1 (3) (2007) 492 – 498.

[2] K. Clement–Nyns, E. Haesen, J.L.J. Driesen, The impact of charging plug–in hybrid electric vehi– cles on a residential distribution grid, IEEE Trans. Power Syst. 25 (1) (2010) 371 – 380.

[3] J.A.P. Lopes, F.J. Soares, P.M.R. Almeida, Integration of electric vehicles in the electric power system, Proc. IEEE 99 (1) (2011) 168 – 183.

[4] ADDRESS, Active distribution networks with full integration of demand and

distributed energy RESourceS (EU FP7-ENERGY project), (2008). http:// www.addressfp7.org. (accessed 8.10.17).

[5] DREAM, Distributed renewable resources exploitation in electric grids through advanced heterarchical management (EU FP7-ENERGY project), (2013). http:// www.dream- smartgrid.eu. (accessed 8.10.17).

[6] EvolvDSO, Development of methodologies and tools for new and evolving DSO roles for effi- cient DRES integration in distribution networks (EU FP7-ENERGY project), (2013). http:// www.evolvdso.eu. (accessed 10.01.17).

[7] PlanGridEV, Distribution grid planning and operational principles for EV mass roll-out while enabling DER integration (EU FP7-ENERGY project), 2013, http://www.plangridev.eu. (accessed 8.10.17).

[8] M.J. Wainwright, M.I. Jordan, Graphical models, exponential families, and variational infer- ence, Found. Trends Mach. Learn. 1 (1-2) (2008) 1-305.

[9] Y. Sharon, A.M. Annaswamy, A.L. Motto, A. Chakraborty, Topology identification in distribu- tion network with limited measurements, in: IEEE Innovative Smart Grid Tech. Conf. (ISGT), 2012.

[10] W. Luan, J. Peng, M. Maras, J. Lo, B. Harapnuk, Smart meter data analytics for distribution network connectivity verification, IEEE Trans. Smart Grid 6 (4) (2015) 1964-1971.

[11] G. Cavraro, R. Arghandeh, K. Poolla, A. von Meier, Data-driven approach for distribution net- work topology detection, in: Proc. IEEE PES General Meeting, 2015.

[12] M. He, J. Zhang, A dependency graph approach for fault detection and localization towards secure smart grid, IEEE Trans. Smart Grid 2 (2) (2011) 342-351.

[13] S. Bolognani, N. Bof, D. Michelotti, R. Muraro, L. Schenato, Identification of power distribu- tion network topology via voltage correlation analysis. in: Proc. IEEE 52nd Annual Conference on Decision and Control (CDC), 2013. https:// doi.org/10.1109/CDC.2013.6760120.

[14] Y. Weng, Y. Liao, R. Rajagopal, Distributed energy resources topology identification via graphical modeling, IEEE Trans. Power Syst. 2016, https:// doi.org/10.1109/ TPWRS.2016.2628876.

[15] D. Deka, S. Backhaus, M. Chertkov, Structure learning and statistical estimation

in distribution networks—part I, 2015 (arXiv:1501.04131v2 [math.OC]).

[16] D. Deka, S. Backhaus, M. Chertkov, Estimating distribution grid topologies: a graphical learn- ing based approach, in: Proc. Power Systems Computation Conference (PSCC), 2016, https:// doi.org/10.1109/PSCC.2016.7541005.

[17] D. Deka, S. Backhaus, M. Chertkov, Learning topology of distribution grids using only termi- nal node measurements, in: Proc. IEEE International Conference on Smart Grid Communica- tions (SmartGridComm), 2016, https:// doi.org/10.1109/SmartGridComm.2016.7778762.

[18] Y. Liao, Y. Weng, R. Rajagopal, Urban distribution grid topology reconstruction via Lasso. in: Proc. IEEE PES General Meeting, 2016, https://doi.org/10.1109/ PESGM.2016.7741545.

[19] S. Weckx, R. D'Hulst, J. Driesen, Voltage sensitivity analysis of a laboratory distribution grid with incomplete data, IEEE Trans. Smart Grid 6 (3) (2015) 1271–1280, https://doi.org/ 10.1109/TSG.2014.2380642.

[20] S. Bolognani, S. Zampieri, On the existence and linear approximation of the power flow solu- tion in power distribution networks, IEEE Trans. Power Syst. 31 (1) (2016) 163–172.

[21] S. Bolognani, F. Dörfler, Fast power system analysis via implicit linearization of the power flow manifold, in: Proc. 53rd Annual Allerton Conference on Communication, Control, and Com- puting, 2015, https://doi.org/10.1109/ ALLERTON.2015.7447032.

[22] D. Cheriton, R.E. Tarjan, Finding minimum spanning trees, SIAM J. Comput. 5 (4) (1976) 724–742.

[23] C.K. Chow, C.N. Liu, Approximating discrete probability distributions with dependence trees, IEEE Trans. Inf. Theory 14 (3) (1968) 462–467.

[24] M. Yuan, Y. Lin, Model selection and estimation in the Gaussian graphical model, Biometrika 94 (1) (2007) 19–35.

[25] R. Pedersen, C. Sloth, G.B. Andresen, R. Wisniewski, DiSC: a simulation framework for distri- bution system voltage control, in: Proc. European Control Conference, 2015.

[26] A. Pohl, J. Johnson, S. Sena, R. Broderick, J. Quiroz, High-resolution residential feeder load characterization and variability modelling, in: Proc. 40th IEEE Photovoltaic Specialist Confer- ence (PVSC), 2014.

[27] S. Bolognani, Approx-PF—approximate linear solution of power flow equations in power dis- tribution networks, (accessed 8.10.17). 2014, http://github.com/saveriob/approx-pf. (accessed 8.10.17).

[28] W.H. Kersting, Radial distribution test feeders, in: IEEE Power Engineering Society Winter Meeting, vol. 2, 2001, pp. 908-912, https://doi.org/10.1109/PESW.2001.916993.

[29] R.V. Hogg, E.A. Tanis, Probability and Statistical Inference, sixth ed., Prentice Hall, Upper Saddle River, NJ, 2001.

CHAPTER 14

지도 학습을 이용한 고장점 탐지

Hanif Livani
University of Nevada Reno, Reno, NV, United States

이 장의 개요

사회가 현대화되고, 전력망이 스마트해지면서, 소비자들은 정전이라는 단어를 훨신 더 민감하게 생각하게 되었다. 원격지에 있는 신재생 발전 설비들을 전력 계통에 통합하기 위해서는 훨씬 더 복잡한 송전 망의 구성이 필요하다. 따라서 계통의 선로를 따라서 고장 점(fault location)을 보다 효율적으로 정확하게 탐지할 수 있는 방법이 요구된다. 이를 통해서 전력 공급시설의 복구 절차를 향상시킬 수 있고, 정전에 따른 비용과 시간을 절약할 수 있다. 한편으로, 스마트그리드를 통해서 지능화된 전력기기들이 보급되면서 분해능이 높은 다량의 데이터를 취득하는 것이 가능해져 가고 있어서 고장점 탐지 방법의 정확성을 높이고 지능화하는 새로운 길이 열리고 있다. 이 장에서는 고분해능(high resolution)의 전력, 전압 측정 데이터를 이용해서 복잡한 송전 선로의 고장점을 지능화된 방법으로 정확하게 탐지하는 지도학습(supervised learning) 고장점 탐지 방법을 다룬다. 여기에서 논의되는 방법들은 2개의 복잡한 고전압 교류(HVAC) 송전 계통을 대상으로 개발된 모델이다. 즉, (1) 3개의 터미널로 이루어진 송전 선로, (2) 하이브리드 송전선로. 여기에서 제시된 방법론은 지도 학습의 일종인 이산 웨이브렛 변환(discrete wavelet transform)과 써포트 벡터 머신(SVM)를 이용한다. SVM 분류기를 학습시키는 단계에서 정상적인 계통운영과 고장 상태에 대한 조건들이 입력 데이터로 활용되었다.

1. SVM의 기초

SVM은 처음에 Vapnik에 의해 지도 학습을 통한 이진 선형 분류(binary linear classification) 알고리즘[1] 형태로 소개되었다. 최초의 SVM 분류기는 최적의 초평면

(hyperplane)을 찾아서 데이터 세트를 두 개의 이진 클래스 ({+1, − 1})로 분리했는데, 선형 초평면은 다음과 같이 정의된다.

$$W^T x + b = \begin{cases} \geq 1, & \text{class}+1 \\ \leq -1, & \text{class}-1 \end{cases} \quad (1)$$

여기에서, $x \in R^{n\times 1}$은 n개의 특성을 가진 입력 벡터이고, $W \in R^{n\times 1}$은 가중치 벡터를 의미하며, b는 바이어스를 의미하는 항이다. 이진 선형 SVM은 $n=2$ 이므로, 2차원의 공간으로 그려질 수 있는데, 선형 분리 초평면(linear separating hyperplane)은 그림1과 같다. 두개 클래스 사이의 분리 마진(separation margin)은 다음과 같이 계산된다.

$$m = \frac{2}{\|W\|} \quad (2)$$

여기서 $\|W\|$는 가중치 벡터의 2−노름이다. 이 식에 따라서 분리 마진을 최대화 하려면, 노름 $\|W\|$가 최소화되어야 한다. 따라서 마진 최대화 문제는 다음의 2차 최적화 문제를 풀면 해를 구할 수 있다.

$$\min \frac{1}{2} \|W\|^2 \quad (3)$$

$$\text{단, } y_i(W^T x_i + b) \geq 1 \quad (4)$$

여기에서 x_i는 i번째 입력 벡터이고, $y_i \in \{+1, -1\}$에 x_i에 해당하는 라벨이다.

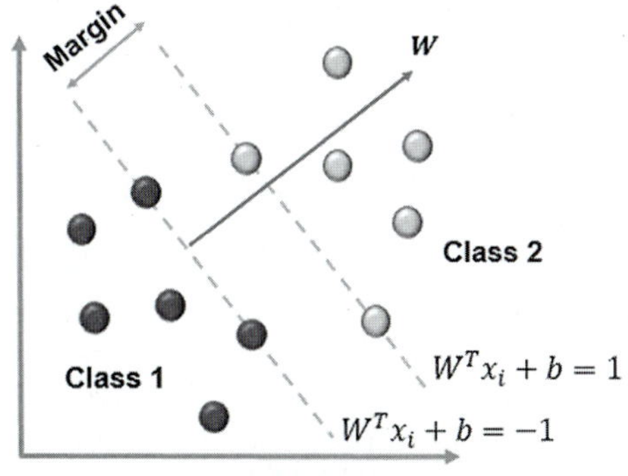

그림1. 초평면(hyperplane)으로 분리된 2차원 특성 공간

이 최적화 문제를 풀면, 두 개의 클래스 사이의 분리 마진을 최대화하는 W와 b 값을 구할 수 있다. 위와 같은 최적화 문제를 풀기 위해서는 쌍대 이론(duality theorem)을 이용할 필요가 있는데, 쌍대 이론에서는 다음의 쌍대 문제를 풀어서 SVM 매개변수들을 구할 수 있다.

$$\max L(a) = \sum_{i=1}^{N} a_i - 2^{-1} \sum_{i=1}^{N} \sum_{j=1}^{N} a_i a_j y_i y_j x_i x_j \tag{5}$$

$$\text{단, } \sum_{i=1}^{N} a_i y_i = 0 \tag{6}$$

$$a_i \geq 0 \tag{7}$$

여기에서, a_i는 라그랑지안 승수(Lagrangian multiplier)이고, N는 훈련 데이터 세트의 라벨 수를 의미한다.

이러한 쌍대 최적화 문제를 풀게 되면, $a_i^* > 0$인 훈련 지점(training point)은 서포트 벡터(support vectors; SVs)로 식별되고, W^*, b^*는 다음과 같이 계산된다.

$$W^* = \sum_{i=1}^{N_{SV}} a_i^* y_i x_i \tag{8}$$

$$b^* = \frac{1}{N_{SV}} \left(\sum_{i=1}^{N_{SV}} y_i - W^* x_i \right) \tag{9}$$

여기에서 N_{SV}는 SV의 수를 의미한다.

데이터 기반 전력 계통 분석에서 입력 특성 벡터들은 일반적으로 원래의 입력 공간에서 선형으로 분리되지 않는 경우가 대부분이다. 따라서 이들 데이터들은 비선형 함수 Φ를 이용해서 고차원의 특성 공간으로 매핑하고 여기에서 선형으로 분리가 가능한 데이터 세트를 얻는 형태로 분석이 진행된다. 고차원 특성 공간에서 비선형 함수 Φ의 내적(inner product)을 구하는 문제는 복잡하기 때문에, 커널 함수 k를 이용해서 원래의 입력 벡터의 함수로 내적을 직접 구하는 방법이 사용된다. 이러한 과정을 통해서 다음의 최적화 문제를 풀어서 SVM을 구할 수 있다.

$$\max L(a) = \sum_{i=1}^{N} a_i - 2^{-1} \sum_{i=1}^{N} \sum_{j=1}^{N} a_i a_j y_i y_j k(x_i, x_j) \tag{10}$$

$$\sum_{i=1}^{N} a_i y_i = 0 \tag{11}$$

여기에서 $k(x_i,\ x_j)$는 커널 함수이다.

따라서 최적화 문제를 풀 수 있고, $a_i^* > 0$인 훈련 지점들이 SV가 된다. 최적 의사 결정 함수는 다음과 같이 표현된다.

$$sign\Big(\sum_{i\in SV} a_i^* y_i k(x, x_i) + b^*\Big) = \begin{cases} >0, & \text{class}+1 \\ <0, & \text{class}-1 \end{cases} \tag{12}$$

$$b^* = \frac{1}{N_{SV}}\left(\sum_{i=1}^{N_{SV}} y_i - \sum_{j=1}^{N_{SV}} a_j^* y_j k(x_i, x_j)\right) \tag{13}$$

전력 계통 분석에서 가장 많이 사용되는 커널 함수로는 선형, S자, 가우시안 방사 기본 함수(radial basis function; RBF) 등이 있다. 이들 중에서 지도 학습에 기반을 둔 고장점 탐지에서는 좀더 나은 성능을 보이는 가우시안 RBF가 자주 이용된다. 가우시안 RBF 커널 함수는 다음과 같이 주어진다.

$$k(x_i, x_j) = \exp\left(-\left(\|x_i - x_j\|^2\right)/\gamma\right) \tag{14}$$

여기에서 x_i, x_j는 n차원의 입력 벡터이고, $\gamma = 2\sigma^2$인데, σ는 가우시안 함수의 표준 편차이다. 커널 함수의 매개변수 γ는 분류의 정확성을 더 높일 필요가 있을 경우에만 튜닝이 된다.

2. SVM의 전력 계통 적용

SVM은 전력 계통의 다양한 응용 사례에서 폭 넓게 사용되어 왔는데, 그 활용 사례들을 분류하면다음과 같다.

- 전력계통 교란의 분류와 같은 계통의 전력품질 (power quality; PQ) 분석.
- 전력 계통의 보호

- 전압과 회전자 각도(rotor angle)의 안정성 예측.
- 전력 시장 가격 예측, 부하 예측
- 고장의 분류 및 고장점 탐지

PQ 연구는 최근 들어서 점차 중요한 이슈로 다루어지고 있는데, 이는 신재생 에너지와 같이 인버터에 기반을 둔 에너지 자원의 보급이 대량으로 증가하고, 트랜젝션에 기반을 둔 제어기의 보급이 늘기 때문이다. 고조파(harmonics), 전압 상승(voltage swell), 전압 강하(voltage sag), 전원 중단(power interruption) 등이 발생하면 전력 공급 품질이 떨어질 수 있다. 전력 교란(disturbance)을 탐지하는 일은 전력 공급 품질을 보장하고, 교란의 위치와 유형을 파악하기 위해서 중요한 도구이다. 참고문헌[2]에서는 SVM과 신경망을 이용하여 PQ를 분류하는 새로운 방법을 제안한 바 있다. 3상 측정 데이터에서 특성을 추출하여 분류기에 적합한 패턴을 만들기 위해서는 공간 위상(space phasor)이 사용된다. 이렇게 훈련된 분류기는 전압 강하, 전압 변동(fluctuation), 전압 과도상태(transients) 등을 포함한 다른 종류의 교란을 분류하는데 이용된다. 참고문헌[3]에서는 새로운 형태의 다중 클래스(multi-class) 웨이브렛 SVM을 이용하여 PQ 교란을 인식할 수 있는 통합 모델을 제시한 바 있다. 이 방법에서는 선형 SVM과 교란-정상상태 접근법(disturbances-versus-normal approach)을 결합하여 다중 클래스 SVM을 만들고 이를 통해 다중 분류(multiple classification) 문제를 처리하였다.

보호 계전을 운영하는 중에 보호 계전기가 작동하지 않거나 필요한 정보가 누락되는 경우가 발생할 수 있다. 기존 보호 체계에서 선택 역량과 보안 역량을 갖춘 보호 협조(coordination) 기능을 구현하려면 지원적 보호 시스템(supportive protection systems)이 필요하다. SVM은 거리 계전기(distance relay) 협조 체계를 구축하기 위한 구역 분류기(zone classifiers)로서 아주 큰 잠재력을 가지고 있다. 구역 분류기를 구현하려면 보통 다중 클래스 SVM 분류기가 요구되는데, 여러 구역의 도달 범위와 정전시에 가시적으로 나타나는 임피던스 변화 궤적(trajectory) 사이에 숨은 개념(underlying concept)을 잘 반영하여야 효율적인 분석을 할 수 있다. 다중 클래스 분류를 위해서 여러 가지 방법들이 제안되어 왔는데, 대부분 이진 SVM 분류기 여러 개를 조합한 형태를 취한다. 참고문헌[4]에서는 이들 방법을 비교하였는데, 1단 다중 클래스 분류, 1대다(多), 1대1 다중 클래스 분류 등의 정확성, 훈련시간, 테스트 시간 등을 비교하였다. 참고문헌[5]에서는 이진 SVM과 보호 계전기-지도 제어(supervisory control)-데이터 취득 간의 통신에 기초하여 보호 계전기 머신러닝에 대한 새로운 방법을 제안하였는데, 스마트 보호 계전기(smart protective relay)라고 불린다. 스마트 보호 계전의 목표는 국부적으로 측정되는 데이터를 이용하여 정상 상태와 고장상태를 분리하고 식별하는데 있다. 이 연구에서 제안된 SVM 기반 스마트 보호 계전기는 국부적인 전류, 전압, 유효 전력, 무효 전력 측정 데이터를 이용하여 초기 고장의 위치를 탐지할 수 있다는 점을 보여 주었다. 스마트 보호 계전기는 일부 장치에서 고장이 발생한 경우, 계통의 상태가 변화된 시점에서도 올바른 결정을 내릴 수 있다.

전력 계통의 안정성을 실시간으로 모니터링하는 것은 정전 사태를 예방하기 위한 필수적인 업무이다. 교란으로 인하여 과도 불안정 상태가 발생하면, 불안정 상태를 빨리 탐지하는 것이 긴급 통제 조치를 실행할 수 있는 충분한 시간을 확보하기 위해 중요하다. 참고문헌[6]에서는 전력 계통에서 대규모 교란이 발생한 직후의 로터의 각도 안정성을 예측하는 새로운 방법이 제안되었다. 이 방법은 두 단계로 이루어지는데, 첫번째 단계에서는 발전기가 있는 버스에서의 고장 후(post-fault) 전압 궤적과 이미 확인된 사례 템플릿을 비교하여 이들 사이의 유사성을 추정한다. 다음 단계로 SVM 분류기를 이용하여 안정 상태에 대한 예측을 수행하며, 여기에는 다른 발전기들이 있는 버스에서 계산된 유사성 값(similarity values)이 입력 자료로 활용된다. 참고문헌[7]에서는 SVM 분류기를 이용하여 로터의 각도 안정성을 예측하는 방법이 제안되었다. 고장이 해소된 직후에 PMU에서 측정되는 발전기의 전압, 주파수 등의 데이터가 SVM 분류기의 입력 자료로 활용된다.

규제가 완화된 전력 시장의 시장 참여자들에게 있어서, 실시간으로 변하는 전기 요금에 대한 예측은 어려운 일이지만 반드시 해야하는 필수적인 업무이다. 시장 참여자는 때때로 예측 가격보다 가격이 변화되는 시간을 예측하는데 더 관심을 두는 경우가 있다[8]. 변동 주기에 대한 예측은 전력 가격에 내재된 불확실성을 추정하는데 필수적인 요소이다. 따라서 이러한 정보들은 입찰 전략을 수립하거나 투자에 대한 의사결정을 하는데 유용하다. 참고문헌[8]에서는 데이터 마이닝에 기초한 새로운 알고리즘을 제안하여 다음의 두 가지 목적을 달성하고자 하였다. 즉, 첫째는 일반적으로 비선형 시계열 형태로 나타나는 일련의 전력 가격 예측의 정확성을 제고하는 것이고, 둘째는 전력 가격 시계열의 변동 간격을 정확이 예측하는 것이었다. 이를 위해서 이 연구에서는 SVM을 이용한 전력 가격 예측 모델이 활용되었다.

단기 부하 예측 (short-term load forecasting; STLF)은 전력 계통의 계획과 운영의 토대가 된다. 기동정지 계획(unit commitment), 경제 급전(economic dispatch), 유지 보수 스케줄, 계통 계획 등의 많은 계통 운영 업무들이 정확한 STLF 결과를 토대로 운영된다. STLF 업무에 SVM을 적용하는 방법이 최초로 소개된 연구는 참고문헌[9]이다. 또 다른

STLT 방법으로 SVM과 자기구성지도(self-organized map; SOM)을 결합한 적응형 2단 하이브리드 네트워크(adaptive two-stage hybrid network) 모델이 제안된 바 있다[10]. 이 모델에서는 1단계로 SOM을 이용한 비지도 학습 방법으로 입력 데이터 세트를 여러 개의 하위 세트로 군집화(clustering)하고, 2단계에서는 SVM을 이용해서 각각의 하위 세트에 대한 훈련 데이터를 생성하는 과정이 진행된다.

3. 3개의 터미널로 이루어진 송전선로의 고장 분류 및 고장점 탐지

3개의 터미널로 구성된 송전 망이 있어서, 3개의 전력 소스 A, B, C를 연결하고 있다고 하자. 여기에서 전력 소스는 발전기 또는 연결 네트워크의 테브난 등가(Thevenin equivalent)가 될 수 있다. 그림2에서 나타낸 바와 같이, 3개의 터미널은 T-지점을 통해 연결되는데, T-지점에서는 어떠한 측정 장치나 보호기기가 설치되어 있지 않다. 이 절에서는 이러한 네트워크에 적용되는 SVM에 기반한 고장 분류와 고장점 탐지 알고리즘을 논의한다. 여기서 제시하는 방법이 최신(state-of-the-art) 알고리즘에 기여하는 바는 다음과 같다.

- 고장의 유형과 고장 선로를 식별하는데 있어서, SVM은 단지 두 곳의 변전소에서만 측정되는 비동기화 고정밀 측정(unsynchronized high-frequency measurements) 데이터를 이용하여 구현한다.
- 반-고장(faulty-half) 식별 방법이 제안된다. 결함 식별에 관한 최신 알고리즘들은 일반적으로 전송되는 신호 파형에서 지상(ground) 모드와 공중(aerial) 모드의 도착 시간 차이(time delay)를 이용한다. SVM 기반 접근법은 고장점 탐지에서 전송 파형에 대한 민감도를 낮출 수 있어서, 시간 차이를 계산하는 과정에서 발생하는 오차를 줄일 수 있다.

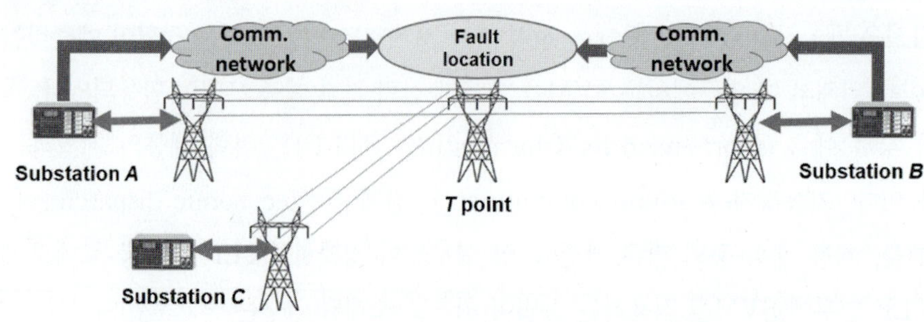

그림2. 3개의 터미널로 구성된 송전선로의 측정 동기화 네트워크 구성

- 여기에서 제안되는 방법은 다른 지도학습 알고리즘에 비하여 SVM 분류기에 입력해야 하는 특성 벡터의 수가 적어도 구현이 가능하다.

3.1 SVM 기반 고장 분류

이 절에서는 SVM 기반의 결함 유형 분류 알고리즘을 소개한다. 4개의 2진 서포트 벡터 머신 $SVM_i(i=1, \cdots, 4)$이 결함 유형을 분류하는데 이용된다. 결함으로 라벨링된(labeled) 데이터로 SVM을 학습시켜서 a, b, c 3개의 상과 및 접지(ground)에서 발생하는 고장을 탐지하도록 한다. 각 $SVM_i(i=1, \cdots, 4)$의 출력은 +1 또는 −1로 표시되는데, 해당 상(phase)에서 고장이 발생했는지 여부를 나타낸다. 예를 들어, SVM1과 SVM4의 출력이 +1이고 나머지 SVM의 출력이 −1인 경우 고장은 위상 대 접지(phase−a−to−ground) 고장으로 분류된다.

SVM 분류기를 훈련시키기 위해서는, 주어진 토폴로지에서 서로 다르게 라벨링된 고장 시나리오가 사용된다. 훈련된 SVM 분류기의 성능은 다른 고장 시나리오를 통해 검증된다. 각각의 이진 SVM 분류기에 투입되는 입력 특성(input features)은 변전소 A와 B에서 측정된 고장후(post−fault) 3상 및 접지 모드의 고해상도 전압 데이터로 웨이블렛 에너지 형태로 정규화되어 입력된다. 다른 웨이블렛에 대한 성능을 검증하기 위해서, SVM 분류기는 가장 많이 사용되는 3개의 웨이블렛을 이용하여 학습 및 평가가 이루어진다. 이들 웨이블렛은 각각 Daubechies−4 (db−4), db−8, Meyer 등이다. 이들 3개 웨이블렛에 대해서는 고장점 탐지 알고리즘의 정확도가 변하지 않는다. 이 절에서는 db−4 부모(mother) 웨이블렛을 사용한 결과를 주로 설명하는데, 이는 이 웨이블렛이 전력 계통에서 가장 많이 이용되고 채택되기 때문이다. 고장 유형 분류 알고리즘이 SVM 훈련에 필요한 입력 특성 정보를 얻기 위해서는 아래의 단계가 필요하다.

1. 비동기화된 고해상도의 3상 전압 측정 데이터가 변전소 A, B에서 취득된다. 공중 모드와 지상 모드 고해상도 전압 데이터는 아래와 같은 클라크(Clarke) 변환을 통해 구한다.

$$\begin{bmatrix} V_0 \\ V_1 \\ V_2 \end{bmatrix} = \frac{2}{3} \begin{bmatrix} \frac{1}{2} & \frac{1}{2} & \frac{1}{2} \\ 1 & -\frac{1}{2} & -\frac{1}{2} \\ 0 & \frac{\sqrt{3}}{2} & -\frac{\sqrt{3}}{2} \end{bmatrix} \begin{bmatrix} V_a \\ V_b \\ V_c \end{bmatrix} \quad (15)$$

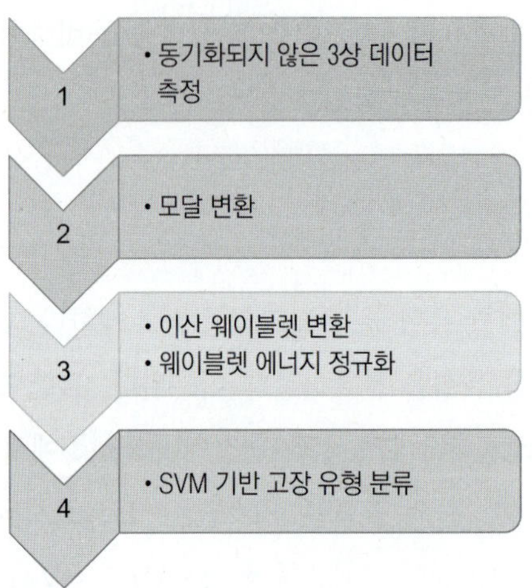

그림3. SVM 기반 고장점 분류의 플로우차트

여기에서 V_0, V_1, V_2는 모달(modal) 전압을 의미하며, V_a, V_b, V_c는 3상 전압을 나타낸다. 전치행렬로 변환되지 않은 행(untransposed lines)의 경우 EMTP (electromagnetic transients program) 소프트웨어를 통해서 얻을 수 있는 클라크 변환 대신 모달(modal) 변환 행렬이 사용된다.

2. 측정된 고해상도 3상 전압 V_a, V_b, V_c와 변전소 A, B의 고장 직후 40ms 동안의 계산된 접지 모드 전압 V_0에 대해서 DWT(discrete wavelet transform)를 적용한다. 웨이블렛 변환 계수(wavelet transformation coefficients; WTCs)는 스케일 2로 계산되고, 그 제곱은 WTC^2로 표시한다.

   고해상도 전압에 대한 웨이블렛 에너지 $E_{Vk}(k \in \{a, b, c \text{ and } 0\})$를 고장이 발생한 이후 1 주기 동안 계산하는데, 그 산식은 아래와 같다.

$$E_V^i = \sum_{m=0}^{M-1} \text{WTC}_i^2(m), \text{ for } i \in \{a, b, c \text{ and } 0\} \tag{16}$$

   여기에서 M은 1 주기 동안의 샘플 수를 나타낸다.

3. 각 변전소에서 정규화된 웨이블렛 에너지는 다음과 같이 계산된다.

$$E_{N_V}{}^i = \frac{E_V^i}{E_{Va} + E_{Vb} + E_{Vc} + E_{V0}}, \text{ for } i \in \{a, b, c \text{ and } 0\} \tag{17}$$

4. 이러한 과정을 통해서 변전소 A, B에서의 정규화된 웨이블렛 에너지 계산 결과는 8×1 입력 특성 벡터 형태로 SVM 기반 고장 유형 분류기에 투입된다(그림3 참조)

3.2. 전송 파형을 이용한 고장점 탐지

3개의 터미널을 가진 송전 선로의 전송 파형을 기반으로(traveling wave-based) 고장점을 탐지하는 알고리즘의 핵심적인 단계는 고장 선로와 반 고장(haft fault)을 탐지하는 일이다. SVM 알고리즘은 3개의 송전 선로에서 어느 선로가 고장인지를 식별하고, 식별된 선로에서 반 고장을 확인하는데 이용된다. 고장 선로를 식별하기 위해서는, 변전소 A와 B에서 측정된 비동기식 고해상도 전압 데이터를 토대로 입력 특성 벡터를 생성하여 처음 2개의 SVM를 학습시킨다. 다음으로 개별 선로와 관련된 세 개의 별도 SVM 분류기를 학습시켜서 해당 고장 선로의 반 고장을 탐지하도록 훈련한다.

고장이나 스위칭에 의해서 발생하는 과도 상태는 순방향(forward)과 역방향(backward) 전송 파형으로 구성된다. 이들 파동이 선로를 따라 이동하는 동안, 중간에 고장 점이 있을 경우에 파형이 끊어지면서 반사(reflection)가 생기거나, 선로의 끝단 터미널에서 파형을 수신 또는 송신하는 경우가 생긴다. 이들 진행 파형(traveling waves)은 고장 이후 정상 상태(post-fault steady state)에 도달할 때까지 고장 지점과 터미널 사이에서 계속 앞뒤로 튀는(bounce back and forth) 일을 반복한다. 격자 다이어그램 방법을 이용하면 전송 파형의 움직임을 보다 잘 이해할 수 있다. 그림4는 F 지점에서 고장이 발생한 단일 상의 선로를 나타낸 것으로, 격자 다이어그램을 통해 결함에 의해 다중 반사 및 굴절이 발생하는 것을 보여준다. 여기에서, τ는 선로의 전체 길이와 관련된 이동 시간을 의미한다.

순방향과 역방향으로 전송되는 파형의 도착 시간은 그림4와 같다. 만일 고장이 버스 A에서 x 마일 떨어진 거리에서 발생하면, 순방향 전송 파형이 버스 B에 도착하는 시간은 $t_1 = \frac{l-x}{v'}$ 이 되고, 다시 역방향으로 전송되어 버스 A에 도착하는 시간은 $t_2 = \frac{x}{v'}$ 이 된다. 여기에서 l은 선로의 총 길이를 의미하며, v는 전송 파형의 속도를 나타낸다. 이들 정보는 고장점의 위치를 파악하는데 이용된다.

3상 송전 선로에서는 전송 파형이 전파되는 모드는 세 가지가 있다. 따라서 전송 파형에 대한 계산은 각각의 모드를 따로 구분해서 모드별로 진행되어야 한다. SVM 분류기를 통해서 고장 선로와 반 고장 지점을 식별한 다음에는 변전소 A 또는 B에서의 공중 모드(또는 모드-1) 전압을 이용해서 단일 종단(single-ended) 전송 파형에 기반을 둔 고장점 탐지 작업이

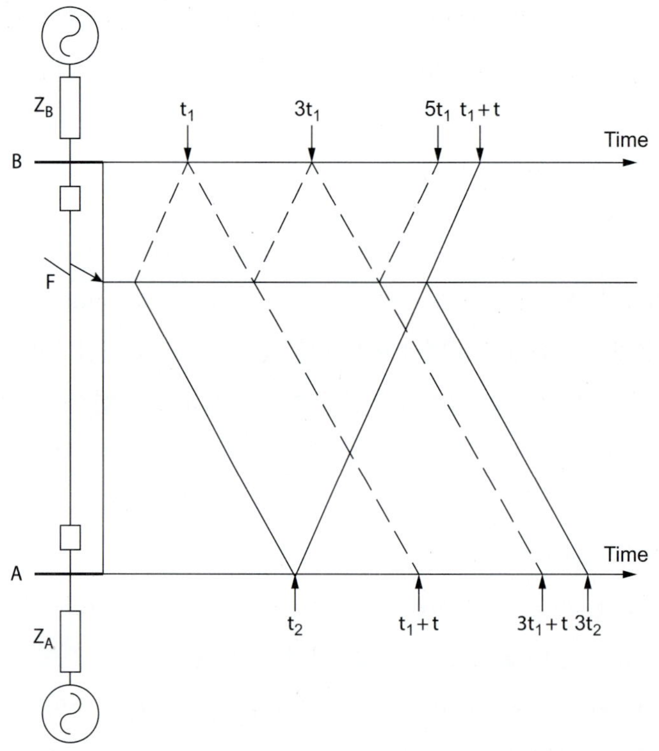

그림4. F 지점에서의 고장에 대한 격자 다이어그램

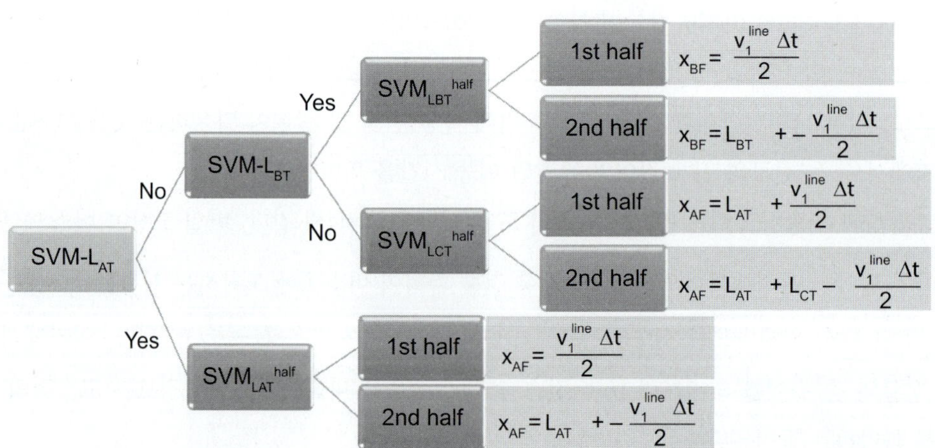

그림5. 3개의 터미널을 가진 송전 선로에 대한 계층적 고장 구간 식별 및 고장점 탐지 알고리즘

수행된다. 이와 같은 계층적(hierarchical) 고장 구간 식별 및 고장점 알고리즘은 그림5와 같다. 이 그림에서 고장이 선로 AT, CT에 존재하는 것으로 식별되는 경우에는, 변전소 A에서

측정되는 모드-1 전압이 전송 파형의 도착 시간을 관찰하고, 변전소 A로부터 고장 지점까지의 거리를 계산하는데 사용된다는 점에 유의할 필요가 있다. 반면에 고장이 BT 선로에서 발생한 것으로 식별되는 경우에는 변전소 B의 모드-1 전압이 변전소 B로부터 거리를 계산하는데 이용된다. 그림5에서 $\Delta t(s)$은 변전소 A 또는 B에서의 WTC^2의 첫번째와 두번째 피크 사이의 시간 차이를 나타낸다. 이들 피크는 각각 고장 지점으로부터의 역방향 전송 파형과 역방향 반사 파형을 나타낸다. 여기에서 v_1^{line}(mi/s)는 식별된 고장 선로에서의 전송 파형 속도를 의미한다.

3.3 고장점 탐지 시뮬레이션 결과

고장 분류 및 고장점 탐지 알고리즘의 성능을 검증하기 위해서, 오픈 소스 전자계 과도현상 프로그램(electromagnetic transient program)인 ATP(alternative transients program)를 이용하여, $L_{\mathrm{AT}} = 200\mathrm{mi}$, $L_{\mathrm{BT}} = 180\mathrm{mi}$, $L_{\mathrm{CT}} = 170\mathrm{mi}$ 인 3개의 터미널로 구성된 230kV, 60Hz 송전 계통을 설정한 뒤 시뮬레이션을 진행하였다[11]. 가능한 모든 고장 조건을 모사하기 위하여 고장 유형, 고장 위치, 저항, 개시 각도(inception angle), 선로 부하 등에 대한 수많은 시나리오를 시뮬레이션하였다. 평균이 0이고 표준 편차 (σ)가 표본 측정값의 1%인 가우시안 노이즈를 변전소 A와 B의 고해상도 전압 데이터에 추가하였다. 고장 유형 분류는 가우시안 RBF 커널 함수를 각각의 상과 접지를 연관시켜서 훈련시킨 4개의 SVM을 통해서 수행된다. 그림6은 각각의 상 a, b, c와 접지에 대한 분류 정확도를 나타낸 것이다.

다음으로 고장이 발생한 선로에 대한 식별은 가우시안 RBF(radial basis function) 커널 함수로 훈련된 2개의 SVM을 통해 수행된다. 커널의 매개 변수가 각각 $\gamma_1 = 0.9$, $\gamma_2 = 1.1$ 일 경우에 두 개의 SVM을 사용해서 얻는 고장 선로 식별의 평균 정확도는 97.4%로 나타났다. 다음 과정으로 세 개의 SVM을 이용한 반 결함 분류기에 대한 학습이 진행되었으며 고장 시나리오를 생성하여 성능을 평가하였다. 각각의 선로에 대한 $\mathrm{SVM^{half}}_{\mathrm{LAT}}(\gamma = 1.3)$, $\mathrm{SVM^{half}}_{\mathrm{LBT}}(\gamma = 1.1)$, $\mathrm{SVM^{half}}_{\mathrm{LCT}}(\gamma = 1.5)$의 정확도는 각각 99%, 99%, 98%로 확인되었다.

테스트 케이스 사례: 선로 AT에서 변전소 A로부터 60마일 떨어진 지점에 위상 대 접지(phase-a-to-ground) 고장이 발생하였다고 가정하자. 고장의 유형과 고장 선로, 반 고장 여부 등이 훈련된 SVM 분류기를 통해서 식별되면, 버스 A에서 얻어지는 웨이블렛 변환 계수의 제곱(WTC^2)을 통해서 그림7과 같이 첫번째와 두번째 전송 파형이 식별된다. 처음 파형

과 두번째 파형의 시간 차이는 $\Delta t = 0.00065s$ 으로 관측되고, 공중 모드의 파형 속도는 1.85 ×105 mil/s이므로, 고장점의 위치는 다음과 같이 계산된다.

$$x = \frac{65 \times 10^{-5} \times 1.85 \times 10^{5}}{2} = 60.125\text{mi}$$

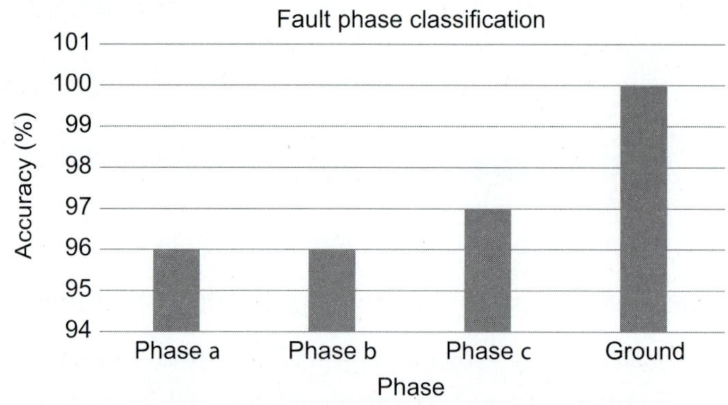

그림6. 4개 상에 대한 SVM 분류기의 고장 유형 분류 정확도 비교

고장점의 위치 탐색은 실제 선로 AT, BT, CT 전체에 걸쳐서 광범위하게 수행되며, 고장점 위치 오차는 $\text{error}(\%) = \frac{\text{AFD} - \text{CFD}}{\text{Total section length}} 100$ 로 계산된다. 여기에서 AFD는 실제 고장점까지의 거리(actual fault distance)이고, CFD(calculated fault distance)는 계산에 의해 추정된 거리를 의미한다. 그림8은 AT, BT, CT 선로에서의 12개의 서로 다른 고장에 대한 고장점 탐지 오차를 나타낸 것으로, 고장점까지의 거리는 변전소 A로부터 4마일, 변전소 B로부터 3마일, 변전소 C로부터는 9마일 범위에 존재하였다.

고장 매개 변수의 영향: 고장 분류 및 고장점 탐지 알고리즘을 성능을 평가하기 위해서는 실제 고장을 유발하는 변수들의 영향을 살펴 볼 필요가 있다. 이를 위해서 고장 개시 각도(inception angle), 고장 저항(fault resistance), 비선형 고-임피던스 고장 등과 같은 다양한 비정상적인 고장(nonideal faults) 매개 변수들을 수많은 시뮬레이션을 통해서 고찰하였다. 저항의 범위를 0.01~90 Ω, 고장 개시 각도를 5~350도로 변화시켜 가면서 시뮬레이션을 진행하였다. 시간에 따라 동적으로 변화하는 고-임피던스와 유도성 고장(inductive fault)에 대한 연구도 성능 평가를 위해 진행되었다[11].

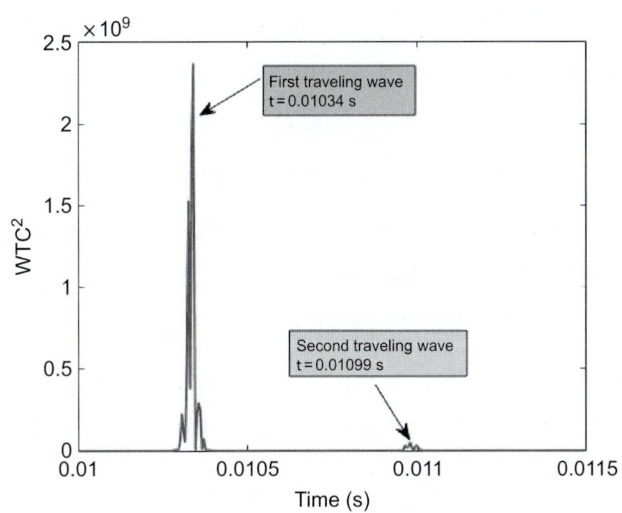

그림7. 변전소A에서 60마일 떨어진 곳에서 발생한 위상 대 접지 고장에 대한 WTC2 식별 결과

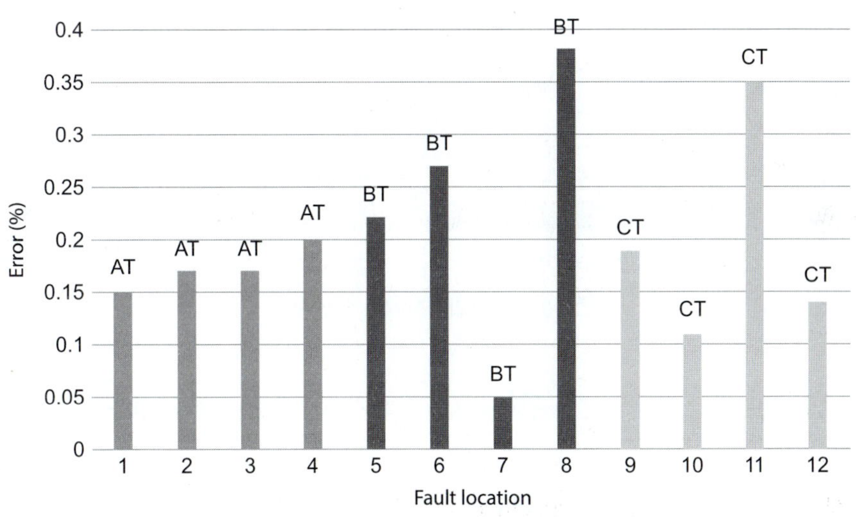

그림8. AT, BT, CT 선로에서의 고장점 탐지 오차 비교

4. 하이브리드 HVAC 송전 선로의 고장점 탐지

하이브리드 HVAC 송전선로는 가공 선로(overhead lines)와 지중 선로가 결합된 것으로, 선로 경과지 문제가 발생하거나 해상풍력 단지에서 전력 망으로 송전선을 연결할 때 사용된다. 이와 같은 복잡한 구성의 선로가 증가함에 따라 계통 운영자나 선로 유지보수 인력들은

고장이 발생한 이후에 고장 위치를 탐지거나 고장 분석을 하는데 어려움을 겪고 있다. 일례로 2015년 2월에 덴마크에서 갑작스런 선로 고장이 발생하였을때, 덴마크 해협에 설치된 Dong 에너지의 400MW 안홀트(Anholt) 해상풍력 발전소가 해저 케이블의 결함 문제로 3주 이상 육상 계통으로 전력을 송전하지 못한 경우가 생기면서 고장이 발생한 지점에 대한 정확한 식별이 반드시 필요한 것으로 받아들여지게 되었다. 해저 케이블을 보수하는 일은 육지에 비해서 훨씬 더 어렵고 시간이 많이 걸리는 작업이다. 따라서 고장점을 정확하게 탐지할 수 있게 되면 케이블이 단선된 지점을 정확하게 재빨리 집어낼 수 있고 이를 통해서 전력 계통의 안정성을 향상시켜서 전력 서비스의 빠른 복구와 고장 시간 단축을 유도할 수 있다.

이 절에서는 그림9와 같이 단일 종단(single-ended) 전송 파형 분석에 기반한 고장점 탐지 알고리즘을 소개한다. 고장 선로 식별과 반 고장 식별 기능을 갖춘 SVM 분류기를 이용하여 현행 전송 파형 고장점 탐지 방법을 향상시킬 수 있다. 여기에서 제안되는 SVM 분류기는 고장 유형에 상관없이 적용될 수 있다.

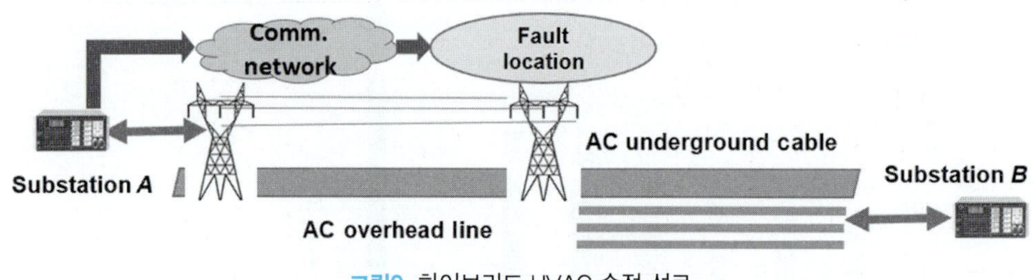

그림9. 하이브리드 HVAC 송전 선로

결함 선로 식별과 반 고장 식별을 위한 SVM 분류기에 필요한 입력 특성은 다음과 같다.

1. 광학 전압 및 전류 변환기(transducers)를 이용하여 변전소 A에서 고해상도의 3상 전압, 전류 측정 데이터가 취득된다. 공중 모드, 접지 모드 전압과 전류는 식(15)를 통해서 구할 수 있다.
2. 측정된 3상 전압, 전류 데이터와 변전소 A에서 고장 개시 이후 40ms 동안 계산된 접지 모드 전압, 전류 데이터에 대하여 이산 웨이블렛 변환(discrete wavelet transform; DWT)을 적용한다. 웨이블렛 변환 계수(wavelet transformation coefficients; WTCs)는 스케일 2로 계산되고, 그 제곱은 WTC2로 표시한다. 고장이 개시된 이후 한 주기 동안의 웨이블렛 에너지는 식(16)을 통해 계산되고, 식(17)을 이용해서 정규화된다.

3. 이러한 과정을 통해 계산된 정규화 웨이블릿 에너지는 SVM 분류기에 대한 8x1 입력 특성 벡터로 사용된다.

4.1 전송 파형을 이용한 고장점 탐지

단일 종단 고장점 탐지 알고리즘은 SVM을 기반으로 하여 고장 선로와 반 고장을 식별한다. SVM 분류기는 변전소 *A*에서만 측정된 고해상도의 전압, 전류 데이터를 이용해서 특성 벡터를 계산하고 이 특성들이 훈련에 이용된다. SVM 분류기 한 개는 고장 선로 식별을 위해 훈련시키고, 2개의 SVM 분류기는 고장 선로에서의 반 고장 식별을 위해 훈련된다.

SVM 분류기를 이용해서 고장 선로와 반 고장이 식별되면, 이후에는 변전소 A의 공중 모드 (혹은모드−1) 전압 데이터를 이용하여 단일 종단 전송 파형을 분석해서 고장점 탐지가 수행된다. 고장점 탐지 과정의 계층적 고장 구간 식별 및 고장점 탐지 알고리즘은 그림10과 같다. 그림10에서 $\Delta t(s)$는 변전소 A에서 WTC^2의 첫번째 피크와 두번째 피크 사이의 시간 차이를 의미한다. 이들 피크는 각각 고장 지점으로부터의 역방향 전송 파형과 역방향 반사 파형을 나타낸다. 여기에서 v_1^{line}(mi/s)는 가공선로의 전송 파형 속도를 의미하고, v_1^{cable}(mi/s)는 지중 케이블의 전송 파형 속도를 의미한다.

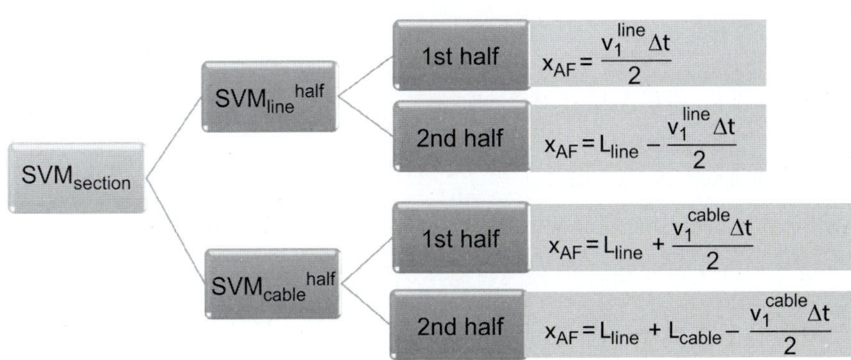

그림10. 하이브리드 HVAC 송전 선로에 대한 계층적 고장 구간 식별 및 고장점 탐지 알고리즘

4.2 고장점 탐지 시뮬레이션 결과

제안된 고장점 탐지 알고리즘의 성능 검증은 $L_{\text{line}} = 100\text{mi}$, $L_{\text{cable}} = 20\text{mi}$로 구성된 230-kV, 60-Hz의 하이브리드 송전 계통을 가정하여 시뮬레이션을 수행하여 확인된다[12]. 계통에서 발생할 수 있는 모든 형태의 고장 조건을 모사하기 위하여 고장 유형, 고장점 위치, 저

항, 개시 각(inception angle), 계통 부하 등과 같이 조건을 달리한 몇 가지 고장 시나리오를 생성하여 시뮬레이션이 진행되었다. 평균이 0이고 표준 편차 (σ)가 샘플링된 측정 값의 1%와 동일한 가우시안 노이즈가 고해상도의 전압, 전류 측정 데이터에 추가된다. 고장 선로 식별과, 반 고장 식별은 3개의 훈련된 SVM을 사용하여 수행된다. 그림11은 가우시안 RBF, 다항식(Poly), 선형(Lin)의 세 가지 커널 함수를 사용하여 훈련된 SVM의 식별 정확도를 보여준다.

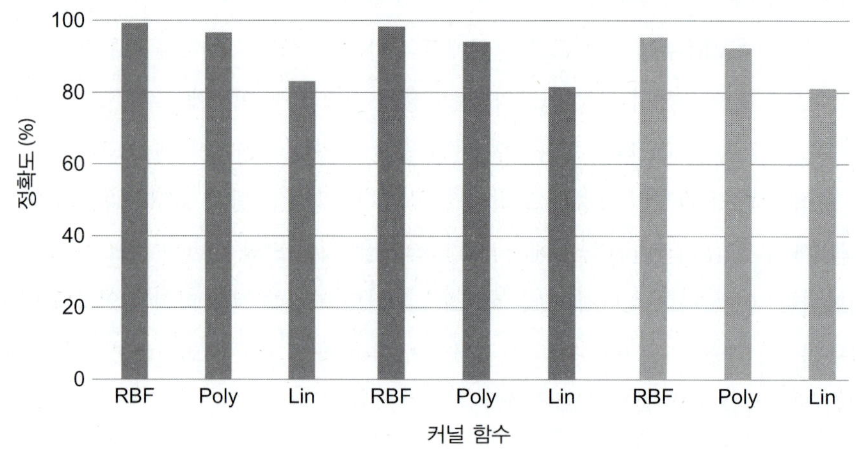

그림11. 3개의 커널 함수들의 고장 구간 식별 오차 비교

고장점의 탐색은 가공선로, 지중 케이블 전역에 걸쳐서 수행된다. 탐색 오차는 $\text{error}(\%) = \frac{\text{AFD} - \text{CFD}}{\text{Total section length}} 100$ 산식을 이용하여 계산되는데, 여기에서 AFD(actual fault distance)는 실제 고장이 발생한 지점의 거리이고, CFD(calculated fault distance)는 계산을 통해 추정된 거리를 의미한다. 그림12는 가공 송전 선로(OH)와 지중 케이블(UG)에서 발생하는 12개의 서로 다른 고장에 대하여 가우시안 RBF 커널로 학습하여 고장점을 탐지한 경우의 오차를 나타낸 것이다. 변전소에서 고장점 까지의 거리 범위는 변전소 A에서는 5마일부터, 변전소 B에서는 2마일부터 나타나기 시작하였다.

고장 매개 변수의 효과 및 민감도 분석: 본 절에서 제안된 고장점 탐지 방법의 성능과 알고리즘의 민감도를 평가하기 위해서는 실제 고장에 영향을 주는 변수들이 시뮬레이션되어야 한다. 고장 매개변수로는 고장 유형, 고장 개시 각도, 고장 저항, 비선형 고-임피던스 고장과

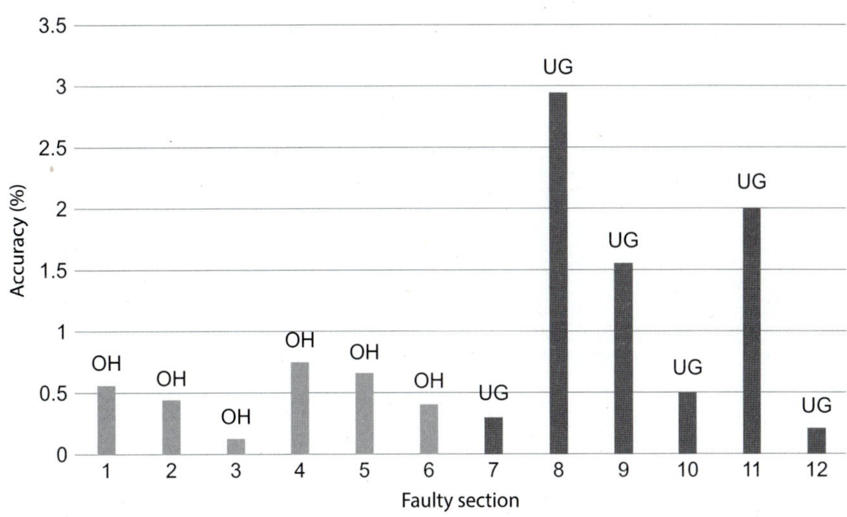

그림12. 가공선로(OH)와 지중 케이블(UG)의 고장점 탐지 오차 비교

같은 비정상 고장 등이 있다. 10 가지 유형의 고장에 대하여 저항의 범위를 0.01~100 Ω, 고장 개시 각도의 범위를 5~350도로 달리하여 성능을 평가하고, 시간에 따라 동적으로 변화하는 고-임피던스와 유도성 고장(inductive fault)에 대한 연구도 성능 평가를 위해 진행되었다. 이와 함께 지중 케이블의 노화(aging)가 단일 종단 고장점 탐지의 정확도에 미치는 영향도 평가되었다. 시간이 지나면서 고장점 탐지의 정확성이 점차 떨어지는 문제는 보정 계수(correction factor)를 도입하여 처리되었다. 보정 계수는 케이블 매개변수의 변화를 속도 변화로 변환한다. 보정 계수는 여러 시간 간격으로 현장 시험을 수행하여 얻거나 매개변수 추정 도구를 이용하여 구할 수 있다.

5. 요약

이 장에서는 복잡한 구성을 갖는 송전선로에서 얻어지는 고해상도의 전압, 전류 측정 데이터를 기반으로 SVM 지도학습 방법을 이용하여 고장점을 탐지하는 방법에 대하여 논의하였다. 고해상도의 측정 데이터는 정밀도가 높은 광 케이블과 전압, 전류 변환기를 통해서 얻어진다. (1) 3개의 터미널로 구성된 송전 계통, (2) 하이브리드 송전 계통 등과 같이 2가지 복잡한 HVAC 송전 계통을 대상으로 하여 SVM 기반의 고장점 탐지 알고리즘에 대한 논의를 진행하였다. 여기에서 제시된 방법들은 DWT와 SVM을 기반으로 만들어진 학습 알고리즘을 이용한 것이다. SVM 분류기를 학습시키는 단계에서 전력 계통의 운영 조건과 고장 발생 조건이 함께 고려되었다.

참고 문헌

[1] V. Vapnik, Statistical Learning Theory, John Wiley & Sons, New York, NY, 1998.

[2] P. Janik, T. Lobos, Automated classification of power-quality disturbances using SVM and RBF networks, IEEE Trans. Power Del. 21 (3) (2006) 1663–1669.

[3] W.M. Lin, C.H. Wu, C.H. Lin, F.S. Cheng, Detection and classification of multiple power qual- ity disturbances with wavelet multiclass SVM, IEEE Trans. Power Del. 23 (4) (2008) 2575–2582.

[4] B. Ravikumar, D. Thukaram, H.P. Khincha, Comparison of multiclass SVM classification methods to use in a supportive system for distance relay coordination, IEEE Trans. Power Del. 25 (3) (2010) 1296–1305.

[5] Y. Zhang, M.D. Ilic, O.K. Tonguz, Mitigating blackouts via smart relays: a machine learning approach, IEEE Proc. 99 (1) (2011) 94–118.

[6] A.D. Rajapakse, F. Gomez, K. Nanayakkara, P.A. Crossley, V.V. Terzija, Rotor angle instability prediction using post-disturbance voltage trajectories, IEEE Trans. Power Syst. 25 (2) (2010) 947–956.

[7] F.R. Gomez, A.D. Rajapakse, U.D. Annakkage, I.T. Fernando, Support vector machine based algorithm for post-fault transient stability status prediction using synchronized measure- ments, IEEE Trans. Power Syst. 26 (3) (2011) 1474–1483.

[8] J. Hua Zhao, Z.Y. Dong, Z. Xu, K.P. Wong, A statistical approach for interval forecasting of the electricity price, IEEE Trans. Power Syst. 23 (2) (2008) 267–276.

[9] B.J. Chen, M.W. Chang, C.J. Lin, Load forecasting using support vector machines: a study on EUNITE competition 2001, IEEE Trans. Power Syst. 19 (4) (2004) 1821–1830.

[10] Y. Wang, Q. Xia, C. Kang, Secondary forecasting based on deviation analysis for

short–term load forecasting, IEEE Trans. Power Syst. 26 (2) (2011) 500 – 507.

[11] H. Livani, C.Y. Evrenosoglu, A fault classification and location method for three–terminal circuits using machine learning, IEEE Trans. Power Del. 28 (4) (2013) 2282 – 2290.

[12] H. Livani, C.Y. Evrenosoglu, A machine learning and wavelet–based fault location method for hybrid transmission lines, IEEE Trans. Power Del. 5 (1) (2014) 51 – 59.

CHAPTER 15

배전망의 전압 불균형 분석

Matthias Stifter*, Ingo Nader†
*AIT Austrian Institute of Technology, Center of Energy, Vienna, Austria, †Unbelievable Machine, Vienna, Austria

이 장의 개요

다양한 소스에서 더 많은 데이터가 활용 가능해지면서 전력 망을 구성하는 다양한 매개 변수에 대한 심층 분석을 가능해지고 있다. 효율적인 분석을 위해서는 맵리듀스(MapReduce)와 같은 병렬 데이터베이스 처리 기능을 갖춘 빅데이터 애플리케이션의 도입과 활용이 요구된다. 이 장에서는 전력 망의 전압 상태에 대한 새로운 통찰력을 발견하기 위해 활용될 수 있는 데이터 기반 방법과 대화형(interactive) 데이터 시각화 기술의 적용 가능성을 탐색한다. 상용 분산 분석 데이터베이스(distributed analytics database)와 결합하여 R, Java 등과 같은 오픈 소스 소프트웨어에서 맵리듀스 기능을 활용하는 사례가 제시된다. 이들 기능을 활용하면, 저압 전력 망의 전압 불균형(unbalance) 조건을 분석하거나 계통의 다른 이벤트들과 연관시켜서 문제의 원인을 파악하거나 추론하는 것이 가능하다. 또한 문제를 탐구하는 과정에서 협업 필터(collaborative filters)를 표현하는 친화성 그래프(affinity graph)와 같은 대화형 시각화 기법의 도움을 받을 수 있다. 이 장의 말미에서는 기존 데이터베이스 개념과의 성능 비교가 다루어진다.

1. 고성능 데이터 처리 시스템 소개

PMU, 스마트미터 등과 같은 센서와 계량 장치들이 증가하면서, 계통의 동작과 네트워크 상태에 관한 더 나은 지식을 확보하는 것이 가능해지고 있다. 그러나 이러한 이점을 누리려면 증가하는 데이터에 대한 통신, 처리, 저장, 분석 등이 요구된다. 기존의 애플리케이션으로는 이들 데이터를 다루는 것이 어려운 것으로 드러나고 있는데, 이는 유틸리티의 IT 시스템이 대규모의 데이터를 통합하도록 설계되어 있지 않기 때문이다.

다양한 분야의 여러 연구 문제들이 센서와 계량 데이터의 분석을 통해서 해결되어 왔으며, 그 결과를 활용한 사례들이 있어 왔다. 데이터 분석에 대한 필요성과 이를 해결한 애플리케이션은 지금까지 성공적으로 진행되어 왔다. 이를 통해서 계통[1]과 전력 수요[2]을 더 잘 이해할 수 있게 되었으며, 예측 성능을 높일 수 있었고[3], 새로운 비즈니스의 개발[4]과 저압 계통에 대한 모니터링 프레임워크를 확립하는[5] 것이 가능해졌다. 또한 전압 측정 데이터에 클러스터링 방법을 적용하여 계통의 토폴로지와 연결성(connectivity)을 식별할 수 있게 되었다. 참고문헌[7]에서는 전압 데이터의 공분산 클러스터링을 통해서 센서들을 배전 모선에 할당하는 방법을 제안하기도 하였다.

수 많은 IT 기업들이 자사의 비즈니스 포트폴리오에 데이터 분석 솔루션 개발을 포함시켜서 효율적인 연산 기능을 갖춘 최신의 데이터 처리 프레임워크 제공하고 있다. 이러한 상업적인 제품들의 반대편에서는 오픈 소스에 기반을 둔 언어들이 통계, 데이터 분석, 데이터 사이언스 등의 분야를 주도하고 있다. 관련 동향 조사에 따르면, Gnu R, Python, Hadoop 에코시스템 등의 오픈 소스 어플리케이션들이 여러 조사에서 상위에 위치하고 있다.

효율적인 데이터 분석 프로그래밍 언어와 더불어, 대규모의 데이터를 처리하기 위해서는 고성능의 병렬 처리 시스템이 요구된다. 클러스터가 클라우드 개념으로 진화하면서 개별 컴퓨터의 연산 능력을 묶어서 운영할 수 있게 되었으며, 필요한 연산 부하에 따라 성능을 효과적으로 관리하는 것이 가능해졌다. 스마트그리드에 적합한 클라우드 컴퓨팅에 대한 종합적인 리뷰는 참고문헌[8]에서 자세히 다루고 있다. 여러 기술 기업들이 에너지 유틸리티를 위한 빅데이터 솔루션을 발표하고 있는데, 이들 솔루션의 기술적인 근원은 정보통신 등과 같은 다른 산업 분야에서 비롯한 경우가 많다. 다른 솔루션들과 차별화된 빅데이터 솔루션의 요구 사항은 처리하는 데이터의 양(volume)과 속도(velocity), 그리고 다양성(variety)에 있다. 여기에서 속도는 대량의 데이터를 수집하고 처리하는 속도를 의미하는데, 종종 실시간 데이터 처리가 요구되기도 한다. 대량의 데이터를 저장하고 분석하는데 있어서 현재 선호되는 기술적인 방향은 하둡에 기반을 둔 기술과 맵리듀스 기술을 활용하는 분야이다[9]. 공통 정보 모델(common information model; CIM) 설계에 바탕을 둔 데이터 모델 통합의 한 예로 오픈 소스 기반의 비관계형(nonrelational) 분산(distributed) 데이터베이스인 HBase가 사용되며, 하둡 기반의 쿼리 기술이 활용된다.

2. 저압 배전망의 전압 불균형

저압 배전 망에서 신재생 에너지의 수용성을 제한하는 인자로 신재생 발전기와 선로 부하 사이의 불균형 문제가 있다. 선로에서 발생하는 부하 불균형을 모니터링하고 식별할 수 있으며, 이를 낮출 수 있게 되면, 가용한 전압 범위(voltage band)을 증가시킬 수 있게 되어 계통을 보다 잘 이용할 수 있을 뿐 아니라, 비용 효과적인 계통 운영이 가능해진다. 스마트미터에서 얻어지는 시간 동기화된(time-synchronized) 고해상도 측정 데이터를 활용하면, 기존의 모니터링 방법으로는 관찰할 수 없었던 다양한 효과, 관계들을 발견할 수 있다..

2.1 저압 배전망의 불균형 문제

선로에서 부하 불균형이 발생하면, 3상/4선 저압 배전 망에서는 중성선(neutral line)의 전압강하(voltage drop)가 더 커지면서 중성점(neutral point)에 변위(displacemen)가 유발된다(그림1 참조). 이러한 이유로, 일부 계통 연계 기준(grid code)에서는 태양광 시스템의 인버터와 같은 단상 발전기로 인한 전압 상승을 평가할 때, 제로 시퀀스 성분을 고려하여 상승 폭이 3배 더 많을 것으로 간주한다. 전압 불균형은 많은 모터들의 작동에 악영향을 끼칠 뿐 아니라 선로와 변압기의 손실을 증가시킨다.

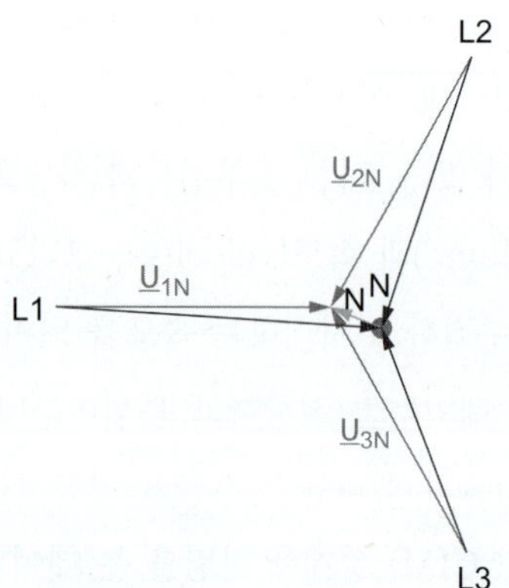

그림1. 불균형한 부하에 의해 발생하는 전압 비대칭과 중성점 이동 현상

일반적으로 저압 배전 망은 스타 토폴로지(star topology)로 구성되며, 모선들은 정전 또는 유지보수를 대비하여 개방된 메쉬(mesh) 형태로 서로 연결되어 운영된다. 따라서 전압 불균형의 영향은 모선에 따라 달라진다. 그림2는 하나의 모선에서 3상간의 전압 분포를 보여준다.

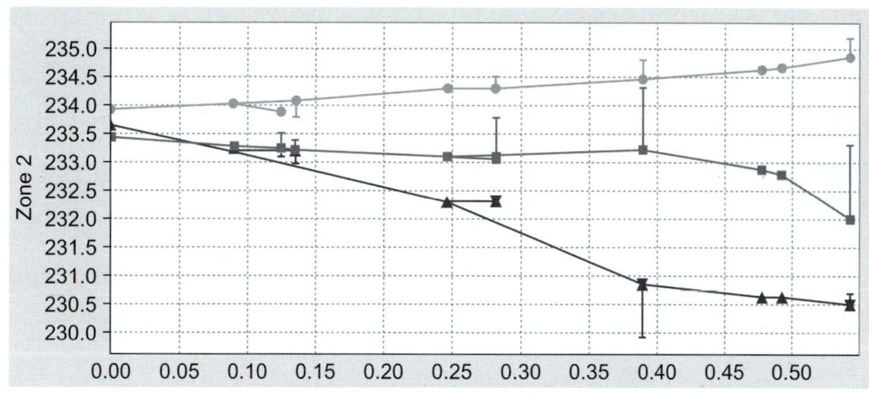

그림2. 변전소로부터 거리가 멀어짐에 따라 3상간의 전압 강하의 차이의 증가 현상

연구에 따르면, 케이블 박스에서 동일한 회전을 유지하면서 두개의 상을 스위칭하여 전압 불균형이 감소되면, 사용 전압 범위(band)가 감소하는 것으로 알려져 있다[12].

2.2. 사용 전압 범위(utilized voltage band)

계통에서 최대 전압과 최소 전압은 허용 전압 한도(allowed voltage limits) 사이에 있어야 한다. 위상의 불균형 이외에도, 배전 선로에 전기 사용량이 큰 부하가 있을 경우, 선로를 따라서 전압 강하(voltage drop)가 발생한다. 발전기가 중간에 있을 경우, 전력 조류의 역류에 의해 전압이 증가할 수 있으며, 이로 인해 계통의 사용 전압 범위(used voltage band)가 증가한다(예비 전압 범위(voltage band reserve)의 감소). 사용 전압 범위는 부하시 탭 전환장치(on-load tap changers) 등을 작동시킬 수 있도록 폭이 작아야 한다.

3. 저압 배전망 분석을 위한 데이터 취득 및 저장 체계 사례

3.1 스마트미터를 통한 데이터 취득

전력 스탭샷 분석(power snap shot analysis; PSSA)으로 알려진 계통 분석 방법[13]은 3상 모두의 전압, 위상각, 유효전력, 무효전력을 시간 동기화(time-synchronous)로 측정한 데이터를 기반으로 개발되었다. 15분 단위의 스냅 샷 측정 주기 동안 모든 계량기가 1초 단위로 이들 데이터를 측정하여 계량기 1대당 900x18 개의 측정 값이 기록되며, 매 10분, 15분에는 전압 평균 값이 추가적으로 기록된다. 하지만 전력선 통신을 이용한 스마트미터의 경우에는 전력선 반송방식(power line carrier; PLC)의 대역폭이 제한되어 있어서, 전체 계량기에서 트리거 계량기(trigger meter)로 선택된 일부 계량기만이 최대 전압, 최소 전압, 심한 전압 불균형 등의 가장 의미가 있는 이벤트 데이터를 데이터 집중장치(data concentrator; DC)로 전송한다. DC에서는 측정 주기 동안에 가장 의미가 있는 시간 스탬프가 무엇인지가 결정된다. 계통에서는 모든 계량기에 대하여 최대 10개까지 동기화 스냅샷(synchronous snapshot)이 요구될 수 있으므로 대략 3,000개의 데이터 포인트가 매 스냅샷에서 생성된다.

스냅샷 정보는 중앙 서버를 통해 PSS(power snap shot) 호스트[14]로 불리는 분석 프레임워크로 전송된다. 여기에서는 XML 기반 파일이 파싱되어 PostgreSQL 관계형 데이터베이스에 로딩된다[15]. PSS 분석기(power snap shot analyzer)는 그래픽 기반 사용자 프론트 엔드(front end)로 스냅샷에 대한 통계 분석과 시각화 기능을 제공한다. 이와 더불어, 측정 데이터는 네트워크 시뮬레이터로 전송되어 시뮬레이션에 활용된다. 또한 네트워크 모델을 사용하여 전압 강화 다이어그램(그림2)을 시각화하고, 지리정보와 연계된 다른 다이어그램도 함께 생성한다.

스냅샷으로 저장된 데이터 세트에는 오스트리아 35개의 저압 전력망에서 취득된 100만개 이상의 스냅샷 정보(30억개 측정 데이터)가 포함되어 있다. 수요가 증가하면서 전력 망의 숫자도 꾸준히 증가하고 있는데, 오스트리아 북쪽 지역에만해도 8,000개 이상의 저압 전력망이

표1 측정 데이터 세트

행(row)의 총수	전압 측정 데이터 수[a]	년월
100 millions	14.1 millions	June 2014
800 millions	97 millions	August 2015

각각의 측정 값은 3상 벡터임

표2 측정 데이터 세트

특성	Network A	Network B	Network C
변압기(kVA)	630	400	800
모선 수	9	8	8
고객 수	145	193	271
최대 모선 길이	2307 m	1079 m	447 mm

존재한다. 표1은 스냅샷의 총수와 측정된 전압 데이터의 숫자를 나타낸 것이며, 표2는 측정된 저압 전력망의 특성을 예시적으로 나타낸 것이다.

3.2 분산 데이터 저장

분석을 위해 데이터는 Teradata Aster Discovery 플랫폼에 로딩된다. 이 플랫폼은 PostgreSQL 기반으로 작동되며, 완벽한 병렬 처리를 지원한다. 이와 함께 부가 기능으로 데이터 전처리와 분석 기능을 제공한다. 이 기능 속에는 맵리듀스 프레임워크[16]를 이용한 연산 처리 기능이 내재되어 있으며, SQL 프레임워크와 통합되어 사용자가 쉽게 접근할 수 있도록 설계되었다. 이 탐색 플랫폼에서는 데이터를 이동시키지 않으면서 분석을 수행할 수 있는 인-데이터베이스 프로세싱(in-database processing) 기능을 제공하고, 사전 정의된 (predefined) 맵리듀스 기능과 Java, R 등의 다양한 프로그래밍 언어로 사용자가 직접 코딩하여 사용할 수 있는 기능을 제공한다.

4. 분산 데이터 처리

4.1 통계 분석

데이터 검색을 위해 통계 프로그래밍 언어 R(버전 3.0.2) [17], Java 등이 이용되었고, Teradata Aster Discovery Platform[18]이 제공하는 표준 통계분석 기능과 더불어 사용자가 정의한 이벤트 생성(event generation) 코드가 추가적으로 적용되었다. 계량기 사이의 연결 관계를 분석하기 위해서 맵리듀스로 전력 스냅샷 데이터를 처리하고 개별 이벤트를 생성하였다. 이들 이벤트는 Teradata Aster Analytics Foundation (release 5.11)이 제공하는 협업 필터링 알고리즘의 입력 데이터로 활용되었다.

협업 필터링(CFilter)은 정의된 이벤트를 처리하고 이들 이벤트가 함께 발생한 빈도를 결정한다. 이와 함께 이벤트가 동시에 발생할 확률에 대한 신뢰구간이 계산된다. Teradata Aster Analytics 패키지에 포함된 Aster SQL-MR 함수는 서포트(support), 신뢰도 (confidence), 리프트(lift), z-스코어, 원점수(raw score) 확률 등에 대한 추정치를 제공한다 [19]. 즉, CFilter는 eventi 및 eventj에 대해 다음의 산식을 통해서 통계값들을 계산하여 제공한다.

- 동시발생 빈도(co-occurrence): 두개의 이벤트가 동시에 발생하는 경우의 수

$$N_{i\cap j} = \sum_{\text{event}_i} \text{event}_j$$

- 확률 스코어(score): 두개의 조건부 확률의 곱

$$S_{i\cap j} = P(\text{event}_i | \text{event}_j) \cdot P(\text{event}_j | \text{event}_i)$$

- 서포트(support): 전체 이벤트 횟수에 대한 동시 발생 이벤트의 백분율

$$Sp_{i\cap j} = N_{i\cap j} / N_{\text{total}}$$

- 신뢰도(confidence): eventi가 발생한 모든 이벤트에서의 eventj의 발생 비율

$$C_{i\cap j} = N_{i\cap j} \,/\, \sum \text{event}_j$$

- 리프트(lift): 기대 서포트 값에 대한 관찰 서포트의 비율

$$\text{Lift}_{i\cap j} = \frac{Sp_{i\cap j}}{\sum \text{event}_i / N_{\text{total}} \times \sum \text{event}_j / N_{\text{total}}}$$

  여기에서 Lift > 1이면 event_i와 event_j가 다른 이벤트에 대하여 양의 효과(positive effect)가 있음을 의미하며, Lift < 1이면 음의 효과가 있음을 의미한다. Lift = 0일 경우에는 아무 효과가 없다는 점을 나타낸다.

- Z-스코어(Z-score): 동시 발생에 대한 유의도(significance)

$$Z_{\text{Score}} = \overline{N}_{i\cap j} \,/\, \sigma(N_{i\cap j})$$

패키지에 포함된 Aster Lens 기능을 이용하여 통계 분석 결과를 "시그마(sigma)" 그래프로 시각화 할 수 있는데, 이 그래프는 노드와 노드 사이의 에지(edge) 관계를 보여준다. 계량기가 연결되려면, 같은 스냅샷에서 같은 이벤트(강한 비대칭성) 특성을 가져야 한다. 전체 스냅샷에 대해서 이러한 연결이 더 자주 발생할수록 계량기 사이의 링크는 더 강하다고 볼 수 있다.

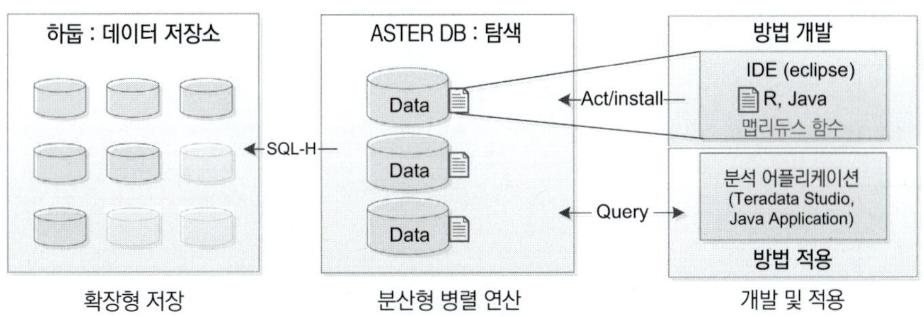

그림3. 분산 데이터베이스에서의 맵리듀스 함수의 개발 및 적용

4.2 분산 데이터 쿼리 및 함수

맵리듀스 함수를 개발하여 삽입하는 방법은 그림3과 같으며, R이나 Java 등을 이용하면 분산 데이터베이스에서 직접 실행할 수 있다. Hadoop 기반의 확장형 스토리지에서도 옵션을 적용하여 실행할 수 있지만 이 장에서 논의하는 분석에서는 사용되지 않았다.

5. 데이터 탐색

5.1 전압 분포

데이터의 분포를 살펴보기 위해서, 각 위상에 대한 전압 측정 결과를 히스토그램으로 그려보면 전압 불균형이 어느 정도 발생하고 있음을 확인할 수 있다. 그림4와 같이 전력 스냅샷을 통해서 전압 불균형이 어느 시점에서 발생하는 지를 확인할 수 있지만, 이러한 불균형이 계통의 어떤 상태와 관련이 있는지를 명확하게 알기는 어렵다.

5.2 심한 전압 불균형 상태에서의 계량기 상관관계 분석

전력 망의 불균형 상황을 탐색하기 위해, 전력 망의 모든 가용한 스냅샷에 대해서 맵리듀스 기반 분석을 적용하였다. 이 분석의 목적은 공통 이벤트(common event)를 탐지하고 정량화하는 것으로, 공통 이벤트는 여러 노드에서 동시에 불균형이 발생하면서 강한 비대칭 현상이 관찰되는 경우를 의미한다. 표3에서 정의한 바와 같은 맵리듀스 함수를 이용하여 위상간의 불균형을 이산화(discretization)한다.

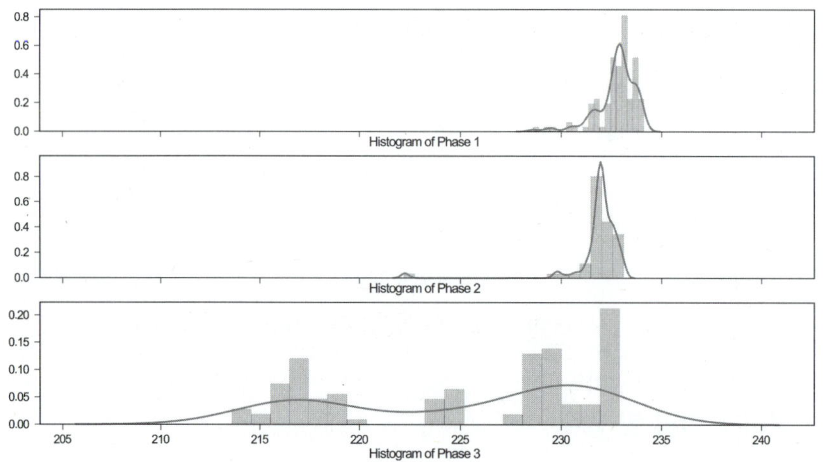

그림4. 심한 비대칭을 보이는 상(phase)별 전압 스냅샷의 히스토그램 분포

표3. 불균형 이벤트에 대한 정의

잔여물(residuum)	대칭성	약어
0-2	No asymmetry	no_asym
2-5	Slight asymmetry	slight_asym
5-9	Medium asymmetry	meda_sym
〉9	Strong asymmetry	strong_aysm

그런 다음 다른 노드에서 동시에 발생하는 이벤트의 종속성(dependency)을 조사한다. 그림5는 이벤트가 동시에 발생한 노드를 연결하는 에지로 이벤트를 시각화한 결과이다.

네트워크 A에서 전압 불균형 이벤트가 동시에 발생하는 경우는 그림5와 같다. 패키지가 제공하는 대화형(interactive) 그래프 기능을 활용하여 그래프에서 노드를 선택하면, 1번 모선에서 발생한 이벤트가 3번, 4번 모선 등 다른 모선에서 동시에 발생한 것이 아님을 알 수 있다. 하지만 1번 모선의 이벤트가 8번 모선의 이벤트와 동시에 발생하는 것을 확인할 수 있는데, 이는 두 개의 빨간색 노드에 의해 연결되어 있기 때문이다. 여기에서 빨간 색은 이벤트의 발생 횟수가 매우 많은 경우를 나타낸다. 1번 모선에서 발생한 이들 이벤트가 큰 단상 부하와 같이 동일한 현상에 의해 발생한 것으로 오해될 수 있다. 네트워크 모델을 통해서 자주 이벤트가 발생한 이들 두 개 노드가 모선의 끝 자락에 있고 400m 선로에 걸쳐서 나머지가 연결되어 있다는 점을 확인할 수 있다. 전압 불균형 이벤트가 동시에 발생할 가능성이 높지만, 이들 이벤트가 1번 모선의 이벤트와 물리적으로 관련되어 있는 것으로 보기는 어렵다.

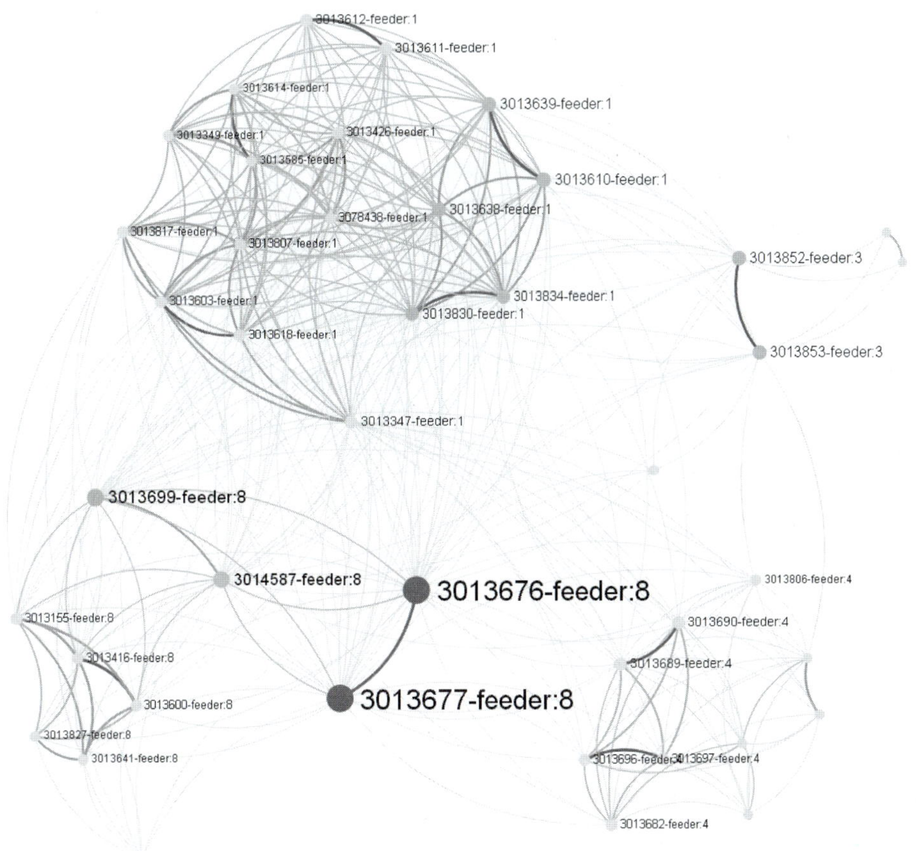

그림5. 네트워크A의 동시에 발생하는 전압 불균형 이벤트 횟수의 상관관계에 대한 시각화 결과

그림6의 네트워크 B에서는 동시에 발생하는 이벤트가 6번, 4번, 7번 모선에 집중되어 있다. 앞에서와 마찬가지로 대화형 탐색 기능을 활용하면, 이들 이벤트가 모선 레벨(feeder level)에 집중되어 있는 것을 알 수 있다. 이는 클러스터의 중심점(빨간색 노드 또는 에지)을 선택하면, 연관성(affinities)이 사라지기 때문이다.

그림7은 네트워크 C의 불균형 이벤트를 시각화한 것으로 이벤트가 그림의 하단에 집중되어 발생하고 있음을 알 수 있다. 이들 이벤트는 네트워크의 다른 부분과 관련이 없이 특정 노드에 집중되어 연결되어 있다. 이들 고립된 이벤트를 확대하여 보면, 이벤트가 하나의 모선에서 집중되어 있음을 확인할 수 있다. 네트워크 모델을 면밀하게 관찰하고, 지리 정보와 연계하여 살펴보면 모든 이벤트가 주거용 건물 한 곳에서 발생한 것을 확인할 수 있는데, 해당 건물은 유틸리티가 전력 수요에 따라 직접 제어하는 리플(ripple) 콘트롤 온수 보일러가 설치된 곳이었다.

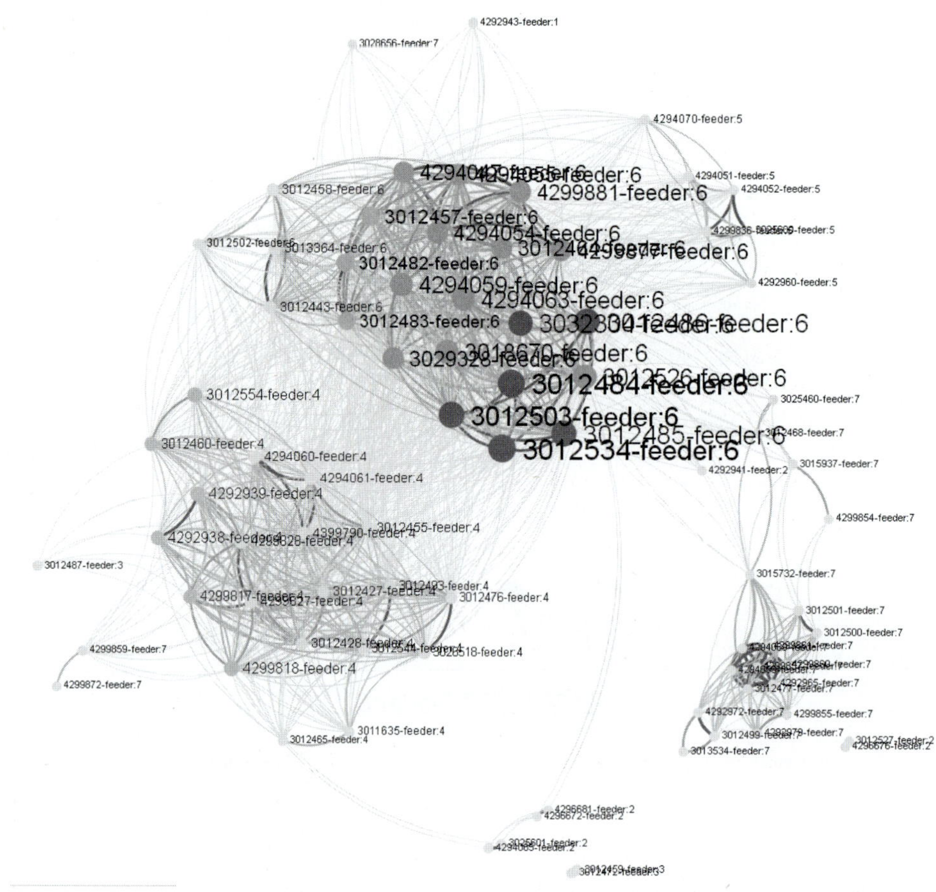

그림6. 네트워크B의 동시에 발생하는 전압 불균형 이벤트 횟수의 상관관계에 대한 시각화 결과

불균형 현상을 심도있게 분석하면 비대칭 이벤트가 심야 시간인 새벽 1시 전후에서 발생하는 것을 확인할 수 있다. 일반적으로 3상 전원은 각각의 가정에 무작위한 순서로 연결되기 때문에, 전기장의 시계 방향 회전이 유지된다. 하지만 이 경우에는 모든 단상 부하 장치들이 동일한 위상으로 연결되어 있기 때문에 이들 기기가 동시에 켜지면 매우 심한 전압 불균형이 발생한다. 이 문제를 해결하기 위해서는 부하 장치들의 스위치가 임의의 위상으로 연결되도록 해야하며, 이를 통해서 위상을 통계적으로 균일하게 분산시킬 수 있다.

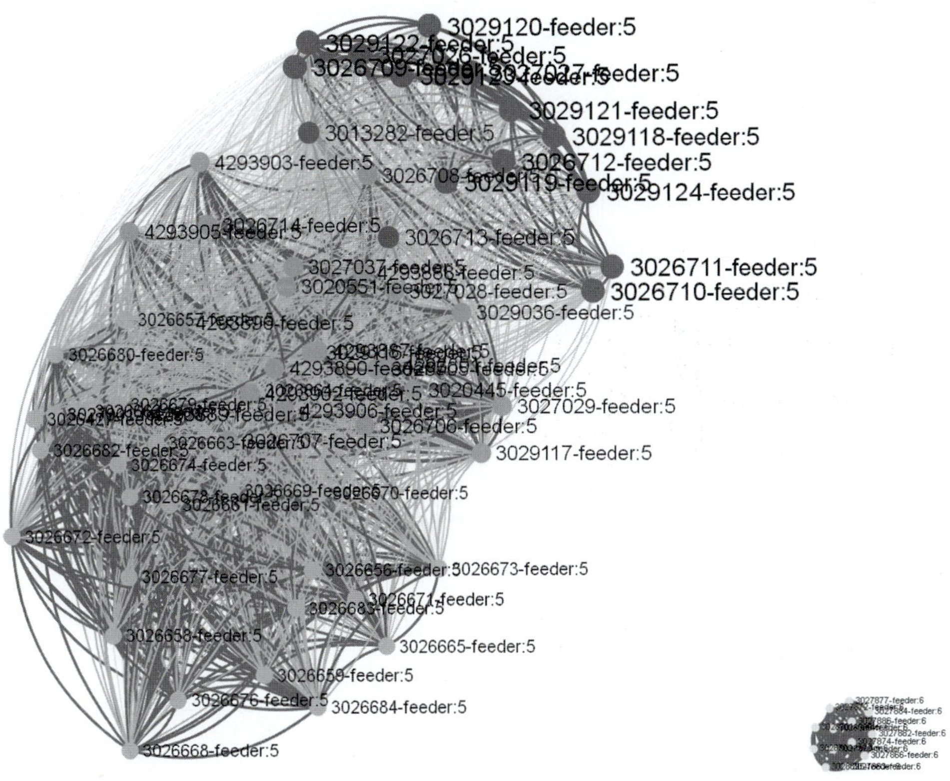

그림7. 네트워크C의 동시에 발생하는 전압 불균형 이벤트 횟수의 상관관계에 대한 시각화 결과

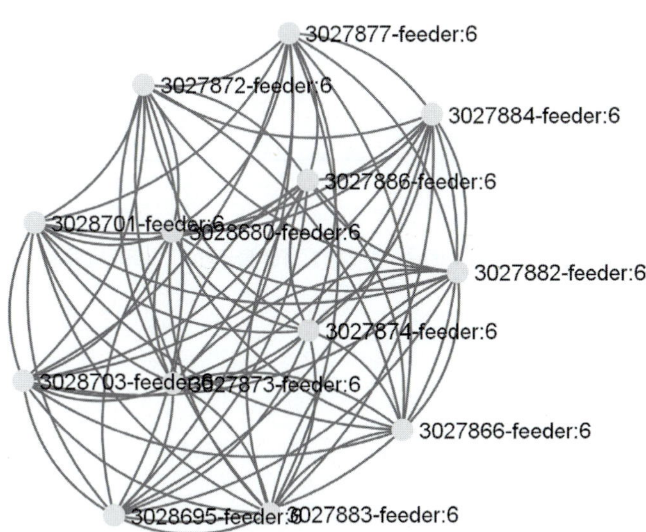

그림8. 네트워크C의 친밀도(affinity) 그래프. 특정 계량기에서 불균형 이벤트가 발생하면, 여기에 연결된 다른 계량기에서도 불균형 이벤트가 동시에 발생한다. 이 그림은 **그림7의** 하단 부분을 확대한 것이다.

5.3 심한 불균형 이벤트의 시간 분포

이벤트 시간에 대한 분포를 추가적으로 조사하여, 전력 망의 의도하지 않은 상태에 대한 추가 정보를 얻으면, 전압 불균형 이벤트가 발생하는 원인의 폭을 줄일 수 있다.

네트워크 A에 대하여 불균형 이벤트가 발생한 날짜별, 시간별 분포를 살펴보면(그림9, 그림10), 의도하지 않은 상태가 발생했다는 뚜렷한 증거를 찾을 수 없다. 일반적으로 전압 불균형 이벤트는 전력 소비자들이 활발하게 활동하는 정오 시간대에 많이 발생한다. 네트워크 B에서도 마찬가지 분포가 관찰된다.

하지만 네트워크 C의 경우, 시간 분포를 살펴보면 불균형 이벤트가 상대적으로 드물게 나타나는 현상이고 한달 중에 특정 시기에 집중되어 있음을 알 수 있다(그림11). 이를 다시 시간대별로 살펴보면 히스토그램에서 심야 시간에 집중되어 있음이 확인된다(그림12). 이러한 관찰 결과는 현상을 발견하는 중요한 기준이 될 수 있다. 이벤트가 무작위하게 발생하지 않는다는 점은 인과론적 원인이 있다는 증거가 되기 때문이다.

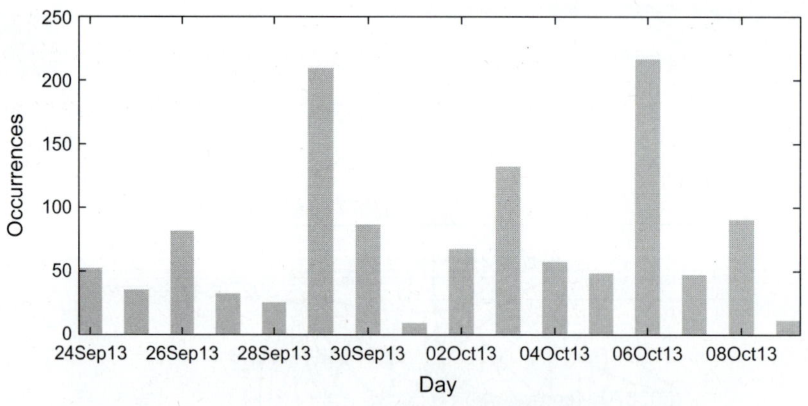

그림9. 조사 기간 중 네트워크A에서 발생한 불균형 이벤트의 날짜별 분포

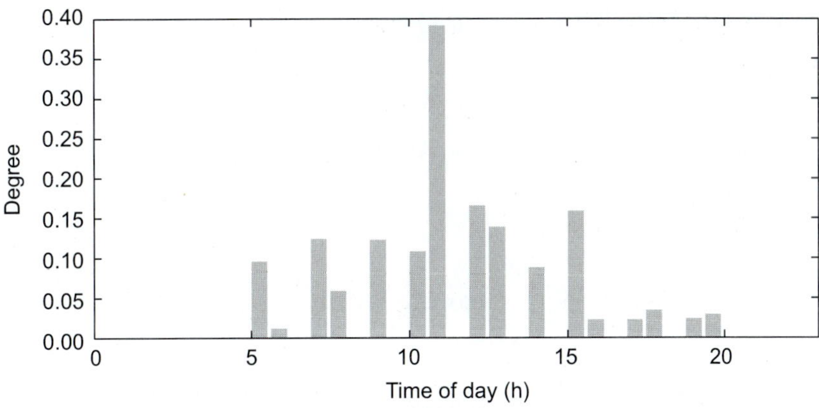

그림10. 네트워크A에서 발생한 불균형 이벤트의 시간대별 분포

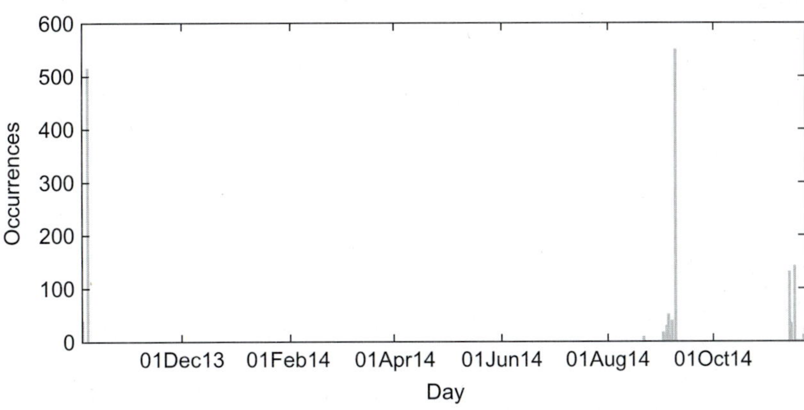

그림11. 조사 기간 중 네트워크C에서 발생한 불균형 이벤트의 날짜별 분포

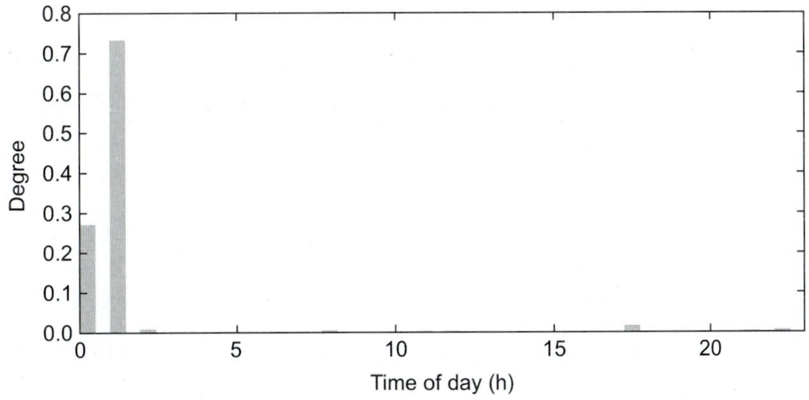

그림12. 네트워크C에서 발생한 불균형 이벤트의 시간대별 분포. 대부분의 이벤트가 새벽 1시를 중심으로 발생한다.

5.4 다른 네트워크 상태와의 연관 관계 분석

앞선 분석과 달리, 여기에서는 이벤트를 다르게 정의한다. 네트워크의 상태에 대한 기준, 예를 들면, 단상/3상 비대칭, 단상 높은 전압, 단상/3상 높은 유효전력/무효전력 등에 따라서, 다음과 같은 정의가 사용된다.

$$U_{\max} = \max U_{iN} \quad i \in 1,2,3 \tag{1}$$

$$U_{\min} = \min U_{iN} \quad i \in 1,2,3 \tag{2}$$

$$\Delta U = U_{\max} - U_{\min} \tag{3}$$

$$\bar{U} = \frac{1}{3}\sum_{i=1}^{3} U_{iN} \tag{4}$$

$$P_{\text{sum}} = \sum_{i=1}^{3} P_i \quad \Delta P = P_{\max} - P_{\min} \tag{5}$$

$$Q_{\text{sum}} = \sum_{i=1}^{3} Q_i \quad \Delta Q = Q_{\max} - Q_{\min} \tag{6}$$

표4는 이벤트에 대한 정의와 관련된 전압, 유효전력, 무효전력 기준들을 목록으로 정리하고 계산에 사용된 맵리듀스 함수들을 함께 나열한 것이다.

앞에서 정의된 이벤트는 다음의 두 가지 네트워크 상태에 대해서 계산된다.

1. 네트워크 관점: 하나의 스냅 샷에서 여러 이벤트가 동시에 발생하면, 전체 네트워크에서 모든 이벤트가 동시에 발생한다는 것을 의미한다.
2. 계량기 관점: 이벤트가 같은 계량기에서 동시에 발생한다.

계산 결과로 나타나는 수치들은 한번은 네트워크 관점에서 동시에 발생한 이벤트를 나타내고(동일한 스냅샷에 있음을 의미), 다른 한번은 계량기 관점에서 발생한 이벤트를 나타낸다.

예를 들어, low_single_voltage_207v 이벤트 사이의 차이를 살펴 보면, 그림13은 전체 네트워크에서 동시에 발생한 이벤트를 나타내고, 그림14는 하나의 계량기에서 동시에 발생한

표4. 비대칭 이벤트에 대한 정의

Voltage	
$\Delta U > 9\text{V}$	asym_9v_voltage
$\Delta U > 6\text{V}$	asym_6v_voltage
$\Delta U > 3\text{V}$	asym_3v_voltage
Voltage peaks (for single phases: max of all phases)	
$U_{max} > 253\text{V}$	high_single_voltage_253v
$U_{max} > 246.1\text{V}$	high_single_voltage_246v
Voltage dips (for single phases: min of all phases)	
$U_{min} < 207\text{V}$	low_single_voltage_207v
$U_{min} < 221\text{V}$	low_single_voltage_221v
Voltage peaks and dips (for all phases: mean over three phases)	
$\bar{U} > 253\text{V}$	high_mean_voltage_253v
$\bar{U} > 246.1\text{V}$	high_mean_voltage_246v
$\bar{U} > 220\text{V}$	(No event)
$\bar{U} > 207\text{V}$	low_mean_voltage_221v
$\bar{U} < 207\text{V}$	low_mean_voltage_207v
Active power	
$P_{sum} > 40\text{kW}$	peak_40kw_act_power
$P_{sum} > 25\text{kW}$	peak_25kw_act_power
Active power asymmetry	
$\Delta P > 20\text{kW}$	asym_20kw_act_power
$\Delta P > 12\text{kW}$	asym_12kw_act_power
$\Delta P > 7\text{kW}$	asym_7kw_act_power
$\Delta P > 4\text{kW}$	asym_4kw_act_power
Single-phase feed in	
$P_{min} < -10\text{W}$ and $P_{max} < 10\text{W}$	single_phase_feed_in
$P_{max} < -10\text{W}$	multi_phase_feed_in
Active power asymmetry	
$Q_{sum} > 4\text{kW}$	peak_4kw_react_power
$\Delta Q > 2\text{kW}$	asym_2000w_react_power
$\Delta Q > 1\text{kW}$	asym_1000w_react_power
$\Delta Q > 0.5\text{kW}$	asym_500w_react_power

이벤트를 나타낸다. 그림13에서는 여러 다른 이벤트들의 네트워크 B 전체에 걸쳐서 동시에 발생하지만, 그림14에서는 low_mean_voltage_221v, asym_9v_voltage 두 개의 다른 이벤트만 동시에 발생한다.

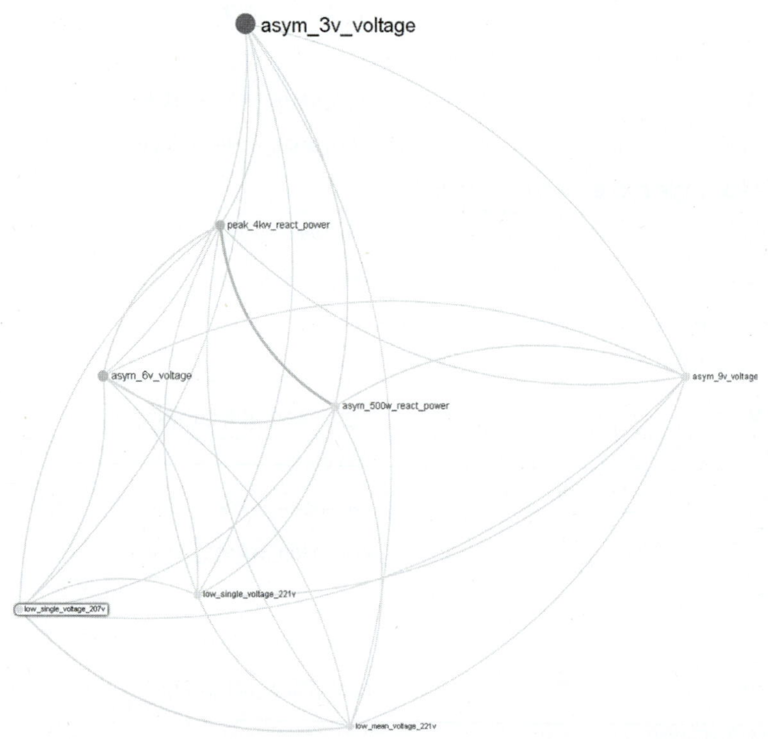

그림13. 네트워크B에서 발생한 low_single_voltage_207v (검은 실선 상자)와 동시에 발생한 이벤트들을 선택적으로 표시한 결과. 네트워크의 여러 곳에서 동시에 이벤트가 발생한다.

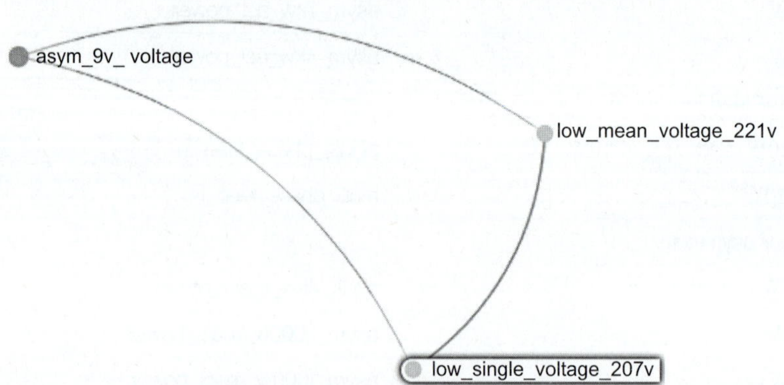

그림14. 네트워크B에서 발생한 low_single_voltage_207v (검은 실선 상자)와 동시에 발생한 이벤트들을 선택적으로 표시한 결과. 일부 계량기에서만 불균형 이벤트가 발생한다.

그림15. 네트워크 C에서 동시에 발생하는 이벤트들의 관계. high_single_voltage_253v는 모선에 대해 고립된 형태로 발생하며, 비대칭이다.

그림15는 네트워크 C에서 high_single_voltage_253v 이벤트가 고립된 형태로 발생한 경우를 보여준다. 그림16에서는 비대칭 유효전력 및 무효전력 이벤트가 모선에서 동시에 발생한 경우를 볼 수 있다. 이러한 현상은 네트워크에서 약간의 전압 불균형이 자주 발생하는 상황이며, 단상 모선 및 비대칭 무효 전력(1000Var 이상)과 매우 밀접한 관계가 있다고 해석될 수 있다(그림17).

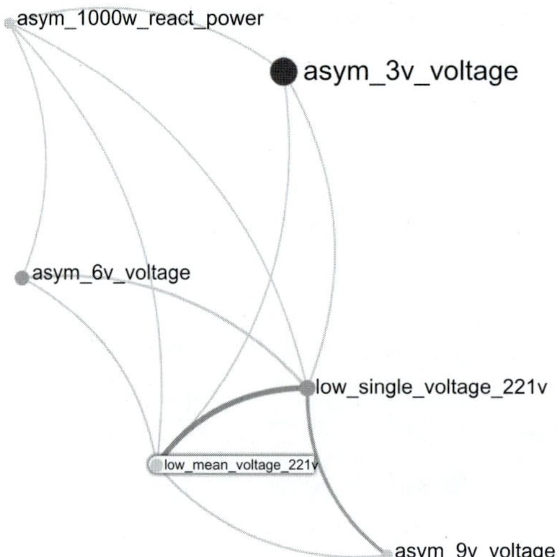

그림16. 네트워크 C에서 동시에 발생하는 이벤트들의 관계. 단상 모선에 투입된 4kW의 전력은 비대칭 무효 전력 1kW와 상관관계를 갖는다.

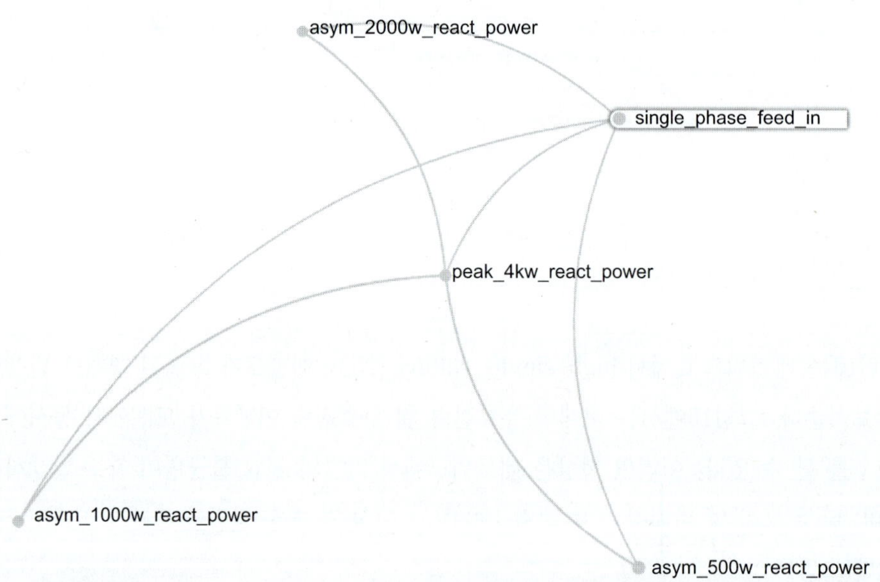

그림17. 네트워크 C에서 발생하는 single_phase_feed_in 이벤트를 시각화한 결과. 이 이벤트와 비대칭 무효 전력 소비 이벤트가 동시에 발생하는데, low_single_voltage_221v와는 관련이 없다.

5.5 최대 전압 및 최소 전압 : 전압 분포

다음의 사례는 MeterMinMax라는 맵리듀스 함수를 이용해서 모든 계량기의 최대, 최소 전압을 3상으로 따로 구분해서 계산한 결과이다. 모든 측정 데이터를 처리하여 실제 측정 값과 최대, 최소 값을 비교하고, 필요한 경우 업데이트 된다. 그림18은 1주일 동안의 스냅샷 최대, 최소 전압을 시각화한 것이다. 이 그림을 보면, 전압 불균형에서 발생하는 전압 극한 값에 의해서 가용 전압의 한계가 결정되는 것을 알 수 있다. 이러한 데이터를 지속적으로 평가하면 경향성을 파악할 수 있고, 전압 불균형을 해소하기 위한 개선 방안을 마련할 수 있다.

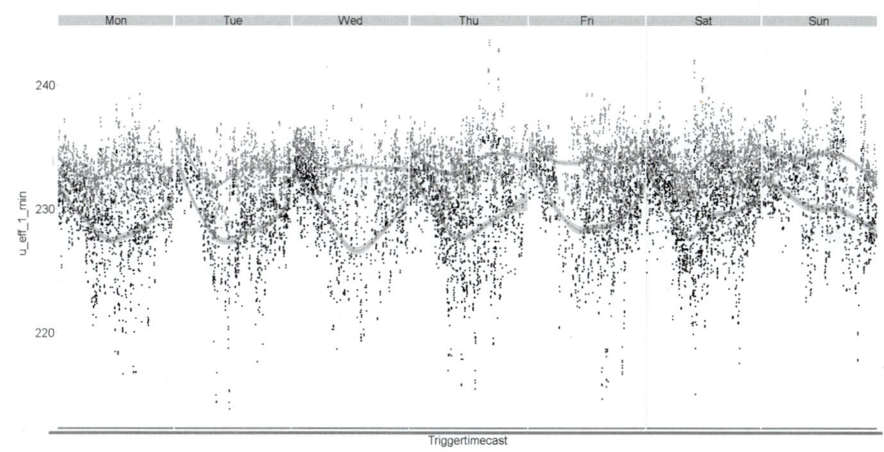

그림18. 1주일 동안의 스냅샷 최대, 최소 전압, 평균 등을 시각화한 결과

6. 데이터베이스 성능 평가

이 절에서는 분산형 데이터베이스에서 맵리듀스 함수의 성능을 직접 조사하고, 기존의 단일 호스트 기반의 관계형 데이터베이스와 그 성능을 비교한다. 자바로 구현된 두 개의 맵리듀스 함수를 이용하여 외부 애플리케이션의 데이터베이스로부터 데이터를 가져오고, 실행 결과를 다시 삽입하는 작업을 실행하여 그 성능을 조사한다.

6.1 비교 기준

데이터 처리의 실행 시간을 비교하기 위해서는 다음의 기준들이 충족되어야 한다.

6.1.1 코드

데이터를 처리하기 위한 프로그램 코드가 실질적으로 동일해야 한다. 맵리듀스 함수가 특정한 인터페이스를 통해서 데이터의 입력과 출력을 처리하지만, 맵리듀스가 아닌 함수(non-MapReduce function), 예를 들어, "INSERT INTO table VALUES (...)"와 같은 명령은 JDBC(Java data base connectivity) 표준 구문을 통해 입출력을 구현한다. 또한 맵리듀스가 아닌 함수들이 테이블에 데이터를 입력하는데 걸리는 시간은 실행 시간(execution time)과 분리한다.

6.1.2 데이터

테스트는 동일한 원시 데이터로 수행되며, 동일한 연산 결과를 얻는 경우에 대해서 검증을 수행한다. Aster 패키지는 3상 데이터 값이 유지되는 PostgreSQL 벡터 형식의 데이터를 지원하지 않기 때문에 이들 데이터는 세 개의 열로 따로 구분하여 변환된다.

6.1.3 데이터베이스

함수의 실행 시간을 비교하기 위해서는 컴퓨터의 연산 처리 능력이 비슷해야 한다. 동일한 연산 능력을 부여하기 위해 PostgreSQL은 하나의 가상 머신 (VM) 사용자 노드에 설치된다. 하나의 데이터베이스가 테스트 작업 중에 있는 동안에 다른 데이터베이스는 유휴 상태를 유지하여 그 영향을 무시할 수 있도록 하고, PostgreSQL 서버의 서비스는 중지시킨다.

6.1.4 시스템

Aster 데이터베이스는 서버에서 VM을 운영하여, 모든 노드가 병렬 처리된다. 표5는 VM과 PC 벤치마크 시스템의 사양을 나타낸 것이다. 서버의 경우 듀얼 코어를 가진 6개의 CPU와 24GB 램으로 작동되고, PC는 듀얼 코어를 가진 2개의 CPU와 16GB 램에서 동작한다. 단일 스레드(single-thread) CPU 마크(Mark) 테스트 결과, 두 시스템은 비슷한 것으로 확인되었다. Aster 시스템은 일벌(worker bee)에게는 2*3GB RAM, 여왕벌(queen bee)에게는 2GB를 할당하고, 2*6GB, 4GB의 RAM으로 구성된 이중 메모리 사양에서 테스트 된다. 여기에서 두 번째 사양은 16GB 메모리의 PC 시스템과 비슷한 성능을 보인다.

표5. 데이터베이스 성능평가 시스템 사양

노드	CPU 종류	RAM	CPU/Cores	CPU Mark
Worker (VM)	Intel Xeon CPU W3690 3.47 GHz	3/6 GB	2/1	9729 (1576)[a]
Queen (VM)	Intel Xeon CPU W3690 3.47 GHz	2/4 GB	1/1	9729 (1576)[a]
PC	Intel CPU i5-4300U 1.90 GHz	16 GB	2/2	9729 (1607)[a]

[a]Single-thread CPU Mark.

6.2 평가 시스템 셋업

평가를 위해서는 Aster MapReduce 인-데이터베이스 처리, Java JDBC의 Aster 데이터베이스 연결 및 외부 처리, Java JDBC의 PostgreSQL 연결 및 외부 처리 등과 같은 3가지 환경 설정이 이용된다.

- Aster 데이터베이스 클러스터 비하이브(beehive): 평가에 사용된 분산 데이터베이스는 "Aster Express 5.10"으로 하나의 관리 노드 (여왕벌)와 두 개의 작업자 노드 (일벌1, 일벌2)로 사전에 설정된 셋업 환경이 이용된다. 데이터베이스는 SUSE Linux Enterprise 11에서 실행된다. 중복성 때문에 작업자는 가상 작업자(1차 및 2차)를 다른 노드에 분산하여 호스트한다. 이들 작업자를 동기화된 상태로 유지하기 위해서 일부 데이터 교환이 필요하지만, 테스트 과정에서는 고려되지 않는다.
- PostgreSQL 작업자1(worker1): 데이터베이스는 작업자1에 설치되고 동일한 처리 성능을 가진다. 데이터베이스에서 연산 부하(work load)가 동시에 발생하는 경우는 Postgres 서비스를 중지시키거나 Aster가 아무런 활동을 하지 않도록 하여 배제시킨다. 또한 Java 응용 프로그램 코드는 국부적으로 실행된다. 이러한 환경에서 시스템 성능은 두 개의 작업자가 Aster 시스템에서 동작할 때에 비하여 대략 절반 수준인 것으로 예상된다.
- PostgreSQL 로컬호스트(localhost) : 로컬 PC에서 추가적인 성능 측정.

6.3 맵리듀스 함수 CalcEventsLongFormat

맵리듀스 함수는 세 개의 네트워크 각각에 대해 2백만개의 행을 처리한다. Aster 관리자 콘솔에 따르면, Aster 데이터베이스의 처리 시간은 약 2초였고, 데이터를 가져 오는 시간은 3~4초였다. 이러한 성능 결과에 비하여, JDBC Java 응용 프로그램을 Aster와 PostgreSQL에 연결하여 처리하는데 걸리는 시간은 2초를 약간 상회하는 것으로 확인되었다.

6.4 맵리듀스 함수 MeterMinMax

데이터 세트의 크기를 1억개의 전압 측정 행을 가진 8억개의 행으로 증가시키고 테스트를 수행하였다. 작업자 노드에 3GB를 할당한 환경에서 맵리듀스 함수는 처리에 아무런 문제가 없었으나, JDBC 연결에서는 쿼리를 실행하는 것이 불가능하였다. 앞에서 PostgreSQL 설정 부분에서 언급한 바와 같이 SQL의 LIMIT BY, OFFSET 구문을 사용하여 전압 측정 데이터를 1억개로 축소시키고, 다시 1천만개 단위로 쪼개는 방법이 이용되었다. 표6은 여러 구성 환경에서 실행한 결과를 비교한 것이다.

표6. 데이터베이스 성능 벤치마크 결과

벤치마크	패치 시간 (min)	In–DB/Java (s)	총소요시간 (min)
Aster MapReduce 2 * 3 GB + 2 GB	14	2	14
Aster MapReduce 2 * 6 GB + 4 GB	9	2	9
Aster Java JDBC (local) 6 GB	–	179	–
PostgreSQL JDBC (worker) 3 GB	50	127	52
PostgreSQL JDBC (worker) 6 GB	36	63	40

7. 결론

이 장에서는 스마트미터와 센서에서 얻어지는 다량의 데이터 세트를 분석하고, 그 결과를 이용하여 전력 망의 흥미로운 상태 변화를 보다 깊게 이해할 수 있는 가치있는 결과를 얻을 수 있다는 점을 제시하였다. 여기에서 보여준 사례는 오픈 소스에 기반을 둔 데이터 분석 방법과 상용 소프트웨어 패키지를 결합하여 적용한 사례에 해당한다. 복잡한 데이터를 시각화함으로써 데이터를 파악하고, 이해하고, 해석하는데 분명한 장점이 있다. 분산 병렬 처리 데이터베이스는 대규모 데이터에 복잡한 함수를 이용해서 평가하거나 처리할 때 그 이점이 두드러지게 나타난다. 성능 평가 결과, 기존 데이터베이스에 비하여 더 나은 성능을 보이는 것으로 확인되었는데, 비용이 많이 드는 데이터 입출력 프로세스에 지능형 분산 처리를 도입하면 더 높은 성능 향상을 기대할 수 있다. 2016년 오스트리아공과대학(Austrian Institute of Technology; AIT)의 에너지데이터분석 연구실(Energy Data Analytics Lab)에서는 Teradata Aster을 연구용으로 설치하여 12개의 CPU, 128GB RAM, 12명의 작업자 컴퓨팅 환경에서 24개 노드에 대한 분석 작업을 진행하였으며, 다양한 네트워크에서 얻어지는 스마트미터, 모니터링 데이터에 대한 분석을 진행해오고 있다.

참고 문헌

[1] J. Wu, Y. He, N. Jenkins, A robust state estimator for medium voltage distribution networks, IEEE Trans. Power Syst. 28 (2) (2013) 1008-1016, https://doi.org/10.1109/TPWRS. 2012.2215927.

[2] R. Silipo, P. Winters, Big Data, Smart Energy, and Predictive Analytics—time series prediction of Smart Energy Data, KNIME, 2013.

[3] P. Zhang, X. Wu, X. Wang, S. Bi, Short-term load forecasting based on Big Data technologies, CSEE J. Power Energy Syst. 1 (3) (2015) 59-67, https://doi.org/10.17775/CSEEJPES. 2015.00036.

[4] D. De Silva, A data mining framework for electricity consumption analysis from meter data, IEEE Trans. Ind. Inform. 7 (3) (2011) 399-407.

[5] H. Maass, H.K. Cakmak, W. Suess, A. Quinte, W. Jakob, K.U. Stucky, U.G. Kuehnapfel, First evaluation results using the new electrical data recorder for power grid analysis, IEEE Trans. Instrum. Meas. 62 (9) (2013) 2384-2390, https://doi.org/10.1109/TIM.2013.2270923.

[6] V. Arya, R. Mitra, Voltage-based clustering to identify connectivity relationships in distribution networks, in: 2013 IEEE International Conference on Smart Grid Communications (SmartGridComm), 2013, pp. 7-12.

[7] K. Diwold, M. Stifter, P. Zehetbauer, Network and feeder assignment of smart meters based on communication and measurement data, in: 2015 International Symposium on Smart Electric Distribution Systems and Technologies (EDST)2015, , pp. 541-546.

[8] M. Yigit, V.C. Gungor, S. Baktir, Cloud computing for smart grid applications,

Comput. Netw. 70 (2014) 312 - 329, https://doi.org/10.1016/j.comnet.2014.06.007.

[9] Y. Simmhan, S. Aman, A. Kumbhare, R. Liu, S. Stevens, Q. Zhou, V. Prasanna, Cloud-based software platform for Big Data analytics in Smart Grids, Comput. Sci. Eng. 15 (4) (2013) 38 - 47, https://doi.org/10.1109/MCSE.2013.39.

[10] M. Uslar, M. Specht, S. Rohjans, J. Trefke, J.M. Gonza ′ lez, The Common Information Model CIM-IEC 61968/61970 and 62325—A Practical Introduction to the CIM, Springer-Verlag, Berlin, Heidelberg, 2012. ISBN 978-3-642-25214-3.

[11] S. Zhang, J. Wang, B. Wang, Research on data integration of smart grid based on IEC61970 and cloud computing, in: D. Jin, S. Lin (Eds.), Advances in Electronic Engineering, Communica- tion and Management, Vol. 1, Lecture Notes in Electrical Engineering, Springer, Berlin, Heidelberg, 2012, pp. 577 - 582. 139 ISBN 978-3-642-27286-8 978-3-642-27287-5.

[12] B. Bletterie, S. Kadam, R. Pitz, A. Abart, Optimisation of LV networks with high photovoltaic penetration—balancing the grid with smart meters, 2013 IEEE Grenoble Conference, 2013, pp. 1 - 6, https://doi.org/10.1109/PTC.2013.6652366.

[13] A. Abart, B. Bletterie, M. Stifter, H. Brunner, D. Burnier, A. Lugmaier, A. Schenk, Power Snap- Shot Analysis: a new method for analyzing low voltage grids using a smart metering system, 21st International Conference on Electricity Distribution, CIRED, Frankfurt, 2011.

[14] M. Stifter, B. Bletterie, D. Burnier, H. Brunner, A. Abart, Analysis environment for low voltage networks, 2011 IEEE First International Workshop on Smart Grid Modeling and Simulation (SGMS), 2011, pp. 61 - 66, https://doi.org/10.1109/SGMS.2011.6089199.

[15] PostgreSQL Global Development Group, PostgreSQL, 2015.

[16] J. Dean, S. Ghemawat, MapReduce: simplified data processing on large clusters. Commun. ACM 51 (1) (2008) 107 - 113, https://doi.org/10.1145/1327452.1327492.

[17] R. Core Team, R: A Language and Environment for Statistical Computing, R Foundation for Statistical Computing, Vienna, Austria, 2014.

[18] Teradata Aster, Teradata Aster—Aster Discovery Platform, 2016. http://www.

teradata.com/ products-and-services/Teradata-Aster/teradata-aster-database (accessed 04.10.17).

[19] Teradata Aster, Aster Analytics Foundation User Guide, 2016. Version 6.20.

CHAPTER 16

포괄적 상태 추정을 위한 예측 분석

Yingchen Zhang*, Rui Yang*, Jie Zhang†, Yang Weng‡, Bri-Mathias Hodge*
*National Renewable Energy Laboratory, Golden, CO, United States, †University of Texas at Dallas, Richardson, TX, United States, ‡Arizona State University, Tempe, AZ, United States

이 장의 개요

에너지의 지속 가능성(sustainability)은 현대 사회에서 많은 국가에서 관심 주제이다. 전력 시스템에 있어서는 이를 위해 에너지 공급원을 다변화하는 것이 중요한데, 풍력, 태양 에너지, ESS, 축열, 바이오 에너지, 지열, 해양 에너지 등과 같이 서로 다른 물리적 특성을 가진 에너지 공급원을 통합하는 것이 주요 현안이다. 각각의 시스템에는 고유한 제어 변수와 대상 범위가 있다. 이와 같은 복잡한 에너지 시스템을 관리하기 위해서, 빅데이터 분석은 에너지의 공급과 소비 패턴을 예측하고, 시스템의 작동 상태를 평가하여 상태를 추정하는 등의 목적을 달성하는데 점차 핵심적인 도구가 되고 있다. 이들 기능을 활용하면, 전력 계통 운영자는 계통의 상태 변화를 인지할 수 있게 된다. 이 장에서는 계통의 상태 변화를 사전에 예측하여 파악할 수 있는 빅데이터 분석과 머신러닝 방법을 소개한다.

1. 도입

역사적으로 볼 때, 전력 계통은 급전이 가능한 발전자원을 충분히 갖추어 전력 수요를 충족하고, 비상시를 대비하여 예비력(reserves) 발전자원을 확보하는 형태로 설계되어 왔다. 풍력과 태양광의 계통 연계가 증가하면서, 변동성이 크고 불확성이 큰 청정 에너지 기술의 대규모 확산을 수용할 수 있도록 계통의 상태 예측에 대한 더 나은 방법이 필요하게 되었다. 미래의 전력 망이 직면한 또 다른 도전 과제는 전력 유틸리티가 직접 제어하지 못하는 분산 에너지 자원(DER)의 수용성을 확보하는 문제이다. 이와 함께, 전력 소비자들이 태양광(PV)이나 수요 반응(DR) 등의 에너지, 수요 서비스를 통해서 계통 운영에 능동적으로 참여하는 경우가 증가하고 있다. 따라서 계통 운영자는 끊임없이 상태가 변화하는 전력 망의 도전 과제에 대응하기 위해서 계통과 발전 자원의 상태, 수요의 변동, 계통 건전성 등을 모니터링, 추정, 예측하는 역량을 획기적으로 높일 필요가 있다.

새로운 센싱, 모니터링 기술을 활용하여, 전력 계통의 운영자는 계통의 모든 레벨에서 시스템의 상태를 이해하고 예측할 수 있는 새로운 기회를 창출할 수 있다. 송전 계통에서는 계통의 주요 지점에 PMU(phasor measurement units)를 설치하여 새로운 기회를 만들 수 있다. 배전 계통에서는 스마트미터에 기반한 첨단 계량 인프라(advanced metering infrastructure; AMI)를 통해서 계통 운영자와 소비자가 양방향 소통을 할 수 있다. 태양광, 풍력 발전기를 수용하기 위해서 계통 운영자는 풍속, 일조량 등에 대한 국가 단위와 지역 단위의 기상 상태를 더 잘 인식할 필요가 있다. 인버터와 EV 충전 스테이션과 같은 스마트 장치들은 시스템의 상태를 자가 진단하고 모니터링하는 기능을 갖추고 있는데, 중앙의 제어 센터에서 이들 기능이 이용될 수 있다. 이와 같이 새로운 센싱 기술들이 대규모로 도입되면, 계통 운영자기 지금까지 다루었던 수준에 비해서 공간적, 시간적으로 세분화된 엄청나게 많은 데이터에 직면하게 된다. 따라서 계통의 상태를 포괄적으로 추정하고 예측하기 위한 빅데이터 분석 기술의 가치는 현대의 전력 계통 운영에서 점차 증가할 것이다.

이 장에서는 우선 풍력, 태양광과 같은 변동성 신재생 에너지 자원의 출력을 예측하는 다양한 기법들을 살펴본다. 다음으로 여러 부하 예측 기법들이 논의된다. 마지막으로 계통의 상태

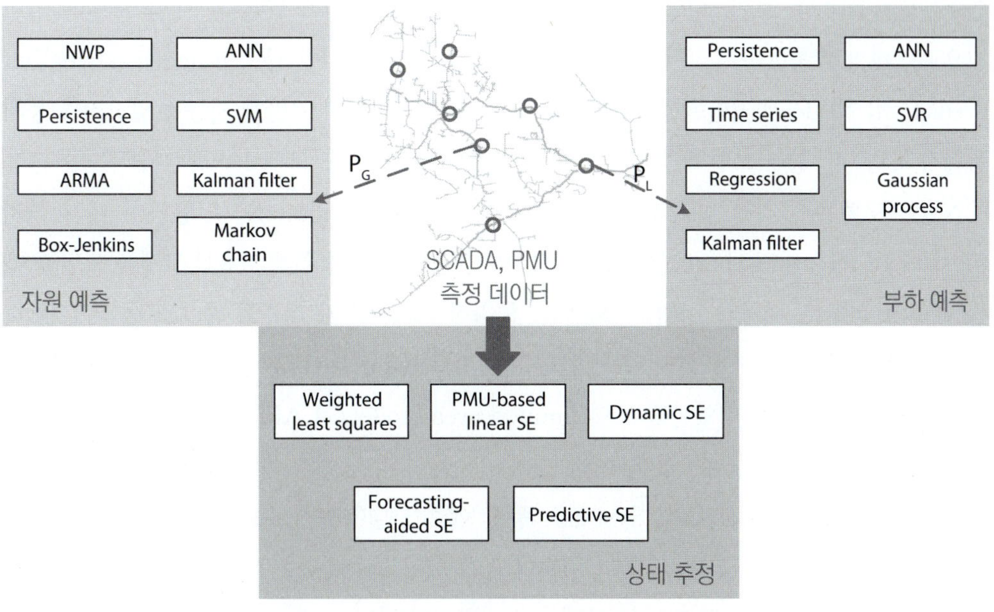

그림1. 포괄적 상태 추정을 위한 예측 분석 논의 체계

를 예측하고 추정하는 방법이 설명된다. 그림1은 이 장에서 다루는 주요 주제를 포괄적으로 나타낸 것이다.

2. 발전량 예측

2.1 신재생 에너지 발전량 예측

풍력과 태양광을 중심으로 신재생 에너지원은 정부 정책, 학술 연구, 전력 산업계에서 주요 관심사가 되고 있다. 여러 신재생 에너지원 중에서 풍력은 가장 유망한 대체 에너지의 하나이다[1]. 하지만 풍력, 태양광 등은 변동성이 크고 발전량의 불확실성이 커서 경제적이고 신뢰할 수 있는 계통 운영에 영향을 미친다[2]. 특히, 이들 자원의 보급이 증가하면서 그 영향이 커지고 있다[3]. 따라서 계통 운영 스케줄링에 반영하기 위해서 풍력과 태양광의 예측 정확성을 향상시키는 것이 중요하고 바람직하다.

2.2 풍력 발전량 예측

2.2.1 풍력 발전량 예측 개요

연구문헌들을 살펴 보면, 다양한 풍력 예측 모델들이 개발되어 왔는데, 이들 모델은 일반적으로 3개의 그룹[4]으로 구분될 수 있다. 즉, (i) 수치적 기상 예측(numerical weather prediction; NWP)에 기반한 물리모델 (ii) 데이터 기반 접근에 기반한 지능형 알고리즘 등의 통계적 방법 (iii) 물리 모델과 통계적 방법을 결합한 하이브리드 모델 등으로 나눌 수 있다.

NWP 모델은 물리적 법칙과 경계 조건(boundary conditions)을 활용하여 대기 물리(physics of the atmosphere)를 시뮬레이션한다. 풍력 예측을 위해 NWP 모델을 도입할 때는 예측의 정확성, 시공간 정밀도, 도메인, 물리적 프로세스의 계층적 중요도 등과 같은 다양한 도전과제를 해결해야 한다. 도메인 커버리지(domain coverage)에 기준으로 세분화하면, NWP 모델은 다시 지역한정 모델 (limited area models; LAM)과 글로벌 모델 (global models; GM) [5]로 나눌 수 있다. 여러 GM[6~8]들이 각자 예측 목적을 달리하여 개발되어 왔는데, GFS(Global Forecast System), 통합 예측 모델(Integrated Forecast Model) 등이 대표적이다. LAM은 일반적으로 GM보다 높은 해상도의 예측을 생성한다. LAM 역시 각기 다른 예측 목적을 가지고 다양한 모델들이 개발되어 왔다. 이들 중에서 High-Resolution

Limited Area Model [9], ALADIN [10], the Fifth–Generation Mesoscale Model [11], High–Resolution Rapid Refresh (HRRR) [12] 등이 알려져 있다.

통계 모델은 이력 데이터를 사용하여 훈련시키는데 일반적으로 1시간 이내의 단기간 예측에서 NWP 모델에 비하여 뛰어난 성능을 보인다[13]. 이는 특히, NWP 모델이 연산을 수행하는데 보통 수 시간 가량의 오랜 시간이 소요되기 때문이다. 바람을 예측하는데에는 선형 방법과 비선형 방법이 모두가 널리 사용된다. 선형 모델에서는 이동평균 자기회귀(autoregressive moving average; ARMA) [14,15], Box–Jenkins 방법 [16], 칼만 필터 [17], 마르코프 체인 모델 [18, 19] 등이 연구문헌에서 가장 많이 이용되고 있다. 비선형 방법에서는 인공 신경망(ANN), SVM(support vector machine)이 풍속 예측에서 가장 널리 사용된다. 여러 ANN과 SVM 기법들을 서로 비교한 연구가 많이 있지만, 이들 모델들은 모델링 조건이 달라지면 성능도 함께 변화하여 일관되지 못한 한계가 있다[20–22].

2.2.2 빅데이터 기반 풍력 발전량 예측

풍력 및 태양 에너지 예측에 관한 기존의 관심은 대부분 하루전 시간을 기준으로 예측하는 것에 초점이 맞춰져 있는데, 이는 신재생 발전의 변동성이 경제적인 영향을 주는 전력시장에서 급전 계획이 하루 단위로 이루어지기 때문이다. 하지만 스마트그리드에서 새로 도입되는 많은 어플리케이션들은 풍력과 태양광 발전량 예측 주기를 더 짧게 하고, 지역 단위까지 좀더 세분화된 예측을 요구한다. 최근 들어서 빅데이터에 기반한 방법들이 다양한 시간과 공간 스케일로 정확한 풍력 예측을 위해 이용되고 있다[23–25].

NWP에 기반한 몇 시간~, 하루 전 풍속 예측

"몇시간~하루전"의 단기간 동안은 대기 역학(atmospheric dynamics)의 영향이 더 중요해진다. NWP 모델은 종종 이러한 시간 범위에서 보다 정확한 예측 결과를 생성한다. 예를 들어, 미국에서는 빅데이터를 활용하여 단기간의 풍력 예측을 개선하고, 예측 방법이 계통 운영에 미치는 영향을 규명하기 위해서 풍력 예측 개선 프로젝트(Wind Forecast Improvement Project; WFIP)가 수행된 바 있다[23]. WFIP는 연구의 대상이 되는 지역을 미국 북부 지역과 남부 지역, 두 개로 나누어 시행되었는데, WFIP 남부 지역 연구는 그림2와 같이 대부분의 텍사스 전기 신뢰성 협의회(ERCOT)이 관할하는 서비스 지역을 대상으로 하였다. 이 프로젝트를 위해서 센서를 추가로 설치하여 데이터를 취득하였으며, 텍사스에서 이 프로젝트에 참여하는 풍력 발전기의 풍력 타워에 설치된 센서의 데이터도 함께 이용되었다. 이들 데이터들이 통합되어 대부분의 앙상블(ensemble) 멤버를 구성하였는데, 프로젝트 센서의 일부는 앙상블 멤버에서 따로 분리하여 예측에 미치는 영향을 분석하는데 사용되었다[23]. 기존에 ERCOT에서 사용되는 풍력 예측 시스템은 중규모 대기 시뮬레이션 시스템(Mesoscale Atmospheric Simulations System)으로 초기 조건과 경계 조건은 글로벌 예측시스템(GFS)과 북미 중규모 모델로부터 받아서 예측을 수행한다. 기존에 비하여 앙상블 방법이 더 나은 예측 결과를 제공하는 것으로 확인되었다. WFIP 예측 시스템은 빠른 속도로 업데이트되는 고해상도 NWP 모델에서 얻어지는 앙상블로 구성된다. 각각의 앙상블 멤버는 다양한 모델 구성, 물리적 매개변수 설정, 데이터 동화 기법(assimilation techniques)들이 반영되어 있다. 모든 앙상블 멤버들을 하나의 시스템에 통합하는 목적은 최적화된 복합 예측(composite forecast)을 구현하기 위함인데, 이를 통해서 불확실성을 예상할 수 있고 여러 모델링 방법의 상대적인 성능을 평가할 수 있다. 그림3은 풍력 예측 시스템의 전체적인 프레임워크를 나타낸 것이다. WFIP 앙상블에는 다음의 멤버들이 포함되어 있다[23, 24].

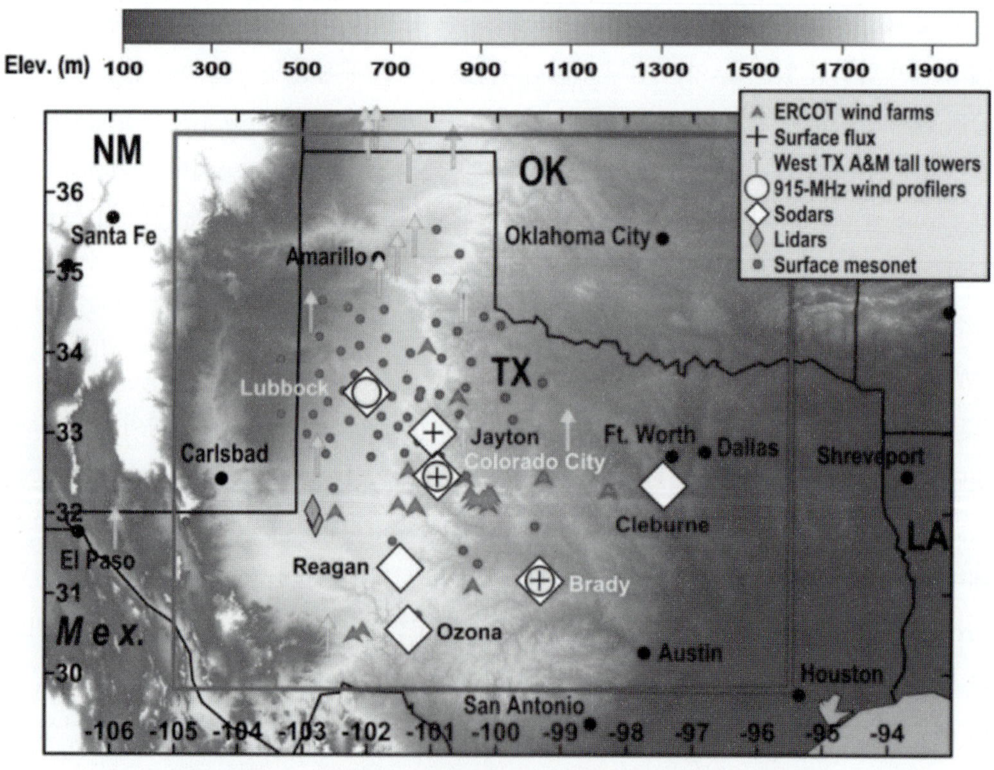

그림2. ERCOT 관할 지역에서 진행된 풍력 예측 개선 프로젝트 결과[24]

(1) 1시간 단위로 업데이트되는 미국 국립 해양대기청 (National Ocean and Atmospheric Administration)의 3km 스케일 HRRR 모델

(2) 2시간 단위로 업데이트되는 5 km 격자의 9개 NWP 모델

(a) 고급 지역 예측 시스템(Advanced Regional Prediction System)의 세 가지 모델 구성

(b) 기상 연구 및 예측(Weather Research and Forecasting; WRF)의 세 가지 모델 구성

(c) 중규모 대기 시뮬레이션의 세 가지 모델 구성

(3) 6시간 단위로 업데이트되는 2km 격자의 고급 지역 예측 시스템 모델

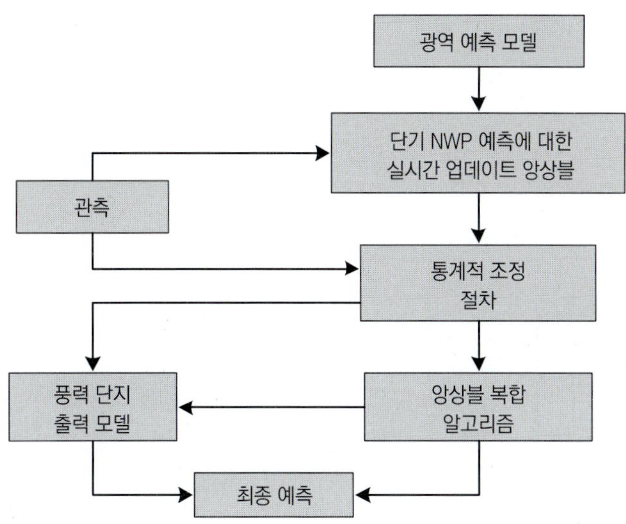

그림3. 풍력 발전량 예측 시스템의 전반적인 프레임워크 [24]

머신러닝을 활용한 분단위에서 2시간 이내의 풍력 발전량 예측

바람의 속도는 비선형적으로 계속 변하는 특성을 갖고 있기 때문에, 단일 머신러닝 알고리즘으로 여러 시간, 공간 범위에서 최적의 예측 성능을 보이는 표준 모형(generic model)을 만드는 것은 어려운 일이다. 빅데이터에 기반한 방법론을 적용하면 풍력 예측의 정확성을 향상시킬 수 있는 여지가 많다. 그림4는 심층 특성 선택 방법론(deep feature selection methodology)을 적용하여 다중 모델로 풍력을 예측하는 빅데이터 기반 방법을 예시한 것이다[25]. 먼저 데이터를 구성하는 변수로부터 심층 특성 선택 절차를 이용해서 특성을 추출한다. 추출된 특성은 모델의 입력자료로 이용된다. 여기에서는 4개의 독립적인 특성 추출 방법이 절차에 포함되어 순차적으로 시행된다. 머신러닝 모델의 첫번째 레이어는 선택된 특성

의 조합을 토대로 구현된다. 이들 모델의 출력은 풍속 또는 풍력 발전량으로 제시된다. 두번째 레이어에서는 첫번째 레이어에서 서로 다른 알고리즘에서 생성된 예측 결과를 조합하는 혼합 모델(binding model)이 동작한다. 이 과정을 통해서 결정론적 예측과 확률론적 예측 결과가 동시에 생성된다. 이들 모델을 구성하는 매개 변수들은 격자 탐색 기법(grid search technique)을 통해서 튜닝되어 최적화된다. 이처럼 풍력 예측에 머신러닝을 적용할 경우 분명한 이점이 있다. 예를 들어, ANN 알고리즘은 다양한 학습 함수와 손실 함수을 선택하여 적응시킬 수 있는데, 훈련 데이터 세트가 충분하지 않을 경우 과적합(overfitting) 문제가 생길 수 있다. SVM은 훈련 과정이 효율적이고 비교적 정확한 결과를 제공하지만, 연산 과정에서 메모리 부하가 크고 튜닝이 어렵다는 단점이 있다. 랜덤 포레스트, 그래디언트 부스팅 머신(gradient boosting machines)와 같은 트리 앙상블 알고리즘은 과적합 문제를 피할 수 있다. 혼합 모델은 여러 알고리즘의 장점을 통합하여 지엽적인 예측 오차를 없애거나 완화시킬 수 있다.

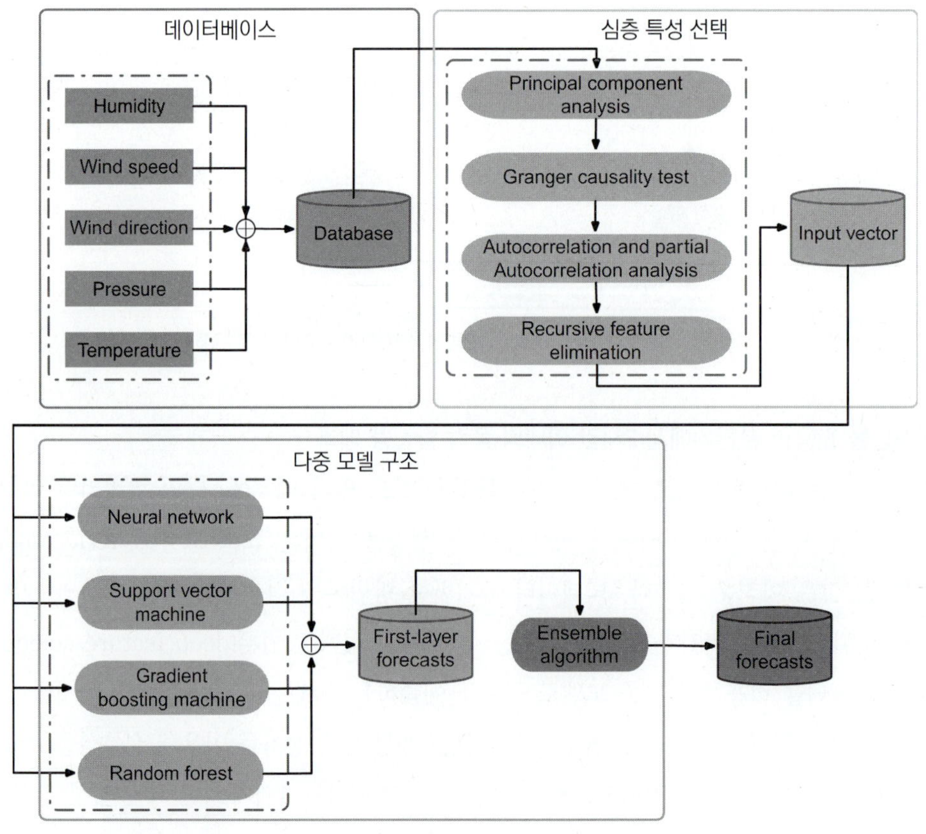

그림4. 앙상블 예측 모델 프레임워크 [25]

2.2.3 풍력 예측 데이터 세트

미국의 국가 풍력 통합 데이터 세트(Wind Integration National Dataset; WIND) 툴킷은 NREL(National Renewable Energy Laboratory)와 3TIER사의 공동 노력을 통해 만들어졌는데, 미국 에너지부(DOE) 산하의 에너지 효율 및 신재생 에너지국(Office of Energy Efficiency and Renewable Energy), 풍력 및 수력 기술 사무국(Wind and Water Power Technologies Office) 두 기관의 자금 지원을 통해 개발되었다[26, 27]. WIND 툴킷은 차세대 풍력 통합 연구를 위한 데이터를 지원한다. WIND 툴킷에는 2007년~2013년 동안 미국 전역의 126,000개 사이트에서 측정된 기상 조건과 풍력 발전량에 대한 정보가 담겨 있다(그림5). 이들 데이터는 WRF(weather research and forecasting) 모델 3.4.1 버전을 이용해서 생성된 것들이다. WIND 툴킷이 제공하는 기상 데이터 세트는 지역을 수평 해상도 2x2km, 수직 레벨 9개로 구분하여, 5분 단위로 측정한 것으로, 7년간의 측정 데이터가 포함되어 있다. 시뮬레이션에는 48시간의 스핀업(spin-up) 시간이 포함된다. 이 모델은 매월 다시 갱신되며, 스케일을 달리하여 격자의 자료를 동화(nudging)하는 방법이 이용되었다. WIND 툴킷에는

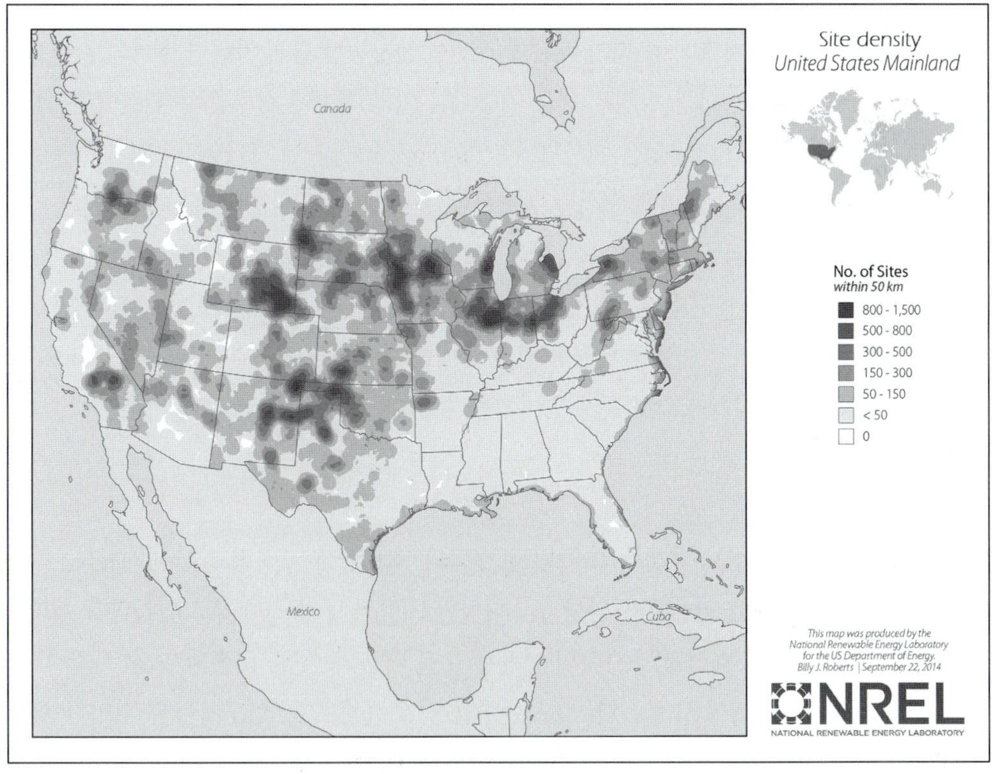

그림5. 126,692개 풍력 단지의 지리적 분포 및 밀도[27]

다음의 세 가지 주요 데이터 세트가 포함되어 있다.

(1) 기상 데이터 세트에는 2x2km 격자 셀(cell) 단위로 날씨 기본 정보가 포함되어 있다. 예를 들면, 풍속 프로파일, 대기 안정성, 태양 복사량 등의 데이터가 포함된다.
(2) 풍력 발전 데이터 세트는 풍속 데이터와 각 사이트에 설치된 풍력 터빈의 출력 곡선을 결합하여 풍력 터빈이 설치된 장소에서의 풍력 발전량 추정 데이터가 포함되어 있다.
(3) 예측 데이터 세트에는 1시간, 4시간, 6시간, 24시간 단위의 예측 데이터가 포함되어 있다.

2.3 태양광 발전량 예측

미국에서 태양광 발전의 보급은 급속하게 증가하고 있다. SunShot Vision Study에 따르면, 태양광 발전은 2030년에는 미국 전체 전력 소비의 약 14%를 차지하고, 2050년경에는 27%까지 증가할 것으로 전망된다[28]. 태양광 보급률이 이처럼 높아지면, 태양광 발전량에 대한 예측이 계통 운영에서 매우 중요해진다. 태양광 예측은 어려운 일일뿐더러 태양광 발전이 송전과 배전에 미치는 도전과제는 각기 달리 나타난다[29]. 송전 측면에서는 태양광 발전이 대규모 중앙 집중형 발전 단지 형태를 띠기 때문에 급전이 불가능한 발전 자원이 추가되는 문제가 생긴다. 배전 측면에서 태양광 발전은 건물 지붕이나 기타 장소에 설치된 수 많은 분산 설비들에 의해 생성된다. 이러한 구성은 계량기 후단(behind the meter; BTM)의 전기 사용량을 상쇄시켜서 전통적인 부하 패턴에 변화를 유발한다. 전력 계통에 다량의 태양광 발전이 연계되면, 태양광 발전 출력의 급격한 증가에 의한 영향이 확대될 수 있다. 이러한 현상은 계통 운영자가 태양광 변동성을 다루는데 큰 어려움에 직면하게 만든다. 전력 계통은 수요와 공급이 항상 균형을 이루어야 하기 때문에 태양광 발전에 대한 예측이 부정확할 경우 많은 경제적 손실과 전력 계통의 신뢰성에 심각한 문제가 야기될 수 있다.

2.3.1 태양광 발전량 예측 기법 개요

태양광 발전의 출력은 PV 패널에 조사되는 햇빛의 조사량에 직접적으로 비례한다. 다량의 태양광 발전을 계통에 연계하기 위해서는 다양한 시간과 공간 스케일로 발전량을 정확하게 예측할 필요가 있다. 태양광 조사량의 변동은 주로 구름의 이동, 구름의 모양, 구름의 소실(dissipation) 등에 영향을 받는다. 연구문헌들을 조사해보면, 연구자들은 다양한 데이터 기반 방법을 이용해서 태양과 발전량 예측 기법을 개발하여 온 것을 확인할 수 있다. 여기에는 이력 데이터를 이용한 통계적 접근[30-32], NWP 모델[33, 34], 위성사진을 이용해서 구름의 이동을 추적하는 방법[35], 스카이 카메라를 이용하여 구름의 이동을 직접 관찰하는 방법[35, 36] 등이 있다. 이들 중에서 NWP 모델이 가장 널리 이용되는데, 보통 수 일 또는 몇 시간 후의 상황을 예측한다. Mathiesen과 Kleissl[34]은 북미 모델(North American Model), GFS, 중기 기상 예측 유럽 센터(European Centre for Medium-Range Weather Forecasts) 모델 등 널리 이용되는 3개의 NWP 모델을 이용하여 미국 전역의 수평면 전일사량(global horizontal irradiance; GHI)을 분석한 바 있다. Loren 등[37]은 4시간 이하의 예측에서는 구름의 이동에 바탕을 둔 예측이 NWP 모델의 예측보다 더 좋은 결과를 줄 가능성이 높고, 이 시간 범위를 초과할 경우 다른 NWP 모델이 더 좋은 결과를 보인다는 점을 제시한 바 있다. 요약하면, 태양광 예측 방법은 크게 물리적인 방법과 통계적인 방법으로 대략 구분된다. 물리적 방법은 태양광 예측 결과를 도출하기 위해서 NWP나 PV 모델을 이용하는 반면에, 통계적 방법은 이력 데이터를 이용해서 통계 모형을 훈련시키는 방법을 예측 결과를 만든다. 이들 태양광 예측 방법들을 정리하면 표1과 같다.

표1. 태양광 발전량 예측 방법[38]

	방법	주요 특징	예측 시간 범위
물리적 접근	NWP 모델	NWP 모델은 6시간 전 또는 하루 전의 태양광 조사량을 예측하는데 가장 널리 사용되는 방법임.	4시간에서 하루 전
	운량계 방법(TSI)	TSI는 구름의 특성을 추출하거나 단기 GHI를 예측하는데 사용된다.	30분 미만
통계적 접근	통계적 방법	통계적 방법은 단기 예측을 위해 자기회귀 또는 AI 기법을 이용한다.	6시간 미만
	지속성 예측	구름의 지속성에 대한 예측은 4시간 미만의 단기 예측에서 뛰어는 성능을 보인다.	4시간 미만

2.3.2 빅데이터 기반 태양광 발전량 예측

NWP 기반 하루 전날 태양광 발전량 예측

미국에서는 SunShot 이니셔티브의 태양광 예측 향상(Improving the Accuracy of Solar Forecasting) 프로그램 프로젝트 일환으로 태양광 예측을 향상시킨 Watt-sun이라는 예측 시스템이 개발된 바 있다. Watt-sun은 빅데이터 정보 처리 기술과 머신러닝을 통해 다양한 모델을 상황에 따라 조합하는 방법으로 시스템의 지능과 적응성(adaptability), 확장성(scalability)을 향상시켰다. 지난 2일 동안 가장 정확한 결과를 보인 알고리즘이 미래의 태양광 발전을 예측하는데 사용되는 방식이 이용된다. 예측 수치를 살펴 보면, 가장 좋은 성능을 보이는 단일 모델에 비하여, 이와 같이 조합을 통해서 태양광 조사량과 발전량에 대한 예측 정확성을 30% 개선하고, 상황에 따른 분류(situation categorization) 기능을 머신러닝에 추가함으로써 10% 성능 향상을 이룬 것으로 평가된다. Watt-sun 예측 방법에 대한 상세한 내용은 참고문헌[40, 41]을 통해 살펴볼 수 있다.

스카이 이미징 기반 분단위에서 2시간 이내의 태양광 발전량 예측

그림6은 1시간 전이라는 짧은 기간에 대한 GHI 예측 분류 프레임 워크를 보여준다[42]. 패턴 인식 외에도 이 프레임워크에는 데이터 전처리 모듈과 GHI 예측 모듈의 두 부분으로 구성된다. 데이터 전처리 모듈에서 패턴 인식과 예측 성능을 높이기 위해 3단계 기법이 적용된다. 예측 모듈은 모델 세트 I(MSI), 모델 세트 II(MSII), 모델 세트 III(MSIII) 등과 같이 3개의 모델 세트로 구분된다. 두개의 모델 세트는 처음 4일 동안의 매일 낮시간 GHI를 예측한다. 다음으로 세번째 모델 세트는 기상 패턴 분류에 기반하여 최적의 머신 러닝 모델을 결정하고, 이를 통해 나머지 시간의 GHI 값이 예측된다. 기상 패턴은 SVM 분류기를 통해 결정된다.

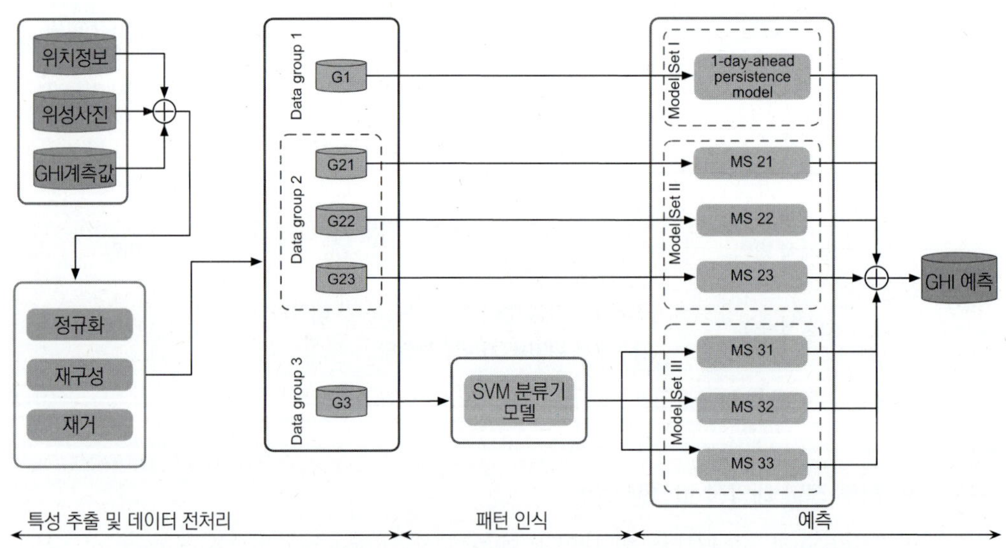

그림6. 위성 사진과 패턴 인식 기법을 이용한 단기 GHI 예측의 전체적인 프레임워크[42]

2.4 신재생 발전량 예측 평가 지표

Zhang 등[29]은 다양한 시간 범위, 지리적 환경에서 적용 가능하면서 경제성의 개념이 반영된 맞춤형 신재생에너지 예측 지표를 개발하고 이에 대한 응용 사례를 제시한 바 있다. 개발된 신재생에너지 예측 지표는 크게 다음과 같은 4개의 범주로 구분된다. (1) 다양한 시간 및 지리적 범위의 통계적 지표(statistical metrics) (2) 불확실성에 대한 정량적 지표 및 전파(propagation)에 관한 지표 (3) 램핑(ramping) 특성에 관한 지표 (4) 경제성에 관한 지표. 이들 지표에 대한 간략한 설명은 표2와 같으며, 이에 대한 상세한 설명은 참고문헌[29, 43]에서 찾아 볼 수 있다. 피어슨(Pearson) 상관계수, 왜도(skewness), 첨도(kurtosis), 예측 오차 분포, 램핑 특성 지표 등을 제외한 대부분의 경우에서 이 지표들은 값이 작을수록 우수한 예측 성능을 보인다고 볼 수 있다.

표2. 신재생발전량 예측의 정확성 지표[29]

유형	지표	주요 특징
통계적 지표	예측 오차 분포	예측 오차의 전체적인 범위, 다중 시간 및 공간 규모에 따른 예측 오차의 변화에 대한 시각화 정보 제공
	피어슨 상관계수	예측 값과 실제 풍력/태양광 발전량과의 선형 상관관계 정보 제공
	RMSE 및 정규화 RMSE	제곱 항을 통해 오차가 큰 경우에 불이익을 주면서 전반적인 예측 정확성 정보 제공
	최대 절대 오차(MaxAE)	예측 오차가 큰 지 여부를 평가할 때 적합
	평균 절대 오차(MAE) 및 평균 절대 % 오차(MAPE)	예측 오차가 일정한 지 여부를 평가할 때 적합
	평균 바이어스 오차(MBE)	예측 결과의 바이어스 여부를 평가할 때 적합
	콜모고로프-스미르노프 테스트	예측 결과와 실제 태양광/풍력 발전량이 통계적으로 유사한 지 여부를 평가
	OVER 또는 OVERPer	예측 오차가 큰 경우에 예측 결과와 실제 태양광/풍력 발전량이 통계적으로 유사한 지 여부를 평가
	왜도	예측 오차 분포의 대칭성을 측정. (+) 혹은 (–)값을 가질 경우 과대 예측 또는 과소 예측의 경향성이 있다는 의미를 가짐
	첨도	예측 오차의 분포에서 피크의 크기를 측정. (+)일 경우 피크 형태로 분포하고 (–)일 경우 평평한 형태로 분포함을 의미
불확실성 정량화	레니 엔트로피	예측의 불확실성을 정량화.예측 오차의 분포에 관한 모든 정보를 이용하여 결과를 도출
	표준 편차	예측 오차의 정량화
램핑 특성 지표	회전문 알고리즘	태양광/풍력 발전량의 램핑을 추출하여 램프의 시작과 끝 지점을 파악
경제성 지표	예측 오차의 95% 신뢰구간	풍력/태양광 발전량 예측 오류에 대비하기 위하여 갖추어야 하는 비순동예비력의 규모를 산정할 때 이용

3. 에너지 소비 시스템 상태 추정

3.1 개요

전력 계통의 부하 예측은 계통 계획 뿐 아니라 계통 운영에도 사용된다. 예측 정확성이 높을수록 계통 운영비를 줄일 수 있고, 신뢰도도 높일 수 있다. 보통 계통 운영자는 배전 변전소에서 측정되는 집합적인(aggregated) 부하에 더 많은 관심을 갖는 경향이 있는데, 보안이 요구되는 계층적인(confidential hierarchy) 전력망 구조에서 발전과 부하가 물리적으로 분리되어 여러 선로가 변전소에 연결된다. 하지만 최근에는 DER의 보급이 늘어 나면서, 배전 단위의 부하 예측이 더 관심을 받고 있다. 배전 단위의 부하 예측은 부하가 급격히 변화하는 확률적 특성을 가지고 있어서 더 많은 도전과제를 해결해야 한다. 더 나아가서 DR에 참여하는 부하는 부하 자체가 자원(resource)의 특성을 갖기 때문에 미래의 특정 시간에서의 DR 잠재량(capability)를 예측하는 것은 DR 서비스 사업자와 계통 운영자 모두에게 일정 계획을 세우는데 매우 중요하다. 이 절에서는 소비자의 에너지 시스템 상태 추정을 통해서 부하 예측과 DR 잠재량 예측을 하는 데이터 기반 방법을 소개하고자 한다.

3.2 부하 예측

부하 예측의 시간 단위는 단기, 중기, 장기로 구분할 수 있다. 일반적으로 단기 부하 예측(short-term load forecasting; STLF) 1시간에서 1주일 정도의 기간에 대한 예측을 의미하며, 전력 계통에서는 하루전 또는 실시간 자원 계획에 이용된다[44]. 초단기간 예측(very short-term load forecasting)이라는 용어는 1시간 미만의 수요 예측에 초점을 둔 경우에 사용된다[45, 46]. 중기 부하 예측(Medium-term load forecasting; MTLF)은 보통 1주일에서 1년까지의 기간에 대한 예측으로 유지보수 계획을 수립하거나 에너지 시장에서 계약 협상(contract negotiation)의 기준으로 이용된다. 장기 부하 예측은 1년 이상의 기간에 대한 예측을 말하는데, 미래의 전력 수요를 충족하기 위해 전력 망의 확장 계획을 세우는 등의 업무에 이용된다 [47].

부하 예측을 위해 많은 모델과 방법이 개발되어 왔다. MTLF와 LTLF에서 가장 보편적으로 사용되는 방법은 최종 소비를 이용한 접근 방식과 계량경제(econometric)에 기반을 둔 접근 방식이 있다. 최종 소비를 이용한 접근 방식은 최종 사용자의 전력 소비 변화를 고려한다[48]. 계량경제 방법은 에너지 소비와 기상조건, 경제적 변수 등 외부 변수 사이의 관계를 연구한다[47]. 지난 수십 년 동안 STLF에 초점을 둔 연구가 많이 진행되어 왔는데, 이는 STLF가 전력 계통 운영에 필수적인 역할을 하기 때문이다. 시계열 방법[49, 50], 회귀 모형 방법 [51,52], 인공 지능 방법 [53–55] 등을 포함하여 다양한 접근 방법이 STLF에 적용되어 왔다.

가장 보편적으로 사용되는 STLF 모델과 접근 방법에 다음과 같다. STLF를 중심으로 부하 예측에 대한 보다 포괄적인 리뷰는 참고 문헌[47, 56, 57]에서 찾을 수 있다.

3.2.1 일반적인 부하 예측 방법

기존의 STLF 접근법은 수요와 수요에 영향을 주는 외생 변수 사이의 관계를 모델링하는 통계적 방법을 채택한다. 여기에는 지속성(persistence) 방법, 시계열 방법, 회귀 분석, 칼만(Kalman) 필터링 방법 등 다양한 모델이 부하 예측에 사용되어 왔다.

지속성 모델은 전날 (또는 전주의 해당 요일)을 예측 데이터로 사용한다. 하지만 이러한 방법은 추수감사절 전날 등과 같은 특정 사건에 민감하다.

시계열 접근법은 전력 수요를 시간에 따라서 무작위하게 변하는 확률 변수로 모델링을 하고, 과거 이력 데이터를 이용하여 시계열 데이터의 내부 패턴을 찾아내서 예측하는 방법이다. 가장 많이 이용되는 시계열 방법은 자기회귀평균이동법(ARMA)[58], 자기회귀 통합 이동평균법(autoregressive integrated moving average; ARIMA)[50], 외생 변수를 고려한 ARMA(ARMAX)[59, 60], 외생 변수를 고려한 ARIMA(ARIMAX)[47] 등이 있다. 이들 모델은 미래의 전력 수요를 과거 수요의 함수로 다루고, 여기에 시간, 날씨 등의 기타 요인들이 고려된다.

회귀 분석은 전력 수요와 날씨, 시간대, 고객 유형 등과 같은 외부 변수와의 관계를 모델링하여 분석한다. 선형 회귀(linear regression) 분석 [51], 비모수 회귀(nonparametric regression) 분석 [61], 강건한(robust) 회귀 분석 [62] 등을 포함한 다양한 회귀 분석 방법이 부하 예측에 이용된다.

상태 공간(State-space) 모델도 마찬가지로 시간에 따라 변하는 부하를 모델링하는데 사용된다. 여기에서는 칼만(Kalman) 필터링 기반 알고리즘을 적용하여 가까운 미래에 부하를 재귀적(recursive)으로 업데이트하는 방법이 사용된다 [63, 64].

부하와 부하에 영향을 주는 인자들 사이의 실제 관계는 비선형이고 복잡하기 때문에 위에서 언급한 부하 예측 방법들이 직면한 주요 도전과제는 전력 수요를 정확하게 표현할 수 있는 모델을 어떻게 개발할 것인가이다.

3.2.2 인공지능 방법

최근에는 ANN, 써포트 벡터 회귀(support vector regression; SVR)과 같은 인공 지능 기반 방법이 전력 수요와 기타 요인 간의 복잡한 관계를 보다 잘 모델링하여 더 나은 수요 예측 결과를 보여주고 있다.

ANN은 다수의 뉴런으로 구성되는데, 각각의 뉴런은 입력을 출력으로 변환하는 활성화 함수를 가지고 있다. 뉴런은 서로 연결되어 다층 레이어의 네트워크를 형성하며 입력 변수와 출력 변수 사이의 관계를 정의한다. 부하 예측에서 ANN 모델은 이력 데이터를 가지고 훈련을 시켜서 부하와 영향 인자(influencing factor) 사이의 맵핑(mapping)을 찾는다. 그런 다음 매핑 함수가 미래의 부하를 예측하는데 사용된다[53, 65]. STLF에 대한 신경망 방법의 광범위한 리뷰는 참고문헌[66]을 통해서 확인할 수 있다.

SVR 방법은 비선형 맵핑 함수를 사용하여 입력 데이터를 고차원 특성 공간(high-dimensional feature space)으로 변환한 다음에 이 고차원 공간에서 선형 회귀를 수행한다[67].

ANN과 SVR 방법은 모두 비선형 모델을 사용하여 입력 변수와 출력 변수를 매핑하기 때문에 부하와 다른 영향 요인 간의 복잡한 관계를 보다 잘 포착할 수 있다. STLF에 활용될 수 있는 ANN, SVR 등을 포함하여 여러 인공 지능 기반 방법에 대한 상세한 리뷰는 참고문헌[68]에서 살펴 볼 수 있다.

이와 함께, 앞에서 언급한 여러 방법들을 조합하여 보다 나은 예측 정확성을 확보하기 위한 하이브리드 접근 방법 역시 부하 예측에 많이 사용된다[69-71].

3.2.3 가우시안 프로세스 방법

대부분의 부하 예측 방법은 집합된(aggregated) 수준에서 전력 수요를 예측한다. 개별 고객에 대한 수요 예측은 각 고객별로 다른 수요 예측 모델이 요구되는데, 고객별로 전기 사용 패턴이 상이하기 때문이다. 따라서 개별 고객에 대한 수요 예측은 개인별 특성을 반영하면서도 정확성을 갖춘 예측 알고리즘이 요구된다.

여기에서는 가우시안 프로세스에 기반한 부하 예측 알고리즘을 소개한다. 가우시안 프로세스 기반 방법은 매우 유연하기 때문에 여러 다른 기존 회귀 방법과 쉽게 조합될 수 있다. 따라서 고객의 행동에 적합한 모델과 조합하여 개별 고객별로 맞춤형 수요 예측 알고리즘을 제공할 수 있다.

부하 데이터의 분포를 시각화하기 위해, PG&E(Pacific Gas and Electric Company)

와 OhmConnect의 데이터를 분석하여 적절한 통계 모델을 구성하였다. 그림7A 및 그림7B는 2개의 상이한 시점에서의 정규화된 부하 분포를 나타낸다. 이 그림에서 점선은 이들 데이터의 분포에 맞는 가우시안 분포를 나타낸다. 그림 7C는 이들 두 시점을 축으로 하여 동일한 부하의 결합 분포(joint distribution)를 표현한 것이다. 이들 3개의 그림을 조합하면, 데이터 분석을 통해서 각 타임 슬롯(time slot)에서의 부하는 다변량 가우시안 분포(multivariate Gaussian distribution)로 모델링 할 수 있다는 점을 확인할 수 있다. 가우시안 분포를 따르는지를 엄밀하게 확인하려면, K-squared 검정[72]와 Jarque-Bera 검정[73]을 시행하면 된다.

가령 수요를 예측하고자 하는 특정 일 이전의 데이터를 성분 C를 가진 벡터 $\boldsymbol{x}$라고 하자. 이 벡터는 부하, 기온[74], 요일 등의 특성이 포함된다. 일반화(generality) 성능을 잃지 않기 위해서 목표로 하는 수요 예측 값을 스칼라 y라고 하자. 기본 함수(underlying function) $y(x)$는 훈련 데이터 세트 $\mathcal{T}=\{(\boldsymbol{x}_i,\ y_i)|i=1,\ \cdots,\ n\}$를 통해서 유추된다. 여기에서 i는 이력 데이터의 날짜를 의미하고, n은 훈련 데이터 세트의 총 날짜 수를 나타낸다. 표기를 간략하게 하기 위해 모든 입력 데이터는 $C\times n$ 행렬 X로 합쳐져 있고, 목적(target) 변수를 벡터

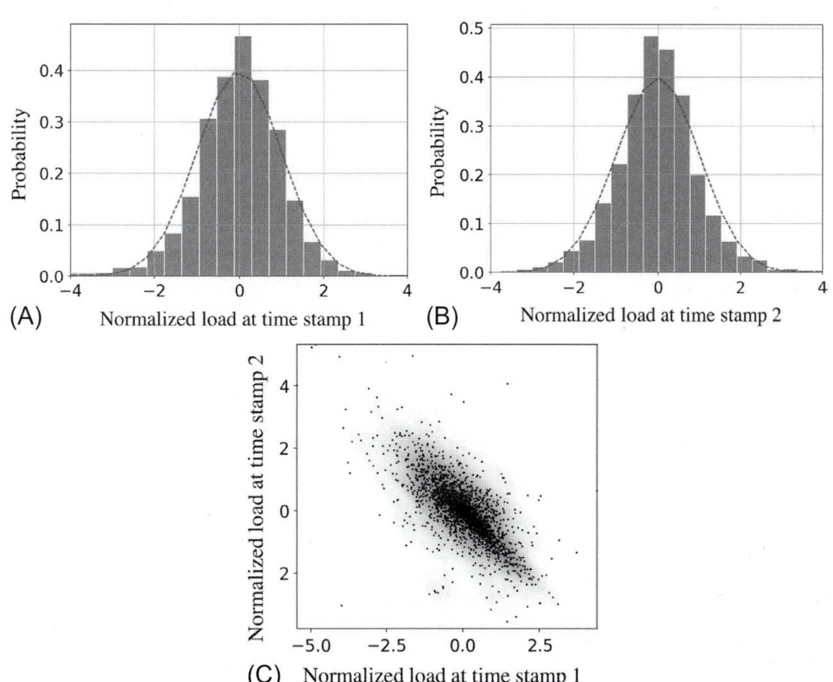

그림7. 서로 다른 시간대에서의 주택용 부하의 가우시안 분포 (A) 시간1에서의 부하 분포의 정규화된 히스토그램 (B) 시간2에서의 정규화된 히스토그램 분포 (C) 두 시점을 축으로 한 부하의 결합 분포

y라고 하면, 훈련 데이터 세트는 $\mathcal{T}=(X,\ y)$로 표현할 수 있다. 마찬가지 방식을 적용하면, 테스트 데이터 세트는 $\{(X^*,\ y^*)\}$로 쓸 수 있다. 여기에서 X^*는 알고 있는 값이고, y^*는 미지의 값이다.

훈련 데이터와 테스트 데이터의 결합 분포는 다음과 같이 쓸 수 있다.

$$\begin{pmatrix} y \\ y^* \end{pmatrix} = \left(\begin{bmatrix} m(X) \\ m(X^*) \end{bmatrix}, \begin{bmatrix} C(X,X), & C(X,X^*) \\ C(X^*,X^*), & C(X^*,X^*) \end{bmatrix} \right)$$

따라서 평균 $m(\cdot)$과 공분산 함수 $C(\cdot,\ \cdot)$으로 가우시안 프로세스를 특정할 수 있다. 가우시안 프로세스 프레임워크에서 평균에 대한 추정은 다음과 같다.

$$y^* = m(X^*) + C(X^*,X)C(X,X)^{-1}(y - m(X)) \tag{1}$$

그리고 공분산에 대한 추정은 다음과 같다.

$$Cov(y^*) = K(X^*,X^*) - K(X^*,X) \cdot [C(X,X) + \lambda I]^{-1} C(X,X^*) \tag{2}$$

여기에서 λ는 하이퍼 매개변수를 나타낸다.

프레임워크를 설정한 후에, 데이터를 이용하여 다음과 같이 공분산 함수를 설계할 수 있다.

- 임베딩 거리 기반(embedding distance-based) 상관: 예측하고자 하는 미래의 부하는 과거의 부하와 이들 사이의 변화의 합과 동일하다. 여기에서 상관 관계는 두 개의 타임 슬롯 사이의 거리가 가까울수록 강해진다. 그림8에서와 같이, PG&E와 OhmConnect의 데이터 세트를 보면 시간 간격이 1시간에서 11시간으로 증가함에 따라 상관 관계가 감소한다. 따라서 유클리드 거리를 기준으로 지수 제곱 형태의 공분산이 적용된다.
- 임베딩 주기 패턴(periodic pattern): 그림8에서 상관 관계는 24시간 간격이 되면 다시 증가하는데 이는 1일 주기의 패턴이 있다는 점을 시사한다. 주택용의 경우, 고객이 달라지면 다른 주기 패턴을 가지고 가중치도 다르게 나타난다. 주기 패턴을 자동으로 검출하여 공분산 함수에 임베딩한다.
- 온도별 개별 선형 패턴 임베딩: 전력 부하는 일반적으로 온도에 민감하기 때문에, 온도 역시 공분산 함수에 사용된다.

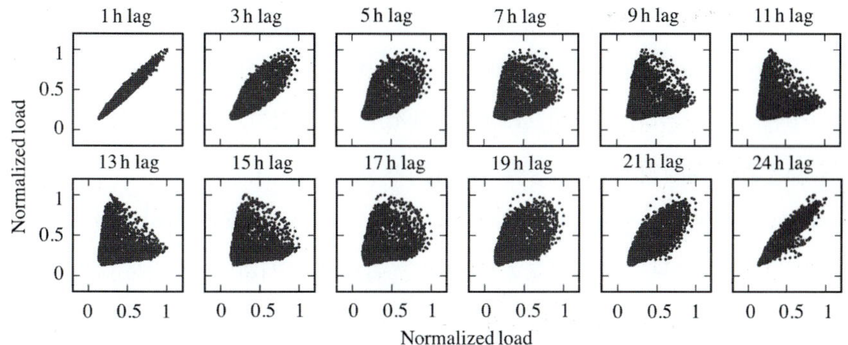

그림8. 시간대별 부하의 자기 회귀 특성. X축은 시간 t를 나타내고, Y축은 시간 $t+t_0$에서의 부하를 나타낸다. T_0는 시간 간격을 의미한다.

그림9는 PG&E 데이터 세트를 바탕으로 훈련 시간과 테스팅 시간을 달리하여 아래와 같이 가우시안 프로세스기반 방법의 시뮬레이션한 결과이다.

- 2주간의 시간별 부하 데이터를 훈련에 사용하고 1주일간의 시간별 부하를 예측하는 경우
- 4주간의 시간별 부하 데이터를 훈련에 사용하고 1주일간의 시간별 부하를 예측하는 경우
- 1주간의 시간별 부하 데이터를 훈련에 사용하고 4주일간의 시간별 부하를 예측하는 경우

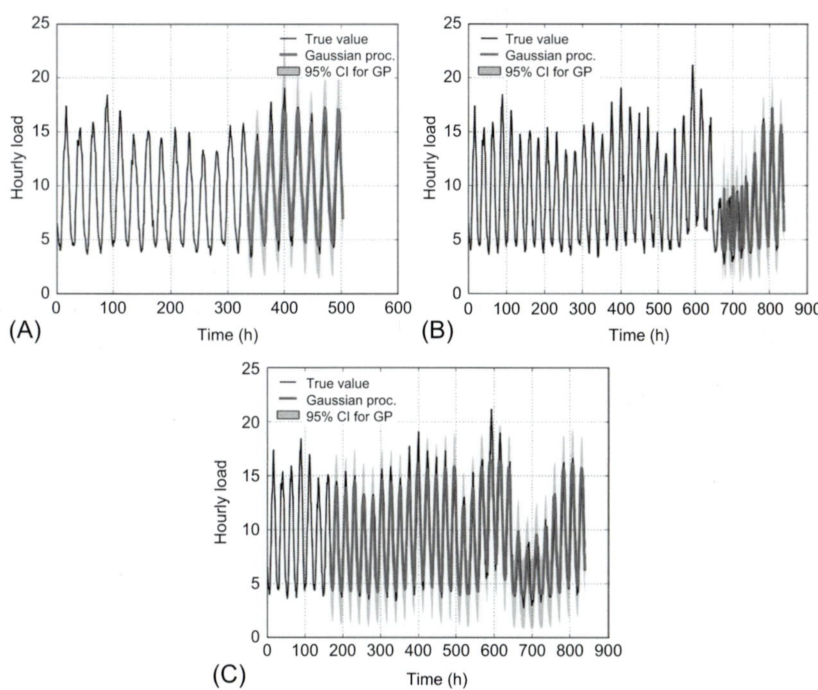

그림9. 학습 데이터 세트의 길이와 예측 시간 범위를 달리하여 시험한 결과의 비교 (A) 2주간의 학습 후, 1주간을 예측한 경우 (B) 4주간의 학습 후, 1주간을 예측한 경우 (C) 1주간을 학습 후 4주간을 예측한 경우

그림9에서 볼 수 있듯이, 평균 추정치는 주기적 패턴 특성과 온도 특성을 학습하여, 95%의 신뢰구간으로 예측하고자 하는 주의 실제 값을 예측한다. 이러한 결과는 훈련 세트 길이가 매우 짧은 경우에도 확인된다. 이러한 결과를 통해서 평균 추정치가 매우 신뢰할 수 있으며, 훈련 세트에 따른 불확실성의 변화 경향을 이해할 수 있다.

그림9의 부하 예측 정확성에 대한 분석과 더불어, PG&E의 고객 부하 데이터를 대상으로 이들 세가지 모델의 오차를 서로 비교 분석하여 그림10에 표시하였다. 이들 세가지 방법은 각각 이동 평균 모델, 시간과 온도를 고려한 회귀모델, 가우시안 프로세스 기반 방법 등이다. 그림10에서 볼 수 있듯이, 가우시안 프로세스 기반 접근법이 예측 대상 기간의 길이와 관계없이 모든 구간에서 오차가 가장 작다. 특히, 17주 이상의 긴 시간에 대한 예측에 있어서는 가우시안 프로세스에 기반한 방법이 다른 두 개의 방법들에 비해서 훨씬 강건한(robust)은 방법이라는 점을 확인할 수 있다.

다른 부하 예측 방법들과 비교할 때, 가우시안 프로세스에 기반한 방법은 현재 사용되는 기준 부하(baseline load) 추정 기법이 생성하는 예측치에 비해서 동등하거나 더 뛰어난 평균 부하 예측치를 제공한다. 또한 가우시안 프로세스 기반 방법은 확률을 가정하기 때문에 고객 부하에 내재된 예측의 불확실성에 대한 정보가 기본적으로 제공된다. 하지만 결정론에 기반한 방법(deterministic method)들은 이러한 기능이 없다. 마지막으로 이러한 정확성과 신

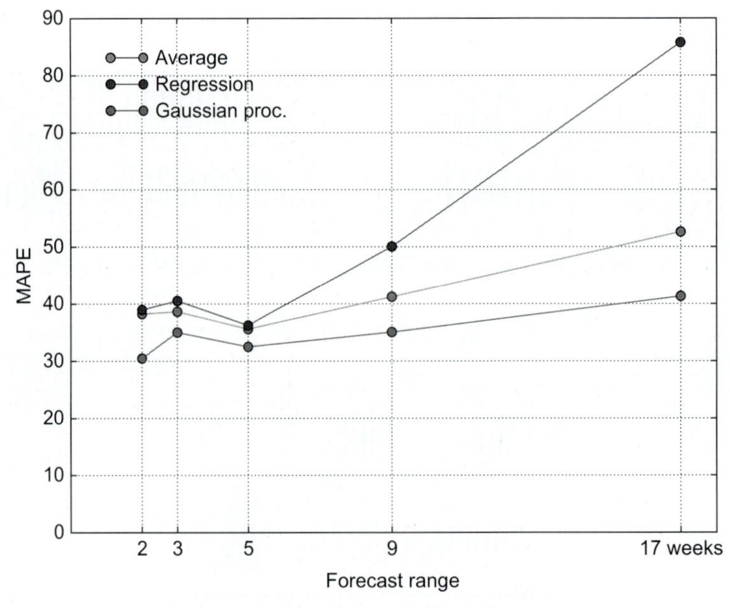

그림10. 예측 오차의 도메인 분석 결과

뢰구간 정보 제공 등의 기능은 가우시안 프로세스 기반 방법의 유연성을 통해서 더 향상될 수 있다. 이 방법에서는 고객의 행동 유형에 따라 구성 요소를 적응시킬(adaptive) 수 있다.

3.3 에너지 소비 상태 추정: 수요 반응

DR을 제공한다는 측면에서 전력 소비자는 점차 능동적인(active) 자원이 되고 있다. 미국의 연방 에너지 규제위원회(Federal Energy Regulatory Commission; FERC)는 DR을 고객이 정상적인 소비 패턴에서 전기 사용량을 조정하는 것으로 정의하고 있다[75, 76]. 이러한 전기 사용량 조정은 (1) 시간에 따라 전기 요금이 변화하거나, (2) 계통 피크 또는 계통의 신뢰성이 위험에 빠질 경우 전기 사용량을 줄이는 것에 대한 인센티브를 제공받는 것에 대한 소비자의 반응으로 볼 수 있다[77]. 부하 예측과 달리, 특정 고객의 에너지 시스템에서 DR 가능성은 기준 부하(baseline load) 평가를 통해서 추정할 수 있다.

전통적인 DR 프로그램은 전기 사용량을 예측할 수 있는 대규모 상업 고객들을 대상으로 설계되어왔다. 따라서 DR 이벤트 발령이 없었던 기간의 사용량을 기준으로 전기 사용량을 추정하는 결정론적 기준부하 평가 방법이 사용되어 왔다[78, 79]. 그림11에서와 같이 DR 이벤트 발령이 없다고 가정했을 때의 정상적인 사용량으로 추정된 전기사용량과 실제의 사용량 사이의 차이를 구하여 감축량을 산정된다[80–82].

대규모 상업용 고객을 대상으로하는 DR에서는 평일의 전기사용량을 단순 평균하거나 기온의 변동을 반영한 회귀 모형을 통해서도 만족할 만한 결과를 얻을 수 있었다 [74, 83, 84]. DR 프로그램은 대규모 전력 소비 사용자들에게 큰 성공을 거두었다[85]. 예를 들어, GreenTech Media는 2013년에 PJM에서는 대규모 고객들을 대상으로 DR을 시행하여 계통 운영에 활용한 결과, 피크시간 전력 공급에 사용되는 80개의 석탄화력발전소를 대체하여 7개

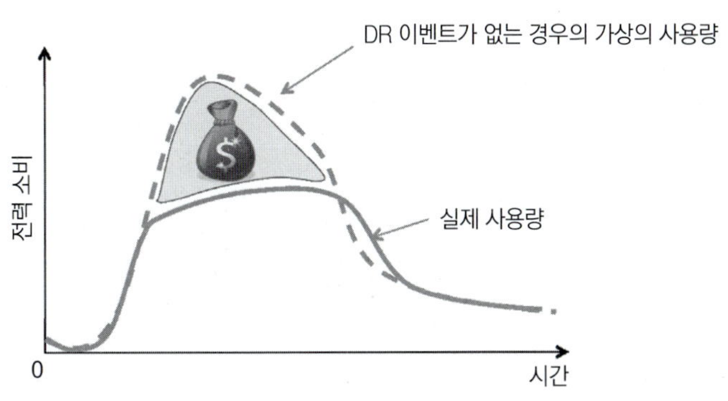

그림11. DR 이벤트에서의 기준부하 추정과 감축 인센티브 결정 방식

월도 안되는 기간에 8백70만 달러의 수익이 창출된 것으로 보고된 바 있다[85].

비록 현재는 대규모 고객이 DR 프로그램에서 상당 부분의 수익을 창출하고 있지만, 소규모 주택용 소비자는 DR에 참여하는 고객의 수를 늘리고, DR 수익의 잠재적인 성장을 이룰 수 있는 열쇠를 쥐고 있다. 예를 들어, 미국에서는 2016년 3월을 기준으로 930만명의 고객들의 DR 프로그램에 참여하고 있는데, 이들 중 90% 이상이 주택용 고객이었다[86]. 이익을 창출하는 것 외에도, 주택용 고객에 대한 DR 프로그램은 신재생 발전이 급증하여 국부적인 수급 균형을 유지하는 일이 중요해지면서 점차 매력적인 해결 방안으로 자리 잡고 있다.

전통적인 기준 부하 추정 방법의 단점은 과거 이력 데이터를 가지고는 전력 소비자의 복잡하고 역동적인 행동변화를 제대로 포착하지 못한다는 점에 있다[84, 88]. 이 문제는 변동성(variability)이 큰 중소 규모의 전력 소비자에게는 특히 더 심각한 문제가 된다[89]. 이 문제를 해결하기 위한 방안으로 통제 그룹(control group)이라는 아이디어를 생각해 볼 수 있다. 하지만 DR에 참여하는 처치 그룹(treatment group) 고객들의 행동 불확실성을 제대로 포착할 수 있는 통제 그룹을 정의하기가 어렵다. 미국의 대형 전력 유틸리티들이 가용한 이력 데이터를 Green Button 이니셔티브[93] 등을 통해 제3기관에 제공하기 시작함에 따라, 머신러닝 기법을 사용하여 개별 고객 단위의 불확실성을 다루는 것이 가능해지고 있다. 부하 예측을 설명할 때와 마찬가지로 가우시안 프로세스 회귀 방법이 DR에서도 사용될 수 있다. 가우시안 회귀 방법을 적용한 다음에 특성 추출을 자동화하여 고객의 행동을 평균과 분산의 추정치에 직접 반영하는 방법이 이용될 수 있다.

4. 전력 계통 상태 추정

4.1 개요

전력 계통의 상태 추정은 수십 년 전에 개발되어 이제는 모든 중앙 제어 센터의 근간(backbone)을 이루는 애플리케이션으로 이용되고 있다. 계통 운영자는 모든 버스에서의 전압, 위상각 등의 계통 상태를 추정하기 위해서 SCADA 시스템을 통해 계량기, 계전기로부터 수천 건의 측정 데이터를 수집한다. 이들 상태 변수들을 모두 풀어내면, 계통의 전력 조류를 계산할 수 있다. SCADA 시스템은 전력 계통에서 최초의 빅데이터 자원이라고 볼 수 있다. 여기에 PMU가 추가되면서, 이제는 모든 위치에서의 계통의 상태를 직접 모니터링할 수 있게 되었다. 계통의 상태를 보다 잘 이해하기 위해 첨단 상태 추정 기법들이 개발되어 적용되고 있다.

4.2 일반적인 비선형 상태 추정

전력 계통 상태 추정은 일련의 측정 데이터를 활용하여 특정 시점, 특정 위치에서의 전압, 위상각 등 계통 상태를 찾는 것을 목적으로 한다. 전통적으로 사용되어 온 정적 상태 추정(static state estimation) 기법은 특정 시점의 스냅샷(snapshot)을 취득하여 해당 시간의 계통 상태를 추정한다.

기준 버스(reference bus) 1의 위상각을 $\theta_1 = 0$이라고 하고, 기준 버스를 제외한 모든 버스에서 측정되는 전압과 위상각들의 계통 상태 벡터를 $x = [\theta_2, \theta_3, \cdots, \theta_n, |V_1|, |V_2|, \cdots, |V_n|]^T$ 라고 하자. 여기에서 $z = [z_1,\ z_2,\ \cdots,\ z_m]^T$가 각 버스에 투입되는 유효 전력, 무효전력, 전압 등의 측정 데이터를 나타내는 벡터라고 하면, 취득된 데이터와 계통의 상태의 관계는 다음과 같이 수식으로 표현할 수 있다.

$$z = h(x) + \omega \tag{3}$$

여기에서, $h = [h_1(x),\ h_2(x),\ \cdots,\ h_m(x)]^T$는 상태와 측정 데이터를 매핑하는 비선형 함수의 벡터를 의미하고, $\omega = [\omega_1,\ \omega_2,\ \cdots,\ \omega_m]^T$는 측정 노이즈에 관한 벡터이다. 일반적으로 측정 노이즈는 평균이 0이고 분산이 σ_i^2(i.e., $\omega \sim N(0, \Sigma)$)인 독립 가우시안 임의 변수(independent Gaussian random variables)인 것으로 가정된다. 여기에서 공분산 행렬 Σ는 대각(diagonal) 행렬로 i번째 대각 성분은 σ_i^2이 된다. 실제 상황에서는 측정 데이터 세트가 불필요하게 많은(redundant) 경향이 있기 때문에, 식(3)의 비선형 방정식는 미지수보다 방정식이 더 많은 과결정(overdetermined) 성향을 보인다.

상태 추정의 목적은 주어진 데이터 세트 z를 이용하여 실제 상태 x에 대한 추정치 $\hat{x}$를 찾는데 있다. 정적 상태 추정에서 가장 널리 이용되는 방법은 가중 최소 자승법(weighted least squares; WLS)이다. 계통의 상태에 대한 최적 추정치는 다음과 같이 구해진다.

$$\hat{x} = \arg\min_x J(x) = \arg\min_x (z - h(x))^T \Sigma^{-1} (z - h(x)) \tag{4}$$

최적화 문제는 비선형 최소 제곱 문제이기 때문에, 가우스-뉴턴(Gauss-Newton) 방법으로 반복 연산을 수행하여 최적 추정치를 도출한다. k번째 반복에서 상태 추정 벡터 x^k는 다음과 같이 업데이트된다[94].

$$x^{k+1} = x^k + \Delta x^k \tag{5}$$

$$G(x^k)\Delta x^k = H^T(x^k)\Sigma^{-1}(z - h(x^k)) \tag{6}$$

$$G(x^k) = H^T(x^k)\Sigma^{-1}H(x^k) \tag{7}$$

여기에서, Δx^k는 k번째 반복을 통해서 추정 상태가 업데이트되는 양을 의미하며, $H(x^k)$는 x^k에서 평가되는 벡터함수 $h(x)$의 자코비안(Jacobian) 행렬로 다음과 같이 정의된다.

$$H(x^k) = \frac{\partial h(x)}{\partial x}\bigg| x = x^k \tag{8}$$

또한 행렬 $G(x)$은 획득(gain) 행렬을 의미하며, 식(6)은 WLS 알고리즘의 정규 방정식(normal equation)으로 불린다.

반복 연산 과정은 계통 상태를 이용해 계산된 측정 값과 실제로 측정된 값사이의 불일치가 미리 설정된 한계값(threshold) 이하로 떨어질 때 종료된다.

4.3 PMU 데이터 기반 선형 상태 추정 및 동적 상태 추정

전력 계통에서 계통의 상태를 직접 측정할 수 있는 PMU가 광범위하게 개발되고 보급됨에 따라서, 계통의 상태 추정 문제는 자연스럽게 PMU 데이터를 포함하는 형태로 확장되었다. 모든 상황에서 전력 망의 상태를 보다 잘 이해하기 위한 여러 새로운 상태 추정 기법들이 개발되었는데, 이들 중에는 선형 상태 추정(linear state estimation)[95], 동적 상태 추정(dynamic state estimation)[96] 방법이 폭 넓게 개발되어 왔다.

PMU를 이용하면 계통의 여러 지점에서 동시에 측정 데이터를 취득하는 것이 가능하기 때문에, 계통의 상태를 선형 모델로 구성하고 이를 푸는 것이 가능하다[95]. 동기화된 위상에 기반한 선형 상태 추정(synchrophasor-based linear state) 문제에서는 다음과 같이 특정 상태와 인접 상태(adjacent states) 사이에 상관 관계가 없는 것으로 간주한다.

$$z=\begin{bmatrix} V \\ I_{\text{flow}} \end{bmatrix}=\begin{bmatrix} II \\ yA+y_s \end{bmatrix}x+e \tag{9}$$

여기에서 z는 측정 벡터를 수직으로 연결시킨 전압과 전류의 측정치이고, x는 복소 상태 벡터(complex state vector)를 나타낸다. II 행렬은 상태 벡터와 전압 측정치를 동일하게 연관시키는 근접 행렬(incidence matrix)를 나타내며, 어드미턴스 행렬은 상태 벡터와 전압 측정치를 연관시킨다.

두 개의 인접 노드에서 PMU 측정 데이터를 얻을 수 있다고 할 때, 선형 방정식는 다음과 같이 풀 수 있다.

$$\begin{bmatrix} V_i \\ V_j \\ I_{ij} \\ I_{ji} \end{bmatrix}=\begin{bmatrix} 1 & 0 \\ 0 & 1 \\ y_{ij}+y_{i0} & -y_{ij} \\ -y_{ij} & y_{ij}+y_{i0} \end{bmatrix}\cdot\begin{bmatrix} V_i \\ V_j \end{bmatrix} \tag{10}$$

PMU 측정의 또 다른 중요 특성 중의 하나는, 전력 계통의 전기기계 동적 특성(electromechanical dynamics)를 포착할수 있다는 점이다[96]. 따라서 PMU 측정 데이터를 이용하는 동적 상태 추정 기법을 개발하여 발전기 속도 등과 같은 계통의 동적인 상태를 파악할 수 있다. 계통의 동적 모형은 다음과 같은 일련의 미분과 대수 식으로 표현할 수 있다.

$$\frac{dx(t)}{dt}=f(x(t),y(t),t) \tag{11}$$

$$0=g(x(t),y(t),t) \tag{12}$$

여기에서, x와 y는 계통의 동적, 대수적(algebraic) 상태를 나타낸다. 일련의 PMU 측정 데이터 z는 계통의 상태, 측정 오차와 다음과 같은 직접적 관계를 갖는다.

$$z=h(x(t),y(t),t)+\eta \tag{13}$$

다음으로 표준 최소 자승 추정 방법으로 추정된 오차와 계통의 동적 모델 출력과 비교하여,

추정오차를 최소화하는 방향으로 동적 상태 추정이 진행된다.

선형 상태 추정치를 계통의 동적 상태 추정에도 이용할 수 있다는 점도 주목할 만 하다. 같은 방식으로 동적 계통 모델을 만들 수 있는데, 최소 자승으로 해를 찾는 대신에 최소 절대값(least absoulute value)을 기준으로 하는 강건한 선형 모델(robust linear models)이 유도된다[97].

4.4 상태 변화 예측

4.4.1 예측 지원(forecasting-aided) 상태 추정

특정 시간에 스냅샷 측정 데이터를 취득하여 계통의 상태를 추정하는 기존의 전력 계통 상태 추정과 달리, 예측 지원 상태 추정(forecasting-aided state estimation)은 계통의 상태가 시간에 따라 변화한다는 점을 반영하여 계통의 상태를 반복적으로 업데이트 한다. 계통의 상태를 괘적(state trajectory)으로 표현하는 수학적인 모델[98]이 개발되어 가까운 미래, 즉 다음의 상태를 추정하는데 이용되고 있다. 새로운 측정 데이터가 들어오면, 이를 이용하여 계통 상태 예측이 다시 수행되어 보다 정확한 예측 결과를 만들어 낸다. 이와 같은 단기 상태 예측 결과를 반영함으로써 상태 추정의 성능을 개선될 수 있는데, 특히, 누락 측정 데이터를 다루는 경우에 효과적이다.

현존하는 대부분의 예측 지원 상태 추정 방법은 칼만 필터(Kalman filter)[98, 99]를 기반으로 한다. ANN과 같은 머신 러닝 알고리즘 역시 상태 추정 결과를 얻을 수 있기 때문에, ANN을 이용한 예측 지원 상태 추정도 가능하다[100−102]. 예측 지원 상태 추정에 대한 보다 포괄적인 리뷰는 참고문헌[103]을 통해 확인할 수 있다.

4.4.2 상태 변화 예측

재생 가능 에너지 자원의 보급이 증가하면서, 계통의 상태에 변동성이 증가하고 예측이 불가능한 경우가 많아지고 있다. 변동성 자원, 부하 등에 대한 개별 예측(individual forecasting) 이외에도, 계통 전체에 대한 상태 추정에 대한 정보는 계통 운영자가 사전 예방 중심으로 계통을 운영하여 운영 비용을 줄이는데 크게 도움이 된다[104]. 이 절에서는 이력 데이터와 머신러닝 알고리즘을 조합하여 빠르면서도 매우 정확한 상태 추정 결과를 도출하는 방법을 소개하고자 한다.

PMU 등의 측정 데이터로부터 얻어지는 계통 상태에 관한 이력 정보를 상태 예측을 위한 훈련 데이터로 이용될 수 있다. 배전 계통에서 미래의 계통 상태를 예측하는데에는 극치 러닝 머신(extreme learning machine; ELM)에 기반을 알고리즘이 이용된다[105]. ELM 알고리즘에서는 입력 가중치와 바이어스(bias)를 무작위로 생성하여 입력하고, 출력 가중치를 계산한다. 이러한 과정을 통해서 입력 가중치와 바이어스를 계산하는 컴퓨터 연산 부하를 해소할 수 있다.

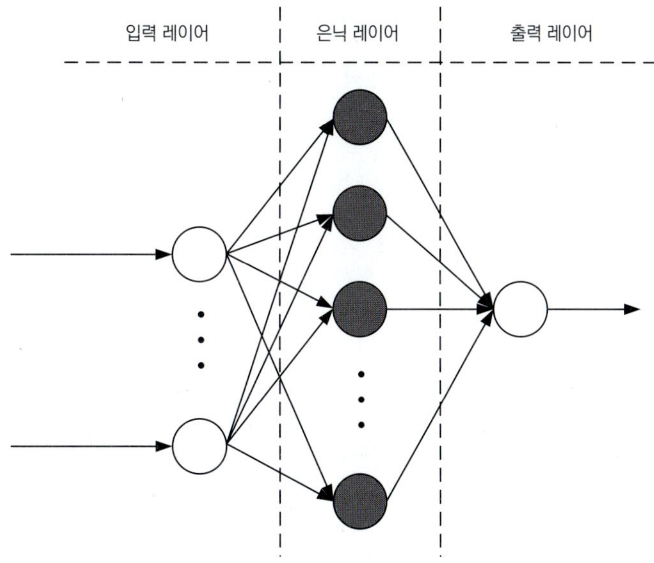

그림12. 극치 머신러닝 방법의 개념

그림12에서 볼 수 있듯이, ELM에 기반을 둔 계통 상태 추정치는 다음과 같이 설계된다. 먼저 훈련 부분에서는 M개의 관측치가 수집되고 관찰 데이터 세트 $\{\alpha,\ \gamma\}$는 다음과 같이 만들어진다.

$$\boldsymbol{\alpha} = \begin{pmatrix} s(1) & s(2) & \cdots & s(m) \\ s(2) & s(3) & \cdots & s(m+1) \\ \cdots & \cdots & \cdots & \cdots \\ s(M-m) & s(M-m+1) & \cdots & s(M-1) \end{pmatrix} \tag{14}$$

$$\boldsymbol{\gamma} = \begin{pmatrix} s(m+1) \\ s(m+2) \\ \cdots \\ s(M) \end{pmatrix} \tag{15}$$

여기에서 $s(j)$는 j번째 관찰을 의미하며, $\boldsymbol{\alpha}$는 입력 행렬, $\boldsymbol{\gamma}$는 출력 벡터를 나타낸다. ELM 알고리즘이 은닉 층에 K개의 뉴런을 가지고 있다고 할 때, 활성화 함수 Ψ는 관찰 데이터 세트 $\{\alpha, \gamma\}$를 모델링하는데 이용되며 다음과 같이 쓸 수 있다.

$$\sum_{k=1}^{K}\Psi_k(\boldsymbol{\xi}_k, b_k, \boldsymbol{\alpha}_i)\beta_k = \boldsymbol{\Psi}_i \qquad (16)$$

여기에서 $i=1,\ 2,\ \cdots,\ M-m,\ k=1,\ 2,\ 3,\ \cdots,\ K$이다. $\boldsymbol{\xi}_k$는 k번째 은닉 뉴런과 입력 벡터 $\boldsymbol{\alpha}$를 연결하는 입력 가중치 벡터를 나타내고, β_k는 k번째 은닉 뉴런과 출력 $\boldsymbol{\psi}$사이를 연결하는 출력 가중치 벡터, b_k는 k번째 은닉 뉴런의 버이어스를 의미한다. 여기에서 목적은 활성화 함수 $\boldsymbol{\psi}$의 출력과 출력 벡터 $\boldsymbol{\gamma}$의 사이의 오차를 최소화하는데 있다. 따라서 목적 함수(objective function)은 다음과 같이 쓸 수 있다.

$$\min_{\beta} \mathcal{J} = \sum_{i=1}^{M-m}[\boldsymbol{\Psi}_i - y_i]^2 \qquad (17)$$

여기에서 최적화 변수 세트는 $\boldsymbol{\beta}=\{\beta_1,\ \cdots,\ \beta_K\}$이다. $\boldsymbol{\xi}=\{\boldsymbol{\xi}_1,\ \cdots,\ \boldsymbol{\xi}_K\}$과 $\mathbf{b}=\{b_1,\ \cdots,\ b_K\}$은 첫번째 반복 연산에서 무작위하게 생성된다. 다음으로 ELM을 사용해서 이들 최적 매개변수에 대한 미래 계통 상태 예측을 수행한다.

IEEE의 123 버스 배전 계통을 테스트 예제로 하여 상태 추정 과정을 살펴 보면 다음과 같다. ELM기반 상태 예측 방법을 평가하기 위해서 SCADA에서 실제로 취득되는 부하 데이터 세트가 사용되었다. 그림13에서 보는 바와 같이 12일 동안 1Hz의 샘플링 주기로 데이터를 취득하여 총 1,036,800개의 측정 데이터가 확보되었다. 그림에서 보듯이 배전 계통의 부하 프로파일에는 갑작스럽게 부하가 튀는 현상(abrupt stochastic deviations)이 많이 관찰되는데, 이 점에서 송전 계통과 큰 차이가 있다. 47, 49, 68, 76, 83번 버스에서 수치 데이터를 추출하여 그림13의 부하 프로파일이 작성되었다. 다음으로 평가를 위해 계통 상태에 대한 연산 작업이 진행되었다.

훈련 데이터 세트의 크기는 테스트 데이터의 5배 정도로 크게 설정하였다. ELM 기반 예측 방법을 종합적으로 평가하기 위하여 슬라이딩 윈도우 테스트(sliding window test) 방법을 도입하여 전체 계통 상태 데이터를 탐색하였다. 예를 들어, 1시간 전 예측에 사용된 슬라이딩 윈도우 테스트는 다음과 같이 설명될 수 있다.

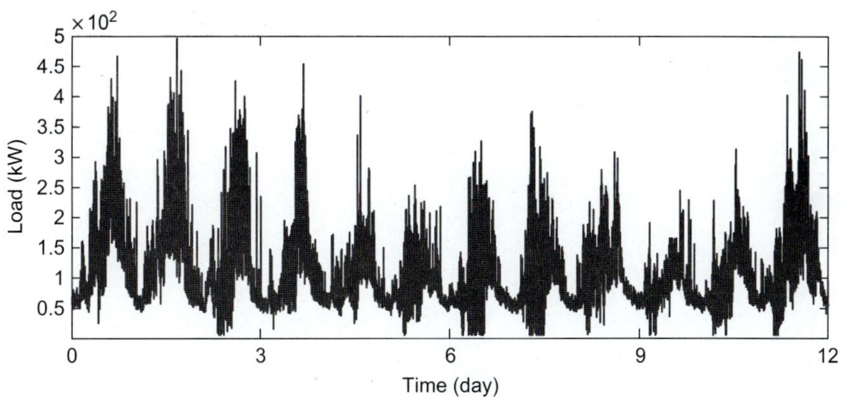

그림13. IEEE 123 시험 배전 선로의 부하 프로파일

1. 먼저 계통 상태 데이터에서 첫번째에서 다섯번째 시간까지의 부분을 추출하여 훈련 데이터로 사용하고 가장 성능이 좋은 매개 변수를 결정하여 예측 모델을 만든다.
2. 두 번째 단계에서는 계통 상태 데이터에서 다섯번째와 여섯번째 시간 부분을 취하여 예측 모델의 성능을 평가하기 위한 테스트 데이터로 이용한다.
3. 세 번째 단계에서는 다음 라운드(round)의 예측을 하기 위해, 두번째에서 여섯번째까지 데이터를 훈련 데이터로 사용하고, 테스트 데이터는 여섯번째에서 일곱번째로 옮긴다.
4. 이런 과정을 통해서 테스트 데이터가 부하 데이터의 끝 부분으로 이동하면, 1시간 예측에 대한 슬라이딩 테스트가 완료된다.

단기 상태 추정에 있어서 1시간 후의 예측은 참고문헌[106, 107]에서 연구되었다. 다른 여러 시간 범위에서 ELM 기반 상태 추정의 성능은 표3과 같다. ELM 기반 상태 예측 방법에서는 1시간 이후에 대한 예측이 가장 좋은 성능을 나타낸 반면, 16시간 이후의 상태에 대한 예측은 가장 오차가 크게 나타난다. 하지만 전압 예측의 경우 MAPE의 평균은 1.370%이고, 모든 시간 범위의 MAPE가 2.00% 미만이다. 위상각의 경우에는 평균 MAPE는 1.872%이며 모두 2.50% 이하인 것으로 확인된다.

표3. 극치 머신러닝 방법의 성능 비교

예측 유형	전압(%)	위상각(%)
1시간 이후	1.131	1.578
2시간 이후	1.182	1.628
4시간 이후	1.289	1.752
8시간 이후	1.474	1.975
16시간 이후	1.775	2.431

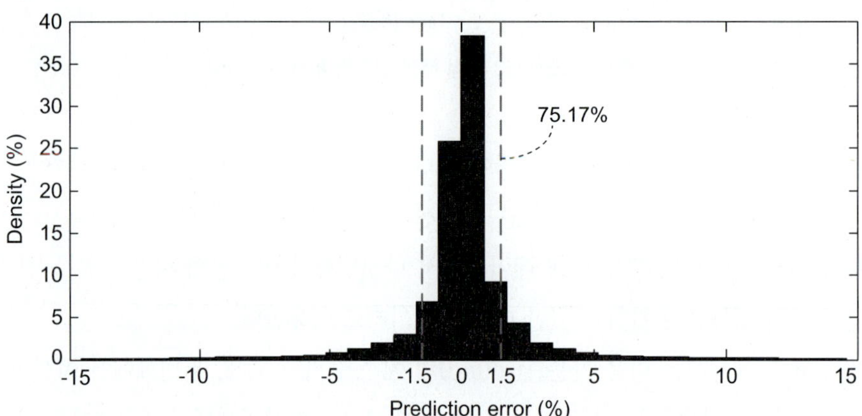

그림14. 극치 머신러닝을 이용하여 8시간 이후의 예측한 경우에서의 전압의 % 오차 분포

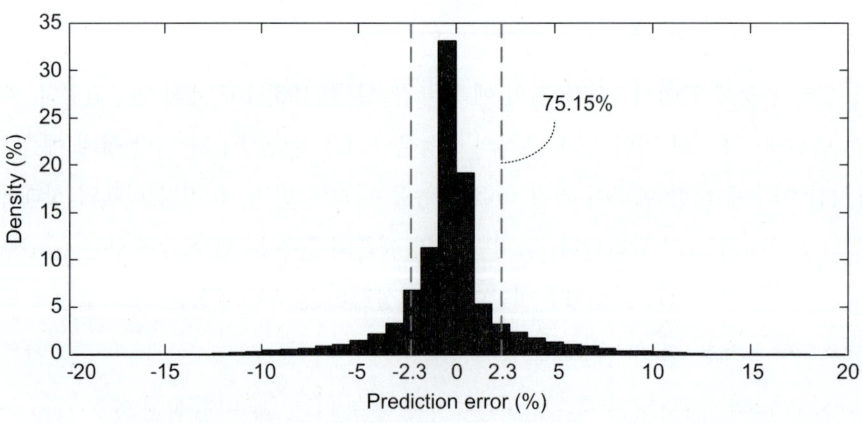

그림15. 극치 머신러닝을 이용하여 8시간 이후의 예측한 경우에서의 전압 위상각의 % 오차 분포

그림14는 전압 예측 오차의 히스토그램으로, 75% 이상의 오차가 (−1.5%, 1.5%) 사이에 집중되어 있는 것이 관찰된다. 그림15는 전압 위상각에 대한 히스토그램으로 전압 크기와 마찬

가지로 75% 이상의 오차가 (−2.3%, 2.3%) 사이에 누적되어 있는 것을 확인할 수 있다. 따라서 대부분의 시간 범위에서 ELM 기반의 예측 방법이 계통의 상태를 매우 정확하게 예측한다고 할 수 있다. 하지만 일부 드문 경우로서, 전압과 위상각의 예측 오차가 ±10%를 상회하는 경우가 있으며, 1% 미만의 오차를 보이는 경우도 있다. 전압과 위상각 예측 오차의 중심점은 0인 것으로 나타나는데, 이는 ELM 기반 방법이 정확성이 높을 뿐 아니라 편향되지 않은 (unbiased) 예측 결과를 제시한다는 점을 시사한다.

ELM 기반 예측의 성능을 참고문헌 [108−111]에서 연구된 다른 일반적인 예측 방법과 비교하기 위해서, 8시간 이후의 예측에 대한 성능을 예로 하여 비교하면 다음과 같다. 표4는 평균 전압과 위상각을 예측하는데 걸리는 시간과 MAPE를 비교한 것이다. 표4를 보면, ANN의 예측 정확성이 가장 좋게 나타난다. 하지만 예측 결과를 도출하는 데 걸리는 계산 시간이 ELM에 비하여 40배 가량 길다. 또한 ANN의 정확성은 EML의 정확성과 비교해서 차이가 거의 없다. 다른 방법들과 비교해봐도, ELM 방법이 예측 정확성과 계산 시간 모두에서 가장 균형을 갖춘 방법이라는 점을 알 수 있다. 그리고 전체적으로 볼 때, 머신러닝에 기반을 둔 방법들이 전력 계통을 상태를 정확하게 예측할 가능성이 더 높다고 할 수 있다.

표4. 여러 예측 방법의 성능 비교

	ANN	ARIMA	GA-SVR	ELM
MAPE (%)	1.702	9.972	3.146	1.725
Time (seconds)	897.2	25.7	767.3	17.1

4.5. 배전 계통 상태 추정

최근 몇 년 동안 배전 망은 극적인 변화를 겪어 오고 있다. PV 시스템과 같은 DER의 보급 수준은 계속 증가하고, 전력 소비자는 수요 관리를 수행 할 수 있는 역량을 갖추게 되어 점차 적극적인 역할을 하고 있다. 배전 계통이 더욱 복잡해짐과 동시에 더 많은 자원들이 제어 가능성과 유연성을 계통에 제공하고 있다. 이러한 변화는 배전 계통의 운영에서 커다란 도전 과제와 동시에 새로운 기회를 제공한다. 배전 계통 운영자는 계통의 상태를 적절하게 모니터링하고 가용한 자원에 대한 적절한 제어 조치를 결정하기 위해서, 첨단의 에너지 모니터링 및 관리 시스템이 필요하다. 따라서 배전 계통의 상태 추정은 배전 계통 관리에 중요한 역할을 한다. 이를 통해 계통의 모든 버스에서의 전압, 위상각을 추정하여 배전 계통을 완벽하게 시각화할 수 있을 뿐 아니라, 각 배전 분기 선로의 전력 조류를 파악할 수 있고, 다양한 제어 함수에 대한 입력을 결정할 수 있다.

현존하는 대부분의 배전 상태 추정 알고리즘이 송전 계통의 상태 추정 패러다임을 따르고 있지만[112, 113], 배전 계통의 상태 추정은 고유한 특성과 도전과제가 있다[114–116].

첫째, 측정 데이터가 중복되고 과잉 상태인 송전 계통과 달리, 배전 계통에는 제한된 수의 측정 장치들이 존재하여 계통을 완벽하게 관찰할 수 없다. 보통은 이력 데이터로부터 전력 부하를 추정하는 의사 계측(Pseudo–measurements) 데이터가 배전 계통 상태 추정에 이용될 수 있다. 하지만 이러한 의사 계측의 정확성은 떨어질 수 밖에 없다.

둘째로, 배전 계통의 상태 추정을 위한 모델과 알고리즘은 송전 계통과 달라야 한다. 배전 계통은 매개 변수와 부하가 불균형할 뿐 아니라, 계통의 구성도 선로에 따라 상이하기 때문에 본질적으로 불균형한 특성을 갖고 있다. 따라서 계통의 상태를 정확하게 추정하려면, 3상 모델링으로 배전 계통 상태 추정 문제를 접근해야 한다. 또한 리액턴스/저항의 비율도 낮기 때문에 송전 계통에서 널리 이용되는 비연계(decoupled) WLS 알고리즘은 배전 계통에 적합하지 않다.

마지막으로, 배전 계통은 주로 방사형 또는 약한 메쉬형 구조를 갖기 때문에, 노드의 전압을 대신해서 지선(branch)에 흐르는 전류가 주요(primary) 상태 추정 변수로 이용될 가능성이 있다. 따라서 배전 계통의 상태 추정 문제를 풀기 위한 수식을 단순하게 할 수 있다.

스마트미터, 동기위상기(synchrophasors), 배전 센서 등과 같이 배전 계통에서 측정 기기들의 적용이 늘어남에 따라서, 이러한 장치들에서 취득되는 가용 데이터를 활용하여 상태 추정의 정확성을 높일 수 있는 모델과 방법론이 필요해지고 있다. 이러한 모델과 방법들은 배전 계통 상태 추정을 구현하는데 결정적인 역할을 할 것이다.

5. 결론

변동성 발전 자원, 스마트 홈, 스마트 빌딩 등을 통해서 다량의 이질적인(heterogeneous) 데이터가 전력 시스템을 포함한 에너지 시스템에서 가용할 수 있게 되면서, 고해상도의 데이터로 계통의 동적인 변화를 측정할 수 있게 되었다. 전력 계통 운영자, 전력 소비자, 발전 사업자, 수요관리 사업자 모두에게 있어서 데이터 분석(data analytics)이 점차 중요하게 다루어지고 있다. 이를 통해서 전력 망과 자산을 실시간으로 효과적으로 관리할 수 있을 뿐 아니라, 심지어는 사전 예측을 통한 관리도 가능해지고 있다. 이 장에서는 에너지 자원 예측, 에너지 소비 예측, 전력 계통 상태 추정과 예측을 위한 데이터 애플리케이션을 소개하였다. 이러한 방법들을 통해서 계통 운영자는 계통의 미래 상태를 더 잘 이해할 수 있게 된다. 그렇게 되면, 계통 운영자는 발전기들에 미리 급전 명령을 내릴 수 있고, 전력 조류와 무효 전력 지원을 계획할 수 있으며, 계통의 토폴로지를 사전에 구성하거나 계통 보조 서비스를 사전에 확보할 수 있다. 데이터 분석 역량을 통해서 궁극적으로는 미래의 계통 운영 패러다임을 예측 기반으로 전환할 수 있을 것이다.

참고 문헌

[1] B.K. Sahu, M. Hiloidhari, D.C. Baruah, Global trend in wind power with special focus on the top five wind power producing countries, Renew. Sust. Energ. Rev. 19 (2013) 348–359.

[2] J. Wang, A. Botterud, R. Bessa, H. Keko, L. Carvalho, D. Issicaba, J. Sumaili, V. Miranda, Wind power forecasting uncertainty and unit commitment, Appl. Energy 88 (11) (2011) 4014–4023.

[3] M. Cui, J. Zhang, A.R. Florita, B.-M. Hodge, D. Ke, Y. Sun, An optimized swinging door algo- rithm for identifying wind ramping events, IEEE Trans. Sust. Energy 7 (1) (2016) 150–162.

[4] J. Mendes, J. Sumaili, R. Bessa, H. Keko, V. Miranda, A. Botterud, Z. Zhou, Very short-term wind power forecasting: state-of-the-art, Tech. Rep., Argonne National Laboratory (ANL), 2014.

[5] S. Al-Yahyai, Y. Charabi, A. Gastli, Review of the use of Numerical Weather Prediction (NWP) models for wind energy assessment, Renew. Sust. Energ. Rev. 14 (9) (2010) 3192–3198.

[6] N.P. Wedi, P.K. Smolarkiewicz, A framework for testing global non-hydrostatic models, Q. J. R. Meteorol. Soc. 135 (639) (2009) 469–484.

[7] J.J. Traiteur, D.J. Callicutt, M. Smith, S.B. Roy, A short-term ensemble wind speed forecasting system for wind power applications, J. Appl. Meteorol. Climatol. 51 (10) (2012) 1763–1774.

[8] J. Co^t'e, S. Gravel, A. M'ethot, A. Patoine, M. Roch, A. Staniforth, The operational CMC-MRB global environmental multiscale (GEM) model. Part I:

design considerations and formulation, Mon. Weather. Rev. 126 (6) (1998) 1373–1395.

[9] D.G. Jensen, C. Petersen, M.R. Rasmussen, Assimilation of radar-based nowcast into a HIR- LAM NWP model, Meteorol. Appl. 22 (3) (2015) 485–494.

[10] C. Fischer, T. Montmerle, L. Berre, L. Auger, S.E. Ștefa˘nescu, An overview of the variational assimilation in the ALADIN/France numerical weather-prediction system, Q. J. R. Meteorol. Soc. 131 (613) (2005) 3477–3492.

[11] E. Pichelli, R. Ferretti, D. Cimini, G. Panegrossi, D. Perissin, N. Pierdicca, F. Rocca, B. Rommen, InSAR water vapor data assimilation into mesoscale model MM5: technique and pilot study, IEEE J. Select. Top. Appl. Earth Observ. Remote Sens. 8 (8) (2015) 3859–3875.

[12] N.S. Wagenbrenner, J.M. Forthofer, B.K. Lamb, K.S. Shannon, B.W. Butler, Downscaling sur- face wind predictions from numerical weather prediction models in complex terrain with WindNinja, Atmos. Chem. Phys. 16 (8) (2016) 5229–5241.

[13] Q. Hu, P. Su, D. Yu, J. Liu, Pattern-based wind speed prediction based on generalized principal component analysis, IEEE Trans. Sust. Energy 5 (3) (2014) 866–874.

[14] E. Erdem, J. Shi, ARMA based approaches for forecasting the tuple of wind speed and direction, Appl. Energy 88 (4) (2011) 1405–1414.

[15] H. Liu, E. Erdem, J. Shi, Comprehensive evaluation of ARMA-GARCH (-M) approaches for modeling the mean and volatility of wind speed, Appl. Energy 88 (3) (2011) 724–732.

[16] H. Silaghi, C. Costea, Wind speed prediction using Box-Jenkins method, J. Comput. Sci. Con- trol Syst. (1) (2008) 208.

[17] M. Poncela, P. Poncela, J.R. Pera´n, Automatic tuning of Kalman filters by maximum likelihood methods for wind energy forecasting, Appl. Energy 108 (2013) 349–362.

[18] A. Carpinone, R. Langella, A. Testa, M. Giorgio, Very short-term probabilistic wind power fore- casting based on Markov chain models, in: IEEE 11th International Conference on Probabi- listic Methods Applied to Power Systems (PMAPS), 2010, pp. 107–112.

[19] Z. Song, Y. Jiang, Z. Zhang, Short-term wind speed forecasting with Markov-

switching model, Appl. Energy 130 (2014) 103 - 112.

[20] M.A. Ghorbani, R. Khatibi, M.H. FazeliFard, L. Naghipour, O. Makarynskyy, Short-term wind speed predictions with machine learning techniques, Meteorol. Atmos. Phys. 128 (1) (2016) 57 - 72.

[21] H. Chitsaz, N. Amjady, H. Zareipour, Wind power forecast using wavelet neural network trained by improved Clonal selection algorithm, Energy Convers. Manag. 89 (2015) 588 - 598.

[22] G. Li, J. Shi, On comparing three artificial neural networks for wind speed forecasting, Appl. Energy 87 (7) (2010) 2313 - 2320.

[23] J.M. Freedman, J. Manobianco, J. Schroeder, B. Ancell, K. Brewster, S. Basu, V. Banunarayanan, B.-M. Hodge, I. Flores, The Wind Forecast Improvement Project (WFIP): a public/private part- nership for improving short term wind energy forecasts and quantifying the benefits of utility operations. The Southern Study Area, Final Report, Tech. Rep., AWS Truepower, LLC, Albany, NY, 2014.

[24] J. Zhang, M. Cui, B.-M. Hodge, A. Florita, J. Freedman, Ramp forecasting performance from improved short-term wind power forecasting over multiple spatial and temporal scales, Energy, 122 (2017) 528 - 541.

[25] C. Feng, M. Cui, B.-M. Hodge, J. Zhang, A data-driven multi-model methodology with deep feature selection for short-term wind forecasting, Appl. Energy 190 (2017) 1245 - 1257.

[26] National Renewable Energy Laboratory, Wind Integration National Dataset (WIND) Toolkit, Available from: https://www.nrel.gov/grid/wind-toolkit.html (accessed 10.10.17).

[27] C. Draxl, B. Hodge, A. Clifton, J. McCaa, Overview and meteorological validation of the Wind Integration National Dataset (WIND) toolkit, National Renewable Energy Laboratory, Tech. Rep., Golden, CO. NREL/TP-5000-61740, 2015.

[28] R. Margolis, C. Coggeshall, J. Zuboy, SunShot Vision Study, vol. 2, US Dept. of Energy, 2012. Available from: https://energy.gov/sites/prod/files/2014/01/f7/47927.pdf (accessed 10.10.17).

[29] J Zhang, A. Florita, B.-M. Hodge, S. Lu, H.F. Hamann, V. Banunarayanan, A. M. Brockway, A suite of metrics for assessing the performance of solar

power forecasting, Sol. Energy 111 (2015) 157 – 175.

[30] A. Hammer, D. Heinemann, E. Lorenz, B. Lückehe, Short–term forecasting of solar radiation: a statistical approach using satellite data, Sol. Energy 67 (1) (1999) 139 – 150.

[31] A. Sfetsos, A.H. Coonick, Univariate and multivariate forecasting of hourly solar radiation with artificial intelligence techniques, Sol. Energy 68 (2) (2000) 169 – 178.

[32] C. Paoli, C. Voyant, M. Muselli, M.–L. Nivet, Forecasting of preprocessed daily solar radiation time series using neural networks, Sol. Energy 84 (12) (2010) 2146 – 2160.

[33] R. Marquez, C.F.M. Coimbra, Forecasting of global and direct solar irradiance using stochastic learning methods, ground experiments and the NWS database, Sol. Energy 85 (5) (2011) 746 – 756.

[34] P. Mathiesen, J. Kleissl, Evaluation of numerical weather prediction for intra–day solar forecast– ing in the continental United States, Sol. Energy 85 (5) (2011) 967 – 977.

[35] R. Perez, K. Moore, S. Wilcox, D. Renn'e, A. Zelenka, Forecasting solar radiation—preliminary evaluation of an approach based upon the national forecast database, Sol. Energy 81 (6) (2007) 809 – 812.

[36] C.W. Chow, B. Urquhart, M. Lave, A. Dominguez, J. Kleissl, J. Shields, B. Washom, Intra–hour forecasting with a total sky imager at the UC San Diego solar energy testbed, Sol. Energy 85 (11) (2011) 2881 – 2893.

[37] E. Lorenz, D. Heinemann, H. Wickramarathne, H.G. Beyer, S. Bofinger, Forecast of ensemble power production by grid–connected PV systems, in: 20th European PV Conference, Milano, 2007, pp. 3 – 9.

[38] S. Pelland, J. Remund, J. Kleissl, T. Oozeki, K. De Brabandere, Photovoltaic and solar forecast– ing: state of the art, 2013, IEA PVPS, Task 14, Available from: http://www.iea–pvps.org/ fileadmin/dam/public/report/technical/ Photovoltaic_and_Solar_Forecasting_State_of_the_ Art_REPORT_PVPS T14_01_2013.pdf (accessed 10.10.17).

[39] Y. Chu, H.T.C. Pedro, L. Nonnenmacher, R.H. Inman, Z. Liao, C.F.M. Coimbra, A smart image–based cloud detection system for intrahour solar irradiance forecasts, J. Atmos. Ocean. Technol. 31 (9) (2014) 1995 – 2007.

[40] S. Lu, Y. Hwang, I. Khabibrakhmanov, F.J. Marianno, X. Shao, J. Zhang, B.-M. Hodge, H. F. Hamann, Machine learning based multi-physical-model blending for enhancing renewable energy forecast-improvement via situation dependent error correction, in: IEEE European Control Conference (ECC), 2015, pp. 283-290.

[41] IBM, Watt-Sun: a multi-scale, multi-model, machine-learning solar forecasting technology, Available from: https://energy.gov/eere/sunshot/watt-sun-multi-scale-multi-model- machine-learning-solar-forecasting-technology (accessed 10.10.17).

[42] C. Feng, M. Cui, M. Lee, J. Zhang, B.M. Hodge, S. Lu, H.F. Hamann, Short-term global hori- zontal irradiance forecasting based on sky imaging and pattern recognition, in: IEEE Power & Energy Society General Meeting, Chicago, IL, 2017.

[43] J. Zhang, B.-M. Hodge,S. Lu, H.F. Hamann, B. Lehman, J. Simmons, E. Campos, V. Banunarayanan, J. Black, J. Tedesco, Baseline and target values for regional and point PV power forecasts: toward improved solar forecasting, Sol. Energy 122 (2015) 804-819.

[44] G. Gross, F.D. Galiana, Short-term load forecasting, Proc. IEEE 75 (12) (1987) 1558-1573.

[45] K. Liu, S. Subbarayan, R.R. Shoults, M.T. Manry, C. Kwan, F.I. Lewis, J. Naccarino, Comparison of very short-term load forecasting techniques, IEEE Trans. Power Syst. 11 (2) (1996) 877-882.

[46] W. Charytoniuk, M.S. Chen, Very short-term load forecasting using artificial neural networks, IEEE Trans. Power Syst. 15 (1) (2000) 263-268.

[47] E.A. Feinberg, D. Genethliou, Load forecasting, in: J.H. Chow, F.F. Wu, J. Momoh (Eds.), Applied Mathematics for Restructured Electric Power Systems: Optimization, Control, and Computational Intelligence, chap. 12, Springer US, Boston, MA, ISBN 978-0-387-23471-7, 2005, pp. 269-285, https://doi.org/10.1007/0-387-23471-3_12.

[48] C.W. Gellings, Demand Forecasting for Electric Utilities, Fairmont Press, Inc., Lilburn, GA, 1992.

[49] M.T. Hagan, S.M. Behr, The time series approach to short term load forecasting, IEEE Trans. Power Syst. 2 (3) (1987) 785-791.

[50] N. Amjady, Short-term hourly load forecasting using time-series modeling with peak load esti- mation capability, IEEE Trans. Power Syst. 16 (4) (2001) 798-805.

[51] A.D. Papalexopoulos, T.C. Hesterberg, A regression-based approach to short-term system load forecasting, IEEE Trans. Power Syst. 5 (4) (1990) 1535-1547.

[52] T. Haida, S. Muto, Regression based peak load forecasting using a transformation technique, IEEE Trans. Power Syst. 9 (4) (1994) 1788-1794.

[53] K.Y. Lee, Y.T. Cha, J.H. Park, Short-term load forecasting using an artificial neural network, IEEE Trans. Power Syst. 7 (1) (1992) 124-132.

[54] A.G. Bakirtzis, J.B. Theocharis, S.J. Kiartzis, K.J. Satsios, Short term load forecasting using fuzzy neural networks, IEEE Trans. Power Syst. 10 (3) (1995) 1518-1524.

[55] B.-J. Chen, M.-W. Chang, et al., Load forecasting using support vector machines: a study on EUNITE competition 2001, IEEE Trans. Power Syst. 19 (4) (2004) 1821-1830.

[56] E. Kyriakides, M. Polycarpou, Short term electric load forecasting: a tutorial. in: K. Chen, L. Wang (Eds.), Trends in Neural Computation, chap. 16, Springer, Berlin, ISBN 978-3- 540-36122-0, 2007, pp. 391-418, https://doi.org/10.1007/978-3-540-36122-0_16.

[57] H. Hahn, S. Meyer-Nieberg, S. Pickl, Electric load forecasting methods: tools for decision mak- ing, Eur. J. Oper. Res. 199 (3) (2009) 902-907.

[58] S.-J. Huang, K.-R. Shih, Short-term load forecasting via ARMA model identification including non-Gaussian process considerations, IEEE Trans. Power Syst. 18 (2) (2003) 673-679.

[59] H.-T. Yang, C.-M. Huang, C.-L. Huang, Identification of ARMAX model for short term load forecasting: an evolutionary programming approach, IEEE Trans. Power Syst. 11 (1) (1996) 403-408.

[60] C.-M. Huang, C.-J. Huang, M.-L. Wang, A particle swarm optimization to identifying the ARMAX model for short-term load forecasting, IEEE Trans. Power Syst. 20 (2) (2005) 1126-1133.

[61] W. Charytoniuk, M.S. Chen, P. Van Olinda, Nonparametric regression based short-term load forecasting, IEEE Trans. Power Syst. 13 (3) (1998) 725-730.

[62] L. Jin, Y.J. Lai, T.X. Long, Peak load forecasting based on robust

regression model, in: International Conference on Probabilistic Methods Applied to Power Systems, IEEE, 2004, pp. 123 - 128.

[63] T. Zheng, A.A. Girgis, E.B. Makram, A hybrid wavelet-Kalman filter method for load forecast- ing, Electr. Power Syst. Res. 54 (1) (2000) 11 - 17.

[64] H.M. Al-Hamadi, S.A. Soliman, Short-term electric load forecasting based on Kalman filtering algorithm with moving window weather and load model, Electr. Power Syst. Res. 68 (1) (2004) 47 - 59.

[65] D.C. Park, M.A. El-Sharkawi, R.J. Marks, L.E. Atlas, M.J. Damborg, Electric load forecasting using an artificial neural network, IEEE Trans. Power Syst. 6 (2) (1991) 442 - 449.

[66] H.S. Hippert, C.E. Pedreira, R.C. Souza, Neural networks for short-term load forecasting: a review and evaluation, IEEE Trans. Power Syst. 16 (1) (2001) 44 - 55.

[67] E.E. Elattar, J. Goulermas, Q.H. Wu, Electric load forecasting based on locally weighted support vector regression, IEEE Trans. Syst. Man Cybern. Part C Appl. Rev. 40 (4) (2010) 438 - 447.

[68] S. Tzafestas, E. Tzafestas, Computational intelligence techniques for short-term electric load forecasting, J. Intell. Robot. Syst. 31 (1 - 3) (2001) 7 - 68.

[69] M. Hanmandlu, B.K. Chauhan, Load forecasting using hybrid models, IEEE Trans. Power Syst. 26 (1) (2011) 20 - 29.

[70] R.-A. Hooshmand, H. Amooshahi, M. Parastegari, A hybrid intelligent algorithm based short- term load forecasting approach, Int. J. Electr. Power Energy Syst. 45 (1) (2013) 313 - 324.

[71] A. Kavousi-Fard, H. Samet, F. Marzbani, A new hybrid modified firefly algorithm and support vector regression model for accurate short term load forecasting, Expert Syst. Appl. 41 (13) (2014) 6047 - 6056.

[72] R.B. D'agostino, A. Belanger, R.B. D'Agostino Jr., A suggestion for using powerful and infor- mative tests of normality, Am. Stat. 44 (1990) 316 - 321.

[73] C.M. Jarque, A.K. Bera, A test for normality of observations and regression residuals, Int. Stat. Rev. 55 (1987) 163 - 172.

[74] K. Coughlin, M.A. Piette, C.A. Goldman, S. Kiliccote, Statistical analysis of baseline load models for non-residential buildings, Energy Build. 41 (2009) 374 - 381.

[75] FERC, Reports on Demand Response & Advanced Metering, Available from: http://www. ferc.gov/industries/electric/indus–act/demand–response/dem–res–adv–metering.asp (accessed 10.10.17).

[76] US Department of Energy, Benefits of demand response in electricity markets and recommen– dations for achieving them Tech. Rep. 2006.

[77] V.M. Balijepalli, V. Pradhan, S.A. Khaparde, R.M. Shereef, Review of demand response under smart grid paradigm, in: IEEE PES Innovative Smart Grid Technologies, India, 2011, pp. 236–243.

[78] H.P. Chao, Demand response in wholesale electricity markets: the choice of customer base– line, J. Regul. Econ. 39 (1) (2011) 68–88.

[79] R. Yin, P. Xu, M.A. Piette, S. Kiliccote, Study on Auto–DR and pre–cooling of commercial build– ings with thermal mass in California, Energy Build. 42 (7) (2010) 967–975.

[80] A. Buege, M. Rufo, M. Ozog, D. Violette, S. McNicoll, Prepare for impact: measuring large C/I customer response to DR programs, in: ACEEE Summer Study on Energy Efficiency in Build– ings, 2006.

[81] J. MacDonald, P. Cappers, D. Callaway, S. Kiliccote, Demand Response Providing Ancillary Services: A Comparison of Opportunities and Challenges in the US Wholesale Markets, Grid–Interop, 2012.

[82] H. Zhong, L. Xie, Q. Xia, Coupon incentive–based demand response: theory and case study, IEEE Trans. Power Syst. 28 (2) (2013) 1266–1276.

[83] N. Addy, S. Kiliccote, J. Mathieu, D.S. Callaway, Understanding the effect of baseline modeling implementation choices on analysis of demand response performance, in: ASME Interna– tional Mechanical Engineering Congress and Exposition, 2012.

[84] K. Coughlin, M.A. Piette, C.A. Goldman, S. Kiliccote, Estimating demand response load impacts: evaluation of baseline load models for non–residential buildings in California, Law– rence Berkeley National Laboratory, 2008.

[85] K. Tweed, Demand Response Payments Increase Significantly in PJM, 2013, Available from: http://www.greentechmedia.com/articles/read/demand–response–payments–up–significantly– in–pjm (accessed 10.10.17).

[86] Federal Energy Regulatory Commission, State of the Markets Report, 2016, Available from: https://www.ferc.gov/market–oversight/reports–analyses/st–

mkt–ovr/2015–som.pdf (accessed 10.10.17).

[87] R. Walton, EIA: FERC Order 745 to spark swift growth in demand response markets, 2016Available from: http://www.utilitydive.com/news/eia–ferc–order–745–to–spark–swift– growth–in–demand–response–markets/414997/ (accessed 10.10.17).

[88] Y. Wi, J. Kim, S. Joo, J. Park, J. Oh, Customer baseline load (CBL) calculation using exponential smoothing model with weather adjustment, in: Transmission and Distribution Conference and Exposition: Asia and Pacific, 2009, pp. 1–4.

[89] J.L. Mathieu, D.S. Callaway, S. Kiliccote, Examining uncertainty in demand response baseline models and variability in automated response to dynamic pricing, in: IEEE Conference on Decision and Control and European Control, 2011.

[90] G.R. Newsham, B.J. Birt, I.H. Rowlands, A comparison of four methods to evaluate the effect of a utility residential air–conditioner load control program on peak electricity use, Energy Policy 39 (2011) 6376–6389.

[91] J.L. Bode, M.J. Sullivan, D. Berghman, J.H. Eto, Incorporating residential AC load control into ancillary service markets: measurement and settlement, Energy Policy 56 (2013) 175–185.

[92] L. Hatton, P. Charpentier, E. Matzner–Lober, Statistical estimation of the residential baseline, IEEE Trans. Power Syst. 31 (2016) 1752–1759.

[93] D.S. Sayogo, A.P. Theresa, Understanding smart data disclosure policy success: the case of Green Button, in: ACM Proceedings of the 14th Annual International Conference on Digital Government Research, 2013.

[94] A. Abur, A.G. Exposito, Power System State Estimation: Theory and Implementation, CRC Press, Boca Raton, FL, 2004.

[95] K.D. Jones, J.S. Thorp, R.M. Gardner, Three–phase linear state estimation using phasor mea– surements, in: IEEE Power & Energy Society General Meeting, Vancouver, BC, 2013.

[96] E. Farantatos, G.K. Stefopoulos, G.J. Cokkinides, A.P. Meliopoulos, PMU–based dynamic state estimation for electric power systems, in: IEEE Power & Energy Society General Meeting, Cal– gary, AB, 2009.

[97] A. Abur, A. Rouhani, Linear phasor estimator assisted dynamic state estimation, IEEE Trans. Smart Grid, 2016.

[98] A.M.L. Da Silva, M.B. Do Coutto Filho, J.F. De Queiroz, State forecasting in electric power sys- tems., in: IEE Proceedings C (Generation, Transmission and Distribution), vol. 130, 1983, pp. 237 - 244.

[99] G. Valverde, V. Terzija, Unscented Kalman filter for power system dynamic state estimation, IET Gener. Transm. Distrib. 5 (1) (2011) 29 - 37.

[100] A.P.A. da Silva, A.M.L. da Silva, J.C.S. de Souza, M.B. Do Coutto Filho, State forecasting based on artificial neural networks., in: Proc. 11th PSCC, 1993, pp. 461 - 467.

[101] J.C.S. Souza, A.M.L. Da Silva, A.P.A. Da Silva, Data visualisation and identification of anom- alies in power system state estimation using artificial neural networks, IEE Proc. Gener. Transm. Distrib. 144 (5) (1997) 445 - 455.

[102] J.C.S. Souza, A.M.L. Da Silva, A.P.A. de Silva, Online topology determination and bad data suppression in power system operation using artificial neural networks, IEEE Trans. Power Syst. 13 (3) (1998) 796 - 803.

[103] M.B. Do Coutto Filho, J.C.S. de Souza, Forecasting-aided state estimation—Part I: panorama, IEEE Trans. Power Syst. 24 (4) (2009) 1667 - 1677.

[104] E. Sortomme, M.M. Hindi, S.D.J. MacPherson, S.S. Venkata, Coordinated charging of plug-in hybrid electric vehicles to minimize distribution system losses, IEEE Trans. Smart Grid 2 (1) (2011) 198 - 205.

[105] G.-B. Huang, Q.-Y. Zhu, C.-K. Siew, Extreme learning machine: theory and applications, Neurocomputing 70 (1) (2006) 489 - 501.

[106] J.M. Carrasco, L.G. Franquelo, J.T. Bialasiewicz, E. Galva ′ n, R.C.P. Guisado, M.A.M. Prats, J. I. Leo ′ n, N. Moreno-Alfonso, Power-electronic systems for the grid integration of renewable energy sources: a survey, IEEE Trans. Ind. Electron. 53 (4) (2006) 1002 - 1016.

[107] H. Jiang, Y. Zhang, J.J. Zhang, D.W. Gao, E. Muljadi, Synchrophasor-based auxiliary control- ler to enhance the voltage stability of a distribution system with high renewable energy pen- etration, IEEE Trans. Smart Grid 6 (2015) 2107 - 2115.

[108] D.M. Vinod Kumar, S.C. Srivastava, Power system state forecasting using artificial neural net- works, Electr. Mach. Power Syst. 27 (6) (1999) 653 - 664.

[109] G. Zhang, B.E. Patuwo, M.Y. Hu, Forecasting with artificial neural networks: the state of the art, Int. J. Forecast. 14 (1) (1998) 35 - 62.

[110] P.-F. Pai, W.-C. Hong, Forecasting regional electricity load based on recurrent support vector machines with genetic algorithms, Electr. Pow. Syst. Res. 74 (3) (2005) 417–425.

[111] W.-C. Hong, Chaotic particle swarm optimization algorithm in a support vector regression electric load forecasting model, Energy Convers. Manag. 50 (1) (2009) 105–117.

[112] W.R. Cassel, Distribution management systems: functions and payback, IEEE Trans. Power Syst. 8 (3) (1993) 796–801.

[113] M.E. Baran, A.W. Kelley, State estimation for real-time monitoring of distribution systems, IEEE Trans. Power Syst. 9 (3) (1994) 1601–1609.

[114] Y.-F. Huang, S. Werner, J. Huang, N. Kashyap, V. Gupta, State estimation in electric power grids: meeting new challenges presented by the requirements of the future grid, IEEE Signal Process. Mag. 29 (5) (2012) 33–43.

[115] D. Della Giustina, M. Pau, P.A. Pegoraro, F. Ponci, S. Sulis, Electrical distribution system state estimation: measurement issues and challenges, IEEE Instrum. Meas. Mag. 17 (6) (2014) 36–42.

[116] A. Primadianto, C.-N. Lu, A review on distribution system state estimation, IEEE Trans. Power Syst. 32 (5) (2017) 3875–3883.

CHAPTER 17

에너지 세분화 분석의 방법 및 적용

Behzad Najafi, Sadaf Moaveninejad, Fabio Rinaldi
Polytechnic University of Milan, Milan, Italy

이 장의 개요

에너지의 세분화(disaggregation) 또는 비간섭 전력 부하 모니터링(nonintrusive load monitoring; NILM)은 스마트미터에서 측정되는 가정의 총 전력 소비량으로부터 각 가전기기의 전력 사용량을 추정하는데 목적이 있다. 스마트미터 설치의 급격한 증가와 더불어 NILM이 기존 간섭형(intrusive) 방법에 비해 갖는 수 많은 장점 때문에, 최근 들어 NILM에 대한 관심이 계속 증가하고 있다. 이 장에서는 다양한 카테고리의 가전 제품을 리뷰한 뒤에, 부하 시그니처(state-of-the-art load signatures)의 거시적, 미시적 특성을 소개한다. 다음으로 추출된 특성을 바탕으로 가전기기를 분류하는데 널리 사용되는 지도, 비지도 학습에 의한 세분화 알고리즘을 논의한다. 이와 함께 NILM 연구를 지원하고, 여러 세분화 알고리즘을 서로 비교하기 위하여 일반인들도 접근이 가능한 공공 데이터 세트와 오픈 소스 도구들을 소개한다. 마지막으로, 에너지 세분화 기술의 주요 적용 사례를 소개하는데, 에너지 소비 기기별로 구분된 요금 청구서 제공, 보다 정확한 수요 예측, 고장난 가전 제품의 식별, 재택(occupancy) 여부 모니터링 지원 등이 다루어진다.

1. 도입

최근 수십 년 동안 에너지 위기와 지구 온난화에 대한 우려가 커지고 있으며 많은 국가들이 이러한 문제를 해결하기 위해 공공 에너지 정책을 도입하고 있다[1]. 화석 연료의 연소가 주요 원인인 온실 가스(GHG)의 증가는 지구 온난화의 주요 원인으로 여겨지고 있다[2]. 기후변화 일반법(Climate Change General Law; CCGL) 제3조에 따르면, 온실 가스 배출량의 점진적 상승을 완화하기 위해서는 기존의 발전 설비들을 환경 친화적인 기술로 대체할 필요가 있을뿐 아니라, 전력의 소비를 보다 효율적인 방식으로 전환해야 한다[1]. 따라서 에너지 소비 관리의 개선을 통해서 에너지 수요를 줄이는 것은 에너지 위기와 지구 온난화 문제를 해결하는 중요한 수단이 된다. 세계 에너지 수요의 상당 부분은 건물의 에너지 소비에서 발생한다[3,4]. 빌딩 에너지 데이터북(Buildings Energy Data Book)[5]에 따르면, 미국 1차 에너지 소비의 거의 40 %와 전력 소비의 70 %가 건물 부문에서 발생한다[4]. 그러므로 해당 소비를 줄이려는 시도는 주목할만한 이익을 가져올 수 있다.

똑똑한 에너지 관리를 위한 적절한 방안은 개별 건물의 전력 소비에 관한 실시간 정보를 제공하는 것이다[6]. 주택용 부분의 경우에는 스마트미터를 통해서 개별 가구의 순간적인 전력 소비에 대한 상세한 정보를 제공할 수 있다. 이 정보는 스마트그리드의 구현을 용이하게 하고, 결과적으로 대규모 모니터링과 제어를 통해 에너지 공급자와 소비자 간의 정보 교환을 가능하게 한다 [8,9]. 또한 스마트 미터로 보고된 데이터를 통해 에너지 공급 업체는 집합적(aggregated) 전력 소비 프로파일을 추정할 수 있고, 시간별 요금 차별화와 같은 부하 관리 정책을 시행할 수 있다[7].

주거용 건물의 전체 에너지 사용량에 대한 정보 외에도, 기기별 에너지 소비 프로파일과 같은 상세한 에너지 사용 정보는 소비자와 계통 관리자 모두에게 더 많은 혜택을 줄 수 있다. 이러한 상세한 정보을 통해서 전력 유틸리티와 계통 운영자는 주택용 에너지 수요를 더 정확하게 예측하고, 수요 관리를 용이하게 하며, 고객들을 보다 상세하게 세분화(segmentation)할 수 있다. 게다가 가정의 전력 소비자들은 일반적으로 가구의 총 에너지 소비에서 각 가전 제품이 차지하는 비중을 잘모르는 경우가 많으며, 효과적인 에너지 절약 방법에 대해서 잘못 알고 있는 경우가 많다[10-12]. 이러한 이유로 전력 기기 단위별 에너지 소비 데이터에 대한 정보는 소비자가 전기 소비량이 가장 많은 기기에 대한 보다 정확한 아이디어를 제공하고, 에너지 절약에 대한 효과적인 수단을 이행하도록 함으로써 월간 전기 요금을 줄이는데 도움을 준다[7, 13]. Kim 등[14]은 기기별 에너지 사용 정보[1]를 기반으로 에너지 사용 전략을 수립하여 이를 이행할 경우, 9%~20%에 이르는 에너지를 절약할 수 있다는 점을 확인한 바 있다. 또한 전력기기의 사용에 대한 정확한 이력 정보는 이들 기기의 상태를 확인하거나 고장 기기(malfunctioning devices; MFDs)를 파악하는데에도 유용하다.

에너지 소비를 분해함으로써 얻을 수 있는 이러한 이점들을 활용하기 위해서 가전 기기에 대한 부하 모니터링(appliance load monitoring; ALM) 기술의 개발이 촉발되었다. ALM 방법은 크게 간섭형 부하 모니터링(intrusive load monitoring; ILM)과 비간섭형 부하 모니터링(nonintrusive load monitoring; NILM) 두 가지로 나눌 있다. ILM은 좀더 전통적인 방법으로 관심이 되는 가전기기에 일련의 센서를 부착하여 에너지 소비를 기록하는 방법이다[16]. 그러나 이 방법은 많은 수의 센서와 스마트 미터를 필요로 하기 때문에 비용이 많이 들고 여러 귀찮은 일이 발생한다[7]. 따라서 개별 기기의 에너지 소비를 비용 효과적인 방법으로 구분하는 방법에 대한 이슈가 아직 남아 있다[14].

이러한 문제를 다루는 하나의 실용적인 대안으로 MIT의 Hart 등[17]은 NILM 또는 비간섭 가전 부하 모니터링(nonintrusive appliance load monitoring; NIALM) 방법을 처음으로 창안하였다. ILM과 비교하면, NILM 방법은 데이터 취득 장치는 간단하고, 신호를 처리하고 분석하기 위한 소프트웨어는 더 복잡하다고 할 수 있다[18]. NILM 방법에서는 가구 전체의 전기 부하를 먼저 측정하고, 얻어진 신호를 분석하여 각 가전 기기의 전력 소비 프로파일을 식별한다[19]. 연구 문헌에서 몇 가지 NILM 방법이 소개되고 있는데, 이들 방법은 공통적으로 데이터 획득, 데이터로부터 특성 추출, 가전 기기 분류 등 3단계로 진행된다[16]. NILM에서 데이터 획득은 가정의 전체 전기 사용량에 대한 정보를 취득하기 위해서, 각 가정의 입구에 설치된 단일 세트의 센서만을 필요로 한다[16]. 이들 센서를 통해 적정한 속도[17]로 샘플링하고 전압과 전류 신호를 측정하여 각 가전 기기의 패턴을 좀더 정확하게 검출한다[16]. 데이터 취득이 완료된 이후에는 획득된 전체 신호로부터 특정 가전 기기의 특징 또는 시그니처를 추출한다. 마지막 단계에서는 추출된 특성을 사용하여 전체 부하에서 개별 가전기기들의 차지하는 비율을 결정한다. 따라서 NILM은 분류를 위해 수학적 알고리즘을 사용하고, 이를 통해 각 가전기기들의 특성을 전체 신호에서 찾아낸다는 측면에서 머신러닝 문제의 하나로 볼 수 있다[9].

이 장의 목적은 에너지 세분화 방법과 그 주요 응용 분야에 대한 포괄적인 리뷰를 제공하는데 있다. 모니터링 방법, 특성 추출 방법, 이벤트 감지 방법 등이 각 가전기기의 동작 상태, 부하 유형 등에 따라서 달라지기 때문에, 이에 상응하는 가전 기기의 분류 문제를 먼저 설명한다. 다음으로 연구 문헌에서 공통적으로 다루어지는 각 가전 기기의 거시적, 미시적 특성 등과 같은 최신의 시그니쳐를 리뷰한다. 지도 학습과 비지도 학습을 포함하여 여러 분류 알고리즘을 리뷰하고, 자주 사용되는 분류 정확도에 대한 지표를 논의한다. 이 지표들은 NILM 알고리즘의 성능을 평가하는데 이용된다. 그런 다음, NILM 연구 커뮤니티에서 제공하는 오픈 소스 도구들과 일반인들이 접근할 수 있는 데이터 세트를 소개하는데, 이들 도구들은 에너지 세분화 연구를 지원하고 여러 알고리즘을 서로 비교하기 위한 목적으로 제공되고 있다. 이 장의 마지막 부분에서는 에너지 세분화의 주요 유스 케이스를 소개한다. 여기에는 전력 소비자에게 가전 기기별로 세분화된 전기 요금 청구서를 제공하거나, 고장난 가전기기를 탐지하는 일, 그리고 에너지 소비 예측의 정확성을 높이거나 수요반응의 효과성을 높이는 것 등이 있다.

2. 가전 기기의 분류

가전 기기의 모니터링에 어떤 방법을 사용할지 여부와 이를 통해서 이들 가전 기기의 부하가 전체 부하에서 차지하는 비중을 어떻게 식별할 수 있을지 여부는 가전 기기들의 동작 원리(operation principle)와 부하 특성에 따라 달라진다. 따라서 NILM 관점에서 가전 기기들을 구분하는 공통된 기준은 이들을 동작 상태(operational states)를 기반으로 분류하는 것이다[20]. 이외에도 가전 기기들은 각 기기들의 부하 유형과 부하의 선형성(linearity)을 기준으로 분류할 수도 있다[21, 22]. 각 가전 기기들이 어떤 범주에 속하는지를 알게 되면, NILM을 위해서 특정 샘플링 하드웨어, 시그니쳐, 이벤트 탐지 방법 등이 왜 선택되고 이용되는지에 대한 숨은 이유를 보다 잘 이해할 수 있다. 따라서 이 절에서는 앞에서 언급한 두가지 기준을 토대로 가전 기기에 대한 여러 분류를 소개하는데 할애하고자 한다.

2.1 작동 상태에 따른 기기 분류

NILM을 창안한 Hart [18]는 각 가전 기기의 정상 상태(steady state)에서 측정되는 유효 전력과 무효 전력 측정 값의 가능한 변동(possible variations)을 기준으로 가전 기기를 3개의 그룹으로 분류했다. 이들 그룹은 각각 On/Off 기기, 유한 상태 기기(finite state machine; FSM), 연속 변동형(continuously variable) 기기로 구분된다. Hart는 그의 첫번째 연구문헌에서 비간섭형 ALM 프로토타입을 소개하였지만 On/Off 기기에서만 유효한 결과를 얻어서 동작 상태가 여러 단계인 가전기기(multistate appliances)에서는 심각한 오차가 발생할 수 있는 한계가 있었다. 미국 EPRI(Electric Power Research Institute)에서도 비슷한 결과를 얻었는데, NILM 방법은 On/Off와 같이 동작 상태가 2개인 기기에서만 효과적인 방법이라는 결론이 제시되었다[24]. Baranski와 Voss [25]는 네번째 기기 그룹으로 전력을 항상 일정하게 소비하는 영구 소비(permanent consumer) 기기를 추가하였다[4, 20]. 이들 분류에 해당하는 기기들의 동작 특성과 해당 기기들의 사례를 살펴 보면 다음과 같다.

2.1.1 On/Off 기기

이 분류에 해당하는 기기들은 단지 2개의 동작 상태 즉, On/Off로 동작상태가 구분된다. 테이블 램프, 토스터기를 비롯한 여러 가전 제품이 이 범주에 속한다. 그러나 이 범주에서, 밝기가 3단계로 조절되는 램프나 여러 세탁 모드를 가진 세탁기 등과 같이 전원이 공급된 상태에서 전력 소비가 몇 개의 상태로 구분되는 기기들이 제외된다[18].

2.1.2 유한 상태 기기(FSM)

이 범주에 해당하는 기기들은 여러 개의 동작 상태를 가진 기기들이다. 이들 기기의 스위칭 패턴은 주기적으로 반복되는 특성을 가진다는 점이다. 이러한 주기적 반복 특성은 세분화 과정에서 이들 기기의 동작을 식별하는데 이용된다. 이러한 특성을 가진 가전 기기들로는 스토브 버너, 식기 세척기, 세탁기, 의류 건조기 등이 있다[20]. FSM 장치에 "On/Off" 모델을 적용하면, 모델에서 여러 개별 기기들이 동작하는 것으로 인식될 수 있으며, 일부 동작 상태는 전혀 인식되지 않을 수 있다는 점에 유의할 필요가 있다[20].

FSM 기기의 동작 원리를 시뮬레이션하는 모델에서는 원(circles)과 원호(arcs)로 기기들을 표시하는데, 여기에서 원은 상태(즉, 이름과 동작 전력 수준)를 나타내고, 원호는 여러 상태 사이에서 스위칭을 의미낸다. FSM 유형의 가전 기기를 모델링할 때, 제로 루프 썸 제약(zero-loop-sum constraint; ZLSC) 조건이 충족되어야 한다. ZLSC 기준에 따르면, 상태가 전환되는 각 사이클에서 전력 변동의 합은 0과 같아야 한다[18].

2.1.3 연속 변동형 기기

가전 기기를 구분하는 세번째 유형은 FSM 모델에서 유도된 것으로, 가전 기기의 동작 상태가 무수하게 많은 FSM의 일반 모형(general form)이라고 할 수 있다. 여기에 해당하는 기기들은 전력 사용량이 연속적으로 변화하며, 상태가 주기적으로 변화하거나 상태가 변환되는 과정에서 나타나는 특정한 패턴 즉, 단계 변화(step change) 특성이 나타나지 않는다. 재봉틀, 조광기(light dimmers), 가변 속도를 가진 전기 드릴, 기타 전력전자로 제어되는 가전 기기들이 여기에 해당한다[18]. 가정의 전체 전력 사용량에서 이들 유형의 기기들을 구분하는 것은 어려운 일이다. Hart는 최초의 연구문헌과 이후에 계속된 후속 연구에서 NILM 모델을 확장했지만, On/Off, FSM 기기만 분류가 가능하였고, 연속 변동형 기기를 구분하는데에는 적합하지 않았다. 나중에 다른 연구자들이 전력 부하가 변동하는 가전 기기들의 다른 특성들을 조사하면서 이들 기기를 분류할 수 있는 유망한 방법들을 찾고자 하였다. 최근에 진행된 연구의 하나로 Wichakool 등[26]은 다양한 전력 부하를 갖는 기기를 구별하는데 적합한 NILM 방법을 제안한 바 있다.

2.1.4 영구 소비 기기

마지막 가전 기기 그룹은 전화기, 셋탑박스, 연기 감지기 등과 같이 항상 켜져있는 기기들이다. 이 분류에 해당하는 기기들은 전력 소비율이 거의 일정한 상태로 유지되기 때문에 "영구 소비 기기(permanent consumer devices)"로 불린다.

2.2 부하 특성에 따른 가전 기기의 분류

각 유형의 가전 기기는 가구의 전체 전기 사용량에서 기기별로 특별한 흔적, 즉 시그니쳐를 생성한다. 따라서 위에서 동작 상태에 따른 언급한 분류와 함께, 가전 기기들은 부하 유형을 기준으로도 분류할 수 있다[21,22]. Dong 등[27]에 따르면, 가정의 전력 부하는 크게 저항성(resistive), 유도성(inductive), 용량성(capacitive), 기타 그룹으로 분류될 수 있다. 여기에서 기타 그룹은 앞의 세가지 그룹에 해당하지 않는 경우로 스위치 모드 전력 공급(switch-mode power supply; SMPS)과 복합 부하(composite loads)로 다시 세분화될 수 있다. 표1은 여러 유형의 전력 기기와 각각의 부하 특성을 요약한 것이다.

3. NILM 방법

MIT의 Hart 등[17]은 최초로 NILM 방법론을 제안하고, 이후의 연구를 통해 확장형 모델을 제안한 바있다[18, 28]. Hart의 방법은 Bouloutas와 Schwartz [29], Leeb 등[30, 31], Cole과 Albicki[32, 33], Baranski와 Voss[25, 34, 35] 및 기타 연구자들에 의해 계속 확장되어 왔다. 연구자들이 제안한 NILM 방법들은 다른 접근을 취하고 있지만, 이들 대부분은 공통적으로 데이터 획득, 데이터로부터 특성 추출, 가전 기기 분류 등 3단계로 진행된다[16]. 데이터 취득은 가정의 전체 전력 부하에 대한 측정을 의미한다. 샘플링 속도는 빠르거나 느릴 수가 있다. 다음 단계에서는 확보한 부하 정보로부터 특정한 특성을 추출하는 과정이 진행된다. 여기에서 추출되는 특성은 샘플링 속도에 따라서 거시적 시그니쳐 또는 미시적 시그니쳐가 될 수 있다. 각각의 가전 기기들은 특정한 특성 세트를 통해 특징을 구분할 수 있기 때문에

표1. 부하 유형의 특성에 따른 가전기기의 분류[21, 22]

부하 유형 구분	해당 가전 기기	부하 특성
저항성 가전기기	전열 기능을 가진 가전 기기 – 전기 주전자 – 토스터, 오븐 – 난방기 – 커피메이커 – 조도 조절 전등	– 스위치 On : 과도 현상 없이 순간적으로 높은 전력을 사용 – 사용중 : 상대적으로 일정한 부하 사용 – 무효 전력이 없음 – 전류의 고조파가 없음
유도성 가전기기	AC 모터를 가진 가전 기기 – 압축기 (냉동,냉방기기) – 식기 세척기 – 세탁기 – 선풍기 – 다양한 종류의 믹서기 – 진공 청소기	– 스위치 On : 초기에 스파이크 형태로 전력을 소비하며, 과도 현상이 길게 나타남 – 사용중 : 전기 사용량이 증가, 감소를 통해서 일정한 상태에 도달 – 무효 전력이 큼 – 홀수 형태의 고조파 전류 발생
용량성 가전기기	건물에서는 용량성 부하가 유의하지 않음 (다양한 용량성 기기들이 혼합되어 있기 때문에 건물의 부하 패턴은 저항성, 유도성 기기에 따라 변화)	– 순수 용량성 부하는 사인 파형 형태로 전류가 흐르며, 전압 사인 파형에 앞서서 피크가 발생함.
비선형 스위치 모드 가전기기	– 텔레비전 – 컴퓨터 – 비디오 기기	– 스위치 On : 짧지만 진폭이 매우 큰 과도 현상이 나타남 – 고조파 성분이 매우 큼 – 전력 소비의 상한과 하한이 정해져 있어서 눈에 뜨는 전력 변동은 제한됨 – 사인 파형과 다른 형태로 전류가 흐름
비선형 복합 부하 특성 가전기기 (저항성, 유도성, 용량성 특성이 복합됨)	– 에어컨 (압축기, 팬, 덕트댐퍼, 습도조절 기능 보유) – 냉장고 (압축기와 저항성 부하, 조명, 얼음 제조기, 냉수기 기능 혼합) – 의류 건조기, 세탁기, 식기 건조기 (모터, 가열 장치의 혼합)	– 작동 모드에 따라 구성 기기의 동작 여부가 달라지며, 반복 사이클로 운전됨 – 기기별로 상이한 패턴 : 같은 용도의 기기라 하더라도, 구성 부품의 부하 유형, 설계 조건 등에 따라 상이한 부하 패턴을 가짐.

이들 정보를 활용하면 가전 기기의 동작을 식별할 수 있다. 따라서 마지막 단계에서는 추출된 특성과 가전 기기들의 시그니쳐를 활용하여 전체 부하에서 개별 가전기기가 소비하는 전력을 세분화하는 과정이 진행된다. 이에 따라서 이 절에서는 자주 이용되는 가전 기기의 시그니쳐

를 다룬다. 여기에는 거시적 특성, 미시적 특성과 함께 이러한 특성을 파악하기 위한 데이터 취득 방법들도 논의된다. 다음으로 여러 지도 학습, 비지도 학습 세분화 알고리즘이 상세하게 설명된다. 마지막으로 최신의 정확성 평가 지표들이 다루어지는데, 이들 지표들은 여러 에너지 세분화 방법들의 정확성을 비교하는데 이용된다.

3.1 가전 기기의 시그니쳐

각각의 가전 기기들은 측정이 가능한 일련의 특징을 가지고 있는데 이를 "시그니쳐"라고 부른다. 이를 통해서 가전기기의 전력 소비 패턴, 특성, 동작 유무 등에 관한 정보를 얻을 수 있다[18]. 각 기기들의 시그니쳐에 대한 연구는 1980년대 GE(General Electric)와 미국 Oak Ridge 국립연구소에 의해서 시작되었는데 당시에는 모터가 달린 가전 기기들의 시그니쳐를 조사하였다. 1990년대 초기에 미국의 MIT와 EPRI, 프랑스의 EDF(Electricite de France) 등에서 가전 기기의 동작을 추적하기 위한 시그니쳐로 유효 전력(P)과 무효 전력(Q) 인출량(draw)을 제안한 바 있다. 나중에 과도 파형(transient waves)[31], 고조파(harmonics)[38], 전압 및 전류[39], 전자기 간섭 (electromagnetic Interference; EMI) 스펙트럼[40], 구동 전류(electrical current startup)[41], 가전 기기의 갑작스러운 스위칭에 따른 전압 노이즈[42] 등이 다른 연구자들에 의해 다루어졌다.

가전 기기들이 정상 상태 또는 과도 상태에서 동작하는 과정에서 뚜렷한 시그니쳐를 캡쳐할 수 있다. 정상 상태 동작의 경우에는 부하 특성에 변동이 없다. 즉, 특정 허용 오차 범위에서 변동은 무시할 수 있는 수준이 된다. 정상 상태에서 기기들의 특성을 나타내는 시그니쳐로는 전력량 변화, 전압 평균제곱근(root mean square; RMS), 전류 RMS, 역률(power factor), 고조파, V-I 궤적(trajectory) [20, 36] 등이 있다. 이와 같은 정상 상태 시그니쳐들을 통해서 가전 기기를 식별하려면 이들 변수들의 상태 변화를 연속해서 추적해야하는데, 특정 시점에서 측정하는 것과 비교했을 때, 구현하기가 쉽다. 또한 연속 측정을 통해 얻는 시그니쳐는 앞에서 언급한 FSM 기기들의 ZLSC 기준을 충족한다[6].

이와 달리, 과도 상태는 가전 기기가 Off 상태에서 정상 상태(On)의 중간에 있는 동작 기간을 의미한다. 과도 이벤트를 나타내는 매개 변수로는 모양, 크기, 기간, 시간 상수 등이 있다[18]. 과도 상태에서의 부하 변동은 가전기기를 켜거나 끄는 도중에 회로에 갑작스런 변화가 발생하면서 초래된다. 가전 기기들은 보통 특정한 시그니쳐를 생성하거나 변화를 유발할 수 있는 여러 부품으로 구성된다[38]. 여러 가전 기기들의 과도 현상에 대한 상세한 설명은 2절에서 이미 다루어졌다. 정상 상태의 시그니쳐와 비교할 때, 과도 상태를 나타내는 시그니쳐들은 보통 정보량이 적기 때문에 일반적으로 샘플링 속도가 빨라야 한다[43]. 또한 네트워크의 기하학적 구조와 기기들이 설치된 위치가 과도 펄스(pulse)에 영향을 준다[44]. 하지만 과도 시그니쳐를 분석을 통해서 정상 상태에서 유사한 시그니쳐를 가지는 가전 기기들을 구분해 낼 수 있다. 이러한 장점에 관심을 가진 여러 연구자들이 과도 상태에서의 시그니쳐를 조사하는 연구를 진행한 바 있다[31,45].

시그니쳐에 대한 다른 분류 방법으로, 시스니쳐를 거시적(macroscopic) 특성과 미시적(microscopic) 특성이라는 두 개의 그룹으로 나누는 경우가 있다[4]. 이 분류 체계에서 거시적 특성은 유효전력과 무효전력의 변화를 의미하는데, 이들 특성 데이터는 샘플링 주기가 빠르지 않아도 취득이 가능하다. 반면에 고조파, 노이즈 등을 미시적 특성으로 볼 수 있는데, 이들 특성을 파악하려면 샘플링 주기가 빨라야 한다[4]. 연구 문헌들에서 자주 사용되는 거시적 시그니쳐와 미시적 시그니쳐에 관한 세부 내용은 아래와 같다.

3.1.1 거시적 시그니쳐

1Hz 수준의 느린 속도로 샘플링을 하게 되면, 총 전기사용량으로부터 매크로 수준의 거시적 특성의 시그니쳐를 얻을 수 있다[46]. 거시적 시그니쳐에서 가장 널리 이용되는 특성은 유효전력과 무효 전력의 변화이다. 여기에서 유효 전력은 가전 기기가 동작하는 중에 소비하는 전력을 의미한다. 반면에 무효 전력은 부하로 전달되지 않고 전력선에서 열 등의 형태로 소실된다[21]. 무효 전력은 전력 계통에서 용량성(capacitive), 유도성(inductive) 성분에 의해 생성되며, 가전 기기를 식별하는 과정에서 이용할 수 있는 추가적인 정보를 제공한다. 이러한 거시적 수준의 시그니쳐는 EPRI와 MIT에 의해서 선행 연구가 이루어졌다[18, 38, 47]. 이들 연구에서는 유효 전력(P)과 무효전력(Q)의 크기와 부호의 시간에 따른 변화를 추적하고, 가전 기기의 켜지거나 꺼지는 이벤트를 부호의 (+)/(−)가 변화와 매칭시켜서 확인한다. MIT의 연구진들은 이러한 초기 방법을 확장시켜서 산업용 건물의 전체 에너지 소비에 적용한 바 있다[31]. 이 연구에서는 부하의 갑작스런 피크를 필터를 통해 제거하고 분석이 진행되었는데, 필터링을 통해 건물의 전력 소비는 기동시간(starup time)과 같이 무효 전력이 작고 과도기간이 긴 특성이 있는 것으로 확인되었다. 이를 바탕으로 연구진들은 유효 전력과 무효 전력의 변화에 기반을 둔 부하 탐지(load detection)는 어느 정도 한계가 있으며, 추가적인 시그니쳐로 과도 이벤트를 도입하면 개선될 수 있다는 결론을 얻었다[4]. 같은 맥락으로 Albicki와 Cole[32, 33]은 정상 상태의 시그니쳐와 함께, 전력 사용에서의 경사(slope)와 에지(edge)를

활용하는 방법을 제안하였다. 이들의 확장된 연구는 모터를 가진 가전 기기를 식별하는데 적합한 방법이며, 여기에서 에지와 경사는 동작이 시작하는 순간 갑자기 상승하는 전력과 기기가 동작 중인 상태에서 느린 속도로 변화하는 전력으로 정의된다[4, 27].

3.1.2 미시적 시그니쳐

별도의 측정 장치를 부착하여 샘플링 주기를 빨리해서 얻어진 특성 데이터를 마이크로 레벨 또는 미시적 시그니쳐라고 한다[48]. 고조파, 푸리에 변환(Fourier transform), 노이즈에 대한 고속 푸리에 변환(Fast Fourier Transform; FFT), 처리되지 않은 파형, FFT를 넘어서는 일부 특성 등이 고속 시그니쳐에 해당한다[46]. 고속 샘플링을 통해서 전류 파형, 노이즈의 특성을 추출하려면, 샘플링 속도가 매우 빠른 복잡한 하드웨어가 필요하다[46].

Laughman 등[38]에 의해 수행된 연구에서는 부하 식별 성능을 높이기 위해서 고조파를 $\Delta P-\Delta Q$ 평면 위에 추가하여 3차원으로 해석한 바 있다. 이 방법은 $\Delta P-\Delta Q$ 평면에서 모호한 겹침(ambiguous overlapping)이 있는 상황에서 보완적인 특성을 제공한다[44,49]. 나이퀴스트(Nyquist) 기준에 따르면, 가장 높은 차수의 고조파를 얻기 위한 최소 샘플링 속도는 그 주파수의 두 배가 되어야 한다. 보통 11차 고조파가 가장 높은 고조파이기 때문에, 찾고자 하는 모든 특성을 얻으려면 샘플링 주파수는 1.2~2 kHz가 되어야 한다. 파형의 샘플랭 속도는 저장 용량과 전송 용량에 의해 한계가 정해진다는 점을 알 필요가 있다[4]. 전력의 고조파를 통해 얻을 수 있는 고유한 정보는 정현파가 아닌(nonsinusoidal) 전류가 흐르는 비선형 가전 기기를 식별하는데 특히 유용하다. 유효 전력과 무효 전력의 사용량이 적은 소형 가전은 전류의 고조파 특성을 통해서 식별할 수 있다. 또한 모터로 움직이는 가전 기기와 같은 비선형 기기들은 전류 신호가 삼각 파형(triangular wave form)을 띄기 때문에 매우 적은 차수의 홀수 고조파를 생성한다[18].

Leeb 등[30]이 진행한 연구에서는 부하가 변동하는 가전 기기의 식별을 용이하게 하기 위해서 고조파를 확장하여 스펙트럼 포락선(spectral envelope)으로 알려전 단시간 FFT의 1차 계수 일부를 차용한 바 있다. Patel 등[42]은 전력 기기의 갑작스런 On/Off 스위칭 과정에서 생성되는 전압 신호의 전기적 노이즈 스펙트럼을 이용하였는데, 이 방법은 과도 특성이 시간에 따라 중첩되어 나타나는 주파수 영역에 있는 가전 기기를 식별할 수 있게 해준다[24]. 하지만 이 방법으로 과도 상태의 노이즈를 추출하고 확인하는 과정은 연산 비용이 꽤 많이 소요되기 때문에, 각 가전 기기의 노이즈 FFT와 이를 조합하여 시스템을 훈련시키는 과정이 필요하다[4].

고조파와 FFT 외에도 연구문헌에서는 웨이브렛 변환, *I*–*V* 파형의 기하학적 형상, 과도 에너지 등과 같은 기타 시그니처가 이용되고 있다[4]. 웨이블릿 변환은 과도 상태에서 부하의 물리적 거동을 나타내는데[20], 이를 활용하면 시간과 주파수의 위치를 동시에 파악할 수 있는 정보를 얻을 수 있다. 이러한 정보는 FFT에서는 얻을 수 없는 것이다[4]. *I*–*V* 곡선의 기하학적 특성은 시간과는 무관한 특성을 갖는데, Lee 등[50]과 Lam 등[51]이 가전 기기의 시그니쳐를 구분하는데 이용한 바 있다[4]. 가전 기기의 식별 정확성을 높이기 위해서 여러 다른 시그니쳐들이 함께 이용될 수도 있다[48].

3.1.3 비전통적인 시그니쳐

앞에서 언급한 특성들은 전체 부하의 신호로부터 특성 정보를 추출하는 방식이 이용된다. 여기에 덧붙여서, 최근의 NILM 연구에서는 비전통적인 방법으로 특성을 추출하는 것이 시도되고 있다. 이렇게 추출된 특성들은 일반적인 특성에서는 포함되지 않는 추가적인 정보를 제공하여 가전 기기의 동작을 파악하는데 이용된다. 이러한 특성들의 예로는 동작 시각 등의 시간 관련 매개 변수, 온도, 조명 등이 반영된 가전기기의 동작 시간(run times) 등이 있다[27,36].

3.2 부하 세분화 알고리즘

세분화 알고리즘은 각 가정의 전체 전력 소비에 기여하는 가전 기기를 식별하는데 목적이 있다. 연구 문헌에서는 여러 세분화 알고리즘이 소개되고 있는데, 시스템 훈련 관점에서 살펴보면 크게 지도 학습과 비지도 학습으로 구분할 수 있다. 지도 학습 방법은 라벨이 있는 데이터 세트를 이용해서 분류기를 훈련시키는 알고리즘이다. 여기에서 라벨에는 여러 가전 기기의 시그니쳐가 포함된다.

비지도 학습 방법에서는 이벤트나 선례(a-priori) 정보, 라벨 데이터를 필요로 하지 않는다. 이 그룹에 해당하는 알고리즘들은 인수분해 은닉 마르코프 모델(factorial hidden Markov models)[14]과 같이 확률 모델을 차용하여 가전 기기의 동작을 시뮬레이션한다. NILM 방법론에 관한 최근 리뷰에 따르면 비지도 학습 기법에 대한 관심이 증가하고 있는 경향이 확인된다[20]. 지도 학습에서는 시스템을 훈련시기는 과정이 필요한데, 이 때문에 수 많은 가전 기기들을 세분화하는데 있어서 확장성이 떨어지는 한계가 있다. 하지만 비지도 학습은 지도 학습에 비하여 구현은 어렵지 않지만, 제공하는 정보도 많지 않은 단점이 있다[24].

이 절에서는 이들 두 가지 방식의 세분화 알고리즘에 대해서 좀더 자세히 설명하고자 한다.

3.2.1 지도 학습을 이용한 세분화 알고리즘

지도 학습 방법은 분류기를 훈련시키기 위해서 여러 가전 기기들의 특성이 포함된 라벨 데이터 세트가 필요하다. 지도 학습의 시스템 훈련은 온라인 또는 오프라인으로 시행할 수 있다[20]. 온라인 방식에서는 실시간으로 이벤트를 탐지하여 데이터 라벨링이 이루어지고, 이와 동시에 시스템에 대한 훈련이 진행된다. 오프라인 훈련 방법에서는 특정 조건에서 일정 기간 동안 가전 기기의 동작을 모니터링하고, 라벨링을 진행하여 얻어진 데이터 세트로 훈련이 이루어진다.

필요한 라벨 데이터를 얻으려면 개별 가전 기기에 측정 장치를 설치하여야 하는데, 이 과정은 비용이 많이 들고, 시간이 많이 소비된다. Hart 등[17]은 이에 대한 대안으로, 가전 기기들을 순차적으로 스위칭하여 전체 부하에서 개별 부하를 탐지하는 방법을 적용하였다[9]. 참고문헌[52]에서는 이 방법을 확장하여 스마트폰으로 개별 기기의 동작을 라벨잉하는 방법이 사용되었다. 여러 가전 기기의 시그니쳐를 조사하여 얻어진 라벨 데이터를 일반인들이 이용할 수 있도록 여러 데이터 세트가 공개되어 있다. 이들 오픈 데이터 세트는 이 장의 다음 절에서 소개되는데, 이들 데이터 세트를 이용하여 연구자들은 데이터 취득에 소요되는 상당한 노력을 들이지 않고도 각자의 알고리즘을 훈련시킬 수 있다.

지도 학습에 의한 세분화 알고리즘은 크게 패턴 인식(pattern recognition)과 최적화라는 두개의 방법으로 구분할 수 있다. 가전 기기를 식별하는데 있어서 전자는 이벤트에 의존하는 데 비하여 후자는 이벤트에 의존하지 않는다[20].

패턴 인식 (이벤트 기반) 방법

Hart 등[17]이 제안한 최초의 NILM 알고리즘은 패턴 인식 또는 이벤트 기반 방법이었다. 패턴 인식 방법은 공통적으로 이벤트 탐지, 특성 추출, 패턴 매칭이라는 3단계의 과정을 통해 진행된다.

Hart 방법에서 이벤트 탐지는 엣지 검출기에 의한 정상 상태 전력 레벨의 변화를 식별하는 과정을 통해서 수행되었다. 다른 연구자들에 의해 제안한 확장 방법에서는 이벤트를 탐지하기 위해 스파이킹(spiking), 램핑(ramping), 소형 진동(oscillating)[33], 큰 진동[53], 전력 변동(fluctuations)[54] 등을 추가한 기준이 제안되었다. 이들 기준과는 별도로, 앞 절에서 소개된 몇 가지 다른 정상 상태, 과도 특성 등이 이벤트 탐지에 사용되기도 하였다. 이벤트가 탐지

되면, 레이블이 부여되고 해당 시간을 기록하여 이벤트 전후에서 측정된 샘플에 대한 일련의 시그니처를 캡처하여 이를 특성화한다. 따라서 이러한 과정을 통해서 이벤트와 관련된 데이터만 남김으로써 데이터의 양을 크게 줄일 수 있다[55,56]. 마지막 단계와 관련하여 여러 패턴 매칭 알고리즘이 연구 문헌에서 제안되어 왔는데, 이들 알고리즘을 간략히 살펴 보면 다음과 같다.

• 최초의 MIT 알고리즘

Hart의 접근법[23]은 유효 전력과 무효 전력을 단순한 클러스터링 방법으로 분류한 것이었다. 따라서 시간 기록 데이터를 무시하고, 정상 상태에서의 유효 전력과 무효 전력의 변화를 파악하여 P–Q (유효 전력 대 무효 전력) 공간에 산점도(scatter plot) 형태로 맵핑을 한다. 다음 단계에서는 P–Q 평면에서 전력의 크기는 같지만 부호가 다른 이벤트들에 대한 짝짓기(paring)을 수행한다. 이러한 짝짓기는 전력에서 (+)와 (–) 부호가 빈번하게 관찰되는 전력 기기의 On/Off 스위칭과 관련이 높다는 사실에 바탕을 두고 있다[23]. 반면, 불규칙한 변화가 노이즈, 측정 오차, 또는 여러 기기가 동시에 동작하는 과정에서 발생할 수 있다. 따라서 마지막 단계에서는 기존 클러스터를 사용하여 일치시킬 수 없는 이벤트를 처리하는 데 초점을 맞춘다. 이를 위해서 최대 우도 추정법(maximum likelihood estimation)을 사용하여, 새로운 특성 벡터를 가용한 클러스터와 매칭하는 작업을 수행하고, 이벤트의 발생과 가장 관련이 깊은 가전 기기의 그룹을 찾는다. 연구 문헌에서는 다차원 산점도를 클러스터에 그룹핑하기 위하여 다른 방법이 제안되기도 하였다[23,57,58]. 이 단계에서 가장 어려운 문제는 찾고자 하는 클러스터의 수를 자동으로 지정하는 문제이다. 여기에서 클러스터의 수는 전체 부하를 구성하는 가전 기기의 수를 의미한다[23].

On/Off, FSM 모델은 클러스터에서 단계의 변경을 반영하는 형태로 개발되었다. FSM 모델을 개발하기 위해서는 ZLSC(zero loop–sum constraint)와 유일성 제약(uniqueness constraint, UC)이 고려되어야 한다[18]. 앞에서 언급한 바와 같이, ZLSC는 모든 루프에서 상태 전이 시퀀스의 합이 0이어야 함을 의미하고, 유일성 제약은 각 사이클에서 전력 레벨이 0이 되는 Off 상태는 한 개만 존재한다는 것을 의미한다[18]. 시스템이 하나의 FSM을 학습하게 되면, 이와 관련된 이벤트는 데이터에서 삭제되고, 남아 있는 데이터를 가지고 다른 FSM을 학습하는 절차가 계속된다. 이러한 절차에서 노이즈, 부하 변동, 여러 소형 가전 기기들이 동시에 동작하면서 발생하는 오차 등을 다루기 위해서 허용 오차를 어느 수준으로 할지를 고민해야 한다는 점에 유의할 필요가 있다. 비터비(Viterbi) 알고리즘으로 알려진 디코딩

기술을 사용하면 한 심볼이 다른 심볼로 손상된 경우에 발생하는 오차를 보정할 수 있다[18].

이러한 절차가 수행되면, 각각의 가전 기기는 P–Q 평면에서 고유한 클러스터를 형성한다. 일반적으로, 가전 제품들은 사전에 알고 있는 가전기기 특성 데이터베이스와 각 이벤트를 매칭함으로써 식별될 수 있다[48]. 그리고 특성 데이터베이스의 정보는 훈련이나 이력 데이터를 활용하여 수집할 수 있다[4].

일부 가전 기기들은 작동 중에 저항이 변하는 경우가 있다는 점에 유의해야 한다. 이로 인하여 전력 변화에 불일치가 발생할 수 있으며, 약 10%의 전력 드리프트(drift)가 생기기도 한다[4]. 또한, 변동성 부하를 갖는 가전 기기나 동작 상태가 여럿인 가전 기기는 이 방법으로는 식별할 수 없다. 더욱이, 전기 사용량이 적은 저전력 기기들은 $P–Q$ 평면에서 원점 근처에 클러스터를 형성한다. 따라서 P–Q 평면은 이들 기기를 식별하기에 충분한 정보를 제공하지 못한다고 할 수 있다[48].

• MIT 방법의 확장

MIT 방법에 추가적인 특성을 반영하여 확장한 다른 이벤트 기반 세분화 알고리즘들이 연구되고 있다. 이들 연구에서는 과도 특성 (transient feature)[59]을 추가하거나 과도 상태와 정상 상태의 특성을 모두 사용하는 하이브리드 시스템이 사용된 바 있다[31,60]. NorFord와 Leeb [31]는 이벤트 기반 알고리즘에서 어려운 문제인 과도 상태가 중첩되는 현상을 인식하는 방법을 개발했다.

• 베이지안 접근법

베이지안 접근법은 Marchiori 등[61]과 Liang 등[48]이 제안한 방법으로, 각각의 가전 기기에 대하여 상태 변화에 따른 전력 레벨과 특성들을 가지고 나이브 베이지안 분류기를 훈련시킨다. 따라서 일련의 훈련된 분류기가 가전 기기별 특정 상태를 식별할 수 있다. 하지만 이 방법은 가전 기기들의 상태에 서로 상관 관계가 없다는 가정에 바탕을 두고 있는데, 이 가정이 항상 옳은 가설이라고 볼 수는 없다[20].

• 경험적 방법

이 방법에서는 유효 전력과 무효 전력을 히스토그램 간략화(histogram thinning) 방법으로 클러스터링 한다. 이 방법과 베이지안 방법을 비교하면, 가전 기기들의 전력 사용이 안정적인 패턴을 가지는 경우에 베이지안 분류기가 더 높은 성능을 보이는 것으로 알려져 있다 [20].

• 지도학습 머신러닝 방법

많은 수의 전력 기기들을 높은 정확성을 가지고 구분해야 하는 경우를 다루기 위해서 지도 학습 기반의 머신러닝 알고리즘이 도입되었다. 이 방법에서는 상태의 변화와 시간 정보들이 포함된 여러 특성을 이용하여 학습 절차를 진행한다[49]. 연구 문헌들에서는 인공 신경망(artificial neural networks; ANN)[62]과 은닉 마르코프 모델(hidden Markov models; HMMs)[63~66] 2가지 머신러닝 알고리즘이 자주 사용되어 왔다. 머신러닝 분류기의 성능은 훈련에 사용되는 시그니쳐 세트, 가전 기기의 유형, 가전 기기의 수 등에 따라서 달라진다[20]. 머신러닝 방법은 일반적으로 학습 과정에서 다량의 메모리와 연산 부하가 요구된다. 여기에 덧붙여 입력 매개 변수의 수가 증가하면 훈련과 분류에 소요되는 시간도 함께 증가한다[43]. 이러한 복잡성 문제로 인해 HMM의 적용은 제한적일 수 밖에 없는데, 가전 기기의 수가 증가하면 복잡성은 비약적으로 증가한다. 이외에도 새로운 가전 기기를 추가할 때마다 학습을 반복해야 한다[67]. ANN과 HMM은 각각의 개별 가전 기기를 훈련시키고 모델을 만드는데 엄청난 양의 데이터를 필요로 한다. 이러한 문제는 구분해야 하는 가전 기기가 많은 경우 특히 문제가 될 수 있다. 그러나 입력 피드백을 통해서 ANN을 더 조정할 수 있고 더 나은 성능을 얻을 수 있다[7,39].

최근접 K-이웃 알고리즘(K-nearest neighbors algorithm)은 일부 항목들에 라벨링이 되어 있지 않은 경우에 사용될 수 있는 방법이다. 따라서 K-라벨링 최근접 이웃이 분류기를 학습시키는데 사용된다[7, 40, 43, 68].

Srinivasan 등[49], Kato 등[69], Lin 등[70], Figueiredo 등[68, 71], Kolter 등[72]은 서포트 벡터 머신(SVM)를 사용하여 세분화 작업을 진행한 바 있다. SVM에서는 고조파 시그니쳐와 저주파 특성이 학습에 사용될 수 있다. 또한 SVM과 가우시안 혼합 모델(Gaussian mixture model; GMM) 분류기를 함께 사용한 하이브리드 모델이 이용되기도 한다[73]. 하이브리드 SVM/GMM 방법에서는 GMM은 전류의 파형이 어떻게 분포되는지를 보여주며, SVM은 추출된 전력 특성은 분류하는 역할을 수행한다[20]. 정확성을 더욱 높이기 위해서 여러 다른 알고리짐들이 함께 사용하여 하이브리드 모델을 만들기도 하는데, 위원회 결정 메커니즘(committee decision mechanisms)이라고 불리는 하이브리드 모델이 개발된 바 있다[46,48,74].

이벤트가 없는 경우의 최적화 방법

지도 학습 알고리즘의 두 번째 범주는 이벤트가 없는 알고리즘으로 불리는 최적화 방법이다.

지도학습에 기반한 이벤트가 없는 세분화 알고리즘의 예로 Suzuki 등[67]이 제안한 최적화 방법을 들 수 있다[67]. 이 기법은 가전 기기들이 알려져 있지 않은 전체 전력량 측정 데이터와 부하 특성들이 알려져 있는 데이터베이스 사이에서 가장 최적의 매칭을 찾는다[20]. 최적의 매칭은 부하 측정 데이터에서 추출된 특성을 가지고 수행되는데, 여기에서는 단일 부하 또는 복합 부하가 사용된다[4, 48, 75]. 연구 문헌에서는 정수 연산 프로그래밍, 유전 알고리즘(genetic algorithm) 등을 포함한 다양한 최적화 방법이 활용되어 왔다[25,67,76].

최적화 방법을 실행할 때, 주요 난제는 여러 기기들을 동시에 세분화하는 과정에서 복잡성이 증가하거나 시그니쳐가 중첩되면서 가전기기의 식별이 잘 안되는 문제를 해결하는 것이다[46]. 특히 전체 전력량 측정 데이터에 알려지지 않은 기기, 즉 가전 기기 특성 데이터베이스에 반영되어 있지 않은 기기들이 포함되어 있을 경우에 이 문제가 더욱 심각해진다[20].

3.2.2 비지도 학습을 이용한 세분화 알고리즘

라벨 데이터에 의존하지 않는 비지도 학습 기반의 부하 세분화 방법에 대한 연구자들의 관심이 최근에 늘고 있다[14]. 이 방법에서는 가전 기기에 대한 사전 지식이나 훈련 데이터가 필요하지 않기 때문에 데이터 취득을 위해 센서 장치를 갖추거나 취득 과정에서의 인적 비용을 최소화할 수 있다. 이러한 장점들로 인하여, 비지도 학습 알고리즘은 대규모 부하 세분화 시스템을 저비용으로 구축하는데 전도 유망한 대안이라고 할 수 있다. 대부분의 지도 학습 기반 머신러닝 알고리즘과 달리, 비지도 학습 머신러닝 알고리즘은 이벤트가 없어도 구현할 수 있다[20]. 몇 시간, 하루, 몇 개월 등의 특정 기간동안 전체 전기 사용량 데이터를 취득하면 각 가전 기기의 특성이 자동으로 학습된다 [14,77]. 이렇게 추출된 특성들은 특정 클래스에 할당된다[9]. 지도 학습 방법에서는 각각의 클래스에 대해 라벨을 부여하는 작업이 수작업으로 진행되거나 최근에는 베이지안 추론 프레임 워크[78]를 이용하여 수행된다. 부하 세분화와 관련된 비지도 학습 알고리즘 연구 문헌에서는 FHMM[14,79], 가산 인수분해(Additive Factorial) HMM[80] 등과 같은 방법이 사용되고 있다.

또한 여러 FHMM을 결합하여 은닉 상태 시퀀스를 추정하고 전체 전기 사용량에 기여하는 가전기기를 분해하는 비지도 학습 알고리즘을 만들기도 한다[43]. Makonin[43]은 FHMM과 FHMM을 확장한 세 가지 모델, 즉, 조건부 FHMM, 인수분해 은닉 준-마르코프 모델, 조건부 인수분해 은닉 준-마르코프 모델 등을 이용하여 각 가정의 부하를 세분화한 바 있다.

이들 지도, 비지도 학습 기반 부하 세분화 방법 이외에도, Parson 등[9]은 이들 사이의 중간 단계에 해당하는 준지도 학습(semi-supervised) 학습 기법을 소개한 바 있다. 이 방법에서는 지도 학습 모듈과 비지도 학습 모듈이 복합되어 사용된다. 준지도 학습 알고리즘을 이용하면 지도 학습에서 연구자에 따라 결과가 달라지는 사람 의존성을 줄일 수 있다. 라벨이 부여된 가전 기기들의 데이터 세트를 이용해서 오프 라인으로 분류기를 지도 학습시킨 후에, 가전 기기에 대한 일반화 모델은 비지도 학습 방법으로 구현한다.

3.3 세분화 성능 지표

NILM 분야의 급속한 확산과 수많은 NILM 방법들이 최근에 개발되면서 NILM의 성능을 평가하는 표준적인 방법을 도출하는 것이 필수적인 과제로 대두되었다[20,48]. Liang 등에 따르면, NILM 알고리즘의 성능은 세분화의 정확성, 탐지 정확성, 전반적인 정확성 등과 같은 세 가지 정확성에 대한 지표를 이용해서 평가될 수 있다. 최근의 연구에서 이외에도 여러 정확성 지표가 제안된 바 있다[4,20,43]. 연구 문헌에서 정확성을 평가하는 지표로 자주 사용되는 기준들은 다음과 같다.

- 정상 탐지/오류 탐지 비율(true/false positive rate)

이벤트 탐지기의 정확성을 평가하기 위해서 탐지기의 정상 탐지 비율(true positive rates TPR)과 오류 탐지 비율(false positives rate; FPR)을 비교한다. TPR 및 FPR 비율은 다음과 같이 참긍정(true positive; TP), 참부정 (true negative; TN), 거짓 긍정(false positive; FP), 거짓 부정(false positive; FN) 샘플을 가지고 정의할 수 있다.

$$\mathrm{TPR} = \frac{\mathrm{TP}}{\mathrm{TP}+\mathrm{FN}} \tag{1}$$

$$\mathrm{FPR} = \frac{\mathrm{FP}}{\mathrm{FP}+\mathrm{TN}} \tag{2}$$

이 비율은 ROC(receiver operating characteristics) 곡선을 이용해서 시각화 할 수 있다. ROC는 탐지와 분류 방법의 성능을 비교하는데 널리 알려진 기법으로 패턴 인식 분야에서 주로 사용된다[4, 20]. ROC 곡선에서 가장 성능이 좋은 탐지기는 TPR=1, FPR=0인 이상적인 탐지기에 근접한 형태를 띈다[14]. NIALM 프레임워크에서는 이벤트의 탐지가 분류, 세분화, 에너지 추적 등의 출발점이 된다. 따라서 탐지가 정확할수록, 다음 단계에서 오차가 커질 가능성이 줄어든다[24].

• 정밀도(precision)와 재현율(recall)

TPR 및 FPR과 마찬가지로, 정밀도와 재현율은 TP, TN, FP, FN에 따라 달라지는 정확성에 대한 지표로 다음과 같이 정의된다.

$$\text{Precision} = \frac{\text{TP}}{\text{TP}+\text{FP}} \tag{3}$$

$$\text{Recall} = \frac{\text{TP}}{\text{TP}+\text{FN}} \tag{4}$$

• F-스코어

F-score는 Kim 등[14]에 의해 정밀도와 재현율의 조화 평균(harmonic mean)으로 정의되었는데, 일반적인 수식[81]은 다음과 같다.

$$F_{\beta} = \frac{(\beta^2+1)\cdot \text{precision}\cdot \text{recall}}{\beta^2\cdot \text{precision}+\text{recall}} \tag{5}$$

• 수정 F-스코어

수정 F-score는 NILM의 정확성 평가에 더 적합하도록 Makonin[43]이 제안한 방법이다. F-스코어에서는 가전 기기들의 상태 분류 정확성만이 다루어진다. 이에 반하여, 수정 F-스코어 방법에서는 이들 측정 데이터에 각 가전 기기의 전력 소비를 얼마나 정확하게 예측하는지에 측정 방법이 추가된다. 수정 F-스코어에서는 TP를 대신해서 "정확한 TP + 부정확한 TP"가 사용되는데, 정확도, 재현율, F-스코어 등 다른 지표들도 여기에 영향을 받는다.

• 오차 행렬(confusion matrix)

오차 행렬의 각 성분은 가전 기기의 각 상태와 참으로 간주한 상태 사이에 잘못된 경우가 얼마나 많이 발생했는지를 나타낸다[82].

• 총 전력 소비 변화

앞의 측정 지표들은 일부 이벤트가 전력 소비가 많은 기기와 관련이 있고 다른 이벤트는 전력 소비가 적은 소형 가전기기와 관련이 있음에도 불구하고, 모든 이벤트가 동일한 중요성을 갖는다고 가정한다. 따라서 각 이벤트에 대한 가중치를 반영하면 유용한 결과를 얻을 수 있다. 이 문제를 해결하기 위해 Anderson[24]은 누락된 이벤트와 거짓 긍정인 이벤트에 의해 생기는 전력 사용량 변화의 합을 조사하였다. 비슷한 논리도 Anderson은 평균 전력 변화라고하는 또 다른 지표를 제안한 바 있다.

• 해밍 손실(Hamming loss)

NIALM 기기에서 기기를 잘못 분류함으로 인해 발생하는 전체 정보의 손실은 해밍 손실(Hamming loss)로 알려진 지표로 정의될 수 있다[82].

• 에너지 세분화 정확성 지표

탐지의 정확성을 평가하는 지표와 더불어, 에너지 세분화의 정확성 평가 요건을 충족시키는 지표들이 제공되고 있다[82]. 에너지 세분화 정확성 지표로는 할당된 전체 에너지의 오차, 정확하게 할당된 전체 에너지의 비율, 할당된 전력의 정규 오차, 할당된 에너지의 RMS 오차 등이 있다. 이들 오차에 대한 세부 사항들은 Batra 등[82]의 연구 문헌에서 설명된다.

4. NILM 오픈 데이터 세트

세분화 알고리즘의 정확성을 평가하려면, 각 가정의 전체 전력 소비와 이를 구성하는 가전 기기들의 전력 소비를 서브미터링(submetering)을 통해 기기별로 측정한 데이터 세트를 활용하는 것이 필수적이다. 아래의 데이터 세트 목록들은 연구자들이 이용할 수 있도록 공개된 데이터 세트로, 세분화 알고리즘을 평가하는데 이들 데이터 세트를 이용할 수 있다.

• REDD

에너지 세분화 기준 데이터 세트(Reference Energy Disaggregation dataset; REDD)는 6개 가구의 전력 사용량과 가전 기기별 서브미터링 데이터로 2011년에 공개되었다. REDD는 NILM 목적으로 제공되는 최초의 데이터 세트로 에너지 세분화 알고리즘을 평가하는데 가장 널리 이용되는 데이터 세트이다[84].

• BLUED

BLUED(Building-Level fully-labeled dataset for Electricity Disaggregation)은

2012년에 공개되었다[85]. BLUED 데이터 세트에는 1주일 동안 한 가구에서 측정된 전류와 전압 데이터로 샘플링 속도는 12kHz이다. 이 데이터 세트는 서브미터링이 포함되어 있지 않지만, 각 가전 기기의 동작이 변화하는 시간 기록이 라벨링 되어 있다. 따라서 이벤트 기반 알고리즘을 평가하는데 적합한 토대가 될 수 있다.

- Smart*

2012년에 발표된 Smart * 프로젝트는 미국 매사추세츠에 위치한 3개 가구의 측정 데이터로 구성된다. 비록 서브미터링은 이들 중 1개 가구에서만 진행이 되었지만, 데이터 세트에는 전체 전기사용량을 포함하는 다양한 센서를 추가하여 취득한 정보가 포함되어 있다. 샘플링 속도는 1초이며, 실내의 기온과 습도와 더불어 바깥 날씨 정보도 포함되어 있다.

- 가정용 전기 사용 설문 조사(Household Electricity Survey)

가정용 전기에 대한 설문 조사 데이터 세트[86]는 2012년부터 시행되어 왔는데, 251개 가구의 서브 미터링 데이터를 제공하며, 여기에는 14개 가구의 전체 전기 사용량 데이터도 포함되어 있다.

- Tracebase

Tracebase 데이터 세트 [87]는 Plugwise라는 상용 데이터 측정 도구를 활용하여 가정, 오피스용 전력기기에 대한 전력 소비 추적 자료를 제공한다.

- AMPds

2013년에 처음 발표된 AMPds(almanac of minutely power dataset; AMPds)[88]의 1년 동안 단일 주택의 전체 전력 사용량과 서브미터링 데이터를 취득하여 구성하였다. 이 데이터 세트의 다음 버전인 AMPds2가 공개되었는데 AMPds2에서는 2년간의 측정 데이터가 제공된다.

- iAWE

2013년에 공개된 도입된 iAWE(Indian data for Ambient Water and Electricity Sensing)은 인도 뉴델리에 위치한 단일 주택에서 73일 동안 측정한 전체 전력 사용량과 서브미터링 데이터가 포함되어 있다.

• BERDS

BERDS(BERkeley EneRgy Disaggregation Dataset)[90]는 미국 UC Berkeley 캠퍼스에서 사용되는 다양한 기기들의 유효 전력, 무효 전력, 피상 전력 등의 측정 데이터가 포함되어 있다. 여기에서 측정된 기기들은 조명 장치, 온수 펌프, HVAC 팬 부하 등이며, 측정 시점에서의 실내외 기온, HVAC 시스템의 공기흐름 정보 등이 추가되어 있다.

• ACS-F1

ACS-F1 (Appliance Consumption Signatures-Fribourg 1) 데이터 세트[91]에는 100개의 가전 기기에 대하여 유효 전력(W), 무효 전력(var), 위상각(ϕ) 등의 정보를 2개 세션 동안 측정한 것으로 각 세션은 1시간으로 구성된다. 측정은 전원 플러그에 센서를 부착하는 형태로 진행되었으며 측정 주기는 10초 단위이다. 측정된 가전 기기들은 휴대폰, 커피머신, 컴퓨터 스테이션, 냉장고 및 냉동고, CD 플레이어, 램프, 노트북, 전자레인지, 프린터 및 텔레비전의 10가지 범주로 되어 있다.

• UK-DALE

UK-DALE (UK Domestic Appliance-Level Electricity) 데이터 세트[92]는 2014년에 공개되었다. 이 데이터 세트는 5개 가구에서 655일 동안 측정한 데이터를 가지고 있는데, 전체 전력 사용량은 16kHz 주기로 측정하고, 각 가전 기기들은 1/6Hz로 측정하였다.

• ECO

ECO(Electricity Consumption and Occupancy) 데이터 세트는 스위스의 6개 가구에서 측정된 데이터로 2014년에 공개되었다. ECO 데이터 세트는 각 가정의 전체 전력 소비량은 1Hz의 주기로 전류, 전압, 위상 변화를 측정하고, 가전 기기에 대해서도 1Hz 주기로 서브미터링 데이터를 취득하였다. 이 데이터 세트에는 사람들의 재택 여부를 수작업 또는 패시브 적외선 센서를 이용하여 기록한 정보가 함께 포함되어 있다.

• GREEND

2014년에 발표된 GREEND 데이터 세트[94]에는 오스트리아 카린시아 지역의 9개 가구를 대상으로 하여 개별 가전 기기를 1Hz의 샘플링 속도로 측정한 데이터가 포함되어 있다.

• SustData

SustData 데이터 세트 [95]에는 유효 전력, 무효 저력, 피상 전력 등 여러 측정 데이터를 가지고 있으며, 50개의 가정(단독주택 6호, 공동주택 44호)에서 1분 간격으로 측정한 데이터가 포함되어 있다.

• COMBED

COMBED(Commercial Building Energy Datase)는 인도의 학교 캠퍼스에서 측정된 200개 스마트 미터의 전력 사용량 정보를 갖추고 있으며, 측정 주기는 30초이다[96].

• PLAID

PLAID (Plug-Level Appliance Identification Dataset) [97]는 미국 펜실베니아의 55개 가구를 대상으로 해서 측정된 11개 가전 기기의 전류, 전압 데이터를 가지고 있는데, 측정 주기는 30kHz이다.

• DRED

2015년에 발표된 DRED (Dutch Residential Energy Dataset) [98]는 네덜란드의 가정에서 가전 기기별로 전력 소비를 측정한 데이터 세트로, 재택 여부와 주변 매개변수 데이터가 함께 포함되어 있다.

• Dataport (Pecan Street)

Dataport는 Pecan Street라는 기업이 소유한 세계에서 가장 큰 세분화 에너지 데이터[84]로 학술 연구를 목적으로 할 경우 무료로 이용이 가능하다. 미국 텍사스, 콜로라도, 켈리포니아 지역에 위치한 722개 가구에서 취득된 데이터로, 단독주택 501호, 아파트 183호, 타운하우스 35호, 모바일 주택 3호의 데이터가 저장되어 있다. 가구의 전체 전력 사용량과 개별 가전 기기의 전력 사용량을 1분 간격으로 측정하였다.

• COOLL

프랑스 오를리앙(Orleans) 대학의 PRISME 연구소가 제공하는 COOLL(Controlled On/Off Loads Library)[99]는 12개 유형의 42개 가전 기기에 대한 전류와 전압을 100kHz의 속도로 샘플한 결과를 담고 있다.

• WHITED

WHITED(Worldwide Household and Industry Transient Energy) 데이터 세트[100]에는 전 세계 6개 지역(독일 4곳, 오스트리아 1곳, 인도네시아 2곳)에서 110개의 가전기기(가전 기기 유형은 47종)의 전력 사용 데이터를 가지고 있는데 특히, 가전 기기들이 동작을 시작하는 처음 5초간의 데이터가 포함되어 있다. 데이터 측정은 자체 제작한 저가의 사운드 카드를 이용하여 진행되었으며, 측정 주기는 44kHz이다.

• REFIT

REFIT 데이터 세트 [101]는 20개 가구에서 8초 간격으로 측정된 전체 전력 사용량과 가전 기기의 서브 미터링 전력 사용량 데이터가 포함되어 있다..

5. 에너지 세분화 오픈 소스 도구

최근 들어 에너지 세분화 분야가 급속도로 확장하고 있음에도 불구하고, 제안된 여러 세분화 알고리즘을 서로 비교하는 것은 매우 어려운 일이다. 이는 이들 알고리즘이 사용하는 데이터 세트의 종류가 다르고, 성능을 비교할 수 있는 벤치마크 알고리즘이 부족했을 뿐 아니라, 각각의 연구 문헌에서 알고리즘의 정확성을 평가하는 지표를 다르게 적용했기 때문이다[82]. 이러한 문제를 해결하기 위해, 공개적으로 사용 가능한 메타데이터 (NILM 메타 데이터)와 오픈 소스 툴킷 (Nonintrusive load monitoring toolkit, NILMTK)이 최근에 NILM 커뮤니티에 속한 연구자들에 의해 개발되었다. 이를 활용하면 에너지 세분화 알고리즘을 서로 비교할 수 있다.

• 에너지 세분화를 위한 메타 데이터

앞 절에서 설명한 바와 같이, 최근 몇 년동안 여러 에너지 세분화 데이터 세트가 발표되었지만, 표준 메타 데이터 체계가 갖추어지지 않아서 이들 데이터 세트를 이용하는 작업은 번거롭고 시간이 많이 소요되었다. 이러한 문제를 해결하기 위해 Kelly 등[102]은 에너지 세분화를 위한 계층적 메타 데이터 스키마를 제안했는데, 가전기기, 계량기, 거주 여부, 데이터 세트 등을 모델링하였다. 가전 기기 모델에는 가전 기기의 사전 정보와 제조 모델 등이 포함된다. 이 스키마 개발은 오픈 소스 프로젝트로 진행되어 앞에서 설명된 여러 데이터 세트들의 메타 데이터를 확인하는데 성공적으로 이용되고 있다.

• NILMTK

에너지 세분화 알고리즘에 대한 벤치마크 수단과 정확성 지표에 대한 표준이 없다는 점에 자극을받아서, Batra 등[82]은 오픈 소스 기반의 툴킷을 제안하면서 이를 NILMTK(nonintrusive load monitoring toolkit)으로 명명하였다. 이 툴킷을 사용하면 에너지 세분화 알고리즘들을 재귀적(reproducible) 방법으로 비교할 수 있다. NILMTK는 여러 기존 데이터 세트에 대한 파서(parser), 일련의 데이터 전처리 방법, 데이터를 기술하기 위한 통계 방법 모음 등을 제공한다. 또한 두 가지 참조 벤치마크 세분화 알고리즘(조합 최적화, HMM)과 일련의 정확성 지표를 제공하는데, 이를 통해서 세분화 알고리즘을 비교할 수 있도록 되어 있다. 그러나 툴킷은 상대적으로 작은 데이터 세트만을 처리할 수 있도록 설계되었다[103]. 이 문제를 해결하기 위해, NILMTK v0.2 버전이 Kelly 등[103]에 의해 개발되었는데 이 버전에서는 큰 데이터 세트도 처리 할 수 있다. 데이터 세트의 모든 데이터가 메모리에 로드되는 초기 버전과 달리 두번째 버전인 NILMTK v0.2에서는 가용한 데이터를 청크(chunk) 형태로 쪼개서 로드하고, 세분화 알고리즘의 결과도 청크 단위로 디스크에 저장된다. 따라서 이 도구는 DataPort[84]를 포함한 대규모 데이터 세트에 대해서 세분화 알고리즘을 적용할 수 있다. 또한 이 확장 버전에서는 위에서 언급한 NILM 메타데이터[102]를 통합하여 더 풍부한 메타데이터를 지원한다. 이러한 통합을 통해 NILMTK v0.2는 REDD [83], iAWE [89], DataPort [84], UK-DALE [92], COMBED [96] 및 GreenD [94]를 포함한 많은 데이터 세트에 대한 데이터 세트 변환기(converter)가 내장되어 있다.

6. 에너지 세분화 알고리즘의 활용 유스 케이스

이 절에서는 에너지 세분화의 주요 응용 분야를 살펴 본다. 에너지 세분화를 이용하면 전력 소비자와 계통 운영자에게 다음과 같은 이점을 제공할 수 있다.

• 전기요금의 항목별 표시 및 고객 맞춤형 에너지 절약 추천

사람들이 에너지를 절약하는데 도움을 주기 위해, 전기요금 고지서에 개별 가전기기의 전력 소비 정보를 제공하는 것이 아마 NILM의 응용분야로 가장 많이 언급되는 분야일 것이다

[104]. Kempton과 Montgomery [105]가 수행한 연구에 따르면, 대부분의 주택용 전력 소비자들은 가정에서 소비되는 전력에서 각 가전 기기들이 얼마나 전력을 소비하는지에 대한 이해가 상대적으로 열악한 것으로 조사된다. 예를 들어, 주택의 전체 전력 소비에서 조명이 차지하는 비중은 작은 부분을 차지하지만, 소비자들은 가정에서 전기를 가장 많이 소비하는 기기를 물어보면 조명을 가장 먼저 언급한다. 반면에 전기 온수기는 조명에 비해 평균으로 7배 이상의 전력을 소비하지만, 전기 온수기를 먼저 언급하는 경우는 많지 않다. 소비자가 각 가전 기기들이 전체 전력 소비에서 차지하는 비중을 잘못 알고 있으면, 전력을 필요 이상으로 많이 소비하거나 전기 절약을 위한 노력이 비효율적이 될 가능성이 있다. 따라서 주민들에게 에너지를 가장 많이 소비하는 가전 기기에 대한 정확한 피드백을 제공하면, 소비자들은 에너지 절약을 통해 전기 요금을 줄이기 위해 에너지 소비 패턴을 바꾸기가 쉬워진다[104]. 또한 에너지 절약과 별개로, 소비자들에게 가전 기기 수준의 에너지 소비 정보를 제공하면, 소비자들의 에너지에 대한 이해력(literacy)이 높아지는 것으로 알려져 있다[15].

에너지 세분화는 또한 고객들에게 보다 정확한 에너지 절약 추천을 제공할 수 있다. Fischer 등[106]은 가정의 에너지 프로파일을 기반으로 에너지와 관련된 추천을 할 수 있는 시스템을 제안한 바 있다. 제안된 시스템은 고객들로 하여금 현재 요금제와 선택 가능한 다른 요금제를 비교할 수 있도록 해주고, 세탁기, 건조기 등과 같이 동작 시간을 변경하여 부하를 경부하 시간대로 이전할 경우 요금 절약 효과가 어떻게 되는지에 대한 조언을 제공한다. 이러한 기능을 구현하려면, 가전 기기 수준의 부하 세분화 정보와 함께 실시간 에너지 요금 API, 에너지 데이터 저장소, 그리고 일련의 전력 사용량 예측 알고리즘이 필요하다. 10명의 고객들을 대상으로 3개월 동안 전력 소비 데이터를 모니터링하고, 이를 기반으로 추천 시스템을 시험해 본 결과, 9명의 고객들에게 더 싼 요금제를 찾아 줄 수 있었다.

• 고장난 가전기기(MFD) 탐지

세분화된 전력 소비 정보를 이용하면 고장난 가전 기기를 식별할 수 있다. 예를 들어, 냉동고 도어의 씰(seal)이 손상되면, 정상적인 냉동고에 비해서 냉동 주기가 더 자주 발생한다. 이러한 현상은 에너지 세분화를 통해서 개별 냉동고를 식별할 수 있게 되면 감지할 수 있다. 또한 전력 기기 단위의 데이터를 이용하면 소비자들은 개별 가전 기기의 동작 설정을 필요에 맞게 조정하는 것이 쉬워진다. 예를 들어, 프린터의 대기 상태 진입 시간을 쉽게 바꿀 수 있다. Martin과 Poll[107]에 의한 연구에 따르면, MFD로 판단되는 가전 기기의 대기 시간 설정을 바꿈으로써 해당 가전 기기의 연간 전력 소비를 39%까지 줄일 수 있는 것으로 추정된다. 대기 모드로 전환하지 못하는 가전 기기의 문제를 해결하기 위한 방법 중의 하나는 기기의 성능 문제를 탐지하기 위해 자동화된 분석 기법을 적용하는 것이었다 이 작업은 온라인 에너지 세분화를 통해 효과적으로 수행할 수 있다[104].

• 재택 여부 모니터링(occupancy monitoring)

NILM의 또 다른 유스 케이스는 건물에서 사람들의 거주 상태를 추정하는 것이다. 이러한 유스 케이스는 거주자의 건강 상태를 원격으로 모니터링하는데 이용될 수 있는데 특히, 노인들의 건강 여부를 파악할 수 있다. Belley 등[108-110]은 NILM을 이용한 활동 상태 인식(activity recognition) 방법론을 제안하고, 이를 스마트 홈 실증 사례에 적용한 바 있다. 여기에서는 알츠하이머 병 환자들을 대상으로 진행한 임상 시험 결과를 활용하여 일일 생활 패턴 시나리오를 만들고 시뮬레이션을 진행하였다. 이 연구를 통해서, 일상 생활의 활동을 효과적으로 인지하는데 NILM 방법이 상대적으로 제한된 데이터를 가지고 최소한의 투자로 활용될 수 있음을 보여 주었다. 최근에 진행된 후속 연구에서는 인지 장애(cognitive deficits)를 가진 사람들의 비정상적인 행동을 인식할 수 있는 NILM 기반 알고리즘이 제안되었으며, 이를 통해서 인지 장애가 있는 사람에게 힌트, 환기(prompts), 알림(reminders) 등을 통해서 일상 생활을 할 수 있도록 지원하는 기능도 제안되었다. Kalogridis와 Dave[111]는 의료에 적용할 수 있는 NILM 기반의 행동 탐지 기법을 제안하였는데, 세분화 방법으로 TV와 전자레인지의 부하 프로파일을 분석하고, 이를 통해 사람들의 불규칙한 행동을 탐지할 수 있음을 보여 주었다. Alcala 등[112]은 스마트 미터의 전력 소비 프로파일을 세분화하여 일상 생활 활동을 탐지하는 유사한 NILM 방법을 제안하였다. 이들의 연구에서는 가전 기기의 전기 사용 데이터에 로그 가우시안 콕스(Gaussian Cox) 프로세스를 적용하여, 고유한 일생 생활 패턴을 자동으로 학습하도록 하였다. 그리고 두 종류의 실제 데이터 세트에 이 방법을 적용하여, 전기 주전자 사용의 80% 이상을 식별할 수 있음을 보여주었다. 더 나아가서, 이 방법을 통해 일정한 행동 패턴을 가진 가구에서 행동 패턴의 변화를 초기에 파악할 수 있다는 점이 제시되었다.

NILM 기반의 활동 인식 방법은 또한 스마트 난방 전략을 쉽게 구현하는데에도 이용될 수 있다 [104,113]. Spiegel과 Albayrak[114]은 에너지 세분화 기법을 이용해서 가전 기기의 이용 여부를 탐지하고, 이를 활용해서 사람들의 거주 상태를 탐지할 수 있는 방법을 제시하였다. 그리고 이들 정보를 이용해서 난방 스케줄의 최적화를 모색하였다.

• NILM 결과를 이용한 유틸리티의 고객 세분화 지원

가구당 거주자의 수, 취업 상태, 가전 기기의 보유 현황 등의 고객의 가구 특성에 관한 지식을 이용하면 전력 회사는 개인별로 최적화된 에너지 효율 캠페인을 전개할 수 있다. 이러한 개인화된 마케팅은 고객의 참여율을 높이고, 에너지 절약을 촉진하여 결과적으로 고객 유지율을 높이는 효과가 있다. 하지만 이런 정보들을 흔히 사용되는 설문조사 등을 통해 확보하는 것은 비용이 많이 들 뿐아니라 번거로운 과정을 필요로 한다[104]. 이에 대한 대안으로 스마트 미터 데이터를 세분화하면 고객들과 접촉하지 않으면서 저렴한 방법으로 이들 정보를 얻을 수 있다[115-118]. Beckel 등[119]은 지도 학습 머신러닝 방법을 이용하여 전력 소비 프로파일에서 각 가구의 특성 정보를 자동으로 추정하는 방법을 제안하였다. 이 연구에서 아일랜드의 4,232 가구에서 수집한 스마트 미터 데이터를 분석하여 정확성을 평가한 결과, 70% 이상의 정확성을 갖춘 것으로 확인되었다. 또한 후속 연구에서는 스마트 미터 데이터에 기온 데이터를 연결시켜서 각 가구의 외부 온도, 일출/일몰 시간 등에 대한 민감도(sensitivity)를 파악하였다[116]. 이러한 정보들을 이용하면 고객 분류 시스템을 개선하고, 고객을 세분화(segmentation)하는데 활용할 수 있다.

• 수요 반응 효과 향상

수요 반응은 평균 일일 소비량이 변경되지 않더라도, 피크시간의 전력 수요를 다른 시간으로 옮겨서 에너지 비용을 줄이는 역할을 한다[104]. 또한 신재생 에너지원의 간헐적인 발전에 대응하여 수요를 통해 전력 수급을 조정하는데 도움을 준다. 따라서 값 비싼 에너지 저장 시스템의 필요성을 경감시켜 준다[120]. Pipattanasomporn 등[121]은 미국의 주요 가전 제품 즉, 세탁기, 의류 건조기, 에어컨, 전기 오븐, 식기 세척기, 전기 온수기, 냉장고 등에 대한 부하 프로파일을 제공하면서 이들 가전 기기을 활용한 수요 반응 기회를 논의한 바 있다. 에너지 세분화를 통해 전력 유틸리티는 가정에서 피크 시간대에 전기 사용량이 많은 기기를 식별하고, 해당 사용자에게 사용량을 가전 기기 사용을 조정하도록 요청하여 피크시간 전력수요를 완화할 수 있다[104]. 이러한 맥락에서, Kong 등 [122]은 에너지 세분화 알고리즘을 내장하는 형태로 기존 스마트미터 인프라의 아키텍처를 업그레이드 하는 방안을 제안하였다. 이들 제안된 아키텍처를 활용하면 전력 유틸리티와 고객의 상호작용을 증진시키고, 수요관리를 향상시키는데 기여할 것으로 기대된다.

• 에너지 수요 예측의 정확성 향상

가정의 에너지 소비를 세분화하면, 이를 통해 계통 운영자는 가정에서 발생하는 에너지 소비를 좀더 정확하게 예측할 수 있다. 이러한 관점으로 Basu 등[123]은 부하 세분화를 통해 가전 제품의 소비 프로파일을 구하고, 이렇게 얻어진 가전 기기별 부하 프로파일을 기상 정보와 결합하여 향후 전력 소비량을 예측한 바 있다. Rao 등[124]은 에너지 세분화 방법으로 작동 중인 가전기기를 식별하고, 그 결과와 인구 통계 정보, 전력 사용 프로파일을 결합하여 전력 수요를 예측하는 새로운 방법론을 제안하였다. 이 연구에서는 데이터 세트에 여러 모델들을 적용하여, SVM과 에지 분석이 가전 기기의 식별에 가장 적합한 방법이라는 점과 자기 회귀 이동평균(autoregressive moving average model)모형이 전력 사용량을 예측하는데 가장 유망한 방법임을 입증한 바 있다. 이들 모델을 이용하여 예측한 가전 기기 식별 및 전력 사용량 예측의 정확성은 각각 75%, 90% 였다.

7. 결론

본 장의 리뷰에서 살펴 본 바와 같이, 연구 문헌에서 수많은 가전 기기들의 특성이 조사되고 여러 세분화 알고리즘들이 제안되어 왔지만, 아직까지 모든 종류의 가전 기기들에 적용할 수 있는 시그니쳐 세트나 알고리즘은 확립되어 있지 않다. 따라서 모든 종류의 가전 기기를 높은 정확성을 가지고 탐지할 수 있는 포괄적인 방법론의 개발이 여전히 필요하다.

지도 학습 기반의 세분화 알고리즘에 필요한 훈련 데이터를 확보하기 위해 데이터를 측정하는 과정에서 소요되는 비용과 번거로움을 감안하면, 최근에 개발되고 있는 비지도 학습 알고리즘이 더 많은 주목을 받게 될 것이다.

또한 최근 들어, 연구자들이 접근할 수 있도록 공개된 데이터 세트와 오픈 소스 도구가 발표되고 있어서, 여러 NILM 방법론의 성능을 비교하는 일이 훨씬 쉬어지고 있다. 또한 최근에 수행된 연구들을 통해서 NILM의 에너지 세분화 결과가 전기 소비자, 전력 유틸리티, 계통 운영자 모두에게 여러 편익을 줄 수 있다는 점이 제시되고 있다. 따라서 에너지 세분화 데이터와 도구들을 여러 사람들이 이용하게 되고, NILM이 소비자와 전력 유틸리티에게 줄 수 있는 경제적인 편익이 분명해지면 앞으로 이 분야의 연구가 빠른 속도로 확산될 것으로 기대된다.

참고 문헌

[1] J.A. Hoyo-Montano, C.A. Pereyda-Pierre, J.M. Tarin-Fontes, J.N. Leon-Ortega, in: Overview of non-intrusive load monitoring: a way to energy wise consumption, International Power Elec- tronics Congress—CIEP, 2016, pp. 221 - 226.

[2] N.N. Oreskes, The scientific consensus on climate change: how do we know we're not wrong? in: J.F. DiMento, P. Doughman (Eds.), Climate Change: What It Means for Us, Our Children, and Our Grandchildren, MIT Press, 2007, p. 65.

[3] K.X. Perez, W.J. Cole, J.D. Rhodes, A. Ondeck, M. Webber, M. Baldea, T. F. Edgar, Nonintrusive disaggregation of residential air-conditioning loads from sub-hourly smart meter data, Energy Build. 81 (2014) 316 - 325.

[4] M. Zeifman, K. Roth, Nonintrusive appliance load monitoring: review and outlook, IEEE Trans. Consum. Electron. 57 (2011) 76 - 84.

[5] Energy, U. S., Department of Energy, Buildings Energy Data Book, Department of Energy, (2009).

[6] N.F. Esa, M.P. Abdullah, M.Y. Hassan, A review disaggregation method in non-intrusive appliance load monitoring, Renew. Sust. Energ. Rev. 66 (2016) 163 - 173.

[7] M.S. Tsai, Y.H. Lin, Modern development of an adaptive non-intrusive appliance load mon- itoring system in electricity energy conservation, Appl. Energy 96 (2012) 55 - 73.

[8] J.S. Donnal, J. Paris, S.B. Leeb, Energy applications for an energy box, IEEE Internet Things J. 3 (2016) 787 - 795.

[9] O. Parson, S. Ghosh, M. Weal, A. Rogers, An unsupervised training method for non-intrusive appliance load monitoring, Artif. Intell. 217 (2014) 1 - 19.

[10] S. Attari, M. Dekay, C. Davidson, W. de Bruin, Public perceptions of energy consumption and savings, Proc. Natl. Acad. Sci. 107 (2010) 16054 - 16059.

[11] S. Geman, D. Geman, Stochastic relaxation, Gibbs distributions, and the Bayesian restoration of images, IEEE Trans. Pattern Anal. Mach. Intell. PAMI-6 (1984) 721 - 741.

[12] B. Ritchie, G. McDougall, J. Claxton, Complexities of household energy consumption and conservation, J. Consum. Res. 8 (1981) 233 - 242.

[13] W. Abrahamse, L. Steg, C. Vlek, T. Rothengatter, A review of intervention

studies aimed at household energy conservation, J. Environ. Psychol. 25 (2005) 273–291.

[14] H. Kim, M. Marwah, M. Arlitt, G. Lyon, J. Han, in: Unsupervised disaggregation of low fre- quency power measurements, Proceedings of the 11th SIAM International Conference on Data Mining, SDM 2011, 2011, pp. 747–758.

[15] T. Schwartz, S. Denef, G. Stevens, L. Ramirez, V. Wulf, in: Cultivating energy literacy: results from a longitudinal living lab study of a home energy management system, Proceedings of the SIGCHI Conference on Human Factors in Computing Systems, ACM, Paris, 2013.

[16] Abubakar, I., Khalid, S. N., Mustafa, M. W., Shareef, H. & Mustapha, M. An overview of non-intrusive load monitoring methodologies, 2015 IEEE Conference on Energy Conversion CENCON, 2015.54–59.

[17] Hart, G.W., Kern, E. C. & Schweppe, F. C. 1989. Non-intrusive appliance monitor apparatus. Google Patents.

[18] G.W. Hart, Nonintrusive appliance load monitoring, Proc. IEEE 80 (1992) 1870–1891.

[19] S.R. Shaw, S.B. Leeb, L.K. Norford, R.W. Cox, Nonintrusive load monitoring and diagnostics in power systems, IEEE Trans. Instrum. Meas. 57 (2008) 1445–1454.

[20] A. Zoha, A. Gluhak, M.A. Imran, S. Rajasegarar, Non-intrusive load monitoring approaches for disaggregated energy sensing: a survey, Sensors 12 (2012) 16838–16866.

[21] S. Barker, S. Kalra, D. Irwin, P. Shenoy, in: Empirical characterization and modeling of elec- trical loads in smart homes, 2013 International Green Computing Conference Proceedings, 27–29 June, 2013, pp. 1–10.

[22] F. Sultanem, Using appliance signatures for monitoring residential loads at meter panel level, IEEE Trans. Power Delivery 6 (1991) 1380–1385.

[23] G.W. Hart, E.C. Kern Jr., F.C. Schweppe, Non-Intrusive Appliance Monitor Apparatus, U.S. Patent 4,858,141, Massachusetts Institute of Technology and Electric Power Research Insti- tute, Inc., 1989.

[24] K.D. Anderson, Non-Intrusive Load Monitoring: Disaggregation of Energy by Unsupervised Power Consumption Clustering (Ph.D. dissertation), Carnegie Mellon University, 2014.

[25] Baranski, M. & Voss, J. 2003. Non-intrusive appliance load monitoring based on an optical sensor. Proceedings of IEEE Power Tech Conference, 8-16.

[26] W. Wichakool, Z. Remscrim, U.A. Orji, S.B. Leeb, Smart metering of variable power loads, IEEE Trans. Smart Grid 6 (2015) 189-198.

[27] M. Dong, P.C.M. Meira, W. Xu, C.Y. Chung, Non-intrusive signature extraction for major res- idential loads, IEEE Trans. Smart Grid 4 (2013) 1421-1430.

[28] G.W. Hart, Correcting dependent errors in sequences generated by finite-state processes, IEEE Trans. Inf. Theory 39 (1993) 1249-1260.

[29] A. Bouloutas, M. Schwartz, Two extensions of the Viterbi algorithm, IEEE Trans. Inf. Theory 37 (1991) 430-436.

[30] S.B. Leeb, S.R. Shaw, J.L. Kirtley, Transient event detection in spectral envelope estimates for nonintrusive load monitoring, IEEE Trans. Power Delivery 10 (1995) 1200-1210.

[31] L.K. Norford, S.B. Leeb, Non-intrusive electrical load monitoring in commercial buildings based on steady-state and transient load-detection algorithms, Energy Build. 24 (1996) 51-64.

[32] A.I. Cole, A. Albicki, in: Algorithm for non-intrusive identification of residential appliances, Proceedings—IEEE International Symposium on Circuits and Systems, 1998, pp. 338-341.

[33] A.I. Cole, A. Albicki, in: Data extraction for effective non-intrusive identification of residential power loads, Conference Record—IEEE Instrumentation and Measurement Technology Conference, 1998, pp. 812-815.

[34] M. Baranski, J. Voss, in: Detecting patterns of appliances from total load data using a dynamic programming approach fourth, IEEE International Conference on Data Mining (ICDM'04), 2004.

[35] M. Baranski, J. Voss, in: Genetic algorithm for pattern detection in NIALM systems, Confer- ence Proceedings—IEEE International Conference on Systems, Man and Cybernetics, 2004, pp. 3462-3468.

[36] I. Abubakar, S.N. Khalid, M.W. Mustafa, H. Shareef, M. Mustapha, Application of load mon- itoring in appliances' energy management—a review, Renew. Sust. Energ. Rev. 67 (2017) 235-245.

[37] J.W.M. Cheng, G. Kendall, J.S.K. Leung, in: Electric-load intelligence (E-LI): concept and applications, TENCON 2006—2006 IEEE Region 10 Conference,

14 – 17 November, 2006, pp. 1 – 4.

[38] C. Laughman, K. Lee, R. Cox, S. Shaw, S. Leeb, L. Norford, P. Armstrong, Power signature analysis, IEEE Power Energ. Mag. 99 (2) (2003) 56 – 63.

[39] H.H. Chang, C.L. Lin, J.K. Lee, in: Load identification in nonintrusive load monitoring using steady-state and turn-on transient energy algorithms, Proceedings of the 2010 14th Interna- tional Conference on Computer Supported Cooperative Work in Design, CSCWD, 2010, pp. 27 – 32.

[40] S. Gupta, M.S. Reynolds, S.N. Patel, in: ElectriSense: single-point sensing using EMI for elec- trical event detection and classification in the home, UbiComp' 10—Proceedings of the 2010 ACM Conference on Ubiquitous Computing, 2010, pp. 139 – 148.

[41] M. Berenguer, M. Giordani, F. Giraud-By, N. Noury, in: Automatic detection of activities of daily living from detecting and classifying electrical events on the residential power line, 2008 10th IEEE Intl. Conf. on e-Health Networking, Applications and Service, HEALTHCOM, 2008, pp. 29 – 32.

[42] Patel, S. N., Robertson, T., Kientz, J. A., Reynolds, M. S., Abowd, G. D. 2007. At the flick of a switch: detecting and classifying unique electrical events on the residential power line, UbiComp, 271 – 288.

[43] Makonin, S. 2012. Approaches to non-intrusive load monitoring (NILM) in the home. SFU Computing Science PhD Depth Exam.

[44] H. Najmeddine, K. El Khamlichi Drissi, C. Pasquier, C. Faure, K. Kerroum, A. Diop, T. Jouannet, M. Michou, in: State of art on load monitoring methods, PECon 2008 – 2008 IEEE 2nd International Power and Energy Conference, 2008, pp. 1256 – 1258.

[45] H.H. Chang, H.T. Yang, C.L. Lin, Load identification in neural networks for a non-intrusive monitoring of industrial electrical loads, in: International Conference on Computer Sup- ported Cooperative Work in Design, Springer Berlin Heidelberg, 2007, pp. 664 – 674.

[46] M. Zeifman, C. Akers, K. Roth, in: Nonintrusive monitoring of miscellaneous and electronic loads, 2015 IEEE International Conference on Consumer Electronics, ICCE, 2015, pp. 305 – 308.

[47] S. Drenker, A. Kader, Nonintrusive monitoring of electric loads, IEEE Comput. Appl. Power 12 (1999) 47 – 51.

[48] J. Liang, S.K.K. Ng, G. Kendall, J.W.M. Cheng, Load signature study part I: basic concept, structure, and methodology, IEEE Trans. Power Delivery 25 (2010) 551-560.

[49] D. Srinivasan, W.S. Ng, A.C. Liew, Neural-network-based signature recognition for harmonic source identification, IEEE Trans. Power Delivery 21 (2006) 398-405.

[50] W.K. Lee, G.S.K. Fung, H.Y. Lam, F.H.Y. Chan, M. Lucente, in: Exploration on load signatures, International Conference on Electrical Engineering (ICEE), 2004, pp. 1-5.

[51] H.Y. Lam, G.S.K. Fung, W.K. Lee, A novel method to construct taxonomy electrical appliances based on load signatures, IEEE Trans. Consum. Electron. 53 (2007) 653-660.

[52] M. Weiss, A. Helfenstein, F. Mattern, T. Staake, in: Leveraging smart meter data to recognize home appliances, IEEE International Conference on Pervasive Computing and Communica- tions, 19-23 March, 2012, 2012, pp. 190-197.

[53] S.B. Leeb, A Conjoint Pattern Recognition Approach to Nonintrusive Load Monitoring (Ph.D. dissertation), Massachusetts Institute of Technology, 1993.

[54] L. Farinaccio, R. Zmeureanu, Using a pattern recognition approach to disaggregate the total electricity consumption in a house into the major end-uses, Energy Build. 30 (1999) 245-259.

[55] M. Berges, E. Goldman, H.S. Matthews, L. Soibelman, in: Learning systems for electric con- sumption of buildings, Proceedings of the 2009 ASCE International Workshop on Comput- ing in Civil Engineering, 2009, pp. 1-10.

[56] M.E. Berges, E. Goldman, H.S. Matthews, L. Soibelman, Enhancing electricity audits in res- idential buildings with nonintrusive load monitoring, J. Ind. Ecol. 14 (2010) 844-858.

[57] M.R. Anderberg, Cluster Analysis for Applications: Probability and Mathematical Statistics: A Series of Monographs and Textbooks, Academic Press, New York, 2014.

[58] Hartigan, J. A. 1975. Cluster algorithms. IRF Scientific Report, vol. 214, John Wiley & Sons, 1993.

[59] Leeb, S. B. & Kirtley Jr, J. L. 1996. Transient event detector for use in nonintrusive load mon- itoring systems. Google Patents.

[60] K.D. Lee, Electric Load Information System Based on Non-Intrusive Power Monitoring (Ph.D. dissertation), Massachusetts Institute of Technology, 2003.

[61] A. Marchiori, D. Hakkarinen, Q. Han, L. Earle, Circuit-level load monitoring for household energy management, IEEE Pervasive Comput 10 (2011) 40 – 48.

[62] A.G. Ruzzelli, C. Nicolas, A. Schoofs, G.M.P. O'Hare, in: Real-time recognition and profiling of appliances through a single electricity sensor, IEEE SECON, 2010, pp. 1 – 9.

[63] Z. Ghahramani, An introduction to hidden Markov models and Bayesian networks, Int. J. Pattern Recognit. Artif. Intell. 15 (2001) 9 – 42.

[64] S. Marsland, Machine Learning: An Algorithmic Perspective, CRC Press, Boca Raton, FL, 2015.

[65] L. Rabiner, B. Juang, An introduction to hidden Markov models, IEEE ASSP Mag. 3 (1986) 4 – 16.

[66] T. Zia, D. Bruckner, A. Zaidi, in: A hidden Markov model based procedure for identifying household electric loads, IECON Proceedings (Industrial Electronics Conference), 2011, pp. 3218 – 3223.

[67] K. Suzuki, S. Inagaki, T. Suzuki, H. Nakamura, K. Ito, in: Nonintrusive appliance load mon- itoring based on integer programming, Proceedings of the SICE Annual Conference, 2008, pp. 2742 – 2747.

[68] Figueiredo, M. B., de Almeida, A. & Ribeiro, B. 2011. An experimental study on electrical sig- nature identification of nonintrusive load monitoring (NILM) systems. Adaptive and Natural Computing Algorithms, 31 – 40.

[69] T. Kato, H.S. Cho, D. Lee, T. Toyomura, T. Yamazaki, in: Appliance recognition from electric current signals for information-energy integrated network in home environments, 7소 International Conference on Smart Homes and Health Telematics, ICOST, 5597, 2009, pp. 150 – 157.

[70] G.Y. Lin, S.C. Lee, J.Y.J. Hsu, W.R. Jih, in: Applying power meters for appliance recognition on the electric panel, Proceedings of the 2010 5th IEEE Conference on Industrial Electronics and Applications, ICIEA, 2010, pp. 2254 – 2259.

[71] M. Figueiredo, A. de Almeida, B. Ribeiro, Home electrical signal disaggregation for non- intrusive load monitoring (NILM) systems, Neurocomputing 96 (2012) 66 – 73.

[72] J.Z. Kolter, S. Batra, A.Y. Ng, Energy disaggregation via discriminative sparse coding, Adv. Neural Inf. Proces. Syst. 23 (2010) 1153–1161.

[73] Y.X. Lai, C.F. Lai, Y.M. Huang, H.C. Chao, Multi–appliance recognition system with hybrid SVM/GMM classifier in ubiquitous smart home, Inform. Sci. 230 (2012) 39–55.

[74] J. Liang, S.K.K. Ng, G. Kendall, J.W.M. Cheng, Load signature study part II: disaggregation framework, simulation, and applications, IEEE Trans. Power Delivery 25 (2010) 561–569.

[75] Y. Du, L. Du, B. Lu, R. Harley, T. Habetler, in: A review of identification and monitoring methods for electric loads in commercial and residential buildings, 2010 IEEE Energy Con– version Congress and Exposition, ECCE 2010—Proceedings, 2010, pp. 4527–4533.

[76] A. Schoofs, A. Guerrieri, D.T. Delaney, G. O'Hare, A.G. Ruzzelli, in: ANNOT: automated elec– tricity data annotation using wireless sensor networks, Sensor Mesh and Ad Hoc Communi– cations and Networks (SECON), 2010 7th Annual IEEE Communications Society Conference on, 2010, pp. 1–9.

[77] H. Goncalves, A. Ocneanu, M. Berg/es, R.H. Fan, in: Unsupervised disaggregation of appli– ances using aggregated consumption data, Proc. KDD Workshop Data Mining Appl. Sustain– ability, 2011, pp. 21–24.

[78] M.J. Johnson, A.S. Willsky, Bayesian nonparametric hidden semi–Markov models, J. Mach. Learn. Res. 14 (2012) 673–701.

[79] Z. Ghahramani, M.I. Jordan, Factorial hidden Markov models, Mach. Learn. 29 (1997) 245–273.

[80] J.Z. Kolter, T. Jaakkola, Approximate inference in additive factorial HMMs with application to energy disaggregation, J. Mach. Learn. Res. 22 (2012) 1472–1482.

[81] Sokolova, M., Japkowicz, N. & Szpakowicz, S. 2006. Beyond accuracy, F–score and ROC: a family of discriminant measures for performance evaluation. In: Sattar, A. & Kang, B.–H. (eds.) AI 2006: Advances in Artificial Intelligence: 19th Australian Joint Conference on Arti– ficial Intelligence, Hobart, Australia, December 4–8, 2006. Proceedings. Berlin, Heidelberg: Springer.

[82] N. Batra, J. Kelly, O. Parson, H. Dutta, W. Knottenbelt, A. Rogers, A. Singh, M. Srivastava, in: NILMTK: an open source toolkit for non–intrusive load monitoring, Fifth International Conference on Future Energy Systems (ACM

E–Energy), 2014.

[83] J.Z. Kolter, M.J. Johnson, in: REDD: a public data set for energy disaggregation research, Proceedings of the SustKDD Workshop on Data Mining Applications in Sustainability, 2011, pp. 1–6.

[84] O. Parson, G. Fisher, A. Hersey, N. Batra, J. Kelly, A. Singh, W. Knottenbelt, A. Rogers, in: Dataport and NILMTK: a building data set designed for non–intrusive load monitoring, 2015 IEEE Global Conference on Signal and Information Processing, GlobalSIP, 2015, pp. 210–214.

[85] Anderson, K., Ocneanu, A., Benitez, D., Carlson, D., Rowe, A. & Berges, M. 2012. BLUED: A fully labeled public dataset for event–based non–intrusive load monitoring research.Pro– ceedings of the 2nd KDD Workshop on Data Mining Applications in Sustainability (SustKDD)1–5.

[86] J.P. Zimmermann, M. Evans, J. Griggs, N. King, L. Harding, P. Roberts, C. Evans, Household electricity survey a study of domestic electrical product usage, Intertek Report R6614, 2012.

[87] Reinhardt, A., Baumann, P., Burgstahler, D., Hollick, M., Chonov, H., Werner, M. & Steinmetz, R. On the accuracy of appliance identification based on distributed load metering data. 2012 Sustainable Internet and ICT for Sustainability, SustainIT 2012, 2012.

[88] S. Makonin, F. Popowich, L. Bartram, B. Gill, I.V. Bajic, in: AMPds: a public dataset for load disaggregation and eco–feedback research, Electrical Power and Energy Conference (EPEC), 2013 IEEE, 2013, pp. 1–6.

[89] N. Batra, M. Gulati, A. Singh, M.B. Srivastava, in: It's different: Insights into home energy con– sumption in India, Proceedings of the Fifth ACM Workshop on Embedded Sensing Systems for Energy–Efficiency in Buildings (ACM BuildSys), 2013.

[90] Maasoumy, M., Sanandaji, B., Poolla, K. & Vincentelli, A. S. BERDS–Berkeley energy disaggre– gation data set. Proceedings of the Workshop on Big Learning at the Conference on Neural Information Processing Systems (NIPS), 2013.

[91] C. Gisler, A. Ridi, D. Zufferey, O.A. Khaled, J. Hennebert, in: Appliance consumption signa– ture database and recognition test protocols, 2013 8th International Workshop on Systems, Signal Processing and Their Applications (WoSSPA), 12–15 May, 2013, pp. 336–341.

[92] J. Kelly, W. Knottenbelt, The UK-DALE dataset, domestic appliance-level electricity demand and whole-house demand from five UK homes, Sci. Data 2 (2015).

[93] C. Beckel, W. Kleiminger, R. Cicchetti, T. Staake, S. Santini, in: The ECO data set and the performance of non-intrusive load monitoring algorithms, BuildSys 2014—Proceedings of the 1st ACM Conference on Embedded Systems for Energy-Efficient Buildings, 2014, pp. 80 - 89.

[94] A. Monacchi, D. Egarter, W. Elmenreich, S. D'Alessandro, A.M. Tonello, in: GREEND: an energy consumption dataset of households in Italy and Austria, The 5th IEEE International Conference on Smart Grid Communications (SmartGridComm), 2014.

[95] L. Pereira, F. Quintal, R. Gonc¸alves, N.J. Nunes, in: SustData: a public dataset for ICT4S elec- tric energy research, ICT for Sustainability 2014, ICT4S, 2014, pp. 359 - 368.

[96] Batra, N., Parson, O., Berges, M., Singh, A. & Rogers, A. 2014. A comparison of non-intrusive load monitoring methods for commercial and residential buildings arXiv preprint arXiv:1408.6595.

[97] J. Gao, S. Giri, E.C. Kara, M. Berg, in: PLAID: a public dataset of high-resolution electrical appliance measurements for load identification research: demo abstract, Proceedings of the 1st ACM Conference on Embedded Systems for Energy-Efficient Buildings, Memphis, TN, ACM, New York, NY, 2014.

[98] U. Akshay, S.N. Nambi, A.R. Lua, R.V. Prasad, Loced: location-aware energy disaggregation framework, Proceedings of the 2nd ACM International Conference on Embedded Systems for Energy-Efficient Built Environments, ACM, 2015, pp. 45 - 54.

[99] Picon, T., Meziane, M. N., Ravier, P., Lamarque, G., Novello, C., Bunetel, J.-C. L. & Raingeaud, Y. 2016. COOLL: controlled on/off loads library, a public dataset of high- sampled electrical signals for appliance identification. arXiv preprint arXiv:1611.05803.

[100] M. Kahl, A.U. Haq, T. Kriechbaumer, H.-A. Jacobsen, in: Whited—a worldwide household and industry transient energy data set, Workshop on Non-Intrusive Load Monitoring (NILM), 2016 Proceedings of the 3rd International, 2016.

[101] D. Murray, L. Stankovic, V. Stankovic, An electrical load measurements dataset of United Kingdom households from a two-year longitudinal study, Sci. Data 4 (2017).

[102] J. Kelly, W. Knottenbelt, in: Metadata for energy disaggregation, The 2nd IEEE International Workshop on Consumer Devices and Systems (CDS 2014), 2014.

[103] J. Kelly, N. Batra, O. Parson, H. Dutta, W. Knottenbelt, A. Rogers, A. Singh, M. Srivastava, in: NILMTK v0.2: A non-intrusive load monitoring toolkit for large scale data sets, BuildSys 2014—Proceedings of the 1st ACM Conference on Embedded Systems for Energy-Efficient Buildings, 2014, pp. 182-183.

[104] Kelly, J, Disaggregation of Domestic Smart Meter Energy Data (PhD), Imperial College Lon- don, 2016.

[105] W. Kempton, L. Montgomery, Folk quantification of energy, Energy 7 (1982) 817-827.

[106] J.E. Fischer, S.D. Ramchurn, M.A. Osborne, O. Parson, T.D. Huynh, M. Alam, N. Pantidi, S. Moran, K. Bachour, S. Reece, E. Costanza, T. Rodden, N.R. Jennings, in: Recommending energy tariffs and load shifting based on smart household usage profiling, International Conference on Intelligent User Interfaces, Proceedings IUI, 2013, pp. 383-394.

[107] R. Martin, S. Poll, Energy analysis of multi-function devices in an office environment, ASH- RAE Trans. (2014) 120.1.

[108] C. Belley, S. Gaboury, B. Bouchard, A. Bouzouane, in: Activity recognition in smart homes based on electrical devices identification, ACM International Conference Proceeding Series, 2013.

[109] C. Belley, S. Gaboury, B. Bouchard, A. Bouzouane, An efficient and inexpensive method for activity recognition within a smart home based on load signatures of appliances, Pervasive Mob. Comput. 12 (2014) 58-78.

[110] C. Belley, S. Gaboury, B. Bouchard, A. Bouzouane, in: A new system for assistance and guid- ance in smart homes based on electrical devices identification, ACM International Confer- ence Proceeding Series, 2014.

[111] G. Kalogridis, S. Dave, in: Privacy and eHealth-enabled smart meter informatics, 2014 IEEE 16th International Conference on e-Health Networking, Applications and Services, Health- com 2014, 2015, pp. 116-121.

[112] J. Alcala′, O. Parson, A. Rogers, in: Detecting anomalies in activities of daily living of elderly residents via energy disaggregation and Cox processes, BuildSys 2015—Proceedings of the 2nd ACM International Conference on Embedded Systems for Energy-Efficient Built, 2015, pp. 225–234.

[113] S. Spiegel, Optimization of in-house energy demand, in: Smart Information Systems, Springer International Publishing, 2015, pp. 271–289.

[114] S. Spiegel, S. Albayrak, in: Energy disaggregation meets heating control, Proceedings of the ACM Symposium on Applied Computing, 2014, pp. 559–566.

[115] A. Albert, R. Rajagopal, Smart meter driven segmentation: what your consumption says about you, IEEE Trans. Power Syst. 28 (2013) 4019–4030.

[116] C. Beckel, L. Sadamori, S. Santini, T. Staake, in: Automated customer segmentation based on smart meter data with temperature and daylight sensitivity, 2015 IEEE International Conference on Smart Grid Communications, SmartGridComm, 2015, pp. 653–658.

[117] A. Kavousian, R. Rajagopal, M. Fischer, Determinants of residential electricity consumption: using smart meter data to examine the effect of climate, building characteristics, appliance stock, and occupants' behavior, Energy 55 (2013) 184–194.

[118] J. Kwac, C.W. Tan, N. Sintov, J. Flora, R. Rajagopal, in: Utility customer segmentation based on smart meter data: empirical study, 2013 IEEE International Conference on Smart Grid Communications, SmartGridComm, 2013, pp. 720–725.

[119] C. Beckel, L. Sadamori, T. Staake, S. Santini, Revealing household characteristics from smart meter data, Energy 78 (2014) 397–410.

[120] U.S. Department of Energy, Benefits of Demand Response in Electricity Markets and Recom- mendations for Achieving Them, A report to the United States congress pursuant to Section 1252 of the Energy Policy Act of 2005, 2006.

[121] M. Pipattanasomporn, M. Kuzlu, S. Rahman, Y. Teklu, Load profiles of selected major house- hold appliances and their demand response opportunities, IEEE Trans. Smart Grid 5 (2014) 742–750.

[122] W. Kong, Y. Xu, Z.Y. Dong, D.J. Hill, J. Ma, C. Lu, in: An extended prototypical smart meter architecture for demand side management,

Proceeding—2015 IEEE International Confer- ence on Industrial Informatics, INDIN, 2015, pp. 1008-1013.

[123] K. Basu, V. Debusschere, S. Bacha, in: Residential appliance identification and future usage prediction from smart meter, IECON Proceedings (Industrial Electronics Conference), 2013, pp. 4994-4999.

[124] Rao, K. M., Ravichandran, D. & Mahesh, K. Non-intrusive load monitoring and analytics for device prediction, Lecture Notes in Engineering and Computer Science, 2016, 132-136.

CHAPTER 18

에너지 세분화와 개인정보 보호의 균형

Roy Dong*, **Lillian J. Ratliff**†
*University of California, Berkeley, Berkeley, CA, United States, †University of Washington, Seattle, WA, United States

이 장의 개요

에너지 세분화의 문제는 가용한 전체 전력 사용량 측정치에서 개별 가전 기기의 사용 패턴을 추정하는 것에 있다. 하지만 에너지 세분화에는 근본적인 한계가 있다. 그리고 이러한 한계를 활용하면 스마트그리드 운영을 위한 데이터의 활용과 에너지 소비자의 개인 정보 사이에서 어떻게 균형을 이뤄야 하는지를 계량화할 수 있다. 여기에서는 우선 에너지 세분화 알고리즘의 정확성에 대한 이론적 한계를 통계 검정(statistical testing) 프레임워크를 통해서 논의한다. 다음으로 계통의 설계 변경이 어떻게 데이터 취득 체계의 운영과 소비자의 개인정보 보호에 영향을 주는지를 파악할 수 있는 프레임워크를 제시한다. 그리고 이들 프레임워크를 직접 부하 제어(direct load control) 사례에 적용하여 설명한다. 직접 부하 제어는 중앙의 제어 시스템에서 부하 기기들의 설정을 제어하는 것으로 부하 기기의 센서 측정 주기를 달리하여 논의를 전개하였다. 그리고 현대화된 에너지 시스템을 설계할 때 고려해야 하는 정보 보호 문제를 처리하는 절차를 공론화한다.

1. 도입

에너지 세분화와 비간섭 부하 모니터링(NILM)은 개별 가전 기기의 에너지 소비를 추정하는 방법 또는 플러그에 개별 센서를 설치하지 않고도 에너지 소비 신호를 통계 처리하는 기법을 일컫는 일반 용어이다. 여러 에너지 세분화 알고리즘들의 목적은 이벤트 탐지(즉, 특정 가전 기기의 동작 상태 변화 여부를 파악), 에너지 세분화(즉, 전체 전력 소비 신호에서 각 가전 기기의 전력 소비 신호를 복구)에 있다.

많은 경우에 있어서, 우리는 가정에서의 상세한 전기사용 정보를 알고자 하지만, 각 가정의 모든 플러그에 센서를 부착하는 것은 엄청난 비용이 소요되고 고객들에게 불편을 줄 수 있다. 예를 들어, 관련 연구에 따르면, 고객들에게 에너지 소비 패턴을 간략하게 알려주기만 해도 소비 패턴을 변화시키는데 충분한 것으로 보고되고 있다[1-3]. 고객들에게 세분화된 에너지 소비 데이터에기반을 두고 개인 맞춤형 추천을 해줄 경우 가정용 건물의 에너지 소비를 20% 가량 줄을 수 있는 것으로 예측되고 있다[3]. 더구나 고객들이 새로운 서비스를 접했을 때, 얼마 가지 않아 식상해 하는 것과 달리, 이러한 절약은 오랜 동안 지속 가능한 특성을 가지고 있다. 또한 가전 기기 수준의 측정 정보는 에너지 절약 인센티브 프로그램의 전략적인 마케팅에 이용되어 이들 프로그램의 효과성 향상과 비용 절약을 동시에 구현할 수 있다.

반면에, 스마트미터 데이터의 활용은 개인 정보의 위험을 초래한다. 선행 연구 결과에 따르면, 에너지 소비를 상세한 수준(high granularity)까지 모니터링하면 식사 시간, TV 시청 여부, 샤워 시간 등과 같은 소비자의 라이프 스타일에 상세한 내용을 추론하는 것이 가능해진다[4]. 이러한 정보는 매우 가치가 있기 때문에 광고 회사[5], 법 집행기관[6], 범죄자[7] 등을 비롯한 여러 집단에서 구하려고 애를 쓸 것이다.

NILM 알고리즘은 AMI와 관련된 개인정보 보호 규제 정책을 세우는데 도움을 줄 수 있다[8]. NILM 알고리즘을 분석하면 전체 전력 사용량 데이터에서 각 가전 기기 수준의 정보들이 얼마나 포함되있는지를 파악하는 방법으로 이용할 수 있다. 그리고 이러한 정보는 AMI와 관련된 정보보호 이슈를 이해하는데 핵심적인 역할을 한다. 이를 통해서 AMI에서 측정되는 전체 전력 사용량 정보에 누가 접근해도 되는지를 판단할 수 있다. 정부기관, 연구자, 협회 등이 AMI 보급에 관한 정책과 정보보호 표준을 수립하는 작업을 진행하고 있다.

이와 관련된 최근의 결과들은 매우 고무적이다. 연구자들은 스마트그리드 인프라에서의 정보 데이터 보호 이슈를 다루면서 암호화(encryption), 데이터 접근 통제, 암호화 방법의 이행(cryptographic commitments)[9, 10] 등과 같이 수집된 데이터를 보호하는 새로운 메커니즘을 제안했다. 여기에는 익명화(anonymization) 및 합산(aggregation)에 의한 방법[11,12], 차등 프라이버시(differential privacy)를 통해서 신뢰할 수 없는 제3자의 쿼리에 대해 재식별(reidentification)과 추론(inference)을 금지하는 방법 등이 있다[13]. 이 장에서는 이러한 연구 결과와 더불어 스마트그리드에서 계통 운영 목적을 달성하면서도 이에 요구되는 데이터의 품질과 양을 최소화할 수 있는 방법들을 분석하여 설명하고자 한다.

스마트그리드의 계통 운영에 있어서 데이터의 유용성과 개인정보 보호 사이의 조화 문제(utility-privacy tradeoff)를 제대로 이해하려면 두 가지 문제를 정량화 해야 한다. 첫째, 우리는 수집된 데이터의 품질과 스마트그리드 계통 운영 성능 사이의 균형 관계를 모델링해야 한다. 둘째, 데이터 품질이 악의적으로 데이터를 이용하려는 집단들의 고객 개인정보 유추 능력에 어떠한 영향을 미치는지를 이해해야 한다.

본 장에서는 이러한 개념들을 검증하기 위해, 직접 부하 제어(DLC)를 사례로 하여 유용성-개인정보 균형 문제를 살펴 보고자 한다. 데이터의 유용성을 분석하기 위해서, 제어기로 전송되는 데이터의 측정치를 계속해서 줄여가면서 DLC 메커니즘의 성능이 어떻게 변화하는지를 살펴 보았다. 이런 방법을 이용하면, 스마트그리드 계통 운영에 필요한 데이터의 양을 정량화할 수 있다.

이렇게 정량화가 필요한 근본적인 이유는 데이터의 전송 정책의 오류로 인하여 원래 목적했던 계통 제어와 관련이 없는 개인 정보 매개 변수들 정보들이 의도치않게 전송되는 경우가 종종 발생하기 때문이다. 여기서 우리는 고객들의 개인 정보라고 볼 수 있는 매개 변수들에서 계통 운영 매개 변수를 분리하고자 한다. 한편, 같은 데이터에 대해서 데이터를 다루는 목적 즉, 계통 운영자의 목적과 프라이버시를 침해하려는 세력들의 추론 목적(inferential goals)은 상이하다. 따라서 데이터 수집과 스마트그리드 성능 사이의 균형과, 데이터 수집과 고객 개인 정보 사이의 균형을 이해하려면 각기 다른 방식의 분석이 요구된다.

이 장에서는 에너지 소비 패턴에 가정의 개인 정보가 숨어있다고 가정한다. 따라서 NILM 알고리즘의 근본적인 한계는 개인정보 위험을 정의하는데 있어서 좋은 벤치마크를 제공한다. 공격자 입장에서 볼 때, 최근의 NILM 알고리즘은 꽤 보수적인(conservative) 모델로 보일 수 있다. 예를 들어, 참고문헌[14, 15]에서 정의된 프레임워크를 이용하면, 공격자가 에너지 세분화 알고리즘을 가지고 과거의 가전기기 사용패턴 데이터로 개별 가전기기의 사용량을 추론하고자 할 때, 얼마나 정확하게 할 수 있는지를 분석할 수 있다. NILM의 근본적인 한계를 이해하면, 더 이상 세분화할 수 없는 수준을 파악하여 개인정보에 대한 이론적인 보장 방안을 제시할 수 있다. 이러한 결과는 AMI 설계에 활용되어 최소 샘플링 주기, 센서의 정확도, 필요한 네트워크 용량 등을 정하는데 이용될 수 있다. 또한 계통 운영자가 필요한 데이터 저장 용량과 전송 용량을 결정하는데 이용될 수 있다.

이와 같은 개인정보 위험을 정량화하기 위해서, 여기에서는 NILM의 최근 결과를 이용해서 NILM알고리즘이 더 이상 세분화하지 못하는 이론적인 한계를 도출하고자 한다. 이 한계를 벗어난 영역에서는 공격자가 건물의 전체 전력 소비량 데이터를 가지고 소비자의 기기 사용 패턴을 추론할 수 없게 된다. 이와 함께 여기에서는 소비자의 개인정보 변수를 설정하고, 가전 기기의 사용 패턴에서 이들 변수가 추론되는 과정을 모델링하였다.

이 장은 크게 두 개의 부분으로 나눌 수 있다.

첫번째 부분에서는 NILM 알고리즘의 근본적인 한계를 다룬다. 이를 위해 다수의 가전 기기가 설치된 건물을 가정한다. 건물의 전체 전력 소비량 데이터가 주어지고, 두 가지 동작 시나리오를 가정하여 이들을 구분할 수 있는지를 살펴 보고자 한다. 하나는 조명이 켜져 있는가 여부이고, 다른 하나는 토스터 또는 전기주전자의 작동 여부이다. 여기에서는 특히 여러 NILM 알고리즘들을 임으로 선택하여, 전제 전력 소비량 데이터를 가지고 이들 두 시나리오를 구분할 수 있는 확률의 한계를 살펴보고자 한다. 이와 함께 두 개의 시나리오에 대한 이론적 한계를 여러 시나리오에 적용하여 일반적인 구분 확률 상한(upper bound)를 찾고자 하였다. NILM 방법의 근본적인 이론적 한계를 바탕으로 AMI와 관련된 NILM 방법의 가능성에 대한 문제를 다룰 수 있다. 또한 가정에서 일반적으로 사용되는 가전기기들의 전력 소비량에 대한 짧은 측정 주기의 고해상도 실측 데이터(ground truth)를 활용해서 가정에서 흔히 발생하는 가전기기 이용 시나리오를 제대로 식별할 수 있는 확률을 분석한다. 이 결과를 이용해서 NILM 방법의 성공 가능성과 센서/모델의 정확성, 측정 주기와의 트레이드오프 문제를 살펴 본다.

두번째로 여기에서는 스마트그리드에서 유용성과 개인정보 보호간의 균형 문제를 다루는 일반적인 프레임워크를 제공한다. 이 프레임워크를 통해서, 보다 효과적인 에너지 시스템의 운영을 위해 짧은 측정 주기의 고해상도 데이터를 제공하는 것과 이로 인하여 개인의 라이프스타일을 유추할 수 있는 정보가 추출되는 것 사이의 긴장 관계를 정형화할 수 있다. 이 프레임워크는 DLC 사례를 통해 좀더 구체화된다. 계통 운영에 대한 목적을 정의하고 공격자가 에너지 소비자의 개인정보를 유추할 수 있는 능력을 나타내는 개인정보 지표(privacy metric)를 선택한다. 다음으로 트레이드오프 분석을 통해서 계통 운영의 성능과 소비지의 개인정보 사이의 관계를 논의한다.

이 장의 나머지 부분은 다음과 같이 구성된다. 2절에서는 NILM의 근본적인 한계와 스마트그리드의 유용성-개인정보 균형에 관한 관련 연구 문헌을 살펴 본다. 3절에서는 에너지 세분화의 근본적인 한계와 정보 보호 한계(privacy bounds)를 계산하는 방법을 논의한다. 4절에서는 유용성-개인정보 균형 관계을 분석할 수 있는 일반화된 프레임워크를 소개하고, 3절에서 제시된 사례에 적용하여 좀더 구체적으로 살펴 본다. 5절에서는 본 장의 결론을 제시한다.

2. 에너지 세분화와 개인 정보 균형의 이론적 배경

2.1 에너지 세분화의 이론적 배경

NILM의 문제는 본질적으로 단일 채널 소스 데이터를 분리하는 문제라고 할 수 있다. 즉, 전체 전력 소비량에 대한 데이터에서 개별 가전기기의 전력 소비량을 결정하는 것이다. 소스 신호를 분리하는 문제는 정보 이론(information theory), 신호 처리 분야에서 오랜 역사를 가지고 있으며, 잘 알려진 방법으로는 일부 엔트로피의 출력(output)을 극대화하는 인포맥스(infomax) 이론[16], 소스 신호에서 일부 분포의 대비 함수(contrast function)를 이용하는 최대 우도(maximum likelihood) 이론[17], 기저(underlying) 소스 신호의 시간 상관성(time-coherence)을 가정하는 시간-상관성 이론[18] 등이 있다. 이들 이론을 정형화하는 방법으로는 주성분 분석(principle component analysis) 또는 독립성분 분석(independent component analysis) 등의 응용 방법이 이용된다.

소스 분리 이론이 가장 널리 이용되는 분야는 오디오 신호와 생체 신호이다. 이들 분야에서 소스 신호는 보통 i.i.d(independent identically distributed) 분포를 가지며 정적인 상태라고 가정된다. 하지만 전력 소비 신호는 이들 신호와 매우 다른 형태로 나타난다. 가전 기기의 전력 소비는 시간에 따라 달라지는 특성이 있으며, 정적이지도 않다. 예를 들어, 어떤 시간에 가전 기기가 켜져 있는지 여부는 직전에 켜져 있는지 여부와 관련이 있다. 그리고 전력 소비 신호의 평균 값은 기기의 상태에 따라 달라진다. 따라서 소스 분리를 위해 개발된 이론 및 수학적 방법들은 NILM에서 성공적으로 활용되지 못하였으며, 대부분의 NILM 방법들은 전통적은 신호 분리와 다소 차이가 있다.

NILM 분야는 소스 분리보다 연구가 시작된 기간이 짧고 대부분의 관심 분야는 알고리즘 개발에 초점이 두어 졌다. 여기에서는 이들 방법들을 간략하게 요약하고자 한다. NILM 접근 방법의 하나로 가전 기기들을 뚜렷하게 구분할 수 있는 시그니쳐를 가장 잘 탐지할 수 있는 하드웨어 설계에 초점을 둔 연구가 있다. 하지만 하드웨어에서 측정된 데이터를 다룰 수 있는 알고리즘은 아직 개발의 여지가 있다. 다른 방법으로 머신러닝 커뮤니티에서 주로 관심을 두고 있는 은닉 마르코프 모델(hidden Markov models; HMMs)과 이의 확장 모델들이 있는데 이를 통해서 개별 기기들을 모델링한다[22-24]. 한편 에너지 세분화는 기대 확률 최대화(expectation maximization) 알고리즘을 통해서도 구현이 가능하다. 최근에 발표된 연구 논문들에서는 개별 가전 기기를 동적 시스템으로 모델링하는 적응형 필터링(adaptive filtering)

기법이 적용되었다[14, 15]. NILM과 관련한 구체적인 알고리즘 사례들도 발표되고 있다. 이와 관련된 종합적인 리뷰는 참고문헌[3]을 통해서 확인할 수 있다.

여기에서 제시하는 논의는 여러 NILM 알고리즘의 이론적인 한계에 초점을 둔다. 지금까지 알려진 바로는 NILM 알고리즘들을 폭넓게 일반화하여 이론적인 한계를 논의한 사례가 없는 상황이기 때문에 여기에서 제시하는 논의가 최초의 사례가 될 것이다. 그리고 이러한 작업을 하게 된 배경은 차등 개인정보 보호(differential privacy)에 관한 최근의 연구에 힘은 바가 크다[25–28]. 차등 개인정보 보호의 기본적인 목표는 임의의 사전 정보를 공격자에게 제공하고 개인정보 침해를 일으키는 정보를 정의하는 형태를 모델링을 하는데 있다. 차등 개인정보 보호에 관한 이론은 이 장에서 논의되는 다른 방법과 비교해서 비슷한 한계를 갖고 있지만 그 한계 범위가 약한 것이 특징이다.

2.2 개인정보 균형의 이론적 배경

정보 보호에 관한 초기의 연구들은 설문조사를 진행한 경우가 많았는데, 이들 연구에서는 개인 정보가 충분히 보호될 수 있다고 주장하였다. 개인 정보를 보호하면서 진행되는 설문조사 방식을 임의 응답(randomized Response) 방식으로 부른다[29, 30]. 이들 연구에서는 응답자가 HIV 양성인지를 물어보는 것과 같이 민감한 정보들 물어볼 때는 구조적인 응답 편향(structural bias)이 발생한다는 점이 파악되었다. 따라서 이러한 문항들에서 개인정보를 보장하기 위한 핵심 요소는 응답자가 무응답(deniability)을 할 수 있는 항목을 추가하는 것이다. 이 경우 긍정적인 응답은 제대로 된 응답일 수도 있고 설문 과정에서의 임의성에서 비롯한 응답일 가능성도 있다.

정보 보호 연구의 발전에서 다음 단계는 통계 데이터베이스를 이용하는 것이었다. 참고문헌[31]에서는 프라이버시를 정의할 때, 다음과 같은 요구사항(desideratum)을 만족해야 한다고 주장했다. 즉, 만일 데이터베이스를 통해서 학습이 안되면, 데이터베이스를 통해 개인에 대한 정보를 유추할 수 없다는 것이다. 이러한 요건을 만족시키는 사례가 k-익명성(anonymousity) 이론이다[32]. 이 방법을 통해서 어느 한 응답자에 대해 해당 사용자와 구별할 수 있는 응답자가 적어도 k−1명 이상인지를 확인할 수 있다.

최근에는 빅데이터가 출현하면서, 민감할 수 있는 정보들을 가지고 있는 많은 데이터베이스들의 부차적인 정보들이 공격자들에 의해서 개인에 관해 추론에 이용될 가능성이 있다. 예를 들어, 참고문헌[33]에 따르면, 저자들은 익명화된 넷플릭스(Netflix) 데이터와 일반인들에 공개된 IMDB(Internet Movie Database)의 정보를 이용하여 개별 사용자의 신원을 복원하는 것이 가능하다는 것을 보여 주었다. 이러한 결과는 연구자들로 하여금 더 이상 데이터베이스의 개인정보를 해당 데이터베이스만의 문제로 보지 않도록 하였을 뿐 아니라, 빅데이터의 맥락에서 모든 가용한 주변 정보들까지 함께 고려하도록 만들었다.

가장 널리 이용되는 개인정보 평가 방법인 차등적 개인정보 보호는 참고문헌[25]를 통해서 소개되었다. 차등적 개인정보 보호를 구현하려면 외생 인접 관계(exogenous adjacency relationship)에 관한 데이터를 필요로 하는데, 이 관계는 우리가 식별이 안되도록 해야 하는 개인정보 매개 변수와 잠재값(potential value)의 쌍을 규정한다. 여기에서 두 인접 개인정보 매개 변수 사이의 관찰 값 분포 변화의 경계가 차등적 개인정보 보호가 된다.

차등적 개인 정보 보호는 공격에 독립적(attack-agnostic)이다. 즉, 이 지표는 공격자가 특정 유형으로 추론 공격을 할 것이라고 미리 가정하지 않는다. 또한 차등적 개인 정보 보호는 공격자가 가진 부차적인 정보의 양에 영향을 받지 않는다. 이는 이 방법이 개인 정보 매개 변수의 작은 변동(perturbations)에 따라서 관측치의 분포가 얼마나 크게 변화하는지만 단순하게 관찰하기 때문이다.

다른 대안적 정의로 정보 이론 지표를 이용하여 정보보호 손실을 정의하고 정량화하는 방법이 있다. 특히, 개인정보 매개 변수와 공개된 정보 사이의 상호 정보량(mutual information)은 최근에 선호되는 지표이다[34, 35]. 상호 정보량은 사전 분포의 엔트로피와 사후 분포의 엔트로피 차이로 해석된다[36]. 엔트로피 관점으로 보면, 이 지표는 공개된 정보에 따른 공격자의 불확실성 감소를 정량화하는 직관적인 해석이라고 볼 수 있다. 이 지표 역시 공격에 독립적인데, 개인 정보 변수와 공개 정보 변수 사이의 통계적 관계만을 단순하게 정량화하기 때문이다. 하지만 이 방법을 이용하려면, 공격자들의 가용 부차적 정보를 사전 분포(prior distribution)에서 규정해야 한다.

이전의 기술 변화와 마찬가지로, 새로운 스마트그리드 기술들은 개인 정보에 대한 인식, 정의, 정량화 방법, 처리 방법 등에 근본적인 변화(sea change)를 유도할 것임이 분명하다. 지금까지 앞에서 논의되었던 대부분의 참고 문헌들은 개인 정보 보호를 정적인 데이터베이스 관점에서만 바라보았다. 하지만 최근에는 개인 정보가 동적 시스템의 맥락에서는 어떻게 이해되어야 하는가에 대한 문제를 다루려는 연구가 이제 막 시작되고 있다.

이와 관련된 최근의 연구로는 차등적 정보 보호를 확장한 칼만(Kalman) 필터링[27], 제약 최적화(constrained optimization)[37], 볼록 최적화(convex optimization)[38], 분산 제어[39], 온라인 학습[40] 등이 있다. 마찬가지로, 정보 이론 분야에서도 스마트그리드를 동적 시스템 맥락으로 접근하려는 노력이 진행되고 있다[41, 42].

여기에서 제시하는 프레임워크는 어떤 형태의 정보보호 지표에도 적용될 수 있지만, DLC 사례를 대상으로 근본적인 한계를 논의하고, 이러한 한계가 추론적 개인정보 보호(inferential privacy)를 평가할 수 있는 지표가 될 수 있음을 보이고자 한다.

3. NILM의 이론적인 한계

3.1 문제의 정의

1절에서 언급했듯이, NILM은 다양한 용도로 활용될 수 있다. 이들 잠재적인 활용 분야별로 관심 통계(statistics of interest)가 다를 수 있다. 따라서 NILM의 문제를 언급할 때, 특별한 경우에서만 적용되는 얘기 보다는 모든 응용 분야에 적용될 수 있는, 가급적 일반적인 사항을 중심으로 언급하는 것이 바람직하다.

건물 전체의 전력 사용량 정보가 주어졌다고 하자. $y[t] \in$ 를 시간 $t=0, \cdots, N-1$에서 시간 t의 전체 전력 사용량이라고 하고, $y \in \mathbb{R}^N$을 전체 전력 사용량 정보라고 하자. 이 값은 여러 개별 가전 기기의 전력 소비량 합으로 다음과 같다.

$$y[t] = \sum_{i=1}^{D} y_i[t] \quad \text{for } t = 0, \cdots, N \tag{1}$$

여기에서 D는 건물내 가전기기의 총 개수이고, $y_1[t]$는 시간 t에서의 가전기기 i의 전력 소비량이다.

NILM은 여러 목적으로 이용될 수 있다. 예를 들어, 에너지 세분화 문제는 y로부터 가전기기 $i=1, 2, \cdots, D$에 대하여 y_1를 복원하는 것이 목적이다. 이와 함께, 많이 연구되는 다른 목적으로는 언제 조명을 켜고, 냉동고의 한 주간 전력 소비량을 파악하는 것과 같이 y로부터 y_1에 대한 정보를 복원하는 것이 있다.

이 절에서는 세분화하여 파악하고자 하는 현상을 시나리오로 정의하여 설명하고자 한다.

3.2 에너지 세분화 알고리즘 모델

여기에서는 3.1절에서 제시된 문제를 분석하기 위한 일반적인 프레임워크를 개괄적으로 설명한다. 프레임워크는 전체적으로 다음과 같이 요약될 수 있다. 첫째, 모든 NILM 방법은 개별 가전기기에 대한 특성 표현을 선택해야 한다. 이러한 선택은 어떤 입력 공간(input space)에서 $\mathbb{R}^N$ 으로의 함수로 볼 수 있다. NILM 알고리즘의 목적에 따라서 입력 공간을 달라진다. 우리가 구분하고자 하는 시나리오는 본질적으로 입력 공간에서 서로 다른 입력에 대응해야 한다. 그렇게 되면, NILM 알고리즘은 전체 전력 사용량 관측지에 대한 함수로 표현된다. 이러한 정의는 일반적인 정의로 생성(generative) 기법과 판별(discriminative) 기법 모두에서 유효하다.

3.2.1 전체 에너지 소비 모델

$(\Omega, \mathcal{F}, P)$를 확률 공간(probability space)이라고 하자. 3.1절에서 언급한 바와 같이 D는 가전 기기의 총 개수이고 N은 관측된 전력 신호의 시간 길이를 의미한다.

Θ_i를 i번째 가전 기기의 입력 공간이라고 하자. 여기에서 입력은 우리가 구분하고자 하는 시나리오를 나타낸다. 개별 가전 기기의 전력 소비량 신호를 나타내는 출력 공간(output space)은 모든 기기에 대하여 $\mathbb{R}^N$ 이다. 이렇게 되면, i번째 가전 기기와 관련된 모델은 $G_i : \Theta_i \times \Omega \to \mathbb{R}^N$ 로 표기할 수 있다. 여기에서 모든 $u_i \in \Theta_i$에 대하여 $G_i(\theta_i, \cdot)$는 확률 변수(random variable)인 것으로 가정한다. 마지막으로 $\Theta = \Theta_1 \times \Theta_2 \times \cdots \times \Theta_D$ 이고, $G : \Theta \times \Omega \to \mathbb{R}^N$를 $G((\theta_1, \theta_2, \cdots, \theta_D), \omega) = \sum_{i=1}^{D} G_i(\theta_i, \omega)$로 정의한다. 여기에서 G는 전체 시스템을 나타내는데, 건물에 대한 에너지 모델이 여기에 해당한다.

정의1 입력이 $\theta \in \Theta$ 으로 주어졌을 때, 전력 소비의 분포는 $G_i(\theta_i, \cdot)$이다.

이러한 프레임워크는 일반화할 수 있는 장점이 있다. 최근에 제안된 여러 NILM 알고리즘들도 이러한 프레임워크를 이용해 수식화 할 수 있다. 예를 들어, 인수분해(factorial) HMM 방법[22-24]은 단일 입력, 단일 출력으로 구성되고 입력 상태가 기본 마르코프 체인(underlying Markov chains)인 시스템으로 볼 수 있다. 여기에서 마르코프 변환 확률(Markov transition probabilities)은 입력 신호의 이전(prior) 값이 된다, 참고문헌 [14, 15]과 같은 선행 연구에서는 이와 같은 프레임워크를 적용하여 입력 신호가 실수이고, 가전 기기의 사용 여부에 대응하는 동적 시스템 모델링이 진행된 바 있다. 따라서 이러한 프레임워크는 NILM 문제에서 여러 가전 기기 모델을 일반적으로 표현하는 방법이라고 할 수 있다.

3.2.2 NILM 알고리즘

NILM 알고리즘은 AMI를 통해서 우리가 관찰하는 전체 전력 소비량에 대한 함수가 된다. NILM 알고리즘의 결과는 알고리즘의 목적과 산출물의 용도에 따라 달라진다. 예를 들어, 알고리즘의 결과는 세분화된 에너지 신호에 대한 추정치 $\{\hat{y}_i\}_{i=1}^{D}$가 될 수도 있다. 또는 시계열 데이터 위의 개별 이벤트 라벨 세트가 될 수도 있으며, 세분화된 데이터에 대한 일련의 통계값이 될 수도 있다.

이를 좀 더 수식에 가깝게 표현하여, S가 어떤 NILM 알고리즘을 나타내고, $\mathcal{Z}$가 이 알고리즘의 출력 공간이라고 하면, 알고리즘은 $S:\mathbb{R}^T \to \mathcal{Z}$인 함수로 간주될 수 있다. 다음 절에서는 S를 일반화하여 분석하고자 한다.

3.3 에너지 세분화의 근본적인 한계

이 절에서는 2개의 전력 사용 시나리오를 설정하고, 이로부터 NILM이 이를 성공적으로 구분할 확률이 최대 한계가 어느 정도인지를 유도해보고자 한다. 그리고 이 결과를 확장하여 우리가 알고자 하는 실제 상황, 즉 여러 개의 가전기기가 동시에 동작하는 상황에서의 세분화 성공 확률이 어떻게 되는지를 살펴 보고자 한다. 여기에서 다루는 NILM 프레임워크에서는 시나리오는 가전 기기 모델의 입력에 해당한다. 따라서 두 용어 즉, 입력과 시나리오는 같은 의미로 사용된다.

3.3.1 시나리오 구분

먼저 우리가 구분하고자 두 개의 입력 $v_0, v_1 \in \Theta$을 고정한다. 예를 들어, v_0과 v_1이 함께 추출된다면, 하나의 장치만 사용되는 경우와 신호를 구분할 수 있다. 예를 들어, 아침에 전자레인지가 작동되었는지 여부는 관찰되는 출력의 차이를 분석해서 확인할 수 있다. 다른 방법으로 가정에서 에어컨을 사용하는지 여부와 같이 전혀 다른 시나리오에 해당하는 입력을 선택할 수 있다. v_0, v_1의 선택은 NILM 알고리즘을 통해서 우리가 구분하고자 하는 시나리오에 따라 달라진다.

앞에서 언급했듯이 $S;\mathbb{R}^N \to \mathcal{Z}$이 임의의 NILM 알고리즘을 나타낸다고 하고, $I:\mathcal{Z} \to \{0,1\}$을 알고리즘의 특정 조건을 만족시키는지 여부를 나타내는 지시자(indicator)라고 하자. 예를 들어, 알고리즘의 출력이 조명이 켜지는 것과 같은 특정한 이산 현상(particular discrete phenomena)을 감지하면, I는 1의 값을 가지고, 감지하지 않은 경우는

0의 값을 가진다. 또는 개별 장치의 전력 소비 신호 추정치가 특정 세트에 해당할 경우, I는 1의 값을 가질 수도 있다.

따라서 이 지시자는 알고리즘이 특정한 입력을 v_0 또는 v_1의 판단하는지를 포착하는 것으로 볼 수 있다. 즉, $(I \circ S)$은 NILM 알고리즘이 입력이 v_1이라고 판단하면 1을 출력하고, 입력이 v_0이라고 판단하면 0을 출력하게 된다. 이런 이유로 이후의 설명에서는 I를 판별기(discriminator)로 부르기로 한다.

정의2 $(I \circ S)$는 측정 가능하다. 즉, $\mathbb{R}^N$의 보렐 집합(Borel field)에 있을 경우, $\mathbb{R}^N$에서 $(I \circ S)^{-1}(\{1\})$는 측정 가능한 집합이 된다.

이러한 가정은 합리적이라고 볼 수 있다. 왜냐하면 실제로 NILM 알고리즘이 접하는 대부분의 문제들은 여러 개의 측정 가능한 함수로 구성되기 때문이다. 또한 이러한 정의는 NILM 알고리즘을 매우 보수적인 관점으로 바라본 정의라는 점을 인식할 필요가 있다. 일반적으로 NILM 알고리즘은 단순히 v0과 v1 두 가지를 구분하기 위해 설계된 것이 아니기 때문에 이 점에서 보면 이러한 정의는 최적으로 정의가 아닐 수 있다. 따라서 최적 $(I \circ S)$를 분석함으로써 v_0와 v_1을 구별할 수 있는 확률의 보수적인 상한선을 확인할 수 있다. 특히 시나리오 v_0과 v_1에는 추가적인 정보가 포함되어 있을 수 있으므로, 최적의 분류기(separator)는 기기들의 스위칭 시간과 같은 부가 정보를 이용할 수 있다. 따라서, 추론을 할 때, 상한선은 더 보수적이 된다.

이러한 결과는 또한 차등 개인정보 보호(differential privacy)에 관한 기존의 연구에도 기여할 수 있다. 차등 개인정보 보호에서는 v_0과 v_1이 서로 인접한 경우를 고려하여 분포의 변화를 고정된 메커니즘으로 제한하는데 반하여, 여기에서는 특정 v_0과 v_1를 고정하고 여러 메커니즘이 갖는 성능의 한계에 관심을 둔다.

따라서, 통계 문헌에서 볼 수 있는 고전적인 가설 검정(hypothesis testing) 프레임워크를 통해서 수식으로 만들 수 있다[36]. 방법론 관점에서 이러한 작업의 주요 공헌은 NILM 과정을 추상화(abstraction)함으로써 탐지 이론(detection theory)에서 잘 알려진 결과을 이용할 수 있다는 점에 있다.

여기에서 y를 우리가 관찰하는 신호라고 하자. $G(v_0, \cdot)$가 확률 밀도함수(probability density function) f_0를 가지고 있고, 마찬가지로 $G(v_1, \cdot)$는 확률 밀도함수 f_1를 가지고 있다고 가정하면, 우도 비율(likelihood ratio)은 다음과 같이 정의될 수 있다.

$$L(y) = \frac{f_1(y)}{f_0(y)} \tag{2}$$

최대 우도 추정량 (maximum likelihood estimator, MLE)을 통해서 관찰 가능성이 가장 높은 입력을 찾는데, MLE는 다음과 같이 주어진다.

$$\hat{\theta}_{\mathrm{MLE}}(y) = \begin{cases} v_1 & \text{if } L(y) \geq 1 \\ v_0 & \text{otherwise} \end{cases} \tag{3}$$

만일 입력이 v_0 또는 v_1일 사전 확률 p를 알고 있을 경우, 최대 사후 확률(maximum a posteriori; MAP)을 찾을 수 있다. 즉, MAP는 주어진 관측치와 사전 확률 p의 가능성이 가장 높은 입력을 찾는다. MAP는 다음과 같다.

$$\hat{\theta}_{\mathrm{MAP}}(y) = \begin{cases} v_1 & \text{if } L(y) \geq \dfrac{p(v_0)}{p(v_1)} \\ v_0 & \text{otherwise} \end{cases} \tag{4}$$

사전 확률은 이산 분포(discrete distribution) 또는 확률 밀도가 될 수 있다는 점에 유의할 필요가 있다. 하지만 논의를 단순하게 하기 위해, 여기에서는 사전 확률이 이산 분포를 가진다고 하자. 만일 사전 확률을 확률 밀도로 다루려면 약간의 수식만 변경하면 된다.

이제 우리가 입력 v_1을 잘못 라벨링되는 것에 대해 최대 허용 확률(maximum acceptable probability)을 가지고 있다고 가정하고, 이 매개 변수를 $\beta > 0$으로 표시하는 한편, 참 입력을 u로 표시하면, 이러한 제약 조건에서 최적 추정량은 다음과 같다.

$$\begin{aligned} &\min_{\hat{\theta}} \qquad P(\hat{\theta} = v_1 | \theta = v_0) \\ &\text{단, } P(\hat{\theta} = v_0 | \theta = v_1) \leq \beta \end{aligned} \tag{5}$$

네이만-피어슨 정리(Neyman-Pearson lemma)를 이용하면 식(5)의 비-베이지안(non-Bayesian) 문제는 다음과 같은 해를 갖는다.

$$\hat{\theta}_{NB}(y) = \begin{cases} v_1 & \text{if } L(y) \geq \lambda \\ v_0 & \text{otherwise} \end{cases} \tag{6}$$

여기에서, λ는 $P(\hat{\theta}_{NB} = v_0 | \theta = v_1) = \beta$인 조건에서 선택된다.

여기에서 다루는 MAP는 다른 두 가지의 경우에도 확장 적용될 수 있다. 우리가 이 문제에서 관심을 갖는 확률은 NILM이 성공적으로 분류할 확률이다.

정의3 입력이 두 개일 경우, 추정량 $\hat{\theta}$에 대한 NILM의 성공 확률은 다음과 같다.

$$\sum_{i=0}^{1} P(\hat{\theta}(y) = v_i | \theta = v_i) p(\theta = v_i) \tag{7}$$

이 식은 확률 밀도와 사전 확률이 주어지면 바로 계산할 수 있다. 또한 모든 NILM 알고리즘과 판별기 $(I \circ S)$의 성능이 $\hat{\theta}_{\mathrm{MAP}}$보다 떨어지므로, MAP 추정은 모든 NILM 알고리즘의 성공 확률에 대한 상한치를 제공하게 된다.

명제1 모든 추정량 $\hat{\theta}$는 NILM 성공 확률에 다음의 상한을 가진다.

$$\sum_{i=0}^{1} P(\hat{\theta}_{\mathrm{MAP}}(y) = v_i | \theta = v_i) p(\theta = v_i) \tag{8}$$

3.3.2 여러 시나리오의 구분

앞에서 제시된 성공 확률 상한은 여러 개의 시나리오를 구분하는 경우로 쉽게 확장된다. V를 여러 개의 입력을 갖는 집합이라고 하면,

정의4 N개의 입력을 가진 경우에서 추정량 $\hat{\theta}$에 대한 NILM의 성공 확률은 다음과 같다.

$$\sum_{i=1}^{N} P(\hat{\theta}(y) = v_i | \theta = v_i) p(\theta = v_i) \tag{9}$$

여기에서 MAP는 다음과 같이 주어진다.

$$\hat{\theta}_{\mathrm{MAP}}(y) = \arg\max_{v \in \Theta} P(G(\theta, \cdot) = y | \theta = v) p(\theta = v) \tag{10}$$

명제2 MAP에 의해 정해지는 NILM의 성공 확률 상한 값은 다음과 같다.

$$\sum_{i=1}^{N} P(\hat{\theta}_{\mathrm{MAP}}(y) = v_i | \theta = v_i) p(\theta = v_i) \quad (11)$$

3.3.3 두 개의 시나리오 집합에 대한 구분

상한을 유도하는 이러한 관점은 두 개의 시나리오를 구분하는 모든 경우, 즉 입력 세트가 두 개인 경우에 쉽게 확장될 수 있다.

V_0, V_1 두 개의 입력 집합이 있다고 가정할 때, 같은 방식으로 NILM의 성공 확률을 다음과 같이 정의할 수 있다.

정의5 두개의 입력 집합을 구분하는 경우에 대하여, 추정량 확인에 대한 NILM의 성공 확률은 다음과 같다.

$$\sum_{i=0}^{1} P(\hat{\theta}\ (y) \in V_i | \theta \in V_i) p(\theta \in V_i) \quad (12)$$

상황에 따라 이 값은 직접 계산이 가능할 수 있다. 그리고 다른 경우로 이 값에 대한 괜찮은 추정치나 상한 값을 찾을 수 있다. 이 문제는 3.4절에서 다루어진다.

3.4 가우시안 사례

이 절에서는 특별한 경우로 가우시안 부가 노이즈(additive Gaussian noise)를 가진 결정론적 함수를 가정하여 이론을 설명하고자 한다.

3.4.1 두 개의 시나리오

시스템이 다음과 같은 형식을 취한다고 가정해보자.

$$G(\theta, \omega) = h(\theta) + w(\omega) \quad (13)$$

여기에서 $h:\Theta\rightarrow\mathbb{R}^N$은 결정론적 함수이고 w는 확률 변수이다. 또한 구분하고자 하는 두 개의 임의의 입력 v_0, v_1을 고정하고, w가 공분산 Σ이고 평균이 0인 가우시안 확률 변수라고 가정한다. 그리고 사전 확률이 $p(\theta=v_0)=p(\theta=v_1)=0.5$라고 가정한다.

이러한 가정을 하면, 불확실성이 측정 노이즈나 모델 오차에서 발생하는 경우를 다룰 수 있다. 앞에서 다루웠던 사례를 상기하면, v_0과 v_1의 유일한 차이는 v_1에서 토스터가 한 번 켜져 있다는 것이다. 따라서 NILM 알고리즘에 우리의 질문은 "토스터가 켜진 것을 감지할 수 있는가?"가 된다.

그런 다음 평균이 $h(v_0)$이고 공분산이 Σ인 정규 확률밀도 함수를 f_0라고 하고, 같은 방식으로 평균이 $h(v_1)$이고 공분산이 Σ인 정규 확률밀도 함수를 f_1이라고 하자. 이를 간략하게 쓰면, $\mu_0=h(v_0)$, $\mu_1=h(v_1)$가 된다.

이들 두 확률변수에 대하여 공분산 행렬 Σ가 동일하기 때문에, $\hat{\theta}_{\mathrm{MAP}}$는 초평면(hyperplane)을 통해서 결정된다. $a^T=(\mu_0-\mu_1)^T\Sigma^{-1}$, $b=\frac{1}{2}(\mu_1^T\Sigma^{-1}\mu_1-\mu_0^T\Sigma^{-1}\mu_0)$라고 하면,

$$\hat{\theta}_{\mathrm{MAP}}(y)=\begin{cases} v_1 & \text{if } a^Ty+b\le 0 \\ v_0 & \text{otherwise}\end{cases} \tag{14}$$

이제 입력이 실제로 v_0이라고 가정해보자. 즉, y는 f_0에 따라 분포하게 된다. 이렇게 되면, 초평면의 경계와 y까지의 부호를 포함한 거리는 $\frac{1}{\|a\|_2}(a^Ty+b)$로 주어진다. 이 수식은 가우시안 확률 변수의 선형 함수가 되며, 마찬가지로 가우시안 확률 변수로 볼 수 있다. 또한 이 확률 변수의 평균은 $\frac{1}{\|a\|_2}(a^T\mu_0+b)$가 되며, 분산은 다음과 같다.

$$\sigma^2=\frac{1}{\|a\|_2^2}a^T\Sigma a=\frac{(\mu_0-\mu_1)^T\Sigma^{-1}(\mu_0-\mu_1)}{(\mu_0-\mu_1)^T\Sigma^{-2}(\mu_0-\mu_1)} \tag{15}$$

따라서, 입력이 실제로 v_0로 주어질 때, $\hat{\theta}_{\mathrm{MAP}}(y)=v_0$일 확률은 다음과 같다.

$$\begin{aligned} &P(\hat{\theta}_{\mathrm{MAP}}(y)=v_0|\theta=v_0) \\ &=\frac{1}{2}\left(1-\mathrm{erf}\left(\frac{-\frac{1}{\|a\|_2}(a^T\mu_0+b)}{\sqrt{2\sigma^2}}\right)\right)\end{aligned} \tag{16}$$

여기에서, erf는 가우스 오차 함수이고, 식(16)은 단순히 1에서 거리의 누적 분포함수(cumulative distribution function; cdf)를 뺀 값이다. 여기에서 거리는 v_0 인 경우에 계산된 초평면까지의 거리를 의미한다. 따라서 이 값은 부호 있는 거리가 양의 값을 가질 확률이 된다.

계산 과정은 입력이 v_1 인 경우와 대부분 똑같다.

명제3 식(8)에 의해서, MAP로 v_0와 v_1을 성공적으로 구분할 확률은 다음과 같다.

$$\frac{1}{2}\left(1-\mathrm{erf}\left(\frac{-\frac{1}{\|a\|_2}(a^T\mu_0+b)}{\sqrt{2\sigma^2}}\right)\right) \quad (17)$$

하지만 일반적으로 볼 때, 세분화 알고리즘을 단순히 v_0와 v_1 두 가지만을 구분하기 위해 설계하는 경우는 없가 때문에, 이런 점을 감안하면 최적으로 방법이라고 볼 수 없다. 즉, 식(17)은 v_0와 v_1을 구분하는데 있어서 어떤 세분화 알고리즘이 최적의 성능을 보이는 지에 대한 이론적 상한 값을 제시한다. $\frac{1}{\|a\|_2}(a^T\mu_0+b)$는 $\mu_0 \neq \mu_1$인 경우에 양의 값을 갖는다는 점에 유의할 필요가 있다. 그리고 $\mu_0 \neq \mu_1$면 상한값은 항상 0.5 이상의 값을 갖고, MAP에서 상한값이 얻어진다. 따라서, 시스템에서 입력에 대해 다른 출력이 나오면, 단순히 임의로 선택하는 경우(blind guessing)에 비해서 구분을 더 잘하는 알고리즘이 항상 존재하게 마련이다.

3.4.2 K개의 시나리오

이 절에서는 3.4.1절에서 도출된 모델을 가지고 입력이 여러 개인 경우를 구분하는 문제를 다루고자 한다.

이제부터는 입력이 몇 개의 세트를 가지는 경우를 생각해보자. 즉, 입력 세트가 $\{v_i\}_{i=1}^K$ 이고 각각의 i에 대하여 $v_1 \in \Theta$라고 하자. 여기에서 이들 입력이 발생할 확률이 같다고 하면, 모든 i에 대하여 $p(\theta = v_i) = \frac{1}{K}$가 된다. 우리가 알고 싶은 것은 MAP이므로, 분산이 Σ인 가우시안 노이즈 가정을 한다. 이렇게 되면, MAP는 3.4.1절에서 제시된 산식을 따라서 $\mathbb{R}^N$을 초평면으로 분할한다.

따라서 우리가 알고 싶은 것은 실제 입력이 v_1 이라고 할 때, MAP가 나머지 $K-1$개의 입력으로부터 v_1을 정확하게 구분할 수 있는 확률이 어떻게 되는지이다. $i=1, \cdots, N$에 대하여 $\mu_i = h(v_i)$이고, 각각 $a_i^T = (\mu_1 - \mu_i)^T \Sigma^{-1}$, $b_i = \frac{1}{2}(\mu_i^T \Sigma^{-1} \mu_i - \mu_1 \Sigma^{-1} \mu_1)$라고 하자. 관측지 $y \in \mathbb{R}^T$이 주어졌을 때, 우리가 알고 싶은 것은 $i=2, \cdots, K$ (즉, u_1이 다른 입력에 비해 발생 가능성이 더 높은 경우)에 대한 $\frac{1}{\|a_i\|_2}(a_i^T y + b_i)$의 확률이다. 이를 간결하게 표현하면, 다음과 같은 행렬을 정의할 수 있다.

$$A = \begin{bmatrix} a_2^T / \|a_2\|_2 \\ a_3^T / \|a_3\|_2 \\ \vdots \\ a_K^T / \|a_K\|_2 \end{bmatrix} \quad b = \begin{bmatrix} b_2 / \|a_2\|_2 \\ b_3 / \|a_3\|_2 \\ \vdots \\ b_K / \|a_K\|_2 \end{bmatrix} \tag{18}$$

여기에서 우리가 알고 삶은 것은 $ay+b$가 $\mathbb{R}^N$의 양의 사분면(orthant)에 있을 확률이다. y는 평균 μ_1이고 공분산이 Σ인 분포를 따른다는 점을 상기하면, 확률 변수 $Ay+b$는 평균 $A\mu_1+b$, 공분산 $A\Sigma A^T$을 가지게 된다. 여기에서 이 확률 변수가 양의 사분면에 위치할 확률을 해석적으로 계산할 수 없지만, 이에 대한 근사치를 비교적 높은 정확도로 구할 수 있다.

이러한 과정을 $i=2, \cdots, K$ 경우에 대해서 모두 수행하게 되면, NILM의 성공 확률에 대한 상한 값을 얻을 수 있다.

3.4.3 선형 시스템

이 절에서는 앞에서 제시한 이론을 특정한 사례, 즉 모든 가전 기기가 선형 시스템(linear system)인 경우를 고려해보고자 한다. 가정에서 전력 사용량의 동적인 변화가 $y = A\theta + e$의 식으로 표현되고, 노이즈 e의 공분산이 $\hat{\sigma}^2 I$라고 가정하면, 분산은 식(15)의 정의에 따라 $\hat{\sigma}^2$이 된다.

이제, 우리가 구별하고자하는 세트가 어떤 상수 $0 < L \le U$에 대하여 $V_0 = \{0\}$, $V_1 = \{v: L \le \|v\|_2 \le U\}$이라고 하자. 이 경우에 우리는 크기의 범위가 [L, U]인 입력을 탐지할 수 있을까? 식(12)에 따라서 추정량 $\hat{\theta}$에 대해서 NILM의 성공 확률은 다음과 같다.

$$P(\hat{\theta}(y)=0 | \theta=0) p(\theta=0) + p(\hat{\theta}(y) \in V_1 | \theta \in V_1) p(\theta \in V_1) \tag{19}$$

먼저 입력이 $v \in V_1$ 으로 고정된 경우를 살펴 보자. $\theta = v$ 라고 할 때, 추정량 $\hat{\theta}$ 이 0으로부터 v를 구분할 확률의 상한은 식(20)에 의해 결정된다.

$$P(\hat{\theta}(y) \neq 0 | \theta = v) \leq \frac{1}{2}\left(1 + \text{erf}\left(\frac{\|Av\|_2}{2\sqrt{2\sigma^2}}\right)\right) \tag{20}$$

이 결과는 1차원으로 투사한 이후에 초평면이 분리되는 지점이 $\pm\|Av\|_2/2$ 라는 점에서 확인할 수 있다. 일반성(generality)을 잃지 않기 위해서, 분리가 되는 지점을 $\|Av\|_2/2$ 라고 가정한다.

여기에서 이 식이 $\|Av\|_2$ 의 단조 증가(increasing) 함수라는 점에 유의할 필요가 있다. 따라서 다음과 같이 쓸 수 있다.

$$\frac{1}{2}\left(1 + \text{erf}\left(\frac{\|Av\|_2}{2\sqrt{2\sigma^2}}\right)\right) \leq \frac{1}{2}\left(1 + \text{erf}\left(\frac{\sigma_{\max}(A)U}{2\sqrt{2\sigma^2}}\right)\right) \tag{21}$$

여기에서 $\sigma_{\max}(A)$ 는 A의 가장 큰 특이 값(singular value)이다. 이 관계는 모든 $v \in V_1$ 에 대해서 유효하다. 따라서 측정의 이론적 속성(measure-theoretic properties)은 다음과 같이 된다.

$$P(\hat{\theta}(y) \in V_1 | u \in V_1) \leq \frac{1}{2}\left(1 + \text{erf}\left(\frac{\sigma_{\max}(A)U}{2\sqrt{2\sigma^2}}\right)\right) \tag{22}$$

명제4 선형 시스템에서 NILM의 성공 확률 상한은 다음과 같다.

$$P(\theta = 0) + \frac{1}{2}\left(1 + \text{erf}\left(\frac{\sigma_{\max}(A)U}{2\sqrt{2\sigma^2}}\right)\right)p(\theta \in V_1) \tag{23}$$

이러한 상한들은 모델에 명시적으로 의존하지 않으며, 모델의 민감도(sensitivity)에 따라서만 달라진다. 따라서 우리가 알고 있는 지식이 노이즈의 분산과 선형 시스템의 민감도 밖에 없는 경우에도 NILM의 성공 확률 상한을 파악할 수 있게 된다.

---

4. NILM에서 유용성과 개인 정보 보호의 균형

이 절에서는 스마트 그리드에서 NILM 정보의 유용성과 개인정보 보호 사이의 균형 문제를 다루고자 한다. 여기에서는 앞 절에서 설명한 NILM의 근본적인 한계를 정보보호를 다루는 측정지표로 이용한다. 다시 말하면, 여기에서는 각 가정의 가전기기에 대한 입력보다는 가전기기의 사용패턴을 해석하는 θ의 의미에 초점을 둔다. 이 절에서 u는 계통 운영을 위해 스마트미터의 계량 데이터를 수집하는 시스템의 입력에 해당한다. 논점을 분명하게 하기 위해서 여기에서는 입력에 해당하는 u와 소비자의 개인정보와 관련된 매개변수인 θ를 구분하여 다룬다. 각 절에서 동일한 객체에 대하여 같은 표기를 하기 위해 노력하였지만, 여기에서 θ가 앞 절과 같은 객체이면서 다른 의미로 사용된다. 예를 들어, θ는 NILM의 근본적인 한계를 증명할 때에는 가전기기에 대한 입력의 의미로 사용되었지만, 이 절에서 개인 정보의 의미를 갖는다.

4.1 균형에 관한 정량화 프레임워크

이 절에서는 데이터가 갖는 운영상의 효용(utility)과 소비자의 정보보호 수준 사이의 균형 문제를 정량화하기 위한 프레임워크를 소개한다.

개인정보를 보호하는 메커니즘은 두 가지 범주로 구분할 수 있다. 즉, 정보에 대한 접근을 통제하는 메커니즘이 있고, 데이터의 품질을 변화시키는 메커니즘이 있을 수 있다.

데이터 접근을 통제하는 방법은 주로 암호화를 연구하는 커뮤니티에서 진행되어 왔으며, 매우 강력한 보호체계가 제시되어 왔다[43]. 이 방법은 외부의 공격에 대해서 강력한 보호체계를 제공하지만, 데이터에 접근 가능한 사람들에 의한 침해에 대해서는 보호를 하지 못한다. 예를 들어, 전력 유틸리티들은 가정의 에너지 소비에 대한 정보에 접근할 수 있기 때문에 이들 패턴 정보를 이용하여 소비자의 라이프스타일을 추론하여 고객의 동의없이 정보를 이용할 수 있다[4, 15].

이와 대조적인 방법인 품질 기반 방법은 여러 커뮤니티에서 연구되어 왔다 예를 들어, 대부분의 차등 개인정보 보호 메커니즘은 데이터에 노이즈를 추가한다[25, 44]. 노이즈가 증가할수록 데이터의 품질은 떨어지고, 반면에 개인정보 보호 수준은 향상된다. 다른 예로, 계통에서 실시간 데이터 측정 주기를 느리게 함으로써 소비자의 개인정보 보호 수준을 높일 수 있는데, 이와 관련된 연구는 참고문헌[8, 45]에서 찾아 볼 수 있다. 이 방법은 데이터를 전송하기 전에 품질을 조정함으로써, 외부 공격자 외에 내부 공격자에서 발생하는 개인정보 문제를 예방할 수 있다. 하지만 데이터의 품질을 조정하는 일은 원래 데이터가 가지고 있는 효용성을 훼손하지 않기 위해 세심하게 진행되어야 한다. 데이터가 원하는 목적에 사용될 수 없게 되면, 스마트미터 데이터에 새로운 기법을 적용함으로써 기대할 수 있는 효용과 편리함이 상실될 것이기 때문이다.

이 장에서는 여러 수준의 개인정보 보호를 달성하기 위해서 데이터의 품질을 조정하여 정보보호 유지 메커니즘에 초점을 두고 설명을 진행한다.

4.1.1 데이터의 유용성

특정 데이터 세트의 유용성은 이들 데이터을 바탕으로 하는 서비스의 성능 향상에서 비롯한다. 이러한 과정을 모델링하기 위해서, 여기에서는 제어 이론 프레임워크(control theoretic framework)를 따라서 설명을 진행한다.

여기에서 우리는 일련의 시간 세트 $T \subset \mathbb{R}$ 에서의 시스템 성능에 관심이 있다고 한다. 데이터는 $N \in \mathbb{N}$ 또는 $T=\{0,\ 1,\ \cdots\}$ 인 이산 시계열(discrete time cases) $T=\{0,\ 1,\ \cdots,\ N-1\}$ 의 형태일 수도 있고, $T_f \in \mathbb{R}$ 의 연속된 시간 $T=[0,\ T_f]$의 시계열일 수도 있으며, 시간이 무한대인 $T=[0,\ \infty)$ 형태로 분포할 수도 있다. 논의를 단순하게 전개하기 위해 시스템의 운영이 $t=0$ 에서 시작되고 $0 \in T$ 라고 가정한다.

그리고 시스템에는 특정한 시점에서 시스템의 모든 가능한 구성을 표현하는 상태 공간 $\mathcal{X}$ 가 있다고 하자. 일반적으로 $n \in \mathbb{N}$ 에 대하여 $\mathcal{X}=\mathbb{R}^n$ 인 것으로 간주한다. 특정 시점 $t \in T$ 에서의 시스템 상태는 $x(t)$로 표기한다. 마찬가지로 시스템의 입력 상태 공간 $\mathcal{U}$ 에서 우리가 취하는 특정 시점의 제어 행위는 $u(t)$로 표기된다. 시스템의 동적인 상태 변화는 $\phi : \mathcal{X} \times \mathcal{U}^T \to \mathcal{X}^T$ 함수를 통해서 포착할 수 있는데, 이 함수는 초기 조건과 모든 시간 T에서의 입력 신호를 취하여 시스템이 어떤 궤적(trajectory)으로 움직이는 지를 기록한다. 예를 들어, 선형 시간 불변 시스템(linear time-invariant systems)에서 $\phi(x_0,\ u)=x$ 이면, x는 초기 조건이 $x(0)=x_0$ 인 경우에서 차분 방정식 $\dot{x}(t)=Ax(t)+Bu(t)$의 해가 된다.

시스템의 성능은 비용 함수 $J : \mathcal{X}^T \times \mathcal{U}^T \to \mathbb{R}$ 을 통해서 평가할 수 있다. 시스템의 초기 조건은 $x_0 \in \mathcal{X}$ 이 동적인 변화를 나타내는 함수 ϕ를 따라 변화한다. 시스템의 운영자는 비용 함수 $J(\phi(x_0,\ u),\ u)$가 낮게 유지되도록 $u \in \mathcal{U}^T$ 를 선택하려 한다. 최적 제어 문제는 비용 함수를 최소화하는 $\min_u J(\phi(x_0,\ u),\ u)$ 값을 풀어서 해답을 구하는 것이 이상적이다. 하지만 해를 구하는 것이 쉽지 않은 경우가 많기 때문에, 실제에서는 정보와 데이터 취급

(tractability)에 관한 제약에 따라서 최적의 근사 해를 찾는 전략이 이용된다.

비용을 최소화하기 위한 목적으로 시스템의 운영자는 제어기를 설계한다. 제어기가 $u \in \mathcal{U}^T$ 인 입력을 결정하면, 그 값은 시스템에 전달된다. 하지만 제어기는 시스템에 관하여 제한된 양의 정보만을 가지고 있다. 여기에서 다루는 프레임워크에서는 데이터의 품질 변화가 시스템 운영자 제어기의 판단에 어떠한 영향을 미치는지, 그리고 그에 따른 시스템 비용은 어떻게 되는지를 살펴 본다. 시간 $t \in T$ 에서 데이터의 품질 수준을 q라고 할 때, $Y(q,\ t)$를 시간 t에서 제어기가 이용할 수 있는 가용 데이터라고 하자.[1] 이 데이터를 이용해서 제어기는 제어 입력 $u(t) \in \mathcal{U}$ 을 선택한다. 이와 같이 제어기가 제어 입력을 선택하는 과정을 $u_c(Y(q,\ t),\ t) \in \mathcal{U}$ 로 표기하기로 한다.

제어기를 특정하게 되면, 비용 함수 J와 품질 수준 q 사이의 매핑을 생각해 볼 수 있다. 즉, 품질 q에 대하여 제어기는 매 시간 $t \in T$ 에서 제어 명령 $u_c(Y(q,\ t),\ t) \in \mathcal{U}$ 를 생성한다. 이러한 과정을 통해서 비용 함수는 $J(\phi(x_0,\ u_q),\ u_q)$가 되고, 여기에서 $u_q \in \mathcal{U}^T$ 는 모든 시간 $t \in T$ 에 대하여 $u_q(t) = u_c(Y(q,\ t),\ t) \in \mathcal{U}$ 로 정의된다.

개념적으로 볼 때, 이러한 과정을 통해서 사이버 물리 시스템(cyber-physical system)의 제어 성능이 데이터의 품질 수준에 따라서 어떻게 달라지는지를 보여 줌으로써 데이터의 유용성을 정량화할 수 있다. 앞에서 얘기한 바와 같이 4.2절에서 구체적인 사례를 들어서 설명하고자 한다.

4.1.2 데이터의 개인 정보 보호

IoT(Internet of Things)를 통해 계통 운영을 개선하려고 할 때, 대부분 데이터는 소비자들로부터 취득된다. 하지만 이들 데이터를 이용하면 IoT 도입과 관련이 없는 소비자의 사생활 정보에 대한 추론이 가능해질 수 있다. 이 절에서는 데이터에 소비자의 개인적인 삶에 관한 정보가 얼마나 들어 있는지를 정량화하는 방법을 논의한다.

앞 절에서는 시간 $T \subset \mathbb{R}$을 일련의 시간 인덱스로 고정하고, 시간 t, 품질 q에 대한 데이터 메커니즘 $Y(q,\ t)$를 정의하였다. 그리고 이러한 데이터 메커니즘은 무슨 정보가 수집되어 전송되는지를 정의하며, 이를 이용하여 품질 수준 q가 변화함에 따라서 제어기의 성능이 어떻

1) 일반화를 위해 여기에서는 q와 $Y(q, t)$가 어떤 공간에 존재하는지에 대한 세부적인 사항들을 다루지 않았다. 수식으로 보면, q는 일반 공간에 존재할 수 있지만, 종종 $q \in \mathbb{R}$ 는 것으로 간주된다. 예를 들어, q는 4.2절에서 살펴본 바와 같이 우리가 다루는 시스템의 샘플링 주기를 의미할 수 있다. 마찬가지로 $Y(q, t)$는 각각의 q, t에 대한 임의의 공간에 존재할 수 있다. 4.2절의 사례에서처럼 $Y(q, t)$는 제어기가 시간 t에서 관찰 할 수있는 확률 변수의 집합이 될 수도 있다.

게 변화하는지를 정량화한 바 있다. 이 절에서는 품질 수준 q가 변화함에 따라서 데이터 메커니즘 $Y(q,\ t)$에서 소비자의 개인정보 보호 수준이 어떻게 달라지는지를 살펴 본다. 그리고 개인정보 보호는 통계적 관점을 취하여 설명된다. 즉, 새로운 관측치가 있을 때, 이들 정보가 특정 개인정보 매개변수와 얼마나 관련이 있는지를 살펴본다. 이와 관련된 모델은 다음과 같다.

소비자의 개인을 나타내는 매개 변수 $\theta \in \Theta$가 있고, 이 변수는 우리가 보호하고자 하는 대상이라고 하자. 이 개인 매개 변수 θ는 공간 Θ에 특정한 구조로 존재하며, 이 구조는 사용 중인 개인 정보 지표(metric)에 따라 달라진다. 차등 개인정보 보호에서는 개인 매개 변수 공간 Θ는 특정 쌍 $(\theta,\ \theta') \in \Theta \times \Theta$이 인접 관계(adjacency relationship)를 가지고 있어서 서로 구분되지 않는다. 이를 4.1.5절에서 사용된 정보 이론 지표와 개인정보 추론 지표 관점에서 보면, θ는 매우 많은 값을 가지는 확률 변수로 볼 수 있다. 즉, Θ는 유한하지만 개수가 매우 많은 성분들을 가지고 있고, 확률 변수 θ에 대하여 사전 확률 P_θ가 존재한다.

이러한 개인정보 보호 지표들은 여러 데이터 메커니즘을 평가할 수 있어야 하기 때문에, 그 정의가 보다 일반적인 형태가 되어야 한다. 또한 이 지표들은 품질 q에 따라 달라져야 한다. 따라서 개인정보 보호에 대한 평가는 데이터 메커니즘 구조의 함수여야 한다. 이러한 관계는 $m(Y,\ q)$로 표기된다. 이 프레임워크는 품질이 변하는 여러 개인정보 보호 메커니즘에서 적용할 수 있을 만큼 일반화가 가능하다. 그리고 이러한 일반화 성능은 IoT의 정보 구조와 발생 가능한 여러 개인정보 보호 리스크를 다루기 위해 필요하다.

4.1절에서는 IoT 어플리케이션에서 유용성과 개인정보 보호 사이의 균형 문제를 정량화하는 일반적인 프레임워크를 소개하였다. 스마트 그리드에서 발생하는 구체적인 사례를 다루기에 앞서서, 새로운 개인정보 보호 지표로 추론적 개인정보 보호(inferential privacy)를 논의하고자 한다. 일반적으로 추론적 개인정보 보호는 공격자들이 관측 데이터 $(Y(q,\ t))_{t \in T}$로부터 θ를 정확하게 추론할 확률의 하한을 의미한다.

상황에 따라서 여러 개인 정보 보호 지표들의 적용될 수 있다. 개인정보 보호에 관한 철학[46]에서 주장되는 바와 같이, 개념의 본질을 포착하기 위해서는 복수의 개인정보 보호 지표에 대한 정의가 필요하다. 왜냐하면 개인 정보 보호의 개념은 상황에 따라 달라질 수 있고, 본질적으로 여러 개념이 경쟁하기 때문이다[47].

차등적 개인정보 보호는 우리가 공격의 형태를 알 수 없고, 공격자들이 가지고 있는 2차 정보(side information)를 알 수 없기 때문에 매유 강력한 개인 정보 보호 방법이라고 할 수 있다. 하지만 실제 응용에 있어서는 부가적 독립 라플라스(additive independent Laplacian),

가우시안 노이즈 등과 같이 불확실성의 구조를 따로 가정해야 한다. 예를 들어, 우리가 샘플링 속도를 변경할 때, 동적 시스템에서 차등적 개인 정보 보호의 수준이 어떻게 달라지는지를 고려하는 방법이 명확하지 않다.

이와 반대로, 정보 이론 메트릭스는 일부 기준에 대해서는 최적의 결과를 도출하는 방식으로 노이즈 설계에서 좋은 성능을 보여 준다. 참고문헌[34]에서는 데이터베이스 추정에서 성능 제약 조건 하에 최적의 노이즈 설계를 구현한 바 있으며, 참고문헌[41]에서는 스마트그리드 환경에서 압축 기법을 적용하는 과정에서, 왜곡 제약(distortion constraint)에 따른 정보 유출의 이론적인 한계를 제시한 바 있다.

여기에서는 개인정보 보호에 적용될 수 있는 가설 검정 프레임워크를 제시하였는데, 가설 검정은 정보 이론[36]과 통계[48] 커뮤니티에서 많이 연구되어 온 분야이다. 통계에서 사용되는 변량 미적분(variational calculus) 방법은 Neyman과 Pearson[49]에 의해 처음 소개되었으며, 최적의 추정량을 찾는 유용한 방법으로 이용되어 왔다. 이와 함께 추정량의 성능 분석에 많이 이용되어 온 미니맥스(minimax) 리스크는 최악의 분포를 가정하여 추정량의 기대 손실(expected loss)을 측정한다[50]. 미니맥스 리스크는 가설 검정 문제의 어려움을 측정하는 역할을 한다. 이에 대한 대안으로 Fano는 관심 매개 변수와 관측 데이터 사이의 상호 정보(mutual information)와 엔트로피를 비교해서 가설 검중 문제의 어려움을 분석한 바가 있다[36, 51]. 그리고 이들 결과는 연속 변수에 대한 관측 데이터로도 확장되었다[52]. 이들 방법은 가설 검정의 어려움을 측정하는 수단을 제공한다. 그리고 여기에서는 관점을 달리하여 개인정보 보호를 보장하는 수단으로 이용하였다.

이 절에서는 품질 q를 고정하고, 그에 따른 개인정보 보호 수준을 분석한다. 당연한 얘기이지만, 이 결과를 활용하면, 품질을 변화시켰을 때 개인 정보보호 수준에 어떠한 영향을 주는지를 살펴 볼 수 있다.

4.1.3 데이터 메커니즘 모델

먼저, 개인을 나타내는 매개변수 θ가 관측 데이터 $Y(q,\ t)_{t \in T}$에 미치는 영향을 어떻게 모델링하는지를 소개하고자 한다. 이를 위해서 $Y(q,\ t)_{t \in T}$의 가능한 값을 $\mathcal{Y}$로 표기하기로 한다.

정의6 개인을 나타내는 매개 변수 θ는 P_θ의 분포를 따른다. 이와 마찬가지로, θ가 주어지면 $Y(q,\ t)_{t \in T}$는 조건부 분포 $P_{Y|\theta}$를 갖는다.

이러한 가정은 수식으로 볼 때는 매우 간결한 가정이지만, 이를 실제로 구현하는 과정에서 이들 분포를 쉽게 결정할 수 있는 경우가 거의 없다는 점에 유의할 필요가 있다.

4.1.4 공격자 모델

다음 단계로 공격자 모델(adversary model)을 소개한다.

정의7 공격자들은 전송된 데이터를 볼 수 있으며, 분포에 관한 지식 즉, P_θ, $P_{Y|\theta}$를 알고 있다. 또한 공격자들은 필요한 컴퓨팅 능력을 가지고 있다.

이 경우, 공격자들은 측정된 데이터 신호에 접속할 수 있으며, 또한 소비자의 개인 생활과 관련된 θ의 사전 정보를 가지고 있다. 공격자는 또한 이러한 개인 생활 정보가 해당 소비자의 IoT 기기 사용 $P_{Y|\theta}$에 어떤 영향을 미치는지를 알고 있다. 비록 이 공격자가 소비자에 대해 많은 지식을 갖고 있지만, 이외의 부가 정보는 갖고 있지 않은 것을 간주된다.

여기에서처럼 공격자들의 소비자에 대해 P_θ와 $P_{Y|\theta}$에 접근할 수 있다고 가정하는 것은 비현실적일수 있다. 하지만, 적은 정보에서 y로부터 θ를 추론해내려고 노력하는 공격자들은 여기에서 정의된 공격자 모델보다 더 나쁜 상황을 만들 수 있다. 따라서, 여기서 언급하는 공격자 모델은 다른 약한 공격자 모델에 비하여 보수적인 추정치를 제공한다고 할 수 있다.

4.1.5 개인 정보 추론 지표

개인 정보 보호에 관한 지표는 공격자가 개인의 생활과 관련된 매개 변수 θ를 추론할 때 오차 확률과 같다.

정의8 가정6에서 개략적으로 설명한 전력사용 모델에서 시스템이 임의의 추정량 $\hat{\theta}: Y \to \Theta$에 대하여 다음의 관계가 성립하면, 시스템은 추론으로부터 보호되는(inferentially private) 상태로 본다.

$$\Pr(\hat{\theta}[(Y(q,t))_{t\in T}] \neq \theta) \geq \alpha \tag{24}$$

이 추정량은 P_θ와 $P_{y|\theta}$의 정보에 기반하여 구해진다.

여기에서 개인정보 보호 지표는 본질적으로 사전(ex ante) 지표이며, 개인정보는 P_θ를 따라서 공간 Θ에 퍼져 있다는 점에 유의할 필요가 있다. 여러 통계 추정 문제에서 자주 발생하는 바와 같이 사후(ex post) 개인정보 보호 지표, 즉 모든 형태의 개인정보 보호를 보장하는 지표는 문제를 잘 드러내는(well-posed) 지표가 아니다.

예를 들어, $\Theta=\{0, 1\}$이라고 가정하고 추정량 $\hat{\theta}\equiv 0$이 되는 경우를 생각해보자. $\theta=0$인 유형의 소비자가 있다고 하면, 공격자는 이런 유형의 소비자를 추정량을 통해서 정확하게 추론할 수 있다. 다시 말해 모든 사람들이 고정된 유형을 갖고 있다는 단순한 가정을 하게 되면, 공격자는 특정한 유형의 소비자의 개인 정보를 항상 침해할 수 있다. 한편으로 공격자가 P_θ에 따라 가중치를 부여한 유형에 대해서는 Θ를 추론할 수 있어야만 하므로, 이 점을 활용하면 개인정보 보안을 강화할 수 있다.

공격자가 사용하는 알고리즘과 관계없이, 우리는 소비자의 개인정보 침해를 성공할 확률의 한계를 정할 수 있다. 또한 이러한 산식을 통해서 데이터의 샘플링 주기나 전송 주기 등과 같이 데이터의 품질 수준을 변화시킬 수 있다. 4.2절에서는 구체적인 사례를 가지고 살펴보고자 한다. 이러한 방식으로 개인 정보 침해의 한계를 제시하면 소비자들이 이해하기가 쉽기 때문에 전력 유틸리티와 소비자 사이에 개인정보 보호에 관한 약정을 설계할 때에도 이용될 수 있다[53].

위에서 설명한 바와 같이 NILM의 근본적인 한계를 통해 데이터의 유용성과 개인정보 보호 사이의 균형에 관한 일반적인 프레임워크는 제시하였으며, 사전 확률로 P_θ, 조건부 확률로 $P_{Y|\theta}$가 사용되어 가전기기에 대한 모델을 구성하였다. 따라서 명제2의 근본적인 한계를 α라고 하면, 우리는 시스템이 α 만큼 추론으로부터 보호되는(inferentially private) 상태에 있다는 점을 알 수 있다.

4.2 직접 부하 제어 사례

이 절에서는 구체적인 상황을 예로 하여, 유용성-개인정보 보호 프레임워크를 살펴보고자 한다. 특히 여기에서는 스마트그리드에서의 직접 부하 제어(DLC)와 관련된 개인정보 보호 사례를 살펴본다.

DLC는 여러 가지 측면에서 스마트그리드에서 유망한 적용 분야이다. 소비자의 전기 사용 만족도를 크게 훼손하지 않으면서 부하를 제어하게 되면, 피크 수요에서 부하를 이전시키는 데 소요되는 많은 비용을 줄일 수 있고 실시간 부하 불균형(real-time load imbalances) 문제를 보완할 수 있다. 또한 신재생 에너지의 보급이 증가하면서 전력을 생산하는 발전량의 불확실성이 증가함에 따라 소비 측면에서의 유연성 확보가 요구된다. 이 절에서는 부하 불균형 신호(load imbalance signal)를 외생변수(exogenous variable)로 간주하고, DLC 체계를 이용해서 불균형을 완화하는 문제를 시도해보고자 한다.

현재 DLC와 관련한 여러 정책들이 시행되고 있다. 예를 들어, PG&E(Pacific Gas and Electric)는 2007년 봄부터 SmartAC라는 프로그램을 시행하고 있다[54]. PG&E 이외의 다른 수요반응 서비스 제공 사업자는 DLC 프로그램에 주택용 고객 125만호를 모집한 바 있으며, 미국 전역에서는 5백만개 이상의 DLC 기기들이 보급되어 있다. 켈리포니아에서는 2007년 이후로 약 25MW 이상의 전력 부하를 성공적으로 줄인 것으로 보고된다[55]. 이들 DLC 프로그램은 보통 대규모 사업 형태로 전개되는 경우가 많기 때문에 이들 프로그램에서의 개인정보 보호는 중요한 이슈이다[4].

이 장에서는 데이터의 품질 수준 q를 변화시키는 방법으로 여러 가지 샘플링 주기가 이용된다. 여기에서 이런 방법으로 품질을 변경시키는 이유는 두가지로 구분할 수 있다.

첫째, 실제 운영이나 규제, 성능 또는 경제적인 이유로 노이즈가 없는 데이터가 필요한 경우가 많이 있다. 예를 들어, 소비자의 에너지 소비 신호에 노이즈가 랜덤하게 추가되어 전력 유틸리티에 전송된다고 가정을 해보자. 이렇게 노이즈를 추가하면, 소비자에게 청구되는 전기요금은 에너지 사용에 대한 결정론적 함수라기 보다는 에너지 사용에 따른 조건부 확률 변수 형태가 된다. 이렇게 되면, 많은 소비자들이 요금이 과다 청구될 가능성이 있기 때문에 좋아하지 않을 것이다. 따라서 비록 통계적 관점에서는 이러한 랜덤 오차는 장기적으로 무시할 수 있는 것이라고 할지라도, 이러한 상황이 발생되지 않도록 하기 위해서 전력 유틸리티에게 여러 규제가 필요하게 된다.

둘째, 샘플링 속도가 계통 운영 성능에 미치는 영향을 분석하는 것은 동적 시스템의 데이터 최소화 원칙(data minimization principle)을 이행하기 위한 첫 번째 단계라는 점이다. 미국의 오바마 행정부는 2011년 6월 스마트 그리드 정책 프레임워크 보고서를 발간하면서 개인 정보 보호 문제를 조사한 바가 있다[56]. 이 보고서에서는 주정부 및 연방정부의 규제 당국이 소비자의 상세한 에너지 사용 데이터가 연방정부의 공정 정보 규정(Federal Fair Information Practice; FIP)에 부합하는 방식으로 보호되는지를 확인하는 방법을 스마트그리드 개인정보 보호의 출발점으로 고려해야한다고 권고한 바 있다. 여기에서 핵심 원칙 중 하나는 데이터 최소화다. 그리고 이 원칙은 디자인에 의한 프라이버시(privacy by design) 개념과도 일치한다[57].

이와 유사하게, 데이터 최소화에 관한 FIP 원칙은 미국 표준 기술 연구소(National Institute of Standards and Technology; NIST)[58], 북미 에너지 표준 위원회(North American Energy Standards Board; NAESB)[59], 에너지부(DOE)[60], 텍사스 공공 유틸리티 위원회(PUC)[61], 캘리포니아 공공 유틸리티 위원회(CPUC)[62] 등의 스마트그리드 개인정보 보호 권고안에도 포함되어 있다.

스마트 그리드 사이버 보안 전략 및 요구사항을 담고 있는 NIST의 NISTIR 7628[58]은 스마트 그리드 환경에서 데이터 최소화 원칙을 다음과 같이 표현하고 있다.

> *스마트그리드의 운영에만 필요한 수준으로 데이터 취득을 제한한다. 여기에는 계통 계획 및 관리, 에너지 사용과 효율의 향상, 에너지 사용과 효율의 향상, 고객 계정 관리 및 요금 청구 등이 포함된다.*

이와 같은 모든 권고사항들과 정책 제안들은 필요에 따라 그 범위가 넓어져 왔는데, 이는 규제 기관들이 전력 유틸리티들의 데이터 취득에 특정한 제한을 가하여 부담을 주는 것을 원하지 않았기 때문이다. 하지만, 개인정보 보호 권고사항을 따르고 싶은 유틸리티들은 어느 정도의 데이터 취득이 과한 것이고 또는 부족한 것인지를 합리적으로 판단하는데 도움이 되는 원칙을 갖고 있지 못한 상황이다. 이 절의 목적은 과학적으로 타당한 원칙에 대한 논의를 시작하여, 스마트그리드 계통 운영에 요구되는 기능의 수준에 따라서 필요한 데이터의 양이 얼마나 되는지를 판단하는데 도움을 주는데 있다. 그리고 이러한 데이터 수집 정책 하에서 소비자에게 부여되는 개인정보 보호의 범위를 파악하는데 있다.

데이터 샘플링 속도가 스마트그리드 운영에 미치는 영향을 분석함으로써 데이터의 효용(utility)에 대한 정량화를 시작할 수 있는데, 이 과정은 데이터 최소화를 실행하는 있어서 필요한 첫 번째 단계이다. 직관적으로 볼 때, 샘플링 속도에는 어느 특정 수준이 있어서, 이 이상의 속도를 넘어서면 더 이상 계통의 성능에 미치는 영향이 미비해지는 지점이 반드시 존재한다. 예를 들어, 샘플링 속도가 매우 빠르지만, 제어기가 이를 이용하지 못하는 경우가 발생할 수 있다. 또는 계통 자체의 최소 시간 단위에서 한계가 발생할 수 있다. 한편 이와 반대로 샘플링 속도가 너무 느려서 데이터 취득이 전혀 없는 경우와 비교해서 시스템의 성능이 별 차이가 없는 경우가 있을 수 있다. 계통에서 이러한 지점을 찾는 것이 프레임워크 업무의 전반부 목표이다.

앞에서 언급한 바와 같이, AMI와 관련된 소비자의 개인정보를 보호하는 방법에는 데이터에 노이즈를 추가하거나, 데이터 집계 방식을 수정하거나, 데이터 보존기간을 조정하는 등의 여러 가지 방법이 있다 [9-13, 35]. 이들 데이터 품질 조정 메커니즘은 현재 연구가 활발하게 이루어지고 있다. 여기에서 제시하는 프레임워크는 다른 여타의 개인정보 보호 정책에 보완적인 기능을 한다. 즉, 분석 결과는 전력 유틸리티가 개인정보 보호 권고사항들을 따르는데 도움을 주는데 목적이 있다. 데이터를 얼마나 많이 그리고 얼마나 자주 취득해야 하는지를 판단하는데 주안점을 두고 있다. 이에 대한 결과가 도출되면, 암호화(encryption), 익명화(anonymization), 집계 기법(aggregation techniques) 등을 함께 사용할 수 있게 된다.

여기에서는 많이 연구되는 DLC 방법의 성능이 샘플링 속도에 따라서 어떻게 달라지는지를 평가한다. 그리고 이 절의 후반부에서는 샘플링 주기를 길게 늘리는 것이 소비자의 개인정보를 보호하는 방법이라는 점이 제시된다. 특히, 여기에서는 부하의 불균형을 관리하기 위해 사용되는 온도 제어 부하(thermostatically controlled loads; TCLs) 방식의 DLC 기법에 초점을 두고 있다.

4.2.1 직접 부하 제어 모델

이 절에서는 좀더 구체적으로 최근에 제안된 DLC 프로그램의 사례를 살펴 본다. 본 장에서 제안된 일반화된 프레임워크는 여러 정보 수집 정책에 대해서 DLC 프로그램의 민감도를 수치적으로 분석할 수 있다는 점에서 의미가 있다. 이러한 연구는 계통의 매개 변수들이 계통의 성능에 어떠한 영향을 주는지를 연구하는 다른 연구분야에서도 유용할 수 있다[63, 64].

TCL 방법은 건물의 난방, 환기, 공조(HVAC) 시스템에 많이 사용되는데, 이들 기기는 DLC 정책을 적용하는데 적합할 것으로 예상되는 설비이다[65, 66]. 이는 건물들이 열적 관성(thermal inertia)을 가지고 있고, 본질적으로 에너지를 저장할 수 있다는 사실에서 비롯한다. 또한 입주자들이 거의 인식하지 못하는 상태에서 건물의 에너지 소비를 지연시키거나 부하를 이전시키는 것이 가능하다.

4.2.2 온도 제어 부하 모델

TCL과 DLC 방법에 대한 연구 문헌들이 여럿 제시되고 있는데[67-69], 이 장에서 제시하는 분석 방법은 이들 모델 어느 것에도 쉽게 적용할 수 있다. 구체적으로 살펴보기 위해서, 여기에서는 참고문헌[69]에서 제안된 모델을 가지고 논의하고자 한다.

우선 DLC 프로그램에 참여하는 TCL 기기의 집합을 $\mathcal{I}$로 표기하기로 한다. 그리고 $i \in \mathcal{I}$ 인 각각의 TCL 기기들의 온도 변화(temperature evolution)은 다음과 같은 이산 시간 차분 방정식(discrete-time difference equation)으로 모델링된다.

$$x_i(k+1) = a_i x_i(k) + (1-a_i)[T_{a,i}(k) - m_i(k) T_{g,i}] + \epsilon_i(k) \quad (25)$$

이 식에서 $x_i(k)$는 시간 k에서의 TCL i의 내부 온도를 나타내며, $T_{a,\ i}$는 TCL기기 i의 주변 온도, m_i는 TCL i의 제어 신호, ϵ_i는 이 과정에 발생하는 노이즈를 의미한다.[2] 그리고 a_i 항은 $a_i = \exp(-h_B/(R_i C_i))$로 정의되는데, 여기에서 h_B는 기본 샘플링 주기(base sampling period)[3], R_i는 TCL i의 열 저항, C_i는 TCL i의 열 캐패시턴스이다. T_g 항은 TCL이 ON 상태에 있을 때의 온도 증가(temperature gain)를 나타내는데, $\mathrm{T}_g = R_i P_{\mathrm{trans},\ i}$로 계산된다. 여기에서 $P_{\mathrm{trans},\ i}$는 TCL i의 에너지 전달 속도(transfer rate)를 의미한다. TCL i가 ON 상태에 있을 때의 전력 소비량을 P_i로 표기하기로 한다.

이 프레임워크에서는 거주자의 재실 여부에 따르는 변동성(variability)은 오차항 $\epsilon_i(R)$에서 모델링 된다는 점에 유의할 필요가 있다. 이력 데이터가 충분히 많고, 부가적인 특성 정보들도 함께 이용할 수 있을 경우, 관찰 가능한 사후 분포로 $\epsilon_i(k)$를 업데이트할 수 있다. 하지만 이 장에서는 논의를 간결하게 하기 위해서 오차항이 고정된 분포를 갖는 것으로 가정한다.

TCL i에 대한 국부적인 제어(local control)는 변수 m_i를 통해 모델링된다. 국부적인 제어기는 설정포인트(setpoint)와 불감대(deadband)를 기반으로 ON/OFF 이력 제어(hysteresis control)를 수행한다고 가정한다. 냉방 TCL의 경우 다음과 같이 정의된다.

$$m_i(k+1) = \begin{cases} 0 & \text{if } x_i(k+1) < T_{\mathrm{set},i} - \delta_i/2 \\ 1 & \text{if } x_i(k+1) > T_{\mathrm{set},i} + \delta_i/2 \\ m_i(k) & \text{otherwise} \end{cases} \quad (26)$$

이 방정식에서 $T_{\mathrm{set},\ i}$ 및 δ_i는 각각 TCL i의 설정 온도와 불감대를 의미한다. 만일 $m_i(k)=1$일 경우 우리는 TCL i가 시간 k에서 ON 상태에 있다고 할 수 있으며, $m_i(k)=0$이 되면 시간 k에서 OFF 상태에 있다고 볼 수 있다.

다음 절에서는 위와 같은 국부적인 제어 신호에 DLC 신호가 더해져서 식(26)이 수정되는 상황을 가정한다. 그리고 이들 제어기가 관측 데이터 $(x_i(k),\ m_i(k))$에 간헐적으로 접속할 수

2) 여기에서는 논의를 간략하게 진행시키기 위해서 에어컨을 대상으로 하였지만, 난방기에 대해서도 유사한 논의를 진행할 수 있다.

3) 여기에서, h_B는 동적인 변화의 시간 척도를 나타낸다. 이 장의 후반부에서는 직접 부하 제어기가 개인 정보 보호를 유지하면서 필요한 최소한의 데이터 측정 주기를 다루는데, 이 경우 서브 샘플링 주기는 h로 표기하였다.

있도록 함으로써 개인정보 보호를 고려하는(privacy-aware) 샘플링 정책을 소개하고자 한다.

4.2.3 직접 부하 제어 목적 함수

DLC 정책은 부하 불균형을 완화하기 위해서 TCL 스위치의 ON 상태와 OFF 상태 스위치를 조작하여 피크 시간 부하를 감소시키는 방식으로 운영된다. 피크 부하에서의 한계 비용(marginal cost)과 예상치 못한 수급 불균형에 따르는 비용은 전력 계통의 예방 비용(preventable cost)에서 많은 부분을 차지한다. 전력 수요를 조절함으로써 기대할 수 있는 DLC 정책의 효과와 편익에 대한 상세한 설명은 참고문헌[70]에서 확인할 수 있다.

이 문제를 수식으로 다룰 때에는 부하 불균형은 외생 변수로 고려된다. 특히, 중앙 집중형 DLC 제어기의 경우에는 TCL이 사전에 정해진 전력 궤적(power trajectory) P_{des}을 따라서 동작하도록 운영된다.[4)] 이 경우 제어의 목적은 P_{des} 신호와 실제 TCL에서 소비되는 전력 사이에 오차를 최소화하는데 있다. 즉, $\sum_k \left| \sum_{i \in I} P_i m_i(k) - P_{\text{des}}(k) \right|$를 최소화하는 것이 제어의 목적이 된다.

4.2.4 직접 부하 제어의 권한 범위

이와 같은 DLC의 제어 목적을 달성하기 위해서는 중앙 집중형 DLC 제어기가 TCL에 동작 모드의 변경을 알릴 수 있는 것으로 가정한다. 즉 시간 k에서의 온도 $x(k)$가 $T_{\text{set},\,i} - \delta_i/2$와 $T_{\text{set},\,i} + \delta_i/2$ 사이에 있을 때 제어 명령이 전달된다. 좀더 구체적으로 얘기하면, 중앙 집중형 DLC 제어기가 TCL 기기에게 스위치를 OFF에서 ON으로 변경하는 명령을 보내면, TLC는 제어 명령이 없을 때에 비하여 더 이른 시간에 에어컨을 동작시킨다. 이러한 방법으로 DLC 명령이 국부적인 제어기에 더해진다. 또한 중앙 집중형 제어기는 온도가 불감대 밖에 있을 경우에는 제어 권한(control authority)이 없는 것으로 간주한다. 즉, 국부적인 제어기는 $x(k) < T_{\text{set},\,i} - \delta_i/2$인 경우에 OFF로 동작하고, $x(k) > T_{\text{set},\,i} + \delta_i/2$인 경우에는 ON으로 동작한다.

제어 정책에 따라서 불감대를 효과적으로 강화(tightening)할 수 있다는 점을 주지할 필요가 있다. 특히, 효과적인 불감대는 소비자가 인식하는 불감대보다 클 수가 없기 때문에, 이러한 제어 정책은 소비자 만족도를 유지할 수 있다.

---

4) 여기에서 부하 불균형 신호는 외생적인 것으로 간주한다. 하지만, 연구가 더 많이 진행되어 미래에는 발전 스케줄에 관한 요소들을 직접 다룰 수 있거나 이들이 미치는 영향을 다룰 수 있기를 희망한다.

여기에서 고려하는 직접 부하 제어기의 모델은 다음과 같다. 먼저 중앙 집중형 DLC 제어기가 $i \in \mathcal{I}$ 인 각각의 TCL i에 대한 매개변수 $\beta = (a_i,\ T_{a,\ i},\ T_{g,\ i},\ T_{\text{set},\ i},\ \delta_i,\ P_i)$에 접근할 수 있다고 가정한다. 즉, 제어기가 개별 TCL의 동적인 변화를 파악할 수 있다. 하지만 개인정보 보호를 고려하는 샘플링 정책 때문에 특정 시간 k에 대해서만 $(x_i(k),\ m_i(k))$를 관찰할 수 있다. 여기에서 제안하는 모델은 이와 같이 측정 데이터가 간헐적인(intermittent) 상황으로 DLC 제어기를 확장하였다는 점에서 의미가 있다.

이 절의 나머지 부분에서는 개인정보 보호 샘플링 정책을 논의할 때, 서브 샘플링(subsampling) 속도를 함께 고려한다. 즉, 샘플링 정책에 서브 샘플링 주기 $h \in \mathbb{N}$가 매개변수로 고려된다. 시간 k에서 중앙 집중형 제어기는 측정 데이터 $(x(k),\ m(k))_{k \in T_k'}$에 접근할 수 있으며, 여기에서 $T_k = \{hI : l \in \mathbb{N},\ hl \leq k\}$는 데이터 측정이 가능한 시간을 나타내는 인덱스를 나타낸다.[5)]

4.2.5 직접 부하 제어기 모델

이 절에서는 최근 연구 문헌[65, 69]에서 제시된 DLC 정책의 개요를 설명한다. 이를 반영한 직접 부하 제어기의 모델은 다음과 같다. 먼저, 제어기는 각 TCL의 열적 상태(thermal state)에 대한 추정치를 가지고 있다. $x_i(k)$와 $m_i(k)$에 대한 추정치를 각각 $\hat{x}_i(k)$, $\hat{m}_i(k)$로 표기하기로 하자. 그러면 추정량은 다음과 같이 작동한다.

$$\hat{x}_k(k) = \begin{cases} x_k(k) & if\ k \in T_k \\ a_i \hat{x}_k(k-1) + (1-a_i)\left[T_{a,i}(k-1) - \hat{m}_i(k-1)\, T_{g,i}\right] & if\ k \notin T_k \end{cases} \quad (27)$$

$$\hat{m}_i(k) = \begin{cases} m_i(k) & \text{if } k \in T_k \\ 0 & \text{if } k \notin T_k \text{ and } \hat{x}_i(k) < T_{\text{set},i} - \delta_i/2 \\ 1 & \text{if } k \notin T_k \text{ and } \hat{x}_i(k) > T_{\text{set},i} + \delta_i/2 \\ \hat{m}_i(k-1) & \text{otherwise} \end{cases} \quad (28)$$

시간 k에서, 관측 데이터를 이용할 수 있를 경우, 추정량은 관측 데이터를 이용하여 계산되고, 만일 관측 데이터를 이용할 수 없을 때에는 이미 알고 있는 매개 변수 β를 가지고, $\epsilon_i(k) = 0$이라는 가정 하에서 동적인 변화를 추정하여 계산이 이루어진다. 마찬가지로 TCL의 열적 상태에 대한 추정치가 불감대를 벗어나지 않을 경우 TCL의 국부적인 제어기는 스위

5) 논의를 단순하게 하기 위해, 시간 k에서 모든 TCL들이 각자의 상태 정보를 전송하거나 모두 전혀 전송하지 않는다는 가정을 하였다. 좀더 비동기화된 전송에 대해서도 몇 가지 구분을 추가함으로써 다룰 수 있다.

치를 작동시키지 않는 것으로 가정된다.

이렇게 얻어진 추정치는 제어 명령을 생성하는데 이용된다. 제어 알고리즘은 최근의 연구 결과[65, 69]를 반영하여 변수 구간화(binning) 방법을 취한다. 각각의 TCL은 불감대와 열적 상태를 비교하고, 동작 상태가 ON인지 OFF인지에 따라서 개개의 구간(bin)에 할당된다. 이 방법은 각각의 구간에 TCL이 얼마나 할당되었는지를 추정하여, 제어기는 각각의 구간에 제어 명령을 발생시키는데, 이 명령에는 전체 TCL에서 얼마 만큼의 상태를 스위칭해야 하는지가 포함되어 있다. 여기에서는 논의를 간결하게 하기 위해, ON 상태에서 모든 TCL 기기들이 전력 소비가 동일하다고 가정한다. 즉, 모든 $i \in \mathcal{I}$ 에 대하여 $P_i = P$ 이 된다. 좀더 상세한 설명은 참고문헌[71]을 통해 확인할 수 있다.

그림1은 위와 같은 제어 알고리즘을 나타낸 것이다. 그림의 상단에는 $N_{\text{hin}} = 6$ 인 경우에서 TCL들이 어떻게 구간으로 분리되는지를 보여준다. 각각의 구간에 표시된 숫자는 구간에 들어있는 실제 TCL의 개수를 나타낸다. 그리고 괄호 안의 숫자는 TCL 개수에 대한 추정치를 의미한다. 이 그림의 사례에서는 TCL i에서의 전력 소비량은 $P_i = 2.5\text{kW}$ 로 가정하였다. 따라서, 495개의 TCL이 ON 상태인 것으로 추정되면, 전체 TCL들의 전력 소비 추정량은 1.2375MW가 된다. 극단적인 사례로, 우리가 전력 소비를 500kW 줄이고자 하는 경우를 생각해보자. 이를 위해서는 200개의 TCL을 꺼야 한다. 추정량을 살펴보면, 그림에서 좌측 상단에 위치한 (1, ON) 구간에 속한 모든 TCL들에게 명령을 전달하면 157개의 TCL을 끌 수 있다. 따라서 200개를 끄키 위해서는 (2, ON) 구간에 속해 있는 170개의 TCL 중에서 46개의 TCL들에게 제어 명령을 전달해야 한다. 따라서 (1, ON) 구간에 전달되는 제어 명령은 1이 되고, (2, ON) 구간에 전달되는 제어 명령은 46/170=0.27이 된다. 그리고 나머지 구간에는 모두 0의 명령이 전달된다. 그림의 하단에서 각 구간의 TCL들이 명령을 수신할 확률이 동일하도록 베르누이의 동전 던지기 법칙에 의해 ON 상태에서 OFF 상태로 스위치가 변환된다. 그리고 추정치는 스위치가 변환되는 TCL 기대값을 기초로 해서 업데이트된다. 각 구간 안에 있는 숫자는 스위치 변환이 완료된 이후에 각 구간에 들어 있는 TCL의 실제 숫자와 추정된 TCL 숫자를 나타낸다.

이 모델을 개발하는 과정에서 폐쇄 루프(closed loop) 알고리즘을 실행하면, 다음과 같은 중앙 집중형 DLC 제어기에 의해 동작하는 TCL 모델을 얻을 수 있다. 즉, 폐쇄 루프 동작은 다음의 방정식으로 주어진다.

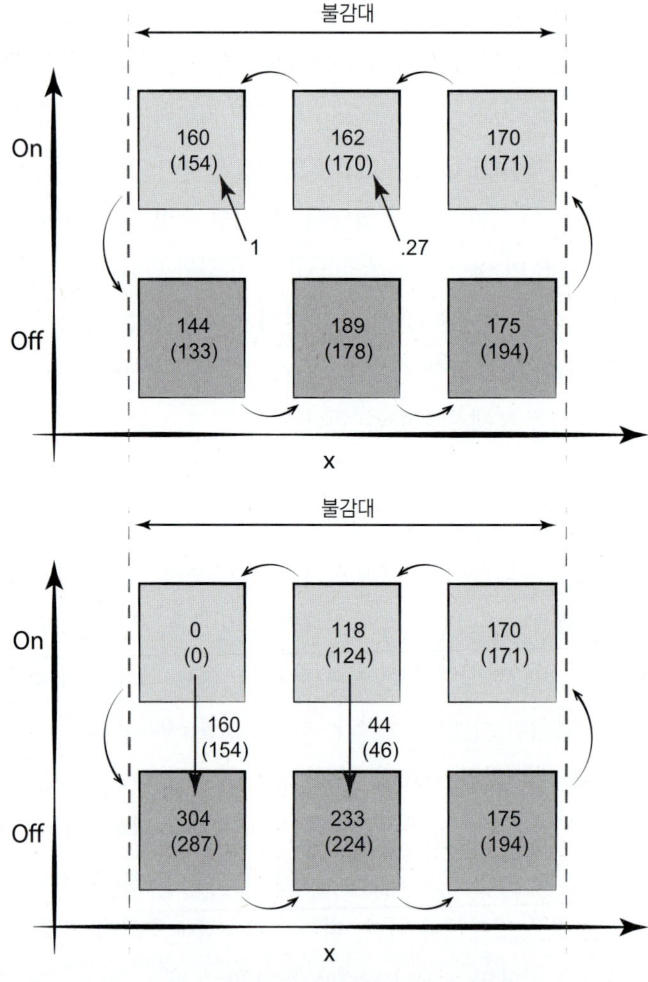

그림1. 직접 부하 제어 규칙의 시행 샘플

$$x_i(k+1) = a_i x_i(k) + (1-a_i)\,[T_{a,i}(k) - \tilde{m}_i(k)\,T_{g,i}] + \epsilon_i(k) \tag{29}$$

이 식에서 매개 변수들은 앞에서와 같다. 폐쇄 루프와 DLC가 없는 개방 루프(open loop)의 유일한 차이점은 $\tilde{m}_i(k)$항의 수정 여부에 있다. 또한 DCL 하에서 TCL의 모드 $\tilde{m}_i(k)$는 다음과 같이 주어진다.

$$\tilde{m}_i(k) = \begin{cases} 1 - m_i(k) & \text{with probability } c \\ m_i(k) & \text{with probability } 1-c \end{cases} \tag{30}$$

$\tilde{m}_i(k)$는 국부적인 제어 규칙(local coltrol law)과 DLC의 중앙 제어 규칙에 따라 달라지는데, 중앙의 제어 명령이 더 우선시된다. 그리고 $m_i(k)$는 식(26)에서 정의된 국부적 제어 규칙을 의미한다.

4.2.6 직접 부하 제어 모델 시뮬레이션 결과

시뮬레이션을 위해 ON 상태일 때 모든 TCL이 $P_i = 2.5\text{kW}$ 의 전력을 소비한다고 가정하고, DLC 제어기가 1,000개의 TCL을 제어하는 상황을 고려해보자. 각각의 TCL i에 대한 매개변수는 250m^2 면적의 가정을 대상으로 최근에 연구된 결과[65, 69]를 활용하여 같은 형태의 분포로부터 독립적으로 유도된다. 그리고 시간 간격(time step)은 1분으로 하고, 구간(bin)의 수는 $N_{\text{bin}} = 10$ 으로 설정한다.

모든 TCL들의 주변 온도는 $T_a = 32°\text{C}$ 이고 노이즈 $\epsilon_i(k)$는 k에 독립적이며[6], 각각의 k는 N(0, 0.0005) 인 정규분포에 따른다고 가정한다.[7]

켈리포니아 계통운영자인 CAISO(California Independent System Operator)는 5분 단위로 전력시장 신호를 제공하기 때문에, 시뮬레이션에서는 Pdes신호를 U(875kW, 1.35MW) 분포에서 독립적으로 추출되는 방식으로 진행되었다.[8] 즉, $P_{\text{des}}(k)$는 5분 단위로 $k \in \{0, 5, 10,, \cdots\}$에 대하여 균일하게 추출되고, 다른 k값에 대해서는 선형 보간법(linear interpolation)을 시행하였다..

그림2는 DLC 제어가 없는 경우, h=1min의 경우, h=30min의 경우에 대해 모든 TCL의 총 전력 소비량을 시뮬레이션 결과이다. 상단의 그림과 중간, 하단의 그림을 비교하면, DLC 제어 정책을 도입함으로써 제어기가 항상 측정 데이터를 수신하지 않더라고 부하 불균형을 완화할 수 있다는 점을 확인할 수 있다. 하지만 중간 그림과 하단 그림에서 보듯이, 측정 데이터 취득이 충분하지 않을 경우, 예측하지 못한 날씨의 작은 변동에도 제어기의 성능이 떨어질 수 있다.

또한, TCL 기기 한 대의 열적인 상태는 그림3과 같다. 이 그림에서 보듯이 TCL의 내부 온도가 여전히 소비자가 느끼지 못하는 불감대에 있기 때문에, 위의 3가지 모든 경우에 있어

6) 이 시뮬레이션에서 주변의 온도가 1시간 동안은 변하지 않는다고 가정하였다.이러한 가정은 이와 같이 시간 프레임이 짧은 경우에 합리적인 가정이라 할 수 있다.

7) 시간 간격에 대한 노이즈의 분산이므로 0.0005는 h_B가 1분인 경우에서의 온도 변화를 모델링한다고 볼 수 있다.

8) 이러한 프레임워크는 다른 분포를 갖는 부하 불균형 신호들도 다룰 수 있다.하지만 분포에 관한 사전 정보가 없으므로 균일한 분포를 갖는 것으로 가정하였다[48]. 분포에 관한 매개 변수는 에너지 소비를 설명할 수 있는 값으로 선택되었다.시뮬레이션을 통해 예상했던 바와 같이,간격이 클 경우 추적하기가 더 어렵다는 점이 확인되었다.

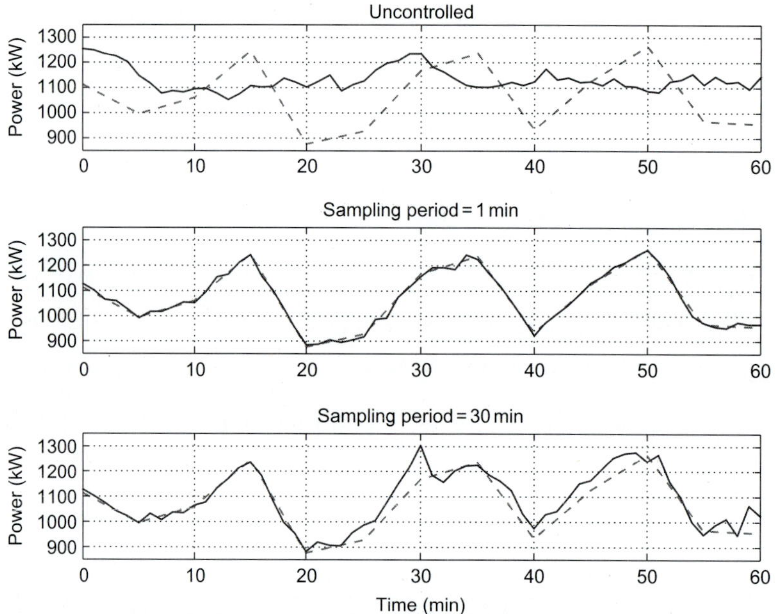

그림2. 1,000개 TCL의 집합적 전력 소비에 대한 직접 부하제어 시뮬레이션 결과. 실선을 실제 전력사용량을 나타내고 점선은 제어를 통해 얻고자 하는 전력 소비를 나타낸다. 상단은 아무런 제어가 없는 경우의 결과이며, 중간은 샘플링 주기를 1분으로 한 경우, 하단은 30분으로 한 경우의 결과이다.

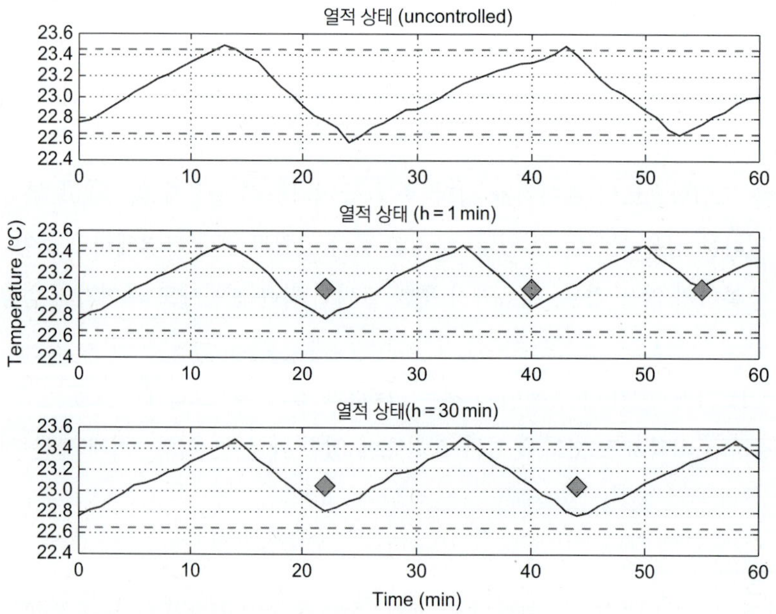

그림3. TCL 기기 1대의 열적 상태. 상단은 아무런 제어가 없는 경우의 열적 상태이고, 중간은 샘플링 주기를 1분으로 한 경우, 하단은 30분으로 한 경우의 열적 상태를 나타낸다. 이 그림에서 점선은 불감대의 상한 및 하한을 표시한 것이다. 마름모는 직접부하제어 명령이 시행된 시점이다.

서 소비자의 불편을 초래하는 일은 발생하지 않는다. 그림4는 실제 소비 전력과 DLC 제어기가 보낸 부하 불균형 보상 신호 사이의 오차를 나타낸 것이다. 앞에서 언급한 바와 같이, P_{des}와 TCL 매개 변수를 무작위로 추출하였고, 다음으로 추출된 P_{des} 신호와 TCL 매개 변수에 대하여 각각의 샘플링 주기 h에 대하여 500회를 시행하여 TCL의 실제 전력 소비량과 P_{des} 신호간 차이 $\sum_{i\epsilon I} P_i m_i - P_{\text{des}}$의 분포를 도출하였으며, 오차 신호에 대해서는 ℓ_1 노름을 적용하였다. 따라서 도매 현물 전력시장의 거래 가격이 1시간 단위로 고정된 것으로 가정하면, 이러한 오차는 전력 유틸리티가 지불해야 하는 비용과 직접적으로 비례하게 된다.

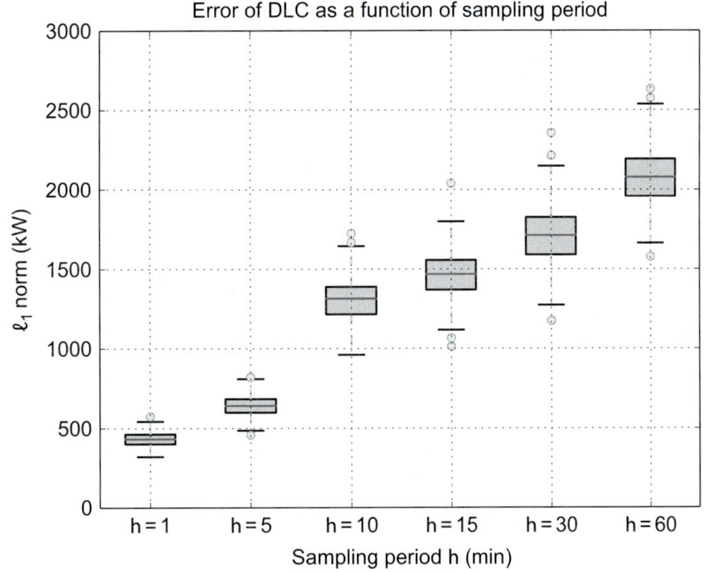

그림4. 실제 소비 전력과 DLC 제어기가 보낸 부하 불균형 보상 신호 사이의 오차. 이 그림의 값은 $\|\sum_{i\in I} P_i m_i - P_{\text{des}}\|_1$ 을 계산한 것이며, 상자수염(whiskers) 그림에서 4분위의 1.5배 안에 값들이 있는 것으로 확인된다.

4.2.7 직접 부하 제어에 따른 개인 정보 영향 분석

여기에서는 앞 절의 내용과 상반된 시각으로, 3절에서 다루어진 이론을 실제 데이터에 적용하여 여러 다른 문제를 논의하고자 한다. 이를 위해 OpenEnergyMonitor가 제공하는 오픈 소스 기반 무선 에너지 모니터링 노드인 emonTx가 이용되었다. 이 노드는 여러 가전 기기에 대해 12Hz의 주기로 측정값을 수신한다. 각 가전기기의 전압과 전류를 측정하기 위해서 전류 변환 센서와 AC 전원 어댑터가 사용되었다. 이러한 과정을 통해서 각 가전 기기의 실효(root-mean-square; RMS) 전류, RMS 전압, 피상 전력(apparent power), 유효 전력, 역률(power factor), UTC 시간 기록 등이 측정된다.

실험실 환경에서 전자 레인지, 토스터, 전기 주전자, LCD 모니터, 빔프로젝터, 오실로스코프 등에 대한 데이터가 취득되었다. 정확도가 매우 높은 센서들이 사용되었으므로 측정 오차는 없는 것으로 처리되었다.

토스터가 켜지고, 전기 주전자가 켜지는 상황을 성공적으로 구분할 수 있는 상한이 샘플링 속도에 따라 어떻게 달라지는지를 살펴보기 위해서, 샘플링 속도를 달리해서 이들 두 개의 기기를 구분할 가능성을 분석하였다. 그림5는 분석 결과이다. 실험은 샘플링 속도를 12Hz에서 낮추는 방식으로 진행되었다. 또한 샘플링을 K 속도로 낮출 경우, K 시간 내에서 신호가 처음 수신되는 시각은 랜덤한 것으로 가정하였다.

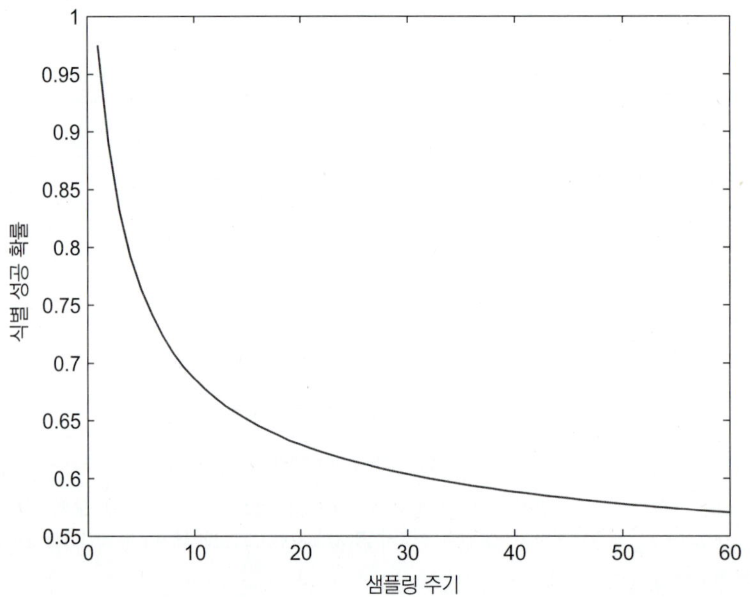

그림5 . 샘플링 속도에 따른 토스터와 전기 주전자의 동작 식별 성공 확률 변화

여기에서 샘플링 속도를 K로 낮춘다는 것의 의미가 전체 측정 데이터에서 $1/K$ 만큼만 샘플을 취득한다는 의미라는 점에 유의할 필요가 있다. 따라서 만일 원래 분류하고자 하는 문제가 1초 단위로 샘플을 취하는 $\mathbb{R}^{12,000}$ 문제라고 할 때, 샘플링 속도를 낮춘 문제는 $\mathbb{R}^{\lfloor 12,000/K \rfloor}$ 분류 문제가 된다.

예상할 수 있는 바와 같이, NILM에서 분류 작업의 성공 확률은 샘플링 속도가 느려지면 감소한다. 또한 성능도 급격하게 떨어진다. 샘플링 속도를 60(즉, 5초마다 샘플링되는 경우)

으로 낮추면, 분류의 성능은 대체로 예상보다 더 나쁘게 나온다. 이러한 결과를 이용하면, 원하는 NILM 성능을 달성하기 위해 필요한 샘플링 속도에 하한(lower bound)을 결정할 수 있다. 그리고 이 값을 결정할 수 있으면, 특정 목적을 달성하기 위해서 AMI에서 필요한 네트워크 용량이나 하드웨어 사양을 미리 정의할 수 있다.

이 절에서 소개된 예제에서는 가전 기기의 상태를 추론하려는 공격자로부터 개인정보를 보호하는 수단을 다루웠다. 하지만 현실에서는 여러 가전기기들이 조합되어 있는 상황을 자주 접하게 될 가능성이 많다. 이와 관련된 세부 사항들은 참고문헌[73, 74]를 참조하기 바란다.

4.3 유용성과 개인 정보 사이의 균형

이 절에서는 에너지 시스템에서 데이터가 갖고 있는 정보의 유용성과 개인정보 보호 사이의 균형 문제를 다루는 프레임워크 체계를 제안하였다. 그리고 이 프레임워크를 전력 수급의 부하 불균형을 제어를 통해 해결하기 위해 시행되는 DLC 사례를 통해 좀도 구체적으로 살펴보았다. 개인정보를 다루는 지표로, 공격자가 가전 기기의 동작 상태를 정확하게 추론할 수 있는 최대 가능성을 의미하는 근본적인 한계라는 개념으로 3절에서 제시하였다. 또한 설계 변수(design parameter), 샘플링 속도가 수집되는 데이터의 유용성과 에너지 소비자의 개인정보에 어떠한 영향을 미치는지를 살펴 보았다. 이러한 균형 관계를 체계적으로 이해할 수 있으면, 계통의 설계와 운영을 담당하는 사람들은 데이터의 유용성과 개인정보를 조화시킬 수 있는 설계 변수를 도출하는데 필요한 인텔리전스를 얻을 수 있을 것이다.

5. 결론

이 장의 목적은 많은 양의 에너지 데이터 수집하는 과정에서 내재하는 개인정보 보호와 관련된 문제에 관한 통찰을 제공하는데 있다. 첫번째로 여기에서는 빅데이터를 이용한 추론에서 근본적인 이론적 한계를 논의하였다. 이러한 근본적 한계는 에너지 세분화와 관련된 수학적, 통계적인 문제로 어떤 알고리즘도 침입할 수 없는 이론적인 상한(upper bound)에 관한 정보를 제공한다. 둘째로, 이 장에서는 빠른 샘플링 속도로 취득된 고해상도 데이터와 관련된 개인정보 보호 이슈와 제어의 효율성을 비교할 수 있는 프레임워크를 제시하였다. 프레임워크에 관한 일반적인 사항을 먼저 설명하고, 이를 DLC 사례를 통해 좀더 구체적으로 살펴 보았다. 이 사례에서는 샘플링 속도를 증가시킴에 따라서 부하 불균형을 해소하기 위해 시행하는 DLC 제어 명령의 오차가 어떻게 달라지는지를 시뮬레이션 할 수 있었다. 마찬가지로 샘플링 속도에 따라서 NILM의 근본적인 한계가 어떻게 달라지는지를 분석할 수 있었다. 이러한 과정을 통해서 공격자가 집안에 거주하는 사람들의 행동을 정확하게 추론하는 것이 불가능한 확률 α를 찾아낼 수 있다. 그리고 이러한 사례는 빅데이터가 계통 운영의 성능 향상과 더불어 소비자의 개인정보에 어떠한 영향을 미치는지를 제시하고 있는데, 여기에서 다루어진 분석 방법은 향후 스마트그리드 기술에서 점차 필수적인 분야로 자리를 잡을 것이다.

참고 문헌

[1] G.T. Gardner, P.C. Stern, The short list: the most effective actions U.S. households can take to curb climate change, Environment: Science and Policy for Sustainable Development, 2008.

[2] J.A. Laitner, K. Ehrhardt-Martinez, V. McKinney, Examining the scale of the behaviour energy efficiency continuum, European Council for an Energy Efficient Economy, 2009.

[3] K.C. Armel, A. Gupta, G. Shrimali, A. Albert, Is disaggregation the Holy Grail of energy effi- ciency? The case of electricity, Energy Policy 52 (2013) 213–234, https://doi.org/10.1016/j. enpol.2012.08.062.

[4] M.A. Lisovich, D.K. Mulligan, S.B. Wicker, Inferring personal information from demand- response systems, IEEE Secur. Privacy 8 (2010) 11–20, https://doi.org/10.1109/ MSP.2010.40.

[5] R. Anderson, S. Fuloria, On the security economics of electricity metering, Ninth Workshop on the Economics of Information, 2010.

[6] G. Smith, Marijuana bust shines light on utilities, The Post and Courier (28 January), 2012.

[7] Government Accountability Office, Electricity Grid Modernization: Progress Being Made on Cybersecurity Guidelines, But Key Challenges Remain to Be Addressed, 2011.

[8] A.A. Ca ′ rdenas, S. Amin, G. Schwartz, R. Dong, S.S. Sastry, A game theory

model for electricity theft detection and privacy–aware control in AMI systems, Proc. of the 50th Allerton Conf. on Communication, Control, and Computing, 2012, pp. 1830–1837. https://doi.org/10.1109/ Allerton.2012.6483444.

[9] K. Kursawe, G. Danezis, M. Kohlweiss, Privacy–friendly aggregation for the smart–grid, Proc. of the 11th Int. Conf. on Privacy Enhancing Technologies, 2011, pp. 175–191. 978–3–642– 22262–7.

[10] A. Rial, G. Danezis, Privacy–preserving smart metering, Proc. of the 10th Annu. ACM Workshop on Privacy in the Electronic Society, ACM, 2011, pp. 49–60. https://doi.org/ 10.1145/2046556.2046564. 978–1–4503–1002–4.

[11] G. Taban, V.D. Gligor, Privacy–preserving integrity–assured data aggregation in sensor net– works, Int. Conf. on Computational Science and Engineering, vol. 3, 2009, pp. 168–175. https://doi.org/10.1109/CSE.2009.389.

[12] F. Li, B. Luo, P. Liu, Secure information aggregation for smart grids using homomorphic encryption, 1st IEEE Int. Conf. on Smart Grid Communications (SmartGridComm), 2010, pp. 327–332. https://doi.org/10.1109/SMARTGRID.2010.5622064.

[13] G. Acs, C. Castelluccia, I have a DREAM! (DiffeRentially privatE smArt Metering), Infor– mation Hiding, Lecture Notes in Computer Science, vol. 6958, Springer, Berlin, Heidelberg, 2011, pp. 118–132. https://doi.org/10.1007/978–3–642–24178–9_9 . 978–3–642–24177–2.

[14] R. Dong, L. Ratliff, H. Ohlsson, S.S. Sastry, A dynamical systems approach to energy disaggre– gation, 2013 IEEE 52nd Annu. Conf. on Decision and Control (CDC), 2013, pp. 6335–6340. https://doi.org/10.1109/CDC.2013.6760891. ISSN 0743–1546.

[15] R. Dong, L.J. Ratliff, H. Ohlsson, S.S. Sastry, Energy disaggregation via adaptive filtering, 2013 51st Annu. Allerton Conf. on Communication, Control, and Computing (Allerton), 2013, pp. 173–180. https://doi.org/10.1109/Allerton.2013.6736521.

[16] A.J. Bell, T.J. Sejnowski, An information–maximization approach to blind separation and blind deconvolution, Neural Comput. 7 (6) (1995) 1129–1159.

[17] J. Cardoso, Infomax and maximum likelihood for blind source separation, IEEE Signal Process Lett. 4 (4) (1997) 112–114, https://doi.org/10.1109/97.566704.

[18] A. Belouchrani, K. Abed–Meraim, J.F. Cardoso, E. Moulines, A blind source

separation tech- nique using second-order statistics, IEEE Trans. Signal Process. 45 (2) (1997) 434 - 444, https://doi.org/10.1109/78.554307.

[19] S.B. Leeb, S.R. Shaw, J.L. Kirtley Jr., Transient event detection in spectral envelope estimates for nonintrusive load monitoring, IEEE Trans. Power Delivery 10 (3) (1995) 1200 - 1210, https:// doi.org/10.1109/61.400897.

[20] S. Gupta, M.S. Reynolds, S.N. Patel, ElectriSense: single-point sensing using EMI for electrical event detection and classification in the home, Proc. of the 12th ACM Int. Conf. on Ubiqui- tous Computing, ACM, New York, NY, USA, 2010, pp. 139 - 148. https://doi.org/ 10.1145/1864349.1864375. 978-1-60558-843-8.

[21] J. Froehlich, E. Larson, S. Gupta, G. Cohn, M.S. Reynolds, S.N. Patel, Disaggregated end-use energy sensing for the Smart Grid, IEEE Pers. Commun. 10 (1) (2011) 28 - 39, https://doi.org/ 10.1109/MPRV.2010.74.

[22] J.Z. Kolter, M.J. Johnson, REDD: a public data set for energy disaggregation research, Proc. of the SustKDD Workshop on Data Mining Applications in Sustainability, 2011.

[23] J.Z. Kolter, T. Jaakkola, Approximate inference in additive factorial HMMs with application to energy disaggregation, Proc. of the Int. Conf. on Artificial Intelligence and Statistics, 2012, pp. 1472 - 1482.

[24] O. Parson, S. Ghosh, M. Weal, A. Rogers, Nonintrusive load monitoring using prior models of general appliance types, Proc. of the 26th AAAI Conf. on Artificial Intelligence, 2012, pp. 356 - 362.

[25] C. Dwork, Differential privacy, Proc. of the Int. Colloq. on Automata, Languages and Programming, Springer, 2006, pp. 1 - 12.

[26] K. Chaudhuri, D. Hsu, Sample complexity bounds for differentially private learning, COLT, 2011, pp. 155 - 186.

[27] J. Le Ny, G.J. Pappas, Differentially private filtering, IEEE Trans. Autom. Control 59 (2014) 341 - 354, https://doi.org/10.1109/TAC.2013.2283096.

[28] Z. Huang, S. Mitra, G. Dullerud, Differentially private iterative synchronous consensus, Proceedings of the 2012 ACM Workshop on Privacy in the Electronic Society, ACM, New York, NY, USA, 2012, pp. 81 - 90, https://doi.org/10.1145/2381966.2381978. 978-1-4503-1663-7.

[29] S.L. Warner, Randomized response: a survey technique for eliminating

evasive answer bias, J. Am. Stat. Assoc. 60 (309) (1965) 63 - 69, https://doi.org/10.1080/01621459.1965. 10480775.

[30] B.G. Greenberg, A.L.A. Abul-Ela, W.R. Simmons, D.G. Horvitz, The unrelated question ran- domized response model: theoretical framework, J. Am. Stat. Assoc. 64 (326) (1969) 520 - 539, https://doi.org/10.1080/01621459.1969.10500991.

[31] T. Dalenius, Towards a methodology for statistical disclosure control, Statistisk Tidskrift 15 (1977) 429 - 444.

[32] L. Sweeney, k-anonymity: a model for protecting privacy, Int. J. Uncertainty Fuzziness Knowl- edge Based Syst. 10 (5) (2002) 557 - 570.

[33] A. Narayanan, V. Shmatikov, Robust de-anonymization of large sparse datasets, Proceedings of the 2008 IEEE Symposium on Security and Privacy (SP '08), 2008, pp. 111 - 125.

[34] F. du Pin Calmon, N. Fawaz, Privacy against statistical inference, 2012 50th Annu. Allerton Conf. on Commun., Control, and Computing (Allerton), 2012, pp. 1401 - 1408. https:// doi.org/10.1109/Allerton.2012.6483382.

[35] L. Sankar, S.R. Rajagopalan, H.V. Poor, Utility-privacy tradeoffs in databases: an information- theoretic approach, IEEE Trans. Inf. Forens. Secur. 8 (2013) 838 - 852, https://doi.org/ 10.1109/TIFS.2013.2253320.

[36] T.M. Cover, J.A. Thomas, Elements of Information Theory, Wiley-Interscience, Hoboken, NJ, 1991.

[37] S. Han, U. Topcu, G.J. Pappas, Differentially private distributed constrained optimization, IEEE Trans. Autom. Control 62 (1) (2014) 50 - 64.

[38] J. Hsu, Z. Huang, A. Roth, Z.S. Wu, Jointly private convex programming, Proceedings of the Twenty-Seventh Annual ACM-SIAM Symposium on Discrete Algorithms (SODA '16), Arling- ton, VA, January 10 - 12, 2016, pp. 580 - 599.

[39] Z. Huang, Y. Wang, S. Mitra, G.E. Dullerud, On the cost of differential privacy in distributed control systems, Proc. of the 3rd Int. Conf. on High Confidence Networked Systems, ACM, New York, NY, USA, 2014, pp. 105 - 114. 978-1-4503-2652-0.

[40] R. Dong, W. Krichene, A.M. Bayen, S.S. Sastry, Differential privacy of populations in routing games, 2015 54th IEEE Conference on Decision and

Control (CDC), 2015, pp. 2798 – 2803, https://doi.org/10.1109/CDC.2015.7402640.

[41] S.R. Rajagopalan, L. Sankar, S. Mohajer, H.V. Poor, Smart meter privacy: a utility-privacy framework. 2011 IEEE International Conference on Smart Grid Communications (SmartGrid- Comm), 2011, pp. 190 – 195, https://doi.org/10.1109/SmartGridComm.2011.6102315.

[42] R. Jia, R. Dong, S.S. Sastry, C. Spanos, Privacy-enhanced architecture for occupancy-based HVAC control (under review), 8th ACM/IEEE International Conference on Cyber-Physical Systems (ICCPS) 2016.

[43] W. Diffie, M.E. Hellman, Privacy and authentication: an introduction to cryptography. Proc. IEEE 67 (3) (1979) 397 – 427, https://doi.org/10.1109/PROC.1979.11256.

[44] C. Dwork, A. Roth, The algorithmic foundations of differential privacy, Foundations and Trends® in Theoretical Computer Science, vol. 9, No. 3 – 4, 2014, pp. 211 – 407, https://doi. org/10.1561/0400000042.

[45] J. Giraldo, A. Ca ′ rdenas, E. Mojica-Nava, N. Quijano, R. Dong, Delay and sampling indepen- dence of a consensus algorithm and its application to smart grid privacy. IEEE 53rd Annu. Conf. on Decision and Control, 2014, pp. 1389 – 1394, https://doi.org/10.1109/ CDC.2014.7039596.

[46] H. Nissenbaum, Privacy as contextual integrity, Washington Law Rev. (2004).

[47] D.J. Solove, Conceptualizing privacy, Calif. Law Rev. 90 (2002) 1087.

[48] R.W. Keener, Theoretical Statistics: Topics for a Core Course, Springer, 2010.

[49] J. Neyman, E.S. Pearson, On the problem of the most efficient tests of statistical hypotheses, Philos. Trans. R. Soc. Lond. A 231 (1933) 289 – 337.

[50] L. Le Cam, Convergence of estimates under dimensionality restrictions, Ann. Statist. 1 (1) (1973) 38 – 53.

[51] B. Yu, Assouad, Fano, and Le Cam, Festschrift for Lucien Le CamSpringer, 1997, pp. 423 – 435.

[52] T. Han, S. Verdu ′ , Generalizing the Fano inequality. IEEE Trans. Inf. Theory 40 (4) (1994) 1247 – 1251, https://doi.org/10.1109/18.335943.

[53] L.J. Ratliff, R. Dong, H. Ohlsson, A.A. Ca ′ rdenas, S.S. Sastry, Privacy and customer segmenta- tion in the smart grid, IEEE 53nd Annual Conference on Decision and Control (CDC), 2014.

[54] M. Alexander, K. Agnew, M. Goldberg, New approaches to residential direct

load control in California, ACEEE Summer Study on Energy Efficiency in Buildings2008.

[55] California Energy Commission, Docket No. 13-IEP-1F: increasing demand response capabil- ities in California., (2013).

[56] Obama Administration, A policy framework for the 21st century grid: enabling our secure energy future, (2011).

[57] A. Cavoukian, Privacy by design: strong privacy protection—now, and well into the future, A Report on the State of PbD to the 33rd International Conference of Data Protection and Privacy Commissioners, 2011, https://www.ipc.on.ca/wp-content/uploads/Resources/ PbDReport.pdf.

[58] NISTR 7628 - Guidelines for Smart Grid Cyber Security: Vol. 2, Privacy and the Smart Grid, The Smart Grid Interoperability Panel Cyber Security Working Group, July 2010, https://www. smartgrid.gov/document/nistr_7628_guidelines_smart_grid_cyber_security_vol_2_privacy_and_smart_grid

[59] North American Energy Standards Board, NAESB Privacy Policy, (2015), https://www.naesb. org/privacy.asp.

[60] Department of Energy, Data access and privacy issues related to smart grid technologies., (2010).

[61] Public Utility Commission of Texas, Electric Substantive Rules [Chapter 25]., (2014).

[62] California Public Utilities Commission, Decision adopting rules to protect the privacy and security of the electricity usage data of the customers of Pacific Gas and Electric Company, Southern California Edison Company, and San Diego Gas & Electric Company., (2011).

[63] N. Lu, An evaluation of the HVAC load potential for providing load balancing service. IEEE Trans. Smart Grid 3 (3) (2012) 1263-1270, https://doi.org/10.1109/TSG.2012.2183649.

[64] N. Lu, Y. Zhang, Design considerations of a centralized load controller using thermostatically controlled appliances for continuous regulation reserves. IEEE Trans. Smart Grid 4 (2) (2013) 914-921, https://doi.org/10.1109/TSG.2012.2222944.

[65] D.S. Callaway, Tapping the energy storage potential in electric loads to deliver load following and regulation, with application to wind energy. Energy Convers.

Manag. 50 (5) (2009) 1389 – 1400, https://doi.org/10.1016/j.enconman.2008.12.012.

[66] C. Perfumo, E. Kofman, J.H. Braslavsky, J.K. Ward, Load management: model–based control of aggregate power for populations of thermostatically controlled loads. Energy Convers. Manag. 55 (2012) 36 – 48, https://doi.org/10.1016/j.enconman.2011.10.019.

[67] N. Ruiz, I. Cobelo, J. Oyarzabal, A direct load control model for virtual power plant manage– ment. IEEE Trans. Power Syst. 24 (2) (2009) 959 – 966, https://doi.org/10.1109/ TPWRS.2009.2016607.

[68] S. Moura, J. Bendtsen, V. Ruiz, Observer design for boundary coupled PDEs: application to thermostatically controlled loads in smart grids. IEEE 52nd Annu. Conf. on Decision and Con– trol2013, , pp. 6286 – 6291, https://doi.org/10.1109/CDC.2013.6760883. ISSN 0743–1546.

[69] J.L. Mathieu, S. Koch, D.S. Callaway, State estimation and control of electric loads to manage real–time energy imbalance. IEEE Trans. Power Syst. 28 (1) (2013) 430 – 440, https://doi.org/ 10.1109/TPWRS.2012.2204074.

[70] D.S. Callaway, I.A. Hiskens, Achieving controllability of electric loads. Proc. IEEE 99 (1) (2011) 184 – 199, https://doi.org/10.1109/JPROC.2010.2081652.

[71] R. Dong, New Data Markets Deriving from the Internet of Things: A Societal Perspective on the Design of New Service Models (Ph.D. thesis), University of California, Berkeley, 2017. Tech– nical Report No. UCB/EECS–2017–52.

[72] California Independent System Operators, Business practice manual for market operations., (2014).

[73] W. Kleiminger, F. Mattern, S. Santini, Predicting household occupancy for smart heating con– trol: a comparative performance analysis of state–of–the–art approaches, Energy Build. 85 (2014) 493 – 505.

[74] W. Kleiminger, C. Beckel, S. Santini, Household occupancy monitoring using electricity meters, 2015 ACM International Joint Conference on Pervasive and Ubiquitous Computing (UbiComp 2015)2015.

찾아보기

일러두기: 페이지 번호에서 f는 그림을, t는 표를, b는 글상자를 가리킴

A

B

D

E

F

G

H

I

K

L

M

N

O

Q

R

S

V

W

Y